나의 맞춤 자격증시리즈

마인 MEIN

화장품 전문 교수 x 유튜버 화읽남

맞춤형화장품 조제관리사

권미선 · 임관우 저

머리말

맞춤형화장품이 K-뷰티산업 및 화장품 시장의 새로운 성장 동력이 될 것이라고 전망하는 가운데, 2020년 3월 맞춤형화장품 판매업 제도가 본격 시행됨에 따라 맞춤형화장품을 조제할 수 있는 전문가를 양성하기 위한 맞춤형화장품 조제관리사 국가자격시험제도가 시행되고 있습니다. 맞춤형화장품 조제관리사가 되기 위해서는 식품의약품안전처에서 주관하는 국가자격시험에 합격하여야 합니다.

화장품 시장의 맞춤형 시대가 오면서 새로운 장이 열릴 것으로 기대되며 맞춤형화장품 판매사업을 하기 위해서는 맞춤형화장품 조제관리사를 고용해야 합니다. 맞춤형화장품을 판매하는 모든 화장품 매장마다 1인 이상의 맞춤형화장품 조제관리사가 필요하기 때문에 자격증을 취득한다면 취업 시장에서 충분한 경쟁력을 갖출 수 있습니다. 앞으로 맞춤형화장품 조제관리사의 수요와 활동 영역이 증가할 것으로 전망되고 있습니다. 맞춤형화장품 조제관리사는 OEM · ODM 업체의 지속적인 성장, 맞춤형화장품 시대 본격화 및 빅데이터 기술이 접목된 새로운 시장에서 맞춤형화장품 전문가로서의 활동이 기대됩니다.

본 교재는 맞춤형화장품 조제관리사 자격증을 준비하는 수험생들이 주요 핵심이론을 쉽게 이해할 수 있도록 구성되었습니다. 본 수험교재는 과목별로 구성되어 있으며 식품의약품안전처에서 고시한 출제기준에 맞춰 화장품법, 개인정보보호법, 화장품법 시행령, 화장품법 시행규칙 및 관련 고시를 토대로 구성하였습니다. 또한 맞춤형화장품 조제관리사가 되기 위해 알아야 할 이론, 문제 및 해설을 수록하여 수험생들의 이해를 돕도록 정리하였습니다.

본 교재가 출간될 수 있도록 힘써 주신 차익주 차장, 김보라 과장 및 김민경 대리를 비롯한 박영사 임직원분들께 재차 감사의 말씀을 드립니다. 끝으로 맞춤형화장품 조제관리사 자격시험을 준비하는 수험생들에게 좋은 결과가 있으시길 진심으로 기원합니다.

권미선 · 임관우

시험 안내

Q 시험 소개

맞춤형화장품 조제관리사 자격시험은 「화장품법」 제3조 4항에 따라 맞춤형화장품의 혼합, 소분 업무에 종사하고자 하는 자를 양성하기 위해 실시하는 시험입니다.

- 관련 부처: 식품의약품안전처
- 시행 기관: 한국생산성본부
- 자격명: 맞춤형화장품 조제관리사

Q 시험 일정

구 분	시험일	원서 접수기간	합격자 발표	시험 장소
제3회	21. 3. 6(토)	21. 1. 27(수) ~ 21. 2. 5(금)	21. 3. 26(금)	원서 접수 시 수험자 직접 선택
제4회	21. 9. 4(토)	21. 7. 28(수) ~ 21. 8. 6(금)	21. 10. 1(금)	

- 시행 일정: 연 1회 이상(별도 시행공고를 통해 시행 일정 공고)
- 자세한 시험일정, 시험장소, 합격자 발표 등 시험시행과 관련한 사항은 맞춤형화장품 조제관리사 자격시험 관련 홈페이지(https://ccmm.kpc.or.kr)에서 확인

Q 응시 자격 및 수수료

- 응시 자격: 제한 없음
- 응시 수수료: 100,000원

시험 과목 및 방법

★ 시험 영역

시험 영역	주요 내용	세부 내용
화장품법의 이해	화장품법	• 화장품법의 입법취지 • 화장품의 정의 및 유형 • 화장품의 유형별 특성 • 화장품법에 따른 영업의 종류 • 화장품의 품질 요소(안전성, 안정성, 유효성) • 화장품의 사후관리 기준
	개인정보 보호법	• 고객 관리 프로그램 운용 • 개인정보 보호법에 근거한 고객정보 입력 • 개인정보 보호법에 근거한 고객정보 관리 • 개인정보 보호법에 근거한 고객 상담
화장품 제조 및 품질관리	화장품 원료의 종류와 특성	• 화장품 원료의 종류 • 화장품에 사용된 성분의 특성 • 원료 및 제품의 성분 정보
	화장품의 기능과 품질	• 화장품의 효과 • 판매 가능한 맞춤형화장품 구성 • 내용물 및 원료의 품질성적서 구비
	화장품 사용제한 원료	• 화장품에 사용되는 사용제한 원료의 종류 및 사용한도 • 착향제(향료) 성분 중 알레르기 유발 물질
	화장품 관리	• 화장품의 취급방법 • 화장품의 보관방법 • 화장품의 사용방법 • 화장품의 사용상 주의사항
	위해사례 판단 및 보고	• 위해여부 판단 • 위해사례 보고

시험 영역	주요 내용	세부 내용
유통화장품의 안전관리	작업장 위생관리	• 작업장의 위생 기준 • 작업장의 위생 상태 • 작업장의 위생 유지관리 활동 • 작업장 위생 유지를 위한 세제의 종류와 사용법 • 작업장 소독을 위한 소독제의 종류와 사용법
	작업자 위생관리	• 작업장 내 직원의 위생 기준 설정 • 작업장 내 직원의 위생 상태 판정 • 혼합 · 소분 시 위생관리 규정 • 작업자 위생 유지를 위한 세제의 종류와 사용법 • 작업자 소독을 위한 소독제의 종류와 사용법 • 작업자 위생 관리를 위한 복장 청결상태 판단
	설비 및 기구 관리	• 설비 · 기구의 위생 기준 설정 • 설비 · 기구의 위생 상태 판정 • 오염물질 제거 및 소독 방법 • 설비 · 기구의 구성 재질 구분 • 설비 · 기구의 폐기 기준
	내용물 및 원료 관리	• 내용물 및 원료의 입고 기준 • 유통화장품의 안전관리 기준 • 입고된 원료 및 내용물 관리 기준 • 보관중인 원료 및 내용물 출고 기준 • 내용물 및 원료의 폐기 기준 • 내용물 및 원료의 사용기한 확인 · 판정 • 내용물 및 원료의 개봉 후 사용기한 확인 · 판정 • 내용물 및 원료의 변질 상태(변색, 변취 등) 확인 • 내용물 및 원료의 폐기 절차
	포장재의 관리	• 포장재의 입고 기준 • 입고된 포장재 관리 기준 • 보관중인 포장재 출고 기준 • 포장재의 폐기 기준 • 포장재의 사용기한 확인 · 판정 • 포장재의 개봉 후 사용기한 확인 · 판정 • 포장재의 변질 상태 확인 • 포장재의 폐기 절차

시험 영역	주요 내용	세부 내용
맞춤형화장품의 이해	**맞춤형화장품 개요**	• 맞춤형화장품 정의 • 맞춤형화장품 주요 규정 • 맞춤형화장품의 안전성 • 맞춤형화장품의 유효성 • 맞춤형화장품의 안정성
	피부 및 모발 생리구조	• 피부의 생리구조 • 모발의 생리구조 • 피부 모발 상태 분석
	관능평가 방법과 절차	관능평가 방법과 절차
	제품 상담	• 맞춤형화장품의 효과 • 맞춤형화장품의 부작용의 종류와 현상 • 배합금지 사항 확인 · 배합 • 내용물 및 원료의 사용제한 사항
	제품 안내	• 맞춤형화장품 표시사항 • 맞춤형화장품 안전기준의 주요사항 • 맞춤형화장품의 특징 • 맞춤형화장품의 사용법
	혼합 및 소분	• 원료 및 제형의 물리적 특성 • 화장품 배합한도 및 금지원료 • 원료 및 내용물의 유효성 • 원료 및 내용물의 규격(pH, 점도, 색상, 냄새 등) • 혼합 · 소분에 필요한 도구 · 기기 리스트 선택 • 혼합 · 소분에 필요한 기구 사용 • 맞춤형화장품 판매업 준수사항에 맞는 혼합 · 소분 활동
	충진 및 포장	• 제품에 맞는 충진 방법 • 제품에 적합한 포장 방법 • 용기 기재사항
	재고관리	• 원료 및 내용물의 재고 파악 • 적정 재고를 유지하기 위한 발주

★ 시험 방법 및 문항 유형

시험 과목	문항 유형	과목별 총점	시험 방법
화장품법의 이해	• 선다형 7문항 • 단답형 3문항	100점	필기시험
화장품 제조 및 품질관리	• 선다형 20문항 • 단답형 5문항	250점	
유통화장품의 안전관리	• 선다형 25문항	250점	
맞춤형화장품의 이해	• 선다형 28문항 • 단답형 12문항	400점	

★ 시험 시간

시험 과목	입실완료	시험 시간
① 화장품법의 이해 ② 화장품 제조 및 품질관리 ③ 유통화장품의 안전관리 ④ 맞춤형화장품의 이해	09:00까지	09:30~11:30(120분)

Q 합격자 기준

전 과목 총점(1,000점)의 60%(600점) 이상을 득점하고, 각 과목 만점의 40% 이상을 득점한 자

Q 수험자 유의사항

① 수험 원서, 제출 서류 등의 허위 작성 · 위조 · 기재 오기 · 누락 및 연락 불능의 경우에 발생하는 불이익은 전적으로 응시자 책임입니다.

② 응시자는 시험 시행 전까지 고사장 위치 및 교통편을 확인하여야 하며(단, 고사장 출입 불가), 시험 당일 입실 시간까지 신분증, 수험표, 필기구를 지참하고 해당 고사실의 지정된 좌석에 착석하여야 합니다.

- 입실시간(9:00) 이후 고사장 입실이 불가합니다.
- 신분증 미지참 시 시험 응시가 불가합니다.

- 신분증 인정 범위: 주민등록증, 운전면허증, 공무원증, 유효 기간 내 여권 · 복지카드(장애인등록증), 국가유공자증, 외국인등록증, 재외동포 국내거소증, 신분확인증빙서, 주민등록발급신청서, 국가자격증

③ 시험 도중 포기하거나 답안지를 제출하지 않은 응시자는 시험 무효 처리됩니다.

④ 지정된 고사실 좌석 이외의 좌석에서는 응시할 수 없습니다.

⑤ 시험실에는 벽시계가 구비되지 않을 수 있으므로 개인용 손목시계를 준비하여 시험 시간을 관리하기 바라며, 휴대전화를 비롯하여 데이터를 저장할 수 있는 전자기기는 시계 대용으로 사용할 수 없습니다.

- 교실에 있는 시계와 감독위원의 시간 안내는 단순 참고 사항이며 시간 관리의 책임은 응시자에게 있습니다.
- 손목시계는 시각만 확인할 수 있는 단순한 것을 사용하여야 하며, 손목시계용 휴대전화를 비롯하여 부정행위에 활용될 수 있는 시계는 모두 사용을 금합니다.

⑥ 시험 시간 중에는 화장실에 갈 수 없고 종료 시까지 퇴실할 수 없으므로 과다한 수분 섭취를 자제하는 등 건강 관리에 유의하시기 바랍니다.

- 임산부, 과민성대장(방광) 증후군 환자 등 시험 중 반드시 화장실 사용이 필요한 자는 장애인 응시자 등의 응시 편의제공을 사전에 신청해주시기 바랍니다.
- '시험 포기 각서' 제출 후 퇴실한 수험자는 재입실 · 응시 불가합니다.
- 단, 설사 · 배탈 등 긴급사항 발생으로 시험 도중 퇴실 시 재입실이 불가하고, 시험 시간 종료 전까지 시험 본부에서 대기해야 합니다.

⑦ 응시자는 감독위원의 지시에 따라야 하며, 부정한 행위를 한 응시자에게는 해당 시험을 무효로 하고, 이미 합격한 자의 경우 「화장품법」 제3조의4에 따라 자격이 취소되고 처분일로부터 3년간 시험에 응시할 수 없습니다.

※ 부정행위 유형

- 대리시험을 치른 행위 또는 치르게 하는 행위
- 시험 중 다른 응시자와 시험과 관련된 대화를 하거나 손동작, 소리 등으로 신호를 하는 행위
- 시험 중 다른 응시자의 답안지 또는 문제지를 보고 자신의 답안지를 작성하는 행위
- 시험 중 다른 응시자를 위하여 답안 등을 알려주거나 보여주는 행위
- 고사실 내외의 자로부터 도움을 받아 답안지를 작성하는 행위 및 도움을 주는 행위
- 다른 응시자와 답안지를 교환하는 행위
- 다른 응시자와 성명 또는 응시번호를 바꾸어 기재한 답안지를 제출하는 행위
- 시험 종료 후 문제지를 제출하지 않거나 일부를 훼손하여 유출하는 행위
- 시험 전 · 후 또는 시험 중에 시험문제, 시험문제에 관한 일부 내용, 답안 등을 다음 각 목의 방법으로 다른 사람에게 알려주거나 알고 시험을 치른 행위

– 대화, 쪽지, 기록, 낙서, 그림, 녹음, 녹화

– 홈페이지, SNS(Social Networking Service) 등에 게재 및 공유

– 문제집, 도서, 책자 등의 출판 · 인쇄물
– 강의, 설명회, 학술모임
– 기타 정보전달 방법
• 수험표 등 시험지와 답안지가 아닌 곳에 문제 또는 답안을 작성하는 행위
• 시험 중 시험문제 내용과 관련된 물품(시험관련 교재 및 요약자료 등)을 휴대하거나 이를 주고받는 행위
• 시험 중 허용되지 않는 통신기기 및 전자기기 등을 지정된 장소에 보관하지 않고 휴대한 행위
– 통신기기 및 전자기기: 휴대용 전화기, 휴대용 개인정보단말기(PDA), 휴대용 멀티미디어 재생장치(PMP), 휴대용 컴퓨터, 휴대용 카세트, 디지털 카메라, 음성 파일 변환기(MP3), 휴대용 게임기, 전자사전, 카메라펜, 시각 표시 외의 기능이 있는 시계, 스마트워치 등
– 휴대전화는 배터리와 본체를 분리하여야 하며, 분리되지 않는 기종은 전원을 꺼서 시험위원의 지시에 따라 보관하여야 합니다(비행기 탑승 모드 설정은 허용하지 않음).
• 시험 중 허용되지 않는 통신기기 및 전자기기 등을 사용하여 답안을 전송 및 작성하는 행위
• 응시원서를 허위로 기재하거나 허위서류를 제출하여 시험에 응시한 행위
• 시험시간이 종료되었음에도 불구하고 감독위원의 답안지 제출지시에 불응하고 계속 답안을 작성한 행위
• 답안지 인적사항 기재란 외의 부분에 특정인의 답안지임을 나타내기 위한 표시를 한 행위
• 그 밖에 부정한 방법으로 본인 또는 다른 응시자의 시험결과에 영향을 미치는 행위

⑧ 답안지는 문제번호가 1번부터 100번까지 양면으로 인쇄되어 있습니다. 답안 작성 시에는 반드시 시험문제지의 문제번호와 동일한 번호에 작성하여야 합니다.

⑨ 선다형 답안 마킹은 반드시 컴퓨터용 사인펜으로 작성하여야 합니다. 답안 수정이 필요할 경우 감독관에게 답안지 교체를 요청해야 하며, 수정테이프(액) 등을 사용했을 경우 채점상의 불이익을 받을 수 있으므로 사용하지 마시기 바랍니다.

※ 올바른 답안 마킹방법 및 주의사항
• 매 문항마다 반드시 하나의 답만을 골라 그 숫자에 "●"로 정확하게 표기하여야 하며, 이를 준수하지 않아 발생하는 불이익(득점 불인정 등)은 응시자 본인이 감수해야 함
• 답안 마킹이 흐리거나, 답란을 전부 채우지 않고 작게 점만 찍어 마킹할 경우 OMR 판독이 되지 않을 수 있으니 유의하여야 함

예 올바른 표기: ● / 잘못된 표기: ⊙ ⊗ ⊖ ⦶ ◎ ⦸ ⓥ ◔
• 두 개 이상의 답을 마킹한 경우 오답처리 됨

⑩ 단답형 답안 작성은 반드시 검정색 볼펜으로 작성하여야 합니다. 답안 정정 시에는 반드시 정정 부분을 두 줄(=)로 긋고 해당 답안 칸에 다시 기재하여야 하며, 수정테이프(액) 등을 사용했을 경우 채점상의 불이익을 받을 수 있으므로 사용하지 마시기 바랍니다.

⑪ 문항별 배점은 시험당일 문제에 표기하여 공개됩니다.

⑫ 채점은 전산 자동 판독 결과에 따르므로 유의사항을 지키지 않거나(지정 필기구 미사용) 응시자의 부

주의(인적사항 미기재, 답안지 기재·마킹 착오, 불완전한 마킹·수정, 예비마킹, 형별 마킹 착오 등)로 판독불능, 중복판독 등 불이익이 발생할 경우 응시자 책임으로 이의제기를 하더라도 받아들여지지 않습니다.

⑬ 시험 당일 고사장 내에는 주차 공간이 없거나 협소합니다. 교통 혼잡이 예상되므로 대중교통을 이용하여 주시기 바랍니다.

⑭ 시험 문제 및 답안은 비공개이며, 이에 따라 시험 당일 문제지 반출이 불가합니다.

⑮ 본인이 작성한 답안지를 열람하고 싶은 응시자는 합격일 이후 별도 공지사항을 참고하시기 바랍니다.

⑯ 다음의 경우에 응시료를 환불해드리고 있사오니 참고하시기 바랍니다.

- 수수료를 과오 납입한 경우: 과오 납입한 금액 반환
- 원서접수 기간 내에 접수를 취소한 경우: 100% 환불(결제수수료 포함)
- 시험 시행일 20일 전까지 접수를 취소한 경우: 100% 환불(결제수수료 포함)
- 시험 시행일 10일 전까지 접수를 취소한 경우: 50% 환불(결제수수료 포함)
- 시험 시행일 9일 이내에 접수를 취소한 경우: 취소 및 환불 불가
- 시행기관의 귀책사유로 인하여 응시하지 못한 경우: 납입한 수수료의 100% 환불(결제수수료 포함)
- 본인 또는 배우자의 부모 · (외)조부모 · 형제 · 자매, 배우자, 자녀가 시험일로부터 7일 이내에 사망하여 시험에 응시하지 못한 수험자가 시험일로부터 30일 이내에 환불을 신청한 경우: 납입한 수수료의 100% 환불(결제수수료 포함)
- 본인의 사고 및 질병으로 입원(시험일이 입원기간에 포함)하여 시험에 응시하지 못한 수험자가 시험일로부터 30일 이내에 환불을 신청한 경우: 납입한 수수료의 100% 환불(결제수수료 포함, 의료기관의 입원확인서 첨부)
- 국가가 인정하는 격리가 필요한 전염병 발생시 국가(공공기관 포함) 및 의료기관으로부터 감염확정 판정을 받거나, 격리대상자로 판정(격리기간에 시험일 포함)되어 시험에 응시하지 못한 수험자가 시험일로부터 30일 이내에 환불을 신청한 경우: 납입한 수수료의 100% 환불(결제수수료 포함, 국가(공공기관) 및 의료기관 발급한 확인서 첨부)
- 북한의 포격도발 등 심각한 국가 위기단계로 휴가, 외출 등이 금지되어(금지기간에 시험일이 포함) 시험에 응시하지 못한 군인 및 군무원 수험자가 시험일로부터 30일 이내에 환불을 신청한 경우: 납입한 수수료의 100% 환불(결제수수료 포함, 중대장 이상이 발급한 확인서 첨부)
- 예견할 수 없는 기후상황으로 본인의 거주지에서 시험장까지의 대중교통 수단이 두절되어 시험에 응시하지 못한 수험자가 시험일로부터 30일 이내에 환불을 신청한 경우: 납입한 수수료의 100% 환불(결제수수료 포함, 경찰서 확인서 등 첨부)

⑰ 고사장은 전체가 금연 구역이므로 흡연을 금지하며, 쓰레기를 함부로 버리거나 시설물이 훼손되지 않도록 주의하시기 바랍니다.

⑱ 기타 시험 일정, 운영 등에 관한 사항은 홈페이지(ccmm.kpc.or.kr)의 공지사항을 확인하시기 바라며, 미확인으로 인한 불이익은 수험자의 책임입니다.

기출 분석

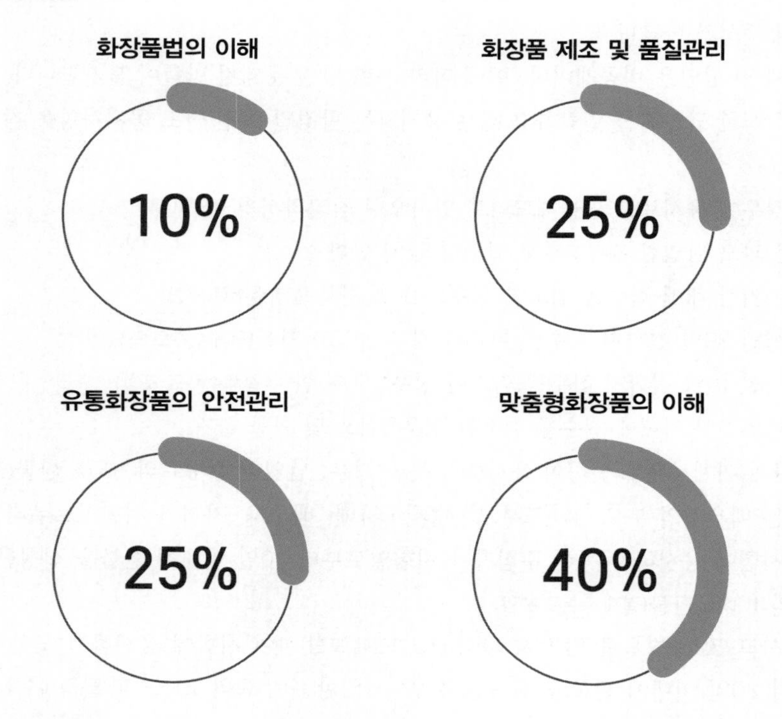

- 지문의 길이가 대폭 증가하고 다양한 개념을 모두 알아야 풀 수 있는 문제가 주로 출제되었습니다. 2시간 안에 마킹까지 완료하여야 하므로 제한시간 안에 시험을 치르는 연습이 필요합니다.
- 문제 스타일이 정리되어 출제 의도를 파악하기가 보다 수월해졌지만, 전체적인 난도에는 차이가 없습니다. 지엽적이고 생소한 영역에서 문제가 출제되는 경우가 다소 있으므로 관련 자료까지 암기하여야 합니다.
- 관련 법령 또는 가이드라인의 일부를 그대로 출제하는 문제 유형이 증가하고 있습니다. 주요 용어의 핵심 개념에 대한 문제가 다수 출제되고 있기 때문에 빈칸을 기입하는 연습이 필요합니다.
- 여러 조건들을 나열하고 맞춤형화장품 조제관리사와 고객과의 대화 형식을 통해 풀어야 하는 문제가 대거 출제되었습니다. 문제를 파악하고 관련 법령이나 고시를 응용할 수 있어야 합니다.
- 천연화장품, 유기농화장품 관련 성분명을 보기에 함께 나열하고 정답을 고르는 문제가 다수 출제되었습니다. 해당 성분명을 보기에서 골라 정확하게 기입해야 합니다.

구성과 특징

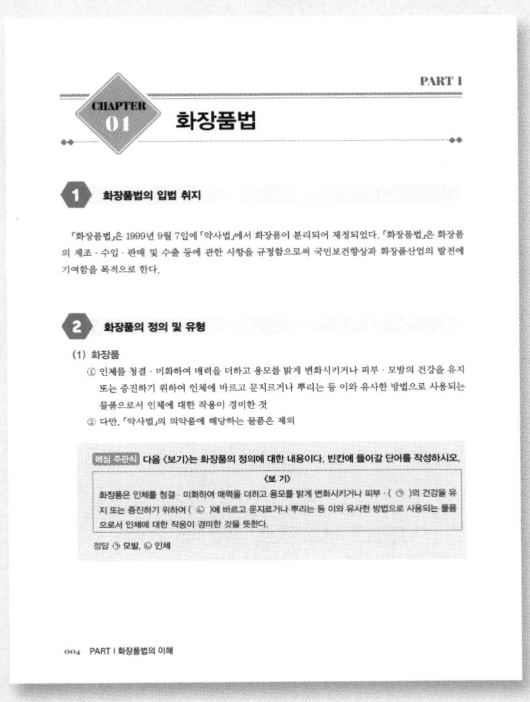

PART I

CHAPTER 01 화장품법

1 화장품법의 입법 취지

「화장품법」은 1999년 9월 7일에 「약사법」에서 화장품이 분리되어 제정되었다. 「화장품법」은 화장품의 제조 · 수입 · 판매 및 수출 등에 관한 사항을 규정함으로써 국민보건향상과 화장품산업의 발전에 기여함을 목적으로 한다.

2 화장품의 정의 및 유형

(1) 화장품
① 인체를 청결 · 미화하여 매력을 더하고 용모를 밝게 변화시키거나 피부 · 모발의 건강을 유지 또는 증진하기 위하여 인체에 바르고 문지르거나 뿌리는 등 이와 유사한 방법으로 사용되는 물품으로서 인체에 대한 작용이 경미한 것
② 다만, 「약사법」의 의약품에 해당하는 물품은 제외

핵심 주관식 다음 〈보기〉는 화장품의 정의에 대한 내용이다. 빈칸에 들어갈 단어를 작성하시오.

〈보 기〉
화장품은 인체를 청결 · 미화하여 매력을 더하고 용모를 밝게 변화시키거나 피부 · (㉠)의 건강을 유지 또는 증진하기 위하여 (㉡)에 바르고 문지르거나 뿌리는 등 이와 유사한 방법으로 사용되는 물품으로서 인체에 대한 작용이 경미한 것을 뜻한다.

정답 ㉠ 모발, ㉡ 인체

004 PART I 화장품법의 이해

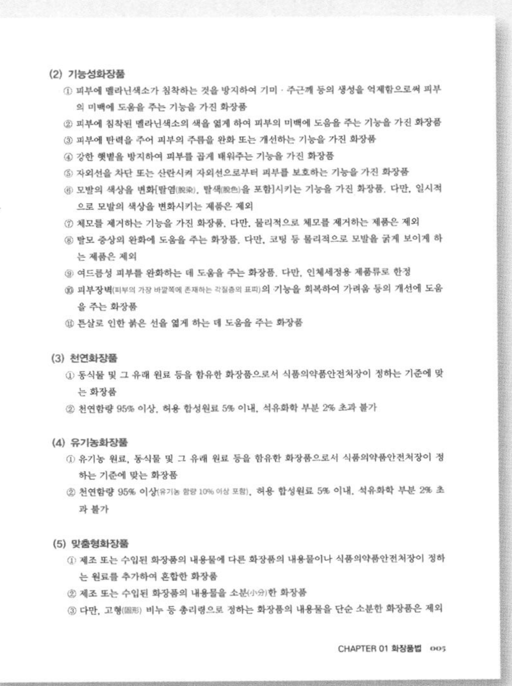

(2) 기능성화장품
① 피부에 멜라닌색소가 침착하는 것을 방지하여 기미 · 주근깨 등의 생성을 억제함으로써 피부의 미백에 도움을 주는 기능을 가진 화장품
② 피부에 침착된 멜라닌색소의 색을 엷게 하여 피부의 미백에 도움을 주는 기능을 가진 화장품
③ 피부에 탄력을 주어 피부의 주름을 완화 또는 개선하는 기능을 가진 화장품
④ 강한 햇볕을 방지하여 피부를 곱게 태워주는 기능을 가진 화장품
⑤ 자외선을 차단 또는 산란시켜 자외선으로부터 피부를 보호하는 기능을 가진 화장품
⑥ 모발의 색상을 변화[탈염(脫染), 탈색(脫色)을 포함]시키는 기능을 가진 화장품. 다만, 일시적으로 모발의 색상을 변화시키는 제품은 제외
⑦ 체모를 제거하는 기능을 가진 화장품. 다만, 물리적으로 체모를 제거하는 제품은 제외
⑧ 탈모 증상의 완화에 도움을 주는 화장품. 다만, 코팅 등 물리적으로 모발을 굵게 보이게 하는 제품은 제외
⑨ 여드름성 피부를 완화하는 데 도움을 주는 화장품. 다만, 인체세정용 제품류로 한정
⑩ 피부장벽(피부의 가장 바깥쪽에 존재하는 각질층의 표피)의 기능을 회복하여 가려움 등의 개선에 도움을 주는 화장품
⑪ 튼살로 인한 붉은 선을 엷게 하는 데 도움을 주는 화장품

(3) 천연화장품
① 동식물 및 그 유래 원료 등을 함유한 화장품으로서 식품의약품안전처장이 정하는 기준에 맞는 화장품
② 천연함량 95% 이상, 허용 합성원료 5% 이내, 석유화학 부분 2% 초과 불가

(4) 유기농화장품
① 유기농 원료, 동식물 및 그 유래 원료 등을 함유한 화장품으로서 식품의약품안전처장이 정하는 기준에 맞는 화장품
② 천연함량 95% 이상(유기농 함량 10% 이상 포함), 허용 합성원료 5% 이내, 석유화학 부분 2% 초과 불가

(5) 맞춤형화장품
① 제조 또는 수입된 화장품의 내용물에 다른 화장품의 내용물이나 식품의약품안전처장이 정하는 원료를 추가하여 혼합한 화장품
② 제조 또는 수입된 화장품의 내용물을 소분(小分)한 화장품
③ 다만, 고형(固形) 비누 등 총리령으로 정하는 화장품의 내용물을 단순 소분한 화장품은 제외

CHAPTER 01 화장품법 005

하나 이론 완전 정복

① 방대한 시험 범위를 실제 출제 영역에 맞춰 구성하였습니다.
② 시험에 꼭 나오는 이론만 골라 담아 효율적인 학습이 가능합니다.
③ 복잡한 개념은 표와 그림으로 쉽게 설명하여 이해를 도왔습니다.
④ 핵심 주관식 문제를 통해 중점적으로 학습해야 할 내용을 파악할 수 있습니다.
⑤ 반드시 외워야 하는 Tip으로 개념 완성에 도움이 될 수 있도록 하였습니다.

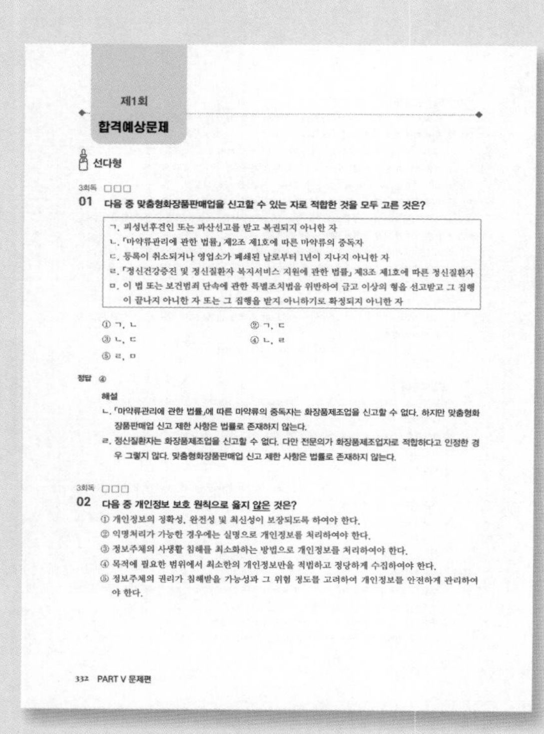

제1회
합격예상문제

선다형

3회독 □□□

01 다음 중 맞춤형화장품판매업을 신고할 수 있는 자로 적합한 것을 모두 고른 것은?

ㄱ. 피성년후견인 또는 파산선고를 받고 복권되지 아니한 자
ㄴ. 「마약류관리에 관한 법률」 제2조 제1호에 따른 마약류의 중독자
ㄷ. 등록이 취소되거나 영업소가 폐쇄된 날로부터 1년이 지나지 아니한 자
ㄹ. 「정신건강증진 및 정신질환자 복지서비스 지원에 관한 법률」 제3조 제1호에 따른 정신질환자
ㅁ. 이 법 또는 보건범죄 단속에 관한 특별조치법을 위반하여 금고 이상의 형을 선고받고 그 집행이 끝나지 아니한 자 또는 그 집행을 받지 아니하기로 확정되지 아니한 자

① ㄱ, ㄴ　② ㄱ, ㄷ
③ ㄴ, ㄷ　④ ㄴ, ㄹ
⑤ ㄹ, ㅁ

정답 ④

해설
ㄴ. 「마약류관리에 관한 법률」에 따른 마약류의 중독자는 화장품제조업을 신고할 수 없다. 하지만 맞춤형화장품판매업 신고 제한 사항은 법률로 존재하지 않는다.
ㄹ. 정신질환자는 화장품제조업을 신고할 수 없다. 다만 전문의가 화장품제조업자로 적합하다고 인정한 경우 그렇지 않다. 맞춤형화장품판매업 신고 제한 사항은 법률로 존재하지 않는다.

3회독 □□□

02 다음 중 개인정보 보호 원칙으로 옳지 않은 것은?
① 개인정보의 정확성, 완전성 및 최신성이 보장되도록 하여야 한다.
② 익명처리가 가능한 경우에는 실명으로 개인정보를 처리하여야 한다.
③ 정보주체의 사생활 침해를 최소화하는 방법으로 개인정보를 처리하여야 한다.
④ 목적에 필요한 범위에서 최소한의 개인정보만을 적법하고 정당하게 수집하여야 한다.
⑤ 정보주체의 권리가 침해받을 가능성과 그 위험 정도를 고려하여 개인정보를 안전하게 관리하여야 한다.

332 PART V 문제편

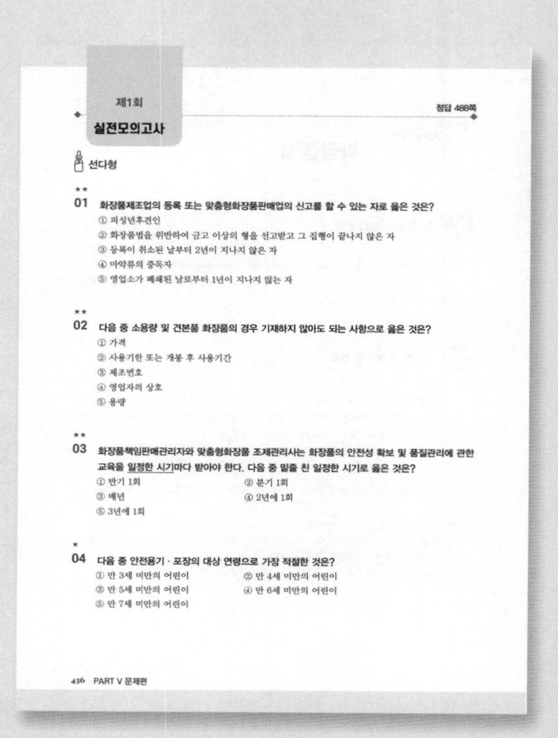

제1회
실전모의고사
정답 488쪽

선다형

★★
01 화장품제조업의 등록 또는 맞춤형화장품판매업의 신고를 할 수 있는 자로 옳은 것은?
① 피성년후견인
② 화장품법을 위반하여 금고 이상의 형을 선고받고 그 집행이 끝나지 않은 자
③ 등록이 취소된 날부터 2년이 지나지 않은 자
④ 마약류의 중독자
⑤ 영업소가 폐쇄된 날로부터 1년이 지나지 않는 자

★★
02 다음 중 소용량 및 견본품 화장품의 경우 기재하지 않아도 되는 사항으로 옳은 것은?
① 가격
② 사용기한 또는 개봉 후 사용기간
③ 제조번호
④ 영업자의 상호
⑤ 용량

★★
03 화장품책임판매관리자와 맞춤형화장품 조제관리사는 화장품의 안전성 확보 및 품질관리에 관한 교육을 일정한 시기마다 받아야 한다. 다음 중 밑줄 친 일정한 시기로 옳은 것은?
① 반기 1회　② 분기 1회
③ 매년　④ 2년에 1회
⑤ 3년에 1회

★
04 다음 중 안전용기 · 포장의 대상 연령으로 가장 적절한 것은?
① 만 3세 미만의 어린이　② 만 4세 미만의 어린이
③ 만 5세 미만의 어린이　④ 만 6세 미만의 어린이
⑤ 만 7세 미만의 어린이

436 PART V 문제편

둘 문제 완전 정복

① 전문 저자진이 엄선한 합격예상문제로 최신 유형을 파악할 수 있습니다.
② 고난도 문제를 함께 수록한 모의고사로 완벽한 실전 대비가 가능합니다.
③ 친절한 해설을 통해 어려운 문제도 쉽게 이해할 수 있습니다.
④ 이론과 연계되는 해설로 문제풀이와 복습을 동시에 할 수 있습니다.
⑤ 뜯어쓰는 3회독 정답표를 수록하여 문제 암기에 도움이 될 수 있도록 하였습니다.

차례

미리보기

TIP PART별 예시문제를 풀어보고, 학습 방향을 잡아보세요!

PART I 화장품법의 이해

3회독 □□□

01 **화장품법상 등록이 아닌 신고가 필요한 영업의 형태로 옳은 것은?**

① 화장품제조업

② 화장품수입업

③ 화장품책임판매업

④ 화장품수입대행업

⑤ 맞춤형화장품판매업

해설 「화장품법」 제3조의2(맞춤형화장품판매업의 신고) 제1항

맞춤형화장품판매업을 하려는 자는 총리령으로 정하는 바에 따라 식품의약품안전처장에게 신고하여야 한다.

3회독 □□□

02 **고객 상담 시 개인정보 중 민감정보에 해당되는 것으로 옳은 것은?**

① 「여권법」에 따른 여권번호

② 「주민등록법」에 따른 주민등록번호

③ 「출입국관리법」에 따른 외국인등록번호

④ 「도로교통법」에 따른 운전면허의 면허번호

⑤ 유전자검사 등의 결과로 얻어진 유전 정보

해설 「개인정보 보호법 시행령」 제18조(민감정보의 범위)

민감정보의 범위는 유전자검사 등의 결과로 얻어진 유전정보와 「형의 실효 등에 관한 법률」 제2조 제5호에 따른 범죄경력자료에 해당하는 정보를 말한다.

3회독 □□□

03 **맞춤형화장품판매업소에서 제조 · 수입된 화장품의 내용물에 다른 화장품의 내용물이나 식품의약품안전처장이 정하는 원료를 추가하여 혼합하거나 제조 또는 수입된 화장품의 내용물을 소분(小分)하는 업무에 종사하는 자를 (㉠)라고 한다. ㉠에 들어갈 적합한 명칭을 작성하시오.**

정답 맞춤형화장품 조제관리사

해설 「화장품법」 제3조의2(맞춤형화장품판매업의 신고) 제2항

맞춤형화장품의 혼합 · 소분 업무에 종사하는 자를 "맞춤형화장품 조제관리사"라 한다.

3회독 □□□

04 **다음 〈보기〉는 「화장품법 시행규칙」 제18조 1항에 따른 안전용기 · 포장을 사용하여야 할 품목에 대한 설명이다. 괄호에 들어갈 알맞은 성분의 종류를 작성하시오.**

〈보 기〉

ㄱ. 아세톤을 함유하는 네일 에나멜 리무버 및 네일 폴리시 리무버
ㄴ. 개별포장당 메틸 살리실레이트를 5% 이상 함유하는 액체상태의 제품
ㄷ. 어린이용 오일 등 개별포장당 (　　)류를 10% 이상 함유하고 운동점도가 21센티스톡스(섭씨 40도 기준) 이하인 비에멀젼 타입의 액체상태의 제품

정답 탄화수소

해설 「화장품법 시행규칙」 제18조(안전용기 · 포장 대상 품목 및 기준)
화장품책임판매업자 및 맞춤형화장품판매업자는 어린이용 오일 등 개별포장당 탄화수소류를 10퍼센트 이상 함유하고 운동점도가 21센티스톡스(섭씨 40도 기준) 이하인 비에멀젼 타입의 액체상태의 화장품을 판매할 때에는 어린이가 화장품을 잘못 사용하여 인체에 위해를 끼치는 사고가 발생하지 아니하도록 안전용기 · 포장을 사용하여야 한다.

PART II 화장품 제조 및 품질관리

3회독 □□□

05 **화장품에 사용되는 원료의 특성을 설명한 것으로 옳은 것은?**

① 금속이온봉쇄제는 주로 점도증가, 피막형성 등의 목적으로 사용된다.
② 계면활성제는 계면에 흡착하여 계면의 성질을 현저히 변화시키는 물질이다.
③ 고분자화합물은 원료 중에 혼입되어 있는 이온을 제거할 목적으로 사용된다.
④ 산화방지제는 수분의 증발을 억제하고 사용감촉을 향상시키는 등의 목적으로 사용된다.
⑤ 유성원료는 산화되기 쉬운 성분을 함유한 물질에 첨가하여 산패를 막을 목적으로 사용된다.

해설
① 금속이온봉쇄제는 원료 중에 혼입되어 있는 금속 이온을 제거할 목적으로 사용된다.
③ 고분자화합물은 외상의 점도를 증가시켜 에멀젼의 안정성을 높이고자 사용된다.
④ 산화방지제는 산화되기 쉬운 성분을 함유한 물질에 첨가하여 산패를 막을 목적으로 사용된다.
⑤ 유성원료는 수분의 증발을 억제하고 사용감촉을 향상시키는 등의 목적으로 사용된다.

3회독 □□□

06 **맞춤형화장품의 내용물 및 원료에 대한 품질검사결과를 확인해 볼 수 있는 서류로 옳은 것은?**

① 품질규격서

② 품질성적서

③ 제조공정도

④ 포장지시서

⑤ 칭량지시서

해설

맞춤형화장품판매업자는 화장품책임판매업자가 제공한 품질성적서에서 내용물과 원료의 시험결과, 제조번호, 제조일자, 사용기한 등을 확인할 수 있다.

3회독 □□□

07 **맞춤형화장품 매장에 근무하는 조제관리사에게 향료 알레르기가 있는 고객이 제품에 대해 문의를 해왔다. 조제관리사가 제품에 부착된 〈보기〉의 설명서를 참조하여 고객에게 안내해야 할 말로 가장 적절한 것은?**

〈보 기〉

- 제품명: 유기농 모이스춰로션
- 제품의 유형: 액상 에멀젼류
- 내용량: 50g
- 전성분: 정제수, 1,3부틸렌글리콜, 글리세린, 스쿠알란, 호호바유, 모노스테아린산글리세린, 피이지 소르비탄지방산에스터, 1,2헥산디올, 녹차추출물, 황금추출물, 참나무이끼추출물, 토코페롤, 잔탄검, 구연산나트륨, 수산화칼륨, 벤질알코올, 유제놀, 리모넨

① 이 제품은 유기농 화장품으로 알레르기 반응을 일으키지 않습니다.

② 이 제품은 알레르기는 면역성이 있어 반복해서 사용하면 완화될 수 있습니다.

③ 이 제품은 조제관리사가 조제한 제품이어서 알레르기 반응을 일으키지 않습니다.

④ 이 제품은 알레르기 완화 물질이 첨가되어 있어 알레르기 체질 개선에 효과가 있습니다.

⑤ 이 제품은 알레르기를 유발할 수 있는 성분이 포함되어 있어 사용 시 주의를 요합니다.

해설

맞춤형화장품 판매 시 혼합 · 소분에 사용되는 내용물 또는 원료의 특성과 맞춤형화장품 사용 시의 주의사항을 소비자에게 설명해야 한다. 향료 알레르기가 있는 고객에게 원료 중 참나무이끼추출물, 벤질알코올, 유제놀, 리모넨 등 알레르기를 유발할 수 있는 성분을 함유하고 있으므로 사용 시 주의사항을 설명해야 한다.

3회독 □□□

08 **다음 〈보기〉에서 ㉠에 적합한 용어를 작성하시오.**

> **〈보 기〉**
> (㉠)란 화장품의 사용 중 발생한 바람직하지 않고 의도되지 아니한 징후, 증상 또는 질병을 말하며, 해당 화장품과 반드시 인과관계를 가져야 하는 것은 아니다.

정답 유해사례

해설 화장품 안전성 정보관리 규정 제2조 용어의 정의

유해사례(AE; Adverse Event/Adverse Experience)란 화장품의 사용 중 발생한 바람직하지 않고 의도되지 아니한 징후, 증상 또는 질병을 말하며, 당해 화장품과 반드시 인과관계를 가져야 하는 것은 아니다.

3회독 □□□

09 **다음 〈보기〉에서 ㉠에 적합한 용어를 작성하시오.**

> **〈보 기〉**
> 계면활성제의 종류 중 모발에 흡착하여 유연효과나 대전 방지효과, 모발의 정전기 방지, 린스, 살균제, 손 소독제 등에 사용되는 것은 (㉠)계면활성제이다.

정답 양이온

해설

계면활성제는 친수부위의 대전성에 따라 음이온, 양이온, 양쪽성, 비이온성 계면활성제로 나뉜다. 양이온 계면활성제는 살균 · 소독 작용이 있고 대전 방지효과와 모발에 대한 유연효과가 있다.

3회독 □□□

10 **다음 〈보기〉 중 맞춤형화장품 조제관리사가 올바르게 업무를 진행한 경우를 모두 고르시오.**

> **〈보 기〉**
> ㄱ. 고객으로부터 선택된 맞춤형화장품을 조제관리사가 매장 조제실에서 직접 조제하여 전달하였다.
> ㄴ. 조제관리사는 썬크림을 조제하기 위하여 에틸헥실메톡시신나메이트를 10%로 배합, 조제하여 판매하였다.
> ㄷ. 책임판매업자가 기능성화장품으로 심사 또는 보고를 완료한 제품을 맞춤형화장품 조제관리사가 소분하여 판매하였다.
> ㄹ. 맞춤형화장품 구매를 위하여 인터넷 주문을 진행한 고객에게 조제관리사는 전자상거래 담당자에게 직접 조제하여 제품을 배송까지 진행하도록 지시하였다.

정답 ㄱ, ㄷ

해설

맞춤형화장품 조제관리사는 소비자의 피부 상태나 선호도를 확인하고 맞춤형화장품을 매장에서 직접 혼합 · 소분하는 업무를 한다. 화장품책임판매업자가 기능성화장품으로 심사 또는 보고를 완료한 제품을 맞춤형화장품 조제관리사가 소분하여 판매할 수 있으며 맞춤형화장품에 사용할 수 없는 원료, 화장품에 사용상의 제한이 필요한 원료, 기능성화장품의 효능 · 효과를 나타내는 원료를 사용하여 맞춤형화장품을 조제할 수는 없다.

3회독 □□□

11 다음 〈보기〉에서 맞춤형화장품 조제에 필요한 원료 및 내용물 관리로 적절한 것을 모두 고르면?

〈보 기〉

ㄱ. 내용물 및 원료의 제조번호를 확인한다.
ㄴ. 내용물 및 원료의 입고 시 품질관리 여부를 확인한다.
ㄷ. 내용물 및 원료의 사용기한 또는 개봉 후 사용기한을 확인한다.
ㄹ. 내용물 및 원료 정보는 기밀이므로 소비자에게 설명하지 않을 수 있다.
ㅁ. 책임판매업자와 계약한 사항과 별도로 내용물 및 원료의 비율을 다르게 할 수 있다.

① ㄱ, ㄴ, ㄷ
② ㄱ, ㄴ, ㄹ
③ ㄱ, ㄷ, ㅁ
④ ㄴ, ㅁ, ㄹ
⑤ ㄷ, ㅁ, ㄹ

해설
맞춤형화장품판매업자는 내용물 및 원료의 입고 시 품질관리 여부를 확인하고 품질성적서를 구비해야 한다. 품질성적서에서 제조번호, 제조일자, 사용기한 등을 확인할 수 있다. 내용물 및 원료를 공급하는 화장품책임판매업자가 혼합 또는 소분의 범위를 검토하여 정하고 있는 경우 그 범위 내에서 혼합 또는 소분해야 한다. 맞춤형화장품 판매 시 혼합 또는 소분에 사용되는 내용물 및 원료의 특성을 소비자에게 설명해야 한다.

3회독 □□□

12 맞춤형화장품의 원료로 사용할 수 있는 경우로 적합한 것은?

① 보존제를 직접 첨가한 제품
② 자외선차단제를 직접 첨가한 제품
③ 화장품에 사용할 수 없는 원료를 첨가한 제품
④ 식품의약품안전처장이 고시하는 기능성화장품의 효능 · 효과를 나타내는 원료를 첨가한 제품
⑤ 해당 화장품책임판매업자가 식품의약품안전처장이 고시하는 기능성화장품의 효능 · 효과를 나타내는 원료를 포함하여 식약처로부터 심사를 받거나 보고서를 제출한 경우에 해당하는 제품

해설 화장품 안전기준 등에 관한 규정 제5조(맞춤형화장품에 사용 가능한 원료)
다음의 원료를 제외한 원료는 맞춤형화장품에 사용할 수 있다.
1. [별표 1]의 화장품에 사용할 수 없는 원료
2. [별표 2]의 화장품에 사용상의 제한이 필요한 원료(보존제, 자외선차단제, 염모제, 기타 성분)
3. 식품의약품안전처장이 고시한 기능성화장품의 효능 · 효과를 나타내는 원료(다만, 맞춤형화장품판매업자에게 원료를 공급하는 화장품책임판매업자가 「화장품법」 제4조에 따라 해당 원료를 포함하여 기능성화장품에 대한 심사를 받거나 보고서를 제출한 경우는 제외한다)

3회독 □□□

13 **다음 〈보기〉의 우수화장품 품질관리기준에서 기준일탈 제품의 폐기 처리 순서를 나열한 것으로 옳은 것은?**

〈보 기〉

ㄱ. 격리 보관
ㄴ. 기준일탈 조사
ㄷ. 기준일탈의 처리
ㄹ. 폐기처분 또는 재작업 또는 반품
ㅁ. 기준일탈 제품에 불합격라벨 첨부
ㅂ. 시험, 검사, 측정이 틀림없음 확인
ㅅ. 시험, 검사, 측정에서 기준일탈 결과 나옴

① ㄷ → ㄴ → ㅂ → ㅅ → ㄹ → ㄱ → ㅁ
② ㅁ → ㄴ → ㅂ → ㄷ → ㅅ → ㄱ → ㄹ
③ ㅅ → ㄴ → ㄹ → ㄷ → ㅁ → ㅂ → ㄱ
④ ㅅ → ㄴ → ㅂ → ㄷ → ㅁ → ㄱ → ㄹ
⑤ ㅅ → ㄴ → ㅂ → ㄷ → ㅁ → ㄹ → ㄱ

해설 우수화장품 제조 및 품질관리기준(CGMP) 해설서 제22조 기준일탈 제품의 폐기
원료와 포장재, 벌크제품과 완제품이 시험, 검사, 측정에서 기준일탈 결과가 나올 경우, 기준일탈을 조사하여야 한다. 기준일탈 조사 결과, 시험, 검사, 측정이 틀림없음을 확인하면 기준일탈 제품으로 처리한다. 기준일탈 제품에 불합격라벨을 첨부하여 격리보관하고, 격리보관된 제품은 폐기처분 또는 재작업 또는 반품 처리한다.

PART IV 맞춤형화장품의 이해

3회독 □□□

14 **맞춤형화장품에 혼합 가능한 화장품 원료로 옳은 것은?**

① 아데노신
② 라벤더오일
③ 징크피리치온
④ 페녹시에탄올
⑤ 메칠이소치아졸리논

해설

- 라벤더오일은 에센셜 오일로 맞춤형화장품에 혼합 가능한 원료이다.
- ①은 기능성화장품으로 고시된 성분이고, ③, ④, ⑤는 사용상의 제한이 필요한 보존제 성분에 해당한다.

3회독 □□□

15 **피부의 표피를 구성하고 있는 층으로 옳은 것은?**

① 기저층, 유극층, 과립층, 각질층

② 기저층, 유두층, 망상층, 각질층

③ 유두층, 망상층, 과립층, 각질층

④ 기저층, 유극층, 망상층, 각질층

⑤ 과립층, 유두층, 유극층, 각질층

해설

- 피부의 표피를 구성하고 있는 층은 기저층, 유극층, 과립층, 각질층이다.
- 피부의 진피를 구성하고 있는 층은 망상층과 유두층이다.

3회독 □□□

16 **맞춤형화장품 조제관리사인 소영은 매장을 방문한 고객과 다음과 같은 〈대화〉를 나누었다. 소영이가 고객에게 혼합하여 추천할 제품으로 다음 〈보기〉 중 옳은 것을 모두 고르면?**

〈대 화〉

고객: 최근에 야외활동을 많이 해서 그런지 얼굴 피부가 검어지고 칙칙해졌어요. 건조하기도 하구요.

소영: 아. 그러신가요? 그럼 고객님 피부 상태를 측정해 보도록 할까요?

고객: 그럴까요? 지난번 방문 시와 비교해 주시면 좋겠네요.

소영: 네. 이쪽에 앉으시면 저희 측정기로 측정을 해드리겠습니다.

– 피부측정 후 –

소영: 고객님은 1달 전 측정 시보다 얼굴에 색소 침착도가 20%가량 높아져 있고, 피부 보습도도 25%가량 많이 낮아져 있군요.

고객: 음. 걱정이네요. 그럼 어떤 제품을 쓰는 것이 좋을지 추천 부탁드려요.

〈보 기〉

ㄱ. 티타늄디옥사이드(Titanium Dioxide) 함유 제품

ㄴ. 나이아신아마이드(Niacinamide) 함유 제품

ㄷ. 카페인(Caffeine) 함유 제품

ㄹ. 소듐하이알루로네이트(Sodium Hyaluronate) 함유 제품

ㅁ. 아데노신(Adenosine) 함유 제품

① ㄱ, ㄷ

② ㄱ, ㅁ

③ ㄴ, ㄹ

④ ㄴ, ㅁ

⑤ ㄷ, ㄹ

해설

- 색소침착이 20%가량 증가했고 피부 보습도가 25% 감소했으므로, 고객에게 혼합하여 추천할 제품은 피부 미백과 보습에 효과가 있는 제품이다.
- ㄱ – 자외선차단, ㄴ – 미백, ㄷ – 리프팅, ㄹ – 보습, ㅁ – 주름 개선

3회독 □□□

17 **다음의 〈보기〉는 맞춤형화장품의 전성분 항목이다. 소비자에게 사용된 성분에 대해 설명하기 위하여 다음 화장품 전성분 표기 중 사용상의 제한이 필요한 보존제에 해당하는 성분을 다음 〈보기〉에서 하나를 골라 작성하시오.**

> **〈보 기〉**
> 정제수, 글리세린, 다이프로필렌글라이콜, 토코페릴아세테이트, 다이메티콘/비닐다이메티콘크로스폴리머, C12–14파레스–3, 페녹시에탄올, 향료

정답 페녹시에탄올

해설

글리세린과 다이프로필렌글라이콜 – 보습제, 토코페릴아세테이트 – 산화방지제, 다이메티콘/비닐다이메티콘크로스폴리머 – 비수용성 점증제, C12–14파레스–3 – 계면활성제, 페녹시에탄올 – 보존제, 향료 – 착향제

3회독 □□□

18 **다음 〈보기〉는 맞춤형화장품에 관한 설명이다. 〈보기〉에서 ㉠, ㉡에 해당하는 적합한 단어를 각각 작성하시오.**

> **〈보 기〉**
> ㄱ. 맞춤형화장품은 제조 또는 수입된 화장품의 (㉠)에 다른 화장품의 (㉠)이나 식품의약품안전처장이 정하는 (㉡)를 추가하여 혼합한 화장품
> ㄴ. 제조 또는 수입된 화장품의 (㉠)을 소분(小分)한 화장품

정답 ㉠ 내용물, ㉡ 원료

해설 「화장품법」 제2조(정의)

맞춤형화장품이란 제조 또는 수입된 화장품의 내용물에 다른 화장품의 내용물이나 식품의약품안전처장이 정하는 원료를 추가하여 혼합한 화장품이나 제조 또는 수입된 화장품의 내용물을 소분(小分)한 화장품을 말한다.

3회독 □□□

19 **다음 〈보기〉는 유통화장품의 안전관리기준 중 pH에 대한 내용이다. 〈보기〉 기준의 예외가 되는 두 가지 제품에 대해 모두 작성하시오.**

> **〈보 기〉**
>
> 영 · 유아용 제품류(영 · 유아용 샴푸, 영 · 유아용 린스, 영 · 유아 인체 세정용 제품, 영 · 유아 목욕용 제품 제외), 눈 화장용 제품류, 색조 화장용 제품류, 두발용 제품류(샴푸, 린스 제외), 면도용 제품류(셰이빙 크림, 셰이빙 폼 제외), 기초화장용 제품류(클렌징 워터, 클렌징 오일, 클렌징 로션, 클렌징 크림 등 메이크업 리무버 제품 제외) 중 액, 로션, 크림 및 이와 유사한 제형의 액상 제품은 pH 기준이 3.0~9.0이어야 한다.

정답 물을 포함하지 않는 제품, 사용 후 곧바로 씻어 내는 제품

해설

〈보기〉는 화장품 안전기준 등에 관한 규정 제6조(유통화장품의 안전관리 기준) 제6항 pH기준에 대한 내용으로, 〈보기〉 기준에서 제외되는 제품은 물을 포함하지 않는 제품과 사용한 후 곧바로 물로 씻어 내는 제품이다.

memo

화장품법의 이해

화장품법

1 화장품법의 입법 취지

「화장품법」은 1999년 9월 7일에 「약사법」에서 화장품이 분리되어 제정되었다. 「화장품법」은 화장품의 제조 · 수입 · 판매 및 수출 등에 관한 사항을 규정함으로써 국민보건향상과 화장품산업의 발전에 기여함을 목적으로 한다.

2 화장품의 정의 및 유형

(1) 화장품

① 인체를 청결 · 미화하여 매력을 더하고 용모를 밝게 변화시키거나 피부 · 모발의 건강을 유지 또는 증진하기 위하여 인체에 바르고 문지르거나 뿌리는 등 이와 유사한 방법으로 사용되는 물품으로서 인체에 대한 작용이 경미한 것

② 다만, 「약사법」의 의약품에 해당하는 물품은 제외

핵심 주관식 **다음 〈보기〉는 화장품의 정의에 대한 내용이다. 빈칸에 들어갈 단어를 작성하시오.**

〈보 기〉

화장품은 인체를 청결 · 미화하여 매력을 더하고 용모를 밝게 변화시키거나 피부 · (㉠)의 건강을 유지 또는 증진하기 위하여 (㉡)에 바르고 문지르거나 뿌리는 등 이와 유사한 방법으로 사용되는 물품으로서 인체에 대한 작용이 경미한 것을 뜻한다.

정답 ㉠ 모발, ㉡ 인체

(2) 기능성화장품

① 피부에 멜라닌색소가 침착하는 것을 방지하여 기미 · 주근깨 등의 생성을 억제함으로써 피부의 미백에 도움을 주는 기능을 가진 화장품

② 피부에 침착된 멜라닌색소의 색을 엷게 하여 피부의 미백에 도움을 주는 기능을 가진 화장품

③ 피부에 탄력을 주어 피부의 주름을 완화 또는 개선하는 기능을 가진 화장품

④ 강한 햇볕을 방지하여 피부를 곱게 태워주는 기능을 가진 화장품

⑤ 자외선을 차단 또는 산란시켜 자외선으로부터 피부를 보호하는 기능을 가진 화장품

⑥ 모발의 색상을 변화[탈염(脫染), 탈색(脫色)을 포함]시키는 기능을 가진 화장품. 다만, 일시적으로 모발의 색상을 변화시키는 제품은 제외

⑦ 체모를 제거하는 기능을 가진 화장품. 다만, 물리적으로 체모를 제거하는 제품은 제외

⑧ 탈모 증상의 완화에 도움을 주는 화장품. 다만, 코팅 등 물리적으로 모발을 굵게 보이게 하는 제품은 제외

⑨ 여드름성 피부를 완화하는 데 도움을 주는 화장품. 다만, 인체세정용 제품류로 한정

⑩ 피부장벽(피부의 가장 바깥쪽에 존재하는 각질층의 표피)의 기능을 회복하여 가려움 등의 개선에 도움을 주는 화장품

⑪ 튼살로 인한 붉은 선을 엷게 하는 데 도움을 주는 화장품

(3) 천연화장품

① 동식물 및 그 유래 원료 등을 함유한 화장품으로서 식품의약품안전처장이 정하는 기준에 맞는 화장품

② 천연함량 95% 이상, 허용 합성원료 5% 이내, 석유화학 부분 2% 초과 불가

(4) 유기농화장품

① 유기농 원료, 동식물 및 그 유래 원료 등을 함유한 화장품으로서 식품의약품안전처장이 정하는 기준에 맞는 화장품

② 천연함량 95% 이상(유기농 함량 10% 이상 포함), 허용 합성원료 5% 이내, 석유화학 부분 2% 초과 불가

(5) 맞춤형화장품

① 제조 또는 수입된 화장품의 내용물에 다른 화장품의 내용물이나 식품의약품안전처장이 정하는 원료를 추가하여 혼합한 화장품

② 제조 또는 수입된 화장품의 내용물을 소분(小分)한 화장품

③ 다만, 고형(固形) 비누 등 총리령으로 정하는 화장품의 내용물을 단순 소분한 화장품은 제외

TIP 맞춤형화장품의 내용물로 사용할 수 없는 화장품

- 화장품책임판매업자가 소비자에게 그대로 유통 · 판매할 목적으로 제조 또는 수입한 화장품
- 판매의 목적이 아닌 제품의 홍보 · 판매촉진 등을 위하여 미리 소비자가 시험 · 사용하도록 제조 또는 수입한 화장품

(6) 화장품 관련 용어

용 어	정 의
안전용기 · 포장	만 5세 미만의 어린이가 개봉하기 어렵게 설계 · 고안된 용기나 포장
사용기한	화장품이 제조된 날부터 적절한 보관상태에서 제품이 고유의 특성을 간직한 채 소비자가 안정적으로 사용할 수 있는 최소한의 기한
1차 포장	화장품 제조 시 내용물과 직접 접촉하는 포장용기
2차 포장	1차 포장을 수용하는 1개 또는 그 이상의 포장과 보호재 및 표시의 목적으로 한 포장(첨부문서 등을 포함)
표 시	화장품의 용기 · 포장에 기재하는 문자 · 숫자 · 도형 또는 그림 등
광 고	라디오 · 텔레비전 · 신문 · 잡지 · 음성 · 음향 · 영상 · 인터넷 · 인쇄물 · 간판, 그 밖의 방법에 의하여 화장품에 대한 정보를 나타내거나 알리는 행위
화장품제조업	화장품의 전부 또는 일부를 제조(2차 포장 또는 표시만의 공정 제외)하는 영업
화장품책임판매업	취급하는 화장품의 품질 및 안전 등을 관리하면서 이를 유통 · 판매하거나 수입대행형 거래를 목적으로 알선 · 수여(授與)하는 영업
맞춤형화장품 판매업	맞춤형화장품을 판매하는 영업

3 화장품의 유형별 특성

(1) 만 3세 이하의 영유아용 제품류

정 의	만 3세 이하의 어린이가 사용하는 제품
종 류	· 영유아용 샴푸, 린스 · 영유아용 오일 · 영유아 목욕용 제품 · 영유아용 로션, 크림 · 영유아 인체 세정용 제품

(2) 목욕용 제품류

정 의	샤워, 목욕 시에 전신에 사용되며 사용 후 바로 씻어내는 제품	
종 류	• 목욕용 오일 · 정제 · 캡슐 • 목욕용 소금류	• 버블 배스(Bubble baths) • 그 밖의 목욕용 제품류

(3) 인체 세정용 제품류

정 의	주로 물 등의 액체를 이용하여 물리적으로 인체를 청결하게 하는 제품
종 류	• 폼 클렌저(Foam cleanser) • 바디 클렌저(Body cleanser) • 액체 비누(Liquid soaps) 및 화장 비누(고체 형태의 세안용 비누) • 외음부 세정제 • 물휴지 ※ 식품접객업의 영업소에서 손을 닦는 용도 등으로 사용할 수 있도록 포장된 물티슈와 장례식장 또는 의료기관 등에서 시체(屍體)를 닦는 용도로 사용되는 물휴지는 제외 • 그 밖의 인체 세정용 제품류

(4) 눈 화장용 제품류

정 의	눈 주위에 매력을 더하기 위하여 사용하는 메이크업 제품	
종 류	• 아이브로 펜슬(Eyebrow pencil) • 아이 라이너(Eye liner) • 아이 섀도(Eye shadow)	• 마스카라(Mascara) • 아이 메이크업 리무버(Eye make-up remover) • 그 밖의 눈 화장용 제품류

(5) 방향용 제품류

정 의	향(香)을 몸에 지니거나 뿌리는 제품	
종 류	• 향수 • 분말향 • 향낭(香囊)	• 콜롱(Cologne) • 그 밖의 방향용 제품류

(6) 두발 염색용 제품류

정 의	모발의 색을 변화시키거나(염모) 탈색시키는(탈염) 제품	
종 류	• 헤어 틴트(Hair tints) • 헤어 컬러스프레이(Hair color sprays) • 염모제	• 탈염 · 탈색용 제품 • 그 밖의 두발 염색용 제품류

(7) 색조 화장용 제품류

정 의	얼굴과 신체에 매력을 더하기 위하여 사용하는 메이크업 제품
종 류	• 볼연지 • 페이스 파우더(Face powder), 페이스 케이크(Face cakes) • 리퀴드(Liquid) · 크림 · 케이크 파운데이션(Foundation) • 메이크업 베이스(Make-up bases) • 메이크업 픽서티브(Make-up fixatives) • 립스틱, 립라이너(Lip liner) • 립글로스(Lip gloss), 립밤(Lip balm) • 바디페인팅(Body painting), 페이스페인팅(Face painting), 분장용 제품 • 그 밖의 색조 화장용 제품류

(8) 두발용 제품류

정 의	모발의 세정, 컨디셔닝, 정발, 웨이브 형성, 스트레이팅, 증모 효과에 사용하는 제품	
종 류	• 헤어 컨디셔너(Hair conditioners) • 헤어 토닉(Hair tonics) • 헤어 그루밍 에이드(Hair grooming aids) • 헤어 크림 · 로션 • 헤어 오일 • 포마드(Pomade)	• 헤어 스프레이 · 무스 · 왁스 · 젤 • 샴푸, 린스 • 퍼머넌트 웨이브(Permanent wave) • 헤어 스트레이트너(Hair straightner) • 흑채 • 그 밖의 두발용 제품류

(9) 손발톱용 제품류

정 의	손톱과 발톱의 관리 및 메이크업에 사용하는 제품	
종 류	• 베이스코트(Basecoats), 언더코트(Under coats) • 네일 크림 · 로션 · 에센스 • 네일폴리시(Nail polish), 네일에나멜(Nail enamel)	• 네일폴리시 · 네일에나멜 리무버 • 탑코트(Topcoats) • 그 밖의 손발톱용 제품류

(10) 면도용 제품류

정 의	면도할 때와 면도 후에 피부 보호 및 피부 진정 등에 사용하는 제품	
종 류	• 애프터셰이브 로션(Aftershave lotions) • 남성용 탤컴(Talcum) • 프리셰이브 로션(Preshave lotions)	• 셰이빙 크림(Shaving cream) • 셰이빙 폼(Shaving foam) • 그 밖의 면도용 제품류

(11) 기초화장용 제품류

정 의	피부의 보습, 수렴, 유연(에몰리언트), 영양 공급, 세정 등에 사용하는 스킨케어 제품
종 류	• 수렴 · 유연 · 영양 화장수(Face lotions) • 마사지 크림 • 에센스, 오일 • 파우더 • 바디 제품 • 팩, 마스크 • 눈 주위 제품 • 로션, 크림 • 손 · 발의 피부연화 제품 • 클렌징 워터, 클렌징 오일, 클렌징 로션, 클렌징 크림 등 메이크업 리무버 • 그 밖의 기초화장용 제품류

(12) 체취 방지용 제품류

정 의	몸에서 나는 냄새를 제거하거나 줄여주는 제품
종 류	• 데오도런트 • 그 밖의 체취 방지용 제품류

(13) 체모 제거용 제품류

정 의	몸에 난 털을 제거하는 제모에 사용하는 제품
종 류	• 제모제 • 제모왁스 • 그 밖의 체모 제거용 제품류

4 화장품법에 따른 영업의 종류

(1) 영업의 종류

종 류	범 위
화장품제조업	• 화장품을 직접 제조하는 영업 • 화장품 제조를 위탁받아 제조하는 영업 • 화장품의 포장(1차 포장만 해당)을 하는 영업 ※ 2차 포장 또는 표시만의 공정을 행할 경우 등록 대상에서 제외
화장품 책임판매업	• 화장품제조업자가 화장품을 직접 제조하여 유통 · 판매하는 영업 • 화장품제조업자에게 위탁하여 제조된 화장품을 유통 · 판매하는 영업 • 수입된 화장품을 유통 · 판매하는 영업 • 수입대행형 거래(「전자상거래 등에서의 소비자보호에 관한 법률」 제2조 제1호에 따른 전자상거래만 해당)를 목적으로 화장품을 알선 · 수여(授與)하는 영업

종 류	범 위
맞춤형화장품 판매업	• 제조 또는 수입된 화장품의 내용물에 다른 화장품의 내용물이나 식품의약품안전처장이 정하여 고시하는 원료를 추가하여 혼합한 화장품을 판매하는 영업 • 제조 또는 수입된 화장품의 내용물을 소분(小分)한 화장품을 판매하는 영업

(2) 영업의 등록 및 신고

1) 등 록

등록 대상	접수처	필요 서류
화장품제조업	소재지 관할 지방식품의약품안전청장	• 화장품제조업 등록신청서 • 정신질환자, 마약류 중독자가 아님을 증명하는 대표자의 전문의 및 의사진단서 • 시설 명세서 • 등기사항증명서(법인의 경우)
화장품 책임판매업		• 화장품책임판매업 등록신청서 • 「화장품법」에 따른 화장품의 품질관리 및 책임판매 후 안전관리에 적합한 기준에 관한 규정 • 책임판매관리자 자격 확인 가능 서류 – 예 면허증, 졸업증명서, 경력증명서 등 – 단, 수입대행형 거래를 목적으로 화장품을 알선 · 수여(授與)하는 영업의 경우 제외 • 등기사항증명서(법인의 경우)

TIP 책임판매관리자의 자격기준과 직무

자격 기준	• 「의료법」에 따른 의사 또는 「약사법」에 따른 약사 • 「고등교육법」에 따른 학교(전문대학 제외)에서 학사 이상의 학위를 취득한 사람 또는 이와 같은 수준 이상의 학력이 있다고 인정된 사람으로서 이공계(「국가과학기술 경쟁력 강화를 위한 이공계지원 특별법」에 따른 이공계) 학과 또는 향장학 · 화장품과학 · 한의학 · 한약학과 등을 전공한 사람 • 대학 등에서 학사 이상의 학위를 취득한 사람으로서 간호학과, 간호과학과, 건강간호학과를 전공하고 화학 · 생물학 · 생명과학 · 유전학 · 유전공학 · 향장학 · 화장품과학 · 의학 · 약학 등 관련 과목을 20학점 이상 이수한 사람 • 「고등교육법」에 따른 전문대학 졸업자 또는 이와 같은 수준 이상의 학력이 있다고 인정된 사람으로서 화학 · 생물학 · 화학공학 · 생물공학 · 미생물학 · 생화학 · 생명과학 · 생명공학 · 유전공학 · 향장학 · 화장품과학 · 한의학과 · 한약학과 등 화장품 관련 분야를 전공한 후 화장품 제조 또는 품질관리 업무에 1년 이상 종사한 경력이 있는 사람 • 전문대학을 졸업한 사람으로서 간호학과, 간호과학과, 건강간호학과를 전공하고 화학 · 생물학 · 생명과학 · 유전학 · 유전공학 · 향장학 · 화장품과학 · 의학 · 약학 등 관련 과목을 20학점 이상 이수한 후 화장품 제조나 품질관리 업무에 1년 이상 종사한 경력이 있는 사람

자격 기준	• 식품의약품안전처장이 정하여 고시하는 전문 교육과정을 이수한 사람(식품의약품안전처장이 정하여 고시하는 품목만 해당) • 그 밖에 화장품 제조 또는 품질관리 업무에 2년 이상 종사한 경력이 있는 사람
직 무	• 품질관리기준에 따른 품질관리 업무 • 책임판매 후 안전관리기준에 따른 안전확보 업무 • 원료 및 자재의 입고(入庫)부터 완제품의 출고에 이르기까지 필요한 시험 · 검사 또는 검정에 대하여 제조업자를 관리 · 감독하는 업무 • 상시근로자수가 10명 이하인 화장품책임판매업을 경영하는 화장품책임판매업자(법인인 경우에는 그 대표자를 말한다)가 자격기준에 해당하는 사람인 경우에는 그 사람이 책임판매관리자의 직무를 수행할 수 있음. 이 경우 책임판매관리자를 둔 것으로 봄

2) 신 고

신고 대상	접수처	필요 서류
맞춤형화장품 판매업	소재지 관할 지방식품의약품안전청장	• 맞춤형화장품판매업 신고서 • 맞춤형화장품 조제관리사 자격증 사본 • 등기사항증명서(법인의 경우)

3) 변경등록 및 신고

구 분	변경 사유	필요 서류	공통 서류
화장품제조업	화장품제조업자의 변경 (법인의 경우 대표자 변경)	• 정신질환자, 마약류 중독자가 아님을 증명하는 대표자의 전문의 및 의사진단서 • 양도 · 양수의 경우 이를 증명하는 서류 • 상속의 경우 이를 증명하는 가족관계증명서	• 화장품제조업 변경등록신청서 • 화장품제조업 등록필증 • 등기사항증명서(법인의 경우)
	• 제조소의 소재지 변경 • 제조 유형 변경(화장품의 1차 포장 영업을 하는 자가 화장품을 직접 제조하는 영업 또는 화장품 제조를 위탁받아 제조하는 영업으로 제조 유형을 변경 또는 추가하는 경우)	시설 명세서	
	화장품제조업자의 상호 변경(법인의 경우 법인 명칭 변경)		

구 분	변경 사유	필요 서류	공통 서류
화장품 책임판매업	화장품책임판매업자의 변경 (법인의 경우 대표자 변경)	• 양도 · 양수의 경우 이를 증명하는 서류 • 상속의 경우 이를 증명하는 가족관계증명서	• 화장품책임판매업 변경등록 신청서 • 화장품책임판매업 등록필증 • 등기사항증명서(법인의 경우)
	책임판매관리자의 변경	책임판매관리자 자격 확인 가능 서류	
	책임판매 유형 변경(수입대행형 거래를 목적으로 화장품을 알선 · 수여(授與)하는 영업을 하는 자가 화장품을 직접 제조하여 유통 · 판매하는 영업 또는 화장품제조업자에게 위탁하여 제조된 화장품을 유통 · 판매하는 영업 또는 수입된 화장품을 유통 · 판매하는 영업으로 책임판매 유형을 변경 또는 추가하는 경우)	• 「화장품법」에 따른 화장품의 품질관리 및 책임판매 후 안전관리에 적합한 기준에 관한 규정 • 책임판매관리자 자격 확인 가능 서류	
	• 화장품책임판매업자의 상호 변경 (법인의 경우 법인 명칭 변경) • 화장품책임판매업소의 소재지 변경		
맞춤형화장품 판매업	맞춤형화장품판매업자의 변경 (법인의 경우 대표자 변경)	• 양도 · 양수의 경우 이를 증명하는 서류 • 상속의 경우 이를 증명하는 가족관계증명서	• 맞춤형화장품판매업 변경신고서 • 맞춤형화장품판매업 신고필증 • 등기사항증명서(법인의 경우)
	맞춤형화장품 조제관리사의 변경	맞춤형화장품 조제관리사 자격증 사본	
	• 맞춤형화장품판매업소의 상호 변경(법인의 경우 법인 명칭 변경) • 맞춤형화장품판매업소의 소재지 변경		

4) 폐업 등의 신고

① 영업자는 다음 중 어느 하나에 해당하는 경우에는 총리령으로 정하는 바에 따라 식품의약품안전처장에게 신고하여야 한다. 다만, 휴업기간이 1개월 미만이거나 그 기간 동안 휴업하였다가 그 업을 재개하는 경우에는 그러하지 아니하다.

- 폐업 또는 휴업하려는 경우
- 휴업 후 그 업을 재개하려는 경우

② 식품의약품안전처장은 화장품제조업자 또는 화장품책임판매업자가 「부가가치세법」에 따라 관할 세무서장에게 폐업신고를 하거나 관할 세무서장이 사업자등록을 말소한 경우에는 등록을 취소할 수 있다.

③ 식품의약품안전처장은 ②에 따라 등록을 취소하기 위하여 필요하면 관할 세무서장에게 화장품제조업자 또는 화장품책임판매업자의 폐업 여부에 대한 정보 제공을 요청할 수 있다. 이 경우 요청을 받은 관할 세무서장은 「전자정부법」에 따라 화장품제조업자 또는 화장품책임판매업자의 폐업 여부에 대한 정보를 제공하여야 한다.

④ 식품의약품안전처장은 ①에 따른 폐업신고 또는 휴업신고를 받은 날부터 7일 이내에 신고수리 여부를 신고인에게 통지하여야 한다.

⑤ 식품의약품안전처장이 ④에서 정한 기간 내에 신고수리 여부 또는 민원 처리 관련 법령에 따른 처리기간의 연장을 신고인에게 통지하지 아니하면 그 기간(처리기간이 연장 또는 재연장된 경우에는 해당 처리기간)이 끝난 날의 다음 날에 신고를 수리한 것으로 본다.

(3) 결격 사유

구 분	결격 사유
화장품제조업	• 정신질환자(전문의가 화장품제조업자로서 적합하다고 인정하는 사람 제외) • 피성년후견인 또는 파산선고를 받고 복권되지 아니한 자 • 마약류의 중독자 • 「화장품법」 또는 「보건범죄 단속에 관한 특별조치법」을 위반하여 금고 이상의 형을 선고받고 그 집행이 끝나지 아니하거나 그 집행을 받지 아니하기로 확정되지 아니한 자 • 등록이 취소되거나 영업소가 폐쇄된 날부터 1년이 지나지 아니한 자
화장품 책임판매업 맞춤형화장품 판매업	• 피성년후견인 또는 파산선고를 받고 복권되지 아니한 자 • 「화장품법」 또는 「보건범죄 단속에 관한 특별조치법」을 위반하여 금고 이상의 형을 선고받고 그 집행이 끝나지 아니하거나 그 집행을 받지 아니하기로 확정되지 아니한 자 • 등록이 취소되거나 영업소가 폐쇄된 날부터 1년이 지나지 아니한 자

핵심 주관식 **「화장품법」에 따르면 정신질환자 및 마약류의 중독자는 (   )을 업무로 하는 자의 결격 사유이다. 빈칸에 들어갈 단어를 작성하시오.**

해설 「화장품법」 제3조의3(결격사유)에 따르면 정신질환자 및 마약류의 중독자는 화장품제조업의 신고를 할 수 없다. 화장품책임판매업과 맞춤형화장품판매업의 경우에는 결격 사유가 아니다.

정답 화장품제조업

5 화장품의 4대 품질 요소

(1) 안전성

1) 안전성의 정의

화장품은 피부에 대한 자극, 알레르기, 독성이 없어야 한다.

2) 안전성 관련 용어

구 분	설 명
유해사례 (AE; Adverse Event / Adverse Experience)	• 화장품의 사용 중 발생한 바람직하지 않고 의도되지 아니한 징후, 증상 또는 질병 • 당해 화장품과 반드시 인과관계를 가져야 하는 것은 아님
중대한 유해사례 (Serious AE)	• 사망을 초래하거나 생명을 위협하는 경우 • 입원 또는 입원 기간의 연장이 필요한 경우 • 지속적 또는 중대한 불구나 기능 저하를 초래하는 경우 • 선천적 기형 또는 이상을 초래하는 경우 • 기타 의학적으로 중요한 상황
실마리 정보(Signal)	유해사례와 화장품 간의 인과관계 가능성이 있다고 보고된 정보로서 그 인과관계가 알려지지 아니하거나 입증자료가 불충분한 것
안전성 정보	화장품과 관련하여 국민 보건에 직접 영향을 미칠 수 있는 안전성 · 유효성에 관한 새로운 자료, 유해사례 정보 등

3) 안전성 정보의 보고

구 분	보고 주체	내용 및 방법
보 고	의사 · 약사 · 간호사 · 판매자 · 소비자 또는 관련단체 등의 장	• 화장품의 사용 중 발생하였거나 알게 된 유해사례 등 안전성 정보에 대하여 식품의약품안전처장 또는 화장품책임판매업자에게 보고할 수 있음 • 보고 방법: 식품의약품안전처 홈페이지 또는 전화 · 우편 · 팩스 · 정보통신망 등

구 분	보고 주체	내용 및 방법
신속보고	화장품책임 판매업자	• 다음의 화장품 안전성 정보를 알게 된 때에는 각 정보의 서식에 따른 보고서를 그 정보를 알게 된 날로부터 15일 이내에 식품의약품안전처장에게 신속히 보고하여야 함 – 중대한 유해사례 또는 이와 관련하여 식품의약품안전처장이 보고를 지시한 경우 – 판매중지나 회수에 준하는 외국정부의 조치 또는 이와 관련하여 식품의약품안전처장이 보고를 지시한 경우 • 보고 방법: 식품의약품안전처 홈페이지 또는 우편 · 팩스 · 정보통신망 등
정기보고		• 신속보고되지 아니한 화장품의 안전성 정보를 각 서식에 따라 작성한 후 매 반기 종료 후 1월 이내에 식품의약품안전처장에게 보고하여야 함 • 보고 방법: 식품의약품안전처 홈페이지 또는 전자파일을 포함한 우편 · 팩스 · 정보통신망 등 ※ 다만, 상시근로자수가 2인 이하로서 직접 제조한 화장비누만을 판매하는 화장품책임판매업자는 해당 안전성 정보를 보고하지 아니할 수 있음

4) 영유아 또는 어린이 사용 화장품

① 화장품책임판매업자는 영유아 또는 어린이가 사용할 수 있는 화장품임을 표시 · 광고하려는 경우에는 제품별로 안전과 품질을 입증할 수 있는 다음의 제품별 안전성 자료를 작성 및 보관하여야 한다.

- 제품 및 제조방법에 대한 설명자료
- 화장품의 안전성 평가자료
- 제품의 효능 · 효과에 대한 증명자료

② 식품의약품안전처장은 영유아 또는 어린이 사용 화장품에 대하여 제품별 안전성 자료, 소비자 사용실태, 사용 후 이상사례 등에 대하여 주기적으로 실태조사를 실시하고, 위해요소의 저감화를 위한 계획을 수립하여야 한다.

③ 식품의약품안전처장은 소비자가 영유아 또는 어린이 사용 화장품을 안전하게 사용할 수 있도록 교육 및 홍보를 할 수 있다.

④ 영유아 또는 어린이의 연령 및 표시 · 광고의 범위, 제품별 안전성 자료의 작성 범위 및 보관기간 등과 실태조사 및 계획 수립의 범위, 시기, 절차 등에 필요한 사항은 총리령으로 정한다.

<table>
<tr><th>구 분</th><th colspan="2">설 명</th></tr>
<tr><td>영유아 또는 어린이의 연령</td><td colspan="2">• 영유아: 만 3세 이하
• 어린이: 만 4세 이상부터 만 13세 이하까지</td></tr>
<tr><td rowspan="3">표시 · 광고의 범위</td><td colspan="2">• 표시: 화장품의 1차 포장 또는 2차 포장에 영유아 또는 어린이가 사용할 수 있는 화장품임을 특정하여 표시하는 경우(화장품의 명칭에 영유아 또는 어린이에 관한 표현이 표시되는 경우 포함)
• 광고: 아래 규정에 따른 매체 · 수단 또는 해당 매체 · 수단과 유사하다고 식품의약품안전처장이 정하여 고시하는 매체 · 수단에 영유아 또는 어린이가 사용할 수 있는 화장품임을 특정하여 광고하는 경우</td></tr>
<tr><td>영유아</td><td>• 신문 · 방송 또는 잡지
• 전단 · 팸플릿 · 견본 또는 입장권
• 인터넷 또는 컴퓨터통신
• 포스터 · 간판 · 네온사인 · 애드벌룬 또는 전광판
• 비디오물 · 음반 · 서적 · 간행물 · 영화 또는 연극
• 방문광고 또는 실연(實演)에 의한 광고</td></tr>
<tr><td>어린이</td><td>• 신문 · 방송 또는 잡지
• 전단 · 팸플릿 · 견본 또는 입장권
• 인터넷 또는 컴퓨터통신
• 포스터 · 간판 · 네온사인 · 애드벌룬 또는 전광판
• 비디오물 · 음반 · 서적 · 간행물 · 영화 또는 연극</td></tr>
<tr><td>제품별 안전성 자료의 작성 범위 및 보관기간</td><td colspan="2">• 화장품의 표시 · 광고를 하려는 화장품책임판매업자는 규정에 따른 제품별 안전성 자료 모두를 미리 작성해야 함
• 제품별 안전성 자료의 보관기간은 다음의 구분에 따름
– 화장품의 1차 포장에 사용기한을 표시하는 경우: 영유아 또는 어린이가 사용할 수 있는 화장품임을 표시 · 광고한 날부터 마지막으로 제조 · 수입된 제품의 사용기한 만료일 이후 1년까지의 기간(제조는 화장품의 제조번호에 따른 제조일자 기준, 수입은 통관일자 기준)
– 화장품의 1차 포장에 개봉 후 사용기간을 표시하는 경우: 영유아 또는 어린이가 사용할 수 있는 화장품임을 표시 · 광고한 날부터 마지막으로 제조 · 수입된 제품의 제조연월일 이후 3년까지의 기간(제조는 화장품의 제조번호에 따른 제조일자 기준, 수입은 통관일자 기준)
• 위에서 규정한 사항 외에 제품별 안전성 자료의 작성 · 보관의 방법 및 절차 등에 필요한 세부 사항은 식품의약품안전처장이 정하여 고시</td></tr>
</table>

구 분	설 명
실태조사 및 계획 수립의 범위, 시기, 절차	• 식품의약품안전처장은 실태조사를 5년마다 실시 • 실태조사에는 다음의 사항이 포함되어야 함 – 제품별 안전성 자료의 작성 및 보관 현황 – 소비자의 사용실태 – 사용 후 이상사례의 현황 및 조치 결과 – 영유아 또는 어린이 사용 화장품에 대한 표시 · 광고의 현황 및 추세 – 영유아 또는 어린이 사용 화장품의 유통 현황 및 추세 – 그 밖에 위의 사항과 유사한 것으로서 식품의약품안전처장이 필요하다고 인정하는 사항 • 식품의약품안전처장은 실태조사를 위해 필요하다고 인정하는 경우에는 관계 행정기관, 공공기관, 법인 · 단체 또는 전문가 등에게 필요한 의견 또는 자료의 제출 등을 요청할 수 있음 • 식품의약품안전처장은 실태조사의 효율적 실시를 위해 필요하다고 인정하는 경우에는 화장품 관련 연구기관 또는 법인 · 단체 등에 실태조사를 의뢰하여 실시할 수 있음 • 위에서 규정한 사항 외에 실태조사의 대상, 방법 및 절차 등에 필요한 세부 사항은 식품의약품안전처장이 정함

TIP 화장품 광고의 매체 또는 수단

- 신문 · 방송 또는 잡지
- 전단 · 팸플릿 · 견본 또는 입장권
- 인터넷 또는 컴퓨터통신
- 포스터 · 간판 · 네온사인 · 애드벌룬 또는 전광판
- 비디오물 · 음반 · 서적 · 간행물 · 영화 또는 연극
- 방문광고 또는 실연(實演)에 의한 광고
- 자기 상품 외의 다른 상품의 포장
- 그 밖에 위의 매체 또는 수단과 유사한 매체 또는 수단

5) 기능성화장품의 안전성에 관한 자료

① 단회 투여 독성시험 자료

② 1차 피부 자극시험 자료

③ 안(眼)점막 자극 또는 기타 점막 자극시험 자료

④ 피부 감작성시험 자료

⑤ 광독성 및 광감작성 시험 자료(자외선에서 흡수가 없음을 입증하는 흡광도 시험자료를 제출하는 경우에는 면제함)

⑥ 인체 첩포시험 자료

⑦ 인체 누적첩포시험 자료(인체 적용시험 자료에서 피부이상반응 발생 등 안전성 문제가 우려된다고 판단되는 경우에 한함)

6) 화장품 원료 등의 위해평가 4단계

단 계	위해평가	내 용
1	위험성 확인	위해요소의 인체 내 독성을 확인
2	위험성 결정	위해요소의 인체노출 허용량을 산출
3	노출평가	위해요소가 인체에 노출된 양을 산출
4	위해도 결정	인체에 미치는 위해 영향을 종합적으로 판단

7) 안전용기 · 포장

① 의무 대상자: 화장품책임판매업자 및 맞춤형화장품판매업자

② 사용 목적: 어린이가 화장품을 잘못 사용하여 인체에 위해를 끼치는 사고 방지

③ 안전용기 · 포장 기준

- 성인이 개봉하기는 어렵지 아니하나 만 5세 미만의 어린이가 개봉하기는 어려운 용기 · 포장

④ 안전용기 · 포장 대상 품목

- 아세톤을 함유하는 네일 에나멜 리무버 및 네일 폴리시 리무버
- 어린이용 오일 등 개별포장당 탄화수소류를 10퍼센트 이상 함유하고 운동점도가 21센티스톡스 (섭씨 40도 기준) 이하인 비에멀젼 타입의 액체상태의 제품
- 개별포장당 메틸 살리실레이트를 5퍼센트 이상 함유하는 액체상태의 제품

(2) 안정성

1) 안정성의 정의

화장품은 보관 시에 변질, 변색, 변취, 미생물 오염이 없어야 한다.

2) 안정성시험의 정의와 목적

정 의	화장품의 저장방법 및 사용기한을 설정하기 위하여 경시변화에 따른 품질의 안정성을 평가하는 시험
목 적	• 화장품이 제조된 날부터 적절한 보관조건에서 성상 · 품질의 변화 없이 최적의 품질로 이를 사용할 수 있는 최소한의 기한과 저장방법을 설정하기 위한 기준 확립 • 유통 중에 있는 화장품의 안정성을 확보하여 안전하고 우수한 제품을 공급하는 데 도움을 주고자 함

3) 안정성시험의 종류

구 분	설 명
장기보존시험	화장품의 저장조건에서 사용기한을 설정하기 위하여 장기간에 걸쳐 물리 · 화학적, 미생물학적 안정성 및 용기 적합성을 확인하는 시험
가속시험	장기보존시험의 저장조건을 벗어난 단기간의 가속조건이 물리 · 화학적, 미생물학적 안정성 및 용기 적합성에 미치는 영향을 평가하기 위한 시험
가혹시험	• 가혹조건에서 화장품의 분해과정 및 분해산물 등을 확인하기 위한 시험 • 개별 화장품의 취약성, 예상되는 운반, 보관, 진열 및 사용 과정에서 뜻하지 않게 일어날 가능성 있는 가혹한 조건에서 품질 변화를 검토하기 위해 수행 예 온도 편차 및 극한 조건, 기계 · 물리적 시험, 광안정성
개봉 후 안정성시험	화장품 사용 시에 일어날 수 있는 오염 등을 고려한 사용기한을 설정하기 위하여 장기간에 걸쳐 물리 · 화학적, 미생물학적 안정성 및 용기 적합성을 확인하는 시험

4) 안정성시험의 조건

구 분	조 건
장기보존시험	• 로트의 선정: 3로트 이상, 시중에 유통할 제품과 동일한 처방 · 제형 · 포장용기 사용 • 보존조건: 제품의 유통조건을 고려하여 적절한 온도, 습도, 시험기간 및 측정시기 설정 • 시험조건 – 실온보관제품: 온도 25±2℃ / 상대습도 60±5% 온도 30±2℃ / 상대습도 66±5% – 냉장보관제품: 온도 5±2℃ • 시험기간: 6개월 이상 • 측정시기: 시험 개시 때와 첫 1년간은 3개월마다, 그 후 2년까지는 6개월마다, 2년 이후부터 1년에 1회
가속시험	• 로트의 선정: 3로트 이상, 시중에 유통할 제품과 동일한 처방 · 제형 · 포장용기 사용 • 보존조건: 유통경로 및 제형 특성에 따라 적절한 시험조건 설정, 일반적으로 장기보존시험의 지정저장온도보다 15℃ 이상 높은 온도에서 시험 • 시험조건 – 실온보관제품: 온도 40±2℃ / 상대습도 75±5% – 냉장보관제품: 온도 25±2℃ / 상대습도 60±5% • 시험기간: 6개월 이상 • 측정시기: 시험 개시 때를 포함하여 최소 3번
가혹시험	• 로트의 선정: 검체의 특성 및 시험조건에 따라 결정 • 시험조건: 광선, 온도, 습도 및 검체의 특성을 고려하여 결정 – 온도 −15℃ ↔ 25℃ ↔ 45℃ – 광노출(자연광, 인공광 노출), 동결/해동, 기계 · 물리적 시험(진동시험) • 시험기간: 검체의 특성 및 시험조건에 따라 결정 • 측정시기: 검체의 특성 및 시험조건에 따라 결정

구 분	조 건
개봉 후 안정성 시험	• 로트의 선정: 3로트 이상, 시중에 유통할 제품과 동일한 처방 · 제형 · 포장용기 사용 • 보존조건: 제품의 사용조건을 고려하여 적절한 온도, 시험 기간 및 측정시기 설정 • 시험기간: 6개월 이상 • 측정시기: 시험 개시 때와 첫 1년간은 3개월마다, 그 후 2년까지는 6개월마다, 2년 이후부터 1년에 1회
공통 시험항목	일반화장품은 유형 및 제형에 따라 적절한 안정성시험항목 설정, 기능성화장품은 기준 및 시험방법에 설정한 전항목이 원칙

5) 시험항목

구 분	항 목
장기보존 시험 가속시험	• 일반시험: 균등성, 향취 및 색상, 사용감, 액상, 유화형, 내온성 시험 수행 • 물리 · 화학적 시험: 성상, 향, 사용감, 점도, 질량변화, 분리도, 유화상태, 경도 및 pH 등 제제의 물리 · 화학적 성질 평가 • 미생물학적 시험: 정상적으로 제품 사용 시 미생물 증식을 억제하는 능력이 있음을 증명하는 미생물학적 시험 및 필요 시 기타 특이적 시험을 통해 미생물에 대한 안정성 평가 • 용기적합성 시험: 제품과 용기 사이의 상호작용(용기의 제품 흡수, 부식, 화학적 반응 등)에 대한 적합성 평가
가혹시험	보존기간 중 제품의 안전성이나 기능성에 영향을 확인할 수 있는 품질관리상 중요한 항목 및 분해산물의 생성유무 확인
개봉 후 안정성 시험	• 개봉 전 시험항목과 미생물한도시험, 살균보존제, 유효성성분시험 수행 • 다만, 개봉할 수 없는 용기로 된 제품(스프레이 등), 일회용 제품 등은 개봉 후 안정성시험을 수행할 필요 없음

(3) 유효성

1) 유효성의 정의

화장품은 유분과 수분을 공급하고 세정, 메이크업, 기능성 효과 등을 부여해야 한다.

2) 일반화장품의 유효성

효 과	평가방법
보습효과	• 화장품을 바르기 전 · 후의 피부의 전기전도도를 측정하여 평가 • 피부로부터 증발하는 수분량인 경피수분손실량(TEWL; Transepidermal Water Loss)을 측정하여 평가
수렴효과	혈액의 단백질이 응고되는 정도를 관찰하여 평가

3) 기능성화장품의 유효성

효 과	평가방법
미백에 도움을 줌	• 티로시나제(구리이온을 포함한 분자체 효소) 활성억제 평가 • 도파(DOPA; dihydroxyphenyalanine)의 산화억제 평가 • 멜라노좀 이동 방해(멜라노사이트 → 케라티노사이트) 정도 평가
주름 개선에 도움을 줌	콜라겐, 엘라스틴을 생성하는 섬유아세포의 증식 정도 평가
자외선 차단 지수(SPF)	자외선 차단제 도포 후의 최소홍반량(MED; Minumum Erythema Dose)을 도포 전의 최소홍반량으로 나눈 값으로 평가

TIP 기능성화장품의 유효성 또는 기능에 관한 자료

- 효력시험 자료
- 인체적용시험 자료
- 염모효력시험 자료(모발의 색상을 변화시키는 기능을 가진 화장품에 한함)

(4) 사용성

1) 사용성의 정의

① 피부에 잘 펴 발리며 사용하기 쉽고 흡수가 잘 되어야 한다.

② 부드러운 사용감, 보습성, 지속성 등이 있어야 하고 색상, 향, 용기 디자인 등의 기호성이 품질평가의 주요한 항목이 된다.

핵심 주관식 **화장품의 대표적인 4대 품질 요소는 (㉠), (㉡), (㉢), (㉣)이다. ㉠~㉣에 들어갈 단어를 차례로 작성하시오.**

정답 ㉠ 안전성, ㉡ 안정성, ㉢ 유효성, ㉣ 사용성

6 화장품의 사후관리기준

(1) 준수사항

1) 화장품제조업자

① 품질관리기준에 따른 화장품책임판매업자의 지도 · 감독 및 요청에 따를 것

② 제조관리기준서 · 제품표준서 · 제조관리기록서 및 품질관리기록서(전자문서 형식 포함)를 작성 · 보관할 것

③ 보건위생상 위해(危害)가 없도록 제조소, 시설 및 기구를 위생적으로 관리하고 오염되지 아니하도록 할 것

④ 화장품의 제조에 필요한 시설 및 기구에 대하여 정기적으로 점검하여 작업에 지장이 없도록 관리 · 유지할 것

⑤ 작업소에는 위해가 발생할 염려가 있는 물건을 두어서는 아니 되며, 작업소에서 국민보건 및 환경에 유해한 물질이 유출되거나 방출되지 아니하도록 할 것

⑥ 품질관리를 위하여 필요한 사항을 화장품책임판매업자에게 제출할 것. 다만, 다음의 어느 하나에 해당하는 경우 제출하지 아니할 수 있음

- 화장품제조업자와 화장품책임판매업자가 동일한 경우
- 화장품제조업자가 제품을 설계 · 개발 · 생산하는 방식으로 제조하는 경우로서 품질 · 안전관리에 영향이 없는 범위에서 화장품제조업자와 화장품책임판매업자 상호 계약에 따라 영업비밀에 해당하는 경우

⑦ 원료 및 자재의 입고부터 완제품의 출고에 이르기까지 필요한 시험 · 검사 또는 검정을 할 것

⑧ 제조 또는 품질검사를 위탁하는 경우 제조 또는 품질검사가 적절하게 이루어지고 있는지 수탁자에 대한 관리 · 감독을 철저히 하고, 제조 및 품질관리에 관한 기록을 받아 유지 · 관리할 것

⑨ 식품의약품안전처장은 위와 같은 준수사항 외에 식품의약품안전처장이 정하여 고시하는 우수화장품 제조관리기준을 준수하도록 제조업자에게 권장할 수 있으며, 이를 준수하는 제조업자에게 다음의 사항을 지원할 수 있음

- 우수화장품 제조관리기준 적용에 관한 전문적 기술과 교육
- 우수화장품 제조관리기준 적용을 위한 자문
- 우수화장품 제조관리기준 적용을 위한 시설 · 설비 등 개수 · 보수

TIP 화장품제조업자의 시설기준

- 제조 작업을 하는 다음의 시설을 갖춘 작업소
  - 쥐 · 해충 및 먼지 등을 막을 수 있는 시설
  - 작업대 등 제조에 필요한 시설 및 기구
  - 가루가 날리는 작업실은 가루를 제거하는 시설
- 원료 · 자제 및 제품을 보관하는 보관소
- 원료 · 자재 및 제품의 품질검사를 위하여 필요한 시험실
- 품질검사에 필요한 시설 및 기구
- 시설의 일부를 갖추지 아니하여도 되는 경우
  - 화장품의 일부 공정만을 제조하는 경우 해당 공정에 필요한 시설 및 기구 외의 시설 및 기구
  - 원료 · 자재 및 제품에 대한 품질검사를 위탁하는 경우 원료 · 자재 및 제품의 품질검사를 위하여 필요한 시험실 및 품질검사에 필요한 시설 및 기구

2) 화장품책임판매업자

① 품질관리기준을 준수할 것

② 책임판매 후 안전관리기준을 준수할 것

③ 제조업자로부터 받은 제품표준서 및 품질관리기록서(전자문서 형식 포함)를 보관할 것

④ 수입한 화장품에 대하여 다음의 사항을 적거나 또는 첨부한 수입관리기록서를 작성 · 보관할 것

- 제품명 또는 국내에서 판매하려는 명칭
- 원료 성분의 규격 및 함량
- 제조국, 제조회사명 및 제조회사의 소재지
- 기능성화장품 심사결과통지서 사본
- 제조 및 판매증명서. 다만, 「대외무역법」에 따른 통합 공고상의 수출입 요건 확인기관에서 제조 및 판매증명서를 갖춘 화장품책임판매업자가 수입한 화장품과 같다는 것을 확인받고, 품질관리기준에 따른 검사를 받아 그 시험성적서를 갖추어 둔 경우에는 생략 가능
- 한글로 작성된 제품설명서 견본
- 최초 수입연월일(통관연월일)
- 제조번호별 수입연월일 및 수입량
- 제조번호별 품질검사연월일 및 결과
- 판매처, 판매연월일 및 판매량

⑤ 제조번호별로 품질검사를 철저히 한 후 유통시킬 것. 다만, 화장품제조업자와 화장품책임판매업자가 같은 경우 또는 기관 등에 품질검사를 위탁하여 제조번호별 품질검사결과가 있는 경우에는 생략 가능

⑥ 화장품의 제조를 위탁하거나 제조업자에게 품질검사를 위탁하는 경우 제조 또는 품질검사가 적절하게 이루어지고 있는지 수탁자에 대한 관리 · 감독을 철저히 하여야 하며, 제조 및 품질관리에 관한 기록을 받아 유지 · 관리하고, 그 최종 제품의 품질관리를 철저히 할 것

⑦ 수입 화장품을 유통 · 판매하는 영업으로 화장품책임판매업을 등록한 자는 제조국 제조회사의 품질관리기준이 국가 간 상호 인증되었거나, 식품의약품안전처장이 고시하는 우수화장품 제조관리기준과 같은 수준 이상이라고 인정되는 경우에는 국내에서의 품질검사를 하지 아니할 수 있음(이 경우 제조국 제조회사의 품질검사 시험성적서는 품질관리기록서를 갈음)

⑧ 수입화장품에 대한 품질검사를 하지 아니하려는 경우에는 식품의약품안전처장이 정하는 바에 따라 식품의약품안전처장에게 수입화장품의 제조업자에 대한 현지실사를 신청하여야 함. 현지실사에 필요한 신청절차, 제출서류 및 평가방법 등에 대하여는 식품의약품안전처장이 정하여 고시함

⑨ ⑦에 따른 인정을 받은 수입화장품 제조회사의 품질관리기준이 우수화장품 제조관리기준과 같은 수준 이상이라고 인정되지 아니하여 인정이 취소된 경우에는 품질검사를 하여야 함. 이 경우 인정 취소와 관련하여 필요한 세부적인 사항은 식품의약품안전처장이 정하여 고시함

⑩ 수입화장품을 유통 · 판매하는 영업으로 화장품책임판매업을 등록한 자의 경우 「대외무역법」에 따른 수출 · 수입요령을 준수하여야 하며, 「전자무역 촉진에 관한 법률」에 따른 전자무역문서로 표준통관예정보고를 할 것

⑪ 제품과 관련하여 국민보건에 직접 영향을 미칠 수 있는 안전성 · 유효성에 관한 새로운 자료, 정보사항(화장품 사용에 의한 부작용 발생사례 포함) 등을 알게 되었을 때에는 식품의약품안전처장이 정하여 고시하는 바에 따라 보고하고, 필요한 안전대책을 마련할 것

⑫ 다음의 어느 하나에 해당하는 성분을 0.5% 이상 함유하는 제품의 경우에는 해당 품목의 안정성시험자료를 최종 제조된 제품의 사용기한이 만료되는 날부터 1년간 보존할 것

- 레티놀(비타민A) 및 그 유도체
- 아스코빅애시드(비타민C) 및 그 유도체
- 토코페롤(비타민E)
- 과산화화합물
- 효소

3) 맞춤형화장품판매업자

① 맞춤형화장품판매장 시설 · 기구를 정기적으로 점검하여 보건위생상 위해가 없도록 관리할 것

② 다음의 혼합 · 소분 안전관리기준을 준수할 것

- 혼합 · 소분 전에 혼합 · 소분에 사용되는 내용물 또는 원료에 대한 품질성적서를 확인할 것
- 혼합 · 소분 전에 손을 소독하거나 세정할 것. 다만, 혼합 · 소분 시 일회용 장갑을 착용하는 경우에는 그렇지 않음
- 혼합 · 소분 전에 혼합 · 소분된 제품을 담을 포장용기의 오염 여부를 확인할 것
- 혼합 · 소분에 사용되는 장비 또는 기구 등은 사용 전에 그 위생상태를 점검하고, 사용 후에는 오염이 없도록 세척할 것
- 그 밖에 위의 사항과 유사한 것으로서 혼합 · 소분의 안전을 위해 식품의약품안전처장이 정하여 고시하는 사항을 준수할 것

③ 다음의 사항이 포함된 맞춤형화장품 판매내역서(전자문서로 된 판매내역서 포함)를 작성 · 보관할 것

- 제조번호
- 사용기한 또는 개봉 후 사용기간
- 판매일자 및 판매량

④ 맞춤형화장품 판매 시 다음의 사항을 소비자에게 설명할 것

- 혼합 · 소분에 사용된 내용물 · 원료의 내용 및 특성
- 맞춤형화장품 사용 시의 주의사항

⑤ 맞춤형화장품 사용과 관련된 부작용 발생사례에 대해서는 지체 없이 식품의약품안전처장에게 보고할 것

(2) 의무사항

1) 업종에 따른 의무사항

구 분	의무사항
화장품제조업자	화장품의 제조와 관련된 기록 · 시설 · 기구 등 관리 방법, 원료 · 자재 · 완제품 등에 대한 시험 · 검사 · 검정 실시 방법 및 의무 등에 관하여 총리령으로 정하는 사항을 준수할 것
화장품 책임판매업자	• 화장품의 품질관리기준, 책임판매 후 안전관리기준, 품질검사 방법 및 실시 의무, 안전성 · 유효성 관련 정보사항 등의 보고 및 안전대책 마련 의무 등에 관하여 총리령으로 정하는 사항을 준수할 것 • 총리령으로 정하는 바에 따라 화장품의 생산실적 또는 수입실적, 화장품의 제조과정에 사용된 원료의 목록 등을 식품의약품안전처장에게 보고할 것. 이 경우 원료의 목록에 관한 보고는 화장품의 유통 · 판매 전에 할 것
맞춤형화장품 판매업자	맞춤형화장품판매장 시설 · 관리 방법, 혼합 · 소분 안전관리기준의 준수 의무, 혼합 · 소분되는 내용물 및 원료에 대한 설명 의무 등에 관하여 총리령으로 정하는 사항을 준수할 것

2) 교 육

① 책임판매관리자 및 맞춤형화장품 조제관리사는 화장품의 안전성 확보 및 품질관리에 관한 교육을 매년 받아야 한다.

② 식품의약품안전처장은 국민 건강상 위해를 방지하기 위하여 필요하다고 인정하면 화장품제조업자, 화장품책임판매업자 및 맞춤형화장품판매업자에게 화장품 관련 법령 및 제도(화장품의 안전성 확보 및 품질관리에 관한 내용 포함)에 관한 교육을 받을 것을 명할 수 있다.

③ ②에 따라 교육을 받아야 하는 자가 둘 이상의 장소에서 화장품제조업, 화장품책임판매업 또는 맞춤형화장품판매업을 하는 경우에는 종업원 중에서 총리령으로 정하는 자를 책임자로 지정하여 교육을 받게 할 수 있다.

④ ①부터 ③까지의 규정에 따른 교육의 실시 기관, 내용, 대상 및 교육비 등에 관하여 필요한 사항은 총리령으로 정한다.

TIP 화장품 교육실시기관

(사)대한화장품협회, (사)한국의약품수출입협회, (재)대한화장품산업연구원, 한국보건산업진흥원

(3) 감 시

구 분	시 행	설 명
정기감시	연 1회	• 화장품제조업자, 화장품책임판매업자에 대한 정기적인 지도 · 점검 • 각 지방청별 자체계획에 따라 수행 • 조직, 시설, 제조 품질관리, 표시 기재 등 화장품 법령 전반
수시감시	연 중	• 고발, 진정, 제보 등으로 제기된 위법사항에 대한 점검 • 준수사항, 품질, 표시 광고, 안전기준 등 모든 영역 • 불시점검 원칙, 문제 제기사항 중점 관리 • 정보수집, 민원, 사회적 현안 등에 따라 즉시 점검이 필요하다고 판단되는 사항
기획감시	연 중	• 사전예방적 안전관리를 위한 선제적 대응 감시 • 위해 우려 또는 취약 분야, 시의성 · 예방적 감시 분야, 중앙과 지방의 상호 협력 필요 분야 등 • 감시 주제에 따른 제조업자, 제조판매업자, 판매자 점검
품질감시 (수거감시)	연 간	• 시중 유통품을 계획에 따라 지속적인 수거검사 • 기획, 청원 검사 등 특별한 이슈나 문제 제기가 있을 경우 실시 • 수거품에 대한 유통화장품 안전관리기준에 적합 여부 확인

TIP 소비자화장품안전관리감시원

구 분	설 명
직 무	• 유통 중인 화장품이 표시기준에 맞지 아니하거나 표시 또는 광고를 한 화장품인 경우 관할 행정관청에 신고하거나 그에 관한 자료 제공 • 관계 공무원이 하는 출입 · 검사 · 질문 · 수거의 지원 • 관계 공무원의 물품 회수 · 폐기 등의 업무 지원 • 행정처분의 이행 여부 확인 등의 업무 지원 • 화장품의 안전사용과 관련된 홍보 등의 업무
자 격	• 설립된 단체의 임직원 중 해당 단체의 장이 추천한 사람 • 「소비자기본법」에 따라 등록한 소비자단체의 임직원 중 해당 단체의 장이 추천한 사람 • 화장품책임판매관리자의 자격기준에 해당하는 사람 • 식품의약품안전처장이 정하여 고시하는 교육과정을 마친 사람
임 기	2년으로 하되 연임 가능
수 당	식품의약품안전처장 또는 지방식품의약품안전청장은 소비자화장품감시원의 활동을 지원하기 위하여 예산의 범위에서 수당 등 지급 가능
교 육	식품의약품안전처장 또는 지방식품의약품안전청장은 소비자화장품감시원에 대하여 반기(半期)마다 화장품 관계법령 및 위해화장품 식별 등에 관한 교육을 실시하고, 소비자화장품감시원이 직무를 수행하기 전에 그 직무에 관한 교육을 실시하여야 함
해 촉	• 해당 소비자화장품감시원을 추천한 단체에서 퇴직하거나 해임된 경우 • 직무와 관련하여 부정한 행위를 하거나 권한을 남용한 경우 • 질병이나 부상 등의 사유로 직무 수행이 어렵게 된 경우

(4) 화장품 제조 · 수입 · 판매 등의 금지 및 회수

1) 영업의 금지

다음 화장품은 누구든지 판매하거나 판매할 목적으로 제조 · 수입 · 보관 또는 진열해서는 안 된다.

① 심사를 받지 아니하거나 보고서를 제출하지 않은 기능성화장품
② 전부 또는 일부가 변패(變敗)된 화장품
③ 병원미생물에 오염된 화장품
④ 이물이 혼입되었거나 부착된 것
⑤ 화장품에 사용할 수 없는 원료를 사용하였거나 유통화장품 안전관리 기준에 적합하지 않은 화장품
⑥ 코뿔소 뿔 또는 호랑이 뼈와 그 추출물을 사용한 화장품
⑦ 보건위생상 위해가 발생할 우려가 있는 비위생적인 조건에서 제조되었거나 시설기준에 적합하지 않은 시설에서 제조된 것
⑧ 용기나 포장이 불량하여 해당 화장품이 보건위생상 위해를 발생할 우려가 있는 것
⑨ 사용기한 또는 개봉 후 사용기간을 위조 · 변조한 화장품

2) 동물시험을 실시한 화장품 등의 유통판매 금지

화장품책임판매업자는 동물실험을 실시한 화장품 또는 동물실험을 실시한 화장품 원료를 사용하여 제조(위탁제조 포함) 또는 수입한 화장품을 유통 · 판매해서는 안 된다.

TIP 동물시험 예외 규정

- 보존제, 색소, 자외선차단제 등 특별히 사용상의 제한이 필요한 원료에 대하여 그 사용기준을 지정하거나 국민보건상 위해 우려가 제기되는 화장품 원료 등에 대한 위해평가를 하기 위하여 필요한 경우
- 동물대체시험법이 존재하지 아니하여 동물실험이 필요한 경우
- 화장품 수출을 위하여 수출 상대국의 법령에 따라 동물실험이 필요한 경우
- 수입하려는 상대국의 법령에 따라 제품 개발에 동물실험이 필요한 경우
- 다른 법령에 따라 동물실험을 실시하여 개발된 원료를 화장품의 제조 등에 사용하는 경우
- 그 밖에 동물실험을 대체할 수 있는 실험을 실시하기 곤란한 경우로서 식품의약품안전처장이 정하는 경우

3) 판매 등의 금지

① 다음 화장품은 누구든지 판매하거나 판매할 목적으로 보관 또는 진열해서는 안 된다.

- 화장품제조업 또는 화장품책임판매업으로 등록을 하지 않은 자가 제조한 화장품 또는 제조 · 수입하여 유통 · 판매한 화장품
- 맞춤형화장품판매업으로 신고하지 않은 자가 판매한 맞춤형화장품
- 맞춤형화장품 조제관리사를 두지 않고 판매한 맞춤형화장품

- 화장품의 기재사항, 가격표시 및 기재 · 표시상의 주의사항에 위반되는 화장품 또는 의약품으로 잘못 인식할 우려가 있게 기재 · 표시된 화장품
- 판매 목적이 아닌 제품의 홍보 · 판매촉진 등을 위해 미리 소비자가 시험 · 사용하도록 제조 또는 수입된 화장품(소비자에게 판매하는 화장품에 한함)
- 화장품의 포장 및 기재 · 표시 사항을 훼손(맞춤형화장품 판매를 위하여 필요한 경우는 제외) 또는 위조 · 변조한 것

② 누구든지(맞춤형화장품 조제관리사를 통하여 판매하는 맞춤형화장품판매업자는 제외) 화장품의 용기에 담은 내용물을 나누어 판매해서는 안 된다.

4) 위해화장품의 회수

① 영업자는 제9조(안전용기·포장 등), 제15조(영업의 금지), 제16조 제1항(판매 등의 금지)에 위반되어 국민보건에 위해(危害)를 끼치거나 끼칠 우려가 있는 화장품이 유통 중인 사실을 알게 된 경우에는 지체 없이 해당 화장품을 회수하거나 회수하는 데에 필요한 조치를 하여야 한다.

② ①에 따라 해당 화장품을 회수하거나 회수하는 데에 필요한 조치를 하려는 영업자는 회수계획을 식품의약품안전처장에게 미리 보고하여야 한다.

③ 식품의약품안전처장은 ①에 따른 회수 또는 회수에 필요한 조치를 성실하게 이행한 영업자가 해당 화장품으로 인하여 받게 되는 제24조에 따른 행정처분을 총리령으로 정하는 바에 따라 감경 또는 면제할 수 있다.

④ ① 및 ②에 따른 회수 대상 화장품, 해당 화장품의 회수에 필요한 위해성 등급 및 그 분류기준, 회수계획 보고 및 회수절차 등에 필요한 사항은 총리령으로 정한다.

(5) 과징금

1) 과징금 부과

① 식품의약품안전처장은 영업자에게 업무정지처분을 하여야 할 경우에는 그 업무정지처분을 갈음하여 10억 원 이하의 과징금을 부과할 수 있다.

② 과징금의 금액은 위반행위의 종류 · 정도 등을 고려하여 업무정지처분기준에 따라 산정하되, 과징금의 총액은 10억 원을 초과하여서는 아니 된다.

③ 위반행위의 종류와 위반 정도 등에 따른 과징금의 금액과 그 밖에 필요한 사항은 대통령령으로 정하며 과징금의 징수절차는 총리령으로 정한다.

④ 식품의약품안전처장이 과징금을 부과하려면 그 위반행위의 종류와 과징금의 금액 등을 적은 서면으로 통지하여야 한다.

⑤ 과징금의 징수절차는 「국고금관리법 시행규칙」을 준용한다. 이 경우 납입고지서에 이의제기 방법 및 기간을 함께 적어야 한다.

⑥ 과징금을 내야 할 자가 납부기한까지 내지 아니하면 납부기한이 지난 후 15일 이내에 독촉장을 발부하여야 한다. 이 경우 납부기한은 독촉장을 발부하는 날부터 10일 이내로 하여야 한다.

⑦ 식품의약품안전처장은 ⑥에 따라 과징금을 내지 아니한 자가 독촉장을 받고도 납부기한까지 과징금을 내지 아니하면 과징금부과처분을 취소하고 업무정지처분을 하여야 한다. 다만, 법 제6조(폐업 등의 신고)에 따른 폐업 등으로 제24조(등록의 취소)에 따른 업무정지처분을 할 수 없을 때에는 국세 체납처분의 예에 따라 징수하여야 한다.

⑧ ⑦에 따라 과징금 부과처분을 취소하고 업무정지처분을 하려면 처분대상자에게 서면으로 그 내용을 통지하되, 서면에는 처분이 변경된 사유와 업무정지처분의 기간 등 업무정지처분에 필요한 사항을 적어야 한다.

2) 과징금 산정기준

일반 기준	• 업무정지 1개월은 30일을 기준으로 한다. • 화장품의 영업자에 대한 과징금 산정기준은 다음과 같다. – 판매업무 또는 제조업무의 정지처분을 갈음하여 과징금처분을 하는 경우에는 처분일이 속한 연도의 전년도 모든 품목의 1년간 총생산금액 및 총수입금액을 기준으로 한다. – 품목에 대한 판매업무 또는 제조업무의 정지처분을 갈음하여 과징금처분을 하는 경우에는 처분일이 속한 연도의 전년도 해당 품목의 1년간 총생산금액 및 총수입금액을 기준으로 한다. – 영업자가 신규로 품목을 제조 또는 수입하거나 휴업 등으로 1년간의 총생산금액 및 총수입금액을 기준으로 과징금을 산정하는 것이 불합리하다고 인정되는 경우에는 분기별 또는 월별 생산금액 및 수입금액을 기준으로 산정한다. – 해당 품목 판매업무 또는 광고업무의 정지처분을 갈음하여 과징금처분을 하는 경우에는 처분일이 속한 연도의 전년도 해당 품목의 1년간 총생산금액 및 총수입금액을 기준으로 하고, 업무정지 1일에 해당하는 과징금의 2분의 1의 금액에 처분기간을 곱하여 산정한다.
세부 기준	• 내용량 시험이 부적합한 경우로서 인체에 유해성이 없다고 인정된 경우 • 화장품제조업자 또는 화장품책임판매업자가 자진회수계획을 통보하고 그에 따라 회수한 결과 국민보건에 나쁜 영향을 끼치지 아니한 것으로 확인된 경우 • 1차 포장만의 공정을 하는 화장품제조업자가 해당 품목의 제조 또는 품질검사에 필요한 시설 및 기구 중 일부가 없거나 화장품을 제조하기 위한 작업소의 기준을 위반한 경우 • 화장품제조업자 또는 화장품책임판매업자가 변경등록(단, 제조업자의 소재지 변경은 제외)을 하지 아니한 경우 • 식품의약품안전처장이 고시한 사용기준 및 유통화장품 안전관리기준을 위반한 화장품 중 부적합 정도 등이 경미한 경우 • 화장품책임판매업자가 안전성 및 유효성에 관한 심사를 받지 않거나 그에 관한 보고서를 식약처장에게 제출하지 않고 기능성화장품을 제조 또는 수입하였으나 유통 · 판매에는 이르지 않은 경우

세부 기준	• 「화장품법」에 따른 기재 · 표시를 위반한 경우 • 화장품제조업자 또는 화장품책임판매업자가 이물질이 혼입 또는 부착된 화장품을 판매하거나 판매 목적으로 제조 · 수입 · 보관 또는 진열하였으나 인체에 유해성이 없다고 인정되는 경우 • 기능성화장품에서 기능성을 나타나게 하는 주원료의 함량이 심사 또는 보고한 기준치에 대해 5% 미만으로 부족한 경우

핵심 주관식 다음 〈보기〉는 「화장품법」의 과징금에 대한 내용이다. 빈칸에 공통으로 들어갈 단어를 작성하시오.

〈보 기〉

식품의약품안전처장은 영업자에게 업무정지처분을 하여야 할 경우에는 그 업무정지처분을 갈음하여 ( )원 이하의 과징금을 부과할 수 있으며, 그 금액은 위반행위의 종류 · 정도 등을 고려하여 산정하되 총액은 ( )원을 초과하여서는 아니 된다.

정답 10억

(6) 벌칙(벌금, 징역)

처 분	위반내용
3년 이하의 징역 또는 3천만원 이하의 벌금	• 등록을 하지 않은 화장품제조업자, 화장품책임판매업자 • 신고를 하지 않은 맞춤형화장품판매업자 • 맞춤형화장품 조제관리사를 두지 않은 맞춤형화장품판매업자 • 기능성화장품의 심사를 받지 않거나 보고서를 제출하지 않은 자 • 천연화장품 및 유기농화장품에 대해 거짓이나 부정한 방법으로 인증 받은 자 • 천연화장품 및 유기농화장품 인증을 받지 않은 화장품에 대하여 인증표시나 이와 유사한 표시를 한 자 • 다음 중 어느 하나에 해당하는 화장품을 판매하거나 판매할 목적으로 제조 · 수입 · 보관 또는 진열한 자 – 심사를 받지 않거나 보고서를 제출하지 않은 기능성화장품 – 전부 또는 일부가 변패(變敗)된 화장품 – 병원미생물에 오염된 화장품 – 이물이 혼입되었거나 부착된 것 – 화장품에 사용할 수 없는 원료를 사용하였거나 유통화장품 안전관리기준에 적합하지 않은 화장품 – 코뿔소 뿔 또는 호랑이 뼈와 그 추출물을 사용한 화장품 – 보건위생상 위해가 발생할 우려가 있는 비위생적인 조건에서 제조되었거나 화장품제조 시설기준에 적합하지 않은 시설에서 제조된 것 – 용기나 포장이 불량하여 해당 화장품이 보건위생상 위해를 발생할 우려가 있는 것 – 사용기한 또는 개봉 후 사용기간을 위조 · 변조한 화장품

처 분	위반내용
3년 이하의 징역 또는 3천만원 이하의 벌금	• 등록을 하지 않은 자가 제조한 화장품 또는 제조 · 수입하여 유통 · 판매한 화장품을 판매하거나 판매할 목적으로 보관 또는 진열한 자 • 화장품의 포장 및 기재 · 표시사항을 훼손 또는 위조 · 변조한 화장품을 판매하거나 판매할 목적으로 보관 또는 진열한 자
1년 이하의 징역 또는 1천만원 이하의 벌금	• 영유아 또는 어린이 사용 화장품임을 표시 · 광고하려는 경우에 제품별 안전성 자료(제품 및 제조방법에 대한 설명자료, 화장품의 안전성 평가자료, 제품의 효능 · 효과에 대한 증명자료)를 작성 및 보관하지 않은 화장품책임판매업자 • 안전용기 · 포장을 사용하지 않은 화장품책임판매업자 및 맞춤형화장품판매업자 • 다음 중 어느 하나에 해당하는 부당한 표시 · 광고 행위를 한 영업자 또는 판매자 – 의약품으로 잘못 인식할 우려가 있는 표시 또는 광고 – 기능성화장품이 아닌 화장품을 기능성화장품으로 잘못 인식할 우려가 있거나 기능성화장품의 안전성 · 유효성에 관한 심사결과와 다른 내용의 표시 또는 광고 – 천연화장품 또는 유기농화장품이 아닌 화장품을 천연화장품 또는 유기농화장품으로 잘못 인식할 우려가 있는 표시 또는 광고 – 그 밖에 사실과 다르게 소비자를 속이거나 소비자가 잘못 인식하도록 할 우려가 있는 표시 또는 광고 • 화장품 기재사항 표시를 위반하거나 또는 의약품으로 잘못 인식할 우려가 있게 기재 · 표시한 화장품을 판매하거나 판매할 목적으로 보관 또는 진열한 자 • 판매의 목적이 아닌 제품의 홍보 · 판매촉진 등을 위하여 미리 소비자가 시험 · 사용하도록 제조 또는 수입된 화장품을 판매하거나 판매할 목적으로 보관 또는 진열한 자 • 화장품의 용기에 담은 내용물을 나누어 판매한 자(맞춤형화장품 조제관리사를 통해 판매하는 맞춤형화장품판매업자 제외) • 식품의약품안전처장에게 실증자료의 제출을 요청받고도 제출기간 내에 이를 제출하지 않은 채 계속하여 표시 · 광고를 하여 그 표시 · 광고 행위에 대한 중지명령에 따르지 않은 영업자 또는 판매자
200만원 이하의 벌금	• 화장품의 제조와 관련된 기록 · 시설 · 기구 등 관리방법, 원료 · 자재 · 완제품에 대한 시험 · 검사 · 검정 실시방법 및 의무 등에 관하여 총리령으로 정하는 사항을 준수하지 않은 화장품제조업자 • 화장품의 품질관리기준, 책임판매 후 안전관리기준, 품질검사방법 및 실시 의무, 안전성 · 유효성 관련 정보사항 등의 보고 및 안전대책 마련 의무 등에 관하여 총리령으로 정하는 사항을 준수하지 않은 화장품책임판매업자 • 맞춤형화장품판매장 시설 · 기구의 관리방법, 혼합 · 소분 안전관리기준의 준수 의무, 혼합 · 소분되는 내용물 및 원료에 대한 설명 의무 등에 관하여 총리령으로 정하는 사항을 준수하지 않은 맞춤형화장품판매업자 • 국민보건에 위해(危害)를 끼치거나 끼칠 우려가 있는 화장품이 유통 중인 사실을 알게 된 경우 지체없이 해당 화장품을 회수하거나 회수하는 데에 필요한 조치를 하지 않은 영업자 • 위해화장품의 회수계획을 식품의약품안전처장에게 미리 보고하지 않은 영업자 • 화장품의 1차 포장 또는 2차 포장에 총리령으로 정하는 사항을 기재 · 표시하지 않은 자(가격 표시 제외) • 인증의 유효기간이 경과한 천연화장품 및 유기농화장품에 대해 인증표시를 한 자

처 분	위반내용
200만원 이하의 벌금	• 「화장품법」 보고와 검사 등(제18조), 시정명령(제19조), 검사명령(제20조), 개수명령(제22조) 및 회수 · 폐기명령 등(제23조)에 따른 명령을 위반하거나 관계 공무원의 검사 · 수거 또는 처분을 거부 · 방해하거나 기피한 자

TIP 징역형과 벌금형

「화장품법」에 따른 벌칙은 징역형과 벌금형을 함께 부과할 수 있다.

핵심 주관식 **화장품의 견본품을 판매한 자는 (㉠) 이하의 징역 또는 (㉡) 이하의 벌금에 처한다. ㉠, ㉡에 들어갈 단어를 차례로 작성하시오.**

정답 ㉠ 1년 , ㉡ 1천만원

(7) 과태료

1) 일반기준

① 하나의 위반행위가 둘 이상의 과태료 부과기준에 해당하는 경우에는 그 중 금액이 큰 과태료 부과기준을 적용한다.

② 식품의약품안전처장은 해당 위반행위의 정도, 위반횟수, 위반행위의 동기와 그 결과 등을 고려하여 과태료 금액의 2분의 1의 범위에서 그 금액을 늘리거나 줄일 수 있다. 다만, 늘리는 경우에도 과태료 금액의 상한을 초과할 수 없다.

2) 개별기준

위반행위	과태료 금액
기능성화장품 심사를 받거나 보고서를 제출한 후 그 사항을 변경할 때 변경심사를 받지 않은 경우	100만원
화장품의 생산실적 또는 수입실적 또는 화장품 원료의 목록 등을 보고하지 않은 경우	50만원
책임판매관리자 및 맞춤형화장품 조제관리사가 화장품의 안전성 확보 및 품질관리에 관한 교육을 매년 받지 않은 경우	50만원
영업자가 휴업, 폐업 등의 신고를 하지 않은 경우	50만원
화장품의 판매가격을 표시하지 않은 경우	50만원
영업자 · 판매자 또는 그 밖에 화장품을 업무상 취급하는 자가 식품의약품안전처장의 보고명령에 따른 보고를 하지 않은 경우	100만원
동물실험을 실시한 화장품 또는 동물실험을 실시한 화장품 원료를 사용하여 제조(위탁제조 포함) 또는 수입한 화장품을 유통 · 판매한 경우	100만원

(8) 행정처분

1) 행정처분 명령

식품의약품안전처장은 등록을 취소하거나 영업소 폐쇄를 명하거나, 품목의 제조 · 수입 및 판매의 금지를 명하거나 1년의 범위에서 기간을 정하여 그 업무의 전부 또는 일부에 대한 정지를 명할 수 있다.

2) 일반기준

① 위반행위가 둘 이상인 경우로서 그에 해당하는 각각의 처분기준이 다른 경우에는 그 중 무거운 처분기준에 따른다. 다만, 둘 이상의 처분기준이 업무정지인 경우에는 무거운 처분의 업무정지기간에 가벼운 처분의 업무정지기간의 2분의 1까지 더하여 처분할 수 있으며, 이 경우 그 최대기간은 12개월로 한다.

② 위반행위가 둘 이상인 경우로서 처분기준이 업무정지와 품목업무정지에 해당하는 경우에는 그 업무정지기간이 품목정지기간보다 길거나 같을 때에는 업무정지처분을 하고, 업무정지기간이 품목정지기간보다 짧을 때에는 업무정지처분과 품목업무정지처분을 병과(倂科)한다.

③ 위반행위의 횟수에 따른 행정처분의 기준은 최근 1년간(화장품 포장의 표시기준 및 표시방법을 위반한 경우에는 2년간) 같은 위반행위로 행정처분을 받은 경우에 적용한다. 이 경우 기준의 적용일은 최근에 실제 행정처분의 효력이 발생한 날(업무정지처분을 갈음하여 과징금을 부과하는 경우에는 최근에 과징금처분을 통보한 날)과 다시 같은 위반행위를 적발한 날을 기준으로 한다. 다만, 품목업무정지의 경우 품목이 다를 때에는 이 기준을 적용하지 않는다.

④ 행정처분을 하기 위한 절차가 진행되는 기간 중에 반복하여 같은 위반행위를 한 경우에는 행정처분을 하기 위하여 진행 중인 사항의 행정처분기준의 2분의 1씩을 더하여 처분한다. 이 경우 그 최대기간은 12개월로 한다.

⑤ 같은 위반행위의 횟수가 3차 이상인 경우에는 과징금 부과대상에서 제외한다.

⑥ 화장품제조업자가 등록한 소재지에 그 시설이 전혀 없는 경우에는 등록을 취소한다.

⑦ 수입대행형 거래를 목적으로 화장품을 알선 · 수여(授與)하는 책임판매업을 등록한 자에 대하여 개별기준을 적용하는 경우 "판매금지"는 "수입대행금지"로, "판매업무정지"는 "수입대행업무정지"로 본다.

⑧ 다음 중 어느 하나에 해당하는 경우에는 그 처분을 2분의 1까지 감경하거나 면제할 수 있다.

- 처분을 2분의 1까지 감경하거나 면제할 수 있는 경우
  - 국민보건, 수요 · 공급, 그 밖에 공익상 필요하다고 인정된 경우
  - 해당 위반사항에 관하여 검사로부터 기소유예의 처분을 받거나 법원으로부터 선고유예의 판결을 받은 경우
  - 광고주의 의사와 관계없이 광고회사 또는 광고매체에서 무단 광고한 경우

- 처분을 2분의 1까지 감경할 수 있는 경우
  – 기능성화장품으로서 그 효능 · 효과를 나타내는 원료의 함량 미달의 원인이 유통 중 보관상태 불량 등으로 인한 성분의 변화 때문이라고 인정된 경우
  – 비병원성 일반세균에 오염된 경우로서 인체에 직접적인 위해가 없으며, 유통 중 보관상태 불량에 의한 오염으로 인정된 경우

3) 개별기준

위반 내용	처분기준			
	1차 위반	2차 위반	3차 위반	4차 이상 위반
1. 화장품제조업 또는 화장품책임판매업의 다음의 변경 사항 등록을 하지 않은 경우				
(1) 화장품제조업자 · 화장품책임판매업자(법인인 경우 대표자)의 변경 또는 그 상호(법인인 경우 법인의 명칭)의 변경	시정명령	제조 또는 판매업무정지 5일	제조 또는 판매업무정지 15일	제조 또는 판매 업무정지 1개월
(2) 제조소의 소재지 변경	제조업무정지 1개월	제조업무정지 3개월	제조업무정지 6개월	등록취소
(3) 화장품책임판매업소의 소재지 변경	판매업무정지 1개월	판매업무정지 3개월	판매업무정지 6개월	등록취소
(4) 책임판매관리자의 변경	시정명령	판매업무정지 7일	판매업무정지 15일	판매업무정지 1개월
(5) 제조 유형 변경	제조업무정지 1개월	제조업무정지 2개월	제조업무정지 3개월	제조업무정지 6개월
(6) 직접 제조하여 유통 · 판매하거나 위탁제조하여 유통 · 판매하거나 수입하여 유통 · 판매하는 유형의 화장품책임판매업을 등록한 자의 책임판매 유형 변경	경 고	판매업무정지 15일	판매업무정지 1개월	판매업무정지 3개월
(7) 수입대행형 거래를 목적으로 화장품을 알선 · 수여하는 유형의 화장품책임판매업을 등록한 자의 책임판매 유형 변경	수입대행업무정지 1개월	수입대행업무정지 2개월	수입대행업무정지 3개월	수입대행업무정지 6개월
2. 화장품제조업자의 시설기준에 적합한 시설을 갖추지 않은 경우				
(1) 제조 또는 품질검사에 필요한 시설 및 기구의 전부가 없는 경우	제조업무정지 3개월	제조업무정지 6개월	등록취소	
(2) 작업소, 보관소 또는 시험실 중 어느 하나가 없는 경우	개수명령	제조업무정지 1개월	제조업무정지 2개월	제조업무정지 4개월
(3) 해당 품목의 제조 또는 품질검사에 필요한 시설 및 기구 중 일부가 없는 경우	개수명령	해당 품목 제조업무정지 1개월	해당 품목 제조업무정지 2개월	해당 품목 제조업무정지 4개월

위반 내용	처분기준			
	1차 위반	2차 위반	3차 위반	4차 이상 위반
(4) 화장품을 제조하기 위한 작업소의 기준을 위반한 경우				
1) 쥐 · 해충 및 먼지를 막을 수 있는 시설을 갖추지 않은 경우	시정명령	제조업무정지 1개월	제조업무정지 2개월	제조업무정지 4개월
2) 작업대 등 제조에 필요한 시설 및 기구를 갖추지 않거나 또는 가루가 날리는 작업실은 가루를 제거하는 시설을 갖추지 않은 경우	개수명령	해당 품목 제조 업무정지 1개월	해당 품목 제조 업무정지 2개월	해당 품목 제조 업무정지 4개월
3. 맞춤형화장품판매업의 변경신고를 하지 않은 경우				
(1) 맞춤형화장품판매업자의 변경신고를 하지 않은 경우	시정명령	판매업무정지 5일	판매업무정지 15일	판매업무정지 1개월
(2) 맞춤형화장품판매업소 상호의 변경신고를 하지 않은 경우	시정명령	판매업무정지 5일	판매업무정지 15일	판매업무정지 1개월
(3) 맞춤형화장품판매업소 소재지의 변경신고를 하지 않은 경우	판매업무정지 1개월	판매업무정지 2개월	판매업무정지 3개월	판매업무정지 4개월
(4) 맞춤형화장품 조제관리사의 변경신고를 하지 않은 경우	시정명령	판매업무정지 5일	판매업무정지 15일	판매업무정지 1개월
4. 「화장품법」에 따른 결격사유에 해당하는 경우	등록취소			
5. 국민보건에 위해를 끼쳤거나 끼칠 우려가 있는 화장품을 제조 · 수입한 경우	제조 또는 판매 업무정지 1개월	제조 또는 판매 업무정지 3개월	제조 또는 판매 업무정지 6개월	등록취소
6. 심사를 받지 않거나 보고서를 제출하지 않은 기능성화장품을 판매한 경우				
(1) 심사를 받지 않거나 거짓으로 보고하고 기능성화장품을 판매한 경우	판매업무정지 6개월	판매업무정지 12개월	등록취소	
(2) 보고하지 않은 기능성화장품을 판매한 경우	판매업무정지 3개월	판매업무정지 6개월	판매업무정지 9개월	판매업무정지 12개월
7. 영유아 또는 어린이가 사용할 수 있는 화장품임을 표시 · 광고할 때 제품별 안전성 자료를 작성 또는 보관하지 않은 경우	판매 또는 해당 품목 판매업무 정지 1개월	판매 또는 해당 품목 판매업무 정지 3개월	판매 또는 해당 품목 판매업무 정지 6개월	판매 또는 해당 품목 판매업무 정지 12개월
8. 영업자의 준수사항을 이행하지 않은 경우				
(1) 화장품제조업자가 품질관리기준에 따른 화장품책임판매업자의 지도 · 감독 및 요청에 따르지 않은 경우	시정명령	제조 또는 해당 품목 제조업무 정지 15일	제조 또는 해당 품목 제조업무 정지 1개월	제조 또는 해당 품목 제조업무 정지 3개월
(2) 화장품제조업자가 제조관리기준서, 제품표준서, 제조관리기록서 및 품질관리기록서를 작성 · 보관하지 않은 경우				

위반 내용	처분기준			
	1차 위반	2차 위반	3차 위반	4차 이상 위반
1) 제조관리기준서, 제품표준서, 제조관리기록서 및 품질관리기록서를 갖추어 두지 않거나 이를 거짓으로 작성한 경우	제조 또는 해당 품목 제조업무 정지 1개월	제조 또는 해당 품목 제조업무 정지 3개월	제조 또는 해당 품목 제조업무 정지 6개월	제조 또는 해당 품목 제조업무 정지 9개월
2) 작성된 제조관리기준서의 내용을 준수하지 않은 경우	제조 또는 해당 품목 제조업무 정지 15일	제조 또는 해당 품목 제조업무 정지 1개월	제조 또는 해당 품목 제조업무 정지 3개월	제조 또는 해당 품목 제조업무 정지 6개월
(3) 화장품제조업자가 다음의 준수사항을 이행하지 않은 경우				
1) 보건위생상 위해(危害)가 없도록 제조소, 시설 및 기구를 위생적으로 관리하고 오염되지 아니하도록 할 것	제조 또는 해당 품목 제조업무 정지 15일	제조 또는 해당 품목 제조업무 정지 1개월	제조 또는 해당 품목 제조업무 정지 3개월	제조 또는 해당 품목 제조업무 정지 6개월
2) 화장품의 제조에 필요한 시설 및 기구에 대하여 정기적으로 점검하여 작업에 지장이 없도록 관리 · 유지할 것	제조 또는 해당 품목 제조업무 정지 15일	제조 또는 해당 품목 제조업무 정지 1개월	제조 또는 해당 품목 제조업무 정지 3개월	제조 또는 해당 품목 제조업무 정지 6개월
3) 작업소에는 위해가 발생할 염려가 있는 물건을 두어서는 아니 되며, 작업소에서 국민보건 및 환경에 유해한 물질이 유출되거나 방출되지 아니하도록 할 것	제조 또는 해당 품목 제조업무 정지 15일	제조 또는 해당 품목 제조업무 정지 1개월	제조 또는 해당 품목 제조업무 정지 3개월	제조 또는 해당 품목 제조업무 정지 6개월
(4) 화장품제조업자가 다음의 준수사항을 이행하지 않은 경우				
1) 품질관리를 위하여 필요한 사항을 화장품책임판매업자에게 제출할 것(다만, 화장품제조업자와 화장품책임판매업자가 동일한 경우 또는 화장품제조업자가 제품을 설계 · 개발 · 생산하는 방식으로 제조하는 경우로서 품질 · 안전관리에 영향이 없는 범위에서 화장품제조업자와 화장품책임판매업자 상호 계약에 따라 영업비밀에 해당하는 경우 제외)	제조 또는 해당 품목 제조업무 정지 15일	제조 또는 해당 품목 제조업무 정지 1개월	제조 또는 해당 품목 제조업무 정지 3개월	제조 또는 해당 품목 제조업무 정지 6개월
2) 원료 및 자재의 입고부터 완제품의 출고에 이르기까지 필요한 시험 · 검사 또는 검정을 할 것	제조 또는 해당 품목 제조업무 정지 15일	제조 또는 해당 품목 제조업무 정지 1개월	제조 또는 해당 품목 제조업무 정지 3개월	제조 또는 해당 품목 제조업무 정지 6개월
3) 제조 또는 품질검사를 위탁하는 경우 제조 또는 품질검사가 적절하게 이루어지고 있는지 수탁자에 대한 관리 · 감독을 철저히 하고, 제조 및 품질관리에 관한 기록을 받아 유지 · 관리할 것	제조 또는 해당 품목 제조업무 정지 15일	제조 또는 해당 품목 제조업무 정지 1개월	제조 또는 해당 품목 제조업무 정지 3개월	제조 또는 해당 품목 제조업무 정지 6개월

위반 내용	처분기준			
	1차 위반	2차 위반	3차 위반	4차 이상 위반
(5) 화장품책임판매업자가 다음의 준수사항을 이행하지 않은 경우				
1) 책임판매관리자를 두지 않은 경우	판매 또는 해당 품목 판매업무 정지 1개월	판매 또는 해당 품목 판매업무 정지 3개월	판매 또는 해당 품목 판매업무 정지 6개월	판매 또는 해당 품목 판매업무 정지 12개월
2) 품질관리 업무 절차서를 작성하지 않거나 거짓으로 작성한 경우	판매업무정지 3개월	판매업무정지 6개월	판매업무정지 12개월	등록취소
3) 작성된 품질관리 업무 절차서의 내용을 준수하지 않은 경우	판매 또는 해당 품목 판매업무 정지 1개월	판매 또는 해당 품목 판매업무 정지 3개월	판매 또는 해당 품목 판매업무 정지 6개월	판매 또는 해당 품목 판매업무 정지 12개월
4) 그 밖에 품질관리기준을 준수하지 않은 경우	시정명령	판매 또는 해당 품목 판매업무 정지 7일	판매 또는 해당 품목 판매업무 정지 15일	판매 또는 해당 품목 판매업무 정지 1개월
(6) 화장품책임판매업자가 책임판매 후 안전관리기준을 준수하지 않은 경우				
1) 책임판매관리자를 두지 않은 경우	판매 또는 해당 품목 판매업무 정지 1개월	판매 또는 해당 품목 판매업무 정지 3개월	판매 또는 해당 품목 판매업무 정지 6개월	판매 또는 해당 품목 판매업무 정지 12개월
2) 안전관리 정보를 검토하지 않거나 안전확보 조치를 하지 않은 경우	판매 또는 해당 품목 판매업무 정지 1개월	판매 또는 해당 품목 판매업무 정지 3개월	판매 또는 해당 품목 판매업무 정지 6개월	판매 또는 해당 품목 판매업무 정지 12개월
3) 그 밖에 책임판매 후 안전관리기준을 준수하지 않은 경우	경 고	판매 또는 해당 품목 판매업무 정지 1개월	판매 또는 해당 품목 판매업무 정지 3개월	판매 또는 해당 품목 판매업무 정지 6개월
(7) 그 밖에 화장품책임판매업자의 준수사항을 이행하지 않은 경우	시정명령	판매 또는 해당 품목 판매업무 정지 1개월	판매 또는 해당 품목 판매업무 정지 3개월	판매 또는 해당 품목 판매업무 정지 6개월
(8) 맞춤형화장품판매업자가 맞춤형화장품판매장 시설 · 기구를 정기적으로 점검하여 보건위생상 위해가 없도록 관리하지 않거나 혼합 · 소분 안전관리기준을 준수하지 않은 경우	판매 또는 해당 품목 판매업무 정지 15일	판매 또는 해당 품목 판매업무 정지 1개월	판매 또는 해당 품목 판매업무 정지 3개월	판매 또는 해당 품목 판매업무 정지 6개월
(9) 맞춤형화장품판매업자가 맞춤형화장품 판매내역서를 작성 · 보관하지 않은 경우	시정명령	판매 또는 해당 품목 판매업무 정지 1개월	판매 또는 해당 품목 판매업무 정지 3개월	판매 또는 해당 품목 판매업무 정지 6개월
(10) 맞춤형화장품판매업자가 맞춤형화장품 판매 시 혼합 · 소분에 사용된 내용물 · 원료의 내용 및 특성, 사용 시의 주의사항을 소비자에게 설명하지 않은 경우	시정명령	판매 또는 해당 품목 판매업무 정지 7일	판매 또는 해당 품목 판매업무 정지 15일	판매 또는 해당 품목 판매업무 정지 1개월

위반 내용	처분기준			
	1차 위반	2차 위반	3차 위반	4차 이상 위반
(11) 맞춤형화장품판매업자가 맞춤형화장품 사용과 관련된 부작용 발생사례에 대해서 지체없이 식품의약품안전처장에게 보고하지 않은 경우	시정명령	판매 또는 해당 품목 판매업무 정지 1개월	판매 또는 해당 품목 판매업무 정지 3개월	판매 또는 해당 품목 판매업무 정지 6개월
9. 영업자가 회수 대상 화장품을 회수하지 않거나 회수하는 데에 필요한 조치를 하지 않은 경우	판매 또는 제조 업무정지 1개월	판매 또는 제조 업무정지 3개월	판매 또는 제조 업무정지 6개월	등록취소
10. 영업자가 회수계획을 보고하지 않거나 거짓으로 보고한 경우	판매 또는 제조 업무정지 1개월	판매 또는 제조 업무정지 3개월	판매 또는 제조 업무정지 6개월	등록취소
11. 제9조에 따른 화장품의 안전용기 · 포장에 관한 기준을 위반한 경우	해당 품목 판매 업무정지 3개월	해당 품목 판매 업무정지 6개월	해당 품목 판매 업무정지 12개월	
12. 화장품책임판매업자 및 맞춤형화장품판매업자가 화장품의 1차 포장 또는 2차 포장의 기재 · 표시사항을 위반한 경우				
(1) 화장품의 기재사항(가격은 제외한다)의 전부를 기재하지 않은 경우	해당 품목 판매 업무정지 3개월	해당 품목 판매 업무정지 6개월	해당 품목 판매 업무정지 12개월	
(2) 화장품의 기재사항(가격은 제외한다)을 거짓으로 기재한 경우	해당 품목 판매 업무정지 1개월	해당 품목 판매 업무정지 3개월	해당 품목 판매 업무정지 6개월	해당 품목 판매 업무정지 12개월
(3) 화장품의 기재사항(가격은 제외한다)의 일부를 기재하지 않은 경우	해당 품목 판매 업무정지 15일	해당 품목 판매 업무정지 1개월	해당 품목 판매 업무정지 3개월	해당 품목 판매 업무정지 6개월
13. 화장품 포장의 표시기준 및 표시방법을 위반한 경우	해당 품목 판매 업무정지 15일	해당 품목 판매 업무정지 1개월	해당 품목 판매 업무정지 3개월	해당 품목 판매 업무정지 6개월
14. 화장품 포장의 기재 · 표시상의 주의사항을 위반한 경우	해당 품목 판매 업무정지 15일	해당 품목 판매 업무정지 1개월	해당 품목 판매 업무정지 3개월	해당 품목 판매 업무정지 6개월
15. 영업자 또는 판매자가 부당한 표시광고 행위 등의 금지 규정을 위반하여 화장품을 표시 · 광고한 경우				
(1) 다음의 화장품의 표시 · 광고 시 준수사항을 위반한 경우				

위반 내용	처분기준			
	1차 위반	2차 위반	3차 위반	4차 이상 위반
1) 의약품으로 잘못 인식할 우려가 있는 내용, 제품의 명칭 및 효능 · 효과 등에 대한 표시 · 광고	해당 품목 판매 업무정지 3개월 (표시위반) 또는 해당 품목 광고 업무정지 3개월 (광고위반)	해당 품목 판매 업무정지 6개월 (표시위반) 또는 해당 품목 광고 업무정지 6개월 (광고위반)	해당 품목 판매 업무정지 9개월 (표시위반) 또는 해당 품목 광고 업무정지 9개월 (광고위반)	
2) 기능성화장품, 천연화장품 또는 유기농화장품이 아님에도 불구하고 제품의 명칭, 제조방법, 효능 · 효과 등에 관하여 잘못 인식할 우려가 있는 표시 · 광고	해당 품목 판매 업무정지 3개월 (표시위반) 또는 해당 품목 광고 업무정지 3개월 (광고위반)	해당 품목 판매 업무정지 6개월 (표시위반) 또는 해당 품목 광고 업무정지 6개월 (광고위반)	해당 품목 판매 업무정지 9개월 (표시위반) 또는 해당 품목 광고 업무정지 9개월 (광고위반)	
3) 사실 유무와 관계없이 다른 제품을 비방하거나 비방한다고 의심이 되는 표시 · 광고	해당 품목 판매 업무정지 3개월 (표시위반) 또는 해당 품목 광고 업무정지 3개월 (광고위반)	해당 품목 판매 업무정지 6개월 (표시위반) 또는 해당 품목 광고 업무정지 6개월 (광고위반)	해당 품목 판매 업무정지 9개월 (표시위반) 또는 해당 품목 광고 업무정지 9개월 (광고위반)	
(2) 그 밖에 화장품의 표시 · 광고 시 준수사항을 위반한 경우	해당 품목 판매 업무정지 2개월 (표시위반) 또는 해당 품목 광고 업무정지 2개월 (광고위반)	해당 품목 판매 업무정지 4개월 (표시위반) 또는 해당 품목 광고 업무정지 4개월 (광고위반)	해당 품목 판매 업무정지 6개월 (표시위반) 또는 해당 품목 광고 업무정지 6개월 (광고위반)	해당 품목 판매 업무정지 12개월(표시위반) 또는 해당 품목 광고업무정지 12개월 (광고위반)
16. 영업자 또는 판매자가 실증자료의 제출 요청을 무시하여 중지명령을 받고 이를 위반하여 화장품의 표시 · 광고를 한 경우	해당 품목 판매 업무정지 3개월	해당 품목 판매 업무정지 6개월	해당 품목 판매 업무정지 12개월	
17. 다음의 화장품을 판매하거나 판매의 목적으로 제조 · 수입 · 보관 또는 진열한 경우				
(1) 전부 또는 일부가 변패(變敗)되거나 이물질이 혼입 또는 부착된 화장품	해당 품목 제조 또는 판매업무 정지 1개월	해당 품목 제조 또는 판매업무 정지 3개월	해당 품목 제조 또는 판매업무 정지 6개월	해당 품목 제조 또는 판매업무 정지 12개월
(2) 병원미생물에 오염된 화장품	해당 품목 제조 또는 판매업무 정지 3개월	해당 품목 제조 또는 판매업무 정지 6개월	해당 품목 제조 또는 판매업무 정지 9개월	해당 품목 제조 또는 판매업무 정지 12개월

위반 내용	처분기준			
	1차 위반	2차 위반	3차 위반	4차 이상 위반
(3) 식품의약품안전처장이 고시한 화장품의 제조 등에 사용할 수 없는 원료를 사용한 화장품	제조 또는 판매 업무정지 3개월	제조 또는 판매 업무정지 6개월	제조 또는 판매 업무정지 12개월	등록취소
(4) 사용상의 제한이 필요한 원료에 대하여 식품의약품안전처장이 고시한 사용기준을 위반한 화장품	해당 품목 제조 또는 판매업무 정지 3개월	해당 품목 제조 또는 판매업무 정지 6개월	해당 품목 제조 또는 판매업무 정지 9개월	해당 품목 제조 또는 판매업무 정지 12개월
(5) 식품의약품안전처장이 고시한 유통화장품 안전관리기준에 적합하지 않은 화장품				
1) 실제 내용량이 표시된 내용량의 97% 미만인 화장품				
① 실제 내용량이 표시된 내용량의 90% 이상 97% 미만인 화장품	시정명령	해당 품목 제조 또는 판매업무 정지 15일	해당 품목 제조 또는 판매업무 정지 1개월	해당 품목 제조 또는 판매업무 정지 2개월
② 실제 내용량이 표시된 내용량의 80% 이상 90% 미만인 화장품	해당 품목 제조 또는 판매업무 정지 1개월	해당 품목 제조 또는 판매업무 정지 2개월	해당 품목 제조 또는 판매업무 정지 3개월	해당 품목 제조 또는 판매업무 정지 4개월
③ 실제 내용량이 표시된 내용량의 80% 미만인 화장품	해당 품목 제조 또는 판매업무 정지 2개월	해당 품목 제조 또는 판매업무 정지 3개월	해당 품목 제조 또는 판매업무 정지 4개월	해당 품목 제조 또는 판매업무 정지 6개월
2) 기능성화장품에서 기능성을 나타나게 하는 주원료의 함량이 기준치보다 부족한 경우				
① 주원료의 함량이 기준치보다 10% 미만 부족한 경우	해당 품목 제조 또는 판매업무 정지 15일	해당 품목 제조 또는 판매업무 정지 1개월	해당 품목 제조 또는 판매업무 정지 3개월	해당 품목 제조 또는 판매업무 정지 6개월
② 주원료의 함량이 기준치보다 10% 이상 부족한 경우	해당 품목 제조 또는 판매업무 정지 1개월	해당 품목 제조 또는 판매업무 정지 3개월	해당 품목 제조 또는 판매업무 정지 6개월	해당 품목 제조 또는 판매업무 정지 12개월
3) 그 밖의 기준에 적합하지 않은 화장품	해당 품목 제조 또는 판매업무 정지 1개월	해당 품목 제조 또는 판매업무 정지 3개월	해당 품목 제조 또는 판매업무 정지 6개월	해당 품목 제조 또는 판매업무 정지 12개월
(6) 사용기한 또는 개봉 후 사용기간(병행 표기된 제조연월일을 포함한다)을 위조 · 변조한 화장품	해당 품목 제조 또는 판매업무 정지 3개월	해당 품목 제조 또는 판매업무 정지 6개월	해당 품목 제조 또는 판매업무 정지 12개월	
(7) 그 밖에 제조 · 수입 · 판매 등의 영업의 금지에 해당하는 화장품	해당 품목 제조 또는 판매업무 정지 1개월	해당 품목 제조 또는 판매업무 정지 3개월	해당 품목 제조 또는 판매업무 정지 6개월	해당 품목 제조 또는 판매업무 정지 12개월

위반 내용	처분기준			
	1차 위반	2차 위반	3차 위반	4차 이상 위반
18. 영업자 · 판매자 또는 그 밖에 화장품을 업무상 취급하는 자가 식품의약품안전처장이 요구하는 보고 및 검사 · 질문 · 수거 등을 거부하거나 방해한 경우	판매 또는 제조 업무정지 1개월	판매 또는 제조 업무정지 3개월	판매 또는 제조 업무정지 6개월	등록취소
19. 식품의약품안전처장이 명하는 시정명령 · 검사명령 · 개수명령 · 회수명령 · 폐기명령 또는 공표명령 등을 이행하지 않은 경우	판매 또는 제조 업무정지 1개월	판매 또는 제조 업무정지 3개월	판매 또는 제조 업무정지 6개월	등록취소
20. 영업자 · 판매자 또는 그 밖에 화장품을 업무상 취급하는 자가 회수계획을 보고하지 않거나 거짓으로 보고한 경우	판매 또는 제조 업무정지 1개월	판매 또는 제조 업무정지 3개월	판매 또는 제조 업무정지 6개월	등록취소
21. 업무정지기간 중에 업무를 한 경우로서				
(1) 업무정지기간 중에 해당 업무를 한 경우(광고 업무에 한정하여 정지를 명한 경우는 제외한다)	등록취소			
(2) 광고의 업무정지기간 중에 광고 업무를 한 경우	시정명령	판매업무정지 3개월		

핵심 주관식 **다음 〈보기〉는 「화장품법」의 행정처분에 대한 내용이다. 빈칸에 들어갈 단어를 작성하시오.**

〈보 기〉

맞춤형화장품판매업자가 맞춤형화장품 판매내역서를 작성 · 보관하지 않은 경우 3차 위반 시의 행정처분은 판매 또는 해당 품목 판매업무정지 (　　　　)이다.

해설 맞춤형화장품판매업자가 맞춤형화장품 판매내역서를 작성 · 보관하지 않은 경우의 행정처분은 1차 위반 시 시정명령, 2차 위반 시 판매 또는 해당 품목 판매업무정지 1개월, 3차 위반 시 판매 또는 해당 품목 판매업무정지 3개월, 4차 이상 위반 시 판매 또는 해당 품목 판매업무정지 6개월이다.

정답 3개월

(9) 양벌규정

① 법인의 대표자나 법인 또는 개인의 대리인, 사용인, 그 밖의 종업원이 그 법인 또는 개인의 업무에 관하여 벌칙 중 어느 하나에 해당하는 위반행위를 하면 그 행위자를 벌하는 외에 그 법인 또는 개인에게도 해당 조문의 벌금형을 과(科)한다.

② 다만, 법인 또는 개인이 그 위반행위를 방지하기 위하여 해당 업무에 관하여 상당한 주의와 감독을 게을리하지 아니한 경우에는 그러하지 아니하다.

(10) 청 문

식품의약품안전처장은 다음을 명하고자 하는 경우에는 청문을 하여야 한다.

① 천연화장품 및 유기농화장품 인증의 취소

② 천연화장품 및 유기농화장품 인증기관 지정의 취소 또는 업무의 전부에 대한 정지

③ 등록의 취소, 영업소 폐쇄

④ 품목의 제조 · 수입 및 판매(수입대행형 거래를 목적으로 하는 알선·수여를 포함한다)의 금지 또는 업무의 전부에 대한 정지

개인정보 보호법

1 고객관리 프로그램 운용

(1) 고객관리 프로그램의 정의

① 고객관리 프로그램이란 기존의 고객뿐만 아니라 잠재적인 고객과의 비즈니스적인 상호작용을 체계적으로 관리하기 위한 프로그램을 말한다.

② 고객관리 프로그램의 운용자는 「개인정보 보호법」을 준수하여 고객관리 프로그램을 운용하여야 한다.

> **TIP 개인정보 보호법**
> 「개인정보 보호법」이란 개인정보를 보호하여 개인의 권익 보호를 강화하고자 개인정보 처리에 관하여 필요한 사항을 정한 법이다.

(2) 고객관리 프로그램의 구성과 관리

1) 고객관리 프로그램의 구성

고객관리 프로그램은 소프트웨어, 하드웨어(모니터, 바코드 리더기 등), 데이터 등으로 구성된다.

2) 고객관리 프로그램의 관리

① 고객 데이터는 접근 권한을 가진 자만 접근을 허용하며, 주기적으로 백업한다.

② 고객 데이터 폐기 시 복구 및 재생되지 않도록 영구 삭제해야 한다.

③ 고객 데이터가 손상되지 않도록 해킹 방어프로그램과 백신 프로그램을 운용하여야 한다.

개인정보 보호법에 따른 고객정보의 처리

(1) 개인정보 보호법의 용어 정의

용 어	정 의
개인정보	살아있는 개인에 관한 정보로 다음의 어느 하나에 해당하는 정보 • 성명, 주민등록번호 및 영상 등을 통하여 개인을 알아볼 수 있는 정보 • 해당 정보만으로는 특정 개인을 알아볼 수 없더라도 다른 정보와 쉽게 결합하여 알아볼 수 있는 정보(쉽게 결합할 수 있는지 여부는 다른 정보의 입수 가능성 등 개인을 알아보는 데 소요되는 시간, 비용, 기술 등을 합리적으로 고려하여야 함) • 개인정보를 가명처리함으로써 원래의 상태로 복원하기 위한 추가 정보의 사용결합 없이는 특정 개인을 알아볼 수 없는 정보(가명정보)
가명처리	개인정보의 일부를 삭제하거나 일부 또는 전부를 대체하는 등의 방법으로 추가 정보가 없이는 특정 개인을 알아볼 수 없도록 처리하는 것
정보주체	처리되는 정보에 의하여 알아볼 수 있는 사람으로서 그 정보의 주체가 되는 사람
개인정보처리자	업무를 목적으로 개인정보파일을 운용하기 위하여 스스로 또는 다른 사람을 통하여 개인정보를 처리하는 공공기관, 법인, 단체 및 개인 등
개인정보파일	개인정보를 쉽게 검색할 수 있도록 일정한 규칙에 따라 체계적으로 배열하거나 구성한 개인정보의 집합물
고유식별정보	개인을 고유하게 구별하기 위하여 부여된 식별정보로서 대통령령으로 정하는 정보 • 「주민등록법」에 따른 주민등록번호 • 「여권법」에 따른 여권번호 • 「도로교통법」에 따른 운전면허의 면허번호 • 「출입국관리법」에 따른 외국인등록번호
민감정보	사상 · 신념, 노동조합 · 정당의 가입 · 탈퇴, 정치적 견해, 건강, 성생활 등에 관한 정보, 그 밖에 정보주체의 사생활을 현저히 침해할 우려가 있는 개인정보로서 대통령령으로 정하는 정보 • 유전자검사 등의 결과로 얻어진 유전정보 • 「형의 실효 등에 관한 법률」에 따른 범죄경력자료에 해당하는 정보 • 개인의 신체적, 생리적, 행동적 특징에 관한 정보로서 특정 개인을 알아볼 목적으로 일정한 기술적 수단을 통해 생성한 정보 • 인종이나 민족에 관한 정보
처 리	개인정보의 수집, 생성, 연계, 연동, 기록, 저장, 보유, 가공, 편집, 검색, 출력, 정정, 복구, 이용, 제공, 공개, 파기, 그 밖에 이와 유사한 행위
영상정보처리기기	일정한 공간에 지속적으로 설치되어 사람 또는 사물의 영상 등을 촬영하거나 이를 유 · 무선망을 통하여 전송하는 장치로서 대통령령으로 정하는 장치 예 폐쇄회로 텔레비전, 네트워크 카메라

(2) 개인정보처리자의 개인정보 보호 원칙

① 개인정보의 처리 목적을 명확하게 하여야 하고 그 목적에 필요한 범위에서 최소한의 개인정보만을 적법하고 정당하게 수집하여야 한다.

② 개인정보의 처리 목적에 필요한 범위에서 적합하게 개인정보를 처리하여야 하며, 그 목적 외의 용도로 활용하여서는 아니 된다.

③ 개인정보의 처리 목적에 필요한 범위에서 개인정보의 정확성, 완전성 및 최신성이 보장되도록 하여야 한다.

④ 개인정보의 처리 방법 및 종류 등에 따라 정보주체의 권리가 침해받을 가능성과 그 위험 정도를 고려하여 개인정보를 안전하게 관리하여야 한다.

⑤ 개인정보 처리방침 등 개인정보의 처리에 관한 사항을 공개하여야 하며, 열람청구권 등 정보주체의 권리를 보장하여야 한다.

⑥ 정보주체의 사생활 침해를 최소화하는 방법으로 개인정보를 처리하여야 한다.

⑦ 개인정보를 익명 또는 가명으로 처리하여도 개인정보 수집목적을 달성할 수 있는 경우 익명처리가 가능한 경우에는 익명에 의하여, 익명처리로 목적을 달성할 수 없는 경우에는 가명에 의하여 처리될 수 있도록 하여야 한다.

⑧ 「개인정보 보호법」 및 관계 법령에서 규정하고 있는 책임과 의무를 준수하고 실천함으로써 정보주체의 신뢰를 얻기 위하여 노력하여야 한다.

핵심 주관식 **다음 〈보기〉는 「개인정보 보호법」의 개인정보 보호에 대한 내용이다. 빈칸에 들어갈 단어를 작성하시오.**

〈보 기〉

개인정보처리자는 개인정보의 처리 목적에 필요한 범위에서 개인정보의 (   ), 완전성 및 최신성이 보장되도록 하여야 한다.

정답 정확성

(3) 정보주체의 권리

① 개인정보의 처리에 관한 정보를 제공받을 권리

② 개인정보의 처리에 관한 동의 여부, 동의 범위 등을 선택하고 결정할 권리

③ 개인정보의 처리 여부를 확인하고 개인정보에 대하여 열람(사본의 발급을 포함한다)을 요구할 권리

④ 개인정보의 처리 정지, 정정 · 삭제 및 파기를 요구할 권리

⑤ 개인정보의 처리로 인하여 발생한 피해를 신속하고 공정한 절차에 따라 구제받을 권리

(4) 개인정보의 수집 · 이용

① 개인정보처리자는 다음의 어느 하나에 해당하는 경우에는 개인정보를 수집할 수 있으며 그 수집 목적의 범위에서 이용할 수 있다.

- 정보주체의 동의를 받은 경우
- 법률에 특별한 규정이 있거나 법령상 의무를 준수하기 위하여 불가피한 경우
- 공공기관이 법령 등에서 정하는 소관 업무의 수행을 위하여 불가피한 경우
- 정보주체와의 계약의 체결 및 이행을 위하여 불가피하게 필요한 경우
- 정보주체 또는 그 법정대리인이 의사표시를 할 수 없는 상태에 있거나 주소불명 등으로 사전 동의를 받을 수 없는 경우로서 명백히 정보주체 또는 제3자의 급박한 생명, 신체, 재산의 이익을 위하여 필요하다고 인정되는 경우
- 개인정보처리자의 정당한 이익을 달성하기 위하여 필요한 경우로서 명백하게 정보주체의 권리보다 우선하는 경우(개인정보처리자의 정당한 이익과 상당한 관련이 있고 합리적인 범위를 초과하지 아니하는 경우에 한한다)

② 개인정보처리자는 정보주체의 동의를 받을 때에는 다음 사항을 정보주체에게 알려야 한다. 다음 어느 하나의 사항을 변경하는 경우에도 이를 알리고 동의를 받아야 한다.

- 개인정보의 수집 · 이용 목적
- 수집하려는 개인정보의 항목
- 개인정보의 보유 및 이용 기간
- 동의를 거부할 권리가 있다는 사실 및 동의 거부에 따른 불이익이 있는 경우에는 그 불이익의 내용

③ 개인정보처리자는 당초 수집 목적과 합리적으로 관련된 범위에서 정보주체에게 불이익이 발생하는지 여부, 암호화 등 안전성 확보에 필요한 조치를 하였는지 여부 등을 고려하여 대통령령으로 정하는 바에 따라 정보주체의 동의 없이 개인정보를 이용할 수 있다.

TIP 민감정보의 처리 제한

- 개인정보처리자는 사상 · 신념, 노동조합 · 정당의 가입 · 탈퇴, 정치적 견해, 건강, 성생활 등에 관한 정보, 그 밖에 정보주체의 사생활을 현저히 침해할 우려가 있는 개인정보로서 대통령령으로 정하는 정보(민감정보)를 처리하여서는 아니 된다. 다만, 다음의 어느 하나에 해당하는 경우에는 그러하지 아니하다.
  - 정보주체에게 법령에 따른 해당사항을 알리고 다른 개인정보의 처리에 대한 동의와 별도로 동의를 받은 경우
  - 법령에서 민감정보의 처리를 요구하거나 허용하는 경우
- 개인정보처리자가 민감정보를 처리하는 경우에는 그 민감정보가 분실 · 도난 · 유출 · 위조 · 변조 또는 훼손되지 아니하도록 안전성 확보에 필요한 조치를 하여야 한다.

핵심 주관식 다음 〈보기〉의 빈칸에 들어갈 단어를 작성하시오.

〈보 기〉

(　　　　)란 사상 · 신념, 노동조합 · 정당의 가입 · 탈퇴, 정치적 견해, 건강, 성생활 등에 관한 정보, 그 밖에 정보주체의 사생활을 현저히 침해할 우려가 있는 개인정보로서 대통령령으로 정하는 정보를 뜻한다.

정답 민감정보

(5) 개인정보의 수집 제한

① 개인정보를 수집하는 경우, 개인정보처리자는 그 목적에 필요한 최소한의 개인정보를 수집하여야 한다. 이 경우 최소한의 개인정보 수집이라는 입증책임은 개인정보처리자가 부담한다.

② 정보주체의 동의를 받아 개인정보를 수집하는 경우, 개인정보처리자는 필요한 최소한의 정보 외의 개인정보 수집에는 동의하지 아니할 수 있다는 사실을 구체적으로 알리고 개인정보를 수집하여야 한다.

③ 개인정보처리자는 정보주체가 필요한 최소한의 정보 외의 개인정보 수집에 동의하지 아니한다는 이유로 정보주체에게 재화 또는 서비스의 제공을 거부하여서는 아니 된다.

(6) 개인정보의 제공

① 개인정보처리자는 다음의 어느 하나에 해당되는 경우에는 정보주체의 개인정보를 제3자에게 제공(공유를 포함)할 수 있다.

- 정보주체의 동의를 받은 경우
- 개인정보를 수집한 목적 범위에서 개인정보를 제공하는 경우

② 개인정보처리자는 정보주체로부터 별도의 동의를 받을 때에는 다음의 사항을 정보주체에게 알려야 한다. 다음의 어느 하나의 사항을 변경하는 경우에도 이를 알리고 동의를 받아야 한다.

- 개인정보를 제공받는 자
- 개인정보를 제공받는 자의 개인정보 이용 목적
- 제공하는 개인정보의 항목
- 개인정보를 제공받는 자의 개인정보 보유 및 이용 기간
- 동의를 거부할 권리가 있다는 사실 및 동의 거부에 따른 불이익이 있는 경우에는 그 불이익의 내용

③ 개인정보처리자가 개인정보를 국외의 제3자에게 제공할 때에는 ②에 따른 사항을 정보주체에게 알리고 동의를 받아야 하며, 이 법을 위반하는 내용으로 개인정보의 국외 이전에 관한 계약을 체결하여서는 아니 된다.

④ 개인정보처리자는 당초 수집 목적과 합리적으로 관련된 범위에서 정보주체에게 불이익이 발생하는지 여부, 암호화 등 안전성 확보에 필요한 조치를 하였는지 여부 등을 고려하여 대통령령으로 정하는 바에 따라 정보주체의 동의 없이 개인정보를 제공할 수 있다.

TIP 개인정보의 추가적인 이용 · 제공의 기준 등

개인정보처리자는 법에 따라 정보주체의 동의 없이 개인정보를 이용 또는 제공하려는 경우에는 다음의 사항을 고려해야 한다. 개인정보처리자는 다음의 고려사항에 대한 판단 기준을 법에 따른 개인정보 처리방침에 미리 공개하고, 법에 따른 개인정보 보호책임자가 해당 기준에 따라 개인정보의 추가적인 이용 또는 제공을 하고 있는지 여부를 점검해야 한다.

- 당초 수집 목적과 관련성이 있는지 여부
- 개인정보를 수집한 정황 또는 처리 관행에 비추어 볼 때 개인정보의 추가적인 이용 또는 제공에 대한 예측 가능성이 있는지 여부
- 정보주체의 이익을 부당하게 침해하는지 여부
- 가명처리 또는 암호화 등 안전성 확보에 필요한 조치를 하였는지 여부

(7) 개인정보의 목적 외 이용 · 제공 제한

① 개인정보처리자는 개인정보를 해당 법령에 따른 범위를 초과하여 이용하거나 범위를 초과하여 제3자에게 제공하여서는 아니 된다.

② 개인정보처리자는 다음의 어느 하나에 해당하는 경우에는 정보주체 또는 제3자의 이익을 부당하게 침해할 우려가 있을 때를 제외하고는 개인정보를 목적 외의 용도로 이용하거나 이를 제3자에게 제공할 수 있다.

- 이용자의 개인정보를 처리하는 정보통신서비스 제공자의 경우
  - 정보주체로부터 별도의 동의를 받은 경우
  - 다른 법률에 특별한 규정이 있는 경우
- 정보주체 또는 그 법정대리인이 의사표시를 할 수 없는 상태에 있거나 주소불명 등으로 사전 동의를 받을 수 없는 경우로서 명백히 정보주체 또는 제3자의 급박한 생명, 신체, 재산의 이익을 위하여 필요하다고 인정되는 경우
- 공공기관의 경우
  - 개인정보를 목적 외의 용도로 이용하거나 이를 제3자에게 제공하지 아니하면 다른 법률에서 정하는 소관 업무를 수행할 수 없는 경우로서 보호위원회의 심의 · 의결을 거친 경우
  - 조약, 그 밖의 국제협정의 이행을 위하여 외국정부 또는 국제기구에 제공하기 위하여 필요한 경우
  - 범죄의 수사와 공소의 제기 및 유지를 위하여 필요한 경우
  - 법원의 재판업무 수행을 위하여 필요한 경우
  - 형(刑) 및 감호, 보호처분의 집행을 위하여 필요한 경우

(8) 개인정보를 제공받은 자의 이용 · 제공 제한

① 개인정보처리자로부터 개인정보를 제공받은 자는 개인정보를 제공받은 목적 외의 용도로 이용하거나 이를 제3자에게 제공하여서는 아니 된다.

② 다음의 어느 하나에 해당하는 경우는 제외한다.

- 정보주체로부터 별도의 동의를 받은 경우
- 다른 법률에 특별한 규정이 있는 경우

> **TIP 정보주체 이외로부터 수집한 개인정보의 수집 출처 등 고지**
> 개인정보처리자가 정보주체 이외로부터 수집한 개인정보를 처리하는 때에는 정보주체의 요구가 있으면 즉시 다음의 모든 사항을 정보주체에게 알려야 한다.
> - 개인정보의 수집 출처
> - 개인정보의 처리 목적
> - 개인정보 처리의 정지를 요구할 권리가 있다는 사실

(9) 개인정보의 파기

① 개인정보처리자는 보유기간의 경과, 개인정보의 처리 목적 달성 등 그 개인정보가 불필요하게 되었을 때에는 지체 없이 그 개인정보를 파기하여야 한다. 다만, 다른 법령에 따라 보존하여야 하는 경우에는 그러하지 아니하다.

② 개인정보처리자가 개인정보를 파기할 때에는 복구 또는 재생되지 아니하도록 조치하여야 한다.

③ 개인정보처리자가 개인정보를 파기하지 아니하고 보존하여야 하는 경우에는 해당 개인정보 또는 개인정보파일을 다른 개인정보와 분리하여서 저장 · 관리하여야 한다.

④ 개인정보의 파기방법 및 절차 등에 필요한 사항은 대통령령으로 정한다.

> **TIP 개인정보의 파기방법(개인정보 보호법 시행령 제16조)**
> - 전자적 파일 형태인 경우: 복원이 불가능한 방법으로 영구 삭제
> - 기록물, 인쇄물, 서면, 그 밖의 기록매체인 경우: 파쇄 또는 소각

(10) 동의를 받는 방법

① 개인정보처리자는 법에 따른 개인정보의 처리에 대하여 정보주체(법정대리인을 포함)의 동의를 받을 때에는 각각의 동의 사항을 구분하여 정보주체가 이를 명확하게 인지할 수 있도록 알리고 각각 동의를 받아야 한다.

② 개인정보처리자는 동의를 서면(전자문서를 포함)으로 받을 때에는 개인정보의 수집 · 이용 목적, 수집 · 이용하려는 개인정보의 항목 등 대통령령으로 정하는 중요한 내용을 보호위원회가 고시로 정하는 방법에 따라 명확히 표시하여 알아보기 쉽게 하여야 한다.

③ 개인정보처리자는 개인정보의 처리에 대하여 정보주체의 동의를 받을 때에는 정보주체와의 계약 체결 등을 위하여 정보주체의 동의 없이 처리할 수 있는 개인정보와 정보주체의 동의가 필요한 개인정보를 구분하여야 한다. 이 경우 동의 없이 처리할 수 있는 개인정보라는 입증책임은 개인정보처리자가 부담한다.

④ 개인정보처리자는 정보주체에게 재화나 서비스를 홍보하거나 판매를 권유하기 위하여 개인정보의 처리에 대한 동의를 받으려는 때에는 정보주체가 이를 명확하게 인지할 수 있도록 알리고 동의를 받아야 한다.

⑤ 개인정보처리자는 정보주체가 선택적으로 동의할 수 있는 사항을 동의하지 아니하거나 동의를 하지 아니한다는 이유로 정보주체에게 재화 또는 서비스의 제공을 거부하여서는 아니 된다.

⑥ 개인정보처리자는 만 14세 미만 아동의 개인정보를 처리하기 위하여 이 법에 따른 동의를 받아야 할 때에는 그 법정대리인의 동의를 받아야 한다. 이 경우 법정대리인의 동의를 받기 위하여 필요한 최소한의 정보는 법정대리인의 동의 없이 해당 아동으로부터 직접 수집할 수 있다.

⑦ 위에서 규정한 사항 외에 정보주체의 동의를 받는 세부적인 방법 및 최소한의 정보의 내용에 관하여 필요한 사항은 개인정보의 수집매체 등을 고려하여 대통령령으로 정한다.

동의를 얻는 방법	• 동의 내용이 적힌 서면을 정보주체에게 직접 발급하거나 우편 또는 팩스 등의 방법으로 전달하고, 정보주체가 서명하거나 날인한 동의서를 받는 방법 • 전화를 통하여 동의 내용을 정보주체에게 알리고 동의의 의사표시를 확인하는 방법 • 전화를 통하여 동의 내용을 정보주체에게 알리고 정보주체에게 인터넷주소 등을 통하여 동의 사항을 확인하도록 한 후 다시 전화를 통하여 그 동의 사항에 대한 동의의 의사표시를 확인하는 방법 • 인터넷 홈페이지 등에 동의 내용을 게재하고 정보주체가 동의 여부를 표시하도록 하는 방법 • 동의 내용이 적힌 전자우편을 발송하여 정보주체로부터 동의의 의사표시가 적힌 전자우편을 받는 방법 • 그 밖에 규정에 따른 방법에 준하는 방법으로 동의 내용을 알리고 동의의 의사표시를 확인하는 방법

TIP 서면 동의 시 중요한 내용의 표시 방법(보호위원회가 고시로 정하는 방법)

- 글씨의 크기는 최소한 9포인트 이상으로서 다른 내용보다 20% 이상 크게 하여 알아보기 쉽게 할 것
- 글씨의 색깔, 굵기 또는 밑줄 등을 통하여 그 내용이 명확히 표시되도록 할 것
- 동의 사항이 많아 중요한 내용이 명확히 구분되기 어려운 경우에는 중요한 내용이 쉽게 확인될 수 있도록 그 밖의 내용과 별도로 구분하여 표시할 것

(11) 영상정보처리기기의 설치 · 운영

1) 영상정보처리기기의 설치 · 운영 제한

① 누구든지 다음의 경우를 제외하고는 공개된 장소에 영상정보처리기기를 설치 · 운영하여서는 아니 된다.

- 법령에서 구체적으로 허용하고 있는 경우
- 범죄의 예방 및 수사를 위하여 필요한 경우
- 시설안전 및 화재 예방을 위하여 필요한 경우
- 교통단속을 위하여 필요한 경우
- 교통정보의 수집 · 분석 및 제공을 위하여 필요한 경우

② 누구든지 불특정 다수가 이용하는 목욕실, 화장실, 발한실(發汗室), 탈의실 등 개인의 사생활을 현저히 침해할 우려가 있는 장소의 내부를 볼 수 있도록 영상정보처리기기를 설치 · 운영하여서는 아니 된다. 다만, 교도소, 정신보건 시설 등 법령에 근거하여 사람을 구금하거나 보호하는 시설로서 대통령령으로 정하는 시설에 대하여는 그러하지 아니하다.

③ ①에 따라 영상정보처리기기를 설치 · 운영하려는 공공기관의 장과 ②의 단서에 따라 영상정보처리기기를 설치 · 운영하려는 자는 공청회 · 설명회의 개최 등 대통령령으로 정하는 절차를 거쳐 관계 전문가 및 이해관계인의 의견을 수렴하여야 한다.

④ ①에 따라 영상정보처리기기를 설치 · 운영하는 자(영상정보처리기기운영자)는 정보주체가 쉽게 인식할 수 있도록 다음의 사항이 포함된 안내판을 설치하는 등 필요한 조치를 하여야 한다. 다만, 「군사기지 및 군사시설 보호법」에 따른 군사시설, 「통합방위법」에 따른 국가중요시설, 「보안업무규정」에 따른 국가보안시설에 대하여는 그러하지 아니하다.

- 설치 목적 및 장소
- 촬영 범위 및 시간
- 관리책임자 성명 및 연락처
- 그 밖에 대통령령으로 정하는 사항

⑤ 영상정보처리기기운영자는 영상정보처리기기의 설치 목적과 다른 목적으로 영상정보처리기기를 임의로 조작하거나 다른 곳을 비춰서는 아니 되며, 녹음기능은 사용할 수 없다.

⑥ 영상정보처리기기운영자는 개인정보가 분실 · 도난 · 유출 · 위조 · 변조 또는 훼손되지 아니하도록 안전성 확보에 필요한 조치를 하여야 한다.

⑦ 영상정보처리기기운영자는 대통령령으로 정하는 바에 따라 영상정보처리기기 운영 · 관리 방침을 마련하여야 한다. 이 경우 개인정보 처리방침을 정하지 아니할 수 있다.

⑧ 영상정보처리기기운영자는 영상정보처리기기의 설치 · 운영에 관한 사무를 위탁할 수 있다. 다만, 공공기관이 영상정보처리기기 설치 · 운영에 관한 사무를 위탁하는 경우에는 대통령령으로 정하는 절차 및 요건에 따라야 한다.

2) 영상정보처리기기 설치 · 운영 제한의 예외

① 영상정보처리기기의 설치 · 운영 제한에서 "대통령령으로 정하는 시설"이란 다음의 시설을 말한다.

- 「형의 집행 및 수용자의 처우에 관한 법률」에 따른 교정시설
- 「정신건강증진 및 정신질환자 복지서비스 지원에 관한 법률」의 규정에 따른 정신의료기관(수용시설을 갖추고 있는 것만 해당), 정신요양시설 및 정신재활시설

② 중앙행정기관의 장은 소관 분야의 개인정보처리자가 법에 따라 ①의 시설에 영상정보처리기기를 설치 · 운영하는 경우 정보주체의 사생활 침해를 최소화하기 위하여 필요한 세부 사항을 개인정보 보호지침으로 정하여 그 준수를 권장할 수 있다.

3) 안내판의 설치 등

① 영상정보처리기기의 설치 · 운영 제한에 따라 영상정보처리기기를 설치 · 운영하는 자(영상정보처리기기운영자)는 영상정보처리기기가 설치 · 운영되고 있음을 정보주체가 쉽게 알아볼 수 있도록 다음의 사항이 포함된 안내판을 설치하여야 한다. 다만, 건물 안에 여러 개의 영상정보처리기기를 설치하는 경우에는 출입구 등 잘 보이는 곳에 해당 시설 또는 장소 전체가 영상정보처리기기 설치지역임을 표시하는 안내판을 설치할 수 있다.

- 설치 목적 및 장소
- 촬영 범위 및 시간
- 관리책임자 성명 및 연락처
- 그 밖에 대통령령으로 정하는 사항

② ①에도 불구하고 영상정보처리기기운영자가 설치 · 운영하는 영상정보처리기기가 다음의 어느 하나에 해당하는 경우에는 안내판 설치를 갈음하여 영상정보처리기기운영자의 인터넷 홈페이지에 해당 사항을 게재할 수 있다.

- 공공기관이 원거리 촬영, 과속 · 신호위반 단속 또는 교통흐름조사 등의 목적으로 영상정보처리기기를 설치하는 경우로서 개인정보 침해의 우려가 적은 경우
- 산불감시용 영상정보처리기기를 설치하는 경우 등 장소적 특성으로 인하여 안내판을 설치하는 것이 불가능하거나 안내판을 설치하더라도 정보주체가 쉽게 알아볼 수 없는 경우

③ ②에 따라 인터넷 홈페이지에 해당 사항을 게재할 수 없으면 영상정보처리기기운영자는 다음의 어느 하나 이상의 방법으로 해당 사항을 공개하여야 한다.

- 영상정보처리기기운영자의 사업장 · 영업소 · 사무소 · 점포 등의 보기 쉬운 장소에 게시하는 방법
- 관보(영상정보처리기기운영자가 공공기관인 경우만 해당)나 영상정보처리기기운영자의 사업장등이 있는 시 · 도 이상의 지역을 주된 보급지역으로 하는 「신문 등의 진흥에 관한 법률」에 따른 일반일간신문 · 일반주간신문 또는 인터넷신문에 싣는 방법

4) 영상정보처리기기 운영 · 관리 방침

영상정보처리기기운영자는 법에 따라 다음의 사항이 포함된 영상정보처리기기 운영 · 관리 방침을 마련하여야 한다. 이에 따라 마련한 영상정보처리기기 운영 · 관리 방침의 공개에 관하여는 「개인정보 보호법」 제31조(개인정보 보호책임자의 지정)를 준용한다.

① 영상정보처리기기의 설치 근거 및 설치 목적
② 영상정보처리기기의 설치 대수, 설치 위치 및 촬영 범위
③ 관리책임자, 담당 부서 및 영상정보에 대한 접근 권한이 있는 사람
④ 영상정보의 촬영시간, 보관기간, 보관장소 및 처리방법
⑤ 영상정보처리기기운영자의 영상정보 확인 방법 및 장소
⑥ 정보주체의 영상정보 열람 등 요구에 대한 조치
⑦ 영상정보 보호를 위한 기술적 · 관리적 및 물리적 조치
⑧ 그 밖에 영상정보처리기기의 설치 · 운영 및 관리에 필요한 사항

3 개인정보 보호법에 따른 고객정보의 관리 · 상담

(1) 안전조치의무

개인정보처리자는 개인정보가 분실 · 도난 · 유출 · 위조 · 변조 또는 훼손되지 아니하도록 내부 관리계획 수립, 접속기록 보관 등 대통령령으로 정하는 바에 따라 안전성 확보에 필요한 기술적 · 관리적 및 물리적 조치를 하여야 한다.

> **TIP 개인정보 보호책임자의 업무**
> - 개인정보 보호 계획의 수립 및 시행
> - 개인정보 처리 실태 및 관행의 정기적인 조사 및 개선
> - 개인정보 처리와 관련한 불만의 처리 및 피해 구제
> - 개인정보 유출 및 오용 · 남용 방지를 위한 내부통제시스템의 구축
> - 개인정보 보호 교육 계획의 수립 및 시행
> - 개인정보파일의 보호 및 관리 · 감독
> - 그 밖에 개인정보의 적절한 처리를 위하여 대통령령으로 정한 업무

(2) 개인정보의 유출 통지 등

① 개인정보처리자는 개인정보가 유출되었음을 알게 되었을 때에는 지체 없이 해당 정보주체에게 다음의 사실을 알려야 한다.

- 유출된 개인정보의 항목
- 유출된 시점과 그 경위

- 유출로 인하여 발생할 수 있는 피해를 최소화하기 위하여 정보주체가 할 수 있는 방법 등에 관한 정보
- 개인정보처리자의 대응조치 및 피해 구제절차
- 정보주체에게 피해가 발생한 경우 신고 등을 접수할 수 있는 담당부서 및 연락처

② 개인정보처리자는 개인정보가 유출된 경우 그 피해를 최소화하기 위한 대책을 마련하고 필요한 조치를 하여야 한다.

③ 개인정보처리자는 대통령령으로 정한 규모 이상(1천명 이상의 정보주체에 관한 개인정보)의 개인정보가 유출된 경우에는 통지 및 조치 결과를 지체 없이 보호위원회 또는 대통령령으로 정하는 전문기관(한국인터넷진흥원)에 신고하여야 한다. 이 경우 보호위원회 또는 대통령령으로 정하는 전문기관은 피해 확산방지, 피해 복구 등을 위한 기술을 지원할 수 있다.

④ ①에 따른 통지의 시기, 방법 및 절차 등에 관하여 필요한 사항은 대통령령으로 정한다.

TIP 정보주체의 권리 보장

- 개인정보의 열람: 정보주체는 개인정보처리자가 처리하는 자신의 개인정보에 대한 열람을 해당 개인정보처리자에게 요구할 수 있다.
- 개인정보의 정정 · 삭제: 자신의 개인정보를 열람한 정보주체는 개인정보처리자에게 그 개인정보의 정정 또는 삭제를 요구할 수 있다(다만, 다른 법령에서 그 개인정보가 수집 대상으로 명시되어 있는 경우에는 그 삭제를 요구할 수 없다).
- 개인정보의 처리정지: 정보주체는 개인정보처리자에 대하여 자신의 개인정보 처리의 정지를 요구할 수 있다.

(3) 손해배상책임

① 정보주체는 개인정보처리자가 법을 위반한 행위로 손해를 입으면 개인정보처리자에게 손해배상을 청구할 수 있다. 이 경우 그 개인정보처리자는 고의 또는 과실이 없음을 입증하지 아니하면 책임을 면할 수 없다.

② 개인정보처리자의 고의 또는 중대한 과실로 인하여 개인정보가 분실 · 도난 · 유출 · 위조 · 변조 또는 훼손된 경우로서 정보주체에게 손해가 발생한 때에는 법원은 그 손해액의 3배를 넘지 아니하는 범위에서 손해배상액을 정할 수 있다. 다만, 개인정보처리자가 고의 또는 중대한 과실이 없음을 증명한 경우에는 그러하지 아니한다.

③ 법원은 배상액을 정할 때에는 다음의 사항을 고려하여야 한다.

- 고의 또는 손해 발생의 우려를 인식한 정도
- 위반행위로 인하여 입은 피해 규모
- 위법행위로 인하여 개인정보처리자가 취득한 경제적 이익
- 위반행위에 따른 벌금 및 과징금

• 위반행위의 기간 · 횟수 등
• 개인정보처리자의 재산상태
• 개인정보처리자가 정보주체의 개인정보 분실 · 도난 · 유출 후 해당 개인정보를 회수하기 위하여 노력한 정도
• 개인정보처리자가 정보주체의 피해구제를 위하여 노력한 정도

핵심 주관식 **다음 〈보기〉는 「개인정보 보호법」의 손해배상책임에 대한 내용이다. 빈칸에 들어갈 숫자를 작성하시오.**

〈보 기〉

개인정보처리자의 고의 또는 중대한 과실로 인하여 개인정보가 분실 · 도난 · 유출 · 위조 · 변조 또는 훼손된 경우로서 정보주체에게 손해가 발생한 때에는 법원은 그 손해액의 ( )배를 넘지 아니하는 범위에서 손해배상액을 정할 수 있다. 다만, 개인정보처리자가 고의 또는 중대한 과실이 없음을 증명한 경우에는 그러하지 아니하다.

정답 3

(4) 금지행위

개인정보를 처리하거나 처리하였던 자는 다음의 어느 하나에 해당하는 행위를 하여서는 아니 된다.

① 거짓이나 그 밖의 부정한 수단이나 방법으로 개인정보를 취득하거나 처리에 관한 동의를 받는 행위

② 업무상 알게 된 개인정보를 누설하거나 권한 없이 다른 사람이 이용하도록 제공하는 행위

③ 정당한 권한 없이 또는 허용된 권한을 초과하여 다른 사람의 개인정보를 훼손, 멸실, 변경, 위조 또는 유출하는 행위

(5) 벌 칙

처 분	위반내용
10년 이하의 징역 또는 1억원 이하의 벌금	• 공공기관의 개인정보 처리업무를 방해할 목적으로 공공기관에서 처리하고 있는 개인정보를 변경하거나 말소하여 공공기관의 업무 수행의 중단 · 마비 등 심각한 지장을 초래한 자 • 거짓이나 그 밖의 부정한 수단이나 방법으로 다른 사람이 처리하고 있는 개인정보를 취득한 후 이를 영리 또는 부정한 목적으로 제3자에게 제공한 자와 이를 교사 · 알선한 자

처 분	위반내용
5년 이하의 징역 또는 5천만원 이하의 벌금	• 정보주체의 동의를 받은 경우를 위반하여 정보주체의 동의를 받지 아니하고 개인정보를 제3자에게 제공한 자 및 그 사정을 알고 개인정보를 제공받은 자 • 개인정보의 목적 외 이용 · 제공 제한, 개인정보를 제공받은 자의 이용 · 제공 제한, 업무위탁에 따른 개인정보의 처리 제한, 영업양도 등에 따른 개인정보의 이전 제한 또는 가명정보의 처리 등을 위반하여 개인정보를 이용하거나 제3자에게 제공한 자 및 그 사정을 알면서도 영리 또는 부정한 목적으로 개인정보를 제공받은 자 • 민감정보의 처리 제한을 위반하여 민감정보를 처리한 자 • 고유식별정보의 처리 제한을 위반하여 고유식별정보를 처리한 자 • 가명정보의 결합 제한을 위반하여 가명정보를 처리하거나 제3자에게 제공한 자 및 그 사정을 알면서도 영리 또는 부정한 목적으로 가명정보를 제공받은 자 • 가명정보 처리 시 금지의무를 위반하여 특정 개인을 알아보기 위한 목적으로 가명정보를 처리한 자 • 개인정보의 정정 · 삭제 등을 위반하여 정정 · 삭제 등 필요한 조치(열람등요구에 따른 필요한 조치를 포함)를 하지 아니하고 개인정보를 이용하거나 이를 제3자에게 제공한 정보통신서비스 제공자 등 • 개인정보의 수집 · 이용 동의 등에 대한 특례를 위반하여 이용자의 동의를 받지 아니하고 개인정보를 수집한 자 • 개인정보의 수집 · 이용 동의 등에 대한 특례를 위반하여 법정대리인의 동의를 받지 아니하거나 법정대리인이 동의하였는지를 확인하지 아니하고 만 14세 미만인 아동의 개인정보를 수집한 자 • 금지행위를 위반하여 업무상 알게 된 개인정보를 누설하거나 권한 없이 다른 사람이 이용하도록 제공한 자 및 그 사정을 알면서도 영리 또는 부정한 목적으로 개인정보를 제공받은 자 • 금지행위를 위반하여 다른 사람의 개인정보를 훼손, 멸실, 변경, 위조 또는 유출한 자
3년 이하의 징역 또는 3천만원 이하의 벌금	• 영상정보처리기기의 설치 · 운영 제한을 위반하여 영상정보처리기기의 설치 목적과 다른 목적으로 영상정보처리기기를 임의로 조작하거나 다른 곳을 비추는 자 또는 녹음기능을 사용한 자 • 금지행위를 위반하여 거짓이나 그 밖의 부정한 수단이나 방법으로 개인정보를 취득하거나 개인정보 처리에 관한 동의를 받는 행위를 한 자 및 그 사정을 알면서도 영리 또는 부정한 목적으로 개인정보를 제공받은 자 • 비밀유지등을 위반하여 직무상 알게 된 비밀을 누설하거나 직무상 목적 외에 이용한 자
2년 이하의 징역 또는 2천만원 이하의 벌금	• 민감정보의 처리 제한, 고유실별정보의 처리 제한, 영상정보처리기기의 설치 · 운영 제한, 가명정보에 대한 안전조치의무 등 또는 안전조치의무를 위반하여 안전성 확보에 필요한 조치를 하지 아니하여 개인정보를 분실 · 도난 · 유출 · 위조 · 변조 또는 훼손당한 자 • 개인정보의 파기를 위반하여 개인정보를 파기하지 아니한 정보통신서비스 제공자등 • 개인정보의 정정 · 삭제를 위반하여 정정 · 삭제 등 필요한 조치를 하지 아니하고 개인정보를 계속 이용하거나 이를 제3자에게 제공한 자 • 개인정보의 처리정지 등을 위반하여 개인정보의 처리를 정지하지 아니하고 계속 이용하거나 제3자에게 제공한 자

핵심 주관식 **다음 〈보기〉는 「개인정보 보호법」의 벌칙에 대한 내용이다. 빈칸에 공통으로 들어갈 숫자를 작성하시오.**

〈보 기〉

제72조(벌칙) 다음 각 호의 어느 하나에 해당하는 자는 (　)년 이하의 징역 또는 (　)천만 원 이하의 벌금에 처한다.

1. 제25조 제5항을 위반하여 영상정보처리기기의 설치 목적과 다른 목적으로 영상정보처리기기를 임의로 조작하거나 다른 곳을 비추는 자 또는 녹음기능을 사용한 자
2. 제59조 제1호를 위반하여 거짓이나 그 밖의 부정한 수단이나 방법으로 개인정보를 취득하거나 개인정보 처리에 관한 동의를 받는 행위를 한 자 및 그 사정을 알면서도 영리 또는 부정한 목적으로 개인정보를 제공받은 자
3. 제60조를 위반하여 직무상 알게 된 비밀을 누설하거나 직무상 목적 외에 이용한 자

정답 3

(6) 과태료

위반 내용	과태료 금액		
	1차 위반	2차 위반	3차 위반
1. 개인정보의 수집 · 이용 범위를 위반하여 개인정보를 수집한 경우	1,000만원	2,000만원	4,000만원
2. 개인정보의 수집 · 이용, 개인정보의 제공, 개인정보의 목적 외 이용 · 제공 제한 또는 업무위탁에 따른 개인정보의 처리 제한을 위반하여 정보주체에게 알려야 할 사항을 알리지 않은 경우	600만원	1,200만원	2,400만원
3. 개인정보의 수집 제한 또는 동의를 받는 방법을 위반하여 재화 또는 서비스의 제공을 거부한 경우	600만원	1,200만원	2,400만원
4. 정보주체 이외로부터 수집한 개인정보의 수집 출처 등 고지를 위반하여 정보주체에게 같은 항 각 호의 사실을 알리지 않은 경우	600만원	1,200만원	2,400만원
5. 개인정보의 파기 · 개인정보의 파기에 대한 특례를 위반하여 개인정보의 파기 등 필요한 조치를 하지 않은 경우	600만원	1,200만원	2,400만원
6. 개인정보의 파기를 위반하여 개인정보를 분리하여 저장 · 관리하지 않은 경우	200만원	400만원	800만원
7. 동의를 받는 방법을 위반하여 동의를 받은 경우	200만원	400만원	800만원
8. 만14세 미만 아동의 동의를 받는 방법을 위반하여 법정대리인의 동의를 받지 않은 경우	1,000만원	2,000만원	4,000만원
9. 민감정보의 처리 제한, 고유식별정보의 처리 제한, 영상정보처리기기의 설치 · 운영 제한, 가명정보에 대한 안전조치의무 등 또는 안전조치의무를 위반하여 안전성 확보에 필요한 조치를 하지 않은 경우	600만원	1,200만원	2,400만원
10. 주민등록번호 처리의 제한을 위반하여 주민등록번호를 처리한 경우	600만원	1,200만원	2,400만원
11. 주민등록번호 처리의 제한을 위반하여 암호화 조치를 하지 않은 경우	600만원	1,200만원	2,400만원
12. 주민등록번호 처리의 제한을 위반하여 정보주체가 주민등록번호를 사용하지 않을 수 있는 방법을 제공하지 않은 경우	600만원	1,200만원	2,400만원
13. 영상정보처리기기의 설치 · 운영 제한을 위반하여 영상정보처리기기를 설치 · 운영한 경우	600만원	1,200만원	2,400만원
14. 영상정보처리기기의 설치 · 운영 제한을 위반하여 영상정보처리기기를 설치 · 운영한 경우	1,000만원	2,000만원	4,000만원
15. 영상정보처리기기의 설치 · 운영 제한을 위반하여 안내판 설치 등 필요한 조치를 하지 않은 경우	200만원	400만원	800만원

위반 내용	과태료 금액		
	1차 위반	2차 위반	3차 위반
16. 업무위탁에 따른 개인정보의 처리 제한을 위반하여 업무 위탁 시 같은 항 각 호의 내용이 포함된 문서에 의하지 않은 경우	200만원	400만원	800만원
17. 업무위탁에 따른 개인정보의 처리 제한을 위반하여 위탁하는 업무의 내용과 수탁자를 공개하지 않은 경우	200만원	400만원	800만원
18. 영업양도 등에 따른 개인정보의 이전 제한을 위반하여 정보주체에게 개인정보의 이전 사실을 알리지 않은 경우	200만원	400만원	800만원
19. 가명정보에 대한 안전조치의무 등을 위반하여 관련 기록을 작성하여 보관하지 않은 경우	200만원	400만원	800만원
20. 가명정보 처리 시 금지의무 등을 위반하여 개인을 알아볼 수 있는 정보가 생성되었음에도 이용을 중지하지 않거나 이를 회수 · 파기하지 않은 경우	600만원	1,200만원	2,400만원
21. 개인정보 처리방침의 수립 및 공개를 위반하여 개인정보 처리방침을 정하지 않거나 이를 공개하지 않은 경우	200만원	400만원	800만원
22. 개인정보 보호책임자의 지정을 위반하여 개인정보 보호책임자를 지정하지 않은 경우	500만원		
23. 개인정보 보호 인증을 위반하여 인증을 받지 않았음에도 거짓으로 인증의 내용을 표시하거나 홍보한 경우	600만원	1,200만원	2,400만원
24. 개인정보 유출 통지 등을 위반하여 정보주체에게 같은 항 각 호의 사실을 알리지 않은 경우	600만원	1,200만원	2,400만원
25. 개인정보 유출 통지 등을 위반하여 조치 결과를 신고하지 않은 경우	600만원	1,200만원	2,400만원
26. 개인정보의 열람을 위반하여 열람을 제한하거나 거절한 경우	600만원	1,200만원	2,400만원
27. 개인정보의 열람, 개인정보의 정정 · 삭제 또는 개인정보의 처리정지를 위반하여 정보주체에게 알려야 할 사항을 알리지 않은 경우	200만원	400만원	800만원
28. 개인정보의 정정 · 삭제를 위반하여 정정 · 삭제 등 필요한 조치를 하지 않은 경우	600만원	1,200만원	2,400만원
29. 개인정보의 처리정지 등을 위반하여 처리가 정지된 개인정보에 대하여 파기 등 필요한 조치를 하지 않은 경우	600만원	1,200만원	2,400만원
30. 개인정보의 수집 · 이용 동의 등에 대한 특례를 위반하여 서비스의 제공을 거부한 경우	600만원	1,200만원	2,400만원
31. 개인정보 유출등의 통지 · 신고에 대한 특례를 위반하여 이용자 · 보호위원회 및 전문기관에 통지 또는 신고하지 않거나 정당한 사유 없이 24시간을 경과하여 통지 또는 신고한 경우	600만원	1,200만원	2,400만원

위반 내용	과태료 금액		
	1차 위반	2차 위반	3차 위반
32. 개인정보 유출등의 통지 · 신고에 대한 특례를 위반하여 소명을 하지 않거나 거짓으로 한 경우	600만원	1,200만원	2,400만원
33. 이용자의 권리 등에 대한 특례를 위반하여 개인정보의 동의 철회 · 열람 · 정정 방법을 제공하지 않은 경우	600만원	1,200만원	2,400만원
34. 이용자의 권리 등에 대한 특례를 위반하여 필요한 조치를 하지 않은 경우	600만원	1,200만원	2,400만원
35. 개인정보 이용내역의 통지 본문을 위반하여 개인정보의 이용내역을 통지하지 않은 경우	600만원	1,200만원	2,400만원
36. 손해배상의 보장을 위반하여 보험 또는 공제 가입, 준비금 적립 등 필요한 조치를 하지 않은 경우	400만원	800만원	1,600만원
37. 국내대리인의 지정을 위반하여 국내대리인을 지정하지 않은 경우	2,000만원		
38. 국외 이전 개인정보의 보호 단서를 위반하여 같은 조 각 호의 사항 모두를 공개하지 않거나 이용자에게 알리지 않고 이용자의 개인정보를 국외에 처리위탁 · 보관한 경우	400만원	800만원	1,600만원
39. 국외 이전 개인정보의 보호를 위반하여 보호조치를 하지 않은 경우	600만원	1,200만원	2,400만원
40. 자료제출 요구 및 검사에 따른 관계 물품 · 서류 등 자료를 제출하지 않거나 거짓으로 제출한 경우			
(1) 자료를 제출하지 않은 경우	100만원	200만원	400만원
(2) 자료를 거짓으로 제출한 경우	200만원	400만원	800만원
41. 자료제출 요구 및 검사에 따른 출입 · 검사를 거부 · 방해 또는 기피한 경우	200만원	400만원	800만원
42. 시정조치 등에 따른 시정명령에 따르지 않은 경우	600만원	1,200만원	2,400만원

memo

화장품 제조 및 품질관리

화장품 원료의 종류와 특성

1 화장품 원료

(1) 화장품 원료의 종류

① 화장품은 주성분과 첨가제로 이루어져 있다.

② 화장품의 주성분은 수성원료와 유성원료, 계면활성제를 말한다.

③ 화장품의 첨가제는 안정화, 상품성을 위해 첨가되는 원료이다.

④ 화장품의 변질을 방지하기 위해서 안정화제를 첨가하며 보존제, 금속이온봉쇄제, 산화방지제, pH조절제 등을 말한다.

⑤ 화장품의 상품성을 위해 활성성분, 색소, 향, 점증제 등을 첨가한다.

(2) 주성분과 첨가제

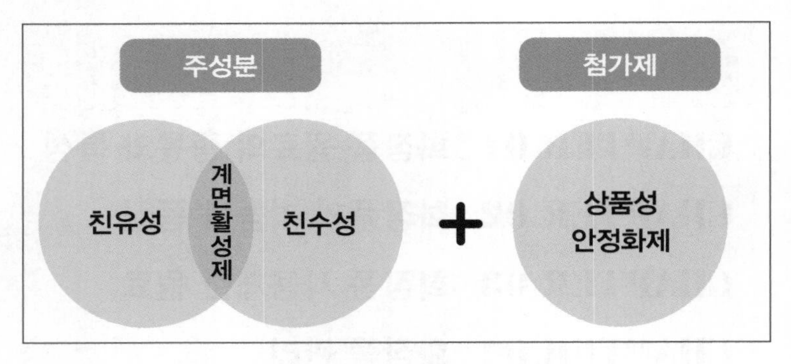

2 수성원료

(1) 수성원료의 특징

① 수성원료는 물에 녹는 물질로 피부에 수분을 유지 또는 증진시켜주고 수용성 용매로 사용되는 원료이다.

② 대표적으로 물, 다가알코올, 보습제 등이 있다.

(2) 물

① 화장품 제조에 사용하는 물은 정제수를 사용한다.

② 일반적으로는 정제수는 상수를 이온교환수지 통을 통과시키거나 증류하거나 역삼투(R/O) 처리를 해서 제조한다.

③ 정제수를 사용할 때에는 그 품질기준을 정해 놓고 사용할 때마다 품질을 측정해서 사용한다.

④ 한 번 사용한 정제수 용기의 물을 재사용하거나 장기간 보존한 정제수를 사용해서는 안 된다.

⑤ 오염의 위험과 물의 정체(Stagnation)를 예방할 수 있어야 한다.

⑥ 미생물의 오염을 방지하기 위해 고안되고 적절한 주기와 방법에 따라 청결과 위생관리가 이루어지는 시스템을 통해 물을 공급해야 한다.

⑦ 화학적 · 물리적 · 미생물학적 규격서에 대한 적합성 검증을 위한 적절한 모니터링과 시험이 필요하다.

⑧ 규정된 품질의 물을 공급해야 하고, 물 처리 설비에 사용된 물질들은 물의 품질에 영향을 미쳐서는 안 된다.

⑨ 정제수의 품질 관리

관리 목적	• 정제수의 시험항목 및 규격은 화장품의 원료로 사용하는 물로서, 위생적인 측면과 다른 원료들의 용해도, 경시변화에 따른 침전, 탈색/변색에 대한 영향, 피부에 대한 작용 등을 고려할 때 필요한 정도의 순도를 규정하기 위한 것이다. • 대표적으로 Salt(염)가 함유된 정제수를 사용하면 제품의 향, 안정성, 투명도에 결정적 영향을 미치게 되므로 철저하게 관리하여야 한다.
검체의 채취	• 정제수의 품질관리용 검체 채취 시에는 항상 정해진 채취 부위에서 정해진 시간에 채취하여야 한다. • 이때 채취구는 아래쪽을 향하도록 설치하여 항상 배수가 쉽도록 하고, 오염방지를 위해 밀폐 관리하는 것이 중요하다.
품질검사	• 정제수에 대한 품질검사는 원칙적으로 매일 제조 작업 실시 전에 실시하는 것이 좋다. • 단, 시험항목은 공정서, 화장품 원료규격 가이드라인의 정제수 항목 등을 참고로 하여, 각 사의 정제수 제조설비 운영 및 결과를 근거로 검사주기를 정하여 실시할 수 있다.

⑩ 항목별 시험주기 예시

매일 제조 전	성상(외관, 향취), pH, 총유기체탄소, 전도도 등
주 간	순도시험(염화물, 황산염, 질산성산소 등), 위치별 미생물 검사

(3) 알코올

① 알코올은 R−OH(R: 알킬기, C_nH_{2n+1}) 화학식을 가지는 물질로 하이드록시기(-OH)의 숫자에 따라 1가, 2가 … 알코올이라 하고, 친수성(Hydrophile)의 성질을 갖는다.

② 에탄올(Ethanol, C_2H_5OH)은 에틸 알코올이라고도 하며, 휘발성이 있어 청량감과 수렴효과를 준다.

화장품에는 변성 에탄올(SD Alcohol)을 주로 사용한다. 에탄올의 배합량이 높아지면 살균 · 소독 작용이 있다(예 에탄올 70%).

③ 다가알코올은 OH가 2개 이상인 알코올을 말하며 OH기 숫자가 증가할수록 보습, 흡습, 점도, 친수성이 증가한다.

④ 2가 알코올은 1,3 부틸렌 글라이콜, 프로필렌 글라이콜 등이 있으며 친수성 보습제로 사용된다.

⑤ 글리세린은 3가 알코올로, 무자극 · 무독성이지만 흡습능력이 높아 희석하지 않은 고농도 글리세린 사용은 자제해야 한다.

⑥ 소르비톨은 6가 알코올로 무색의 점성이 있는 맑은 액이며, 냄새는 없고 청량한 단맛이 있다.

(4) 보습제(Moisturizer)

① 피부의 수분량을 부여하거나 수분 손실을 막아 피부를 부드럽고 촉촉하게 하는 역할을 한다.

② 수분을 공급해주는 흡습제와 수분 손실을 막아주는 폐색제가 있다.

③ 흡습제(Humectant, 친수성)에는 다가알코올, 히알루론산, sodium PCA, 소듐 락테이트, 아미노산, 우레아, 베타인, 트레할로스 등이 있다.

④ 폐색제(Occlusive agent, 친유성)에는 페트롤라툼(바셀린), 미네랄 오일, 라놀린 등이 있다.

3 유성원료

(1) 유성원료의 특징

① 유성원료는 물에 녹지 않고 기름에 녹는 물질로 수분의 증발을 억제하고 사용 감촉을 향상시키는 등의 목적으로 사용한다.

② 대표적으로 오일, 고급지방산, 고급알코올, 실리콘, 왁스 등이 있으며 유화제, 유화안정화제, 피부유연제 등의 역할을 한다.

(2) 추출원에 따른 분류

① 유성 원료 중 오일은 추출원에 따라 천연오일과 합성오일로 구분할 수 있다.

② 추출원에 따른 분류

분류		원료	특징
천연유	식물성 오일	• 식물의 씨나 잎, 열매에서 추출 • 올리브 오일, 아몬드 오일, 아르간 오일, 코코넛 오일, 윗점 오일, 캐스터 오일, 아보카도 오일, 로즈힙 오일 등	• 피부 친화성이 우수함 • 피부흡수가 느림 • 산패되기 쉬움 • 특이취가 있음 • 무거운 사용감

분류		원료	특징
천연유	동물성 오일	• 동물의 내장이나 피하조직에서 추출 • 상어간유(Squalene), 난황 오일(Egg oil), 밍크 오일(Mink oil), 터틀 오일(Turtle oil), 에뮤 오일(Emu oil) 등	• 피부 친화성이 우수함 • 피부흡수가 빠름 • 산패 · 변질되기 쉬움 • 특이취가 있음 • 무거운 사용감
	지 방	• 식물성: 시어 버터, 망고 버터 등 • 동물성: 돈지, 우지 등	• 피부 친화성이 우수함 • 산패 · 변질되기 쉬움 • 특이취가 있음 • 무거운 사용감
	광물성 오일	• 석유 등의 광물질에서 추출 • 미네랄 오일(유동파라핀) • 페트롤라툼(바셀린) • 파라핀	• 무색 · 무취 • 산패 · 변질되지 않음 • 폐색막을 형성하여 피부 호흡을 방해할 수 있음
합성유		• 화학적으로 합성한 오일 • 에스테르 오일(예 아이소프로필 미리스테이트, 아이소프로필 팔미테이트) • 실리콘 오일(예 다이메티콘)	• 합성한 오일 • 산패 · 변질되지 않음 • 가벼운 사용감

(3) 화학 구조에 따른 분류

유성원료는 화학 구조에 따라 탄화수소, 고급지방산, 고급알코올, 왁스 등으로 나눌 수 있다.

1) 탄화수소

① 탄소(C)와 수소(H)로만 이루어진 물질을 탄화수소라고 한다.

② 탄화수소 중 포화 탄화수소는 탄소 원자 간 결합이 단일결합으로만 되어 있고, 불포화 탄화수소는 탄소 원자 간 결합에 다중결합이 존재하는 형태이다.

③ 탄소는 사슬모양이나 고리모양으로 결합한다. 포화 탄화수소와 사슬모양 불포화 탄화수소를 합쳐 지방족 탄화수소라고 하고, 벤젠, 톨루엔과 같은 벤젠고리를 갖는 화합물을 방향족 탄화수소라고 한다.

④ 같은 수의 탄소 원자와 수소 원자로 되어 있으면서도 그 결합 형태가 달라 서로 다른 성질을 지니는 것을 구조 이성질체라고 한다.

⑤ 탄화수소는 피부에 폐색막을 형성하여 수분 증발을 방지한다. 미네랄 오일, 바셀린, 유동파라핀, 스쿠알렌, 폴리부텐 등이 탄화수소에 속한다.

⑥ 스쿠알렌은 불포화 탄화수소화합물로 6개의 이중결합을 가지고 있어 산패되기 쉽다. 수소를 첨가하면 안정성이 높은 탄화수소화합물인 스쿠알란을 얻을 수 있으므로 이것을 화장품에서 유성원료로 사용한다.

2) 고급지방산

① R-COOH 화학식을 가지는 물질을 지방산이라고 한다. 탄소 6개 이상인 친유기와 카르복실기(-COOH)를 가지고 있는 지방산을 고급지방산이라고 한다.

② 지방산은 이중 결합의 존재 여부에 따라서 이중 결합이 없으면 포화지방산(飽和脂肪酸, Saturated fatty acid), 이중 결합이 있으면 불포화지방산(不飽和脂肪酸, Unsaturated fatty acid)으로 분류한다.

③ 포화지방산은 이중 결합이 없으므로 불포화지방산에 비하여 반응성이 낮으며, 더 안정한 구조를 갖고 있어서 상온에서 고체로 존재한다.

④ 포화지방산은 주로 동물성 지방(우지, 돈지)에 함유되어 있고, 불포화지방산은 주로 식물성 오일에 함유되어 있다.

⑤ 고급지방산은 화장품의 유성원료로서 다른 유성원료와 혼합하여 사용되기도 하고, 유화안정화제, 유화보조제로 주로 사용된다. 가성소다(NaOH) 또는 가성가리(KOH)와 병용하면 비누화 반응하여 유화제로 사용되기도 한다.

⑥ 고급지방산의 종류

탄소(C)수 / 화학식	고급지방산	특 징
12 / $CH_3(CH_2)_{10}COOH$	라우릭 애씨드(Lauric acid)	기포 생성능력 우수
14 / $CH_3(CH_2)_{12}COOH$	미리스틱 애씨드(Myristic acid)	거품이 조밀함
16 / $CH_3(CH_2)_{14}COOH$	팔미틱 애씨드(Palmitic acid)	
18 / $CH_3(CH_2)_{16}COOH$	스테아릭 애씨드(Stearic acid)	보조유화제, 분산제
18(불포화결합 1개)	올레익 애씨드(Oleic acid)	유동성이 양호한 에멀젼의 생성을 도와줌
18(불포화결합 2개)	리놀레익 애씨드(Linoleic acid)	
18(불포화결합 3개)	리놀레닉 애씨드(Linolenic acid)	
20 / $CH_3(CH_2)_{18}COOH$	아라키딕 애씨드(Arachidic acid)	
22 / $CH_3(CH_2)_{20}COOH$	베헤닉 애씨드(Behenic acid)	유화제

3) 고급알코올

① R-OH 화학식을 가지는 물질을 알코올이라고 한다.

② 알킬(R)기의 탄소(C)수가 증가할수록 수용성이 감소하고 유용성이 증가하게 된다.

③ 탄소수가 적은 알코올을 저급알코올이라 하고, 탄소수가 6개 이상인 알코올을 고급알코올이라고 한다.

④ 고급알코올은 유성원료에 해당되며 유화제품에서 유화안정화제, 유화보조제로 많이 사용한다.

⑤ 고급알코올의 종류

화학식	고급알코올	용 도
$CH_3(CH_2)_{11}OH$	라우릴 알코올 (Lauryl alcohol)	• 세정제품의 점증제 • 기포안정제
$CH_3(CH_2)_{13}OH$	미리스틸 알코올 (Myristyl alcohol)	• 에멀젼의 유화안정화제 • 크림 등의 점증제
$CH_3(CH_2)_{15}OH$	세틸 알코올 (Cetyl alcohol)	• 크림, 로션 등 유화안정제 • 유분감, 왁스의 점착성 저하 목적으로 사용
$CH_3(CH_2)_{17}OH$	스테아릴 알코올 (Stearyl alcohol)	• 에멀젼의 유화안정제 • 크림, 유액 등의 점증제 • 비누의 거품안정제
$C_{16}H_{33}OH$ + $C_{18}H_{37}OH$	세티아릴 알코올 (세토스테아릴 알코올) (Cetearyl alcohol, Cetos- tearyl alcohol)	• 자극이 적은 피부연화제, 유화제, 유화안정화제 • 크림, 유액 등의 점증제 • 천연화장품 제조 시 사용(천연유지, 팜, 코코넛 추출)
$CH_3(CH_2)_{21}OH$	베헤닐 알코올 (Behenyl alcohol)	• 에멀젼의 유화안정제 • 크림, 유액 등의 점증제 • 헤르페스 바이러스에 항균성

4) 왁스(Wax)

① 고급지방산과 고급알코올이 결합된 에스테르(Ester)를 주성분으로 하는 왁스는 탄소수가 C_{20}~C_{40}개 정도인 고분자물질로, 유성원료의 한 종류이다.

② 왁스는 대부분 고체이며 녹는 점에 따라 고상, 반고상, 액상이 존재한다. 호호바 오일은 호호바 열매에서 얻은 액상의 왁스로 피지와 유사한 구조이고, 상온에서 액체상태이며 오일로 불린다.

③ 왁스는 천연에서 얻은 것을 정제하여 사용하거나 합성하여 얻을 수 있다.

④ 기초화장품에서는 사용감을 향상시키고 점도를 증가시키는 점증제로 사용한다.

⑤ 립스틱, 립밤, 컨실러와 같은 화장품에서는 스틱 강도 유지를 위해 사용한다.

⑥ 색조화장품에서는 W/O 제형, W/Si 제형에서 비수계 점증제로 사용한다.

⑦ 왁스의 분류

분 류	원 료	주요 성분 및 물성	추출원
식물 유래	카나우바 왁스 (Carnauba wax)	• 탄소수 26~30개 고급알코올과 탄소수 24개 고급지방산 에스테르 • 립스틱에 광택 부여, 식물성 왁스 중 가장 높은 녹는점(80~86℃)	야자유
	칸데릴라 왁스 (Candelilla wax)	• 단단하면서 광택이 나는 고체왁스 • 립밤 등의 버터타입 화장품을 제작할 때 오일을 굳게 하는 역할	칸데릴라 나무
	시어버터 (Shea butter)	• 피부유연제, 상처 치유, 소독작용, 자외선 차단 • 견과류 알레르기가 있는 경우 주의할 것	시어나무 열매
	호호바 오일 (Jojoba oil)	• 액체왁스 • 끈적임이 적고 쉽게 산화되지 않음 • 피지와 유사한 구조 • 실온에서 무색 또는 담황색 • 7~10℃ 이하에서는 고체상	호호바 열매
동물 유래	밀랍 (Bees wax)	탄소수 30~32개 고급알코올과 탄소수 16개 고급지방산 에스테르	벌 집
	라놀린 (Lanolin)	• 고급지방산과 고급알코올 에스테르 • 반고상	양 털
	경랍 (Spermaceti)	• 고급지방산과 고급알코올 에스테르(세틸 팔미테이트 약 90%) • 반고상	향유고래
	오렌지라피 오일 (Orange roughy oil)	• 액체왁스 • 피부컨디셔닝제(수분차단제)	오렌지라피
석유 화학 유래	파라핀 왁스 (Paraffin wax)	• 탄소수 16~40개 탄화수소화합물 • 녹는점 46~68℃, 고체상	석 유
	마이크로 크리스탈린 왁스 (Microcrystalline wax)	• 탄소수 16~40개 탄화수소화합물 • 다른 물질과 잘 섞이고 점착성이 있음 • 립스틱에서 발한(Sweating)을 억제함	석 유
광물 유래	오조케라이트 (Ozokerite)	• 탄소수 29~53개 탄화수소 왁스(직쇄, 측쇄, 환상화합물) • 결합제, 유화안정제, 점증제(비수성)	지 납 (Soft shale, 광석)
	세레신 (Ceresin)	오조케라이트의 정제로 얻은 흰색에서 노란색의 왁스형태인 탄소수 29개 이상의 탄화수소 화합물	오조케라이트
	몬탄 왁스 (Montan wax)	• 탄소수 24~30개 탄화수소화합물 • 탄소수 24~30개 고급알코올 • 탄소수 20~30개 고급지방산 에스테르	갈 탄
합성 왁스	폴리에틸렌 (Polyethylene)	• 에틸렌모노머의 중합체 • 벌킹제(증량제), 유화안정제, 피막형성제, 점도증가제(비수성) • 녹는점 84~140℃, 흰색의 입자상	

5) 에스테르 오일

① R−COO−R' 화학식을 가지는 물질로 알코올과 지방산의 중화반응인 에스테르 반응에 의해서 만들어진 물질을 에스테르 오일이라고 한다. 에스테르 오일은 "−yl −ate"로 명명된다.

② 알코올과 산이 반응하여 에스테르와 물이 발생되는 과정을 에스테르화(Esterfication) 반응이라고 하고, 반대로 에스테르가 물에 의해 알코올과 산으로 분해되는 반응을 가수분해(Hydrolysis) 반응이라고 한다.

알코올(ROH) + 산 (R'COOH) ⇄ 에스테르(RCOOR') + 물(H_2O)

③ 천연에 존재하는 에스테르는 탄소수가 10개 이내인 저분자 에스테르이며 주로 과일향이 난다. 화장품 성분의 유지로 많이 이용되는 합성 에스테르는 피부 친화력이 우수하고 사용감이 가벼워 피부 유연, 유화제 성분으로 사용된다.

④ 대표적인 합성 에스테르 오일은 아이소프로필 미리스테이트(IPM, Isopropyl myristate), 아이소프로필 팔미테이트(IPP, Isopropyl palmitate), 부틸 스테아레이트(Butyl stearate), 세틸 미리스테이트(Cetyl myristate), 세틸 팔미테이트(Cetyl palmitate), 세틸 에틸헥사노에이트(Cetyl ethyl hexanoate), 다이아이소스테아릴 말레이트(Diisostearyl malate) 등이다.

6) 실리콘 오일

① 실리콘(Silicone)은 고분자 물질로 실록산 결합(Siloxane band, H_3C-SiO-CH_3)을 가지는 화합물로 다양한 치환기를 갖고 있다. 실리콘의 지배적인 치환기는 메틸 또는 페닐기로 오일과 친화성이 높다.

② 실리콘 오일은 무독성, 무자극성으로 안전성이 있고 낮은 표면장력(소포제)과 퍼발림성(Spreadability)이 우수하며 부드러운 사용감, 발수성(Water resistance), 광택(Shine), 콘디셔닝(Conditioning) 효과 등이 있어 기초화장품, 색조화장품, 헤어제품에 널리 사용되고 있다.

③ 실리콘 폴리머의 유도체 그룹에는 다이메티콘(Dimethicone), 아모다이메티콘(Amodimethicone), 사이클로메티콘(Cyclomethicone), 페닐트라이메티콘(Phenyl trimethicone), 다이메티콘올(Dimethiconol), 다이메치콘코폴리올(Dimethicone copolyol)과 같은 성분이 있다.

④ 일반적으로 실리콘 오일은 다이메티콘(Dimethicone)을 의미하며 크림 및 로션, 목욕 비누, 샴푸 및 헤어케어 제품을 비롯하여 광범위한 화장품 및 퍼스널케어 제품 처방에 사용된다. 거품형성방지제, 헤어컨디셔닝제, 피부컨디셔닝제 및 피부 보호제와 같은 기능을 수행한다.

⑤ 페닐트라이메티콘(Phenyl trimethicone)은 백색의 실리콘 오일로 거품형성방지제, 헤어컨디셔닝제 및 피부컨디셔닝제, 수분차단제로 화장품 및 퍼스널케어 제품에 사용된다.

4 계면활성제

(1) 계면활성제의 특징

① 계면활성제(Surface active agent, Surfactant)는 계면에 흡착하여 계면의 성질을 현저히 변화시키는 물질이다. 표면(Surface)은 기상과 액상의 경계 또는 기상과 고상의 경계이다. 계면(Interface)은 액상과 액상의 경계 또는 고상과 고상의 경계, 액상과 고상의 경계이다.

② 계면활성제는 한 분자 내에 친수성기(Head)와 친유성기(Tail)를 가지는 물질로, 계면의 성질이 달라 섞이지 않는 두 물질의 계면에 작용하여 두 물질이 한 상(狀)에 섞이도록 돕는 물질이다(예 물과 기름).

(2) 계면활성제의 구조

친수성기
(친수부)

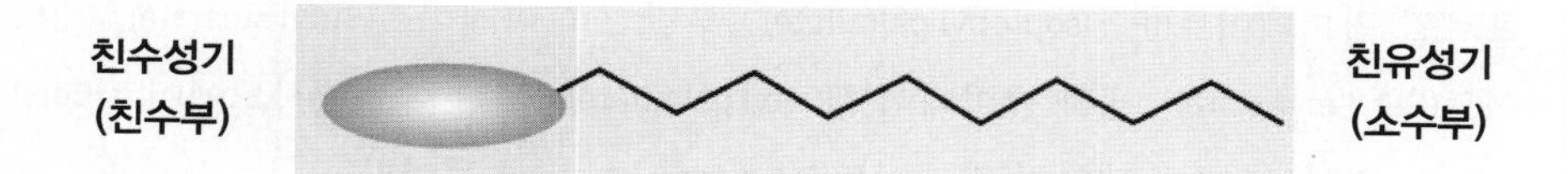

친유성기
(소수부)

(3) 미셀과 임계미셀농도

① 계면활성제를 물속에 넣으면 계면활성제의 소수부가 공기쪽을 향하여 기체(공기)와 물의 계면에 분포한다. 계면활성제의 농도가 증가하여 임계점에 이르면 표면에서의 계면활성제는 포화상태가 되고, 물에서는 친수부를 바깥으로 하고 소수부를 안쪽으로 삼는 회합체를 형성하게 되는데 이 회합체를 미셀(Micelle)이라 한다.

② 임계미셀농도(CMC; Critical Micelle Concentration)란 미셀이 형성될 때의 계면활성제의 농도를 말한다. CMC가 낮을수록 계면활성제로서의 기능이 높다고 할 수 있다.

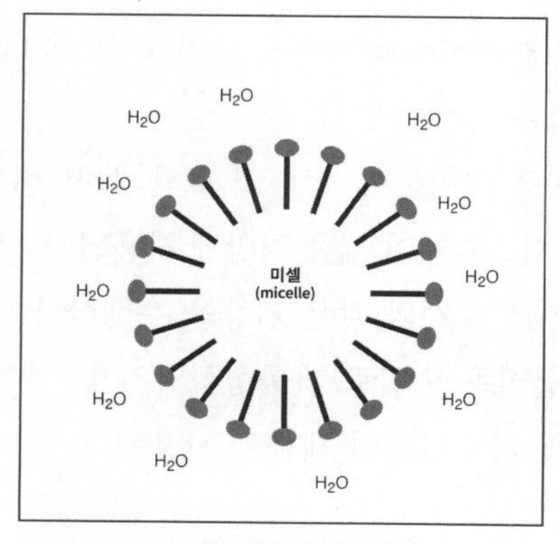

▲ 물 속 안의 미셀

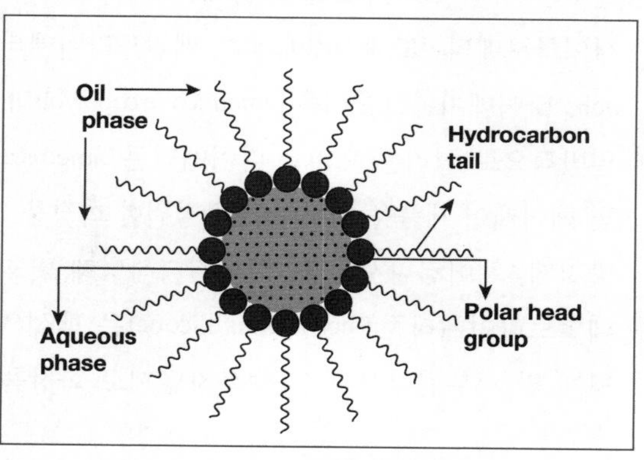

▲ 오일 안의 미셀

(4) 대전성에 따른 계면활성제 분류

① 계면활성제가 물에 녹았을 때 친수부위가 전기를 띠는 현상을 대전성이라고 한다. 친수부위가 (+)전하를 띠면 양이온(Cationic) 계면활성제, (−)전하를 띠면 음이온(Anionic) 계면활성제, pH에 따라 (+)전하 또는 (−)전하를 띠는 양쪽성(Amphoteric) 계면활성제, 전하를 띠지 않는 비이온성(Non-ionic) 계면활성제로 분류한다.

② 대전성에 따른 계면활성제의 분류

분류		특징 및 해당 성분	적용 제품
이온성	음이온	기포 형성작용과 세정력이 우수하여 세정제품에 사용한다. • 소듐라우레스설페이트(SLES; Sodium laureth sulfate) • 소듐라우릴설페이트(SLS; Sodium lauryl sulfate) • 암모늄라우릴설페이트(ALS; Ammonium lauryl sulfate) • 암모늄라우레스설페이트(ALES; Ammonium laureth sulfate) • 트라이에탄올아민라우릴설페이트(TEA–lauryl sulfate)	샴푸, 바디워시, 클렌저, 비누 등
	양이온	살균 · 소독작용이 있고 대전 방지효과가 있다. • 베헨트라이모늄 클로라이드(Behentrimonium chloride) • 벤잘코늄 클로라이드(Benzalkonium chloride) • 세테아디모늄 클로라이드(Ceteardimonium chloride) • 다이스테아릴다이모늄 클로라이드(Distearydimonium chloride)	린스, 헤어컨디셔너, 손 소독제
	양쪽성	피부자극이 비교적 적다. • 코카미도프로필베타인(Cocamidopropyl betaine) • 코코암포글리시네이트(Cocoamphoglycinate) • 소듐코코암포아세테이트(Sodium cocoamphoacetate)	베이비샴푸, 저자극샴푸
비이온성		피부자극이 적어 기초화장품에 사용한다. • 소르비탄(Sorbitan) 계열 • 폴리소르베이트(Polysorbate) 계열 • 폴리글리세린(Polyglyceryl) 계열 • 글리세릴모노스테아레이트(GMS) • 피오이(POE) 계열, 피이지(PEG) 계열 • 알카놀아마이드(Alkanolamide) 계열	기초화장품, 색조화장품(유화제, 가용화제, 분산제 등으로 이용)

③ 계면활성제의 피부자극 정도는 양이온 〉 음이온 〉 양쪽성 〉 비이온성 순으로 나타난다. 이온성 계면활성제가 비이온성 계면활성제보다 자극이 크다.

④ 계면활성제의 세정력 정도는 음이온성 〉 양쪽성 〉 양이온성 〉 비이온성 순으로 나타난다.

핵심 주관식 **다음은 계면활성제에 대한 내용이다. ㉠, ㉡에 들어갈 단어를 차례로 작성하시오.**

- 계면활성제의 종류 중 피부자극이 적어 기초화장품에 사용되는 것은 (㉠) 계면활성제이다.
- 계면활성제의 종류 중 모발에 흡착하여 유연효과나 대전 방지효과, 모발의 정전기 방지, 린스, 살균제, 손 소독제 등에 사용되는 것은 (㉡) 계면활성제이다.

정답 ㉠ 비이온, ㉡ 양이온

(5) HLB(Hydrophile-Lipophile Balance)에 따른 계면활성제 분류

① HLB는 비이온 계면활성제의 친수성(Hydrophile)과 친유성(Lipophile)의 성질을 나타내는 상대적 값을 일정범위(1~20) 내에서 계산에 의해 표현한 값이다. HLB값이 높을수록 친수성(물과 친함)이고 HLB값이 낮을수록 소수성(오일과 친함)이라 할 수 있다.

② 화장품에서 계면활성제의 종류 및 그 사용량을 결정하는 데 HLB가 주로 사용된다. 계면활성제는 HLB값에 따라 가용화제(Solubilizer), 유화제(Emulsifier), 분산제(Dispersant), 습윤제(Wetting agent) 등 다양한 용도로 사용된다.

③ HLB에 따른 계면활성제의 분류

HLB값	용 도	제 품
1~3	소포제	
4~6	친유형(W/O) 유화제	비비크림, 파운데이션, 선크림 등
7~9	분산제, 습윤제	
8~16	친수형(O/W) 유화제	크림, 로션, 영양액 등
15~18	가용화제	스킨로션, 토너, 향수, 토닉 등

5 보존제

(1) 보존제의 특징

① 보존제는 미생물의 생육조건(온도, 영양분, 수분, pH)을 조절하거나 제거하여 미생물 성장을 억제하기 위해 첨가하는 물질이다.

② 화장품의 주된 미생물 오염원은 세균, 진균, 이스트 등이 있다.

③ 보존제는 화장품에 사용상의 제한이 필요한 원료로 「화장품 안전기준 등에 관한 규정」 [별표 2]에 고시되어 있는 보존제 원료 외는 사용할 수 없다.

④ 만 3세 이하의 영유아용 제품류인 경우 또는 만 4세 이상부터 만 13세 이하까지의 어린이가 사용할 수 있는 제품임을 특정하여 표시 · 광고하려는 경우에는 화장품의 포장에 보존제의 함량을 기재 · 표시해야 한다.

TIP 보존제가 갖추어야 할 조건

- 여러 종류의 미생물에 효과적이어야 한다.
- 소량 배합 시에도 피부나 점막에 자극을 주지 않아야 한다.
- 넓은 범위의 pH에서 방부력을 나타내야 한다.
- 화장품의 향, 색, 성분 등에 영향을 주지 않아야 한다.
- 보존제의 사용으로 인해 유효성분의 효과에 영향을 미치지 않아야 한다.
- 용기에 손상을 주지 않아야 한다.
- 경제적이고 생산이 쉬워야 한다.

(2) 보존제의 종류

① 포름알데하이드 계열의 보존제의 종류와 사용한도

구 분	사용한도
디엠디엠하이단토인(DMDM hydantoin)	0.6%
엠디엠하이단토인(MDM hydantoin)	0.2%
이미다졸리디닐우레아(Imidazolidinyl urea)	0.6%
디아졸리디닐우레아(Diazolidinyl urea)	0.5%
쿼터늄-15(Quaternium-15)	0.2%

② 파라벤 계열의 보존제는 벤조익애씨드에 결합되는 알킬기의 종류에 따라 메틸파라벤, 에틸파라벤, 프로필파라벤, 부틸파라벤으로 분류된다. 단일성분일 경우 0.4%(산으로서), 혼합사용의 경우 0.8%(산으로서) 사용할 수 있다.

③ 파라벤, 포름알데하이드 계열 이외에 페녹시에탄올(1.0%), 벤질알코올(1.0%, 다만 두발 염색용 제품류에 용제로 사용할 경우에는 10%), 벤조익애씨드 그 염류 및 에스텔류(소듐벤조에이트, 산으로서 0.5%, 다만 벤조익애씨드 및 그 소듐염은 사용 후 씻어내는 제품에는 산으로서 2.5%), 소르빅애씨드 및 그 염류(소르빈산, 포다슘소르베이트 등, 소르빅애씨드로서 0.6%), 데하이드로아세틱애씨드 및 그 염류(데하이드로아세틱애씨드로서 0.6%), 클로페네신(0.3%) 등이 널리 사용되고 있다.

TIP 화장품의 주된 미생물 오염원

- 세균(Bacteria): 대장균(Escherichia Coli), 녹농균(Pseudomonas aeruginosa), 황색포도상구균(Staphylococcus aureus) 등
- 진균(Fungus): 칸디다 알비칸스(Candida albicans) 등
- 곰팡이(Mold): 검정 곰팡이균, 효모(Yeast) 등

6 금속이온봉쇄제

(1) 금속이온봉쇄제의 특징

① 금속이온봉쇄제(킬레이팅제, Chelating agents)는 원료 중에 혼입되어 있는 금속이온을 제거할 목적으로 사용된다.

② 화장품에 금속이온이 혼입되면 화장품의 품질이 저하된다. 금속이온은 유성원료의 산화를 촉진하고 화장품의 변색, 변취의 원인이 되며 화장수 등에 침전물이 발생하게 된다.

③ 화장품의 안정성이나 외형에 부정적인 변화를 일으키지 않도록 금속이온의 활성을 억제하기 위해 첨가하는 물질을 '금속이온봉쇄제'라고 한다.

(2) 금속이온봉쇄제의 종류

화장품에 사용되는 대표적인 금속이온봉쇄제는 이디티에이(EDTA; Ethylenediaminetetraacetic acid), 디소듐이디티에이(Disodium EDTA), 구연산나트륨 등이 있다.

7 산화방지제

(1) 산화방지제의 특징

① 산화방지제는 산화되기 쉬운 성분을 함유한 물질에 첨가하여 산패를 막을 목적으로 사용된다.

② 화장품성분 중 유지는 공기 중에 노출되거나 빛 또는 높은 온도에서는 산화가 일어나게 된다. 유지의 산화를 방지하여 화장품의 품질을 일정하게 유지하기 위해 첨가하는 물질을 산화방지제라고 한다.

(2) 산화방지제의 종류

① 대표적인 산화방지제로는 토코페롤(Tocopherol, 비타민E), 토코페릴 아세테이트(Tocopheryl acetate), 아스코르빈산(Ascorbic acid, 비타민C) 등의 천연산화방지제와 BHT(Butylated Hydroxy Toluene), BHA(Butylated Hydroxy Anisole) 등의 합성산화방지제가 있다.

② 산화방지보조제로 구연산(Citric acid), 주석산(Tartaric acid) 등이 사용된다.

8 pH조절제

(1) pH조절제의 특징

① 화장품은 pH 변화로 인해 분리, 침전이 발생할 수 있고, 유통화장품 안전기준에 적합한 pH를 유지해야 한다. 화장품의 pH를 유지하거나 화장품 원료를 중화할 때 pH조절제(완충제, Buffering agent)가 사용된다.

② 영·유아용 제품류, 눈 화장용 제품류, 색조 화장용 제품류, 두발용 제품류, 면도용 제품류, 기초화장용 제품류 중 액, 로션, 크림 및 이와 유사한 제형의 액상제품은 pH 기준이 3.0~9.0이어야 한다.

※ 물을 포함하지 않는 제품과 사용한 후 곧바로 물로 씻어 내는 제품은 제외한다.

(2) pH조절제의 종류

① 산도를 높이기 위한 pH조절제는 산성 또는 산성염을 사용한다. 대표적인 성분으로 인산염(Phosphate), 구연산(Citric acid), 주석산(Tartaric acid) 등이 있다.

② 알칼리도를 높이기 위해 pH조절제로 사용되는 대표적인 성분으로 인산 삼나트륨(Trisodium phosphate), 구연산 삼나트륨(Trisodium citrate) 등이 있다.

9 점도 조절제

(1) 점도 조절제의 특징

① 점도 조절제(Thickening agents, 점증제)는 화장품의 점도를 증가 또는 감소시키는 물질로, 제품의 안정성 및 사용성에 중요한 영향을 미친다.

② 고분자화합물(Polymer)은 단량체 구조가 반복해서 연결된 물질로 두 가지 다른 단량체를 결합시켜 얻은 고분자를 코폴리머(Copolymer)라고 한다.

③ 화장품에서 고분자화합물은 점도 조절제, 피막형성제, 수지 분말로 주로 이용되며 보습제 또는 계면활성제로도 이용된다.

(2) 점도 조절제의 분류

① 점도 조절제는 천연(Natural)점도 조절제와 합성(Synthetic)점도 조절제가 있다. 천연점도 조절제는 그 추출원에 따라 식물성, 동물성, 광물성, 미생물 유래로 분류할 수 있다.

② 점도 조절제는 W/O 제형 및 실리콘인 W/Si 제형의 점도 조절제로 사용되는 비수계 점도 조절제와 O/W 제형의 점도 조절제로 사용되는 수계 점도 조절제로 분류하기도 한다.

③ 식물성, 동물성, 미생물 유래, 고분자화합물은 유기계 점도 조절제로 분류하고, 광물계 점도 조절제는 무기계 점도 조절제로 분류한다.

④ 점도 조절제의 분류

분 류	기원물질	원료명
천 연	식물성	카라기난(Carrageenan), 알진(Algin), 아가검(한천, Agar gum), 카라야검(Karaya gum), 트래거캔스검(Tragacanth gum), 아라빅검(Arabic gum), 구아검(Guar gum), 로커스트검(Locust gum), 퀸스시드검(Quince seed gum), 펙틴(Pectin), 스타치(전분, Starch), 셀룰로오스 유도체(Cellulose derivative)
	미생물	잔탄검(Xanthan gum), 덱스트란(Dextran), 덱스트린(Dextrin)
	동물성	젤라틴(Gelatin), 카제인(Casein), 쉘락(Shellac)
	광물성	벤토나이트(Bentonite), 스멕타이트(Smectite), 헥토라이트(Hectorite), 실리카(Hydrated silica), 퓸실리카(Fumed silica), 마그네슘알루미늄실리케이트(Magnesium aluminum silicate)
합성고분자화합물		카보머, 폴리아크릴릭 애씨드, 아크릴레이트/C10-30 알킬 아크릴레이트 크로스폴리머, 폴리아크릴아마이드

10 향 료

(1) 향료의 개념

① 향료는 화장품 원료의 냄새를 감추거나 제품에 향을 부여하기 위하여 사용되는 성분이다. 고객 개인별 취향을 고려하고 화장품에 상품성을 부여하는 중요한 요소 중 하나이다.

② 착향제는 "향료"로 표시할 수 있다.

※ 2020년 1월 1일부터 제조 · 수입되는 화장품은 착향제의 구성성분 중 식품의약품안전처장이 정하여 고시한 25가지 알레르기 유발성분이 있는 경우에는 향료로 표시할 수 없고, 해당 성분의 명칭을 기재 · 표시해야 한다.

③ 화장품에 사용하는 향료는 천연향료, 합성향료, 조합향료의 3가지로 분류할 수 있다.

④ 향수는 천연향료와 합성향료의 혼합물인 조합향료를 에탄올에 용해시켜 만든 액체화장품을 의미한다.

(2) 화장품에 사용하는 향료

1) 천연향료

① 기원물질에 따라 식물의 꽃, 줄기, 잎, 뿌리, 열매 등에서 추출한 식물성 향료와 동물의 분비선에서 채취한 동물성 향료로 구분된다.

② 천연향료에는 정유, 추출물, 올레오레진이 포함되며 한정된 제조방법과 잔류용매에 대한 규격으로 관리되고 있다.

③ 천연향료의 분류

분 류	종 류
식물성 향료	• 과일의 껍질: 레몬, 오렌지 등 시트러스 계열 • 종자: 블랙페퍼, 아니스, 캐러웨이 등 • 꽃: 장미, 재스민, 카모마일 등 • 나무: 샌달우드, 시더우드, 로즈우드 등 • 잎 · 줄기: 레몬밤, 타임, 유칼립투스 등 • 수지: 프랑킨센스, 미르 등
동물성 향료	• 사향(머스크): 사향노루의 선낭 • 영묘향(시벳): 사향고양이의 향선낭 • 해리향(캐스토리움): 비버의 생식선낭 • 용연향(앰버그리스): 향유고래의 토사물

2) 합성향료

석유, 콜타르, 유지제품 등에서 화학적으로 합성한 원료로 약 4,000개 정도가 있다.

3) 조합향료

조향사가 천연향료와 합성향료를 목적에 맞게 혼합한 향료이다.

(3) 발향단계에 따른 분류

구 분	특 징
탑 노트(Top notes)	휘발도가 가장 높은 향으로, 처음 느껴지는 향이다.
미들 노트(Middle notes)	중간단계의 휘발도를 갖는 향료들로, 향수의 테마향이다.
베이스 노트(Base notes)	잔향으로 향기에 깊이와 볼륨을 부여한다.

(4) 부향률에 따른 분류

종 류	부향률	지속시간	특 징
퍼 퓸	15~30%	6시간 이상	진한 향을 내는 향수
오드퍼퓸	9~15%	5~6시간	향이 풍부한 향수
오드뚜왈렛	5~8%	3~4시간	부드러운 느낌의 향수
오드콜로뉴(오드코롱)	3~5%	2~3시간	가볍고 희석된 향
샤워콜로뉴(샤워코롱)	2~5%	1~2시간	방향제 용도

※ 부향률: 알코올에 대한 향료의 비율

(5) 추출방법에 따른 분류

분 류	특 징
에센셜 오일 (Essential oil)	• 식물로부터 수증기 증류법, 냉각압착법, 용매추출법 등으로 얻어진 휘발성 고농축 에센스이며 정유라고도 부름 • 예 라벤더오일, 로즈오일, 네롤리 등
올레오레진 (Oleoresin)	• 주로 휘발성이면서 수지 성분으로 이루어진 삼출물(자연적 또는 인위적 상처 후에 식물에서 방출되는 천연원료) • 예 파인 올레오레진
발삼 (Balsam)	• 벤조익(Benzoic) 또는 신나믹(Cinnamic) 유도체를 함유하고 있는 천연 올레오레진 • 예 페루 발삼, 벤조인
앱솔루트 (Absolute)	콘크리트, 레지노이드 또는 포마드를 에탄올로 추출해서 얻은 향기를 지닌 추출물
콘크리트 (Concrete)	꽃 등의 식물성 원료를 유기용매로 추출하여 얻은 특징적인 향을 지닌 추출물
레지노이드 (Resinoid)	수지 등의 식물성 원료를 유기용매로 추출하여 얻은 특징적인 향을 지닌 추출물
팅쳐 (Tincture)	천연원료를 다양한 농도의 에탄올에 침지시켜 유효성분을 얻는 추출법
인퓨전 (Infusion)	천연원료를 식물성 오일에 침지시켜 유효성분을 얻는 추출법
데콕션 (Decoction)	천연원료를 물에 끓여서 유효성분을 얻는 추출법

(6) 에센셜 오일의 추출방법

분 류	특 징
수증기 증류법 (Steam distillation)	• 수증기를 이용하여 증류하며 향료성분의 끓는점 차이를 이용한 방법 • 장점: 대량으로 아로마 오일을 얻을 수 있음 • 단점: 열에 불안정한 성분이 파괴됨
냉각압착법 (Cold compression)	시트러스 계열에서 추출하는 오일은 열에 매우 약하므로 열을 가하지 않고 누르는 압착에 의해 추출한 후 원심분리를 실시
흡착법 (Absorption)	• 열에 약한 꽃의 향을 추출할 때 사용 • 우지나 돈지에 꽃을 흡착시켜 포마드가 되면 포마드를 에탄올 용매에 녹여 에센션 오일 추출
용매추출법 (Solvent extraction)	• 주로 에테르, 헥산을 용매로 이용하여 오일을 추출하는 방법으로 자스민, 로즈를 생산할 때 사용 • 단점: 숙련된 기술이 필요하며 비용이 많이 듦

(7) 에센셜 오일의 화학적인 분류

① 에센셜 오일은 식물에서 만들어진 성분으로 유기화합물에 속한다.

② 같은 이름을 가진 식물이라도 식물의 재배 환경에 영향을 받아 에센셜 오일을 추출하면 다른 화학성분을 가진 에센셜 오일이 추출되는데, 이것을 케모타입이라고 한다.

③ 에센셜 오일의 화학적 구조

- 이소프렌(Isoprene, C_5H_8) 구조는 5개의 탄소가 사슬모양으로 연결되어 있는 구조로, 탄소 결합수에 따라 모노테르펜, 세스퀴테르펜, 디테르펜 등으로 나뉜다.
- 벤젠 고리(Benzene rings, C_6H_6) 구조는 6개의 탄소가 벤젠 고리모양으로 연결되어 있는 구조이다.

④ 테르펜의 종류

종 류	특 징
모노테르펜 (Monoterpens)	• 2개의 이소프렌으로 구성되어 있으며 10개의 탄소를 가지고 있음 • 항균, 항바이러스, 흥분작용, 강장작용 예 리모넨, 캄펜, 카렌, 사이멘, 피넨, 테르피넨, 미르센, 오시멘 등
세스퀴테르펜 (Sesquiterpenes)	• 3개의 이소프렌으로 구성되어 있으며 15개의 탄소를 가지고 있음 • 진정, 항알러지, 항염증작용 예 비자볼렌, 카리오필렌, 카마쥴렌, 파르네센, 세드렌 등
디테르펜 (Diterpenes)	• 4개의 이소프렌으로 구성되어 있으며 20개의 탄소로 이루어짐 • 거담, 항균, 항바이러스작용 • 분자구조가 무거워 에센셜 오일에서 거의 찾아보기 힘듦

⑤ 테르펜계 유도체

분 류	종 류
알코올	• 염증 억제, 살균 · 소독작용, 신경 강화작용, 좋은 향기 • 모노테르펜계 알코올: 시트로넬롤, 리나룰, 제라니올, 멘톨 등 • 세스퀴테르펜계 알코올: 네롤, 산타롤, 퓨잔올, 사비놀 등
알데하이드	• 과일향, 신경 안정작용, 염증 완화작용, 항바이러스작용, 벌레 퇴치 예 시남알데하이드, 시트랄, 네랄, 시트로네랄, 쿠민알데히드 등
케 톤	• 세포 생성 · 재생작용, 울혈 제거, 거담작용 • 유산과 간질 유발, 어린이와 임산부 금지 예 캠퍼, 카본, 펜촌, 자스몬, 베르베논, 풀레곤 등
에스테르	• 독성이 없고 인체에 무해, 신경 안정, 긴장 완화 예 리나릴 아세테이트, 멘틸 아세테이트, 유게닐 아세테이트 등
페 놀	• 강한 항바이러스, 항균작용, 방부작용 • 피부와 점막 자극, 어린이와 임산부 금지 예 티몰, 유게놀, 크레졸, 에스트라골, 차비콜, 카바크롤 등
옥사이드	• 거담작용 예 시네올, 1.8시네올, 유칼립톨, 비사볼올, 리나룰 옥사이드 등
락 톤	• 자외선과 화학반응을 일으킴 예 버가프텐, 쿠마린, 코스투놀라이드, 쿠스투스 락톤 등
엑시드	• 낮은 휘발성, 에센셜 오일에서 드물게 나타남 예 신남익 애씨드, 벤조익 애씨드, 시트로넬익 애씨드 등

11 색 소

(1) 색소의 기능

① 색소(Coloring material)는 화장품에 배합하여 화장품이나 피부에 색을 부여하거나, 피부의 결점을 보완하기 위한 목적으로 사용하는 성분이다.

② 화장품에 사용할 수 있는 색소의 종류와 기준 및 시험방법을 식품의약품안전처장이 고시하였다. 「화장품의 색소 종류와 기준 및 시험방법」(식품의약품안전처고시 제2020-64호)에서 지정 · 고시된 색소만을 사용하여야 한다.

(2) 색소의 분류

1) 천연색소

① 색소는 기원물질에 따라 천연색소와 합성색소로 분류한다.

② 천연색소는 동물, 식물 및 미생물 등 천연물에서 추출된 색소로서 합성색소로 낼 수 없는 특별한 색조가 존재하나, 합성색소보다 내열성, 내광성이 낮아 불안정하다.

③ 천연색소는 합성색소보다 염착성이 약하고 색조가 한정적이며 대량생산이 어려워 고가라는 단점이 있다.

분 류	원 료
천연색소	• 동물 색소: 카민류(Carmines) – 연지벌레에서 추출한 적색계 염료 • 식물 색소: 라이코펜(Lycopene), 베타카로틴(Beta–carotene), 클로로필류(Chlorophylls), 비트루트레드(Beetroot red), 카라멜(Caramel), 커큐민(Curcumin), 안토시아닌류(Anthocyanins), 파프리카추출물(Paprika extract), 리보플라빈(Riboflavin)
합성색소	타르색소, 안료, 레이크

2) 합성색소

① 염료(染料, Dye)는 물이나 기름, 알코올 등에 용해되는 색소로 천연염료와 합성염료로 나뉜다. 기초화장용 및 방향용 화장품에서 제형에 색상을 나타내고자 할 때 사용하고, 색조 화장품에서는 립틴트에 주로 사용된다.

② 안료(顔料, Pigment)는 물이나 기름, 알코올 등에 녹지 않는 성질이 있는 색소이다. 색상이 화려하지 않으나 빛, 산, 알칼리에 안정한 무기안료와 색상이 화려하고 선명하지만 빛, 산, 알칼리에 불안정한 유기안료로 구분할 수 있다. 메이크업 제품에서는 비비크림, 파운데이션 등에 주로 사용된다.

③ 레이크(Lake)는 물에 녹는 염료에 침전제를 넣어 불용성으로 만든 유기안료이다. 내광성(耐光性)은 중급 정도이지만 색조 · 성능이 뛰어나 용도가 매우 다양하다.

3) 안료의 종류

분류	출발물질	원 료	성분 및 용도
무기안료	광 물	카올린 (Kaolin)	• 백색 또는 미백색의 분말로 차이나 클레이(China clay)라고도 함 • 친수성으로 피부 부착력 우수 • 땀이나 피지의 흡수력이 우수
		마이카 (운모, Mica)	• 백색의 분말로 탄성이 풍부하기 때문에 사용감이 좋고 피부에 대한 부착성도 우수 • 뭉침현상(Caking)을 일으키지 않고 자연스러운 광택을 부여

분류	출발물질	원료	성분 및 용도
무기안료	광 물	세리사이트 (견운모, Sericite)	백색의 분말로 피부에 광택을 줌
		탤크 (활석, Talc)	• 백색의 분말로 매끄러운 사용감과 우수한 흡수력 • 피부 투명성을 향상시킴
		칼슘카보네이트 (Calcium carbonate)	• 백색의 무정형 분말 • 진주광택, 화사함(Blooming)
		마그네슘카보네이트 (Magnesium carbonate)	• 백색 분말 • 향흡수제(Perfume absorbent)
		실리카(Silica)	• 석영에서 얻어지는 흡습성이 강한 구상 분체 • 비수계 검증제로 사용
	합 성	징크옥사이드	• 백색 분말 • 피부 보호, 진정작용, 무정형
		티타늄디옥사이드	• 백색 안료 • 불투명화제(Opacity, Covering) • 자외선 차단
		징크스테아레이트 (Zinc stearate), 마그네슘스테아레이트 (Magnesium stearate), 칼슘스테아레이트 (Calcium stearate)	• 불투명화, 안료 간 결합제, 비수계 점증제 • 부착력 우수, 발수성 우수 • 진정작용(징크스테아레이트)
		비스머스옥시클로라이드 (BiOCl; Bismuth oxychlo- ride)	백색의 분말로 진주광택
유기안료	천 연	전분 • 콘(Corn)스타치 • 포테이토(Potato)스타치 • 타피오카(Tapioca)스 타치	수계 점증제, 흡수제, 안티케이킹
	합 성	나일론-6, 나일론-12	• 미세폴리아마이드 • 부드러운 사용감, 낮은 수분흡수력
		폴리메틸메타크릴레이트 (PMMA; Polymethyl meth- acrylate)	• 구상분체 • 피부 잔주름 및 흉터 보정, 부드러운 사용감

4) 무기안료

① 무기안료는 광물성 안료라고도 한다.

② 무기안료는 색상의 화려함이나 선명도는 유기안료에 비해 떨어지지만, 빛이나 열에 강하고 유기 용매에 녹지 않으므로 화장품용 색소로 널리 사용된다.

③ 무기안료는 체질안료, 착색안료, 백색안료 등으로 구분할 수 있다.

- 체질안료는 착색의 목적이 아니라 제품이 적절한 제형을 갖추게 하기 위해 이용되는 안료이다. 제품의 양을 늘리거나 농도를 묽게 하기 위하여 다른 안료에 배합하며 제품의 사용성, 퍼짐성, 부착성, 흡수력, 광택 등을 조성하는 데 사용되는 무채색의 안료이다.
- 착색안료는 착색을 목적으로 사용하며 유기안료에 비해 색이 선명하지는 않지만 빛과 열에 강하여 색이 잘 변하지 않는 장점이 있어 메이크업 화장품에 많이 사용된다. 산화철이 대표적인데 적색, 황색, 흑색의 3가지 기본 색조가 있으며, 주로 3가지 색조를 혼합하여 사용한다.
- 백색안료는 피복력이 주된 목적이며 티타늄다이옥사이드과 징크옥사이드가 있다. 티타늄다이옥사이드는 굴절률이 높고 입자경이 작기 때문에 백색도, 은폐력, 착색력 등이 우수하고, 빛이나 열 및 내약품성도 뛰어나다.
- 진주광택안료는 진주와 비슷한 광택이나 금속성의 광택을 주는 안료를 말한다.

④ 무기안료의 사용 특성에 따른 분류

분 류		원 료	작 용
체질안료		탤크, 카올린	벌킹제
		보론나이트라이드, 실리카, 나일론-6, 폴리메틸메타크릴레이트	부드러운 사용감
		마이카, 세리사이트, 칼슘카보네이트, 마그네슘카보네이트	펄효과, 화사함
		마그네슘스테아레이트, 알루미늄스테아레이트	결합제
		하이드록시아파타이트	피지 흡수
착색안료	무기계	• 산화철(Iron oxide: Black / Red / Yellow) • 울트라마린(Ultramarine: Blue) • 크로뮴옥사이드그린(Chromium oxide green) • 망가니즈바이올렛(Manganese violet)	색 상
	유기계	• 합성: 레이크 • 천연: 베타카로틴, 카민, 카라멜, 커큐민	
백색안료		티타늄다이옥사이드, 징크옥사이드	피복력
진주광택안료		티타네이티드마이카, 옥시염화비스머스	광택
특수기능안료		질화붕소, 포토크로믹 안료, 미립자 티타늄다이옥사이드	

(3) 화장품의 색소 종류와 색소의 기준 및 시험방법 (식품의약품안전처고시 제2020-64호)

1) 용어의 정의

① "색소"라 함은 화장품이나 피부에 색을 띠게 하는 것을 주요 목적으로 하는 성분을 말한다.

② "타르색소"라 함은 색소 중 콜타르, 그 중간생성물에서 유래되었거나 유기합성하여 얻은 색소 및 그 레이크, 염, 희석제와의 혼합물을 말한다.

③ "순색소"라 함은 중간체, 희석제, 기질 등을 포함하지 아니한 순수한 색소를 말한다.

④ "레이크"라 함은 타르색소를 기질에 흡착, 공침 또는 단순한 혼합이 아닌 화학적 결합에 의하여 확산시킨 색소를 말한다. 레이크의 종류는 타르색소의 나트륨, 칼륨, 알루미늄, 바륨, 칼슘, 스트론튬 또는 지르코늄염(염이 아닌 것은 염으로 하여)을 기질에 확산시켜서 만든 레이크로 한다.

⑤ "기질"이라 함은 레이크 제조 시 순색소를 확산시키는 목적으로 사용되는 물질을 말하며 알루미나, 브랭크휙스, 크레이, 이산화티탄, 산화아연, 탤크, 로진, 벤조산알루미늄, 탄산칼슘 등의 단일 또는 혼합물을 사용한다.

⑥ "희석제"라 함은 색소를 용이하게 사용하기 위하여 혼합되는 성분을 말하며, 「화장품 안전기준 등에 관한 규정」(식품의약품안전처고시) [별표 1]의 원료는 사용할 수 없다.

⑦ "눈 주위"라 함은 눈썹, 눈썹 아래쪽 피부, 눈꺼풀, 속눈썹 및 눈(안구, 결막낭, 윤문상 조직을 포함한다)을 둘러싼 뼈의 능선 주위를 말한다.

2) 색소의 기준 및 시험방법

① 일부 색소(101개)의 품질관리에 필요한 규격을 [별표 2] 화장품의 색소 기준 및 시험방법에서 정하고 있다. 다만, 기준 및 시험방법이 수재되어 있지 않거나 기타 과학적 · 합리적으로 타당성이 인정되는 경우 자사 기준 및 시험방법으로 설정하여 시험할 수 있다.

예시

1. 녹색 204호(피라닌콘크, Pyranine Conc)* CI 59040
8-히드록시-1, 3, 6-피렌트리설폰산의 트리나트륨염

이 원료는 정량할 때 8-히드록시-1, 3, 6-피렌트리설폰산의 트리나트륨염($C_{16}H_7Na_3O_{10}S_3$: 524.39) 65.0~101.0%를 함유한다.

성상 이 원료는 녹황색의 결정 또는 가루이다.

확인시험

1) 이 원료의 수용액(1 → 1000)은 녹황색을 나타내고 형광을 발한다.
2) 이 원료 20mg에 아세트산암모늄시액 200mL를 넣어 녹이고, 이 액 10mL를 취하여 아세트산암모늄시액을 넣어 100mL로 한 액을 가지고 자외가시부흡광도측정법에 따라 측정할 때 파장 367~371nm 및 402~406nm의 흡수극대를 나타낸다.
3) 이 원료의 수용액(1 → 1000) 2μL를 검액으로 하고 플라비안산(flavianic acid) 표준용액 2μL를 표준액으로 하여 1-부탄올 · 아세톤 · 물혼합액(3 : 1 : 1)을 전개용매로 하여 박층크로마토그래프법 제2법에 따라 시험할 때 검액으로부터 얻은 반점은 녹황색을 나타내고 표준액으로부터 얻은 반점의 Rs 값은 약 0.8이다.

순도시험

1) 용해상태 이 원료 10mg을 물 100mL에 녹일 때 액은 맑다.

2) 불용물 불용물시험법 제1법에 따라 시험할 때 0.5% 이하이다.

3) 가용물 가용물시험법 제7법에 따라 시험할 때 0.5% 이하이다.

4) 염화물 및 황산염 염화물시험법 및 황산염시험법에 따라 시험할 때, 그 각각의 합은 20.0% 이하이다.

5) 중금속 중금속시험법에 따라 시험할 때 20ppm 이하이다.

6) 수은 수은시험법에 따라 시험할 때 그 한도는 1ppm 이하이다.

7) 비소 비소시험법에 따라 시험할 때 2ppm 이하이다.

건조감량 15.0% 이하(1g, 105℃, 6시간)

정량법 이 원료 약 20mg을 정밀하게 달아 아세트산암모늄시액을 넣어 녹여 정확하게 200mL로 하고 이 액 10mL를 정확하게 취하여 아세트산암모늄시액을 넣어 정확하게 100mL로 하여 검액으로 한다. 이 액을 가지고 자외가시부흡광도측정법에 따라 시험할 때 404nm 부근의 흡수극대파장의 흡광계수는 0.0500이다.

② 화장품 색소의 일반시험법 [별표 3]에 규정되어 있다. 이 기준에서 규정하지 않는 정의, 시험법 등은 「대한민국약전」(식품의약품안전처고시)의 통칙, 일반시험법, 제제총칙 또는 「대한민국약전외 의약품 기준」(식품의약품안전처고시) 등의 규정에 따라 판정한다.

③ 화장품 색소의 일반시험법은 다음과 같다.

1. 가용물시험법
2. 강열잔분시험법
3. 건조감량 및 강열감량시험법
4. 기체크로마토그래프법
5. 납시험법
6. 레이크시험법
7. 물가용물시험법
8. 미생물한도시험법
9. 박층크로마토그래프법
10. 불꽃반응시험법
11. 불소시험법
12. 불용물시험법
13. 비소시험법
14. 비중측정법
15. 산가용물시험법
16. 산불용물시험법
17. 색소시험법
18. 수은시험법
19. 염색반응시험법
20. 염화물시험법
21. 원자흡광광도법
22. 유도결합플라즈마발광광도법
23. 융점측정법
24. 자외가시부흡광도측정법
25. 적외부스펙트럼측정법
26. 정량법
27. 정성반응
28. 중금속시험법
29. 질소정량법
30. 철시험법
31. 황산염시험법
32. 회분시험법
33. 흡광도측정법
34. pH측정법
35. 시약 · 시액 · 표준액 · 용량분석용 표준액 · 박층크로마토그래프용 표준품 · 계량기 · 용기

3) 화장품의 색소의 종류 [별표 1] 화장품의 색소

연 번	색 소	사용제한	비 고
1	녹색 204호(피라닌콘크, Pyranine Conc)* CI 59040 8-히드록시-1, 3, 6-피렌트리설폰산의 트리나트륨염 • 사용한도 0.01%	눈 주위 및 입술에 사용할 수 없음	타르 색소
2	녹색 401호(나프톨그린 B, Naphthol Green B)* CI 10020 5-이소니트로소-6-옥소-5, 6-디히드로-2-나프탈렌설폰산의 철염	눈 주위 및 입술에 사용할 수 없음	타르 색소
3	등색 206호(디요오드플루오레세인, Diiodofluorescein)* CI 45425:1 4', 5'-디요오드-3', 6'-디히드록시스피로[이소벤조푸란-1(3H), 9'-[9H]크산텐]-3-온	눈 주위 및 입술에 사용할 수 없음	타르 색소
4	등색 207호(에리트로신 옐로위쉬 NA, Erythrosine Yellowish NA)* CI 45425 9-(2-카르복시페닐)-6-히드록시-4, 5-디요오드-3H-크산텐-3-온의 디나트륨염	눈 주위 및 입술에 사용할 수 없음	타르 색소
5	자색 401호(알리주롤퍼플, Alizurol Purple)* CI 60730 1-히드록시-4-(2-설포-p-톨루이노)-안트라퀴논의 모노나트륨염	눈 주위 및 입술에 사용할 수 없음	타르 색소
6	적색 205호(리톨레드, Lithol Red)* CI 15630 2-(2-히드록시-1-나프틸아조)-1-나프탈렌설폰산의 모노나트륨염 • 사용한도 3%	눈 주위 및 입술에 사용할 수 없음	타르 색소
7	적색 206호(리톨레드 CA, Lithol Red CA)* CI 15630:2 2-(2-히드록시-1-나프틸아조)-1-나프탈렌설폰산의 칼슘염 • 사용한도 3%	눈 주위 및 입술에 사용할 수 없음	타르 색소
8	적색 207호(리톨레드 BA, Lithol Red BA) CI 15630:1 2-(2-히드록시-1-나프틸아조)-1-나프탈렌설폰산의 바륨염 • 사용한도 3%	눈 주위 및 입술에 사용할 수 없음	타르 색소
9	적색 208호(리톨레드 SR, Lithol Red SR) CI 15630:3 2-(2-히드록시-1-나프틸아조)-1-나프탈렌설폰산의 스트론튬염 • 사용한도 3%	눈 주위 및 입술에 사용할 수 없음	타르 색소
10	적색 219호(브릴리안트레이크레드 R, Brilliant Lake Red R)* CI 15800 3-히드록시-4-페닐아조-2-나프토에산의 칼슘염	눈 주위 및 입술에 사용할 수 없음	타르 색소
11	적색 225호(수단 Ⅲ, Sudan Ⅲ)* CI 26100 1-[4-(페닐아조)페닐아조]-2-나프톨	눈 주위 및 입술에 사용할 수 없음	타르 색소
12	적색 405호(퍼머넌트레드 F5R, Permanent Red F5R) CI 15865:2 4-(5-클로로-2-설포-p-톨릴아조)-3-히드록시-2-나프토에산의 칼슘염	눈 주위 및 입술에 사용할 수 없음	타르 색소
13	적색 504호(폰소 SX, Ponceau SX)* CI 14700 2-(5-설포-2, 4-키실릴아조)-1-나프톨-4-설폰산의 디나트륨염	눈 주위 및 입술에 사용할 수 없음	타르 색소
14	청색 404호(프탈로시아닌블루, Phthalocyanine Blue)* CI 74160 프탈로시아닌의 구리착염	눈 주위 및 입술에 사용할 수 없음	타르 색소

연 번	색 소	사용제한	비 고
15	황색 202호의 (2)(우라닌 K, Uranine K)* CI 45350 9-올소-카르복시페닐-6-히드록시-3-이소크산톤의 디칼륨염 • 사용한도 6%	눈 주위 및 입술에 사용할 수 없음	타르 색소
16	황색 204호(퀴놀린옐로우 SS, Quinoline Yellow SS)* CI 47000 2-(2-퀴놀릴)-1, 3-인단디온	눈 주위 및 입술에 사용할 수 없음	타르 색소
17	황색 401호(한자옐로우, Hanza Yellow)* CI 11680 N-페닐-2-(니트로-p-톨릴아조)-3-옥소부탄아미드	눈 주위 및 입술에 사용할 수 없음	타르 색소
18	황색 403호의 (1)(나프톨옐로우 S, Naphthol Yellow S) CI 10316 2, 4-디니트로-1-나프톨-7-설폰산의 디나트륨염	눈 주위 및 입술에 사용할 수 없음	타르 색소
19	등색 205호(오렌지 II, Orange II) CI 15510 1-(4-설포페닐아조)-2-나프톨의 모노나트륨염	눈 주위에 사용할 수 없음	타르 색소
20	황색 203호(퀴놀린옐로우 WS, Quinoline Yellow WS) CI 47005 2-(1, 3-디옥소인단-2-일)퀴놀린 모노설폰산 및 디설폰산의 나트륨염	눈 주위에 사용할 수 없음	타르 색소
21	녹색 3호(패스트그린 FCF, Fast Green FCF) CI 42053 2-[α-[4-(N-에틸-3-설포벤질이미니오)-2, 5-시클로헥사디에닐덴]-4-(N에틸-3-설포벤질아미노)벤질]-5-히드록시벤젠설포네이트의 디나트륨염		타르 색소
22	녹색 201호(알리자린시아닌그린 F, Alizarine Cyanine Green F)* CI 61570 1, 4-비스-(2-설포-p-톨루이디노)-안트라퀴논의 디나트륨염		타르 색소
23	녹색 202호(퀴니자린그린 SS, Quinizarine Green SS)* CI 61565 1, 4-비스(p-톨루이디노)안트라퀴논		타르 색소
24	등색 201호(디브로모플루오레세인, Dibromofluorescein) CI 45370:1 4', 5'-디브로모-3', 6'-디히드로시스피로[이소벤조푸란-1(3H),9-[9H]크산텐-3-온	눈 주위에 사용할 수 없음	타르 색소
25	자색 201호(알리주린퍼플 SS, Alizurine Purple SS)* CI 60725 1-히드록시-4-(p-톨루이디노)안트라퀴논		타르 색소
26	적색 2호(아마란트, Amaranth) CI 16185 3-히드록시-4-(4-설포나프틸아조)-2, 7-나프탈렌디설폰산의 트리나트륨염	영유아용 제품류 또는 만 13세 이하 어린이가 사용할 수 있음을 특정하여 표시하는 제품에 사용할 수 없음	타르 색소
27	적색 40호(알루라레드 AC, Allura Red AC) CI 16035 6-히드록시-5-[(2-메톡시-5-메틸-4-설포페닐)아조]-2-나프탈렌설폰산의 디나트륨염		타르 색소

연 번	색 소	사용제한	비 고
28	적색 102호(뉴콕신, New Coccine) CI 16255 1-(4-설포-1-나프틸아조)-2-나프톨-6, 8-디설폰산의 트리나트륨염의 1.5 수화물	영유아용 제품류 또는 만 13세 이하 어린이가 사용할 수 있음을 특정하여 표시하는 제품에 사용할 수 없음	타르색소
29	적색 103호의 (1)(에오신 YS, Eosine YS) CI 45380 9-(2-카르복시페닐)-6-히드록시-2, 4, 5, 7-테트라브로모-3H-크산텐-3-온의 디나트륨염	눈 주위에 사용할 수 없음	타르색소
30	적색 104호의 (1)(플록신 B, Phloxine B) CI 45410 9-(3, 4, 5, 6-테트라클로로-2-카르복시페닐)-6-히드록시-2, 4, 5, 7-테트라브로모-3H-크산텐-3-온의 디나트륨염	눈 주위에 사용할 수 없음	타르색소
31	적색 104호의 (2)(플록신 BK, Phloxine BK) CI 45410 9-(3, 4, 5, 6-테트라클로로-2-카르복시페닐)-6-히드록시-2, 4, 5, 7-테트라브로모-3H-크산텐-3-온의 디칼륨염	눈 주위에 사용할 수 없음	타르색소
32	적색 201호(리톨루빈 B, Lithol Rubine B) CI 15850 4-(2-설포-p-톨릴아조)-3-히드록시-2-나프토에산의 디나트륨염		타르색소
33	적색 202호(리톨루빈 BCA, Lithol Rubine BCA) CI 15850:1 4-(2-설포-p-톨릴아조)-3-히드록시-2-나프토에산의 칼슘염		타르색소
34	적색 218호(테트라클로로테트라브로모플루오레세인, Tetrachloro-tetrabromofluorescein) CI 45410:1 2', 4', 5', 7'-테트라브로모-4, 5, 6, 7-테트라클로로-3', 6'-디히드록시피로[이소벤조푸란-1(3H),9'-[9H] 크산텐]-3-온	눈 주위에 사용할 수 없음	타르색소
35	적색 220호(디프마룬, Deep Maroon)* CI 15880:1 4-(1-설포-2-나프틸아조)-3-히드록시-2-나프토에산의 칼슘염		타르색소
36	적색 223호(테트라브로모플루오레세인, Tetrabromofluorescein) CI 45380:2 2', 4', 5', 7'-테트라브로모-3', 6'-디히드록시스피로[이소벤조푸란-1(3H),9'-[9H]크산텐]-3-온	눈 주위에 사용할 수 없음	타르색소
37	적색 226호(헬린돈핑크 CN, Helindone Pink CN)* CI 73360 6, 6'-디클로로-4, 4'-디메틸-티오인디고		타르색소
38	적색 227호(패스트애시드마겐타, Fast Acid Magenta)* CI 17200 8-아미노-2-페닐아조-1-나프톨-3, 6-디설폰산의 디나트륨염 • 입술에 적용을 목적으로 하는 화장품의 경우만 사용한도 3%		타르색소
39	적색 228호(퍼마톤레드, Permaton Red) CI 12085 1-(2-클로로-4-니트로페닐아조)-2-나프톨 • 사용한도 3%		타르색소

연 번	색 소	사용제한	비 고
40	적색 230호의 (2)(에오신 YSK, Eosine YSK) CI 45380 9-(2-카르복시페닐)-6-히드록시-2, 4, 5, 7-테트라브로모-3H-크산텐-3-온의 디칼륨염		타르 색소
41	청색 1호(브릴리안트블루 FCF, Brilliant Blue FCF) CI 42090 2-[α-[4-(N-에틸-3-설포벤질이미니오)-2, 5-시클로헥사디에닐리덴]-4-(N-에틸-3-설포벤질아미노)벤질]벤젠설포네이트의 디나트륨염		타르 색소
42	청색 2호(인디고카르민, Indigo Carmine) CI 73015 5, 5'-인디고틴디설폰산의 디나트륨염		타르 색소
43	청색 201호(인디고, Indigo)* CI 73000 인디고틴		타르 색소
44	청색 204호(카르반트렌블루, Carbanthrene Blue)* CI 69825 3, 3'-디클로로인단스렌		타르 색소
45	청색 205호(알파주린 FG, Alphazurine FG)* CI 42090 2-[α-[4-(N-에틸-3-설포벤질이미니오)-2, 5-시클로헥사디에닐리덴]-4-(N-에틸-3-설포벤질아미노)벤질]벤젠설포네이트의 디암모늄염		타르 색소
46	황색 4호(타르트라진, Tartrazine) CI 19140 5-히드록시-1-(4-설포페닐)-4-(4-설포페닐아조)-1H-피라졸-3-카르본산의 트리나트륨염		타르 색소
47	황색 5호(선셋옐로우 FCF, Sunset Yellow FCF) CI 15985 6-히드록시-5-(4-설포페닐아조)-2-나프탈렌설폰산의 디나트륨염		타르 색소
48	황색 201호(플루오레세인, Fluorescein)* CI 45350:1 3', 6'-디히드록시스피로[이소벤조푸란-1(3H), 9'-[9H]크산텐]-3-온 • 사용한도 6%		타르 색소
49	황색 202호의 (1)(우라닌, Uranine)* CI 45350 9-(2-카르복시페닐)-6-히드록시-3H-크산텐-3-온의 디나트륨염 • 사용한도 6%		타르 색소
50	등색 204호(벤지딘오렌지 G, Benzidine Orange G)* CI 21110 4, 4'-[(3, 3'-디클로로-1, 1'-비페닐)-4, 4'-디일비스(아조)]비스[3-메틸-1-페닐-5-피라졸론]	적용 후 바로 씻어 내는 제품 및 염모용 화장품에만 사용	타르 색소
51	적색 106호(애시드레드, Acid Red)* CI 45100 2-[[N, N-디에틸-6-(디에틸아미노)-3H-크산텐-3-이미니오]-9-일]-5-설포벤젠설포네이트의 모노나트륨염	적용 후 바로 씻어 내는 제품 및 염모용 화장품에만 사용	타르 색소
52	적색 221호(톨루이딘레드, Toluidine Red)* CI 12120 1-(2-니트로-p-톨릴아조)-2-나프톨	적용 후 바로 씻어 내는 제품 및 염모용 화장품에만 사용	타르 색소

연 번	색 소	사용제한	비 고
53	적색 401호(비올라민 R, Violamine R) CI 45190 9-(2-카르복시페닐)-6-(4-설포-올소-톨루이디노)-N-(올소-톨릴)-3H-크산텐-3-이민의 디나트륨염	적용 후 바로 씻어 내는 제품 및 염모용 화장품에만 사용	타르 색소
54	적색 506호(패스트레드 S, Fast Red S)* CI 15620 4-(2-히드록시-1-나프틸아조)-1-나프탈렌설폰산의 모노나트륨염	적용 후 바로 씻어 내는 제품 및 염모용 화장품에만 사용	타르 색소
55	황색 407호(패스트라이트옐로우 3G, Fast Light Yellow 3G)* CI 18820 3-메틸-4-페닐아조-1-(4-설포페닐)-5-피라졸론의 모노나트륨염	적용 후 바로 씻어 내는 제품 및 염모용 화장품에만 사용	타르 색소
56	흑색 401호(나프톨블루블랙, Naphthol Blue Black)* CI 20470 8-아미노-7-(4-니트로페닐아조)-2-(페닐아조)-1-나프톨-3, 6-디설폰산의 디나트륨염	적용 후 바로 씻어 내는 제품 및 염모용 화장품에만 사용	타르 색소
57	등색 401호(오렌지 401, Orange no. 401)* CI 11725	점막에 사용할 수 없음	타르 색소
58	안나토(Annatto) CI 75120		
59	라이코펜(Lycopene) CI 75125		
60	베타카로틴(Beta-Carotene) CI 75130		
61	구아닌(2-아미노-1,7-디하이드로-6H-퓨린-6-온, Guanine, 2-Amino-1,7-dihydro-6H- purin-6-one) CI 75170		
62	커큐민(Curcumin) CI 75300		
63	카민류(Carmines) CI 75470		
64	클로로필류(Chlorophylls) CI 75810		
65	알루미늄(Aluminum) CI 77000		
66	벤토나이트(Bentonite) CI 77004		
67	울트라마린(Ultramarines) CI 77007		
68	바륨설페이트(Barium Sulfate) CI 77120		
69	비스머스옥시클로라이드(Bismuth Oxychloride) CI 77163		
70	칼슘카보네이트(Calcium Carbonate) CI 77220		
71	칼슘설페이트(Calcium Sulfate) CI 77231		
72	카본블랙(Carbon black) CI 77266		
73	본블랙, 본챠콜(본차콜, Bone black, Bone Charcoal) CI 77267		
74	베지터블카본(코크블랙, Vegetable Carbon, Coke Black) CI 77268:1		
75	크로뮴옥사이드그린(크롬(Ⅲ) 옥사이드, Chromium Oxide Greens) CI 77288		

연번	색소	사용제한	비고
76	크로뮴하이드로사이드그린(크롬(Ⅲ) 하이드록사이드, Chromium Hydroxide Green) CI 77289		
77	코발트알루미늄옥사이드(Cobalt Aluminum Oxide) CI 77346		
78	구리(카퍼, Copper) CI 77400		
79	금(Gold) CI 77480		
80	페러스옥사이드(Ferrous oxide, Iron Oxide) CI 77489		
81	적색산화철(아이런옥사이드레드, Iron Oxide Red, Ferric Oxide) CI 77491		
82	황색산화철(아이런옥사이드옐로우, Iron Oxide Yellow, Hydrated Ferric Oxide) CI 77492		
83	흑색산화철(아이런옥사이드블랙, Iron Oxide Black, Ferrous-Ferric Oxide) CI 77499		
84	페릭암모늄페로시아나이드(Ferric Ammonium Ferrocyanide) CI 77510		
85	페릭페로시아나이드(Ferric Ferrocyanide) CI 77510		
86	마그네슘카보네이트(Magnesium Carbonate) CI 77713		
87	망가니즈바이올렛(암모늄망가니즈(3+) 디포스페이트, Manganese Violet, Ammonium Manganese(3+) Diphosphate) CI 77742		
88	실버(Silver) CI 77820		
89	티타늄디옥사이드(Titanium Dioxide) CI 77891		
90	징크옥사이드(Zinc Oxide) CI 77947		
91	리보플라빈(락토플라빈, Riboflavin, Lactoflavin)		
92	카라멜(Caramel)		
93	파프리카추출물, 캡산틴/캡소루빈(Paprika Extract Capsanthin/Capsorubin)		
94	비트루트레드(Beetroot Red)		
95	안토시아닌류(시아니딘, 페오니딘, 말비딘, 델피니딘, 페투니딘, 페라고니딘, Anthocyanins)		
96	알루미늄스테아레이트/징크스테아레이트/마그네슘스테아레이트/칼슘스테아레이트(Aluminum Stearate/Zinc Stearate/Magnesium Stearate/ Calcium Stearate)		
97	디소듐이디티에이-카퍼(Disodium EDTA-copper)		
98	디하이드록시아세톤(Dihydroxyacetone)		
99	구아이아줄렌(Guaiazulene)		
100	피로필라이트(Pyrophyllite)		

연 번	색 소	사용제한	비 고
101	마이카(Mica) CI 77019		
102	청동(Bronze)		
103	염기성갈색 16호(Basic Brown 16) CI 12250	염모용 화장품에만 사용	타르 색소
104	염기성청색 99호(Basic Blue 99) CI 56059	염모용 화장품에만 사용	타르 색소
105	염기성적색 76호(Basic Red 76) CI 12245 • 사용한도 2%	염모용 화장품에만 사용	타르 색소
106	염기성갈색 17호(Basic Brown 17) CI 12251 • 사용한도 2%	염모용 화장품에만 사용	타르 색소
107	염기성황색 87호(Basic Yellow 87) • 사용한도 1%	염모용 화장품에만 사용	타르 색소
108	염기성황색 57호(Basic Yellow 57) CI 12719 • 사용한도 2%	염모용 화장품에만 사용	타르 색소
109	염기성적색 51호(Basic Red 51) • 사용한도 1%	염모용 화장품에만 사용	타르 색소
110	염기성등색 31호(Basic Orange 31) • 사용한도 1%	염모용 화장품에만 사용	타르 색소
111	에치씨청색 15호(HC Blue No. 15) • 사용한도 0.2%	염모용 화장품에만 사용	타르 색소
112	에치씨청색 16호(HC Blue No. 16) • 사용한도 3%	염모용 화장품에만 사용	타르 색소
113	분산자색 1호(Disperse Violet 1) CI 61100 1,4-디아미노안트라퀴논 • 사용한도 0.5%	염모용 화장품에만 사용	타르 색소
114	에치씨적색 1호(HC Red No. 1) 4-아미노-2-니트로디페닐아민 • 사용한도 1%	염모용 화장품에만 사용	타르 색소
115	2-아미노-6-클로로-4-니트로페놀 • 사용한도 2%	염모용 화장품에만 사용	타르 색소
116	4-하이드록시프로필 아미노-3-니트로페놀 • 사용한도 2.6%	염모용 화장품에만 사용	타르 색소
117	염기성자색 2호(Basic Violet 2) CI 42520 • 사용한도 0.5%	염모용 화장품에만 사용	타르 색소
118	분산흑색 9호(Disperse Black 9) • 사용한도 0.3%	염모용 화장품에만 사용	타르 색소

연 번	색 소	사용제한	비 고
119	에치씨황색 7호(HC Yellow No. 7) • 사용한도 0.25%	염모용 화장품에만 사용	타르 색소
120	산성적색 52호(Acid Red 52) CI 45100 • 사용한도 0.6%	염모용 화장품에만 사용	타르 색소
121	산성적색 92호(Acid Red 92) • 사용한도 0.4%	염모용 화장품에만 사용	타르 색소
122	에치씨청색 17호(HC Blue 17) • 사용한도 2%	염모용 화장품에만 사용	타르 색소
123	에치씨등색 1호(HC Orange No. 1) • 사용한도 1%	염모용 화장품에만 사용	타르 색소
124	분산청색 377호(Disperse Blue 377) • 사용한도 2%	염모용 화장품에만 사용	타르 색소
125	에치씨청색 12호(HC Blue No. 12) • 사용한도 1.5%	염모용 화장품에만 사용	타르 색소
126	에치씨황색 17호(HC Yellow No. 17) • 사용한도 0.5%	염모용 화장품에만 사용	타르 색소
127	피그먼트 적색 5호(Pigment Red 5)* CI 12490 엔-(5-클로로-2,4-디메톡시페닐)-4-[[5-[(디에칠아미노)설포닐]-2-메톡시페닐]아조]-3-하이드록시나프탈렌-2-카복사마이드	화장 비누에만 사용	타르 색소
128	피그먼트 자색 23호(Pigment Violet 23) CI 51319	화장 비누에만 사용	타르 색소
129	피그먼트 녹색 7호(Pigment Green 7) CI 74260	화장 비누에만 사용	타르 색소

※ * 표시는 해당 색소의 바륨, 스트론튬, 지르코늄레이크는 사용할 수 없다.

12 활성성분

(1) 활성성분의 개념

① 활성성분(Active ingredients)은 소비자가 화장품을 사용함으로써 얻고자 하는 특별한 효능을 부여하기 위해 사용하는 물질이다. 화장품의 상품성을 높이는 데 중요한 역할을 하고, 피부·모발의 건강을 유지 또는 증진하기 위하여 사용하는 성분이다.

② 화장품의 성분 중에서 피부와 모발의 기능에 도움을 주는 활성성분은 다음과 같다.

분 류	활성성분	효 능
피부 구성인자	콜라겐	탄력, 보습
	히아루론산염	보습
	펩타이드	섬유아세포 자극을 통한 콜라겐 생성 촉진, 줄기세포
	세라마이드	각질세포간 지질 성분, 피부 표면의 수분을 유지
비타민 (Vitamin)	비타민A 유도체	각질의 정상화를 도움, 섬유아세포 자극을 통한 피부재생
	프로비타민A (β-carotene)	지용성 상피보호 비타민
	비타민B_5 (Pantenol)	새로운 세포 형성 촉진, 염증을 진정시키는 효능
	비타민B_6 (Pyridoxine)	피지 분비 억제
	비타민C (Ascorbic acid)	항산화, 콜라겐 합성 촉진, 수용성 비타민, 미백효과
	비타민E (Tocopherol)	항산화, 지용성 비타민, 노화용 크림에 사용
	비타민H(Biotin)	세포 성장인자, 손상된 케라틴 단백질 회복
동 · 식물 추출물	알로에 추출물	항염증효과, 진정작용, 상처 치유, 보습제
	로얄젤리	피부면역 강화, 세포재생효과, 보습
	달팽이 추출물	뮤신 성분, 콘드로이친 황산, 노화 · 건조 방지, 탄력, 보습
	프로폴리스	항균, 항염증작용, 상처 치유효과
	태반 추출물	피부재생, 보습 및 미백
	감초 추출물	주성분은 글리시리진산, 염증효과, 항알레르기작용
	녹차 추출물	카테킨 성분, 항산화효과, 수렴
	알란토인	민감성 완화, 피부진정, 상처 치유 및 세포증식작용
	위치하젤	수렴작용, 소독제, 지성 및 복합성 피부용
	병풀 추출물	항산화, 항균, 항염작용, 콜라겐 합성 촉진
	아쥴렌	항염, 항알레르기, 상처 치유작용, 민감성 피부 진정
그 밖의 활성성분	AHA	천연산, 각질 제거효과, 보습기능 등
	BHA	대표적으로 살리실산, 각질 제거효과, 피지 제거효과
	클레이	점토, 흡착기능, 진정기능
	알긴산	보습효과, 점증제, 안정제 및 모델링 마스크 주요성분

③ 기능성화장품의 성분은 식품의약품안전처장이 고시한 기능성화장품의 효능 · 효과를 나타내는 원료로서 대표적인 활성성분이라고 할 수 있다(「기능성화장품 심사에 관한 규정」 [별표 4] 자료제출이 생략되는 기능성화장품의 종류).

화장품의 기능과 품질

화장품의 효과

(1) 화장품 제형에 따른 정의

(기능성화장품 기준 및 시험방법 [별표 1] 통칙)

① 로션제란 유화제 등을 넣어 유성성분과 수성성분을 균질화하여 점액상으로 만든 것을 말한다.

② 액제란 화장품에 사용되는 성분을 용제 등에 녹여서 액상으로 만든 것을 말한다.

③ 크림제란 유화제 등을 넣어 유성성분과 수성성분을 균질화하여 반고형상으로 만든 것을 말한다.

④ 침적마스크제란 액제, 로션제, 크림제, 겔제 등을 부직포 등의 지지체에 침적하여 만든 것을 말한다.

⑤ 겔제란 액체를 침투시킨 분자량이 큰 유기분자로 이루어진 반고형상을 말한다.

⑥ 에어로졸제란 원액을 같은 용기 또는 다른 용기에 충전한 분사제(액화기체, 압축기체 등)의 압력을 이용하여 안개모양, 포말상 등으로 분출하도록 만든 것을 말한다.

⑦ 분말제란 균질하게 분말상 또는 미립상으로 만든 것을 말하며, 부형제 등을 사용할 수 있다.

(2) 화장품의 기능에 따른 분류

화장품의 사용 목적과 사용 부위에 따라 화장품을 기초화장품, 색조화장품, 모발화장품, 방향화장품으로 분류하였다.

1) 기초화장품

① 피부를 청결하게 하고 피부에 유분과 수분을 공급하며 외부 유해환경으로부터 피부를 보호하여 건강한 피부를 만들어주기 위해 사용되는 화장품이다.

② 기초화장품의 종류와 기능

품 목	기 능
세정 (Cleansing)	• 피부에서 분비되는 피지와 땀, 먼지, 각질, 메이크업 잔여물 등의 제거 목적으로 사용 • 화장비누, 폼 클렌저, 바디 클렌저: 인체 세정용 제품류 • 아이 메이크업 리무버: 눈 화장용 제품류 • 클렌징 워터, 클렌징 오일, 클렌징 로션, 클렌징 크림 등
화장수 (Skin lotion, Toner)	• 세안 후 피부 pH 회복, 피부결 정돈, 각질층 수분 공급 • 보습제, 유연제가 함유된 유연화장수 • 보습제, 모공 수렴작용을 하는 수렴화장수(청량감 부여)
로션 (유액, Lotion)	• 화장수 사용 후 피부에 유분과 수분을 공급 • 수분함량이 높고 점성이 낮은 크림 • 빠른 흡수, 가벼운 사용감
에센스 (Essence, Serum)	• 피부에 유익한 보습성분 및 유효성분을 다량 함유 • 영양성분이 고농축되어 피부에 수분과 영양을 공급
크림 (Cream)	• 유화 형태의 제형을 띠는 것으로 점도가 높음 • 피부의 천연 보호막을 보강해 외부자극으로부터 피부 보호 • 활성성분(유효성분)이 피부의 기능을 유지 및 증진 • 아이크림: 한선, 피지선이 없고 피부 두께가 얇은 눈 주위 피부에 영양공급과 탄력감 부여 • 마사지크림: 혈액순환 촉진, 유연효과, 유분함량이 높음
팩(Pack), 마스크(Mask)	• 마스크는 외부공기를 차단하여 유효성분의 흡수를 도움 • 팩은 도포 후 일정시간 방치하여 유효성분이 흡수되도록 함 • 보습작용, 청정작용, 혈액순환 촉진 작용

2) 색조화장품

① 피부색을 정돈하거나 결점을 보완해 줌으로써 신체를 미화하여 매력을 더하고 용모를 밝게 변화시키기 위해 사용하는 화장품이다.

② 베이스 메이크업(Base make-up) 화장품은 얼굴 전체의 피부색이나 질감을 균일하게 정돈하거나 기미나 잡티 등의 피부결점을 보완해 주는 화장품이고, 포인트 메이크업(Point make-up) 화장품은 눈, 입술, 볼, 손톱 등에 부분적으로 색채를 사용하여 입체감을 부여해 주는 화장품이다.

③ 색조화장품의 종류와 기능

제품			기능
베이스 메이크업 화장품	메이크업 베이스 (Make-up base)		• 피부색의 색소를 조정하는 데 사용 • 파운데이션과 색조화장품으로부터 피부 보호 • 화장의 지속성을 높여주는 역할
	파운데이션 (Foundation)		• 피부의 결점 커버 • 피부색 보정, 포인트 메이크업이 돋보이게 함 • 얼굴의 윤곽을 수정
	페이스 파우더 (Face powder)		• 번들거림을 방지하고 메이크업 지속력을 높임 • 빛을 난반사하여 피부색을 밝게 함
	컨실러 (Concealer)		• 다량의 안료가 들어 있어 피부결점 커버 • 부분적인 피부잡티, 여드름 자국 등 커버
포인트 메이크업 화장품	아이 메이크업 화장품	아이 브로우 (Eye brow)	얼굴의 인상을 결정짓는 데 큰 역할을 하는 눈썹의 형태와 색을 수정할 때 사용하는 화장품
		아이 라이너 (Eye liner)	속눈썹의 경계에 라인을 그어 눈의 윤곽을 강조하며 눈 모양을 변화시켜 눈가의 표정을 풍부하게 하는 화장품
		마스카라 (Mascara)	속눈썹을 짙고 길게 보이게 하여 속눈썹을 풍성하게 만들어 아름다운 눈매를 연출하는 화장품
		아이 섀도우 (Eye shadow)	눈꺼풀이나 눈 주위에 음영을 주어 입체감을 표현하거나 눈의 아름다움을 강조하기 위해 사용하는 화장품
	립 메이크업 화장품	립스틱 (Lip stick)	• 입술에 색상과 윤기를 부여하는 제품 • 입술을 보호하고 수분증발을 방지하는 역할 • 주원료는 유분과 안료로 구성
		립글로스 (Lip gloss)	• 입술에 촉촉함과 윤기를 더하기 위해 사용 • 약간의 색감과 펄감 또는 광택을 줌
		립 틴트 (Lip tint)	• 입술에 색상을 자연스럽게 표현 • 가볍고 티나지 않게 발색
		립 밤 (Lip balm)	• 입술에 막을 형성하여 지질층을 보호 • 입술이 건조할 때 덧발라 보습을 주는 제품

3) 모발화장품

① 인체의 두피와 모발을 청결하게 하고 모발을 건강하게 할 뿐만 아니라 모발의 형태 · 색상을 변화시키거나 모발을 제거할 목적으로 사용하는 화장품이다.

② 모발화장품의 종류와 기능

유형	기능
두발용 제품류	모발의 세정, 컨디셔닝, 정발, 형태 변화(웨이브, 스트레이트), 증모 등의 목적으로 사용하는 제품
두발 염색용 제품류	모발의 색을 변화시키거나 탈염 · 탈색시키는 제품
면도용 제품류	면도할 때와 면도 후에 피부보호 및 피부진정 등을 위해 사용하는 제품
체모 제거용 제품류	몸에 난 털을 제거하기 위해 사용하는 제품

4) 방향화장품

① 방향용 제품류는 향을 몸에 지니거나 뿌리는 제품이고, 체취 방지용 제품류는 몸에서 나는 냄새를 제거하거나 줄여주는 제품이다.

② 방향화장품의 종류와 기능

유형	제품	기능
방향용 제품류	향 수	• 방향효과를 주기 위하여 사용되는 알코올성 액체 • 조향사의 포뮬라에 따라 그 종류가 다양
	분말향	방향효과를 주기 위하여 사용되는 분말 형태
	향 낭	• 방향효과를 주기 위하여 사용되는 주머니 형태 • 방향성 재료를 넣어 만든 향 주머니
	코 롱	• 오데토일렛, 오데코롱 등의 방향용 제품류 • 향료가 적게 함유되어 있어 청량감, 신선함 등을 부여 • 제품의 숙성기간이 짧아 저렴 • 운동 후나 샤워 후 전신에 사용하기 좋음
체취 방지용 제품류	데오도런트	• 땀을 억제하는 제한기능 • 피부상재균의 증식을 억제하는 항균기능 • 발생한 체취를 억제하는 냄새 제거기능

2 판매 가능한 맞춤형화장품 구성

(1) 혼 합

① 제조 또는 수입된 화장품의 내용물에 다른 화장품의 내용물을 추가하여 혼합한 화장품

② 제조 또는 수입된 화장품의 내용물에 식품의약품안전처장이 정하는 원료를 추가하여 혼합한 화장품

(2) 소 분

제조 또는 수입된 화장품의 내용물을 소분한 화장품

※ 화장 비누(고체 형태의 세안용 비누)를 단순 소분한 화장품은 제외한다.

(3) 맞춤형화장품 혼합 · 소분에 사용되는 내용물의 범위

맞춤형화장품의 혼합 · 소분에 사용할 목적으로 화장품책임판매업자로부터 제공받은 것으로 다음 항목에 해당하지 않아야 한다.

① 화장품책임판매업자가 소비자에게 그대로 유통 · 판매할 목적으로 제조 또는 수입한 화장품

② 판매 목적이 아닌 제품의 홍보 · 판매촉진 등을 위해 미리 소비자가 시험 · 사용하도록 제조 또는 수입한 화장품

(4) 맞춤형화장품 혼합에 사용되는 원료의 범위

다음과 같이 맞춤형화장품의 혼합에 사용할 수 없는 원료를 정하고 있으며, 그 외의 원료는 혼합 사용 가능하다.

① 「화장품 안전기준 등에 관한 규정」 [별표 1] 화장품에 사용할 수 없는 원료

② 「화장품 안전기준 등에 관한 규정」 [별표 2] 화장품에 사용상의 제한이 필요한 원료

③ 「기능성화장품 기준 및 시험방법」에서 기능성화장품의 효능 · 효과를 나타내는 원료

※ 해당 원료를 포함해 기능성화장품에 대한 심사를 받거나 보고서를 제출한 경우에는 맞춤형 화장품 원료로 사용 가능하다.

3 내용물 및 원료의 품질성적서 구비

(1) 내용물 · 원료의 품질성적서 구비

① 맞춤형화장품판매업자는 맞춤형화장품 조제에 사용되는 내용물 및 원료의 안전기준 등에 적합한 것을 확인하고 혼합 · 소분 범위에 대한 안전성을 사전에 확인하여야 한다.

② 맞춤형화장품판매업자는 내용물과 원료에 대한 품질관리를 직접 실시할 수 있으며, 직접 품질관리를 실시하기 어려운 경우에는 내용물과 원료를 제공하는 화장품책임판매업자 등의 품질성적서를 통하여 품질이 적절함을 확인하여야 한다.

③ 맞춤형화장품의 혼합 · 소분 전에 혼합 · 소분에 사용되는 내용물 또는 원료에 대한 품질성적서를 확인하도록 규정하고 있다.

④ 맞춤형화장품의 내용물 및 원료의 입고 시 품질관리 여부를 확인하고 화장품책임판매업자가 제공하는 품질성적서를 구비해야 한다.

(2) 원료 품질성적서(시험성적서) 확인

품목 코드	R64***	품 명	MACADAMIA NUT OIL		
의뢰 번호	5000025125	시험 의뢰일	2014. 06. 09.	입고일	2014. 06. 09.
시험 의뢰 부서	생산 관리팀	시험 의뢰자	홍길동		
제조원	*****	제조원 BATCH	MU06001		
납품처	*******	입고 BATCH	NBO207	입고량	4,000g
검체 채취일	2014. 06. 09.	검체 채취자	남도일	검체 채취량	200g
검체 채취 장소	원료 창고 시험 대기 장소	검체 채취 방법	Random Sampling		
시험 접수일	2014. 06. 09.	시험 번호	10000544636	시험 지시일	2014. 06. 09.
INCI명	MACADAMIA TERNIFOLIA SEED OIL				

시험 항목	시험 기준	시험 성적	단 위	판 정	시험 일자	시험자	비 고
성상	엷은 황색의 액상	이상 없음	–	적합	2014. 06. 11.	***	TM-A01
확인 시험	FT-IR Spectrum (표준품과 비교)	이상 없음	–	적합	2014. 06. 11.	***	TM-A02
굴절률	n(25/D): 1.465~1.468	1.467	–	적합	2014. 06. 11.	***	TM-A03
비중	d(20/20): 0.907~0.915	0.911	–	적합	2014. 06. 11.	***	TM-A04
산가	1.0 이하	0.21	–	적합	2014. 06. 11.	***	TM-A05
검화가	190~200	194.6	–	적합	2014. 06. 12.	***	TM-A06
요오드가	70~80	74.8	–	적합	2014. 06. 12.	***	TM-A07
불검화물	1.5% 이하	0.53	%	적합	2014. 06. 12.	***	TM-A08
중금속	20ppm 이하	이상 없음	ppm	적합	2014. 06. 12.	***	TM-A09
비소	2ppm 이하	이상 없음	ppm	적합	2014. 06. 12.	***	TM-A10

비고:

판 정	적합	검토자	검토자
판정일	2014. 06. 13.	승인자	승인자

출처: NCS 학습모듈 1. 기준서검토

① 제품명을 검토한다.

→ 원료명은 Macadamia Nut Oil이다.

② 제조 번호를 검토한다.

→ 이 원료의 제조 회사에서 부여한 제조 뱃치 번호는 MU06001이고, 원료를 공급받은 회사에서의 관리 번호는 NB0207이다.

③ 입고일, 시험 지시자 및 지시 연월일을 검토한다.

→ 이 원료의 입고일은 2014년 6월 9일이고, 시험 지시자는 생산 관리팀의 홍길동이며, 지시 연월일은 2014년 6월 9일이다.

④ 검체 채취일 및 검체 채취자를 검토한다.

→ 이 원료의 검체 채취일은 2014년 6월 9일이고, 검체 채취자는 남도일이다.

⑤ 시험 항목 및 시험 기준을 검토한다.

→ 이 원료의 시험 항목 및 시험 기준은 성상(엷은 황색의 액상), 원료를 확인할 수 있는 확인 시험(적외선 흡수 분광 스펙트럼, FT-IR SPECTRUM), 원료의 물리적 · 화학적인 성질을 나타내는 비중(d(20/20): 0.907~0.915), 굴절률(n(25/D): 1.465~1.468), 산가(1.0 이하), 검화가(190~200), 요오드가(70~80), 불검화물(1.5% 이하) 및 원료의 유해 물질을 검토하는 중금속(20ppm 이하), 비소(2ppm 이하) 등이 포함되어 있다.

⑥ 시험 항목을 시험한 시험자, 시험 결과 및 원료 사용에 대한 적부 판정을 검토한다.

→ 이 원료의 시험 항목을 시험한 시험자는 ***이며, 시험 결과들은 모두 시험 기준에 적합함을 알 수 있으며, 2014년 6월 13일에 원료 사용에 대한 '적합' 판정이 나왔다.

(3) 내용물(벌크 제품) 시험성적서 확인

품목 코드	HCRD0403A0	품 명	주름미백크림_제조		
의뢰 번호	5000008605	시험 의뢰일	2014. 06. 16.		
시험 의뢰 부서	생산팀	시험 의뢰자	고길동		
주문 번호	1059427	제조 BATCH	NAVCA	제조량	393,000g
검체 채취일	2014. 06. 16	검체 채취자	이일천	제조일	2014. 06. 16
검체 채취 장소	반제품 창고 시험 대기장	검체 채취 방법	Random Sampling	검체 채취량	300g
시험 접수일	2014. 06. 16.	시험 번호	4000069875	시험 지시일	2014. 06. 16.

시험 항목	시험 기준	시험 성적	단 위	판 정	시험 일자	시험자	비 고
성상	연분홍 색상의 크림상	이상 없음	–	적합	2014. 06. 16.	***	TM–A01
향취	표준품과 비교	이상 없음	–	적합	2014. 06. 16.	***	TM–***
사용성	표준품과 비교	이상 없음	–	적합	2014. 06. 16.	***	TM–***
pH	5.0~7.0	6.21	–	적합	2014. 06. 17.	***	TM–***
비중	1.012~1.036(25℃)	1.024	–	적합	2014. 06. 17.	***	TM–A04
점도	8000~11000CPS (RVT, 7rod, 50r/m, 25℃)	9100	CPS	적합	2014. 06. 17.	***	TM–***
생균수	200CFU/g 이하	이상 없음	CFU/g	적합	2014. 06. 17.	***	TM–***
특정균	녹농균: 음성	이상 없음	–	적합	2014. 06. 17.	***	TM–***
특정균	황색 포도상 구균: 음성	이상 없음	–	적합	2014. 06. 17.	***	TM–***
특정균	대장균: 음성	이상 없음	–	적합	2014. 06. 17.	***	TM–***
안정성	C. T: 3일간 이상 없음	이상 없음	–	적합	2014. 06. 16.	***	TM–***
안정성	45℃: 3일간 이상 없음	이상 없음	–	적합	2014. 06. 16.	***	TM–***
안정성	4℃: 3일간 이상 없음	이상 없음	–	적합	2014. 06. 16.	***	TM–***
안정성	실온: 3일간 이상 없음	이상 없음	–	적합	2014. 06. 16.	***	TM–***
정량 (아데노신)	0.036% 이상	0.0404	%	적합	2014. 06. 17.	***	TM–***
정량 (나이아신 아마이드)	1.80% 이상	2.012	%	적합	2014. 06. 17.	***	TM–***

비고:

판 정	적합	검토자	검토자
판정일	2014. 06. 21.	승인자	승인자

출처: NCS 학습모듈 1. 기준서검토

① 제품명을 검토한다.

→ 이 벌크 제품의 제품명은 '주름미백크림'이다.

② 제조 번호를 검토한다.

→ 이 벌크 제품의 제조 번호는 NAVCA이다.

③ 제조 연월일, 시험 지시자 및 시험 지시 연월일을 검토한다.

→ 이 벌크 제품의 제조 연월일은 2014년 6월 16일이고, 시험 지시자는 생산팀의 고길동이며, 지시 연월일은 2014년 6월 16일이다.

④ 검체 채취일 및 검체 채취자를 검토한다.

→ 이 벌크 제품의 검체 채취일은 2014년 6월 16일이고, 검체 채취자는 이일천이다.

⑤ 시험 항목 및 시험 기준을 검토한다.

→ 이 벌크 제품의 시험 항목은 제품의 특징을 나타내는 성상(연분홍 색상의 크림상), 향취(표준품과 비교), 사용성(표준품과 비교), pH(5.0~7.0), 비중(1.012~1.036, 25°C), 점도(8000~11000cps, RVT, 7호, 50rpm, 25°C), 호기성 생균수(200CFU/g 이하), 병원성균[(녹농균(음성), 황색 포도상 구균(음성), 대장균(음성)], 안정성 확인[(45°C, 사이클링, (C.T), 실온, 4°C: 3일간 이상 없음)] 등이 포함되어 있으며, 기능성 화장품이기 때문에 주름 기능 성분인 아데노신(0.036% 이상)과 미백 기능 성분인 나이아신아마이드(1.80% 이상)의 정량 항목이 추가로 포함되어 있다.

⑥ 시험 항목을 시험한 시험자, 시험 결과 및 벌크 제품에 대한 적부 판정을 검토한다.

→ 시험 항목을 시험한 시험자는 ***이며, 시험 결과들은 모두 시험 기준에 적합하여 2014년 6월 21일에 주름미백크림의 벌크 제품에 대한 '적합' 판정이 나왔다.

화장품 사용제한 원료

화장품에 사용할 수 없는 원료

(「화장품 안전기준 등에 관한 규정」 [별표 1])

갈라민트리에치오다이드
갈란타민
중추신경계에 작용하는 교감신경흥분성아민
구아네티딘 및 그 염류
구아이페네신
글루코코르티코이드
글루테티미드 및 그 염류
글리사이클아미드
금염
무기 나이트라이트(소듐나이트라이트 제외)
나파졸린 및 그 염류
나프탈렌
1,7–나프탈렌디올
2,3–나프탈렌디올
2,7–나프탈렌디올 및 그 염류(다만, 2,7–나프탈렌디올은 염모제에서 용법 · 용량에 따른 혼합물의 염모성분으로서 1.0% 이하 제외)
2–나프톨
1–나프톨 및 그 염류(다만, 1–나프톨은 산화염모제에서 용법 · 용량에 따른 혼합물의 염모성분으로서 2.0% 이하는 제외)
3–(1–나프틸)–4–히드록시코우마린
1–(1–나프틸메칠)퀴놀리늄클로라이드
N–2–나프틸아닐린
1,2–나프틸아민 및 그 염류
날로르핀, 그 염류 및 에텔
납 및 그 화합물
네오디뮴 및 그 염류
네오스티그민 및 그 염류(예 네오스티그민브로마이드)
노닐페놀[1] ; 4–노닐페놀, 가지형[2]
노르아드레날린 및 그 염류

노스카핀 및 그 염류
니그로신 스피릿 솔루블(솔벤트 블랙 5) 및 그 염류
니켈
니켈 디하이드록사이드
니켈 디옥사이드
니켈 모노옥사이드
니켈 설파이드
니켈 설페이트
니켈 카보네이트
니코틴 및 그 염류
2-니트로나프탈렌
니트로메탄
니트로벤젠
4-니트로비페닐
4-니트로소페놀
3-니트로-4-아미노페녹시에탄올 및 그 염류
니트로스아민류(예 2,2'-(니트로소이미노)비스에탄올, 니트로소디프로필아민, 디메칠니트로소아민)
니트로스틸벤, 그 동족체 및 유도체
2-니트로아니솔
5-니트로아세나프텐
니트로크레졸 및 그 알칼리 금속염
2-니트로톨루엔
5-니트로-o-톨루이딘 및 5-니트로-o-톨루이딘 하이드로클로라이드
6-니트로-o-톨루이딘
3-[(2-니트로-4-(트리플루오로메칠)페닐)아미노]프로판-1,2-디올(에이치시 황색 No. 6) 및 그 염류
4-[(4-니트로페닐)아조]아닐린(디스퍼스오렌지 3) 및 그 염류
2-니트로-p-페닐렌디아민 및 그 염류(예 니트로-p-페닐렌디아민 설페이트)(다만, 니트로-p-페닐렌디아민은 산화염모제에서 용법 · 용량에 따른 혼합물의 염모성분으로서 3.0% 이하는 제외)
4-니트로-m-페닐렌디아민 및 그 염류(예 p-니트로-m-페닐렌디아민 설페이트)
니트로펜
니트로퓨란계 화합물(예 니트로푸란토인, 푸라졸리돈)
2-니트로프로판
6-니트로-2,5-피리딘디아민 및 그 염류
2-니트로-N-하이드록시에칠-p-아니시딘 및 그 염류
니트록솔린 및 그 염류
다미노지드
다이노캡(ISO)
다이우론
다투라(Datura)속 및 그 생약제제
데카메칠렌비스(트리메칠암모늄)염(예 데카메토늄브로마이드)
데쿠알리니움 클로라이드
덱스트로메토르판 및 그 염류

덱스트로프로폭시펜
도데카클로로펜타사이클로[5.2.1.02,6.03,9.05,8]데칸
도딘
돼지폐추출물
두타스테리드, 그 염류 및 유도체
1,5-디-(베타-하이드록시에칠)아미노-2-니트로-4-클로로벤젠 및 그 염류(예 에이치시 황색 No. 10)
(다만, 비산화염모제에서 용법 · 용량에 따른 혼합물의 염모성분으로서 0.1% 이하는 제외)
5,5'-디-이소프로필-2,2'-디메칠비페닐-4,4'디일 디히포아이오다이트
디기탈리스(Digitalis)속 및 그 생약제제
디노셉, 그 염류 및 에스텔류
디노터브, 그 염류 및 에스텔류
디니켈트리옥사이드
디니트로톨루엔, 테크니컬등급
2,3-디니트로톨루엔
2,5-디니트로톨루엔
2,6-디니트로톨루엔
3,4-디니트로톨루엔
3,5-디니트로톨루엔
디니트로페놀이성체
5-[(2,4-디니트로페닐)아미노]-2-(페닐아미노)-벤젠설포닉애씨드 및 그 염류
디메바미드 및 그 염류
7,11-디메칠-4,6,10-도데카트리엔-3-온
2,6-디메칠-1,3-디옥산-4-일아세테이트(디메톡산, o-아세톡시-2,4-디메칠-m-디옥산)
4,6-디메칠-8-tert-부틸쿠마린
[3,3'-디메칠[1,1'-비페닐]-4,4'-디일]디암모늄비스(하이드로젠설페이트)
디메칠설파모일클로라이드
디메칠설페이트
디메칠설폭사이드
디메칠시트라코네이트
N,N-디메칠아닐리늄테트라키스(펜타플루오로페닐)보레이트
N,N-디메칠아닐린
1-디메칠아미노메칠-1-메칠프로필벤조에이트(아밀로카인) 및 그 염류
9-(디메칠아미노)-벤조[a]페녹사진-7-이움 및 그 염류
5-((4-(디메칠아미노)페닐)아조)-1,4-디메칠-1H-1,2,4-트리아졸리움 및 그 염류
디메칠아민
N,N-디메칠아세타마이드
3,7-디메칠-2-옥텐-1-올(6,7-디하이드로제라니올)
6,10-디메칠-3,5,9-운데카트리엔-2-온(슈도이오논)
디메칠카바모일클로라이드
N,N-디메칠-p-페닐렌디아민 및 그 염류
1,3-디메칠펜틸아민 및 그 염류
디메칠포름아미드

N,N-디메칠-2,6-피리딘디아민 및 그 염산염
N,N'-디메칠-N-하이드록시에칠-3-니트로-p-페닐렌디아민 및 그 염류
2-[2-((2,4-디메톡시페닐)아미노)에테닐]-1,3,3-트리메칠-3H-인돌리움 및 그 염류
디바나듐펜타옥사이드
디벤즈[a,h]안트라센
2,2-디브로모-2-니트로에탄올
1,2-디브로모-2,4-디시아노부탄(메칠디브로모글루타로나이트릴)
디브로모살리실아닐리드
2,6-디브로모-4-시아노페닐 옥타노에이트
1,2-디브로모에탄
1,2-디브로모-3-클로로프로판
5-(α,β-디브로모펜에칠)-5-메칠히단토인
2,3-디브로모프로판-1-올
3,5-디브로모-4-하이드록시벤조니트닐 및 그 염류(브로목시닐 및 그 염류)
디브롬화프로파미딘 및 그 염류(이소치아네이트포함)
디설피람
디소듐[5-[[4'-[[2,6-디하이드록시-3-[(2-하이드록시-5-설포페닐)아조]페닐]아조] [1,1'비페닐]-4-일]아조]살리실레이토(4-)]쿠프레이트(2-)(다이렉트브라운 95)
디소듐 3,3'-[[1,1'-비페닐]-4,4'-디일비스(아조)]-비스(4-아미노나프탈렌-1-설포네이트)(콩고레드)
디소듐 4-아미노-3-[[4'-[(2,4-디아미노페닐)아조] [1,1'-비페닐]-4-일]아조]-5-하이드록시-6-(페닐아조)나프탈렌-2,7-디설포네이트(다이렉트블랙 38)
디소듐 4-(3-에톡시카르보닐-4-(5-(3-에톡시카르보닐-5-하이드록시-1-(4-설포네이토페닐)피라졸-4-일)펜타-2,4-디에닐리덴)-4,5-디하이드로-5-옥소피라졸-1-일)벤젠설포네이트 및 트리소듐 4-(3-에톡시카르보닐-4-(5-(3-에톡시카르보닐-5-옥시도-1(4-설포네이토페닐)피라졸-4-일) 펜타-2,4-디에닐리덴)-4,5-디하이드로-5-옥소피라졸-1-일)벤젠설포네이트
디스퍼스레드 15
디스퍼스옐로우 3
디아놀아세글루메이트
o-디아니시딘계 아조 염료류
o-디아니시딘의 염(3,3'-디메톡시벤지딘의 염)
3,7-디아미노-2,8-디메칠-5-페닐-페나지니움 및 그 염류
3,5-디아미노-2,6-디메톡시피리딘 및 그 염류(예 2,6-디메톡시-3,5-피리딘디아민 하이드로클로라이드)(다만, 2,6-디메톡시-3,5-피리딘디아민 하이드로클로라이드는 산화염모제에서 용법 · 용량에 따른 혼합물의 염모성분으로서 0.25% 이하는 제외)
2,4-디아미노디페닐아민
4,4'-디아미노디페닐아민 및 그 염류(예 4,4'-디아미노디페닐아민 설페이트)
2,4-디아미노-5-메칠페네톨 및 그 염산염
2,4-디아미노-5-메칠페녹시에탄올 및 그 염류
4,5-디아미노-1-메칠피라졸 및 그 염산염
1,4-디아미노-2-메톡시-9,10-안트라센디온(디스퍼스레드 11) 및 그 염류
3,4-디아미노벤조익애씨드
디아미노톨루엔, [4-메칠-m-페닐렌 디아민] 및 [2-메칠-m-페닐렌 디아민]의 혼합물

2,4-디아미노페녹시에탄올 및 그 염류(다만, 2,4-디아미노페녹시에탄올 하이드로클로라이드는 산화염모제에서 용법 · 용량에 따른 혼합물의 염모성분으로서 0.5% 이하는 제외)
3-[[(4-[[디아미노(페닐아조)페닐]아조]-1-나프탈레닐]아조]-N,N,N-트리메칠-벤젠아미니움 및 그 염류
3-[[(4-[[디아미노(페닐아조)페닐]아조]-2-메칠페닐]아조]-N,N,N-트리메칠-벤젠아미니움 및 그 염류
2,4-디아미노페닐에탄올 및 그 염류
O,O'-디아세틸-N-알릴-N-노르몰핀
디아조메탄
디알레이트
디에칠-4-니트로페닐포스페이트
O,O'-디에칠-O-4-니트로페닐포스포로치오에이트(파라치온-ISO)
디에칠렌글라이콜(다만, 비의도적 잔류물로서 0.1% 이하인 경우는 제외)
디에칠말리에이트
디에칠설페이트
2-디에칠아미노에칠-3-히드록시-4-페닐벤조에이트 및 그 염류
4-디에칠아미노-o-톨루이딘 및 그 염류
N-[4-[[4-(디에칠아미노)페닐][4-(에칠아미노)-1-나프탈렌일]메칠렌]-2,5-사이클로헥사디엔-1-일리딘]-N-에칠-에탄아미늄 및 그 염류
N-(4-[(4-(디에칠아미노)페닐)페닐메칠렌]-2,5-사이클로헥사디엔-1-일리덴)-N-에칠 에탄아미니움 및 그 염류
N,N-디에칠-m-아미노페놀
3-디에칠아미노프로필신나메이트
디에칠카르바모일 클로라이드
N,N-디에칠-p-페닐렌디아민 및 그 염류
디엔오시(DNOC, 4,6-디니트로-o-크레졸)
디엘드린
디옥산
디옥세테드린 및 그 염류
5-(2,4-디옥소-1,2,3,4-테트라하이드로피리미딘)-3-플루오로-2-하이드록시메칠테트라하이드로퓨란
디치오-2,2'-비스피리딘-디옥사이드 1,1'(트리하이드레이티드마그네슘설페이트 부가)(피리치온디설파이드+마그네슘설페이트)
디코우마롤
2,3-디클로로-2-메칠부탄
1,4-디클로로벤젠(p-디클로로벤젠)
3,3'-디클로로벤지딘
3,3'-디클로로벤지딘디하이드로젠비스(설페이트)
3,3'-디클로로벤지딘디하이드로클로라이드
3,3'-디클로로벤지딘설페이트
1,4-디클로로부트-2-엔
2,2'-[(3,3'-디클로로[1,1'-비페닐]-4,4'-디일)비스(아조)]비스[3-옥소-N-페닐부탄아마이드](피그먼트옐로우 12) 및 그 염류
디클로로살리실아닐리드
디클로로에칠렌(아세틸렌클로라이드)(예 비닐리덴클로라이드)

디클로로에탄(에칠렌클로라이드)
디클로로-m-크시레놀
α,α-디클로로톨루엔
디클로로펜
1,3-디클로로프로판-2-올
2,3-디클로로프로펜
디페녹시레이트 히드로클로라이드
1,3-디페닐구아니딘
디페닐아민
디페닐에텔; 옥타브로모 유도체
5,5-디페닐-4-이미다졸리돈
디펜클록사진
2,3-디하이드로-2,2-디메칠-6-[(4-(페닐아조)-1-나프텔레닐)아조]-1H-피리미딘(솔벤트블랙 3) 및 그 염류
3,4-디히드로-2-메톡시-2-메칠-4-페닐-2H,5H,피라노(3,2-c)-(1)벤조피란-5-온(시클로코우마롤)
2,3-디하이드로-2H-1,4-벤족사진-6-올 및 그 염류(예 히드록시벤조모르포린)(다만, 히드록시벤조모르포린은 산화염모제에서 용법 · 용량에 따른 혼합물의 염모성분으로서 1.0% 이하는 제외)
2,3-디하이드로-1H-인돌-5,6-디올(디하이드록시인돌린) 및 그 하이드로브로마이드염(디하이드록시인돌린 하이드로브롬마이드)(다만, 비산화염모제에서 용법 · 용량에 따른 혼합물의 염모성분으로서 2.0% 이하는 제외)
(S)-2,3-디하이드로-1H-인돌-카르복실릭 애씨드
디히드로타키스테롤
2,6-디하이드록시-3,4-디메칠피리딘 및 그 염류
2,4-디하이드록시-3-메칠벤즈알데하이드
4,4'-디히드록시-3,3'-(3-메칠치오프로필아이덴)디코우마린
2,6-디하이드록시-4-메칠피리딘 및 그 염류
1,4-디하이드록시-5,8-비스[(2-하이드록시에칠)아미노]안트라퀴논(디스퍼스블루 7) 및 그 염류
4-[4-(1,3-디하이드록시프로프-2-일)페닐아미노-1,8-디하이드록시-5-니트로안트라퀴논
2,2'-디히드록시-3,3'5,5',6,6'-헥사클로로디페닐메탄(헥사클로로펜)
디하이드로쿠마린
N,N'-디헥사데실-N,N'-비스(2-하이드록시에칠)프로판디아마이드; 비스하이드록시에칠비스세틸말론아마이드
Laurus nobilis L.의 씨로부터 나온 오일
Rauwolfia serpentina 알칼로이드 및 그 염류
라카익애씨드(CI 내츄럴레드 25) 및 그 염류
레졸시놀 디글리시딜 에텔
로다민 B 및 그 염류
로벨리아(Lobelia)속 및 그 생약제제
로벨린 및 그 염류
리누론
리도카인
과산화물가가 20mmol/L을 초과하는 d-리모넨

과산화물가가 20mmol/L을 초과하는 dℓ-리모넨
과산화물가가 20mmol/L을 초과하는 ℓ-리모넨
라이서자이드(Lysergide) 및 그 염류
「마약류관리에 관한 법률」 제2조에 따른 마약류
마이클로부타닐(2-(4-클로로페닐)-2-(1H-1,2,4-트리아졸-1-일메칠)헥사네니트릴)
마취제(천연 및 합성)
만노무스틴 및 그 염류
말라카이트그린 및 그 염류
말로노니트릴
1-메칠-3-니트로-1-니트로소구아니딘
1-메칠-3-니트로-4-(베타-하이드록시에칠)아미노벤젠 및 그 염류(예 하이드록시에칠-2-니트로-p-톨루이딘)(다만, 하이드록시에칠-2-니트로-p-톨루이딘은 염모제에서 용법 · 용량에 따른 혼합물의 염모성분으로서 1.0% 이하는 제외)
N-메칠-3-니트로-p-페닐렌디아민 및 그 염류
N-메칠-1,4-디아미노안트라퀴논, 에피클로히드린 및 모노에탄올아민의 반응생성물(에이치시 청색 No. 4) 및 그 염류
3,4-메칠렌디옥시페놀 및 그 염류
메칠레소르신
메칠렌글라이콜
4,4'-메칠렌디아닐린
3,4-메칠렌디옥시아닐린 및 그 염류
4,4'-메칠렌디-o-톨루이딘
4,4'-메칠렌비스(2-에칠아닐린)
(메칠렌비스(4,1-페닐렌아조(1-(3-(디메칠아미노)프로필)-1,2-디하이드로-6-하이드록시-4-메칠-2-옥소피리딘-5,3-디일)))-1,1'-디피리디늄디클로라이드 디하이드로클로라이드
4,4'-메칠렌비스[2-(4-하이드록시벤질)-3,6-디메칠페놀]과 6-디아조-5,6-디하이드로-5-옥소-나프탈렌설포네이트(1:2)의 반응생성물과 4,4'-메칠렌비스[2-(4-하이드록시벤질)-3,6-디메칠페놀]과 6-디아조-5,6-디하이드로-5-옥소-나프탈렌설포네이트(1:3) 반응생성물과의 혼합물
메칠렌클로라이드
3-(N-메칠-N-(4-메칠아미노-3-니트로페닐)아미노)프로판-1,2-디올 및 그 염류
메칠메타크릴레이트모노머
메칠 트랜스-2-부테노에이트
2-[3-(메칠아미노)-4-니트로페녹시]에탄올 및 그 염류(예 3-메칠아미노-4-니트로페녹시에탄올)(다만, 비산화염모제에서 용법 · 용량에 따른 혼합물의 염모성분으로서 0.15% 이하는 제외)
N-메칠아세타마이드
(메칠-ONN-아조시)메칠아세테이트
2-메칠아지리딘(프로필렌이민)
메칠옥시란
메칠유게놀(다만, 식물추출물에 의하여 자연적으로 함유되어 다음 농도 이하인 경우에는 제외. 향료원액을 8% 초과하여 함유하는 제품 0.01%, 향료원액을 8% 이하로 함유하는 제품 0.004%, 방향용 크림 0.002%, 사용 후 씻어내는 제품 0.001%, 기타 0.0002%)
N,N'-((메칠이미노)디에칠렌))비스(에칠디메칠암모늄) 염류(예 아자메토늄브로마이드)

메칠이소시아네이트
6–메칠쿠마린(6–MC)
7–메칠쿠마린
메칠크레속심
1–메칠–2,4,5–트리하이드록시벤젠 및 그 염류
메칠페니데이트 및 그 염류
3–메칠–1–페닐–5–피라졸론 및 그 염류(예 페닐메칠피라졸론)(다만, 페닐메칠피라졸론은 산화염모제에서 용법 · 용량에 따른 혼합물의 염모성분으로서 0.25% 이하는 제외)
메칠페닐렌디아민류, 그 N–치환 유도체류 및 그 염류(예 2,6–디하이드록시에칠아미노톨루엔)(다만, 염모제에서 염모성분으로 사용하는 것은 제외)
〈삭 제〉
2–메칠–m–페닐렌 디이소시아네이트
4–메칠–m–페닐렌 디이소시아네이트
4,4'–[(4–메칠–1,3–페닐렌)비스(아조)]비스[6–메칠–1,3–벤젠디아민](베이직브라운 4) 및 그 염류
4–메칠–6–(페닐아조)–1,3–벤젠디아민 및 그 염류
N–메칠포름아마이드
5–메칠–2,3–헥산디온
2–메칠헵틸아민 및 그 염류
메카밀아민
메타닐옐로우
메탄올(에탄올 및 이소프로필알콜의 변성제로서만 알콜 중 5%까지 사용)
메테토헵타진 및 그 염류
메토카바몰
메토트렉세이트
2–메톡시–4–니트로페놀(4–니트로구아이아콜) 및 그 염류
2–[(2–메톡시–4–니트로페닐)아미노]에탄올 및 그 염류(예 2–하이드록시에칠아미노–5–니트로아니솔)(다만, 비산화염모제에서 용법 · 용량에 따른 혼합물의 염모성분으로서 0.2% 이하는 제외)
1–메톡시–2,4–디아미노벤젠(2,4–디아미노아니솔 또는 4–메톡시–m–페닐렌디아민 또는 CI76050) 및 그 염류
1–메톡시–2,5–디아미노벤젠(2,5–디아미노아니솔) 및 그 염류
2–메톡시메칠–p–아미노페놀 및 그 염산염
6–메톡시–N2–메칠–2,3–피리딘디아민 하이드로클로라이드 및 디하이드로클로라이드염(다만, 염모제에서 용법 · 용량에 따른 혼합물의 염모성분으로 산으로서 0.68% 이하, 디하이드로클로라이드염으로서 1.0% 이하는 제외)
2–(4–메톡시벤질–N–(2–피리딜)아미노)에칠디메칠아민말리에이트
메톡시아세틱애씨드
2–메톡시에칠아세테이트(메톡시에탄올아세테이트)
N–(2–메톡시에칠)–p–페닐렌디아민 및 그 염산염
2–메톡시에탄올(에칠렌글리콜 모노메칠에텔, EGMME)
2–(2–메톡시에톡시)에탄올(메톡시디글리콜)
7–메톡시쿠마린
4–메톡시톨루엔–2,5–디아민 및 그 염산염

6-메톡시-m-톨루이딘(p-크레시딘)
2-[[(4-메톡시페닐)메칠하이드라조노]메칠]-1,3,3-트리메칠-3H-인돌리움 및 그 염류
4-메톡시페놀(히드로퀴논모노메칠에텔 또는 p-히드록시아니솔)
4-(4-메톡시페닐)-3-부텐-2-온(4-아니실리덴아세톤)
1-(4-메톡시페닐)-1-펜텐-3-온(α-메칠아니살아세톤)
2-메톡시프로판올
2-메톡시프로필아세테이트
6-메톡시-2,3-피리딘디아민 및 그 염산염
메트알데히드
메트암페프라몬 및 그 염류
메트포르민 및 그 염류
메트헵타진 및 그 염류
메티라폰
메티프릴온 및 그 염류
메페네신 및 그 에스텔
메페클로라진 및 그 염류
메프로바메이트
2급 아민함량이 0.5%를 초과하는 모노알킬아민, 모노알칸올아민 및 그 염류
모노크로토포스
모누론
모르포린 및 그 염류
모스켄(1,1,3,3,5-펜타메칠-4,6-디니트로인단)
모페부타존
목향(Saussurea lappa Clarke = Saussurea costus (Falc.) Lipsch. = Aucklandia lappa Decne) 뿌리오일
몰리네이트
몰포린-4-카르보닐클로라이드
무화과나무(Ficus carica)잎엡솔루트(피그잎엡솔루트)
미네랄 울
미세플라스틱(세정, 각질제거 등의 제품*에 남아있는 5mm 크기 이하의 고체플라스틱)
바륨염(바륨설페이트 및 색소레이크희석제로 사용한 바륨염은 제외)
바비츄레이트
2,2'-바이옥시란
발녹트아미드
발린아미드
방사성물질
백신, 독소 또는 혈청
베낙티진
베노밀
베라트룸(Veratrum)속 및 그 제제
베라트린, 그 염류 및 생약제제
베르베나오일(Lippia citriodora Kunth.)
베릴륨 및 그 화합물

베메그리드 및 그 염류
베록시카인 및 그 염류
베이직바이올렛 1(메칠바이올렛)
베이직바이올렛 3(크리스탈바이올렛)
1-(베타-우레이도에칠)아미노-4-니트로벤젠 및 그 염류(예 4-니트로페닐 아미노에칠우레아)(다만, 4-니트로페닐 아미노에칠우레아는 산화염모제에서 용법 · 용량에 따른 혼합물의 염모성분으로서 0.25% 이하, 비산화염모제에서 용법 · 용량에 따른 혼합물의 염모성분으로서 0.5% 이하는 제외)
1-(베타-하이드록시)아미노-2-니트로-4-N-에칠-N-(베타-하이드록시에칠)아미노벤젠 및 그 염류(예 에이치시 청색 No. 13)
벤드로플루메치아자이드 및 그 유도체
벤젠
1,2-벤젠디카르복실릭애씨드 디펜틸에스터(가지형과 직선형); n-펜틸-이소펜틸 프탈레이트; 디-n-펜틸프탈레이트; 디이소펜틸프탈레이트
1,2,4-벤젠트리아세테이트 및 그 염류
7-(벤조일아미노)-4-하이드록시-3-[[4-[(4-설포페닐)아조]페닐]아조]-2-나프탈렌설포닉애씨드 및 그 염류
벤조일퍼옥사이드
벤조[a]피렌
벤조[e]피렌
벤조[j]플루오란텐
벤조[k]플루오란텐
벤즈[e]아세페난트릴렌
벤즈아제핀류와 벤조디아제핀류
벤즈아트로핀 및 그 염류
벤즈[a]안트라센
벤즈이미다졸-2(3H)-온
벤지딘
벤지딘계 아조 색소류
벤지딘디하이드로클로라이드
벤지딘설페이트
벤지딘아세테이트
벤지로늄브로마이드
벤질 2,4-디브로모부타노에이트
3(또는 5)-((4-(벤질메칠아미노)페닐)아조)-1,2-(또는 1,4)-디메칠-1H-1,2,4-트리아졸리움 및 그 염류
벤질바이올렛([4-[[4-(디메칠아미노)페닐][4-[에칠(3-설포네이토벤질)아미노]페닐]메칠렌]사이클로헥사-2,5-디엔-1-일리덴](에칠)(3-설포네이토벤질) 암모늄염 및 소듐염)
벤질시아나이드
4-벤질옥시페놀(히드로퀴논모노벤질에텔)
2-부타논 옥심
부타닐리카인 및 그 염류
1,3-부타디엔
부토피프린 및 그 염류
부톡시디글리세롤

부톡시에탄올
5-(3-부티릴-2,4,6-트리메칠페닐)-2-[1-(에톡시이미노)프로필]-3-하이드록시사이클로헥스-2-엔-1-온
부틸글리시딜에텔
4-tert-부틸-3-메톡시-2,6-디니트로톨루엔(머스크암브레트)
1-부틸-3-(N-크로토노일설파닐일)우레아
5-tert-부틸-1,2,3-트리메칠-4,6-디니트로벤젠(머스크티베텐)
4-tert-부틸페놀
2-(4-tert-부틸페닐)에탄올
4-tert-부틸피로카테콜
부펙사막
붕산
브레티륨토실레이트
(R)-5-브로모-3-(1-메칠-2-피롤리디닐메칠)-1H-인돌
브로모메탄
브로모에칠렌
브로모에탄
1-브로모-3,4,5-트리플루오로벤젠
1-브로모프로판; n-프로필 브로마이드
2-브로모프로판
브로목시닐헵타노에이트
브롬
브롬이소발
브루신(에탄올의 변성제는 제외)
비나프아크릴(2-sec-부틸-4,6-디니트로페닐-3-메칠크로토네이트)
9-비닐카르바졸
비닐클로라이드모노머
1-비닐-2-피롤리돈
비마토프로스트, 그 염류 및 유도체
비소 및 그 화합물
1,1-비스(디메칠아미노메칠)프로필벤조에이트(아미드리카인, 알리핀) 및 그 염류
4,4'-비스(디메칠아미노)벤조페논
3,7-비스(디메칠아미노)-페노치아진-5-이움 및 그 염류
3,7-비스(디에칠아미노)-페녹사진-5-이움 및 그 염류
N-(4-[비스[4-(디에칠아미노)페닐]메칠렌]-2,5-사이클로헥사디엔-1-일리덴)-N-에칠-에탄아미니움 및 그 염류
비스(2-메톡시에칠)에텔(디메톡시디글리콜)
비스(2-메톡시에칠)프탈레이트
1,2-비스(2-메톡시에톡시)에탄; 트리에칠렌글리콜 디메칠 에텔(TEGDME); 트리글라임
1,3-비스(비닐설포닐아세타아미도)-프로판
비스(사이클로펜타디에닐)-비스(2,6-디플루오로-3-(피롤-1-일)-페닐)티타늄
4-[[비스-(4-플루오로페닐)메칠실릴]메칠]-4H-1,2,4-트리아졸과 1-[[비스-(4-플루오로페닐)메칠실릴]메칠]-1 H-1,2,4-트리아졸의 혼합물

비스(클로로메칠)에텔(옥시비스[클로로메탄])
N,N-비스(2-클로로에칠)메칠아민-N-옥사이드 및 그 염류
비스(2-클로로에칠)에텔
비스페놀 A(4,4'-이소프로필리덴디페놀)
N'N'-비스(2-히드록시에칠)-N-메칠-2-니트로-p-페닐렌디아민(HC 블루 No.1) 및 그 염류
4,6-비스(2-하이드록시에톡시)-m-페닐렌디아민 및 그 염류
2,6-비스(2-히드록시에톡시)-3,5-피리딘디아민 및 그 염산염
비에타미베린
비치오놀
비타민 L_1, L_2
[1,1'-비페닐-4,4'-디일]디암모니움설페이트
비페닐-2-일아민
비페닐-4-일아민 및 그 염류
4,4'-비-o-톨루이딘
4,4'-비-o-톨루이딘디하이드로클로라이드
4,4'-비-o-톨루이딘설페이트
빈클로졸린
사이클라멘알코올
N-사이클로펜틸-m-아미노페놀
사이클로헥시미드
N-사이클로헥실-N-메톡시-2,5-디메칠-3-퓨라마이드
트랜스-4-사이클로헥실-L-프롤린 모노하이드로클로라이드
사프롤(천연에센스에 자연적으로 함유되어 그 양이 최종제품에서 100ppm을 넘지 않는 경우는 제외)
α-산토닌((3S, 5aR, 9bS)-3, 3a,4,5,5a,9b-헥사히드로-3,5a,9-트리메칠나프토(1,2-b))푸란-2,8-디온
석면
석유
석유 정제과정에서 얻어지는 부산물(증류물, 가스오일류, 나프타, 윤활그리스, 슬랙왁스, 탄화수소류, 알칸류, 백색 페트롤라툼을 제외한 페트롤라툼, 연료오일, 잔류물). 다만, 정제과정이 완전히 알려져 있고 발암물질을 함유하지 않음을 보여줄 수 있으면 예외로 한다.
부타디엔 0.1%를 초과하여 함유하는 석유정제물(가스류, 탄화수소류, 알칸류, 증류물, 라피네이트)
디메칠설폭사이드(DMSO)로 추출한 성분을 3% 초과하여 함유하고 있는 석유 유래물질
벤조[a]피렌 0.005%를 초과하여 함유하고 있는 석유화학 유래물질, 석탄 및 목타르 유래물질
석탄추출 젯트기용 연료 및 디젤연료
설티암
설팔레이트
3,3'-(설포닐비스(2-니트로-4,1-페닐렌)이미노)비스(6-(페닐아미노))벤젠설포닉애씨드 및 그 염류
설폰아미드 및 그 유도체(톨루엔설폰아미드/포름알데하이드수지, 톨루엔설폰아미드/에폭시수지는 제외)
설핀피라존
과산화물가가 10mmol/L을 초과하는 Cedrus atlantica의 오일 및 추출물
세파엘린 및 그 염류
센노사이드
셀렌 및 그 화합물(셀레늄아스파테이트는 제외)

소듐헥사시클로네이트
Solanum nigrum L. 및 그 생약제제
Schoenocaulon officinale Lind.(씨 및 그 생약제제)
솔벤트레드1(CI 12150)
솔벤트블루 35
솔벤트오렌지 7
수은 및 그 화합물
스트로판투스(Strophantus)속 및 그 생약제제
스트로판틴, 그 비당질 및 그 각각의 유도체
스트론튬화합물
스트리크노스(Strychnos)속 그 생약제제
스트리키닌 및 그 염류
스파르테인 및 그 염류
스피로노락톤
시마진
4-시아노-2,6-디요도페닐 옥타노에이트
스칼렛레드(솔벤트레드 24)
시클라바메이트
시클로메놀 및 그 염류
시클로포스파미드 및 그 염류
2-α-시클로헥실벤질(N,N,N',N'테트라에칠)트리메칠렌디아민(페네타민)
신코카인 및 그 염류
신코펜 및 그 염류(유도체 포함)
썩시노니트릴
Anamirta cocculus L.(과실)
o-아니시딘
아닐린, 그 염류 및 그 할로겐화 유도체 및 설폰화 유도체
아다팔렌
Adonis vernalis L. 및 그 제제
Areca catechu 및 그 생약제제
아레콜린
아리스톨로키아(Aristolochia)속 및 그 생약제제
아리스토로킥 애씨드 및 그 염류
1-아미노-2-니트로-4-(2',3'-디하이드록시프로필)아미노-5-클로로벤젠과 1,4-비스-(2',3'-디하이드록시프로필)아미노-2-니트로-5-클로로벤젠 및 그 염류(예 에이치시 적색 No. 10과 에이치시 적색 No. 11)(다만, 산화염모제에서 용법 · 용량에 따른 혼합물의 염모성분으로서 1.0% 이하, 비산화염모제에서 용법 · 용량에 따른 혼합물의 염모성분으로서 2.0% 이하는 제외)
2-아미노-3-니트로페놀 및 그 염류
p-아미노-o-니트로페놀(4-아미노-2-니트로페놀)
4-아미노-3-니트로페놀 및 그 염류(다만, 4-아미노-3-니트로페놀은 산화염모제에서 용법 · 용량에 따른 혼합물의 염모성분으로서 1.5% 이하, 비산화염모제에서 용법 · 용량에 따른 혼합물의 염모성분으로서 1.0% 이하는 제외)

2,2'-[(4-아미노-3-니트로페닐)이미노]바이세타놀 하이드로클로라이드 및 그 염류(예 에이치시 적색 No. 13)(다만, 하이드로클로라이드염으로서 산화염모제에서 용법 · 용량에 따른 혼합물의 염모성분으로서 1.5% 이하, 비산화염모제에서 용법 · 용량에 따른 혼합물의 염모성분으로서 1.0% 이하는 제외)

(8-[(4-아미노-2-니트로페닐)아조]-7-하이드록시-2-나프틸)트리메칠암모늄 및 그 염류(베이직브라운 17의 불순물로 있는 베이직레드 118 제외)

1-아미노-4-[[4-[(디메칠아미노)메칠]페닐]아미노]안트라퀴논 및 그 염류

6-아미노-2-((2,4-디메칠페닐)-1H-벤즈[de]이소퀴놀린-1,3-(2 H)-디온(솔벤트옐로우 44) 및 그 염류

5-아미노-2,6-디메톡시-3-하이드록시피리딘 및 그 염류

3-아미노-2,4-디클로로페놀 및 그 염류(다만, 3-아미노-2,4-디클로로페놀 및 그 염산염은 염모제에서 용법 · 용량에 따른 혼합물의 염모성분으로 염산염으로서 1.5% 이하는 제외)

2-아미노메칠-p-아미노페놀 및 그 염산염

2-[(4-아미노-2-메칠-5-니트로페닐)아미노]에탄올 및 그 염류(예 에이치시 자색 No. 1)(다만, 산화염모제에서 용법 · 용량에 따른 혼합물의 염모성분으로서 0.25% 이하, 비산화염모제에서 용법 · 용량에 따른 혼합물의 염모성분으로서 0.28% 이하는 제외)

2-[(3-아미노-4-메톡시페닐)아미노]에탄올 및 그 염류(예 2-아미노-4-하이드록시에칠아미노아니솔)(다만, 산화염모제에서 용법 · 용량에 따른 혼합물의 염모성분으로서 1.5% 이하는 제외)

4-아미노벤젠설포닉애씨드 및 그 염류

4-아미노벤조익애씨드 및 아미노기(-NH2)를 가진 그 에스텔

2-아미노-1,2-비스(4-메톡시페닐)에탄올 및 그 염류

4-아미노살리실릭애씨드 및 그 염류

4-아미노아조벤젠

1-(2-아미노에칠)아미노-4-(2-하이드록시에칠)옥시-2-니트로벤젠 및 그 염류(예 에이치시 등색 No. 2)(다만, 비산화염모제에서 용법 · 용량에 따른 혼합물의 염모성분으로서 1.0% 이하는 제외)

아미노카프로익애씨드 및 그 염류

4-아미노-m-크레솔 및 그 염류(다만, 4-아미노-m-크레솔은 산화염모제에서 용법 · 용량에 따른 혼합물의 염모성분으로서 1.5% 이하는 제외)

6-아미노-o-크레솔 및 그 염류

2-아미노-6-클로로-4-니트로페놀 및 그 염류(다만, 2-아미노-6-클로로-4-니트로페놀은 염모제에서 용법 · 용량에 따른 혼합물의 염모성분으로서 2.0% 이하는 제외)

1-[(3-아미노프로필)아미노]-4-(메칠아미노)안트라퀴논 및 그 염류

4-아미노-3-플루오로페놀

5-[(4-[(7-아미노-1-하이드록시-3-설포-2-나프틸)아조]-2,5-디에톡시페닐)아조]-2-[(3-포스포노페닐)아조]벤조익애씨드 및 5-[(4-[(7-아미노-1-하이드록시-3-설포-2-나프틸)아조]-2,5-디에톡시페닐)아조]-3-[(3-포스포노페닐)아조벤조익애씨드

3(또는 5)-[[4-[(7-아미노-1-하이드록시-3-설포네이토-2-나프틸)아조]-1-나프틸]아조]살리실릭애씨드 및 그 염류

Ammi majus 및 그 생약제제

아미트롤

아미트리프틸린 및 그 염류

아밀나이트라이트

아밀 4-디메칠아미노벤조익애씨드(펜틸디메칠파바, 파디메이트A)

과산화물가가 10mmol/L을 초과하는 Abies balsamea 잎의 오일 및 추출물

과산화물가가 10mmol/L을 초과하는 Abies sibirica 잎의 오일 및 추출물
과산화물가가 10mmol/L을 초과하는 Abies alba 열매의 오일 및 추출물
과산화물가가 10mmol/L을 초과하는 Abies alba 잎의 오일 및 추출물
과산화물가가 10mmol/L을 초과하는 Abies pectinata 잎의 오일 및 추출물
아세노코우마롤
아세타마이드
아세토나이트릴
아세토페논, 포름알데하이드, 사이클로헥실아민, 메탄올 및 초산의 반응물
(2-아세톡시에칠)트리메칠암모늄히드록사이드(아세틸콜린 및 그 염류)
N-[2-(3-아세틸-5-니트로치오펜-2-일아조)-5-디에칠아미노페닐]아세타마이드
3-[(4-(아세틸아미노)페닐)아조]4-4하이드록시-7-[[[[5-하이드록시-6-(페닐아조)-7-설포-2-나프탈레닐]아미노]카보닐]아미노]-2-나프탈렌설포닉애씨드 및 그 염류
5-(아세틸아미노)-4-하이드록시-3-((2-메칠페닐)아조)-2,7-나프탈렌디설포닉애씨드 및 그 염류
아자시클로놀 및 그 염류
아자페니딘
아조벤젠
아지리딘
아코니툼(Aconitum)속 및 그 생약제제
아코니틴 및 그 염류
아크릴로니트릴
아크릴아마이드(다만, 폴리아크릴아마이드류에서 유래되었으며, 사용 후 씻어내지 않는 바디화장품에 0.1ppm, 기타 제품에 0.5ppm 이하인 경우에는 제외)
아트라놀
Atropa belladonna L. 및 그 제제
아트로핀, 그 염류 및 유도체
아포몰핀 및 그 염류
Apocynum cannabinum L. 및 그 제제
안드로겐효과를 가진 물질
안트라센오일
스테로이드 구조를 갖는 안티안드로겐
안티몬 및 그 화합물
알드린
알라클로르
알로클아미드 및 그 염류
알릴글리시딜에테르
2-(4-알릴-2-메톡시페녹시)-N,N-디에칠아세트아미드 및 그 염류
4-알릴-2,6-비스(2,3-에폭시프로필)페놀, 4-알릴-6-[3-[6-[3-(4-알릴-2,6-비스(2,3-에폭시프로필)페녹시)-2-하이드록시프로필]-4-알릴-2-(2,3-에폭시프로필)페녹시]-2-하이드록시프로필]-4-알릴-2-(2,3-에폭시프로필)페녹시]-2-하이드록시프로필-2-(2,3-에폭시프로필)페놀, 4-알릴-6-[3-(4-알릴-2,6-비스(2,3-에폭시프로필)페녹시)-2-하이드록시프로필]-2-(2,3-에폭시프로필)페놀, 4-알릴-6-[3-[6-[3-(4-알릴-2,6-비스(2,3-에폭시프로필)페녹시)-2-하이드록시프로필]-4-알릴-2-(2,3-에폭시프로필)페녹시]-2-하이드록시프로필]-2-(2,3-에폭시프로필)페놀의 혼합물

알릴이소치오시아네이트
에스텔의 유리알릴알코올농도가 0.1%를 초과하는 알릴에스텔류
알릴클로라이드(3-클로로프로펜)
2급 알칸올아민 및 그 염류
알칼리 설파이드류 및 알칼리토 설파이드류
2-알칼리펜타시아노니트로실페레이트
알킨알코올 그 에스텔, 에텔 및 염류
o-알킬디치오카르보닉애씨드의 염
2급 알킬아민 및 그 염류
2-{4-(2-암모니오프로필아미노)-6-[4-하이드록시-3-(5-메칠-2-메톡시-4-설파모일페닐아조)-2-설포네이토나프트-7-일아미노]-1,3,5-트리아진-2-일아미노}-2-아미노프로필포메이트
애씨드오렌지24(CI 20170)
애씨드레드73(CI 27290)
애씨드블랙 131 및 그 염류
에르고칼시페롤 및 콜레칼시페롤(비타민D_2와 D_3)
에리오나이트
에메틴, 그 염류 및 유도체
에스트로겐
에제린 또는 피조스티그민 및 그 염류
에이치시 녹색 No. 1
에이치시 적색 No. 8 및 그 염류
에이치시 청색 No. 11
에이치시 황색 No. 11
에이치시 등색 No. 3
에치온아미드
에칠렌글리콜 디메칠 에텔(EGDME)
2,2'-[(1,2'-에칠렌디일)비스[5-((4-에톡시페닐)아조]벤젠설포닉애씨드) 및 그 염류
에칠렌옥사이드
3-에칠-2-메칠-2-(3-메칠부틸)-1,3-옥사졸리딘
1-에칠-1-메칠몰포리늄 브로마이드
1-에칠-1-메칠피롤리디늄 브로마이드
에칠비스(4-히드록시-2-옥소-1-벤조피란-3-일)아세테이트 및 그 산의 염류
4-에칠아미노-3-니트로벤조익애씨드(N-에칠-3-니트로 파바) 및 그 염류
에칠아크릴레이트
3'-에칠-5',6',7',8'-테트라히드로-5',6',8',8',-테트라메칠-2'-아세토나프탈렌(아세틸에칠테트라메칠테트라린, AETT)
에칠페나세미드(페네투라이드)
2-[[4-[에칠(2-하이드록시에칠)아미노]페닐]아조]-6-메톡시-3-메칠-벤조치아졸리움 및 그 염류
2-에칠헥사노익애씨드
2-에칠헥실[[[3,5-비스(1,1-디메칠에칠)-4-하이드록시페닐]-메칠]치오]아세테이트
O,O'-(에테닐메칠실릴렌디[(4-메칠펜탄-2-온)옥심]
에토헵타진 및 그 염류

7-에톡시-4-메칠쿠마린
4'-에톡시-2-벤즈이미다졸아닐라이드
2-에톡시에탄올(에칠렌글리콜 모노에칠에텔, EGMEE)
에톡시에탄올아세테이트
5-에톡시-3-트리클로로메칠-1,2,4-치아디아졸
4-에톡시페놀(히드로퀴논모노에칠에텔)
4-에톡시-m-페닐렌디아민 및 그 염류(예 4-에톡시-m-페닐렌디아민 설페이트)
에페드린 및 그 염류
1,2-에폭시부탄
(에폭시에칠)벤젠
1,2-에폭시-3-페녹시프로판
R-2,3-에폭시-1-프로판올
2,3-에폭시프로판-1-올
2,3-에폭시프로필-o-톨일에텔
에피네프린
옥사디아질
(옥사릴비스이미노에칠렌)비스((o-클로로벤질)디에칠암모늄)염류, (예 암베노늄클로라이드)
옥산아미드 및 그 유도체
옥스페네리딘 및 그 염류
4,4'-옥시디아닐린(p-아미노페닐 에텔) 및 그 염류
(s)-옥시란메탄올 4-메칠벤젠설포네이트
옥시염화비스머스 이외의 비스머스화합물
옥시퀴놀린(히드록시-8-퀴놀린 또는 퀴놀린-8-올) 및 그 황산염
옥타목신 및 그 염류
옥타밀아민 및 그 염류
옥토드린 및 그 염류
올레안드린
와파린 및 그 염류
요도메탄
요오드
요힘빈 및 그 염류
우레탄(에칠카바메이트)
우로카닌산, 우로카닌산에칠
Urginea scilla Stern. 및 그 생약제제
우스닉산 및 그 염류(구리염 포함)
2,2'-이미노비스-에탄올, 에피클로로히드린 및 2-니트로-1,4-벤젠디아민의 반응생성물(에이치시 청색 No. 5) 및 그 염류
(마이크로-((7,7'-이미노비스(4-하이드록시-3-((2-하이드록시-5-(N-메칠설파모일)페닐)아조)나프탈렌-2-설포네이토))(6-)))디쿠프레이트 및 그 염류
4,4'-(4-이미노사이클로헥사-2,5-디에닐리덴메칠렌)디아닐린 하이드로클로라이드
이미다졸리딘-2-치온
과산화물가가 10mmol/L을 초과하는 이소디프렌

이소메트헵텐 및 그 염류
이소부틸나이트라이트
4,4'-이소부틸에칠리덴디페놀
이소소르비드디나이트레이트
이소카르복사지드
이소프레나린
이소프렌(2-메칠-1,3-부타디엔)
6-이소프로필-2-데카하이드로나프탈렌올(6-이소프로필-2-데카롤)
3-(4-이소프로필페닐)-1,1-디메칠우레아(이소프로투론)
(2-이소프로필펜트-4-에노일)우레아(아프로날리드)
이속사풀루톨
이속시닐 및 그 염류
이부프로펜피코놀, 그 염류 및 유도체
Ipecacuanha(Cephaelis Ipecacuaha Brot. 및 관련된 종)(뿌리, 가루 및 생약제제)
이프로디온
인체 세포 · 조직 및 그 배양액(다만, 배양액 중 [별표 3]의 인체 세포 · 조직 배양액 안전기준에 적합한 경우는 제외)
인태반(Human Placenta) 유래 물질
인프로쿠온
임페라토린(9-(3-메칠부트-2-에니록시)푸로(3,2-g)크로멘-7온)
자이람
자일렌(다만, 화장품 원료의 제조공정에서 용매로 사용되었으나 완전히 제거할 수 없는 잔류용매로서 「화장품법 시행규칙」 [별표 3] 자. 손발톱용 제품류 중 1), 2), 3), 5)에 해당하는 제품 중 0.01% 이하, 기타 제품 중 0.002% 이하인 경우 제외)
자일로메타졸린 및 그 염류
자일리딘, 그 이성체, 염류, 할로겐화 유도체 및 설폰화 유도체
족사졸아민
Juniperus sabina L.(잎, 정유 및 생약제제)
지르코늄 및 그 산의 염류
천수국꽃 추출물 또는 오일
Chenopodium ambrosioides(정유)
치람
4,4'-치오디아닐린 및 그 염류
치오아세타마이드
치오우레아 및 그 유도체
치오테파
치오판네이트-메칠
카드뮴 및 그 화합물
카라미펜 및 그 염류
카르벤다짐
4,4'-카르본이미돌일비스[N,N-디메칠아닐린] 및 그 염류
카리소프로돌

카바독스
카바릴
N-(3-카바모일-3,3-디페닐프로필)-N,N-디이소프로필메칠암모늄염(예 이소프로파미드아이오다이드)
카바졸의 니트로유도체
7,7'-(카보닐디이미노)비스(4-하이드록시-3-[[2-설포-4-[(4-설포페닐)아조]페닐]아조-2-나프탈렌설포닉애씨드 및 그 염류
카본디설파이드
카본모노옥사이드(일산화탄소)
카본블랙(다만, 불순물 중 벤조피렌과 디벤즈(a,h)안트라센이 각각 5ppb 이하이고 총 다환방향족탄화수소류(PAHs)가 0.5ppm 이하인 경우에는 제외)
카본테트라클로라이드
카부트아미드
카브로말
카탈라아제
카테콜(피로카테콜)(다만, 산화염모제에서 용법 · 용량에 따른 혼합물의 염모성분으로서 1.5% 이하는 제외)
칸타리스, Cantharis vesicatoria
캡타폴
캡토디암
케토코나졸
Coniummaculatum L.(과실, 가루, 생약제제)
코니인
코발트디클로라이드(코발트클로라이드)
코발트벤젠설포네이트
코발트설페이트
코우메타롤
콘발라톡신
콜린염 및 에스텔(예 콜린클로라이드)
콜키신, 그 염류 및 유도체
콜키코시드 및 그 유도체
Colchicum autumnale L. 및 그 생약제제
콜타르 및 정제콜타르
쿠라레와 쿠라린
합성 쿠라리잔트(Curarizants)
과산화물가가 10mmol/L을 초과하는 Cupressus sempervirens 잎의 오일 및 추출물
크로톤알데히드(부테날)
Croton tiglium(오일)
3-(4-클로로페닐)-1,1-디메칠우로늄 트리클로로아세테이트; 모누론-TCA
크롬; 크로믹애씨드 및 그 염류
크리센
크산티놀(7-{2-히드록시-3-[N-(2-히드록시에칠)-N-메칠아미노]프로필}테오필린)
Claviceps purpurea Tul., 그 알칼로이드 및 생약제제
1-클로로-4-니트로벤젠

2-[(4-클로로-2-니트로페닐)아미노]에탄올(에이치시 황색 No. 12) 및 그 염류
2-[(4-클로로-2-니트로페닐)아조)-N-(2-메톡시페닐)-3-옥소부탄올아마이드(피그먼트옐로우 73) 및 그 염류
2-클로로-5-니트로-N-하이드록시에칠-p-페닐렌디아민 및 그 염류
클로로데콘
2,2'-((3-클로로-4-((2,6-디클로로-4-니트로페닐)아조)페닐)이미노)비스에탄올(디스퍼스브라운 1) 및 그 염류
5-클로로-1,3-디하이드로-2H-인돌-2-온
[6-[[3-클로로-4-(메칠아미노)페닐]이미노]-4-메칠-3-옥소사이클로헥사-1,4-디엔-1-일]우레아(에이치시 적색 No. 9) 및 그 염류
클로로메칠 메칠에텔
2-클로로-6-메칠피리미딘-4-일디메칠아민(크리미딘-ISO)
클로로메탄
p-클로로벤조트리클로라이드
N-5-클로로벤족사졸-2-일아세트아미드
4-클로로-2-아미노페놀
클로로아세타마이드
클로로아세트알데히드
클로로아트라놀
6-(2-클로로에칠)-6-(2-메톡시에톡시)-2,5,7,10-테트라옥사-6-실라운데칸
2-클로로-6-에칠아미노-4-니트로페놀 및 그 염류(다만, 산화염모제에서 용법 · 용량에 따른 혼합물의 염모성분으로서 1.5% 이하, 비산화염모제에서 용법 · 용량에 따른 혼합물의 염모성분으로서 3% 이하는 제외)
클로로에탄
1-클로로-2,3-에폭시프로판
R-1-클로로-2,3-에폭시프로판
클로로탈로닐
클로로톨루론; 3-(3-클로로-p-톨일)-1,1-디메칠우레아
α-클로로톨루엔
N'-(4-클로로-o-톨일)-N,N-디메칠포름아미딘 모노하이드로클로라이드
1-(4-클로로페닐)-4,4-디메칠-3-(1,2,4-트리아졸-1-일메칠)펜타-3-올
(3-클로로페닐)-(4-메톡시-3-니트로페닐)메타논
(2RS,3RS)-3-(2-클로로페닐)-2-(4-플루오로페닐)-[1H-1,2,4-트리아졸-1-일)메칠]옥시란(에폭시코나졸)
2-(2-(4-클로로페닐)-2-페닐아세틸)인단 1,3-디온(클로로파시논-ISO)
클로로포름
클로로프렌(2-클로로부타-1,3-디엔)
클로로플루오로카본 추진제(완전하게 할로겐화 된 클로로플루오로알칸)
2-클로로-N-(히드록시메칠)아세트아미드
N-[(6-[(2-클로로-4-하이드록시페닐)이미노]-4-메톡시-3-옥소-1,4-사이클로헥사디엔-1-일]아세타마이드(에이치시 황색 No. 8) 및 그 염류
클로르단
클로르디메폼
클로르메자논

클로르메틴 및 그 염류
클로르족사존
클로르탈리돈
클로르프로티센 및 그 염류
클로르프로파미드
클로린
클로졸리네이트
클로페노탄; DDT(ISO)
클로펜아미드
키노메치오네이트
타크로리무스(tacrolimus), 그 염류 및 유도체
탈륨 및 그 화합물
탈리도마이드 및 그 염류
대한민국약전(식품의약품안전처 고시) '탤크'항 중 석면기준에 적합하지 않은 탤크
과산화물가가 10mmol/L을 초과하는 테르펜 및 테르페노이드(다만, 리모넨류는 제외)
과산화물가가 10mmol/L을 초과하는 신핀 테르펜 및 테르페노이드(sinpine terpenes and terpenoids)
과산화물가가 10mmol/L을 초과하는 테르펜 알코올류의 아세테이트
과산화물가가 10mmol/L을 초과하는 테르펜하이드로카본
과산화물가가 10mmol/L을 초과하는 α-테르피넨
과산화물가가 10mmol/L을 초과하는 γ-테르피넨
과산화물가가 10mmol/L을 초과하는 테르피놀렌
Thevetia neriifolia juss, 배당체 추출물
N,N,N',N'-테트라글리시딜-4,4'-디아미노-3,3'-디에칠디페닐메탄
N,N,N',N-테트라메칠-4,4'-메칠렌디아닐린
테트라베나진 및 그 염류
테트라브로모살리실아닐리드
테트라소듐 3,3'-[[1,1'-비페닐]-4,4'-디일비스(아조)]비스[5-아미노-4-하이드록시나프탈렌-2,7-디설포네이트](다이렉트블루 6)
1,4,5,8-테트라아미노안트라퀴논(디스퍼스블루1)
테트라에칠피로포스페이트; TEPP(iSO)
테트라카보닐니켈
테트라카인 및 그 염류
테트라코나졸((+/-)-2-(2,4-디클로로페닐)-3-(1H-1,2,4-트리아졸-1-일)프로필-1,1,2,2-테트라플루오로에칠에텔)
2,3,7,8-테트라클로로디벤조-p-디옥신
테트라클로로살리실아닐리드
5,6,12,13-테트라클로로안트라(2,1,9-def:6,5,10-d'e'f')디이소퀴놀린-1,3,8,10(2H,9H)-테트론
테트라클로로에칠렌
테트라키스-하이드록시메칠포스포늄 클로라이드, 우레아 및 증류된 수소화 C16-18 탈로우 알킬아민의 반응생성물 (UVCB 축합물)
테트라하이드로-6-니트로퀴노살린 및 그 염류
테트라히드로졸린(테트리졸린) 및 그 염류

테트라하이드로치오피란-3-카르복스알데하이드
(+/-)-테트라하이드로풀푸릴-(R)-2-[4-(6-클로로퀴노살린-2-일옥시)페닐옥시]프로피오네이트
테트릴암모늄브로마이드
테파졸린 및 그 염류
텔루륨 및 그 화합물
토목향(inula helenium)오일
톡사펜
톨루엔-3,4-디아민
톨루이디늄클로라이드
톨루이딘, 그 이성체, 염류, 할로겐화 유도체 및 설폰화 유도체
o-톨루이딘계 색소류
톨루이딘설페이트(1:1)
m-톨리덴 디이소시아네이트
4-o-톨릴아조-o-톨루이딘
톨복산
톨부트아미드
[(톨일옥시)메칠]옥시란(크레실 글리시딜 에텔)
[(m-톨일옥시)메칠]옥시란
[(p-톨일옥시)메칠]옥시란
과산화물가가 10mmol/L을 초과하는 피누스(Pinus)속을 스팀증류하여 얻은 투르펜틴
과산화물가가 10mmol/L을 초과하는 투르펜틴검(피누스(Pinus)속)
과산화물가가 10mmol/L을 초과하는 투르펜틴 오일 및 정제오일
투아미노헵탄, 이성체 및 그 염류
과산화물가가 10mmol/L을 초과하는 Thuja Occidentalis 나무줄기의 오일
과산화물가가 10mmol/L을 초과하는 Thuja Occidentalis 잎의 오일 및 추출물
트라닐시프로민 및 그 염류
트레타민
트레티노인(레티노익애씨드 및 그 염류)
트리니켈디설파이드
트리데모르프
3,5,5-트리메칠사이클로헥스-2-에논
2,4,5-트리메칠아닐린[1] ; 2,4,5-트리메칠아닐린 하이드로클로라이드[2]
3,6,10-트리메칠-3,5,9-운데카트리엔-2-온(메칠이소슈도이오논)
2,2,6-트리메칠-4-피페리딜벤조에이트(유카인) 및 그 염류
3,4,5-트리메톡시펜에칠아민 및 그 염류
트리부틸포스페이트
3,4',5-트리브로모살리실아닐리드(트리브롬살란)
2,2,2-트리브로모에탄올(트리브로모에칠알코올)
트리소듐 비스(7-아세트아미도-2-(4-니트로-2-옥시도페닐아조)-3-설포네이토-1-나프톨라토)크로메이트(1-)
트리소듐[4'-(8-아세틸아미노-3,6-디설포네이토-2-나프틸아조)-4"-(6-벤조일아미노-3-설포네이토-2-나프틸아조)-비페닐-1,3',3",1"'-테트라올라토-O,O',O",O"']코퍼(II)

1,3,5-트리스(3-아미노메칠페닐)-1,3,5-(1H,3H,5H)-트리아진-2,4,6-트리온 및 3,5-비스(3-아미노메칠페닐)-1-폴리[3,5-비스(3-아미노메칠페닐)-2,4,6-트리옥소-1,3,5-(1H,3H,5H)-트리아진-1-일]-1,3,5-(1H,3H,5H)-트리아진-2,4,6-트리온 올리고머의 혼합물

1,3,5-트리스-[(2S 및 2R)-2,3-에폭시프로필]-1,3,5-트리아진-2,4,6-(1H,3H,5H)-트리온

1,3,5-트리스(옥시라닐메칠)-1,3,5-트리아진-2,4,6(1H,3H,5H)-트리온

트리스(2-클로로에칠)포스페이트

N1-(트리스(하이드록시메칠))-메칠-4-니트로-1,2-페닐렌디아민(에이치시 황색 No. 3) 및 그 염류

1,3,5-트리스(2-히드록시에칠)헥사히드로1,3,5-트리아신

1,2,4-트리아졸

트리암테렌 및 그 염류

트리옥시메칠렌(1,3,5-트리옥산)

트리클로로니트로메탄(클로로피크린)

N-(트리클로로메칠치오)프탈이미드

N-[(트리클로로메칠)치오]-4-사이클로헥센-1,2-디카르복시미드(캡탄)

2,3,4-트리클로로부트-1-엔

트리클로로아세틱애씨드

트리클로로에칠렌

1,1,2-트리클로로에탄

2,2,2-트리클로로에탄-1,1-디올

α,α,α-트리클로로톨루엔

2,4,6-트리클로로페놀

1,2,3-트리클로로프로판

트리클로르메틴 및 그 염류

트리톨일포스페이트

트리파라놀

트리플루오로요도메탄

트리플루페리돌

1,3,5-트리하이드록시벤젠(플로로글루시놀) 및 그 염류

티로트리신

티로프로픽애씨드 및 그 염류

티아마졸

티우람디설파이드

티우람모노설파이드

파라메타손

파르에톡시카인 및 그 염류

2급 아민함량이 5%를 초과하는 패티애씨드디알킬아마이드류 및 디알칸올아마이드류

페나글리코돌

페나디아졸

페나리몰

페나세미드

p-페네티딘(4-에톡시아닐린)

페노졸론

페노티아진 및 그 화합물
페놀
페놀프탈레인((3,3-비스(4-하이드록시페닐)프탈리드)
페니라미돌
o-페닐렌디아민 및 그 염류
페닐부타존
4-페닐부트-3-엔-2-온
페닐살리실레이트
1-페닐아조-2-나프톨(솔벤트옐로우 14)
4-(페닐아조)-m-페닐렌디아민 및 그 염류
4-페닐아조페닐렌-1-3-디아민시트레이트히드로클로라이드(크리소이딘시트레이트히드로클로라이드)
(R)-α-페닐에칠암모늄(-)-(1R,2S)-(1,2-에폭시프로필)포스포네이트 모노하이드레이트
2-페닐인단-1,3-디온(페닌디온)
페닐파라벤
트랜스-4-페닐-L-프롤린
페루발삼(Myroxylon pereirae의 수지)[다만, 추출물(extracts) 또는 증류물(distillates)로서 0.4% 이하인 경우는 제외]
페몰린 및 그 염류
페트리클로랄
펜메트라진 및 그 유도체 및 그 염류
펜치온
N,N'-펜타메칠렌비스(트리메칠암모늄)염류(예 펜타메토늄브로마이드)
펜타에리트리틸테트라나이트레이트
펜타클로로에탄
펜타클로로페놀 및 그 알칼리 염류
펜틴 아세테이트
펜틴 하이드록사이드
2-펜틸리덴사이클로헥사논
펜프로바메이트
펜프로코우몬
펜프로피모르프
펠레티에린 및 그 염류
포름아마이드
포름알데하이드 및 p-포름알데하이드
포스파미돈
포스포러스 및 메탈포스피드류
포타슘브로메이트
폴딘메틸설페이드
푸로쿠마린류(예 트리옥시살렌, 8-메톡시소랄렌, 5-메톡시소랄렌)(천연에센스에 자연적으로 함유된 경우는 제외. 다만, 자외선차단제품 및 인공선탠제품에서는 1ppm 이하이어야 한다.)
푸르푸릴트리메칠암모늄염(예 푸르트레토늄아이오다이드)
풀루아지포프-부틸

풀미옥사진
퓨란
프라모카인 및 그 염류
프레그난디올
프로게스토젠
프로그레놀론아세테이트
프로베네시드
프로카인아미드, 그 염류 및 유도체
프로파지트
프로파진
프로파틸나이트레이트
4,4'–[1,3–프로판디일비스(옥시)]비스벤젠–1,3–디아민 및 그 테트라하이드로클로라이드염(예 1,3–비스–(2,4–디아미노페녹시)프로판, 염산 1,3–비스–(2,4–디아미노페녹시)프로판 하이드로클로라이드)(다만, 산화염모제에서 용법 · 용량에 따른 혼합물의 염모성분으로서 산으로서 1.2% 이하는 제외)
1,3–프로판설톤
프로판–1,2,3–트리일트리나이트레이트
프로피오락톤
프로피자미드
프로피페나존
Prunus laurocerasus L.
프시로시빈
프탈레이트류(디부틸프탈레이트, 디에틸헥실프탈레이트, 부틸벤질프탈레이트에 한함)
플루실라졸
플루아니손
플루오레손
플루오로우라실
플루지포프–p–부틸
피그먼트레드 53(레이크레드 C)
피그먼트레드 53:1(레이크레드 CBa)
피그먼트오렌지 5(파마넨트오렌지)
피나스테리드, 그 염류 및 유도체
과산화물가가 10mmol/L을 초과하는 Pinus nigra 잎과 잔가지의 오일 및 추출물
과산화물가가 10mmol/L을 초과하는 Pinus mugo 잎과 잔가지의 오일 및 추출물
과산화물가가 10mmol/L을 초과하는 Pinus mugo pumilio 잎과 잔가지의 오일 및 추출물
과산화물가가 10mmol/L을 초과하는 Pinus cembra 아세틸레이티드 잎 및 잔가지의 추출물
과산화물가가 10mmol/L을 초과하는 Pinus cembra 잎과 잔가지의 오일 및 추출물
과산화물가가 10mmol/L을 초과하는 Pinus species 잎과 잔가지의 오일 및 추출물
과산화물가가 10mmol/L을 초과하는 Pinus sylvestris 잎과 잔가지의 오일 및 추출물
과산화물가가 10mmol/L을 초과하는 Pinus palustris 잎과 잔가지의 오일 및 추출물
과산화물가가 10mmol/L을 초과하는 Pinus pumila 잎과 잔가지의 오일 및 추출물
과산화물가가 10mmol/L을 초과하는 Pinus pinaste 잎과 잔가지의 오일 및 추출물
Pyrethrum album L. 및 그 생약제제

피로갈롤(다만, 염모제에서 용법 · 용량에 따른 혼합물의 염모성분으로서 2% 이하는 제외)
Pilocarpus jaborandi Holmes 및 그 생약제제
피로카르핀 및 그 염류
6-(1-피롤리디닐)-2,4-피리미딘디아민-3-옥사이드(피롤리디닐 디아미노 피리미딘 옥사이드)
피리치온소듐(INNM)
피리치온알루미늄캄실레이트
피메크로리무스(pimecrolimus), 그 염류 및 그 유도체
피메트로진
과산화물가가 10mmol/L을 초과하는 Picea mariana 잎의 오일 및 추출물
Physostigma venenosum Balf.
피이지-3,2',2'-디-p-페닐렌디아민
피크로톡신
피크릭애씨드
피토나디온(비타민 K_1)
피톨라카(Phytolacca)속 및 그 제제
피파제테이트 및 그 염류
6-(피페리디닐)-2,4-피리미딘디아민-3-옥사이드(미녹시딜), 그 염류 및 유도체
α-피페리딘-2-일벤질아세테이트 좌회전성의 트레오포름(레보파세토페란) 및 그 염류
피프라드롤 및 그 염류
피프로쿠라륨 및 그 염류
형광증백제
히드라스틴, 히드라스티닌 및 그 염류
(4-하이드라지노페닐)-N-메칠메탄설폰아마이드 하이드로클로라이드
히드라지드 및 그 염류
히드라진, 그 유도체 및 그 염류
하이드로아비에틸 알코올
히드로겐시아니드 및 그 염류
히드로퀴논
히드로플루오릭애씨드, 그 노르말 염, 그 착화합물 및 히드로플루오라이드
N-[3-하이드록시-2-(2-메칠아크릴로일아미노메톡시)프로폭시메칠]-2-메칠아크릴아마이드, N-[2,3-비스-(2-메칠아크릴로일아미노메톡시)프로폭시메칠-2-메칠아크릴아미드, 메타크릴아마이드 및 2-메칠-N-(2-메칠아크릴로일아미노메톡시메칠)-아크릴아마이드
4-히드록시-3-메톡시신나밀알코올의벤조에이트(천연에센스에 자연적으로 함유된 경우는 제외)
(6-(4-하이드록시)-3-(2-메톡시페닐아조)-2-설포네이토-7-나프틸아미노)-1,3,5-트리아진-2,4-디일)비스[(아미노이-1-메칠에칠)암모늄]포메이트
1-하이드록시-3-니트로-4-(3-하이드록시프로필아미노)벤젠 및 그 염류(예 4-하이드록시프로필아미노-3-니트로페놀)(다만, 염모제에서 용법 · 용량에 따른 혼합물의 염모성분으로서 2.6% 이하는 제외)
1-하이드록시-2-베타-하이드록시에칠아미노-4,6-디니트로벤젠 및 그 염류(예 2-하이드록시에칠피크라믹애씨드)(다만, 2-하이드록시에칠피크라믹애씨드는 산화염모제에서 용법 · 용량에 따른 혼합물의 염모성분으로서 1.5% 이하, 비산화염모제에서 용법 · 용량에 따른 혼합물의 염모성분으로서 2.0% 이하는 제외)
5-하이드록시-1,4-벤조디옥산 및 그 염류
하이드록시아이소헥실 3-사이클로헥센 카보스알데히드(HICC)

N1-(2-하이드록시에칠)-4-니트로-o-페닐렌디아민(에이치시 황색 No. 5) 및 그 염류
하이드록시에칠-2,6-디니트로-p-아니시딘 및 그 염류
3-[[4-[(2-하이드록시에칠)메칠아미노]-2-니트로페닐]아미노]-1,2-프로판디올 및 그 염류
하이드록시에칠-3,4-메칠렌디옥시아닐린; 2-(1,3-벤진디옥솔-5-일아미노)에탄올 하이드로클로라이드 및 그 염류 (예 하이드록시에칠-3,4-메칠렌디옥시아닐린 하이드로클로라이드)(다만, 산화염모제에서 용법 · 용량에 따른 혼합물의 염모성분으로서 1.5% 이하는 제외)
3-[[4-[(2-하이드록시에칠)아미노]-2-니트로페닐]아미노]-1,2-프로판디올 및 그 염류
4-(2-하이드록시에칠)아미노-3-니트로페놀 및 그 염류(예 3-니트로-p-하이드록시에칠아미노페놀)(다만, 3-니트로-p-하이드록시에칠아미노페놀은 산화염모제에서 용법 · 용량에 따른 혼합물의 염모성분으로서 3.0% 이하, 비산화염모제에서 용법 · 용량에 따른 혼합물의 염모성분으로서 1.85% 이하는 제외)
2,2'-[[4-[(2-하이드록시에칠)아미노]-3-니트로페닐]이미노]바이세타놀 및 그 염류(예 에이치시 청색 No. 2)(다만, 비산화염모제에서 용법 · 용량에 따른 혼합물의 염모성분으로서 2.8% 이하는 제외)
1-[(2-하이드록시에칠)아미노]-4-(메칠아미노-9,10-안트라센디온 및 그 염류
하이드록시에칠아미노메칠-p-아미노페놀 및 그 염류
5-[(2-하이드록시에칠)아미노]-o-크레졸 및 그 염류(예 2-메칠-5-하이드록시에칠아미노페놀)(다만, 2-메칠-5-하이드록시에칠아미노페놀은 염모제에서 용법 · 용량에 따른 혼합물의 염모성분으로서 0.5% 이하는 제외)
(4-(4-히드록시-3-요오도페녹시)-3,5-디요오도페닐)아세틱애씨드 및 그 염류
6-하이드록시-1-(3-이소프로폭시프로필)-4-메칠-2-옥소-5-[4-(페닐아조)페닐아조]-1,2-디하이드로-3-피리딘카보니트릴
4-히드록시인돌
2-[2-하이드록시-3-(2-클로로페닐)카르바모일-1-나프틸아조]-7-[2-하이드록시-3-(3-메칠페닐)카르바모일-1-나프틸아조]플루오렌-9-온
4-(7-하이드록시-2,4,4-트리메칠-2-크로마닐)레솔시놀-4-일-트리스(6-디아조-5,6-디하이드로-5-옥소나프탈렌-1-설포네이트) 및 4-(7-하이드록시-2,4,4-트리메칠-2-크로마닐)레솔시놀비스(6-디아조-5,6-디하이드로-5-옥소나프탈렌-1-설포네이트)의 2:1 혼합물
11-α-히드록시프레근-4-엔-3,20-디온 및 그 에스텔
1-(3-하이드록시프로필아미노)-2-니트로-4-비스(2-하이드록시에칠)아미노)벤젠 및 그 염류(예 에이치시 자색 No. 2)(다만, 비산화염모제에서 용법 · 용량에 따른 혼합물의 염모성분으로서 2.0% 이하는 제외)
히드록시프로필 비스(N-히드록시에칠-p-페닐렌디아민) 및 그 염류(다만, 산화염모제에서 용법 · 용량에 따른 혼합물의 염모성분으로 테트라하이드로클로라이드염으로서 0.4% 이하는 제외)
〈삭 제〉
하이드록시피리디논 및 그 염류
3-하이드록시-4-[(2-하이드록시나프틸)아조]-7-니트로나프탈렌-1-설포닉애씨드 및 그 염류
할로카르반
할로페리돌
항생물질
항히스타민제(예 독실아민, 디페닐피랄린, 디펜히드라민, 메타피릴렌, 브롬페니라민, 사이클리진, 클로르페녹사민, 트리펠렌아민, 히드록사진 등)
N,N'-헥사메칠렌비스(트리메칠암모늄)염류(예 헥사메토늄브로마이드)
헥사메칠포스포릭-트리아마이드
헥사에칠테트라포스페이트

헥사클로로벤젠
(1R,4S,5R,8S)-1,2,3,4,10,10-헥사클로로-6,7-에폭시-1,4,4a,5,6,7,8,8a-옥타히드로-,1,4;5,8-디메타노나프탈렌(엔드린-ISO)
1,2,3,4,5,6-헥사클로로사이클로헥산류(예 린단)
헥사클로로에탄
(1R,4S,5R,8S)-1,2,3,4,10,10-헥사클로로-1,4,4a,5,8,8a-헥사히드로-1,4;5,8-디메타노나프탈렌(이소드린-ISO)
헥사프로피메이트
(1R,2S)-헥사히드로-1,2-디메칠-3,6-에폭시프탈릭안하이드라이드(칸타리딘)
헥사하이드로사이클로펜타(C) 피롤-1-(1H)-암모늄 N-에톡시카르보닐-N-(p-톨릴설포닐)아자나이드
헥사하이드로쿠마린
헥산
헥산-2-온
1,7-헵탄디카르복실산(아젤라산), 그 염류 및 유도체
트랜스-2-헥세날디메칠아세탈
트랜스-2-헥세날디에칠아세탈
헨나(Lawsonia inermis)엽가루(다만, 염모제에서 염모성분으로 사용하는 것은 제외)
트랜스-2-헵테날
헵타클로로에폭사이드
헵타클로르
3-헵틸-2-(3-헵틸-4-메칠-치오졸린-2-일렌)-4-메칠-치아졸리늄다이드
황산 4,5-디아미노-1-((4-클로르페닐)메칠)-1H-피라졸
황산 5-아미노-4-플루오르-2-메칠페놀
Hyoscyamus niger L. (잎, 씨, 가루 및 생약제제)
히요시아민, 그 염류 및 유도체
히요신, 그 염류 및 유도체
영국 및 북아일랜드산 소 유래 성분
BSE(Bovine Spongiform Encephalopathy) 감염조직 및 이를 함유하는 성분
광우병 발병이 보고된 지역의 다음의 특정위험물질(specified risk material) 유래성분(소 · 양 · 염소 등 반추동물의 18개 부위)

- 뇌(brain)
- 두개골(skull)
- 척수(spinal cord)
- 뇌척수액(cerebrospinal fluid)
- 송과체(pineal gland)
- 하수체(pituitary gland)
- 경막(dura mater)
- 눈(eye)
- 삼차신경절(trigeminal ganglia)
- 배측근신경절(dorsal root ganglia)
- 척주(vertebral column)
- 림프절(lymph nodes)
- 편도(tonsil)
- 흉선(thymus)
- 십이지장에서 직장까지의 장관(intestines from the duodenum to the rectum)
- 비장(spleen)
- 태반(placenta)
- 부신(adrenal gland)

〈삭 제〉
「화학물질의 등록 및 평가 등에 관한 법률」 제2조 제9호 및 제27조에 따라 지정하고 있는 금지물질

2 화장품 사용상의 제한이 필요한 원료

(「화장품 안전기준 등에 관한 규정」 [별표 2])

(1) 사용상의 제한이 필요한 원료

화장품에 사용상의 제한이 필요한 원료 및 그 사용기준은 「화장품 안전기준 등에 관한 규정」 [별표 2]와 같다. 사용기준이 지정 · 고시된 원료 외의 보존제, 색소, 자외선차단제 등은 사용할 수 없다.

(2) 보존제 성분

원료명	사용 한도	비 고
글루타랄(펜탄-1,5-디알)	0.1%	에어로졸(스프레이에 한함) 제품에는 사용금지
데하이드로아세틱애씨드(3-아세틸-6-메칠피란-2,4(3H)-디온) 및 그 염류	데하이드로아세틱애씨드로서 0.6%	에어로졸(스프레이에 한함) 제품에는 사용금지
4,4-디메칠-1,3-옥사졸리딘(디메칠옥사졸리딘)	0.05% (다만, 제품의 pH는 6을 넘어야 함)	
디브로모헥사미딘 및 그 염류(이세치오네이트 포함)	디브로모헥사미딘으로서 0.1%	
디아졸리디닐우레아(N-(히드록시메칠)-N-(디히드록시메칠-1,3-디옥소-2,5-이미다졸리디닐-4)-N'-(히드록시메칠)우레아)	0.5%	
디엠디엠하이단토인(1,3-비스(히드록시메칠)-5,5-디메칠이미다졸리딘-2,4-디온)	0.6%	
2, 4-디클로로벤질알코올	0.15%	
3, 4-디클로로벤질알코올	0.15%	
메칠이소치아졸리논	사용 후 씻어내는 제품에 0.0015% (단, 메칠클로로이소치아졸리논과 메칠이소치아졸리논 혼합물과 병행 사용 금지)	기타 제품에는 사용금지
메칠클로로이소치아졸리논과 메칠이소치아졸리논 혼합물(염화마그네슘과 질산마그네슘 포함)	사용 후 씻어내는 제품에 0.0015% (메칠클로로이소치아졸리논:메칠이소치아졸리논=(3:1)혼합물로서)	기타 제품에는 사용금지
메텐아민(헥사메칠렌테트라아민)	0.15%	
무기설파이트 및 하이드로젠설파이트류	유리 SO_2로 0.2%	
벤잘코늄클로라이드, 브로마이드 및 사카리네이트	• 사용 후 씻어내는 제품에 벤잘코늄클로라이드로서 0.1% • 기타 제품에 벤잘코늄클로라이드로서 0.05%	

원료명	사용 한도	비 고
벤제토늄클로라이드	0.1%	점막에 사용되는 제품에는 사용금지
벤조익애씨드, 그 염류 및 에스텔류	산으로서 0.5% (다만, 벤조익애씨드 및 그 소듐염은 사용 후 씻어내는 제품에는 산으로서 2.5%)	
벤질알코올	1.0% (다만, 두발 염색용 제품류에 용제로 사용할 경우에는 10%)	
벤질헤미포름알	사용 후 씻어내는 제품에 0.15%	기타 제품에는 사용금지
보레이트류(소듐보레이트, 테트라보레이트)	밀납, 백납의 유화의 목적으로 사용 시 0.76% (이 경우, 밀납 · 백납 배합량의 1/2을 초과할 수 없다)	기타 목적에는 사용금지
5-브로모-5-나이트로-1,3-디옥산	사용 후 씻어내는 제품에 0.1% (다만, 아민류나 아마이드류를 함유하고 있는 제품에는 사용금지)	기타 제품에는 사용금지
2-브로모-2-나이트로프로판-1,3-디올(브로노폴)	0.1%	아민류나 아마이드류를 함유하고 있는 제품에는 사용금지
브로모클로로펜(6,6-디브로모-4,4-디클로로-2,2'-메칠렌-디페놀)	0.1%	
비페닐-2-올(o-페닐페놀) 및 그 염류	페놀로서 0.15%	
살리실릭애씨드 및 그 염류	살리실릭애씨드로서 0.5%	영유아용 제품류 또는 만 13세 이하 어린이가 사용할 수 있음을 특정하여 표시하는 제품에는 사용금지 (다만, 샴푸는 제외)
세틸피리디늄클로라이드	0.08%	
소듐라우로일사코시네이트	사용 후 씻어내는 제품에 허용	기타 제품에는 사용금지
소듐아이오데이트	사용 후 씻어내는 제품에 0.1%	기타 제품에는 사용금지
소듐하이드록시메칠아미노아세테이트(소듐하이드록시메칠글리시네이트)	0.5%	
소르빅애씨드(헥사-2,4-디에노익 애씨드) 및 그 염류	소르빅애씨드로서 0.6%	

원료명	사용 한도	비 고
아이오도프로피닐부틸카바메이트(아이피비씨)	• 사용 후 씻어내는 제품에 0.02% • 사용 후 씻어내지 않는 제품에 0.01% • 다만, 데오드란트에 배합할 경우에는 0.0075%	• 입술에 사용되는 제품, 에어로졸(스프레이에 한함) 제품, 바디로션 및 바디크림에는 사용금지 • 영유아용 제품류 또는 만 13세 이하 어린이가 사용할 수 있음을 특정하여 표시하는 제품에는 사용금지(목욕용제품, 샤워젤류 및 샴푸류는 제외)
알킬이소퀴놀리늄브로마이드	사용 후 씻어내지 않는 제품에 0.05%	
알킬(C_{12}-C_{22})트리메칠암모늄 브로마이드 및 클로라이드(브롬화세트리모늄 포함)	두발용 제품류를 제외한 화장품에 0.1%	
에칠라우로일알지네이트 하이드로클로라이드	0.4%	입술에 사용되는 제품 및 에어로졸(스프레이에 한함) 제품에는 사용금지
엠디엠하이단토인	0.2%	
알킬디아미노에칠글라이신하이드로클로라이드용액(30%)	0.3%	
운데실레닉애씨드 및 그 염류 및 모노에탄올아마이드	사용 후 씻어내는 제품에 산으로서 0.2%	기타 제품에는 사용금지
이미다졸리디닐우레아(3,3'-비스(1-하이드록시메칠-2,5-디옥소이미다졸리딘-4-일)-1,1'메칠렌디우레아)	0.6%	
이소프로필메칠페놀(이소프로필크레졸, o-시멘-5-올)	0.1%	
징크피리치온	사용 후 씻어내는 제품에 0.5%	기타 제품에는 사용금지
쿼터늄-15(메텐아민 3-클로로알릴클로라이드)	0.2%	
클로로부탄올	0.5%	에어로졸(스프레이에 한함) 제품에는 사용금지
클로로자이레놀	0.5%	
p-클로로-m-크레졸	0.04%	점막에 사용되는 제품에는 사용금지
클로로펜(2-벤질-4-클로로페놀)	0.05%	
클로페네신(3-(p-클로로페녹시)-프로판-1,2-디올)	0.3%	

원료명	사용 한도	비 고
클로헥시딘, 그 디글루코네이트, 디아세테이트 및 디하이드로클로라이드	• 점막에 사용하지 않고 씻어내는 제품에 클로헥시딘으로서 0.1% • 기타 제품에 클로헥시딘으로서 0.05%	
클림바졸[1-(4-클로로페녹시)-1-(1H-이미다졸릴)-3, 3-디메칠-2-부타논]	두발용 제품에 0.5%	기타 제품에는 사용금지
테트라브로모-o-크레졸	0.3%	
트리클로산	사용 후 씻어내는 인체세정용 제품류, 데오도런트(스프레이 제품 제외), 페이스파우더, 피부결점을 감추기 위해 국소적으로 사용하는 파운데이션(예 블레미쉬컨실러)에 0.3%	기타 제품에는 사용금지
트리클로카반(트리클로카바닐리드)	0.2% (다만, 원료 중 3,3',4,4'-테트라클로로아조벤젠 1ppm 미만, 3,3',4,4'-테트라클로로아족시벤젠 1ppm 미만 함유하여야 함)	
페녹시에탄올	1.0%	
페녹시이소프로판올(1-페녹시프로판-2-올)	사용 후 씻어내는 제품에 1.0%	기타 제품에는 사용금지
포믹애씨드 및 소듐포메이트	포믹애씨드로서 0.5%	
폴리(1-헥사메칠렌바이구아니드)에이치씨엘	0.05%	에어로졸(스프레이에 한함) 제품에는 사용금지
프로피오닉애씨드 및 그 염류	프로피오닉애씨드로서 0.9%	
피록톤올아민(1-하이드록시-4-메칠-6(2,4,4-트리메칠펜틸)2-피리돈 및 그 모노에탄올아민염)	사용 후 씻어내는 제품에 1.0%, 기타 제품에 0.5%	
피리딘-2-올 1-옥사이드	0.5%	
p-하이드록시벤조익애씨드, 그 염류 및 에스텔류(다만, 에스텔류 중 페닐은 제외)	• 단일성분일 경우 0.4%(산으로서) • 혼합사용의 경우 0.8%(산으로서)	
헥세티딘	사용 후 씻어내는 제품에 0.1%	기타 제품에는 사용금지
헥사미딘(1,6-디(4-아미디노페녹시)-n-헥산) 및 그 염류(이세치오네이트 및 p-하이드록시벤조에이트)	헥사미딘으로서 0.1%	

※ 염류의 예: 소듐, 포타슘, 칼슘, 마그네슘, 암모늄, 에탄올아민, 클로라이드, 브로마이드, 설페이트, 아세테이트, 베타인 등

※ 에스텔류: 메칠, 에칠, 프로필, 이소프로필, 부틸, 이소부틸, 페닐

(3) 자외선 차단성분

원료명	사용 한도	비 고
드로메트리졸트리실록산	15%	
드로메트리졸	1.0%	
디갈로일트리올리에이트	5%	
디소듐페닐디벤즈이미다졸테트라설포네이트	산으로서 10%	
디에칠헥실부타미도트리아존	10%	
디에칠아미노하이드록시벤조일헥실벤조에이트	10%	
로우손과 디하이드록시아세톤의 혼합물	로우손 0.25%, 디하이드록시아세톤 3%	
메칠렌비스-벤조트리아졸릴테트라메칠부틸페놀	10%	
4-메칠벤질리덴캠퍼	4%	
멘틸안트라닐레이트	5%	
벤조페논-3(옥시벤존)	5%	
벤조페논-4	5%	
벤조페논-8(디옥시벤존)	3%	
부틸메톡시디벤조일메탄	5%	
비스에칠헥실옥시페놀메톡시페닐트리아진	10%	
시녹세이트	5%	
에칠디하이드록시프로필파바	5%	
옥토크릴렌	10%	
에칠헥실디메칠파바	8%	
에칠헥실메톡시신나메이트	7.5%	
에칠헥실살리실레이트	5%	
에칠헥실트리아존	5%	
이소아밀-p-메톡시신나메이트	10%	
폴리실리콘-15(디메치코디에칠벤잘말로네이트)	10%	
징크옥사이드	25%	
테레프탈릴리덴디캠퍼설포닉애씨드 및 그 염류	산으로서 10%	
티이에이-살리실레이트	12%	
티타늄디옥사이드	25%	
페닐벤즈이미다졸설포닉애씨드	4%	
호모살레이트	10%	

※ 다만, 제품의 변색방지를 목적으로 그 사용농도가 0.5% 미만인 것은 자외선 차단 제품으로 인정하지 아니한다.

※ 염류: 양이온염으로 소듐, 포타슘, 칼슘, 마그네슘, 암모늄 및 에탄올아민, 음이온염으로 클로라이드, 브로마이드, 설페이트, 아세테이트

(4) 염모제 성분

원료명	사용할 때 농도상한(%)	비 고
p-니트로-o-페닐렌디아민	산화염모제에 1.5%	기타 제품에는 사용금지
니트로-p-페닐렌디아민	산화염모제에 3.0%	기타 제품에는 사용금지
2-메칠-5-히드록시에칠아미노페놀	산화염모제에 0.5%	기타 제품에는 사용금지
2-아미노-4-니트로페놀	산화염모제에 2.5%	기타 제품에는 사용금지
2-아미노-5-니트로페놀	산화염모제에 1.5%	기타 제품에는 사용금지
2-아미노-3-히드록시피리딘	산화염모제에 1.0%	기타 제품에는 사용금지
4-아미노-m-크레솔	산화염모제에 1.5%	기타 제품에는 사용금지
5-아미노-o-크레솔	산화염모제에 1.0%	기타 제품에는 사용금지
5-아미노-6-클로로-o-크레솔	• 산화염모제에 1.0% • 비산화염모제에 0.5%	기타 제품에는 사용금지
m-아미노페놀	산화염모제에 2.0%	기타 제품에는 사용금지
o-아미노페놀	산화염모제에 3.0%	기타 제품에는 사용금지
p-아미노페놀	산화염모제에 0.9%	기타 제품에는 사용금지
염산 2,4-디아미노페녹시에탄올	산화염모제에 0.5%	기타 제품에는 사용금지
염산 톨루엔-2,5-디아민	산화염모제에 3.2%	기타 제품에는 사용금지
염산 m-페닐렌디아민	산화염모제에 0.5%	기타 제품에는 사용금지
염산 p-페닐렌디아민	산화염모제에 3.3%	기타 제품에는 사용금지
염산 히드록시프로필비스(N-히드록시에칠-p-페닐렌디아민)	산화염모제에 0.4%	기타 제품에는 사용금지
톨루엔-2,5-디아민	산화염모제에 2.0%	기타 제품에는 사용금지
m-페닐렌디아민	산화염모제에 1.0%	기타 제품에는 사용금지
p-페닐렌디아민	산화염모제에 2.0%	기타 제품에는 사용금지
N-페닐-p-페닐렌디아민 및 그 염류	산화염모제에 N-페닐-p-페닐렌디아민으로서 2.0%	기타 제품에는 사용금지
피크라민산	산화염모제에 0.6%	기타 제품에는 사용금지
황산 p-니트로-o-페닐렌디아민	산화염모제에 2.0%	기타 제품에는 사용금지
p-메칠아미노페놀 및 그 염류	산화염모제에 황산염으로서 0.68%	기타 제품에는 사용금지
황산 5-아미노-o-크레솔	산화염모제에 4.5%	기타 제품에는 사용금지
황산 m-아미노페놀	산화염모제에 2.0%	기타 제품에는 사용금지
황산 o-아미노페놀	산화염모제에 3.0%	기타 제품에는 사용금지
황산 p-아미노페놀	산화염모제에 1.3%	기타 제품에는 사용금지

원료명	사용할 때 농도상한(%)	비 고
황산 톨루엔-2,5-디아민	산화염모제에 3.6%	기타 제품에는 사용금지
황산 m-페닐렌디아민	산화염모제에 3.0%	기타 제품에는 사용금지
황산 p-페닐렌디아민	산화염모제에 3.8%	기타 제품에는 사용금지
황산N,N-비스(2-히드록시에칠)-p-페닐렌디아민	산화염모제에 2.9%	기타 제품에는 사용금지
2,6-디아미노피리딘	산화염모제에 0.15%	기타 제품에는 사용금지
염산 2,4-디아미노페놀	산화염모제에 0.5%	기타 제품에는 사용금지
1,5-디히드록시나프탈렌	산화염모제에 0.5%	기타 제품에는 사용금지
피크라민산 나트륨	산화염모제에 0.6%	기타 제품에는 사용금지
황산 2-아미노-5-니트로페놀	산화염모제에 1.5%	기타 제품에는 사용금지
황산 o-클로로-p-페닐렌디아민	산화염모제에 1.5%	기타 제품에는 사용금지
황산 1-히드록시에칠-4,5-디아미노피라졸	산화염모제에 3.0%	기타 제품에는 사용금지
히드록시벤조모르포린	산화염모제에 1.0%	기타 제품에는 사용금지
6-히드록시인돌	산화염모제에 0.5%	기타 제품에는 사용금지
1-나프톨(α-나프톨)	산화염모제에 2.0%	기타 제품에는 사용금지
레조시놀	산화염모제에 2.0%	
2-메칠레조시놀	산화염모제에 0.5%	기타 제품에는 사용금지
몰식자산	산화염모제에 4.0%	
카테콜(피로카테콜)	산화염모제에 1.5%	기타 제품에는 사용금지
피로갈롤	염모제에 2.0 %	기타 제품에는 사용금지
과붕산나트륨 과붕산나트륨일수화물 과산화수소수 과탄산나트륨	염모제(탈염 · 탈색 포함)에서 과산화수소로서 12.0%	

(5) 기타성분

원료명	사용 한도	비 고
감광소 감광소 101호(플라토닌) 감광소 201호(쿼터늄-73) 감광소 301호(쿼터늄-51) 감광소 401호(쿼터늄-45) 기타의 감광소 의 합계량	0.002%	
건강틴크 칸타리스틴크 고추틴크 의 합계량	1%	
과산화수소 및 과산화수소 생성물질	• 두발용 제품류에 과산화수소로서 3% • 손톱경화용 제품에 과산화수소로서 2%	기타 제품에는 사용금지
글라이옥살	0.01%	
α-다마스콘(시스-로즈 케톤-1)	0.02%	
디아미노피리미딘옥사이드(2,4-디아미노-피리미딘-3-옥사이드)	두발용 제품류에 1.5%	기타 제품에는 사용금지
땅콩오일, 추출물 및 유도체		원료 중 땅콩단백질의 최대 농도는 0.5ppm을 초과하지 않아야 함
라우레스-8, 9 및 10	2%	
레조시놀	• 산화염모제에 용법 · 용량에 따른 혼합물의 염모성분으로서 2.0% • 기타제품에 0.1%	
로즈 케톤-3	0.02%	
로즈 케톤-4	0.02%	
로즈 케톤-5	0.02%	
시스-로즈 케톤-2	0.02%	
트랜스-로즈 케톤-1	0.02%	
트랜스-로즈 케톤-2	0.02%	
트랜스-로즈 케톤-3	0.02%	
트랜스-로즈 케톤-5	0.02%	
리튬하이드록사이드	• 헤어스트레이트너 제품에 4.5% • 제모제에서 pH조정 목적으로 사용되는 경우 최종 제품의 pH는 12.7 이하	기타 제품에는 사용금지

원료명	사용 한도	비 고
만수국꽃 추출물 또는 오일	• 사용 후 씻어내는 제품에 0.1% • 사용 후 씻어내지 않는 제품에 0.01%	• 원료 중 알파 테르티에닐(테르티오펜) 함량은 0.35% 이하 • 자외선 차단제품 또는 자외선을 이용한 태닝(천연 또는 인공)을 목적으로 하는 제품에는 사용금지 • 만수국아재비꽃 추출물 또는 오일과 혼합 사용 시 '사용 후 씻어내는 제품'에 0.1%, '사용 후 씻어내지 않는 제품'에 0.01%를 초과하지 않아야 함
만수국아재비꽃 추출물 또는 오일	• 사용 후 씻어내는 제품에 0.1% • 사용 후 씻어내지 않는 제품에 0.01%	• 원료 중 알파 테르티에닐(테르티오펜) 함량은 0.35% 이하 • 자외선 차단제품 또는 자외선을 이용한 태닝(천연 또는 인공)을 목적으로 하는 제품에는 사용금지 • 만수국꽃 추출물 또는 오일과 혼합 사용 시 '사용 후 씻어내는 제품'에 0.1%, '사용 후 씻어내지 않는 제품'에 0.01%를 초과하지 않아야 함
머스크자일렌	• 향수류 – 향료원액을 8% 초과하여 함유하는 제품에 1.0%, – 향료원액을 8% 이하로 함유하는 제품에 0.4% • 기타 제품에 0.03%	
머스크케톤	• 향수류 – 향료원액을 8% 초과하여 함유하는 제품 1.4%, – 향료원액을 8% 이하로 함유하는 제품 0.56% • 기타 제품에 0.042%	
3-메칠논-2-엔니트릴	0.2%	

원료명	사용 한도	비 고
메칠 2-옥티노에이트(메칠헵틴카보네이트)	0.01% (메칠옥틴카보네이트와 병용 시 최종제품에서 두 성분의 합은 0.01%, 메칠옥틴카보네이트는 0.002%)	
메칠옥틴카보네이트(메칠논-2-이노에이트)	0.002% (메칠 2-옥티노에이트와 병용 시 최종제품에서 두 성분의 합이 0.01%)	
p-메칠하이드로신나믹알데하이드	0.2%	
메칠헵타디에논	0.002%	
메톡시디시클로펜타디엔카르복스알데하이드	0.5%	
무기설파이트 및 하이드로젠설파이트류	산화염모제에서 유리 SO_2로 0.67%	기타 제품에는 사용금지
베헨트리모늄 클로라이드	(단일성분 또는 세트리모늄 클로라이드, 스테아트리모늄클로라이드와 혼합사용의 합으로서) • 사용 후 씻어내는 두발용 제품류 및 두발 염색용 제품류에 5.0% • 사용 후 씻어내지 않는 두발용 제품류 및 두발 염색용 제품류에 3.0%	세트리모늄 클로라이드 또는 스테아트리모늄 클로라이드와 혼합 사용하는 경우 세트리모늄 클로라이드 및 스테아트리모늄 클로라이드의 합은 '사용 후 씻어내지 않는 두발용 제품류'에 1.0% 이하, '사용 후 씻어내는 두발용 제품류 및 두발 염색용 제품류'에 2.5% 이하여야 함)
4-tert-부틸디하이드로신남알데하이드	0.6%	
1,3-비스(하이드록시메칠)이미다졸리딘-2-치온	두발용 제품류 및 손발톱용 제품류에 2% (다만, 에어로졸(스프레이에 한함) 제품에는 사용금지)	기타 제품에는 사용금지
비타민E(토코페롤)	20%	
살리실릭애씨드 및 그 염류	• 인체세정용 제품류에 살리실릭애씨드로서 2% • 사용 후 씻어내는 두발용 제품류에 살리실릭애씨드로서 3%	• 영유아용 제품류 또는 만 13세 이하 어린이가 사용할 수 있음을 특정하여 표시하는 제품에는 사용금지(다만, 샴푸는 제외) • 기능성화장품의 유효성분으로 사용하는 경우에 한하며 기타 제품에는 사용금지

원료명	사용 한도	비 고
세트리모늄 클로라이드, 스테아트리모늄 클로라이드	(단일성분 또는 혼합사용의 합으로서) • 사용 후 씻어내는 두발용 제품류 및 두발용 염색용 제품류에 2.5% • 사용 후 씻어내지 않는 두발용 제품류 및 두발 염색용 제품류에 1.0%	
소듐나이트라이트	0.2%	2급, 3급 아민 또는 기타 니트로사민형성물질을 함유하고 있는 제품에는 사용금지
소합향나무(Liquidambar orientalis) 발삼오일 및 추출물	0.6%	
수용성 징크 염류(징크 4-하이드록시벤젠설포네이트와 징크피리치온 제외)	징크로서 1%	
시스테인, 아세틸시스테인 및 그 염류	퍼머넌트웨이브용 제품에 시스테인으로서 3.0~7.5% (다만, 가온2욕식 퍼머넌트웨이브용 제품의 경우에는 시스테인으로서 1.5~5.5%, 안정제로서 치오글라이콜릭애씨드 1.0%를 배합할 수 있으며, 첨가하는 치오글라이콜릭애씨드의 양을 최대한 1.0%로 했을 때 주성분인 시스테인의 양은 6.5%를 초과할 수 없다)	
실버나이트레이트	속눈썹 및 눈썹 착색용도의 제품에 4%	기타 제품에는 사용금지
아밀비닐카르비닐아세테이트	0.3%	
아밀시클로펜테논	0.1%	
아세틸헥사메칠인단	사용 후 씻어내지 않는 제품에 2%	
아세틸헥사메칠테트라린	• 사용 후 씻어내지 않는 제품 0.1% (다만, 하이드로알콜성 제품에 배합할 경우 1%, 순수향료 제품에 배합할 경우 2.5%, 방향크림에 배합할 경우 0.5%) • 사용 후 씻어내는 제품 0.2%	
알에이치(또는 에스에이치) 올리고펩타이드-1(상피세포성장인자)	0.001%	

원료명	사용 한도	비 고
알란토인클로로하이드록시알루미늄(알클록사)	1%	
알릴헵틴카보네이트	0.002%	2-알키노익애씨드 에스텔(예 메칠헵틴카보네이트)을 함유하고 있는 제품에는 사용금지
알칼리금속의 염소산염	3%	
암모니아	6%	
에칠라우로일알지네이트 하이드로클로라이드	비듬 및 가려움을 덜어주고 씻어내는 제품(샴푸)에 0.8%	기타 제품에는 사용금지
에탄올 · 붕사 · 라우릴황산나트륨(4:1:1)혼합물	외음부세정제에 12%	기타 제품에는 사용금지
에티드로닉애씨드 및 그 염류(1-하이드록시에칠리덴-디-포스포닉애씨드 및 그 염류)	• 두발용 제품류 및 두발염색용 제품류에 산으로서 1.5% • 인체 세정용 제품류에 산으로서 0.2%	기타 제품에는 사용금지
오포파낙스	0.6%	
옥살릭애씨드, 그 에스텔류 및 알칼리 염류	두발용제품류에 5%	기타 제품에는 사용금지
우레아	10%	
이소베르가메이트	0.1%	
이소사이클로제라니올	0.5%	
징크페놀설포네이트	사용 후 씻어내지 않는 제품에 2%	
징크피리치온	비듬 및 가려움을 덜어주고 씻어내는 제품(샴푸, 린스) 및 탈모증상의 완화에 도움을 주는 화장품에 총 징크피리치온으로서 1.0%	기타 제품에는 사용금지
치오글라이콜릭애씨드, 그 염류 및 에스텔류	• 퍼머넌트웨이브용 및 헤어스트레이트너 제품에 치오글라이콜릭애씨드로서 11% (다만, 가온2욕식 헤어스트레이트너 제품의 경우에는 치오글라이콜릭애씨드로서 5%, 치오글라이콜릭애씨드 및 그 염류를 주성분으로 하고 제1제 사용 시 조제하는 발열2욕식 퍼머넌트웨이브용 제품의 경우 치오글라이콜릭애씨드로서 19%에 해당하는 양)	기타 제품에는 사용금지

원료명	사용 한도	비 고
	• 제모용 제품에 치오글라이콜릭애씨드로서 5% • 염모제에 치오글라이콜릭애씨드로서 1% • 사용 후 씻어내는 두발용 제품류에 2%	
칼슘하이드록사이드	• 헤어스트레이트너 제품에 7% • 제모제에서 pH조정 목적으로 사용되는 경우 최종 제품의 pH는 12.7 이하	기타 제품에는 사용금지
Commiphora erythrea engler var. glabrescens 검 추출물 및 오일	0.6%	
쿠민(Cuminum cyminum) 열매 오일 및 추출물	사용 후 씻어내지 않는 제품에 쿠민오일로서 0.4%	
퀴닌 및 그 염류	• 샴푸에 퀴닌염으로서 0.5% • 헤어로션에 퀴닌염로서 0.2%	기타 제품에는 사용금지
클로라민T	0.2%	
톨루엔	손발톱용 제품류에 25%	기타 제품에는 사용금지
트리알킬아민, 트리알칸올아민 및 그 염류	사용 후 씻어내지 않는 제품에 2.5%	
트리클로산	사용 후 씻어내는 제품류에 0.3%	기능성화장품의 유효성분으로 사용하는 경우에 한하며 기타 제품에는 사용금지
트리클로카반(트리클로카바닐리드)	사용 후 씻어내는 제품류에 1.5%	기능성화장품의 유효성분으로 사용하는 경우에 한하며 기타 제품에는 사용금지
페릴알데하이드	0.1%	
페루발삼 (Myroxylon pereirae의 수지) 추출물(extracts), 증류물(distillates)	0.4%	
포타슘하이드록사이드 또는 소듐하이드록사이드	• 손톱표피 용해 목적일 경우 5%, pH 조정 목적으로 사용되고 최종 제품이 제5조 제5항에 pH기준이 정하여 있지 아니한 경우에도 최종 제품의 pH는 11 이하 • 제모제에서 pH조정 목적으로 사용되는 경우 최종 제품의 pH는 12.7 이하	

원료명	사용 한도	비 고
폴리아크릴아마이드류	• 사용 후 씻어내지 않는 바디화장품에 잔류 아크릴아마이드로서 0.00001% • 기타 제품에 잔류 아크릴아마이드로서 0.00005%	
풍나무(Liquidambar styraciflua) 발삼오일 및 추출물	0.6%	
프로필리덴프탈라이드	0.01%	
하이드롤라이즈드밀단백질		원료 중 펩타이드의 최대 평균분자량은 3.5kDa 이하이어야 함
트랜스-2-헥세날	0.002%	
2-헥실리덴사이클로펜타논	0.06%	

※ 염류의 예: 소듐, 포타슘, 칼슘, 마그네슘, 암모늄, 에탄올아민, 클로라이드, 브로마이드, 설페이트, 아세테이트, 베타인 등

※ 에스텔류: 메칠, 에칠, 프로필, 이소프로필, 부틸, 이소부틸, 페닐

핵심 주관식 **다음의 빈칸에 들어갈 단어를 작성하시오.**

- 염류의 예: 소듐, 포타슘, 칼슘, 마그네슘, 암모늄, 에탄올아민, 클로라이드, 브로마이드, 설페이트, 아세테이트, 베타인 등
- (   ): 메칠, 에칠, 프로필, 이소프로필, 부틸, 이소부틸, 페닐

정답 에스텔류

3 천연화장품 및 유기농화장품의 제조에 사용할 수 있는 원료

(1) 천연화장품 및 유기농화장품에 사용할 수 있는 원료

① 천연화장품 및 유기농화장품의 제조에 사용할 수 있는 원료는 다음과 같다.

※ 다만, 제조에 사용하는 원료는 「천연화장품 및 유기농화장품의 기준에 관한 규정」 [별표 2]의 오염물질에 의해 오염되어서는 안 된다.

- 천연 원료
- 천연유래 원료
- 물

- 기타 [별표 3](허용 기타원료) 및 [별표 4](허용 합성원료)에서 정하는 원료

② 합성원료는 천연화장품 및 유기농화장품의 제조에 사용할 수 없다.

※ 다만, 천연화장품 또는 유기농화장품의 품질 또는 안전을 위해 필요하나 따로 자연에서 대체하기 곤란한 허용 합성원료는 5% 이내에서 사용할 수 있다. 이 경우에도 석유화학 부분(Petrochemical moiety의 합)은 2%를 초과할 수 없다.

(2) 천연화장품 및 유기농화장품 제조공정

① 원료의 제조공정은 간단하고 오염을 일으키지 않으며, 원료 고유의 품질이 유지될 수 있어야 한다. 허용되는 공정은 [별표 5]와 같다.

② 천연화장품 및 유기농화장품의 제조에 대해 금지되는 공정은 다음과 같다.

- [별표 5]의 금지되는 공정
- 유전자 변형 원료 배합
- 니트로스아민류 배합 및 생성
- 일면 또는 다면의 외형 또는 내부구조를 가지도록 의도적으로 만들어진 불용성이거나 생체지속성인 1~100나노미터 크기의 물질 배합
- 공기, 산소, 질소, 이산화탄소, 아르곤 가스 외의 분사제 사용

(3) [별표 1] 미네랄 유래원료

원료		
구리가루	소듐클로라이드	칼슘소듐보로실리케이트
규조토	소듐포스페이트	칼슘알루미늄보로실리케이트
디소듐포스페이트	소듐플루오라이드	칼슘카보네이트
디칼슘포스페이트	소듐하이드록사이드	칼슘포스페이트와 그 수화물
디칼슘포스페이트디하이드레이트	실리카	칼슘 플루오라이드
마그네슘설페이트	실버	칼슘하이드록사이드
마그네슘실리케이트	실버설페이트	크로뮴옥사이드그린
마그네슘알루미늄실리케이트	실버씨트레이트	크로뮴하이드록사이드그린
마그네슘옥사이드	실버옥사이드	탤크
마그네슘카보네이트	실버클로라이드	테트라소듐파이로포스페이트
마그네슘클로라이드	씨솔트	티타늄 디옥사이드
마그네슘카보네이트하이드록사이드	아이런설페이트	틴 옥사이드
	아이런옥사이드	페릭암모늄페로시아나이드
마그네슘하이드록사이드	아이런하이드록사이드	포타슘설페이트
마이카	알루미늄아이런실리케이트	포타슘아이오다이드
말라카이트	알루미늄	포타슘알루미늄설페이트
망가니즈비스오르토포스페이트	알루미늄 가루	포타슘카보네이트
망가니즈설페이트	알루미늄 설퍼이트	포타슘클로라이드

원료		
바륨설페이트	알루미늄 암모니움 설퍼이트	포타슘하이드록사이드
벤토나이트	알루미늄 옥사이드	하이드레이티드실리카
비스머스옥시클로라이드	알루미늄 하이드록사이드	하이드록시아파타이트
소듐글리세로포스페이트	암모늄 망가니즈 디포스페이트	헥토라이트
소듐마그네슘실리케이트	암모늄 설페이트	세륨옥사이드
소듐메타실리케이트	울트라마린	아이런 실리케이트
소듐모노플루오로포스페이트	징크설페이트	골드
소듐바이카보네이트	징크옥사이드	마그네슘 포스페이트
소듐보레이트	징크카보네이트	칼슘 클로라이드
소듐설페이트	카올린	포타슘 알룸
소듐실리케이트	카퍼설페이트	포타슘 티오시아네이트
소듐카보네이트	카퍼옥사이드	알루미늄 실리케이트
소듐치오설페이트	칼슘설페이트	

(4) [별표 2] 오염물질

물질명	
중금속(Heavy metals)	유전자변형 생물체(GMO)
방향족 탄화수소(Aromatic hydrocarbons)	곰팡이 독소(Mycotoxins)
농약(Pesticides)	의약 잔류물(Medicinal residues)
다이옥신 및 폴리염화비페닐(Dioxins & PCBs)	질산염(Nitrates)
방사능(Radioactivity)	니트로사민(Nitrosamines)

※ 상기 오염물질은 자연적으로 존재하는 것보다 많은 양이 제품에서 존재해서는 아니 된다.

(5) [별표 3] 허용 기타원료

원료	제한
베타인(Betaine)	
카라기난(Carrageenan)	
레시틴 및 그 유도체(Lecithin and Lecithin derivatives)	
토코페롤, 토코트리에놀(Tocopherol / Tocotrienol)	
오리자놀(Oryzanol)	
안나토(Annatto)	
카로티노이드 / 잔토필(Carotenoids / Xanthophylls)	
앱솔루트, 콘크리트, 레지노이드	천연화장품에만 허용
라놀린(Lanolin)	

원 료	제 한
피토스테롤(Phytosterol)	
글라이코스핑고리피드 및 글라이코리피드	
잔탄검	
알킬베타인	

※ 석유화학 용제의 사용 시 반드시 최종적으로 모두 회수되거나 제거되어야 하며, 방향족, 알콕실레이트화, 할로겐화, 니트로젠 또는 황(DMSO 예외) 유래 용제는 사용이 불가하다.

(6) [별표 4] 허용 합성원료

1) 합성 보존제 및 변성제

원 료	제 한
벤조익애씨드 및 그 염류(Benzoic Acid and its salts)	
벤질알코올(Benzyl Alcohol)	
살리실릭애씨드 및 그 염류(Salicylic Acid and its salts)	
소르빅애씨드 및 그 염류(Sorbic Acid and its salts)	
데하이드로아세틱애씨드 및 그 염류(Dehydroacetic Acid and its salts)	
데나토늄벤조에이트, 3급부틸알코올, 기타 변성제(프탈레이트류 제외)[Denatonium Benzoate and Tertiary Butyl Alcohol and other denaturing agents for alcohol(excluding phthalates)]	(관련 법령에 따라) 에탄올에 변성제로 사용된 경우에 한함
이소프로필알코올(Isopropylalcohol)	
테트라소듐글루타메이트디아세테이트(Tetrasodium Glutamate Diacetate)	

2) 천연 유래와 석유화학 부분을 모두 포함하고 있는 원료

분 류	사용 제한
디알킬카보네이트(Dialkyl Carbonate)	
알킬아미도프로필베타인(Alkylamidopropylbetaine)	
알킬메칠글루카미드(Alkyl Methyl Glucamide)	
알킬암포아세테이트 / 디아세테이트	
알킬글루코사이드카르복실레이트	
카르복시메칠 – 식물 폴리머	
식물성 폴리머 – 하이드록시프로필 트리모늄 클로라이드	두발 / 수염에 사용하는 제품에 한함
디알킬디모늄클로라이드(Dialkyl Dimonium Chloride)	두발 / 수염에 사용하는 제품에 한함
알킬디모늄 하이드록시프로필 하이드로라이즈드 식물성 단백질	두발 / 수염에 사용하는 제품에 한함

※ 석유화학 부분(Petrochemical moiety의 합)은 전체 제품에서 2%를 초과할 수 없다.

※ 석유화학 부분은 다음과 같이 계산한다.

석유화학 부분(%) = 석유화학 유래 부분 몰중량 / 전체 분자량 × 100

※ 이 원료들은 유기농이 될 수 없다.

(7) [별표 5] 제조공정

1) 허용되는 공정

① 물리적 공정: 물리적 공정 시 물이나 자연에서 유래한 천연 용매로 추출해야 한다.

공정명	비 고
흡수(Absorption) / 흡착(Adsorption)	불활성 지지체
탈색(Bleaching) / 탈취(Deodorization)	불활성 지지체
분쇄(Grinding)	
원심분리(Centrifuging)	
상층액분리(Decanting)	
건조(Desiccation and Drying)	
탈(脫)고무(Degumming) / 탈(脫)유(De-oiling)	
탈(脫)테르펜(Deterpenation)	증기 또는 자연적으로 얻어지는 용매 사용
증류(Distillation)	자연적으로 얻어지는 용매 사용(물, CO_2 등)
추출(Extractions)	자연적으로 얻어지는 용매 사용(물, 글리세린 등)
여과(Filtration)	불활성 지지체
동결건조(Lyophilization)	
혼합(Blending)	
삼출(Percolation)	
압력(Pressure)	
멸균(Sterilization)	열처리
멸균(Sterilization)	가스 처리(O_2, N_2, Ar, He, O_3, CO_2 등)
멸균(Sterilization)	UV, IR, Microwave
체로 거르기(Sifting)	
달임(Decoction)	뿌리, 열매 등 단단한 부위를 우려냄
냉동(Freezing)	
우려냄(Infusion)	꽃, 잎 등 연약한 부위를 우려냄
매서레이션(Maceration)	정제수나 오일에 담가 부드럽게 함
마이크로웨이브(Microwave)	

공정명	비 고
결정화(Settling)	
압착(Squeezing) / 분쇄(Crushing)	
초음파(Ultrasound)	
UV 처치(UV Treatments)	
진공(Vacuum)	
로스팅(Roasting)	
탈색(Decoloration, 벤토나이트, 숯가루, 표백토, 과산화수소, 오존 사용)	

② 화학적 · 생물학적 공정: 석유화학 용제의 사용 시 반드시 최종적으로 모두 회수되거나 제거되어야 하며, 방향족, 알콕실레이트화, 할로겐화, 니트로젠 또는 황(DMSO 예외) 유래 용제는 사용이 불가하다.

공정명	비 고
알킬화(Alkylation)	
아마이드 형성(Formation of amide)	
회화(Calcnation)	
탄화(Carbonization)	
응축 / 부가(Condensation / Addition)	
복합화(Complexation)	
에스텔화(Esterification) / 에스테르결합전이반응(Transesterification) / 에스테르교환(Interesterification)	
에텔화(Etherification)	
생명공학기술(Biotechnology) / 자연발효(Natural fermentation)	
수화(Hydration)	
수소화(Hydrogenation)	
가수분해(Hydrolysis)	
중화(Neutralization)	
산화 / 환원(Oxydization / Reduction)	
양쪽성물질의 제조공정(Processes for the Manufacture of Amphoterics)	아마이드, 4기화반응(Formation of amide and Quaternization)
비누화(Saponification)	
황화(Sulphatation)	
이온교환(Ionic Exchange)	
오존분해(Ozonolysis)	

2) 금지되는 공정

공정명	비 고
탈색, 탈취(Bleaching-Deodorisation)	동물 유래
방사선 조사(Irradiation)	알파선, 감마선
설폰화(Sulphonation)	
에칠렌 옥사이드, 프로필렌 옥사이드 또는 다른 알켄 옥사이드 사용(Use of ethylene oxide, propylene oxide or other alkylene oxides)	
수은화합물을 사용한 처리(Treatments using mercury)	
포름알데하이드 사용(Use of formaldehyde)	

4 기능성화장품의 성분 및 함량

(「기능성화장품 심사에 관한 규정」 [별표4])

(1) 피부를 곱게 태워주거나 자외선으로부터 피부를 보호하는 데 도움을 주는 제품의 성분 및 함량

화장품의 유형 중 영 · 유아용 제품류 중 로션, 크림 및 오일, 기초화장용 제품류, 색조화장용 제품류에 한한다.

분 류	성분명	최대 함량
자외선 흡수제 (유기화합물)	드로메트리졸	1%
	벤조페논-8	3%
	4-메칠벤질리덴캠퍼	4%
	페닐벤즈이미다졸설포닉애씨드	4%
	벤조페논-3	5%
	벤조페논-4	5%
	시녹세이트	5%
	멘틸안트라닐레이트	5%
	디갈로일트리올리에이트	5%
	부틸메톡시디벤조일메탄	5%
	에칠헥실트리아존	5%
	에칠헥실살리실레이트	5%

분 류	성분명	최대 함량
자외선 흡수제 (유기화합물)	에칠헥실메톡시신나메이트	7.5%
	에칠헥실디메칠파바	8%
	옥토크릴렌	10%
	호모살레이트	10%
	이소아밀p-메톡시신나메이트	10%
	디에칠헥실부타미도트리아존	10%
	비스-에칠헥실옥시페놀메톡시페닐트리아진	10%
	디소듐페닐디벤즈이미다졸테트라설포네이트	산으로 10%
	폴리실리콘-15(디메치코디에칠벤잘말로네이트)	10%
	메칠렌비스-벤조트리아졸릴테트라메칠부틸페놀	10%
	테레프탈릴리덴디캠퍼설포닉애씨드 및 그 염류	산으로 10%
	디에칠아미노하이드록시벤조일헥실벤조에이트	10%
	드로메트리졸트리실록산	15%
자외선 산란제 (무기화합물)	징크옥사이드(자외선성분으로서)	25%
	티타늄디옥사이드(자외선성분으로서)	25%

(2) 피부의 미백에 도움을 주는 제품의 성분 및 함량

제형은 로션제, 액제, 크림제 및 침적 마스크에 한하며, 제품의 효능 · 효과는 "피부의 미백에 도움을 준다"로, 용법 · 용량은 "본품 적당량을 취해 피부에 골고루 펴 바른다. 또는 본품을 피부에 붙이고 10~20분 후 지지체를 제거한 다음 남은 제품을 골고루 펴 바른다(침적 마스크에 한함)"로 제한한다.

연 번	성분명	함 량
1	닥나무추출물	2%
2	알부틴	2~5%
3	에칠아스코빌에텔	1~2%
4	유용성감초추출물	0.05%
5	아스코빌글루코사이드	2%
6	마그네슘아스코빌포스페이트	3%
7	나이아신아마이드	2~5%
8	알파-비사보롤	0.5%
9	아스코빌테트라이소팔미테이트	2%

(3) 피부의 주름개선에 도움을 주는 제품의 성분 및 함량

제형은 로션제, 액제, 크림제 및 침적 마스크에 한하며, 제품의 효능 · 효과는 "피부의 주름개선에 도움을 준다"로, 용법 · 용량은 "본품 적당량을 취해 피부에 골고루 펴 바른다. 또는 본품을 피부에 붙이고 10~20분 후 지지체를 제거한 다음 남은 제품을 골고루 펴 바른다(침적 마스크에 한함)"로 제한한다.

연 번	성분명	함 량
1	레티놀	2,500IU/g
2	레티닐팔미테이트	10,000IU/g
3	아데노신	0.04%
4	폴리에톡실레이티드레틴아마이드	0.05~0.2%

(4) 모발의 색상을 변화(탈염 · 탈색 포함)시키는 기능을 가진 제품의 성분 및 함량

제형은 분말제, 액제, 크림제, 로션제, 에어로졸제, 겔제에 한하며, 제품의 효능 · 효과는 다음 중 어느 하나로 제한한다.

① 염모제: 모발의 염모(색상) 예 모발의 염모(노랑색)

② 탈색 · 탈염제: 모발의 탈색

③ 염모제의 산화제

④ 염모제의 산화제 또는 탈색제 · 탈염제의 산화제

⑤ 염모제의 산화보조제

⑥ 염모제의 산화보조제 또는 탈색제 · 탈염제의 산화보조제

구 분	성분명	사용할 때 농도 상한(%)
I	p-니트로-o-페닐렌디아민	1.5
	니트로-p-페닐렌디아민	3.0
	2-메칠-5-히드록시에칠아미노페놀	0.5
	2-아미노-4-니트로페놀	2.5
	2-아미노-5-니트로페놀	1.5
	2-아미노-3-히드록시피리딘	1.0
	5-아미노-o-크레솔	1.0
	m-아미노페놀	2.0
	o-아미노페놀	3.0
	p-아미노페놀	0.9
	염산 2, 4-디아미노페녹시에탄올	0.5
	염산 톨루엔-2, 5-디아민	3.2

구 분	성분명	사용할 때 농도 상한(%)
I	염산 m-페닐렌디아민	0.5
	염산 p-페닐렌디아민	3.3
	염산 히드록시프로필비스(N-히드록시에칠-p-페닐렌디아민)	0.4
	톨루엔-2, 5-디아민	2.0
	m-페닐렌디아민	1.0
	p-페닐렌디아민	2.0
	N-페닐-p-페닐렌디아민	2.0
	피크라민산	0.6
	황산 p-니트로-o-페닐렌디아민	2.0
	황산 p-메칠아미노페놀	0.68
	황산 5-아미노-o-크레솔	4.5
	황산 m-아미노페놀	2.0
	황산 o-아미노페놀	3.0
	황산 p-아미노페놀	1.3
	황산 톨루엔-2,5-디아민	3.6
	황산 m-페닐렌디아민	3.0
	황산 p-페닐렌디아민	3.8
	황산 N, N-비스(2-히드록시에칠)-p-페닐렌디아민	2.9
	2,6-디아미노피리딘	0.15
	염산 2,4-디아미노페놀	0.5
	1,5-디히드록시나프탈렌	0.5
	피크라민산 나트륨	0.6
	황산 2-아미노-5-니트로페놀	1.5
	황산 o-클로로-p-페닐렌디아민	1.5
	황산 1-히드록시에칠-4,5-디아미노피라졸	3.0
	히드록시벤조모르포린	1.0
	6-히드록시인돌	0.5
II	α-나프톨	2.0
	레조시놀	2.0
	2-메칠레조시놀	0.5
	몰식자산	4.0
	카테콜	1.5
	피로갈롤	2.0

구 분		성분명	사용할 때 농도 상한(%)
Ⅲ	A	과붕산나트륨 과붕산나트륨일수화물 과산화수소수 과탄산나트륨	
	B	강암모니아수 모노에탄올아민 수산화나트륨	
Ⅳ		과황산암모늄 과황산칼륨 과황산나트륨	
Ⅴ	A	황산철	
	B	피로갈롤	

※ Ⅰ란에 있는 유효성분 중 염이 다른 동일 성분은 1종만을 배합한다.

※ 유효성분 중 사용 시 농도상한이 같은 표에 설정되어 있는 것은 제품 중의 최대배합량이 사용 시 농도로 환산하여 같은 농도상한을 초과하지 않아야 한다.

※ Ⅰ란에 기재된 유효성분을 2종 이상 배합하는 경우에는 각 성분의 사용 시 농도(%)의 합계치가 5.0%를 넘지 않아야 한다.

※ Ⅲ A란에 기재된 것 중 과산화수소수는 과산화수소로서 제품 중 농도가 12.0% 이하이어야 한다.

(5) 체모를 제거하는 기능을 가진 제품의 성분 및 함량

제형은 액제, 크림제, 로션제, 에어로졸제에 한하며, 제품의 효능 · 효과는 "제모(체모의 제거)"로, 용법 · 용량은 "사용 전 제모할 부위를 씻고 건조시킨 후 이 제품을 제모할 부위의 털이 완전히 덮이도록 충분히 바른다. 문지르지 말고 5~10분간 그대로 두었다가 일부분을 손가락으로 문질러 보아 털이 쉽게 제거되면 젖은 수건[(제품에 따라서는) 또는 동봉된 부직포 등]으로 닦아 내거나 물로 씻어낸다. 면도한 부위의 짧고 거친 털을 완전히 제거하기 위해서는 한 번 이상(수일 간격) 사용하는 것이 좋다"로 제한한다.

연 번	성분명	함 량
1	치오글리콜산 80%	치오글리콜산으로서 3.0~4.5%

※ pH 범위는 7.0 이상 12.7 미만이어야 한다.

(6) 여드름성 피부를 완화하는 데 도움을 주는 제품의 성분 및 함량

제형은 액제, 로션제, 크림제에 한하며(부직포 등에 침적된 상태는 제외함), 제품의 효능 · 효과는 "여드름성 피부를 완화하는 데 도움을 준다"로, 용법 · 용량은 "본품 적당량을 취해 피부에 사용한 후 물로 바로 깨끗이 씻어낸다"로 제한한다.

연 번	성분명	함 량
1	살리실릭애씨드	0.5%

(7) 탈모 증상의 완화에 도움을 주는 성분

(「기능성화장품 기준 및 시험방법」 [별표 9])

연 번	성분명	연 번	성분명
1	덱스판테놀	4	징크피리치온
2	비오틴	5	징크피리치온액(50%)
3	엘-멘톨		

핵심 주관식 **맞춤형화장품 조제관리사인 소영은 매장을 방문한 고객과 다음과 같은 〈대화〉를 나누었다. 소영이가 고객에게 추천할 성분으로 가장 적합한 것을 다음 〈보기〉 중에서 고르시오.**

〈대 화〉

고객: 최근에 머리카락이 많이 빠지는 것 같아요.

소영: 아, 그러신가요? 그럼 고객님 두피 상태를 측정해 보도록 할까요?

고객: 그럴까요? 지난 방문 시와 비교해 주시면 좋겠네요.

소영: 네. 이쪽에 앉으시면 저희 측정기로 측정을 해드리겠습니다.

– 피부 측정 후 –

소영: 고객님은 한 달 전 측정 시보다 탈모 증상이 진행된 것 같아요.

고객: 음. 걱정이네요. 그럼 어떤 제품을 쓰는 것이 좋을지 추천 부탁드려요.

〈보 기〉

에칠헥실메톡시신나메이트
엘-멘톨
아미노산
치오그리콜산
알파-비사보롤
닥나무추출물
소듐하이알루로네이트(Sodium Hyaluronate)

해설 기능성화장품 기준 및 시험방법 [별표 9]

탈모 증상의 완화에 도움을 주는 기능성화장품의 성분은 덱스판테놀, 비오틴, 엘–멘톨, 징크피리치온 등이 있다.

정답 엘–멘톨

5 착향제의 구성 성분 중 알레르기 유발성분

① 2020년 1월 1일부터 화장품 성분 중 향료의 경우, 향료에 포함되어 있는 알레르기 유발성분의 표시의무화가 시행되었다.

② 2020년 1월 1일부터 제조 · 수입되는 화장품 중 착향제는 "향료"로 표시할 수 있으나, 착향제 구성 성분 중 식품의약품안전처장이 고시한 알레르기 유발성분이 있는 경우에는 "향료"로만 표시할 수 없고, 추가로 해당 성분의 명칭을 기재해야 한다.

③ 「화장품 사용 시의 주의사항 및 알레르기 유발성분 표시에 관한 규정」에서 정한 25종 성분 함량이 사용 후 씻어내는 제품에서 0.01% 초과, 사용 후 씻어내지 않는 제품에서 0.001% 초과하는 경우에 한하여 해당 성분의 명칭을 기재한다.

④ 착향제 구성 성분 중 알레르기 유발성분을 제품에 표시하는 경우에는 화장품 원료목록 보고에도 해당 알레르기 유발성분이 포함돼야 한다.

⑤ 화장품책임판매업자는 알레르기 유발성분이 기재된 '제조증명서'나 '제품표준서'를 구비하여야 하며, 또는 알레르기 유발성분이 제품에 포함되어 있음을 입증하는 제조사에서 제공한 신뢰성 있는 자료(예 시험성적서, 원료규격서 등)를 보관해야 한다.

⑥ 착향제의 구성 성분 중 알레르기 유발성분(25종)

연 번	성분명	CAS 등록번호
1	아밀신남알	CAS No 122–40–7
2	벤질알코올	CAS No 100–51–6
3	신나밀알코올	CAS No 104–54–1
4	시트랄	CAS No 5392–40–5
5	유제놀	CAS No 97–53–0
6	하이드록시시트로넬알	CAS No 107–75–5
7	아이소유제놀	CAS No 97–54–1
8	아밀신나밀알코올	CAS No 101–85–9
9	벤질살리실레이트	CAS No 118–58–1

연 번	성분명	CAS 등록번호
10	신남알	CAS No 104-55-2
11	쿠마린	CAS No 91-64-5
12	제라니올	CAS No 106-24-1
13	아니스알코올	CAS No 105-13-5
14	벤질신나메이트	CAS No 103-41-3
15	파네솔	CAS No 4602-84-0
16	부틸페닐메틸프로피오날	CAS No 80-54-6
17	리날룰	CAS No 78-70-6
18	벤질벤조에이트	CAS No 120-51-4
19	시트로넬올	CAS No 106-22-9
20	헥실신남알	CAS No 101-86-0
21	리모넨	CAS No 5989-27-5
22	메틸 2-옥티노에이트	CAS No 111-12-6
23	알파-아이소메틸아이오논	CAS No 127-51-5
24	참나무이끼추출물	CAS No 90028-68-5
25	나무이끼추출물	CAS No 90028-67-4

※ 다만, 사용 후 씻어내는 제품에는 0.01% 초과, 사용 후 씻어내지 않는 제품에는 0.001% 초과 함유하는 경우에 한한다.

화장품 관리

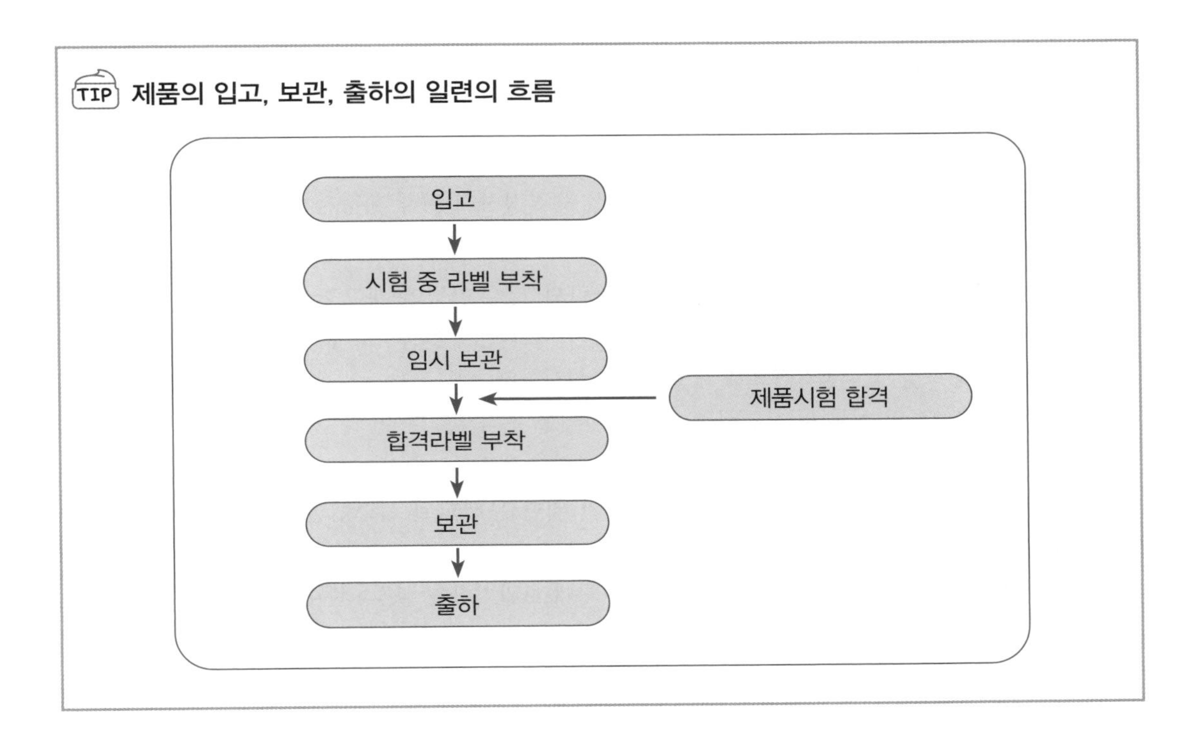

1 화장품 취급 및 보관방법

(1) 원자재, 반제품 및 벌크 제품의 취급 및 보관방법

① 원자재, 반제품 및 벌크 제품은 품질에 나쁜 영향을 미치지 아니하는 조건에서 보관해야 하며 보관기한을 설정해야 한다.

② 원자재, 반제품 및 벌크 제품은 바닥과 벽에 닿지 아니하도록 보관하고, 선입선출에 의하여 출고할 수 있도록 보관해야 한다.

③ 원자재, 시험 중인 제품 및 부적합품은 각각 구획된 장소에서 보관해야 한다.

※ 다만, 서로 혼동을 일으킬 우려가 없는 시스템에 의하여 보관되는 경우에는 그러하지 아니한다.

④ 원료 및 포장재의 관리는 물리적 격리(Quarantine)나 수동 컴퓨터 위치 제어 등의 방법 등에 의해 허가되지 않거나, 불합격 판정을 받거나, 아니면 의심스러운 물질의 허가되지 않은 사용을 방지할 수 있어야 한다.

⑤ 적절한 보관을 위해 다음 사항을 고려하여야 한다.

- 보관 조건은 각각의 원료와 포장재에 적합해야 한다.
- 과도한 열기, 추위, 햇빛 또는 습기에 노출되어 변질되는 것을 방지할 수 있어야 한다.
- 물질의 특징 및 특성에 맞도록 보관, 취급되어야 한다.
- 특수한 보관 조건은 적절하게 준수, 모니터링되어야 한다.

⑥ 원료와 포장재가 재포장될 때, 새로운 용기에는 원래와 동일한 라벨링이 있어야 한다.

⑦ 설정된 보관기한이 지나면 사용의 적절성을 결정하기 위해 재평가시스템을 확립하여야 하며, 동 시스템을 통해 보관기한이 경과한 경우 사용하지 않도록 규정하여야 한다.

⑧ 재고의 회전을 보증하기 위한 방법이 확립되고, 주기적인 재고조사를 시행해야 한다.

- 특별한 경우를 제외하고 가장 오래된 재고가 제일 먼저 불출되도록 선입선출한다.
- 원료 및 포장재는 정기적으로 재고조사를 실시한다.
- 장기 재고품의 처분 및 선입선출 규칙의 확인을 목적으로 한다.
- 중대한 위반품이 발견되었을 때에는 일탈처리를 한다.

⑨ 원료의 허용 가능한 보관기한을 결정하기 위한 문서화된 시스템을 확립해야 한다.

- 원칙적으로 원료공급처의 사용기한을 준수하여 보관기한을 설정해야 한다.
- 사용기한 내에서 자체적인 재시험기간과 최대 보관기한을 설정 · 준수해야 한다.
- 보관기한이 규정되어 있지 않은 원료는 품질부문에서 적절한 보관기한을 정할 수 있다.
- 원료의 사용기한은 사용 시 확인이 가능하도록 라벨에 표시되어야 한다.

(2) 완제품의 취급 및 보관방법

① 완제품은 적절한 조건하의 정해진 장소에서 보관해야 하며, 주기적으로 재고 점검을 수행해야 한다.

② 출고할 제품은 원자재, 부적합품 및 반품된 제품과 구획된 장소에서 보관해야 한다.

※ 다만 서로 혼동을 일으킬 우려가 없는 시스템에 의하여 보관되는 경우에는 그러하지 아니할 수 있다.

③ 완제품의 적절한 보관, 취급 및 유통을 보장하는 절차서를 수립해야 한다.

④ 완제품은 보관, 검체채취, 보관용 검체, 제품 시험, 합격 · 출하 판정, 출하, 재고 관리, 반품 등의 항목으로 관리한다.

⑤ 적당한 조명, 온도, 습도, 정렬된 통로 및 보관 구역 등 적절한 보관 조건을 포함한다.

⑥ 완제품 관리를 위한 수동 또는 전산화 시스템은 다음과 같은 특징을 가진다.

- 재질 및 제품의 관리와 보관은 쉽게 확인할 수 있는 방식으로 수행된다.
- 재질 및 제품의 수령과 철회는 적절히 허가해야 한다.
- 유통되는 제품은 추적이 용이해야 한다.
- 재고 회전은 선입선출 방식으로 사용 및 유통해야 한다.

⑦ 파레트에 적재된 모든 재료(또는 기타 용기 형태)는 다음과 같이 표시해야 한다.

- 명칭 또는 확인 코드
- 제조번호
- 제품의 품질을 유지하기 위해 필요할 경우, 보관 조건
- 불출 상태

⑧ 완제품 재고의 정확성을 보증하고, 규정된 합격판정기준이 만족됨을 확인하기 위해 점검 작업이 실시되어야 한다.

⑨ 시장 출하 전에, 모든 완제품은 설정된 시험방법에 따라 관리되어야 하고, 합격판정기준에 부합하여야 한다. 뱃치에서 취한 검체가 합격기준에 부합했을 때만 완제품의 뱃치를 불출할 수 있다.

⑩ 제품의 검체채취란 제품 시험용 및 보관용 검체를 채취하는 일이며, 제품 검체채취는 품질관리부서 검체채취 담당자가 실시한다.

(3) 보관 환경

① 도난, 분실, 변질 등의 문제가 발생하지 않도록 작업자 외에 보관소의 출입을 제한하고 관리하여야 한다.

② 오염방지를 위해 시설 대응 및 동선 관리가 필요하다.

③ 쥐 · 해충 등을 막을 수 있는 방충 · 방서 대책을 마련한다.

④ 안정성 시험결과, 제품표준서 등을 토대로 제품마다 보관온도, 습도, 차광 등을 설정한다.

2 화장품 사용 시의 주의사항

(「화장품법 시행규칙」 [별표 3] 화장품 유형과 사용 시의 주의사항)

(1) 공통사항

① 화장품 사용 시 또는 사용 후 직사광선에 의하여 사용부위가 붉은 반점, 부어오름 또는 가려움증 등의 이상증상이나 부작용이 있는 경우 전문의 등과 상담할 것

② 상처가 있는 부위 등에는 사용을 자제할 것

③ 보관 및 취급 시의 주의사항

- 어린이의 손이 닿지 않는 곳에 보관할 것
- 직사광선을 피해서 보관할 것

(2) 개별사항

1) 미세한 알갱이가 함유되어 있는 스크럽 세안제

알갱이가 눈에 들어갔을 때에는 물로 씻어내고, 이상이 있는 경우에는 전문의와 상담할 것

2) 팩

눈 주위를 피하여 사용할 것

3) 두발용, 두발염색용 및 눈 화장용 제품류

눈에 들어갔을 때에는 즉시 씻어낼 것

4) 모발용 샴푸

① 눈에 들어갔을 때에는 즉시 씻어낼 것

② 사용 후 물로 씻어내지 않으면 탈모 또는 탈색의 원인이 될 수 있으므로 주의할 것

5) 퍼머넌트 웨이브 제품 및 헤어스트레이트너 제품

① 두피 · 얼굴 · 눈 · 목 · 손 등에 약액이 묻지 않도록 유의하고, 얼굴 등에 약액이 묻었을 때에는 즉시 물로 씻어낼 것

② 특이체질, 생리 또는 출산 전후이거나 질환이 있는 사람 등은 사용을 피할 것

③ 머리카락의 손상 등을 피하기 위하여 용법 · 용량을 지켜야 하며, 가능하면 일부에 시험적으로 사용하여 볼 것

④ 섭씨 15℃ 이하의 어두운 장소에 보존하고, 색이 변하거나 침전된 경우에는 사용하지 말 것

⑤ 개봉한 제품은 7일 이내에 사용할 것(에어로졸 제품이나 사용 중 공기유입이 차단되는 용기는 표시하지 아니한다)

⑥ 제2단계 퍼머액 중 그 주성분이 과산화수소인 제품은 검은 머리카락이 갈색으로 변할 수 있으므로 유의하여 사용할 것

6) 외음부 세정제

① 정해진 용법과 용량을 잘 지켜 사용할 것

② 만 3세 이하의 영유아에게는 사용하지 말 것

③ 임신 중에는 사용하지 않는 것이 바람직하며, 분만 직전의 외음부 주위에는 사용하지 말 것

④ 프로필렌 글리콜(Propylene glycol)을 함유하고 있으므로 이 성분에 과민하거나 알레르기 병력이 있는 사람은 신중히 사용할 것(프로필렌 글리콜 함유제품만 표시한다)

7) 손 · 발의 피부연화 제품(요소제제의 핸드크림 및 풋크림)

① 눈, 코 또는 입 등에 닿지 않도록 주의하여 사용할 것

② 프로필렌 글리콜(Propylene glycol)을 함유하고 있으므로 이 성분에 과민하거나 알레르기 병력이 있는 사람은 신중히 사용할 것(프로필렌 글리콜 함유제품만 표시한다)

8) 체취 방지용 제품

털을 제거한 직후에는 사용하지 말 것

9) 고압가스를 사용하는 에어로졸 제품(무스의 경우 ①~④의 사항은 제외한다)

① 같은 부위에 연속해서 3초 이상 분사하지 말 것

② 가능하면 인체에서 20센티미터 이상 떨어져서 사용할 것

③ 눈 주위 또는 점막 등에 분사하지 말 것

※ 다만, 자외선 차단제의 경우 얼굴에 직접 분사하지 말고 손에 덜어 얼굴에 바를 것

④ 분사가스는 직접 흡입하지 않도록 주의할 것

⑤ 보관 및 취급상의 주의사항

- 불꽃길이시험에 의한 화염이 인지되지 않는 것으로서 가연성 가스를 사용하지 않는 제품

– 섭씨 40℃ 이상의 장소 또는 밀폐된 장소에 보관하지 말 것

– 사용 후 남은 가스가 없도록 하고 불 속에 버리지 말 것

- 가연성 가스를 사용하는 제품

– 불꽃을 향하여 사용하지 말 것

– 난로, 풍로 등 화기 부근 또는 화기를 사용하고 있는 실내에서 사용하지 말 것

– 섭씨 40℃ 이상의 장소 또는 밀폐된 장소에서 보관하지 말 것

– 밀폐된 실내에서 사용한 후에는 반드시 환기를 할 것

– 불 속에 버리지 말 것

핵심 주관식 다음은 (　　　　　) 제품을 사용할 때의 주의사항을 기재 · 표시한 것이다. 빈칸에 들어갈 단어를 작성하시오.

> 가) 눈에 들어갔을 때에는 즉시 씻어낼 것
> 나) 사용 후 물로 씻어내지 않으면 탈모 또는 탈색의 원인이 될 수 있으므로 주의할 것

정답 모발용 샴푸

10) 고압가스를 사용하지 않는 분무형 자외선 차단제

얼굴에 직접 분사하지 말고 손에 덜어 얼굴에 바를 것

11) 알파-하이드록시애시드(AHA; α-hydroxyacid) 함유제품

(0.5퍼센트 이하의 AHA가 함유된 제품은 제외한다)

① 햇빛에 대한 피부의 감수성을 증가시킬 수 있으므로 자외선 차단제를 함께 사용할 것(씻어내는 제품 및 두발용 제품은 제외한다)

② 일부에 시험 사용하여 피부이상을 확인할 것

③ 고농도의 AHA 성분이 들어 있어 부작용이 발생할 우려가 있으므로 전문의 등에게 상담할 것(AHA 성분이 10퍼센트를 초과하여 함유되어 있거나 산도가 3.5 미만인 제품만 표시한다)

12) 염모제(산화염모제와 비산화염모제)

① 다음 분들은 사용하지 마십시오.

사용 후 피부나 신체가 과민상태로 되거나 피부이상반응(부종, 염증 등)이 일어나거나, 현재의 증상이 악화될 가능성이 있습니다.

- 지금까지 이 제품에 배합되어 있는 '과황산염'이 함유된 탈색제로 몸이 부은 경험이 있는 경우, 사용 중 또는 사용 직후에 구역, 구토 등 속이 좋지 않았던 분(이 내용은 '과황산염'이 배합된 염모제에만 표시한다)
- 지금까지 염모제를 사용할 때 피부이상반응(부종, 염증 등)이 있었거나, 염색 중 또는 염색 직후에 발진, 발적, 가려움 등이 있거나 구역, 구토 등 속이 좋지 않았던 경험이 있었던 분
- 피부시험(패취테스트, Patch test)의 결과, 이상이 발생한 경험이 있는 분
- 두피, 얼굴, 목덜미에 부스럼, 상처, 피부병이 있는 분
- 생리 중, 임신 중 또는 임신할 가능성이 있는 분
- 출산 후, 병중, 병후의 회복 중인 분, 그 밖의 신체에 이상이 있는 분
- 특이체질, 신장질환, 혈액질환이 있는 분

• 미열, 권태감, 두근거림, 호흡곤란의 증상이 지속되거나 코피 등의 출혈이 잦고 생리, 그 밖에 출혈이 멈추기 어려운 증상이 있는 분
• 이 제품에 첨가제로 함유된 프로필렌글리콜에 의하여 알레르기를 일으킬 수 있으므로 이 성분에 과민하거나 알레르기 반응을 보였던 적이 있는 분은 사용 전에 의사 또는 약사와 상의하여 주십시오(프로필렌글리콜 함유 제제에만 표시한다).

② 염모제 사용 전의 주의

• 염색 전 2일 전(48시간 전)에는 다음의 순서에 따라 매회 반드시 패치테스트(Patch test)를 실시하여 주십시오. 패치테스트는 염모제에 부작용이 있는 체질인지 아닌지를 조사하는 테스트입니다. 과거에 아무 이상이 없이 염색한 경우에도 체질의 변화에 따라 알레르기 등 부작용이 발생할 수 있으므로 매회 반드시 실시하여 주십시오.

※ 패치테스트의 순서를 그림 등을 사용하여 알기 쉽게 표시하며, 필요 시 사용상의 주의사항에 "별첨"으로 첨부할 수 있다.

– 먼저 팔의 안쪽 또는 귀 뒤쪽 머리카락이 난 주변의 피부를 비눗물로 잘 씻고 탈지면으로 가볍게 닦습니다.
– 다음에 이 제품 소량을 취해 정해진 용법대로 혼합하여 실험액을 준비합니다.
– 실험액을 앞서 세척한 부위에 동전 크기로 바르고 자연건조시킨 후 그대로 48시간 방치합니다(시간을 잘 지킵니다).
– 테스트 부위의 관찰은 테스트액을 바른 후 30분 그리고 48시간 후 총 2회를 반드시 행하여 주십시오. 그 때 도포 부위에 발진, 발적, 가려움, 수포, 자극 등의 피부 등의 이상이 있는 경우에는 손 등으로 만지지 말고 바로 씻어내고 염모는 하지 말아 주십시오. 테스트 도중, 48시간 이전이라도 위와 같은 피부이상을 느낀 경우에는 바로 테스트를 중지하고 테스트액을 씻어내고 염모는 하지 말아 주십시오.
– 48시간 이내에 이상이 발생하지 않는다면 바로 염모하여 주십시오.

• 눈썹, 속눈썹 등은 위험하므로 사용하지 마십시오. 염모액이 눈에 들어갈 염려가 있습니다. 그 밖에 두발 이외에는 염색하지 말아 주십시오.
• 면도 직후에는 염색하지 말아 주십시오.
• 염모 전후 1주간은 파마 · 웨이브(퍼머넌트웨이브)를 하지 말아 주십시오.

③ 염모 시의 주의

• 염모액 또는 머리를 감는 동안 그 액이 눈에 들어가지 않도록 하여 주십시오. 눈에 들어가면 심한 통증을 발생시키거나 경우에 따라서 눈에 손상(각막의 염증)을 입을 수 있습니다. 만일, 눈에 들어갔을 때는 절대로 손으로 비비지 말고 바로 물 또는 미지근한 물로 15분 이상 잘 씻어 주시고 곧바로 안과 전문의의 진찰을 받으십시오. 임의로 안약 등을 사용하지 마십시오.
• 염색 중에는 목욕을 하거나 염색 전에 머리를 적시거나 감지 말아 주십시오. 땀이나 물방울 등을 통해 염모액이 눈에 들어갈 염려가 있습니다.
• 염모 중에 발진, 발적, 부어오름, 가려움, 강한 자극감 등의 피부이상이나 구역, 구토 등의 이상을 느꼈을 때는 즉시 염색을 중지하고 염모액을 잘 씻어내 주십시오. 그대로 방치하면 증상이 악화될 수 있습니다.

- 염모액이 피부에 묻었을 때는 곧바로 물 등으로 씻어내 주십시오. 손가락이나 손톱을 보호하기 위하여 장갑을 끼고 염색하여 주십시오.
- 환기가 잘되는 곳에서 염모하여 주십시오.

④ 염모 후의 주의

- 머리, 얼굴, 목덜미 등에 발진, 발적, 가려움, 수포, 자극 등 피부의 이상반응이 발생한 경우, 그 부위를 손으로 긁거나 문지르지 말고 바로 피부과 전문의의 진찰을 받으십시오. 임의로 의약품 등을 사용하는 것은 삼가 주십시오.
- 염모 중 또는 염모 후에 속이 안 좋아지는 등 신체이상을 느끼는 분은 의사에게 상담하십시오.

⑤ 보관 및 취급상의 주의

- 혼합한 염모액을 밀폐된 용기에 보존하지 말아 주십시오. 혼합한 액으로부터 발생하는 가스의 압력으로 용기가 파손될 염려가 있어 위험합니다. 또한 혼합한 염모액이 위로 튀어 오르거나 주변을 오염시키고 지워지지 않게 됩니다. 혼합한 액의 잔액은 효과가 없으므로 잔액은 반드시 바로 버려 주십시오.
- 용기를 버릴 때는 반드시 뚜껑을 열어서 버려 주십시오.
- 사용 후 혼합하지 않은 액은 직사광선을 피하고 공기와 접촉을 피하여 서늘한 곳에 보관하여 주십시오.

13) 탈염 · 탈색제

① 다음 분들은 사용하지 마십시오.

사용 후 피부나 신체가 과민상태로 되거나 피부이상반응을 보이거나, 현재의 증상이 악화될 가능성이 있습니다.

- 두피, 얼굴, 목덜미에 부스럼, 상처, 피부병이 있는 분
- 생리 중, 임신 중 또는 임신할 가능성이 있는 분
- 출산 후, 병중이거나 또는 회복 중에 있는 분, 그 밖에 신체에 이상이 있는 분

② 다음 분들은 신중히 사용하십시오.

- 특이체질, 신장질환, 혈액질환 등의 병력이 있는 분은 피부과 전문의와 상의하여 사용하십시오.
- 이 제품에 첨가제로 함유된 프로필렌글리콜에 의하여 알레르기를 일으킬 수 있으므로 이 성분에 과민하거나 알레르기 반응을 보였던 적이 있는 분은 사용 전에 의사 또는 약사와 상의하여 주십시오.

③ 사용 전의 주의

- 눈썹, 속눈썹에는 위험하므로 사용하지 마십시오. 제품이 눈에 들어갈 염려가 있습니다. 또한, 두발 이외의 부분(손발의 털 등)에는 사용하지 말아 주십시오. 피부에 부작용(피부이상반응, 염증 등)이 나타날 수 있습니다.
- 면도 직후에는 사용하지 말아 주십시오.
- 사용을 전후하여 1주일 사이에는 퍼머넌트웨이브 제품 및 헤어스트레이트너 제품을 사용하지 말아 주십시오.

④ 사용 시의 주의

- 제품 또는 머리 감는 동안 제품이 눈에 들어가지 않도록 하여 주십시오. 만일 눈에 들어갔을 때는 절대로 손으로 비비지 말고 바로 물이나 미지근한 물로 15분 이상 씻어 흘려 내시고 곧바로 안과 전문의의 진찰을 받으십시오. 임의로 안약을 사용하는 것은 삼가 주십시오.
- 사용 중에 목욕을 하거나 사용 전에 머리를 적시거나 감지 말아 주십시오. 땀이나 물방울 등을 통해 제품이 눈에 들어갈 염려가 있습니다.
- 사용 중에 발진, 발적, 부어오름, 가려움, 강한 자극감 등 피부의 이상을 느끼면 즉시 사용을 중지하고 잘 씻어내 주십시오.
- 제품이 피부에 묻었을 때는 곧바로 물 등으로 씻어내 주십시오. 손가락이나 손톱을 보호하기 위하여 장갑을 끼고 사용하십시오.
- 환기가 잘되는 곳에서 사용하여 주십시오.

⑤ 사용 후 주의

- 두피, 얼굴, 목덜미 등에 발진, 발적, 가려움, 수포, 자극 등 피부이상반응이 발생한 때에는 그 부위를 손 등으로 긁거나 문지르지 말고 바로 피부과 전문의의 진찰을 받아 주십시오. 임의로 의약품 등을 사용하는 것은 삼가 주십시오.
- 사용 중 또는 사용 후에 구역, 구토 등 신체에 이상을 느끼시는 분은 의사에게 상담하십시오.

⑥ 보관 및 취급상의 주의

- 혼합한 제품을 밀폐된 용기에 보존하지 말아 주십시오. 혼합한 제품으로부터 발생하는 가스의 압력으로 용기가 파열될 염려가 있어 위험합니다. 또한, 혼합한 제품이 위로 튀어 오르거나 주변을 오염시키고 지워지지 않게 됩니다. 혼합한 제품의 잔액은 효과가 없으므로 반드시 바로 버려 주십시오.
- 용기를 버릴 때는 뚜껑을 열어서 버려 주십시오.

14) 제모제(치오글라이콜릭애씨드 함유 제품에만 표시함)

① 다음과 같은 사람(부위)에는 사용하지 마십시오.

- 생리 전후, 산전, 산후, 병후의 환자
- 얼굴, 상처, 부스럼, 습진, 짓무름, 기타의 염증, 반점 또는 자극이 있는 피부
- 유사 제품에 부작용이 나타난 적이 있는 피부
- 약한 피부 또는 남성의 수염부위

② 이 제품을 사용하는 동안 다음의 약이나 화장품을 사용하지 마십시오(이 제품 사용 후 24시간 후에 사용하십시오).

- 땀발생억제제(Antiperspirant)
- 향수
- 수렴로션(Astringent lotion)

③ 부종, 홍반, 가려움, 피부염(발진, 알레르기), 광과민반응, 중증의 화상 및 수포 등의 증상이 나타날 수 있으므로 이러한 경우 이 제품의 사용을 즉각 중지하고 의사 또는 약사와 상의하십시오.

④ 그 밖의 사용 시 주의사항

- 사용 중 따가운 느낌, 불쾌감, 자극이 발생할 경우 즉시 닦아내어 제거하고 찬물로 씻으며, 불쾌감이나 자극이 지속될 경우 의사 또는 약사와 상의하십시오.
- 자극감이 나타날 수 있으므로 매일 사용하지 마십시오.
- 이 제품의 사용 전후에 비누류를 사용하면 자극감이 나타날 수 있으므로 주의하십시오.
- 이 제품은 외용으로만 사용하십시오.
- 눈에 들어가지 않도록 하며 눈 또는 점막에 닿았을 경우 미지근한 물로 씻어내고 붕산수(농도 약 2%)로 헹구어 내십시오.
- 이 제품을 10분 이상 피부에 방치하거나 피부에서 건조시키지 마십시오.
- 제모에 필요한 시간은 모질(毛質)에 따라 차이가 있을 수 있으므로 정해진 시간 내에 모가 깨끗이 제거되지 않은 경우 2~3일의 간격을 두고 사용하십시오.

15) 그 밖에 화장품의 안전정보와 관련하여 기재 · 표시하도록 식품의약품안전처장이 정하여 고시하는 사용 시의 주의사항

3 화장품의 함유 성분별 사용 시 주의사항

(「화장품 사용 시의 주의사항 및 알레르기 유발성분 표시에 관한 규정」 [별표 1])

번 호	대상 제품	표시 문구
1	과산화수소 및 과산화수소 생성물질 함유 제품	눈에 접촉을 피하고 눈에 들어갔을 때는 즉시 씻어낼 것
2	벤잘코늄클로라이드, 벤잘코늄브로마이드 및 벤잘코늄사카리네이트 함유 제품	눈에 접촉을 피하고 눈에 들어갔을 때는 즉시 씻어낼 것
3	스테아린산아연 함유 제품 (기초화장용 제품류 중 파우더 제품에 한함)	사용 시 흡입되지 않도록 주의할 것
4	살리실릭애씨드 및 그 염류 함유 제품 (샴푸 등 사용 후 바로 씻어내는 제품 제외)	만 3세 이하 어린이에게는 사용하지 말 것
5	실버나이트레이트 함유 제품	눈에 접촉을 피하고 눈에 들어갔을 때는 즉시 씻어낼 것
6	아이오도프로피닐부틸카바메이트(IPBC) 함유 제품 (목욕용 제품, 샴푸류 및 바디클렌저 제외)	만 3세 이하 어린이에게는 사용하지 말 것

번 호	대상 제품	표시 문구
7	알루미늄 및 그 염류 함유 제품 (체취방지용 제품류에 한함)	신장 질환이 있는 사람은 사용 전에 의사, 약사, 한의사와 상의할 것
8	알부틴 2% 이상 함유 제품	알부틴은 「인체 적용시험 자료」에서 구진과 경미한 가려움이 보고된 예가 있음
9	카민 함유 제품	카민 성분에 과민하거나 알레르기가 있는 사람은 신중히 사용할 것
10	코치닐추출물 함유 제품	코치닐추출물 성분에 과민하거나 알레르기가 있는 사람은 신중히 사용할 것
11	포름알데하이드 0.05% 이상 검출된 제품	포름알데하이드 성분에 과민한 사람은 신중히 사용할 것
12	폴리에톡실레이티드레틴아마이드 0.2% 이상 함유 제품	폴리에톡실레이티드레틴아마이드는 「인체 적용시험 자료」에서 경미한 발적, 피부건조, 화끈감, 가려움, 구진이 보고된 예가 있음
13	부틸파라벤, 프로필파라벤, 이소부틸파라벤 또는 이소프로필파라벤 함유 제품(영·유아용 제품류 및 기초화장용 제품류(만 3세 이하 어린이가 사용하는 제품) 중 사용 후 씻어내지 않는 제품에 한함)	만 3세 이하 어린이의 기저귀가 닿는 부위에는 사용하지 말 것

위해사례 판단 및 보고

1 화장품의 위해평가

(1) 위해평가의 정의

인체가 화장품에 존재하는 위해요소에 노출되었을 때 발생할 수 있는 유해영향과 발생확률을 과학적으로 예측하는 일련의 과정으로 위험성 확인, 위험성 결정, 노출평가, 위해도 결정 등 일련의 단계를 말한다.

(2) 용어의 정의

① 인체적용제품: 사람이 섭취 · 투여 · 접촉 · 흡입 등을 함으로써 인체에 영향을 줄 수 있는 것

② 독성: 인체적용제품에 존재하는 위해요소가 인체에 유해한 영향을 미치는 고유의 성질

③ 위해요소: 인체의 건강을 해치거나 해칠 우려가 있는 화학적 · 생물학적 · 물리적 요인

④ 위해성: 인체적용제품에 존재하는 위해요소에 노출되는 경우 인체의 건강을 해칠 수 있는 정도

⑤ 위해성평가: 인체적용제품에 존재하는 위해요소가 인체의 건강을 해치거나 해칠 우려가 있는지 여부와 그 정도를 과학적으로 평가하는 것

⑥ 통합위해성평가: 인체적용제품에 존재하는 위해요소가 다양한 매체와 경로를 통하여 인체에 미치는 영향을 종합적으로 평가하는 것

(3) 화장품 위해평가의 4단계

1) 위험성 확인(Hazard identification)

위해요소에 노출됨에 따라 발생할 수 있는 독성의 정도와 영향의 종류 등을 파악하는 과정

2) 위험성 결정(Hazard characterization)

동물실험결과 등으로부터 독성기준값을 결정하는 과정

3) 노출평가(Exposure assessment)

화장품의 사용으로 인해 위해요소에 노출되는 양 또는 노출수준을 정량적 또는 정성적으로 산출하는 과정

4) 위해도 결정(Risk characterization)

위해요소 및 이를 함유한 화장품의 사용에 따른 건강상 영향을 인체노출허용량(독성기준값) 및 노출수준을 고려하여 사람에게 미칠 수 있는 위해의 정도와 발생빈도 등을 정량적으로 예측하는 과정

(4) 화장품 위해평가의 대상

(「인체적용제품의 위해성평가 등에 관한 규정」 식품의약품안전처고시 제2019-29호)

① 국제기구 또는 외국정부가 인체의 건강을 해칠 우려가 있다고 인정하여 판매하거나 판매할 목적으로 생산 · 판매 등을 금지한 인체적용제품

② 새로운 원료 또는 성분을 사용하거나 새로운 기술을 적용한 것으로서 안전성에 대한 기준 및 규격이 정해지지 아니한 인체적용제품

③ 그 밖에 인체의 건강을 해칠 우려가 있다고 인정되는 인체적용제품

(5) 위해평가 필요성 검토

1) 위해평가가 필요한 경우

① 위해성에 근거하여 사용금지를 설정

② 안전역을 근거로 사용한도를 설정(살균보존성분 등)

③ 현 사용한도 성분의 기준 적절성

④ 비의도적 오염물질의 기준 설정

⑤ 화장품 안전 이슈 성분의 위해성

⑥ 위해관리 우선순위를 설정

⑦ 인체 위해의 유의한 증거가 없음을 검증

2) 위해평가가 불필요한 경우

① 불법으로 유해물질을 화장품에 혼입한 경우

② 안전성, 유효성이 입증되어 기허가 된 기능성 화장품

③ 위험에 대한 충분한 정보가 부족한 경우

(6) 위해성평가의 수행

① 식품의약품안전처장은 위해평가의 대상 화장품에 대해 위해성평가 방법(위해평가 4단계)을 거쳐 위해성평가를 수행하여야 한다.

※ 다만, 위원회의 자문을 거쳐 위해성평가 관련 기술 수준이나 위해요소의 특성 등을 고려하여 위해성평가의 방법을 다르게 정하여 수행할 수 있다.

② 식품의약품안전처장은 다양한 경로를 통해 인체에 영향을 미칠 수 있는 위해요소에 관하여는 통합위해성평가를 수행할 수 있다. 이때, 필요한 경우 관계 중앙행정기관의 협조를 받아 통합위해성평가를 수행할 수 있다.

③ 현재의 과학기술 수준 또는 자료 등의 제한이 있거나 신속한 위해성평가가 요구될 경우 인체적용제품의 위해성평가는 다음 각 호와 같이 실시할 수 있다.

- 위해요소의 인체 내 독성 등 확인과 인체노출 안전기준 설정을 위하여 국제기구 및 신뢰성 있는 국내 · 외 위해성평가기관 등에서 평가한 결과를 준용하거나 인용할 수 있다.
- 인체노출 안전기준의 설정이 어려울 경우 위해요소의 인체 내 독성 등 확인과 인체의 위해요소 노출 정도만으로 위해성을 예측할 수 있다.
- 인체적용제품의 섭취, 사용 등에 따라 사망 등의 위해가 발생하였을 경우 위해요소의 인체 내 독성 등의 확인만으로 위해성을 예측할 수 있다.
- 인체의 위해요소 노출 정도를 산출하기 위한 자료가 불충분하거나 없는 경우 활용 가능한 과학적 모델을 토대로 노출 정도를 산출할 수 있다.
- 특정집단에 노출 가능성이 클 경우 어린이 및 임산부 등 민감집단 및 고위험집단을 대상으로 위해성평가를 실시할 수 있다.

④ 화학적 위해요소에 대한 위해성은 물질의 특성에 따라 위해지수, 안전역 등으로 표현하고 국내 · 외 위해성평가 결과 등을 종합적으로 비교 · 분석하여 최종 판단한다.

⑤ 미생물적 위해요소에 대한 위해성은 미생물 생육 예측 모델 결과값, 용량-반응 모델 결과값 등을 이용하여 인체 건강에 미치는 유해영향 발생 가능성 등을 최종 판단한다.

⑥ 식품의약품안전처장은 위해성평가 결과에 대한 교차검증을 위하여 위원회의 자문을 받을 수 있다.

⑦ 식품의약품안전처장은 전문적인 위해성평가를 위하여 식품의약품안전평가원을 위해성평가 전문기관으로 한다.

(7) 외부기관의 위해성평가 요청

① 식품의약품안전처장은 소비자단체, 학회 등(요청단체)이 위해성평가를 요청한 인체적용제품에 대하여 관련 법령에 따라 인체의 건강을 해칠 우려가 있는지 여부를 심의할 수 있다.

② 식품의약품안전처장은 심의를 위하여 필요한 경우 요청단체에 다음 자료를 요구할 수 있다.

- 위해발생 또는 위해의 가능성에 대한 객관적 입증 자료

- 위해요소와 그 대상 인체적용제품의 종류 및 위해요소 검출수준
- 국제식품규격위원회 등 국제기구나 제외국의 규제현황 및 위해성평가 결과
- 기타 위해성평가에 필요한 자료

③ 식품의약품안전처장은 위해성평가를 실시함에 있어 요청단체에 필요한 자료를 보완 요청할 수 있다.

2 위해사례 보고

(「화장품 안전성 정보관리 규정」 식품의약품안전처고시 제2020-53호)

(1) 화장품 유해사례의 보고

화장품의 사용 중 발생하였거나 알게 된 유해사례 등 안전성 정보 보고는 식품의약품안전처장 또는 화장품책임판매업자에게 식품의약품안전처 홈페이지를 통해 보고하거나 전화 · 우편 · 팩스 · 정보통신망 등의 방법으로 할 수 있다.

1) 정기보고

화장품책임판매업자는 신속보고되지 아니한 화장품의 안전성 정보를 매 반기 종료 후 1월 이내에 식품의약품안전처장에게 보고하여야 한다.

① 1~6월까지 안전성 정보: 7월 말까지 보고

② 7~12월까지 안전성 정보: 다음 해 1월 말까지 보고

2) 신속보고

다음의 화장품 안전성 정보를 알게 된 날로부터 15일 이내에 식품의약품안전처장에게 신속히 보고하여야 한다.

① 화장품 사용 후 중대한 유해사례가 발생한 경우

② 중대한 유해사례 정보로서 식품의약품안전청장이 보고를 지시한 경우

> **TIP 안전성 정보의 보고 예외**
> 상시 근로자 수가 2인 이하로서 직접 제조한 화장비누만을 판매하는 화장품책임판매업자는 해당 안전성 정보를 보고하지 아니할 수 있다.

[신속보고의 예]

화장품 유해사례 보고서(제5조 제1항 제1호의 정보)		
유해사례 정보유형	■ 중대한 유해사례 □ 중대한 유해사례 정보로서 식품의약품안전청장이 보고를 지시한 경우	■ 최초보고 □ 추가보고(최초보고: 년 월 일)

사용자 정보

성명(이니셜): KSR	나이(발생당시): 29 또는 생년월일: 년 월 일	성별: □남 ■여	임신: ■유 □무

과거병력 등(해당되는 사항 모두 표시):
□알러지 □과거 피부질환( ) ■기타 특이사항 임신 중

유해사례 정보

유해사례 내용: 임신 중에 몸에 바른 후 발진과 가려움이 심하여 사용 중단하였으나 호전되지 않아 병원 내원하여 치료를 받음

유해사례 발현시기: ■사용 후 즉시 □사용 후 시간 □사용 후 일
유해사례 발생기간: 2011 년 10 월 9 일 ~ 2011 년 10 월 13 일

유해사례 진행경과 및 조치:
- 병원 내원 후 약 처방 받음: Chlorpheniramine 4mg / 100ml continuous injection
  (항히스타민제의 경우 임산부 사용 가능)

병원 · 의원 진료 또는 약국 등 상담 여부: ■유 □무
의사 · 약사 등 의약전문가 의견 (부작용 · 유해사례와 해당 화장품과의 인과관계에 대한 소견 등): 임신 중 피부가 6~7배 이상 민감해지기 때문에 별 자극 없이 사용하였던 화장품이라고 해도 트러블이 발생할 수 있음. 항히스타민제 투여 후, 수 시간 내 호전 양상을 보이고 있음.

의심되는 화장품 정보

제품명(성분명)	제조원/책임판매업자	제조번호	사용기한(개봉 후 사용기간)	사용방법(용량, 횟수, 경로 등)	사용기간(사용일수)	사용목적	사용중단 결과
○○○	××× 화장품	18	개봉 후 사용기간 12개월 (제조연월일: 20110707)	샤워 후 물기가 마르기 전 발라주세요	2011년 10 월 9일 ~2011년 10 월 9일(총 1 일)	임산부 튼살 예방	□유해사례 증상 사라짐 ■증상이 계속됨 □사용을 중단하지 않음

보고자 (식약청 또는 책임판매업자에게 유해사례를 보고하시는 분을 말합니다)

□의사 □약사 ■책임판매업자 □소비자 □기타 (소비자인 경우 소비자 본인 여부: □본인 □본인 아님(소비자와의 관계:))		성명: CYJ
보고기관명: 한국××× 화장품	전화번호: 02-XXX-XXXX	E-mail: ○○○@○○.com

식약청 이외에 같은 유해사례를 보고한 기관: ■책임판매업자 □병원 · 의원 □약국 □기타

화장품책임판매업자 (화장품책임판매업자의 경우 추가로 작성하여 주십시오)

업소명: 한국××× 화장품	책임판매업등록번호: ○○○○	담당자: KFD	연락처: 02-XXX-XXXX

보고원: ■자발보고 □임상연구 □문헌정보	보고자가 식약청에 동일사례 보고 여부: □유 ■무 □불명

화장품책임판매업자의 의견 (유해사례와 해당 화장품과의 인과관계, 예상여부에 대한 소견 등): 보고된 유해사례 "allergic reaction"은 의학적으로 중요를 사유로 한 중대한 이상반응이며, ○○○ 제품 정보에 알려지지 않은 이상반응이다. 폐사 본사에서는 본 유해사례와 ○○○ 제품 사용과 시간적인 연관가능성이 있어 인과관계를 배제할 수 없다고 평가하였다.

출처: 화장품 유해사례 등 안전성 정보보고 해설서

(2) 안전성 정보의 검토 및 평가

식품의약품안전처장은 다음 사항에 따라 화장품 안전성 정보를 검토 및 평가하며 필요한 경우 화장품 안전관련 분야의 전문가 등의 자문을 받을 수 있다.

① 정보의 신뢰성 및 인과관계의 평가 등
② 국내 · 외 사용현황 등 조사 · 비교(화장품에 사용할 수 없는 원료 사용 여부 등)
③ 외국의 조치 및 근거 확인(필요한 경우에 한함)
④ 관련 유해사례 등 안전성 정보 자료의 수집 · 조사
⑤ 종합검토

(3) 후속조치

식품의약품안전처장 또는 지방식품의약품안전청장은 안전성 정보의 검토 및 평가 결과에 따라 다음 중 필요한 후속조치를 할 수 있다.

① 품목 제조 · 수입 · 판매 금지 및 수거 · 폐기 등의 명령
② 사용상의 주의사항 등 추가
③ 조사연구 등의 지시
④ 실마리 정보로 관리
⑤ 제조 · 품질관리의 적정성 여부 조사 및 시험 · 검사 등 기타 필요한 조치

3 위해화장품의 회수

(1) 회수대상 화장품

1) 회수대상

① 안전용기 · 포장기준에 위반되는 화장품
② 전부 또는 일부가 변패(變敗)된 화장품
③ 병원미생물에 오염된 화장품
④ 이물이 혼입되었거나 부착된 화장품 중 보건위생상 위해를 발생할 우려가 있는 화장품
⑤ 화장품의 제조 등에 사용할 수 없는 원료 또는 보존제, 색소, 자외선차단제 등 사용기준이 지정 · 고시된 원료 외의 사용할 수 없는 원료를 사용한 화장품
⑥ 그 밖에 유통화장품 안전관리기준(내용량 제외)에 적합하지 않은 화장품
⑦ 사용기한 또는 개봉 후 사용기간(병행 표기된 제조연월일 포함)을 위조 · 변조한 화장품
⑧ 그 밖에 영업자 스스로 국민보건에 위해를 끼칠 우려가 있어 회수가 필요하다고 판단한 화장품
⑨ 등록을 하지 아니한 자가 제조한 화장품 또는 제조 · 수입하여 유통 · 판매한 화장품
⑩ 신고를 하지 아니한 자가 판매한 맞춤형화장품

⑪ 맞춤형화장품 조제관리사를 두지 아니하고 판매한 맞춤형화장품

⑫ 화장품의 기재 · 표시기준을 위반한 화장품 또는 의약품으로 잘못 인식할 우려가 있게 기재 · 표시된 화장품

⑬ 판매의 목적이 아닌 제품의 홍보 · 판매촉진 등을 위하여 미리 소비자가 시험 · 사용하도록 제조 또는 수입된 화장품을 판매한 경우

⑭ 화장품의 포장 및 기재 · 표시사항을 훼손(맞춤형화장품 판매를 위하여 필요한 경우 제외) 또는 위조 · 변조한 화장품

2) 위해성 등급

회수대상 화장품의 위해성 등급은 그 위해성이 높은 순서에 따라 가등급, 나등급 및 다등급으로 구분하며, 해당 위해성 등급의 분류기준은 다음 각 구분에 따른다.

위해성 등급	대 상
가등급	• 화장품의 제조 등에 사용할 수 없는 원료를 사용한 화장품 • 보존제, 색소, 자외선차단제 등 사용기준이 지정 · 고시된 원료 외의 사용할 수 없는 원료를 사용한 화장품
나등급	• 안전용기 · 포장기준에 위반되는 화장품 • 유통화장품 안전관리기준에 적합하지 않은 화장품(내용량 부족, 기능성화장품 주원료 함량 부적합 제외) – 비의도적으로 검출된 원료 – 미생물 한도 – pH – 퍼머넌트웨이브용 및 헤어스트레이트너 제품 – 화장비누의 유리알칼리 0.1% 이하
다등급	• 전부 또는 일부가 변패(變敗)된 화장품 • 병원미생물에 오염된 화장품 • 이물이 혼입되었거나 부착된 화장품 중 보건위생상 위해를 발생할 우려가 있는 화장품 • 유통화장품 안전관리 중 기능성화장품 주원료 함량에 적합하지 않은 화장품 • 사용기한(개봉 후 사용기간)을 위조 · 변조한 화장품 • 영업자 스스로 국민보건에 위해를 끼칠 우려가 있어 회수가 필요하다고 판단한 화장품 • 등록을 하지 아니한 자가 제조한 화장품 또는 제조 · 수입하여 유통 · 판매한 화장품 • 신고를 하지 아니한 자가 판매한 맞춤형화장품 • 맞춤형화장품 조제관리사를 두지 아니하고 판매한 맞춤형화장품 • 화장품의 기재 · 표시기준을 위반한 화장품 • 의약품으로 잘못 인식할 우려가 있게 기재 · 표시된 화장품 • 판매의 목적이 아닌 제품의 홍보 · 판매촉진 등을 위하여 미리 소비자가 시험 · 사용하도록 제조 또는 수입된 화장품을 판매한 경우 • 화장품의 포장 및 기재 · 표시사항을 훼손(맞춤형화장품 판매를 위하여 필요한 경우는 제외한다) 또는 위조 · 변조한 화장품

> **TIP 유통화장품 안전관리 기준 중에서**
> - 화장품 내용량 부족: 위해화장품 요건이 아님
> - 기능성화장품 주원료 함량 부족: 위해화장품 다등급

(2) 위해화장품의 회수계획 및 회수절차 등

① 위해화장품을 회수하거나 회수하는 데에 필요한 조치를 하려는 영업자(회수의무자)는 해당 화장품에 대하여 즉시 판매중지 등의 필요한 조치를 하여야 하고, 회수대상 화장품이라는 사실을 안 날부터 5일 이내에 회수계획서에 다음 서류를 첨부하여 지방식품의약품안전청장에게 제출하여야 한다.

- 해당 품목의 제조 · 수입기록서 사본
- 판매처별 판매량 · 판매일 등의 기록
- 회수 사유를 적은 서류

※ 제출기한까지 회수계획서의 제출이 곤란하다고 판단되는 경우에는 지방식품의약품안전청장에게 그 사유를 밝히고 제출기한 연장을 요청하여야 한다.

② 회수의무자가 회수계획서를 제출하는 경우에는 다음 구분에 따른 범위에서 회수기간을 기재해야 한다.

위해성 등급	기 간
가등급	회수를 시작한 날부터 15일 이내
나등급 또는 다등급	회수를 시작한 날부터 30일 이내

※ 회수기간 이내에 회수하기가 곤란하다고 판단되는 경우에는 지방식품의약품안전청장에게 그 사유를 밝히고 회수기간 연장을 요청할 수 있다.

③ 지방식품의약품안전청장은 제출된 회수계획이 미흡하다고 판단되는 경우에는 해당 회수의무자에게 그 회수계획의 보완을 명할 수 있다.

④ 회수의무자는 회수대상 화장품의 판매자, 그 밖에 해당 화장품을 업무상 취급하는 자에게 방문, 우편, 전화, 전보, 전자우편, 팩스 또는 언론매체를 통한 공고 등을 통하여 회수계획을 통보하여야 하며, 통보 사실을 입증할 수 있는 자료를 회수종료일부터 2년간 보관하여야 한다.

⑤ 회수계획을 통보받은 자는 회수대상 화장품을 회수의무자에게 반품하고, 회수확인서를 작성하여 회수의무자에게 송부하여야 한다.

⑥ 회수의무자는 회수한 화장품을 폐기하려는 경우에는 폐기신청서에 다음 서류를 첨부하여 지방식품의약품안전청장에게 제출하고, 관계 공무원의 참관 하에 환경 관련 법령에서 정하는 바에 따라 폐기하여야 한다.

- 회수계획서 사본
- 회수확인서 사본

⑦ 폐기를 한 회수의무자는 폐기확인서를 작성하여 2년간 보관하여야 한다.

⑧ 회수의무자는 회수대상 화장품의 회수를 완료한 경우에는 회수종료신고서에 다음 서류를 첨부하여 지방식품의약품안전청장에게 제출하여야 한다.

- 회수확인서 사본
- 폐기확인서 사본(폐기한 경우에만 해당한다)
- 평가보고서 사본

⑨ 지방식품의약품안전청장은 회수종료신고서를 받으면 다음에서 정하는 바에 따라 조치하여야 한다.

- 회수계획서에 따라 회수대상 화장품의 회수를 적절하게 이행하였다고 판단되는 경우에는 회수가 종료되었음을 확인하고 회수의무자에게 이를 서면으로 통보할 것
- 회수가 효과적으로 이루어지지 아니하였다고 판단되는 경우에는 회수의무자에게 회수에 필요한 추가 조치를 명할 것

(3) 위해화장품의 공표

① 식품의약품안전처장은 회수계획을 보고받은 때 해당 영업자에 대하여 그 사실의 공표를 명할 수 있다.

② 위해화장품의 공표명령을 받은 영업자는 지체 없이 위해 발생사실 또는 다음 각 호의 사항을 「신문 등의 진흥에 관한 법률」 제9조 제1항에 따라 등록한 전국을 보급지역으로 하는 1개 이상의 일반일간신문[당일 인쇄 · 보급되는 해당 신문의 전체 판(版)을 말한다] 및 해당 영업자의 인터넷 홈페이지에 게재하고, 식품의약품안전처의 인터넷 홈페이지에 게재를 요청해야 한다.

③ 다만, 위해성 등급이 다등급인 화장품의 경우에는 해당 일반일간신문에의 게재를 생략할 수 있다.

- 화장품을 회수한다는 내용의 표제
- 제품명
- 회수대상 화장품의 제조번호
- 사용기한 또는 개봉 후 사용기간(병행 표기된 제조연월일을 포함한다)
- 회수 사유
- 회수 방법
- 회수하는 영업자의 명칭
- 회수하는 영업자의 전화번호, 주소, 그 밖에 회수에 필요한 사항

④ 위해화장품의 공표를 한 영업자는 공표일, 공표매체, 공표횟수, 공표문 사본 또는 내용이 포함된 공표 결과를 지체 없이 지방식품의약품안전청장에게 통보하여야 한다.

(4) 회수 및 폐기명령

① 식품의약품안전처장은 판매 · 보관 · 진열 · 제조 또는 수입한 화장품이나 그 원료 · 재료 등(물품)이 제9조(안전용기 · 포장), 제15조(영업의 금지) 또는 제16조 제1항(판매 등의 금지)을 위반하여 국민보건에 위해를 끼칠 우려가 있는 경우에는 해당 영업자 · 판매자 또는 그 밖에 화장품을 업무상 취급하는 자에게 해당 물품의 회수 · 폐기 등의 조치를 명하여야 한다.

② 식품의약품안전처장은 판매 · 보관 · 진열 · 제조 또는 수입한 물품이 국민보건에 위해를 끼치거나 끼칠 우려가 있다고 인정되는 경우에는 해당 영업자 · 판매자 또는 그 밖에 화장품을 업무상 취급하는 자에게 해당 물품의 회수 · 폐기 등의 조치를 명할 수 있다.

③ 회수 · 폐기명령을 받은 영업자 · 판매자 또는 그 밖에 화장품을 업무상 취급하는 자는 미리 식품의약품안전처장에게 회수계획을 보고하여야 한다.

④ 식품의약품안전처장은 다음 어느 하나에 해당하는 경우에는 관계 공무원으로 하여금 해당 물품을 폐기하게 하거나 그 밖에 필요한 처분을 하게 할 수 있다.

- 회수 · 폐기명령을 받은 자가 그 명령을 이행하지 아니한 경우
- 그 밖에 국민보건을 위하여 긴급한 조치가 필요한 경우

⑤ 물품의 회수에 필요한 위해성 등급 및 그 분류기준, 회수 · 폐기의 절차 · 계획 및 사후조치 등에 필요한 사항은 「화장품법 시행규칙」 제14조의2 제2항 및 제14조의3을 준용한다.

4 위해화장품의 행정처분

(1) 벌칙 및 행정처분

① 위해화장품 회수의무자가 회수조치 및 회수조치 의무 또는 회수계획 보고의무를 위반한 경우에는 200만원 이하의 벌금에 처한다.

② 위해화장품 관련 위반 내용과 행정처분 기준

위반 내용	1차 위반	2차 위반	3차 위반	4차 위반
• 회수 대상 화장품을 회수하지 않거나 회수하는 데에 필요한 조치를 하지 않은 경우 • 위해화장품의 회수계획을 보고하지 않거나 거짓으로 보고한 경우 • 회수 · 폐기명령 등을 이행하지 않은 경우 • 회수 · 폐기명령 등에 따른 회수계획을 보고하지 않거나 거짓으로 보고한 경우	판매 또는 제조업무 정지 1개월	판매 또는 제조업무 정지 3개월	판매 또는 제조업무 정지 6개월	등록취소 (또는 영업소 폐쇄)

(2) 회수조치 성실 이행자에 대한 행정처분의 감면 또는 면제

① 회수계획량의 5분의 4 이상을 회수한 경우: 그 위반행위에 대한 행정처분을 면제

② 회수계획량 중 일부를 회수한 경우

구분	내용
회수계획량의 3분의 1 이상, 5분의 4 미만을 회수한 경우	• 행정처분기준이 등록취소인 경우에는 업무정지 2개월 이상 6개월 이하의 범위에서 처분 • 행정처분기준이 업무정지 또는 품목의 제조 · 수입 · 판매 업무정지인 경우에는 정지처분기간의 3분의 2 이하의 범위에서 경감
회수계획량의 4분의 1 이상, 3분의 1 미만을 회수한 경우	• 행정처분기준이 등록취소인 경우에는 업무정지 3개월 이상 6개월 이하의 범위에서 처분 • 행정처분기준이 업무정지 또는 품목의 제조 · 수입 · 판매 업무정지인 경우에는 정지처분기간의 2분의 1 이하의 범위에서 경감

품질 보증

TIP 「화장품법 시행규칙」 [별표 1]

품질관리기준(제7조 관련)

1. 용어의 정의

이 표에서 사용하는 용어의 뜻은 다음과 같다.

가. "품질관리"란 화장품의 책임판매 시 필요한 제품의 품질을 확보하기 위해서 실시하는 것으로서, 화장품 제조업자 및 제조에 관계된 업무(시험 · 검사 등의 업무를 포함한다)에 대한 관리 · 감독 및 화장품의 시장 출하에 관한 관리, 그 밖에 제품의 품질의 관리에 필요한 업무를 말한다.

나. "시장출하"란 화장품책임판매업자가 그 제조 등(타인에게 위탁 제조 또는 검사하는 경우를 포함하고 타인으로부터 수탁 제조 또는 검사하는 경우는 포함하지 않는다)을 하거나 수입한 화장품의 판매를 위해 출하하는 것을 말한다.

2. 품질관리업무에 관련된 조직 및 인원

화장품책임판매업자는 책임판매관리자를 두어야 하며, 품질관리업무를 적정하고 원활하게 수행할 능력이 있는 인력을 충분히 갖추어야 한다.

3. 품질관리업무의 절차에 관한 문서 및 기록 등

가. 화장품책임판매업자는 품질관리업무를 적정하고 원활하게 수행하기 위하여 다음의 사항이 포함된 품질관리업무 절차서를 작성 · 보관해야 한다.

1) 적정한 제조관리 및 품질관리 확보에 관한 절차
2) 품질 등에 관한 정보 및 품질 불량 등의 처리 절차
3) 회수처리 절차
4) 교육 · 훈련에 관한 절차
5) 문서 및 기록의 관리 절차
6) 시장출하에 관한 기록 절차
7) 그 밖에 품질관리업무에 필요한 절차

나. 화장품책임판매업자는 품질관리업무 절차서에 따라 다음의 업무를 수행해야 한다.

1) 화장품제조업자가 화장품을 적정하고 원활하게 제조한 것임을 확인하고 기록할 것
2) 제품의 품질 등에 관한 정보를 얻었을 때 해당 정보가 인체에 영향을 미치는 경우에는 그 원인을 밝히고, 개선이 필요한 경우에는 적정한 조치를 하고 기록할 것
3) 책임판매한 제품의 품질이 불량하거나 품질이 불량할 우려가 있는 경우 회수 등 신속한 조치를 하고 기록할 것

4) 시장출하에 관하여 기록할 것
5) 제조번호별 품질검사를 철저히 한 후 그 결과를 기록할 것
※ 다만, 화장품제조업자와 화장품책임판매업자가 같은 경우, 화장품제조업자 또는 「식품 · 의약품분야 시험 · 검사 등에 관한 법률」 제6조에 따른 식품의약품안전처장이 지정한 화장품 시험 · 검사기관에 품질검사를 위탁하여 제조번호별 품질검사 결과가 있는 경우에는 품질검사를 하지 않을 수 있다.
6) 그 밖에 품질관리에 관한 업무를 수행할 것
다. 화장품책임판매업자는 책임판매관리자가 업무를 수행하는 장소에 품질관리업무 절차서 원본을 보관하고, 그 외의 장소에는 원본과 대조를 마친 사본을 보관해야 한다.

4. 책임판매관리자의 업무
화장품책임판매업자는 품질관리업무 절차서에 따라 다음 각 목의 업무를 책임판매관리자에게 수행하도록 해야 한다.
가. 품질관리업무를 총괄할 것
나. 품질관리업무가 적정하고 원활하게 수행되는 것을 확인할 것
다. 품질관리업무의 수행을 위하여 필요하다고 인정할 때에는 화장품책임판매업자에게 문서로 보고할 것
라. 품질관리업무 시 필요에 따라 화장품제조업자, 맞춤형화장품판매업자 등 그 밖의 관계자에게 문서로 연락하거나 지시할 것
마. 품질관리에 관한 기록 및 화장품제조업자의 관리에 관한 기록을 작성하고 이를 해당 제품의 제조일(수입의 경우 수입일을 말한다)부터 3년간 보관할 것

5. 회수처리
화장품책임판매업자는 품질관리업무 절차서에 따라 책임판매관리자에게 다음과 같이 회수업무를 수행하도록 해야 한다.
가. 회수한 화장품은 구분하여 일정 기간 보관한 후 폐기 등 적정한 방법으로 처리할 것
나. 회수내용을 적은 기록을 작성하고 화장품책임판매업자에게 문서로 보고할 것

6. 교육 · 훈련
화장품책임판매업자는 책임판매관리자에게 교육 · 훈련계획서를 작성하게 하고, 품질관리업무 절차서 및 교육 · 훈련계획서에 따라 다음의 업무를 수행하도록 해야 한다.
가. 품질관리업무에 종사하는 사람들에게 품질관리업무에 관한 교육 · 훈련을 정기적으로 실시하고 그 기록을 작성, 보관할 것
나. 책임판매관리자 외의 사람이 교육 · 훈련업무를 실시하는 경우에는 교육 · 훈련 실시 상황을 화장품책임판매업자에게 문서로 보고할 것

7. 문서 및 기록의 정리
화장품책임판매업자는 문서 · 기록에 관하여 다음과 같이 관리해야 한다.
가. 문서를 작성하거나 개정했을 때에는 품질관리업무 절차서에 따라 해당 문서의 승인, 배포, 보관 등을 할 것
나. 품질관리업무 절차서를 작성하거나 개정했을 때에는 해당 품질관리업무 절차서에 그 날짜를 적고 개정내용을 보관할 것

8. 영 제2조 제2호 라목의 화장품책임판매업을 등록한 자에 대해서는 제1호부터 제7호까지의 규정 중 제3호 가목 1) · 4) · 6), 나목 1) · 4) · 5), 제4호 마목 및 제6호를 적용하지 않는다.

핵심 주관식 **다음은 화장품 관련 용어의 정의이다. ㉠, ㉡에 들어갈 단어를 차례로 작성하시오.**

- (㉠)란 주문 준비와 관련된 일련의 작업과 운송 수단에 적재하는 활동으로 제조소 외로 제품을 운반하는 것을 말한다.
- (㉡)란 화장품책임판매업자가 그 제조 또는 수입한 화장품의 판매를 위해 출하하는 것을 말한다.

해설 CGMP 제2조(용어의 정의), 「화장품법 시행규칙」 [별표 1] 품질관리기준

- "출하"란 주문 준비와 관련된 일련의 작업과 운송 수단에 적재하는 활동으로 제조소 외로 제품을 운반하는 것을 말한다.
- "시장출하"란 화장품책임판매업자가 그 제조 등(타인에게 위탁 제조 또는 검사하는 경우를 포함하고 타인으로부터 수탁 제조 또는 검사하는 경우는 포함하지 않는다)을 하거나 수입한 화장품의 판매를 위해 출하하는 것을 말한다.

정답 ㉠ 출하, ㉡ 시장출하

품질관리

(1) 시험검사

① 품질관리를 위한 시험업무에 대해 문서화된 절차를 수립하고 유지하여야 한다.

② 원자재, 반제품 및 완제품에 대한 적합기준을 마련하고 제조번호별로 시험 기록을 작성 · 유지하여야 한다.

③ 시험결과 적합 또는 부적합인지 분명히 기록하여야 한다.

④ 원자재, 반제품 및 완제품은 적합판정이 된 것만을 사용하거나 출고하여야 한다.

⑤ 정해진 보관기간이 경과된 원자재 및 반제품은 재평가하여 품질기준에 적합한 경우 제조에 사용할 수 있다.

⑥ 모든 시험이 적절하게 이루어졌는지 시험기록을 검토한 후 적합, 부적합, 보류를 판정하여야 한다.

⑦ 기준일탈이 된 경우는 규정에 따라 책임자에게 보고한 후 조사하여야 한다. 조사결과는 책임자에 의해 일탈, 부적합, 보류를 명확히 판정하여야 한다.

⑧ 표준품과 주요시약의 용기에는 다음 사항을 기재하여야 한다.

- 명칭
- 개봉일
- 보관조건
- 사용기한
- 역가, 제조자의 성명 또는 서명(직접 제조한 경우에 한함)

⑨ 시약, 용액, 표준품, 배지

구 분	특 징
시약(Reagents)	• 정의: 시험용으로 구입한 시약 • 리스트 작성, 라벨 표시, 적절한 관리 필요 • 사용기한 설정과 표시 필요
시액(Solutions)	• 정의: 시험용으로 조제한 시약액 • 리스트 작성, 라벨 표시, 적절한 관리 필요 • 사용기한 설정과 표시 필요
표준품(Reference, Standards)	• 정의: 시험에 사용하는 표준물질 • 공식 공급원으로부터 입수하는 경우와 자사에서 조제하는 경우로 분류 • 사용기한 설정과 표시 필요
배지(Culture media)	• 정의: 미생물이나 생물조직을 배양하는 것 • 세균, 진균 등 많은 배지 존재 • 적절한 환경에서 관리 필요

(2) 검체의 채취 및 보관

① 검체채취는 품질관리부서가 실시하는 것이 일반적이다.

② 검체 채취자에게는 검체채취 절차 및 검체채취 시의 주의사항을 교육, 훈련시켜야 한다.

③ 검체는 제조단위(Batch)를 대표하는 검체를 채취해야 한다.

④ 시험용 검체는 오염되거나 변질되지 아니하도록 채취하고, 채취한 후에는 원상태에 준하는 포장을 해야 하며, 검체가 채취되었음을 표시하여야 한다.

⑤ 검체채취 기구 및 검체용기는 시험결과에 영향을 주지 않아야 한다. 제품규격 중에 미생물에 관련된 항목이 포함되어 있으면 검체용기를 미리 멸균한다.

⑥ 검체채취 절차서에 따라, 검체채취는 숙련되고 승인된 직원에 의해 수행되어야 한다.

⑦ 검체채취 절차서는 다음의 요소들은 포함해야 한다.

- 오염과 변질을 방지하기 위해 필요한 예방조치를 포함한 검체채취방법
- 검체채취를 위해 사용될 설비 · 기구
- 채취량
- 검체확인 정보
- 검체채취 시기 또는 빈도

⑧ 시험용 검체의 용기에는 다음 사항을 기재하여야 한다.

- 명칭 또는 확인코드
- 제조번호
- 검체 채취 일자

⑨ 완제품의 보관용 검체는 적절한 보관조건 하에 지정된 구역 내에서 제조단위별로 사용기한 경과 후 1년간 보관하여야 한다.

※ 다만, 개봉 후 사용기간을 기재하는 경우에는 제조일로부터 3년간 보관하여야 한다.

⑩ 보관용 검체를 보관해야 하는 이유

- 소비자 불만과 기타 소비자 질문사항의 조사를 위한 중요한 도구
- 제품 및 그 포장의 특성을 검증하기 위한 방법
- 가능한 모든 질문에 대한 대응을 위한 회사의 제품 라이브러리

(3) 위탁계약

① 화장품 제조 및 품질관리에 있어 공정 또는 시험의 일부를 위탁하고자 할 때에는 문서화된 절차를 수립 · 유지해야 한다.

② 제조업무를 위탁하고자 하는 자는 「우수화장품 제조 및 품질관리기준」(CGMP) 적합판정을 받은 업소에 위탁제조하는 것을 권장한다.

③ 위탁업체는 수탁업체의 계약 수행능력을 평가하고 그 업체가 계약을 수행하는 데 필요한 시설 등을 갖추고 있는지 확인해야 한다.

④ 위탁업체는 수탁업체와 문서로 계약을 체결해야 하며 정확한 작업이 이루어질 수 있도록 수탁업체에 관련 정보를 전달해야 한다.

⑤ 위탁업체는 수탁업체에 대해 계약에서 규정한 감사를 실시하고 수탁업체는 이를 수용해야 한다.

⑥ 위탁제조 개시 후, 위탁업체는 정기적으로 수탁업체의 평가를 실시한다.

⑦ 수탁업체에서 생성한 위 · 수탁 관련 자료는 유지되어 위탁업체에서 이용 가능해야 한다.

⑧ 위탁업체는 위탁제조품의 품질을 보증해야 한다.

⑨ 위탁업체와 수탁업체의 역할

구 분	역 할
위탁업체	• 제품의 품질을 보증한다. • 제조 공정을 확립한다. • 수탁업체를 평가한다. • 수탁업체에게 기술이전을 한다. • 수탁업체에게 필요한 정보를 제공한다. • 제조공정 또는 시험을 평가 · 감사한다.
수탁업체	• 제조공정 또는 시험을 보증한다. • 제조공정 또는 시험에 필요한 인적자원을 확보한다. • CGMP에 준하는 적절한 관리를 한다. • 제조공정 또는 시험의 결과를 제공해야 한다. • 위탁업체의 평가 및 감사를 받아들인다.

(4) 일탈(CGMP 제24조)

1) 일 탈

① 일탈(Deviations)은 규정된 제조 또는 품질관리활동 등의 기준 [예 기준서, 표준작업지침(Standard operating procedures) 등]을 벗어나 이루어진 행위이다.

② 기준일탈(Out of specification)이란 어떤 원인에 의해서든 시험결과가 정한 기준값 범위를 벗어난 경우이다.

③ 제조과정 중의 일탈에 대해 조사를 한 후 필요한 조치를 마련해야 한다.

2) 중대한 일탈

구 분	구체적인 사례
생산 공정상	• 제품표준서, 제조작업절차서 및 포장작업절차서의 기재내용과 다른 방법으로 작업이 실시되었을 경우 • 공정관리기준에서 두드러지게 벗어나 품질 결함이 예상될 경우 • 관리규정에 의한 관리항목(생산 시의 관리대상 파라미터의 설정치 등)에 있어서 두드러지게 설정치를 벗어났을 경우 • 생산 작업 중에 설비 · 기기의 고장, 정전 등의 이상이 발생하였을 경우 • 벌크제품과 제품의 이동 · 보관에 있어서 보관 상태에 이상이 발생하고 품질에 영향을 미친다고 판단될 경우
품질검사	절차서 등의 기재된 방법과 다른 시험방법을 사용했을 경우
유틸리티	작업환경이 생산환경 관리에 관련된 문서에 제시하는 기준치를 벗어났을 경우

3) 중대하지 않은 일탈

구 분	구체적인 사례
생산 공정상	• 관리규정에 의한 관리항목(생산 시의 관리대상 파라미터의 설정치 등)에 있어서 설정된 기준치로부터 벗어난 정도가 10% 이하이고 품질에 영향을 미치지 않는 것이 확인되어 있을 경우 • 관리규정에 의한 관리항목(생산 시의 관리대상 파라미터의 설정치 등)보다도 상위 설정(범위를 좁힌)의 관리기준에 의거하여 작업이 이루어진 경우 • 제조 공정에 있어서의 원료 투입에 있어서 동일 온도 설정 하에서의 투입 순서에서 벗어났을 경우 • 생산에 관한 시간제한을 벗어날 경우: 필요에 따라 제품 품질을 보증하기 위하여 각 생산 공정 완료에는 시간 설정이 되어 있어야 하나, 그러한 설정된 시간제한에서의 일탈에 대하여 정당한 이유에 의거한 설명이 가능할 경우 • 합격 판정된 원료, 포장재의 사용: 사용해도 된다고 합격 판정된 원료, 포장재에 대해서는 선입선출 방식으로 사용해야 하나, 이 요건에서의 일탈이 일시적이고 타당하다고 인정될 경우

구 분	구체적인 사례
생산 공정상	• 출하배송 절차: 합격 판정된 오래된 제품 재고부터 차례대로 선입선출되어야 하나, 이 요건에서의 일탈이 일시적이고 타당하다고 인정될 경우
품질검사	검정기한을 초과한 설비의 사용에 있어서 설비보증이 표준품 등에서 확인할 수 있는 경우

> **TIP 일탈의 조치**
> 일탈의 정의, 순위 매기기, 제품의 처리방법 등을 절차서에 일탈의 조치를 정해둔다.

2 품질관리의 업무

(1) 업무환경

① 자유롭게 사용할 수 있는 시험 시설과 설비를 소유한다(통상 제조구역에서 분리한다).
② 시험의 실시 및 검체와 기록서의 보존에 충분한 공간을 갖춘다.
③ 업무를 실행할 수 있는 "교육훈련을 받은 직원"이 있다.
④ 모든 일의 절차서가 준비되어 있다.
⑤ 조직적으로 제조부문에서 독립하고 있다.

(2) 시험업무

① 제품 품질에 관련된 모든 결정에 관여한다.
② 절차서에 따라 검체채취, 분석, 합격여부 판정을 한다.
③ 시험기록서를 작성하고 보관한다.
④ 일반데이터, 원자료(Raw data)를 기록하고 보관한다.
⑤ 시약, 시액, 표준품, 보관용 검체를 취급한다.
⑥ 시험기기를 사용하고 관리한다.
⑦ 필요시 분석방법을 개발한다.
⑧ 시험에 관한 최신 정보를 입수하고 활용한다.
⑨ 기준일탈 결과를 조사한다.
⑩ 변경을 관리한다.
⑪ 일탈을 처리한다.

(3) 시험성적서

① 각 시험의 결과는 시험성적서에 정리한다.

② 시험성적서에는 뱃치별로 원료, 포장재, 벌크제품, 완제품에 대한 시험의 모든 기록이 있어야 하며 그 결과를 판정할 수 있어야 한다.

③ 시험성적서는 검체데이터, 분석법 관련 기록, 시험데이터와 시험 결과로 구성되어 있다.

④ 시험에 관한 기록을 각 뱃치 단위로 정리하여 조사, 승인 작업을 손쉽게 하고 언제라도 재검토할 수 있는 기록 체계를 확립한 문서이어야 한다.

⑤ 시험성적서에는 모든 시험이 적절하게 이루어졌는지 시험기록을 검토한 후 적합, 부적합, 보류를 판정하여야 한다.

3 감 사

(1) 감사의 종류

분류 기준	종 류	비 고
감사 내용	규정 준수 감사	판매자 요구사항, 회사 정책 및 정부 규정의 준수에 대한 평가
	제품 감사	무작위로 추출한 검체를 통한 생산 설비의 가동이나 제조 공정의 품질 평가
	시스템 감사	제품의 생산 및 유통에 이용되는 시스템의 유효성에 대한 종합적인 평가
감사 대상	외부감사	수탁업체나 공급자와 같은 회사 외부의 피감사 대상 부서나 조직에 대한 감사
	내부감사	조직의 직접적 통제 하에 피감사 대상 부서에 대한 감사
감사 시기	사전감사	계약 체결 전, 잠재적 공급업체나 수탁업체에 대한 감사
	사후감사	발주 후, 제품생산 전 또는 생산 중에 공급업체나 수탁업체에 대한 감사

(2) 내부감사(CGMP 제28조)

① 품질보증체계가 계획된 사항에 부합하는지를 주기적으로 검증하기 위하여 내부감사를 실시해야 한다.

② 내부감사 계획 및 실행에 관한 문서화된 절차를 수립하고 유지해야 한다.

③ 감사자는 감사 대상과는 독립적이어야 한다.

④ 자신의 업무에 대해 감사를 실시하면 안 된다.

⑤ 감사 결과는 기록되어 경영책임자 및 피감사 부서의 책임자와 공유하고 감사 중에 발견된 결함에 대하여 시정조치해야 한다.

⑥ 감사자는 시정조치에 대한 후속 감사활동을 행하고 이를 기록해야 한다.
⑦ 감사 결과에 대한 신뢰는 감사자의 숙련도, 전문성, 공정한 평가 및 직무윤리 등에 의한다.
⑧ 피감사 대상 조직에 대한 사전 통보(최소 2주전을 추천)한다.
⑨ 감사 시에 피감사인이 이석하는 일이 없도록 감사 직전 감사 순서를 결정한다.
⑩ 감사는 면담, 운영 및 설비의 관찰, 문서 조사(정책, 절차서, 데이터·시험 기록 등)로 이루어진다.
⑪ 감사의 직업윤리상 협의되지 않은 경우, 해당 정보에 대해서는 기밀로 유지하도록 한다.

4 문서관리

(1) 문서관리

① 제조업자는 우수화장품 제조 및 품질보증에 대한 목표와 의지를 포함한 관리방침을 문서화하며 전 작업원들이 실행하여야 한다.
② 모든 문서의 작성 및 개정 · 승인 · 배포 · 회수 또는 폐기 등 관리에 관한 사항이 포함된 문서관리규정을 작성하고 유지하여야 한다.
③ 문서는 작업자가 알아보기 쉽도록 작성하여야 하며 작성된 문서에는 권한을 가진 사람의 서명과 승인연월일이 있어야 한다.
④ 문서의 작성자 · 검토자 및 승인자는 서명을 등록한 후 사용하여야 한다.
⑤ 문서를 개정할 때는 개정사유 및 개정연월일 등을 기재하고 권한을 가진 사람의 승인을 받아야 하며 개정번호를 지정해야 한다.
⑥ 원본 문서는 품질보증부서에서 보관하여야 하며, 사본은 작업자가 접근하기 쉬운 장소에 비치 · 사용하여야 한다.
⑦ 문서의 인쇄본 또는 전자매체를 이용하여 안전하게 보관해야 한다.
⑧ 작업자는 작업과 동시에 문서에 기록하여야 하며 지울 수 없는 잉크로 작성하여야 한다.
⑨ 기록 문서를 수정하는 경우에는 수정하려는 글자 또는 문장 위에 선을 그어 수정 전 내용을 알아볼 수 있도록 하고 수정된 문서에는 수정사유, 수정연월일 및 수정자의 서명이 있어야 한다.
⑩ 모든 기록문서는 적절한 보존기간이 규정되어야 한다.
⑪ 기록의 훼손 또는 소실에 대비하기 위해 백업파일 등 자료를 유지하여야 한다.
⑫ 백업데이터(Backup data)는 일정한 간격을 두고 별도의 안전한 장소에 보관되어야 한다.
⑬ 전자문서에서는 접근제한, 변경관리, 고쳐쓰기 방지, 백업을 해야 한다.

(2) 기준서

① 제조 및 품질관리의 적합성을 보장하는 기본 요건들을 충족하고 있음을 보증하기 위하여 다음 각 항에 따른 제품표준서, 제조관리기준서, 품질관리기준서 및 제조위생관리기준서를 작성하고 보관하여야 한다.

② 품질관리기준서는 다음 각 호의 사항이 포함되어야 한다.

- 다음 사항이 포함된 시험지시서
  - 제품명, 제조번호 또는 관리번호, 제조연월일
  - 시험지시번호, 지시자 및 지시연월일
  - 시험항목 및 시험기준
- 시험검체 채취방법 및 채취 시의 주의사항과 채취 시의 오염방지대책
- 시험시설 및 시험기구의 점검(장비의 교정 및 성능 점검방법)
- 안정성시험
- 완제품 등 보관용 검체의 관리
- 표준품 및 시약의 관리
- 위탁시험 또는 위탁제조하는 경우 검체의 송부방법 및 시험결과의 판정방법
- 그 밖에 필요한 사항

5 천연화장품 및 유기농화장품 인증 및 인증기관

(「화장품법 시행규칙」 제23조의 2, 제23조의 3)

(1) 천연화장품 및 유기농화장품 인증

① 천연화장품 또는 유기농화장품으로 인증을 받으려는 화장품제조업자, 화장품책임판매업자 또는 연구기관 등은 지정받은 인증기관에 식품의약품안전처장이 정하여 고시하는 서류를 갖추어 인증을 신청해야 한다.

- 천연 · 유기농화장품(인증, 유효기관 연장) 신청서
- 인증신청 대상 제품에 사용된 원료 등에 대한 정보
- 인증신청 대상 제품의 제조공정, 용기 · 포장 및 보관 등에 대한 정보
- 인증서 원본 및 인증 받은 제품이 최신의 인증기준에 적합함을 입증하는 서류(유효기간 연장의 경우)

② 인증기관은 인증신청을 받은 경우 천연화장품 또는 유기농화장품의 인증기준에 적합한지 여부를 심사한 후 그 결과를 신청인에게 통지해야 한다.

③ 천연화장품 또는 유기농화장품의 인증을 받은 자(인증사업자)는 다음 사항이 변경된 경우 식품의약품안전처장이 정하여 고시하는 바에 따라 그 인증을 한 인증기관에 보고를 해야 한다.

- 인증제품 명칭의 변경
- 인증제품을 판매하는 책임판매업자의 변경

④ 인증사항 변경 신청서에 다음 서류를 첨부하여 그 인증을 한 인증기관의 장에게 제출하여야 한다.

변경 사유	필요서류	공통서류
인증제품 명칭의 변경	인증제품의 명칭 변경사유를 적은 서류	인증서 원본
인증제품을 판매하는 책임판매업자의 변경	책임판매업자의 변경을 증명하는 서류	
인증사업자의 명칭 또는 주소의 변경	변경된 명칭이나 주소를 증명하는 서류	

⑤ 인증사업자가 인증의 유효기간(천연·유기농화장품 인증을 받은 날로부터 3년)을 연장 받으려는 경우에는 유효기간 만료 90일 전까지 그 인증을 한 인증기관에 식품의약품안전처장이 정하여 고시하는 서류(천연·유기농화장품 유효기간 연장 신청서, 인증서 원본, 인증 받은 제품이 최신의 인증기준에 적합함을 입증하는 서류)를 갖추어 제출해야 한다.

※ 그 인증을 한 인증기관이 폐업, 업무정지 또는 그 밖의 부득이한 사유로 연장신청이 불가능한 경우에는 다른 인증기관에 신청할 수 있다.

⑥ 천연 · 유기농화장품 인증표시

구 분	표시기준(로고모형)	표시방법
천연화장품	천연화장품 식품의약품안전처	• 도안의 크기는 용도 및 포장재의 크기에 따라 동일 배율로 조정할 것 • 도안은 알아보기 쉽도록 인쇄 또는 각인 등의 방법으로 표시할 것
유기농화장품	유기농화장품 식품의약품안전처	

(2) 천연화장품 및 유기농화장품의 인증기관

① 천연화장품 및 유기농화장품의 인증기관 지정 신청

- 천연화장품 및 유기농화장품의 인증기관으로 지정받으려는 자는 인증기관 지정 신청서에 다음 서류를 첨부하여 식품의약품안전처장에게 제출하여야 한다.

– 인증업무 범위, 조직 · 인력 · 재정운영, 시험 · 검사운영 등을 적은 사업계획서

– 인증기관의 지정기준에 부합함을 입증하는 서류

- 식품의약품안전처장은 인증기관 지정 신청내용이 지정기준에 적합한지 여부를 평가하기 위하여 실태조사를 실시할 수 있다.
- 식품의약품안전처장은 신청 제출서류에 대한 검토결과와 실태 조사결과를 종합적으로 심사하여 인증기관 지정 신청의 적합 여부를 판정하여야 한다.
- 식품의약품안전처장은 심사 결과가 적합한 경우에는 지정대장에 지정사항을 적고 인증기관 지정서를 발급하며, 그 결과를 홈페이지에 게시하여야 한다.
- 실태조사의 절차와 방법 등은「행정절차법」에 따른다.

② 식품의약품안전처장은 천연화장품 및 유기농화장품 지정기준에 적합하여 인증기관을 지정하는 경우에는 신청인에게 인증기관 지정서를 발급해야 한다.

③ 지정된 인증기관은 다음 사항이 변경된 경우에는 변경사유가 발생한 날부터 30일 이내에 인증기관 지정사항 변경 신청서에 다음 서류를 갖추어 변경신청을 해야 한다.

- 인증기관의 대표자
- 인증기관의 명칭 및 소재지
- 인증업무의 범위

④ 인증기관의 준수사항

- 인증번호, 인증범위, 유효기간, 인증제품명 등이 포함된 인증서를 발급할 것
- 인증기관의 장은 인증 결과 등을 인증을 실시한 해의 다음 연도 1월 31일까지 식품의약품안전처장에게 보고할 것
- 인증기관은 동 인증업무 이외의 다른 업무를 행하고 있는 경우 그 업무로 인해 인증업무에 지장을 주거나 공정성을 손상시키지 말 것
- 인증신청, 인증심사 및 인증사업자에 관한 자료를 인증의 유효기간이 끝난 후 2년 동안 보관할 것
- 식품의약품안전처장의 요청이 있는 경우에는 인증기관의 사무소 및 시설에 대한 접근을 허용하거나 필요한 정보 및 자료를 제공할 것

⑤ 인증기관의 지정절차 및 준수사항 등 인증기관 운영에 필요한 세부 절차와 방법 등은 식품의약품안전처장이 정하여 고시한다.

⑥ 인증기관에 대한 행정처분의 기준

위반 내용	근거법령	위반차수별 행정처분기준		
		1차 위반	2차 위반	3차 이상 위반
거짓이나 그 밖의 부정한 방법으로 인증기관의 지정을 받은 경우	「화장품법」 제14조의5 제2항 제1호	지정취소		
지정기준에 적합하지 않게 된 경우	「화장품법」 제14조의5 제2항 제2호	업무정지 3개월	업무정지 6개월	지정취소

6 기능성화장품의 심사 및 보고서 제출

(「화장품법」 제4조, 「화장품법 시행규칙」 제9조, 제10조)

(1) 기능성화장품의 심사

① 기능성화장품(「화장품법 시행규칙」 제10조에 따라 보고서를 제출해야 하는 기능성화장품 제외)으로 인정받아 판매 등을 하려는 화장품제조업자, 화장품책임판매업자 또는 「기초연구진흥 및 기술개발지원에 관한 법률」 제6조 제1항 및 제14조의2에 따른 대학 · 연구기관 · 연구소(연구기관 등)는 품목별로 기능성화장품 심사의뢰서(전자문서로 된 심사의뢰서 포함)에 다음의 서류를 첨부하여 식품의약품안전평가원장의 심사를 받아야 한다.

㉠ 기원(起源) 및 개발 경위에 관한 자료

㉡ 안전성에 관한 자료

- 단회 투여 독성시험 자료
- 1차 피부 자극시험 자료
- 안(眼)점막 자극 또는 그 밖의 점막 자극시험 자료
- 피부 감작성시험(感作性試驗) 자료
- 광독성(光毒性) 및 광감작성 시험 자료
- 인체 첩포시험(貼布試驗) 자료

㉢ 유효성 또는 기능에 관한 자료

- 효력시험 자료
- 인체 적용시험 자료
- 염모효력시험 자료(모발의 색상을 변화시키는 기능을 가진 화장품)

㉣ 자외선 차단지수 및 자외선A 차단등급 설정의 근거자료(자외선을 차단 또는 산란시켜 자외선으로부터 피부를 보호하는 기능을 가진 화장품의 경우만 해당)

㉤ 기준 및 시험방법에 관한 자료[검체(檢體)를 포함한다]

② 식품의약품안전처장이 제품의 효능 · 효과를 나타내는 성분 · 함량을 고시한 품목의 경우에는 기준 및 시험방법에 관한 자료를 제출해야 한다(위의 ㉠~㉣ 자료 제출 생략).

③ 식품의약품안전처장이 기준 및 시험방법을 고시한 품목의 경우에는 기원(起源) 및 개발 경위에 관한 자료, 안전성에 관한 자료, 유효성 또는 기능에 관한 자료, 자외선 차단지수 및 자외선A 차단등급 설정의 근거자료를 제출해야 한다(위의 ㉤ 자료 제출 생략).

④ 기능성화장품 심사를 받은 자 간에 심사를 받은 기능성화장품에 대한 권리를 양도 · 양수하여 심사를 받으려는 경우에는 첨부서류를 갈음하여 양도 · 양수계약서를 제출할 수 있다.

⑤ 심사를 받은 사항을 변경하려는 자는 기능성화장품 변경심사 의뢰서(전자문서로 된 의뢰서 포함)에 다음 서류(전자문서 포함)를 첨부하여 식품의약품안전평가원장에게 제출하여야 한다.

- 먼저 발급받은 기능성화장품 심사결과통지서

• 변경사유를 증명할 수 있는 서류

⑥ 식품의약품안전평가원장은 심사의뢰서나 변경심사의뢰서를 받은 경우에는 다음 심사기준에 따라 심사하여야 한다.

• 기능성화장품의 원료와 그 분량은 효능 · 효과 등에 관한 자료에 따라 합리적이고 타당하여야 하며, 각 성분의 배합의의(配合意義)가 인정되어야 할 것
• 기능성화장품의 효능 · 효과는 각각 기능성화장품에 적합할 것
• 기능성화장품의 용법 · 용량은 오용될 여지가 없는 명확한 표현으로 적을 것

⑦ 식품의약품안전평가원장은 심사 규정에 따라 심사를 한 후 심사대장에 다음 각 사항을 적고, 기능성화장품 심사 · 변경심사 결과통지서를 발급하여야 한다.

• 심사번호 및 심사연월일 또는 변경심사연월일
• 기능성화장품 심사를 받은 화장품제조업자, 화장품책임판매업자 또는 연구기관등의 상호(법인인 경우에는 법인의 명칭) 및 소재지
• 제품명
• 효능 · 효과

⑧ 첨부자료의 범위 · 요건 · 작성요령과 제출이 면제되는 범위 및 심사기준 등에 관한 세부 사항은 식품의약품안전처장이 정하여 고시한다(기능성화장품 심사에 관한 규정).

TIP 화장품 독성시험 동물대체시험법

독성시험법	동물대체시험법
단회 투여 독성시험	• 용량고저법(UDP, up-and-down procedure) • 독성등급법(Acute Toxicity Class Method) • 고정용량법(Fixed dose procedure)
피부 자극시험	• 인체피부모델을 이용한 피부 자극시험법 • 장벽막을 이용한 피부 부식시험법 • (생체외) 경피성 전기저항을 이용한 피부 부식시험법
안자극 시험	• 인체각막 유사 상피모델을 이용한 안자극 시험법 • 단시간 노출법(STE, Short Time Exposure)
안(眼)점막 자극시험	• 소 각막을 이용한 안점막 자극시험법(BCOP 시험법) • 닭의 안구를 이용한 안점막 자극시험법(ICE 시험법)
피부 감작성시험	• 인체 세포주 활성화 방법(h-CLAT) • 국소림프절 시험법(Local Lymph Node Assay, LLNA): LLNA-DA, LLNA: BrdU-FCM • In chemico 펩타이드 반응을 이용한 시험법 • ARE-Nrf2 루시퍼라아제 LuSens 시험법 • 유세포분석을 이용한 국소림프절 시험법
광독성 시험	In vitro 3T3 NRU 시험법

핵심 주관식 **다음은 기능성화장품의 심사에 대한 내용이다. 빈칸에 들어갈 단어를 작성하시오.**

> 2. 안전성에 관한 자료
>   가. 단회 투여 독성시험 자료
>   나. 1차 피부 자극시험 자료
>   다. 안(眼)점막 자극 또는 그 밖의 점막 자극시험 자료
>   라. (   ) 자료
>   마. 광독성(光毒性) 및 광감작성 시험 자료
>   바. 인체 첩포시험(貼布試驗) 자료

해설 「화장품법 시행규칙」 제9조(기능성화장품의 심사)

기능성화장품으로 인정받아 판매 등을 하려는 화장품제조업자, 화장품책임판매업자 또는 대학 · 연구기관 · 연구소는 품목별로 기능성화장품 심사의뢰서에 안전성에 관한 자료를 첨부하여 식품의약품안전평가원장의 심사를 받아야 한다.

정답 피부 감작성시험

(2) 기능성화장품 보고서의 제출

① 기능성화장품의 심사를 받지 아니하고 식품의약품안전평가원장에게 보고서를 제출하여야 하는 대상은 다음과 같다.

- 효능 · 효과가 나타나게 하는 성분의 종류 · 함량, 효능 · 효과, 용법 · 용량, 기준 및 시험방법이 식품의약품안전처장이 고시한 품목과 같은 기능성화장품
- 이미 심사를 받은 기능성화장품[화장품제조업자(화장품제조업자가 제품을 설계·개발·생산하는 방식으로 제조한 경우만 해당)가 같거나 화장품책임판매업자가 같은 경우 또는 기능성화장품으로 심사받은 연구기관 등이 같은 기능성화장품만 해당]과 다음 사항이 모두 같은 품목

※ 다만, 미백과 주름개선 및 탈모, 여드름성 피부, 아토피성 피부, 튼살 기능성화장품은 이미 심사를 받은 품목이 대조군(對照群)(효능·효과가 나타나게 하는 성분을 제외한 것을 말한다)과의 비교실험을 통하여 효능이 입증된 경우만 해당한다.

- 효능 · 효과가 나타나게 하는 원료의 종류 · 규격 및 함량(액체상태인 경우에는 농도를 말함)
- 효능 · 효과(제2조 제4호 및 제5호의 기능성화장품의 경우 자외선 차단지수의 측정값이 마이너스 20퍼센트 이하의 범위에 있는 경우에는 같은 효능·효과로 봄)
- 기준[산성도(pH)에 관한 기준 제외] 및 시험방법
- 용법 · 용량
- 제형(劑形)[미백, 주름개선, 탈모색상, 체모제거, 탈모, 여드름성 피부, 아토피성 피부, 튼살 기능성화장품의 경우에는 액제(Solution), 로션제(Lotion) 및 크림제(Cream)를 같은 제형으로 봄]

- 이미 심사를 받은 기능성화장품 및 식품의약품안전처장이 고시한 기능성화장품과 비교하여 다음 사항이 모두 같은 품목(이미 심사를 받은 피부를 곱게 태워주거나 자외선으로부터 피부를 보호하는 데에 도움을 주는 기능성화장품으로서 그 효능·효과를 나타나게 하는 성분·함량과 식품의약품안전처장이 고시한 미백, 주름개선 기능성화장품으로서 그 효능·효과를 나타나게 하는 성분·함량이 서로 혼합된 품목만 해당)
  - 효능 · 효과를 나타나게 하는 원료의 종류 · 규격 및 함량
  - 효능 · 효과(제2조 제4호 및 제5호에 따른 효능·효과의 경우 자외선 차단지수의 측정값이 마이너스 20퍼센트 이하의 범위에 있는 경우에는 같은 효능·효과로 봄)
  - 기준[산성도(pH)에 관한 기준 제외] 및 시험방법
  - 용법 · 용량
  - 제형

② 기능성화장품으로 인정받아 판매 등을 하려는 화장품제조업자, 화장품책임판매업자 또는 연구기관등은 품목별로 기능성화장품 심사 제외 품목 보고서(전자문서로 된 보고서 포함)를 식품의약품안전평가원장에게 제출해야 한다.

③ 기능성화장품 심사 제외 품목 보고서를 받은 식품의약품안전평가원장은 기능성화장품 보고서 제출 대상에 따른 요건을 확인한 후 다음 사항을 기능성화장품의 보고대장에 적어야 한다.

- 보고번호 및 보고연월일
- 화장품제조업자, 화장품책임판매업자 또는 연구기관 등의 상호(법인인 경우 법인의 명칭) 및 소재지
- 제품명
- 효능 · 효과

(3) 자료제출의 면제

① 「기능성화장품 기준 및 시험방법」(식품의약품안전처고시), 국제화장품원료집(ICID), 「식품의 기준 및 규격」(식품의약품안전처고시) 및 「식품첨가물의 기준 및 규격」(식품의약품안전처고시)(Ⅱ. 화학적합성품, 천연첨가물 및 혼합제제류 중 제3. 품목별 성분규격 및 보존기준의 나. 천연첨가물에 한함)에서 정하는 원료로 제조되거나 제조되어 수입된 기능성화장품의 경우 안전성에 관한 자료 제출을 면제한다.

※ 다만, 유효성 또는 기능 입증자료 중 인체적용시험 자료에서 피부이상반응 발생 등 안전성 문제가 우려된다고 식품의약품안전처장이 인정하는 경우에는 그러하지 아니하다.

② 유효성 또는 기능에 관한 자료 중 인체적용시험 자료를 제출하는 경우 효력시험자료 제출을 면제할 수 있다.

※ 다만, 이 경우에는 효력시험자료의 제출을 면제받은 성분에 대해서는 효능 · 효과를 기재 · 표시할 수 없다.

③ [별표 4] 자료 제출이 생략되는 기능성화장품의 종류에서 성분 · 함량을 고시한 품목의 경우에는 기원 및 개발경위, 안전성, 유효성 또는 기능에 관한 자료 제출을 면제한다.

④ 자외선차단지수(SPF) 10 이하 제품의 경우에는 자외선차단지수 설정의 근거 자료 제출을 면제한다.

(4) 기능성화장품 심사 및 보고서 제출 위반에 대한 행정처분

위반 내용	처분 기준			
	1차 위반	2차 위반	3차 위반	4차 이상 위반
심사를 받지 않거나 거짓으로 보고하고 기능성화장품을 판매한 경우	판매업무정지 6개월	판매업무정지 12개월	등록취소	
보고하지 않은 기능성화장품을 판매한 경우	판매업무정지 3개월	판매업무정지 6개월	판매업무정지 9개월	판매업무정지 12개월

7 자외선 차단효과 측정방법 및 기준

(1) 자외선의 분류

분 류	파 장	특 징
UVA	320~400nm	진피까지 도달하며 색소침착 유발, 콜라겐 합성 저하, 피부 노화
UVB	290~320nm	표피 및 진피의 상부까지 침투하며 홍반 유발, 일광화상 및 색소침착
UVC	200~290nm	오존층에서 대부분 흡수되며 피부암 유발

(2) 용어의 정의

① 자외선차단지수(SPF; Sun Protection Factor): UVB를 차단하는 제품의 차단효과를 나타내는 지수

$$\text{자외선차단지수(SPFi)} = \frac{\text{제품 도포 부위의 최소홍반량(MEDp)}}{\text{제품 무도포 부위의 최소홍반량(MEDu)}}$$

② 자외선A차단지수(PFA; Protection Factor of UVA): UVA를 차단하는 효과를 나타내는 지수

$$\text{자외선A차단지수(PFAi)} = \frac{\text{제품 도포 부위의 최소지속형즉시흑화량(MPPDp)}}{\text{제품 무도포 부위의 최소지속형즉시흑화량(MPPDu)}}$$

③ "최소홍반량(MED; Minimum Erythema Dose)"이라 함은 UVB를 사람의 피부에 조사한 후 16~24 시간의 범위 내에, 조사영역의 전 영역에 홍반을 나타낼 수 있는 최소한의 자외선 조사량을 말한다.

④ "최소지속형즉시흑화량(MPPD; Minimal Persistent Pigment darkening Dose)"이라 함은 UVA를 사람의 피부에 조사한 후 2~24시간의 범위 내에, 조사영역의 전 영역에 희미한 흑화가 인식되는 최소 자외선 조사량을 말한다.

⑤ "자외선A차단등급(Protection grade of UVA)"이라 함은 UVA 차단효과의 정도를 나타내며 약칭은 피 · 에이(PA)라 한다.

(3) 자외선 차단효과 측정방법

① 피험자 선정: 제품당 10명 이상을 선정

② 시험 부위: 피험자의 등(깨끗하고 마른 상태)

③ 광원 선정: 인공광원

- 290㎚ 이하의 파장은 적절한 필터를 이용하여 제거한다.
- 광원은 시험시간 동안 일정한 광량을 유지해야 한다.

④ 제품 도포량: 2.0mg/cm^2

(4) 자외선차단지수(SPF) 표시방법

① 자외선차단화장품의 자외선차단지수(SPF)는 자외선차단지수 계산방법에 따라 얻어진 자외선차단지수(SPF) 값의 소수점 이하는 버리고 정수로 표시한다(예 SPF30).

② 자외선차단지수의 측정값이 마이너스 20퍼센트 이하의 범위에 있는 경우에는 같은 효능 · 효과로 본다.

③ SPF 50 이상은 "SPF50+"로 표시한다.

(5) 내수성 자외선차단지수

① 시험은 시험에 영향을 줄 수 있는 직사광선을 차단할 수 있는 실내에서 이루어져야 한다.

② 물놀이를 할 때는 '내수성' 또는 '지속 내수성'이라고 표시된 제품을 사용해야 한다.

③ 내수성비 신뢰구간이 50% 이상일 때 내수성을 표방할 수 있다.

④ 내수성 자외선차단지수 표시방법: 내수성, 지속 내수성

(6) 자외선A차단등급 표시방법

① 자외선차단화장품의 자외선A차단지수는 자외선A차단지수(PFA) 값의 소수점 이하는 버리고 정수로 표시한다. 그 값이 2 이상이면 다음 표와 같이 자외선A차단등급을 표시한다. 표시기재는 자외선차단지수와 병행하여 표시할 수 있다(예 SPF30, PA+).

② 자외선A차단등급 분류

자외선A차단지수(PFA)	자외선A차단등급(PA)	자외선A차단효과
2 이상 4 미만	PA+	낮 음
4 이상 8 미만	PA++	보 통
8 이상 16 미만	PA+++	높 음
16 이상	PA++++	매우 높음

8 기능성화장품 기준 및 시험방법

(식품의약품안전처고시 제2018-111호)

[별표 10] 일반시험법

원 료	
1. 기체크로마토그래프법	27. 알코올수측정법
2. 강열감량시험법	28. 암모늄시험법
3. 강열잔분시험법	29. 액체크로마토그래프법
4. 건조감량시험법	30. 액화가스시험법
5. 검화가측정법	31. 에스텔가측정법
6. 굴절률측정법	32. 여과지크로마토그래프법
7. 납시험법	33. 연화점측정법
8. 담점측정법	34. 염화물시험법
9. 메탄올 및 아세톤시험법	35. 요오드가측정법
10. 메톡실기정량법	36. 융점측정법
11. 물가용물시험법	37. 음이온계면활성제정량법
12. 박층크로마토그래프법	38. 응고점측정법
13. 불검화물측정법	39. 적외부흡수스펙트럼측정법
14. 불소시험법	40. 전기적정법
15. 비소시험법	41. 점도측정법
16. 비용적측정법	42. 정성반응법
17. 비점측정법 및 증류시험법	43. 중금속시험법
18. 비중측정법	44. 증발잔류물시험법
19. 비타민A정량법	45. 질소정량법
20. 산가측정법	46. 철시험법
21. 산가용물시험법	47. pH측정법
22. 산불용물시험법	48. 황산염시험법
23. 산소플라스크연소법	49. 황산에 대한 정색물시험법
24. 선광도측정법	50. 흡광도측정법
25. 수분정량법	51. 향료시험법
26. 수산기가측정법	

제제	
1. pH 시험법	3. 염모력시험
2. 자외선차단제 함량시험 대체시험법	

9 화장품 표시 · 광고 내용의 실증

(「화장품법」 14조, 「화장품법 시행규칙」 제23조)

(1) 표시 · 광고 내용의 실증

① 영업자 및 판매자는 자기가 행한 표시 · 광고 중 사실과 관련한 사항에 대하여는 이를 실증할 수 있어야 한다.

② 식품의약품안전처장은 영업자 또는 판매자가 행한 표시 · 광고가 소비자를 속이거나 소비자가 잘못 인식하도록 할 우려가 있는 표시 또는 광고에 해당하는지를 판단하기 위하여 실증이 필요하다고 인정하는 경우에는 그 내용을 구체적으로 명시하여 해당 영업자 또는 판매자에게 관련 자료의 제출을 요청할 수 있다.

③ 실증자료의 제출을 요청받은 영업자 또는 판매자는 요청받은 날부터 15일 이내에 그 실증자료를 식품의약품안전처장에게 제출하여야 한다.

※ 다만, 식품의약품안전처장은 정당한 사유가 있다고 인정하는 경우에는 그 제출기간을 연장할 수 있다.

④ 식품의약품안전처장은 영업자 또는 판매자가 실증자료의 제출을 요청받고도 제출기간 내에 이를 제출하지 아니한 채 계속하여 표시 · 광고를 하는 때에는 실증자료를 제출할 때까지 그 표시 · 광고 행위의 중지를 명하여야 한다.

⑤ 식품의약품안전처장으로부터 실증자료의 제출을 요청받아 제출한 경우에는 「표시 · 광고의 공정화에 관한 법률」 등 다른 법률에 따라 다른 기관이 요구하는 자료제출을 거부할 수 있다.

⑥ 식품의약품안전처장은 제출받은 실증자료에 대하여 「표시 · 광고의 공정화에 관한 법률」 등 다른 법률에 따른 다른 기관의 자료요청이 있는 경우에는 특별한 사유가 없는 한 이에 응하여야 한다.

(2) 화장품 표시 · 광고 실증의 대상

① 화장품 표시 · 광고 실증의 대상은 화장품의 포장 또는 화장품 광고의 매체 또는 수단에 의한 표시 · 광고 중 사실과 다르게 소비자를 속이거나 소비자가 잘못 인식하게 할 우려가 있어 식품의약품안전처장이 실증이 필요하다고 인정하는 표시 · 광고로 한다.

② 영업자 또는 판매자가 제출하여야 하는 실증자료의 범위 및 요건은 다음과 같다.

시험결과	인체 적용시험 자료, 인체 외 시험 자료 또는 같은 수준 이상의 조사자료일 것
조사결과	표본설정, 질문사항, 질문방법이 그 조사의 목적이나 통계상의 방법과 일치할 것
실증방법	실증에 사용되는 시험 또는 조사의 방법은 학술적으로 널리 알려져 있거나 관련 산업 분야에서 일반적으로 인정된 방법 등으로서 과학적이고 객관적인 방법일 것

- 실증자료의 내용은 광고에서 주장하는 내용과 직접적인 관계가 있어야 한다.
- 다만, [별표]에서 정하는 표시 · 광고의 경우에는 [별표]의 실증자료를 합리적인 근거로 인정한다.

[별표] 표시 · 광고에 따른 실증자료

표시 · 광고 표현	실증자료
여드름성 피부에 사용에 적합	인체 적용시험 자료 제출
항균(인체세정용 제품에 한함)	인체 적용시험 자료 제출
피부노화 완화	인체 적용시험 자료 또는 인체 외 시험 자료 제출
일시적 셀룰라이트 감소	인체 적용시험 자료 제출
붓기, 다크서클 완화	인체 적용시험 자료 제출
피부 혈행 개선	인체 적용시험 자료 제출
콜라겐 증가, 감소 또는 활성화	기능성화장품에서 해당 기능을 실증한 자료 제출
효소 증가, 감소 또는 활성화	기능성화장품에서 해당 기능을 실증한 자료 제출

③ 영업자 또는 판매자가 실증자료를 제출할 때에는 다음 각 사항을 적고, 이를 증명할 수 있는 자료를 첨부해 식품의약품안전처장에게 제출해야 한다.

- 실증방법
- 시험 · 조사기관의 명칭 및 대표자의 성명 · 주소 · 전화번호
- 실증내용 및 실증결과
- 실증자료 중 영업상 비밀에 해당되어 공개를 원하지 않는 경우에는 그 내용 및 사유

④ 표시 · 광고 실증에 필요한 사항(「화장품 표시·광고 실증에 관한 규정」 식품의약품안전처고시 제2014-80호)

- “실증자료”라 함은 표시 · 광고에서 주장한 내용 중에서 사실과 관련한 사항이 진실임을 증명하기 위하여 작성된 자료를 말한다.
- “실증방법”이라 함은 표시 · 광고에서 주장한 내용 중 사실과 관련한 사항이 진실임을 증명하기 위해 사용되는 방법을 말한다.
- “인체 적용시험”은 화장품의 표시 · 광고 내용을 증명할 목적으로 해당 화장품의 효과 및 안전성을 확인하기 위하여 사람을 대상으로 실시하는 시험 또는 연구를 말한다.
- “인체 외 시험”은 실험실의 배양접시, 인체로부터 분리한 모발 및 피부, 인공피부 등 인위적 환경에서 시험물질과 대조물질 처리 후 결과를 측정하는 것을 말한다.

⑤ 표시 · 광고 실증을 위한 시험 결과의 요건

㉠ 공통사항

- 광고 내용과 관련이 있고 과학적이고 객관적인 방법에 의한 자료로서 신뢰성과 재현성이 확보되어야 한다.
- 국내외 대학 또는 화장품 관련 전문 연구기관(제조 및 영업부서 등 다른 부서와 독립적인 업무를 수행하는 기업 부설 연구소 포함)에서 시험한 것으로서 기관의 장이 발급한 자료이어야 한다.

  예 대학병원 피부과, ◯◯대학교 부설 화장품 연구소, 인체시험 전문기관 등
- 기기와 설비에 대한 문서화된 유지관리 절차를 포함하여 표준화된 시험절차에 따라 시험한 자료여야 한다.
- 시험기관에서 마련한 절차에 따라 시험을 실시했다는 것을 증명하기 위해 문서화된 신뢰성보증 업무를 수행한 자료여야 한다.
- 외국의 자료는 한글요약문(주요사항 발췌) 및 원문을 제출할 수 있어야 한다.

㉡ 인체 적용시험 자료

- 관련분야 전문의 또는 병원, 국내외 대학, 화장품 관련 전문 연구기관에서 5년 이상 화장품 인체 적용시험 분야의 시험경력을 가진 자의 지도 및 감독 하에 수행 · 평가되어야 한다.
- 인체 적용시험은 헬싱키 선언에 근거한 윤리적 원칙에 따라 수행되어야 한다.
- 인체 적용시험은 과학적으로 타당하여야 하며, 시험 자료는 명확하고 상세히 기술되어야 한다.
- 인체 적용시험은 피험자에 대한 의학적 처치나 결정은 의사 또는 한의사의 책임 하에 이루어져야 한다.
- 인체 적용시험은 모든 피험자로부터 자발적인 시험 참가 동의(문서로 된 동의서 서식)를 받은 후 실시되어야 한다.
- 피험자에게 동의를 얻기 위한 동의서 서식은 시험에 관한 모든 정보(시험의 목적, 피험자에게 예상되는 위험이나 불편, 피험자가 피해를 입었을 경우 주어질 보상이나 치료방법, 피험자가 시험에 참여함으로써 받게 될 금전적 보상이 있는 경우 예상금액 등)를 포함하여야 한다.
- 인체 적용시험용 화장품은 안전성이 충분히 확보되어야 한다.
- 인체 적용시험은 피험자의 인체 적용시험 참여 이유가 타당한지 검토 · 평가하는 등 피험자의 권리 · 안전 · 복지를 보호할 수 있도록 실시되어야 한다.
- 인체 적용시험은 피험자의 선정 · 탈락기준을 정하고 그 기준에 따라 피험자를 선정하고 시험을 진행해야 한다.

㉢ 인체 외 시험 자료

인체 외 시험은 과학적으로 검증된 방법이거나 밸리데이션을 거쳐 수립된 표준작업지침에 따라 수행되어야 한다.

예 표준화된 방법에 따라 일관되게 실시할 목적으로 절차 · 수행방법 등을 상세하게 기술한 문서에 따라 시험을 수행한 경우 합리적인 실증자료로 볼 수 있음

핵심 주관식 **화장품 표시 · 광고 실증을 위한 시험 결과의 요건은 광고 내용과 관련이 있고 과학적이고 객관적인 방법에 의한 자료로서 신뢰성과 (　　　　)이 확보되어야 한다. 빈칸에 들어갈 단어를 작성하시오.**

해설 「화장품 표시 · 광고 실증에 관한 규정」 제4조(시험 결과의 요건)
광고 내용과 관련이 있고 과학적이고 객관적인 방법에 의한 자료로서 신뢰성과 재현성이 확보되어야 한다.
정답 재현성

(3) 화장품의 표시 · 광고 시 준수사항 위반에 대한 행정처분

위반 내용	처분 기준			
	1차 위반	2차 위반	3차 위반	4차 이상 위반
품질 · 효능 등에 관하여 객관적으로 확인될 수 없거나 확인되지 않았는데도 불구하고 이를 광고하거나 화장품의 범위를 벗어나서 표시 · 광고	해당 품목 판매/광고 업무정지 2개월	해당 품목 판매/광고 업무정지 4개월	해당 품목 판매/광고 업무정지 6개월	해당 품목 판매/광고 업무정지 12개월

유통화장품의 안전관리

작업장 위생관리

1 작업장 위생관리

「화장품법」 제5조(영업자의 의무 등) 제1항과 제3항, 「화장품법 시행규칙」 제11조(화장품제조업자의 준수사항 등)와 제12조의2(맞춤형화장품판매업자의 준수사항)에서 화장품제조업자와 맞춤형화장품판매업자가 작업장을 위생적으로 관리하도록 규정하고 있다.

① 화장품제조업자는 보건위생상 위해(危害)가 없도록 제조소, 시설 및 기구를 위생적으로 관리하고 오염되지 아니하도록 할 것

② 화장품제조업자는 화장품의 제조에 필요한 시설 및 기구에 대하여 정기적으로 점검하여 작업에 지장이 없도록 관리 · 유지할 것

③ 화장품제조업자는 작업소에 위해가 발생할 염려가 있는 물건을 두어서는 아니 되며, 작업소에서 국민보건 및 환경에 유해한 물질이 유출되거나 방출되지 아니하도록 할 것

④ 맞춤형화장품판매업자는 맞춤형화장품 판매장 시설 · 기구를 정기적으로 점검하여 보건위생상 위해가 없도록 관리할 것

2 공기 조절

(1) 공기 조절의 정의 및 목적

① 공기 조절이란 "공기의 온도, 습도, 공중미립자, 풍량, 풍향, 기류의 전부 또는 일부를 자동적으로 제어하는 일"이다.

② 공기 조절의 목적은 제품과 직원에 대한 오염 방지이지만 오염의 원인이 되기도 한다. 공기 조절은 기류를 발생시키는데 이 기류는 먼지, 미립자, 미생물을 공중에 날아 올려 제품에 부착시킬 가능성이 있다. 그래서 공기 조절시설을 설치한다면 일정한 수준 이상의 시설로 해야 한다.

③ CGMP 지정을 받기 위해서는 청정도 기준에 제시된 청정도 등급 이상으로 설정하여야 한다.

④ 청정 등급을 설정한 구역(작업소, 실험실, 보관소 등)은 설정 등급의 유지 여부를 정기적으로 모니터링하여 설정 등급을 벗어나지 않도록 관리한다.

(2) 공기 조절의 4대 요소와 대응 설비

① 공기 조절의 4대 요소는 청정도, 실내온도, 습도, 기류이다.

② 공기 조절을 위한 대응 설비는 다음과 같다.

요 소	대응 설비	요 소	대응 설비
청정도	공기정화기	**습 도**	가습기
실내온도	열교환기	**기 류**	송풍기

(3) 공기 조절시설

① 동일한 품질의 화장품을 생산하기 위해서는 환기 설비와 함께 온 · 습도관리를 위한 설비를 갖출 필요가 있다.

② 공기 조절에는 많은 투자가 따르고 그 관리에도 비용이 소요되므로 필요한 범위에서 최소한의 공기 조절시설을 갖추어야 한다.

(4) 공기 조절의 방식

① 여름과 겨울의 온도차가 크고, 외부환경이 제품과 작업자에게 영향을 미친다면 온 · 습도를 일정하게 유지하는 에어컨 기능을 갖춘 공기 조절기를 설치한다.

② 공기조화장치는 공기의 정화, 냉각 및 가열, 감습 그리고 가습 등의 기능을 발휘하는 각종 기기를 말한다.

③ 공기조화장치는 청정 등급 유지에 필수적이고 중요하므로 그 성능이 유지되고 있는지 주기적으로 점검 · 기록한다.

④ 공기조화장치의 종류

	표준 공기조화장치	간이 공기조화장치
특 징	• Air Handling Unit(AHU) • 건축 시부터 설계에 반영	• Fan Filter Unit(FFU) & Air Cooling Control Unit(ACCU) • 기존 건물에 시공이 용이
기 능	• 가습, 냉 · 난방, 공기 여과, 급 · 배기(센트럴) • 공기정화기, 열교환기, 가습기, 송풍기	• 공기 여과, 급 · 배기(팬 코일) • 습도, 냉 · 난방(에어컨 방식)
장 · 단점	• 관리가 용이함(중앙제어) • 실내 소음이 없음 • 설비비가 높음	• 실별 조건에 맞게 제작 가능 • 실내 소음이 발생함 • 설비비가 비교적 저렴함

(5) 청정도 등급 및 관리기준

청정도 등급	대상시설	해당 작업실	청정공기 순환	구조 조건	관리기준
1	청정도 엄격 관리	Clean bench	20회/hr 이상 또는 차압 관리	Pre-filter, Med-filter, HEPA-filter, Clean bench / booth, 온도 조절	낙하균 10개/hr 또는 부유균 20개/㎥
2	화장품 내용물이 노출되는 작업실	제조실, 성형실, 충전실, 내용물보관소, 원료 칭량실, 미생물시험실	10회/hr 이상 또는 차압 관리	Pre-filter, Med-filter (필요 시 HEPA-filter), 분진발생실 주변 양압, 제진 시설	낙하균 30개/hr 또는 부유균 200개/㎥
3	화장품 내용물이 노출되지 않는 곳	포장실	차압 관리	Pre-filter, 온도조절	갱의, 포장재의 외부 청소 후 반입
4	일반 작업실(내용물 완전폐색)	포장재보관소, 완제품보관소, 관리품보관소, 원료보관소, 갱의실, 일반시험실	환기장치	환기(온도조절)	

※ 이미 포장(1차 포장)된 완제품을 업체의 필요에 따라 세트포장하기 위한 경우에는 완제품보관소의 등급 이상으로 관리하면 무방하다.

※ 갱의실의 경우 해당 작업실과 같은 등급으로 설정되는 것이 원칙이나, 현재 에어샤워 등 시설을 사용한 업체가 많은 상황 등을 감안하여 설정된 것으로 업체의 개별 특성에 맞게 적절한 관리 방식을 설정하여 관리할 필요가 있다.

(6) 에어 필터

① 에어 필터의 종류와 특징

구 분	PRE Filter	PRE Bag Filter	MEDIUM Filter	MEDIUM Bag Filter	HEPA Filter	
사 진						
특 징	• HEPA, MEDIUM 등의 전처리용이다. • 대기 중 먼지 등 인체에 해를 미치는 미립자(10~30㎛)를 제거한다. • 압력손실이 낮고 고효율로 Dust 포집량이 크다. • 틀 또는 세제로 세척하여 사용 가능하여 경제적이다(재사용 2~3회). • 두께 조정과 재단이 용이하여 교환 또는 취급이 쉽다. • Bag type은 처리용량을 4배 이상 높일 수 있다.		• 포집효율 95%를 보증하는 중고성능 Filter이다. • Clean Room 정밀기계공업 등에 있어 HEPA Filter 전처리용이다. • 공기정화, 산업공장 등에 있어 최종 Filter로 사용한다. • Frame은 P/Board or G/Steel 등으로 제작되어 견고하다. • Bag type은 먼지 보유용량이 크고 수명이 길다. • Bag type은 포집효율이 높고 압력손실이 적다.		• 사용온도 최고 250℃에서 0.3㎛ 입자에 대해 제거율 99.97% 이상이다. • 포집성능을 장시간 유지할 수 있는 HEPA Filter이다. • 필름, 의약품 등의 제조 Line에 사용한다. • 반도체, 의약품 Clean Oven에 사용한다.	

출처: 우수화장품 제조 및 품질관리기준 해설서 2개정

② 어느 공기 조절 방식을 채택하든 에어 필터를 통하여 외기를 도입하거나 순환시킬 필요가 있다.

③ 목적에 맞는 필터를 선택해서 설치하는 것이 중요하다.

④ 화장품 제조라면 적어도 중성능 필터의 설치를 권장하며 고도의 환경관리가 필요하면 고성능 필터(HEPA필터) 설치가 바람직하다.

⑤ 필터는 그 성능을 유지하기 위하여 정해진 관리 및 보수를 실시해야 한다.

(7) 차압 관리

① 공기 조절기를 설치하여 작업장 실압을 관리하고 외부와의 차압을 일정하게 유지하도록 한다.

② 청정 등급의 경우 각 등급 간의 공기의 품질이 다르므로 등급이 낮은 작업실의 공기가 높은 등급으로 흐르지 못하도록 어느 정도의 공기압차가 있어야 한다.

③ 높은 청정 등급의 공기압은 낮은 청정 등급의 공기압보다 높아야 한다. 일반적으로는 ‘4급지 〈 3급지 〈 2급지’ 순으로 실압을 높이고 외부의 먼지가 작업장으로 유입되지 않도록 설계한다.

④ 다만, 작업실이 분진 발생, 악취 등 주변을 오염시킬 우려가 있을 경우에는 해당 작업실을 음압으로 관리할 수 있으며, 이 경우 적절한 오염방지대책을 마련하여야 한다.

⑤ 실압 차이가 있는 방 사이에는 차압 댐퍼나 풍량 가변 장치와 같은 기구를 설치하여 차압을 조정한다. 이러한 기구는 옆방과의 사이에 있는 문을 개폐했을 때의 차압 조정 역할도 하고 있다.

(8) 온도 · 습도 관리

① 온도는 1~30℃, 습도는 80% 이하로 관리한다.

② 제품 특성상 온 · 습도에 민감한 제품의 경우에는 해당 온 · 습도를 유지할 수 있도록 관리하는 체계를 갖추도록 한다.

③ 온도와 습도를 설정할 때에는 “결로”에 신경을 써야 한다. 따뜻한 방에 차가운 것을 반입하면 방 온도와 습도에 의하여 반입한 것의 표면에 결로가 쉽게 발생한다.

④ 결로는 곰팡이 발생으로 이어지므로 피해야 한다.

3 작업소의 위생기준

(1) 위생기준

① 곤충, 해충이나 쥐를 막을 수 있는 대책을 마련하고 정기적으로 점검 · 확인하여야 한다.

② 제조, 관리 및 보관구역 내의 바닥, 벽, 천장 및 창문은 항상 청결하게 유지되어야 한다.

③ 제조시설이나 설비의 세척에 사용되는 세제 또는 소독제는 효능이 입증된 것을 사용하고 잔류하거나 적용하는 표면에 이상을 초래하지 아니하여야 한다.

④ 제조시설이나 설비는 적절한 방법으로 청소하여야 하며, 필요한 경우 위생관리 프로그램을 운영하여야 한다.

(2) 방충 · 방서 대책

1) 원 칙

① 벌레가 좋아하는 것을 제거한다.

② 빛이 밖으로 새어나가지 않게 한다.

③ 사계절에 걸친 벌레의 상황, 특징을 조사한다.

④ 방충제, 살충제 등으로 구제한다.

2) 적합한 예

① 벽, 천장, 창문, 파이프 구멍에 틈이 없도록 한다.

② 개방할 수 있는 창문을 만들지 않는다.

③ 창문은 차광하고 야간에 빛이 밖으로 새어나가지 않게 한다.

④ 배기구, 흡기구에 필터를 단다.

⑤ 폐수구에 트랩을 단다.

⑥ 문 하부에는 스커트를 설치한다.

⑦ 벌레의 집이 되는 골판지, 나무 부스러기를 방치하지 않는다.

⑧ 공기조화장치를 통해 실내압을 실외보다 높게 한다.

⑨ 청소와 정리정돈을 한다.

⑩ 해충, 곤충의 조사와 구제를 실시한다.

(3) 방충 · 방서 장치

① 방충 장치 · 시설: 방충망, 방충제, 방제기, 포충등, 에어 커튼 등

② 방서 장치 · 시설: 쥐먹이 상자, 쥐끈끈이, 쥐덫, 초음파퇴서기, 살서제 등

③ 살서제는 공장 외부에 놓아야 하며, 도면에 표시하여 관리하는 것이 바람직하다.

4 작업장별 위생관리

(1) 일반 건물(General building)

① 제조공장의 출입구는 해충, 곤충의 침입에 대비하여 보호되어야 한다.

② 정기적으로 모니터링되어야 하고, 모니터링 결과에 따라 적절한 조치를 취해야 한다.

※ 필요한 경우에 방충 전문 회사에 의뢰하여 진단과 조치를 받을 수 있다.

③ 배수관은 냄새의 제거와 적절한 배수를 확보하기 위해 건설되고 유지되어야 한다.

④ 바닥은 먼지 발생을 최소화하고 흘린 물질의 고임이 최소화되도록 한다.

⑤ 청소가 용이하도록 설계 및 건설되어야 한다.

⑥ 화장품 제조에 적합한 물이 공급되어야 한다.

- 공정서, 화장품 원료규격 가이드라인의 정제수 기준 등에 적합하여야 한다.
- 정기적인 검사를 통하여 적합한 물이 사용되는지 확인하여야 한다.

⑦ 공기조화장치는 제품 또는 사람의 안전에 해로운 오염물질의 이동을 최소화시키도록 설계되어야 한다.

• 필터들은 점검기준에 따라 정기(수시)로 점검하고, 교체기준에 따라 교체해야 한다.
• 필터 점검 및 교체에 대해서는 기록되어야 한다.

⑧ 관리와 안전을 위해 모든 공정, 포장 및 보관지역에 적절한 조명을 설치한다.
⑨ 심한 온도변화 또는 큰 상대습도의 변화에 대한 제품의 노출을 피하기 위하여 원료, 자재, 반제품, 완제품을 깨끗하고 정돈된 곳에서 보관한다.
⑩ 보관지역의 온도와 습기는 물질과 제품의 손상을 방지하기 위해서 모니터링해야 한다.
⑪ 물질과 기구는 관리를 용이하게 하기 위해 깨끗하고 정돈된 방법으로 설계된 영역에 보관하여야 한다.

(2) 보관구역

① 통로는 사람과 물건이 이동하는 구역으로서, 적절하게 설계되어야 한다.
② 사람과 물건의 이동에 불편함을 초래하거나 교차오염의 위험이 없어야 한다.
③ 손상된 팔레트는 수거하여 수선 또는 폐기한다.
④ 매일 바닥의 폐기물을 치워야 한다.
⑤ 동물이나 해충이 침입하기 쉬운 환경은 개선되어야 한다.
⑥ 용기(저장조 등)들은 닫아서 깨끗하고 정돈된 방법으로 보관한다.

(3) 원료 취급구역

① 원료 보관소와 칭량실은 구획되어 있어야 한다.
② 엎지르거나 흘리는 것을 방지하고 즉각적으로 치우는 시스템과 절차들이 시행되어야 한다.
③ 모든 드럼의 윗부분은 필요한 경우 이송 전에 또는 칭량구역에서 개봉 전에 검사하고 깨끗하게 하여야 한다.
④ 바닥은 깨끗하고 부스러기가 없는 상태로 유지되어야 한다.
⑤ 원료 용기들은 실제로 칭량하는 원료인 경우를 제외하고는 적합하게 뚜껑을 덮어 놓아야 한다.
⑥ 원료의 포장이 훼손된 경우에는 봉인하거나 즉시 별도의 저장조에 보관한 후에 품질상의 처분 결정을 위해 격리해 둔다.

(4) 제조구역

① 모든 호스는 필요 시 청소 또는 위생 처리를 한다.
• 청소 후에 호스는 완전히 비워져야 하고 건조되어야 한다.
• 호스는 정해진 지역에 바닥에 닿지 않도록 정리하여 보관한다.

② 모든 도구와 이동 가능한 기구는 청소 및 위생 처리 후, 정해진 지역에 정돈방법에 따라 보관한다.

③ 제조구역에서 흘린 것은 신속히 청소한다.
④ 탱크의 바깥 면들은 정기적으로 청소되어야 한다.
⑤ 모든 배관이 사용될 수 있도록 설계되어야 하며 우수한 정비 상태로 유지되어야 한다.
⑥ 표면은 청소하기 용이한 재질로 설계되어야 한다.
⑦ 페인트를 칠한 지역은 벗겨진 칠은 보수하여 우수한 정비 상태로 유지되어야 한다.
⑧ 폐기물은 주기적으로 버려야 하며 장기간 모아 놓거나 쌓아 두어서는 안 된다.
⑨ 사용하지 않는 설비는 깨끗한 상태로 보관되어야 하고 오염으로부터 보호되어야 한다.

(5) 포장구역

① 포장구역은 제품의 교차오염을 방지할 수 있도록 설계한다.
② 포장구역은 설비의 팔레트, 포장작업의 다른 재료들의 폐기물, 사용되지 않는 장치, 질서를 무너뜨리는 다른 재료가 있어서는 안 된다.
③ 구역 설계는 사용하지 않는 부품, 제품 또는 폐기물의 제거를 쉽게 할 수 있어야 한다.
④ 폐기물 저장통은 필요하다면 청소 및 위생 처리한다.
⑤ 사용하지 않는 기구는 깨끗하게 보관한다.

(6) 공정시스템(Processing system) 설계

① 제품의 오염을 방지해야 한다.
② 화학적으로 반응이 있어서는 안 되고, 흡수성이 있지 않아야 한다.
③ 원료와 자재 등은 공급과 출하가 체계적으로 이루어지도록 선입선출을 유의하여 관리해야 한다.
④ 정돈과 효율 및 안전한 조작을 위한 충분한 공간을 제공해야 한다.
⑤ 표면이나 벌크제품과 닿는 부분은 제품의 위생 처리와 청소가 용이해야 한다.
⑥ 제품의 안정성을 고려해야 한다.
⑦ 설비의 아래와 위에 먼지의 퇴적을 최소화해야 한다.
⑧ 확실하게 라벨로 표시하고 적절한 문서 기록을 한다.

(7) 포장설비 설계(시설 및 기구)

① 제품 오염을 최소화한다.
② 화학반응을 일으키거나, 제품에 첨가되거나, 흡수되지 않아야 한다.
③ 제품과 접촉되는 부위의 청소 및 위생관리가 용이하게 만들어져야 한다.
④ 효율적이며 안전한 조작을 위한 적절한 공간이 제공되어야 한다.
⑤ 제품과 최종 포장의 요건을 고려해야 한다.

⑥ 부품 및 받침대의 위와 바닥에 오물이 고이는 것을 최소화한다.
⑦ 물리적인 오염물질 축적의 육안식별이 용이하게 해야 한다.
⑧ 제품과 포장의 변경이 용이하여야 한다.
⑨ 포장설비의 선택은 제품의 공정, 점도, 제품의 안정성, pH, 밀도, 용기 재질 및 부품 설계 등과 같은 제품과 용기의 특성에 기초를 두어야 한다.
⑩ 포장설비는 설계되고 의도된 바에 따라 지속적인 성능을 보증하기 위해서 충분히 유지관리되어야 한다.

(8) 배관, 배수관 및 덕트

① 물방울과 응축수의 발생을 방지한다.
② 역류 방지 대책이 있어야 한다.
③ 청소를 쉽게 하기 위하여 노출한 배관은 벽에서 거리를 두고 설치한다.
④ 천장, 벽, 바닥이 접하는 부분은 틈이 없어야 한다.
⑤ 먼지 등 이물질이 쌓이지 않도록 둥글게 처리되어야 한다.

(9) 생산구역 내에 있는 바닥, 벽, 천장 및 창문

① 청소와 필요하다면 위생 처리를 쉽게 할 수 있도록 설계 및 건축해야 한다.
② 청결하고 정비가 잘 되어 있는 상태로 유지해야 한다.
③ 생산구역 내에 건축 또는 보수 공사 시에는 적당한 청소와 유지관리가 고려되어야 한다.
④ 가능하다면 청소용제의 부식성에 저항력이 있는 매끄러운 표면을 설치한다.

5 작업장 청소

(1) 청소방법과 위생 처리에 대한 사항

① 공조시스템에 사용된 필터는 규정에 의해 청소하거나 교체해야 한다.
② 물질 또는 제품 필터들은 규정에 의해 청소 또는 교체해야 한다.
③ 물 또는 제품이 유출되어 고인 곳과 파손된 용기는 지체 없이 청소 또는 제거한다.
④ 제조공정 또는 포장과 관련되는 지역에서의 청소와 관련된 활동이 기류에 의한 오염을 유발하여 제품 품질에 위해를 끼칠 것 같은 경우, 작업 동안에 청소를 하면 안 된다.
⑤ 청소에 사용되는 용구는 깨끗하고, 건조된 지정된 장소에 정돈된 방법으로 보관한다.
⑥ 오물이 묻은 걸레는 사용 후에 버리거나 세탁한다.
⑦ 오물이 묻은 유니폼은 세탁될 때까지 적당한 컨테이너에 보관한다.

⑧ 제조공정과 포장에 사용한 설비와 도구들은 세척해야 한다.
⑨ 적절한 때에 도구들은 계획과 절차에 따라 위생 처리되어야하고 기록되어야 한다.
⑩ 적절한 방법으로 보관하고, 청결을 보증하기 위해 사용 전 검사해야 하며 청소완료 표시서를 작성한다.
⑪ 제조공정과 포장지역에서 재료의 운송을 위해 사용된 기구는 필요할 때 청소하고 위생 처리해야 하며, 작업은 적절하게 기록해야 한다.
⑫ 제조공장을 깨끗하고 정돈된 상태로 유지하기 위해 필요할 때 청소해야 하며, 그 직무를 수행하는 모든 사람은 적절하게 교육을 받아야 한다.
⑬ 천장, 머리 위의 파이프, 기타 작업지역은 모니터링하고 필요 시 청소해야 한다.
⑭ 제품 또는 원료가 노출되는 제조공정, 포장 또는 보관구역에서의 공사 또는 유지관리 보수활동은 제품 오염을 방지하기 위해 적합하게 처리해야 한다.
⑮ 제조공장의 한 부분에서 다른 부분으로 먼지, 이물 등을 묻혀가는 것을 방지하기 위해 주의해야 한다.

(2) 청소 및 세척

1) 청소와 세척의 차이점

① 청소는 방, 벽, 구역 등의 청소와 정리정돈을 포함한 시설 · 설비를 청정화하는 작업이다.
② 세척은 설비의 내부를 세척화하는 작업이다.
③ 세제(세척제)란 접촉면에서 바람직하지 않은 오염물질을 제거하기 위해 사용하는 화학물질 또는 이들의 혼합액을 말한다.
④ 소독제란 병원 미생물을 사멸시키기 위해 인체의 피부, 점막의 표면이나 기구 · 환경의 소독을 목적으로 사용하는 화학물질의 총칭이다.

2) 청소 및 세척에 관한 주의사항

① 절차서를 작성한다.
- "책임"을 명확하게 한다.
- 사용기구를 정해 놓는다.
- 구체적인 절차를 정해 놓는다.
- 심한 오염에 대한 대처방법을 기재해 놓는다.

② 판정기준: 구체적인 육안판정기준을 제시한다.
③ 세제를 사용할 경우
- 사용하는 세제명을 정해 놓는다.
- 사용하는 세제명을 기록한다.

④ 사용한 기구, 세제, 날짜, 시간, 담당자명 등의 기록을 남긴다.
⑤ "청소결과"를 표시한다.

(3) 세제와 소독제의 관리

① 적절한 청소와 위생 처리 프로그램이 모든 설비를 위해 준비되어야 한다.
② 모든 세제와 소독제는 적절한 라벨을 통해 명확하게 확인되어야 한다.
③ 원료, 포장재 또는 제품의 오염을 방지하기 위해서 세제와 소독제는 적절히 선정 · 보관 · 관리 및 사용되어야 한다.
④ 희석한 소독제는 보관기준 및 사용방법에 대한 기준을 마련하여 오염을 예방한다.
⑤ 천연화장품 또는 유기농화장품을 제조하는 작업장 및 제조설비는 교차오염이 발생하지 않도록 충분히 청소 및 세척되어야 한다.

(4) 세척제로 사용 가능한 원료

1) 세척제로 용매, 산, 염기, 세제 등이 주로 사용되며, 다음 조건을 고려한다.

① 세정력이 우수해야 한다.
② 헹굼이 용이해야 한다.
③ 기구 및 설비의 재질에 부식성이 없어야 한다.
④ 안전성이 높아야 한다.
⑤ 가격이 저렴해야 한다.

2) 세척제별 작용 기능은 다음과 같다.

종 류	작용 기능
알코올, 페놀, 알데하이드, 아이소프로판올, 포르말린	단백질 응고 또는 변경에 의한 세포 기능 장해
할로겐 화합물, 과산화수소, 과망간산칼륨, 아이오딘, 오존	산화에 의한 세포 기능 장해
옥시시안화수소	원형질 중의 단백질과 결합하여 세포 기능 장해
계면 활성제, 클로르헥사이딘	세포벽과 세포막 파괴에 의한 세포 기능 장해
양성 비누, 붕산, 머큐로크로뮴 등	효소계 저해에 의한 세포 기능 장해

자료출처: NCS학습모듈 위생안전관리

3) 천연화장품 및 유기농화장품의 작업장과 제조설비의 세척제로 사용 가능한 원료는 다음과 같다.

① 과산화수소(Hydrogen peroxide / Their stabilizing agents)

② 과초산(Peracetic acid)

③ 락틱애씨드(Lactic acid)

④ 알코올(이소프로판올 및 에탄올)

⑤ 계면활성제(Surfactant)

⑥ 석회장석유(Lime feldspar-milk)

⑦ 소듐카보네이트(Sodium carbonate)

⑧ 소듐하이드록사이드(Sodium hydroxide)

⑨ 시트릭애씨드(Citric acid)

⑩ 식물성 비누(Vegetable soap)

⑪ 아세틱애씨드(Acetic acid)

⑫ 열수와 증기(Hot water and steam)

⑬ 정유(Plant essential oil)

⑭ 포타슘하이드록사이드(Potassium hydroxide)

⑮ 무기산과 알칼리(Mineral acids and alkalis)

TIP 계면활성제의 조건

- 재생 가능할 것
- EC50 or IC50 or LC50 〉 10mg/L
- 혐기성 및 호기성 조건하에서 쉽고 빠르게 생분해될 것(OECD 301 〉 70% in 28 days)
- 에톡실화 계면활성제는 상기 조건에 추가하여 다음 조건을 만족하여야 함
  - 전체 계면활성제의 50% 이하일 것
  - 에톡실화가 8번 이하일 것
  - 유기농화장품에 혼합되지 않을 것

(5) 소독제의 조건

1) 이상적인 소독제의 조건

① 사용기간 동안 활성을 유지해야 한다.

② 경제적이어야 한다.

③ 사용 농도에서 독성이 없어야 한다.

④ 제품이나 설비와 반응하지 않아야 한다.

⑤ 불쾌한 냄새가 남지 않아야 한다.

⑥ 광범위한 항균 스펙트럼을 가져야 한다.

⑦ 5분 이내의 짧은 처리에도 효과를 보여야 한다.

⑧ 소독 전에 존재하던 미생물을 최소한 99.9% 이상 사멸시켜야 한다.

⑨ 쉽게 이용할 수 있어야 한다.

2) 소독제 선택 시 고려할 사항

① 대상 미생물의 종류와 수

② 항균 스펙트럼의 범위

③ 미생물 사멸에 필요한 작용시간, 작용의 지속성

④ 물에 대한 용해성 및 사용방법의 간편성

⑤ 적용방법(분무, 침적, 걸레질 등)

⑥ 부식성 및 소독제의 향취

⑦ 적용 장치의 종류, 설치 장소 및 사용하는 표면의 상태

⑧ 내성균의 출현 빈도

⑨ pH, 온도, 사용하는 물리적 환경 요인의 약제에 미치는 영향

⑩ 잔류성 및 잔류하여 제품에 혼입될 가능성

⑪ 종업원의 안전성 고려

⑫ 법 규제 및 소요 비용

(6) 작업장별 청소 방법(예시)

작업장	청소 주기	세제 및 소독제	청소 방법	점검 방법
원료 보관실	수 시	상 수	작업 종료 후 비 또는 진공청소기로 청소하고 물걸레로 닦음	육 안
	1회/월	상 수	바닥, 벽, 창, Rack, 원료통 주위의 먼지를 진공청소기로 청소하고 물걸레로 닦음	육 안
칭량실	작업 후	상수, 70% 에탄올	• 원료통, 작업대, 저울 등을 70% 에탄올을 묻힌 헝겊으로 닦음 • 바닥은 진공청소기로 청소하고 물걸레로 닦음	육 안
	1회/월	중성 세제, 70% 에탄올	바닥, 벽, 문, 원료통, 저울, 작업대 등을 진공청소기, 걸레 등으로 청소하고, 걸레에 전용 세제 또는 70% 에탄올을 묻혀 찌든 때를 제거한 후 깨끗한 걸레로 닦음	육 안

작업장	청소 주기	세제 및 소독제	청소 방법	점검 방법
제조실, 충전실, 반제품 보관실 및 미생물 실험실	수시 (최소 1회/일)	중성 세제, 70% 에탄올	• 작업 전 작업대와 테이블, 저울을 70% 에탄올로 소독 • 클린 벤치는 작업 전, 작업 후 70% 에탄올로 소독 • 작업 종료 후 진공청소기로 청소한 후 물걸레로 깨끗이 닦음	육 안
	1회/월	중성 세제, 70% 에탄올	• 바닥, 벽, 문, 작업대와 테이블 등을 진공청소기로 청소 • 상수에 중성 세제를 섞어 바닥에 뿌린 후 걸레로 세척 • 작업대와 테이블을 70% 에탄올로 소독	육 안

출처: NCS 화장품 제조 학습모듈 위생 · 안전관리

작업자 위생관리

(1) 작업자의 위생관리

① "위생관리"란 대상물의 표면에 있는 바람직하지 못한 미생물 등 오염물을 감소시키기 위해 시행되는 작업을 말한다. 작업자의 위생관리를 위해 「우수화장품 제조 및 품질관리기준」(식품의약품안전처고시 제2020-12호, CGMP) 제6조(직원의 위생)에서 규정하고 있다.

② 화장품의 미생물 및 이물질 오염을 방지하여 우수한 화장품을 생산 및 공급하기 위하여 작업자의 위생관리가 필요하다.

(2) 직원의 책임

① 조직 구조 내에 있는 그들의 지위를 알고 있어야 하며, 규정된 그들의 역할과 책임 및 의무를 인지하여야 한다.

② 그들의 책임 범위와 관련된 문서에 접근할 수 있어야 하고 거기에 따라야 한다.

③ 개인위생 규정을 준수해야 한다.

④ 일탈과 기준일탈 등은 적극적으로 책임자에게 보고하여야 한다.

⑤ 정해진 책임과 행동을 실행하기 위한 적절한 교육훈련을 받아야 한다.

(3) 직원의 위생(CGMP 제6조)

① 적절한 위생관리기준 및 절차를 마련하고 제조소 내의 모든 직원은 이를 준수해야 한다.

② 작업소 및 보관소 내의 모든 직원은 화장품의 오염을 방지하기 위해 규정된 작업복을 착용해야 하고 음식물 등을 반입해서는 아니 된다.

③ 피부에 외상이 있거나 질병에 걸린 직원은 건강이 양호해지거나 화장품의 품질에 영향을 주지 않는다는 의사의 소견이 있기 전까지는 화장품과 직접적으로 접촉되지 않도록 격리되어야 한다.

④ 제조구역별 접근권한이 없는 작업원 및 방문객은 가급적 제조, 관리 및 보관구역 내에 들어가지 않도록 하고, 불가피한 경우 사전에 직원위생에 대한 교육 및 복장규정에 따르도록 하고 감독하여야 한다.

(4) 직원위생에 대한 교육훈련 실시

① 적절한 위생관리기준 및 절차를 마련한다.

② 직원의 위생관리기준 및 절차에는 직원의 작업 시 복장, 직원 건강상태 확인, 직원에 의한 제품의 오염방지에 관한 사항, 직원의 손 씻는 방법, 직원의 작업 중 주의사항, 방문객 및 교육훈련을 받지 않은 직원의 위생관리 등이 포함되어야 한다.

③ 모든 직원이 이를 준수할 수 있도록 교육훈련을 해야 한다.

④ 신규 직원에 대하여 위생교육을 실시하며, 기존 직원에 대해서도 정기적으로 교육을 실시한다.

⑤ 방문객 또는 안전위생의 교육훈련을 받지 않은 직원(영업상의 이유, 신입사원 교육)이 화장품 제조, 관리, 보관구역으로 출입하는 경우 다음 사항을 준수해야 한다.

- 안전위생의 교육훈련 자료를 미리 작성해 놓는다.
- 출입 전에 직원용 안전대책, 작업위생 규칙, 작업복 등의 착용, 손 씻는 절차 등 내용이 포함된 "교육훈련"을 실시한다.
- 반드시 안내자가 동행하여 방문객 혼자 돌아다니지 못하게 한다.
- 방문객의 소속, 성명, 방문목적과 입 · 퇴장 시간 및 자사 동행자 등의 기록을 반드시 남긴다.

(5) 작업자의 개인위생 점검

① 작업자의 건강상태는 정기(1회 / 1년 이상 정기검진) 및 수시(작업시작 전)로 파악한다.

② 생산부서장은 매일 작업 개시 전에 작업자의 건강상태를 점검한다.

③ 피부에 외상이 있거나 질병에 걸린 직원은 건강이 양호해지거나 화장품의 품질에 영향을 주지 않는다는 의사의 소견이 있기 전까지는 화장품과 직접 접촉되지 않도록 격리한다.

④ 일반적으로 전염성질환(주치의 소견), 화농성 외상, 과도한 음주로 인한 숙취, 피로 시 등 건강상의 문제가 있는 작업자는 화장품과 직접 접촉하는 작업을 해서는 안 된다.

⑤ 보통 작업소의 위생관리 점검표를 작성해 매일 관리자가 확인한다.

(6) 작업장 출입 시 위생 및 청결 점검

① 모든 직원은 화장품의 오염을 방지하기 위해 규정된 작업복을 착용한다.

② 일상복이 작업복 밖으로 노출되지 않도록 한다.

③ 반지, 목걸이, 귀걸이 등 장신구를 착용하지 않는다.

④ 별도의 지역에 의약품을 포함한 개인적인 물품을 보관해야 한다.

⑤ 음식, 음료수 및 흡연구역 등은 제조 및 보관지역과 분리된 지역에서만 섭취하거나 흡연해야 한다.

⑥ 작업 전 지정된 장소에서 손 소독을 하고 작업에 임한다.

⑦ 운동 등에 의한 오염(땀, 먼지)을 제거하기 위해서는 작업장 진입 전 샤워 설비가 비치된 장소에서 샤워 및 건조 후 입실한다.

⑧ 화장실을 이용한 작업자는 손 세척 또는 손 소독을 실시하고 작업실에 입실한다.

(7) 직원의 작업복 착용 및 관리

① 청정도에 맞는 적절한 작업복, 모자와 신발을 착용하고 필요한 경우는 마스크, 장갑을 착용한다.

② 작업 전 복장점검을 하고 적절하지 않을 경우는 시정해야 한다,

③ 작업복은 먼지가 발생하지 않는 무진 재질의 소재로 되어야 한다.

④ 작업복의 정기 교체주기(예 6개월)를 정해야 한다.

⑤ 작업복 등은 목적과 오염도에 따라 세탁하고 필요에 따라 소독한다.

⑥ 작업복은 작업장 내에 세탁기를 설치하여 세탁하거나 외부업체에 의뢰하여 세탁한다.

⑦ 세탁 시 작업복의 훼손 여부를 점검하여 훼손된 작업복은 폐기한다.

⑧ 작업장 내 세탁기가 설치된 경우에는 화장실에 세탁기를 설치하는 것은 권장하지 않는다.

TIP 작업복장 착용기준

작업복장의 종류는 작업복(방진복, 작업복, 실험복), 작업모(위생모), 작업화(안전화)로 한다.

구 분	복장기준	작업소
제조, 칭량	방진복, 위생모, 안전화(필요시 마스크 및 보호안경)	제조실, 칭량실
생 산	방진복, 위생모, 작업화(필요시 마스크)	충 진
	지급된 작업복, 위생모, 작업화	포 장
품질관리	상의 흰색 가운, 하의 평상복, 슬리퍼	실험실
관리자	상의 및 하의는 평상복, 슬리퍼	사무실
견학, 방문자	각 출입 작업소의 규정에 따라 착용	

(8) 맞춤형화장품 조제관리사의 혼합 · 소분 시 위생관리

① 혼합 · 소분 시 위생복 및 마스크(필요시) 착용

② 피부 외상 및 증상이 있는 직원은 건강 회복 전까지 혼합 · 소분 행위 금지

③ 혼합 전 · 후 손 소독 및 세척

(9) 직원의 손 씻는 방법

① 화장실, 갱의실 및 손 세척 설비가 직원에게 제공되어야 하고 작업구역과 분리되어야 하며 쉽게 이용할 수 있어야 한다. 또한 깨끗하게 유지되어야 하고 적절하게 환기되어야 한다.

② 편리한 손 세척 설비는 온수, 냉수, 세척제와 1회용 종이 또는 접촉하지 않는 손 건조기들을 포함한다.

③ 음용수를 제공하기 위한 정수기는 정상적으로 작동하는 상태여야 하고 위생적이어야 한다.

④ 손은 모든 제품 작업 전 또는 생산라인에서 작업하기 전에 청결히 하여야 한다.

⑤ 제품, 원료 또는 포장재와 직접 접촉하는 사람은 제품 안전에 영향을 확실히 미칠 수 있는 건강 상태가 되지 않도록 주의사항을 준수해야 한다.

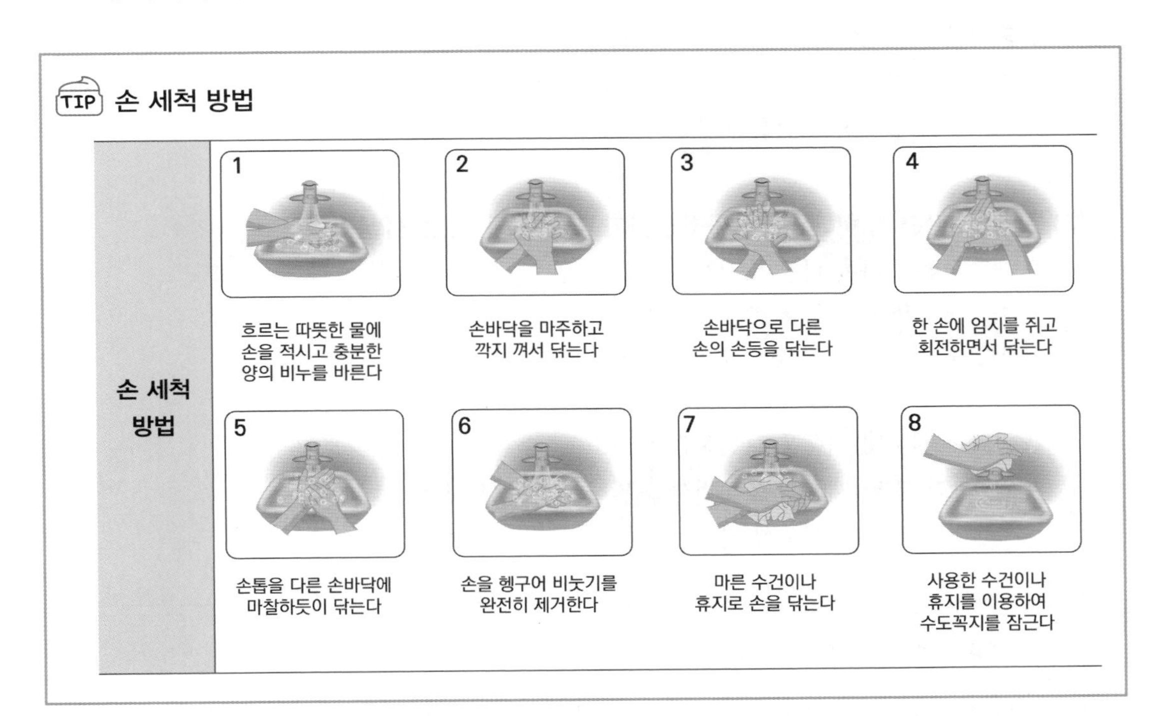

설비 및 기구 관리

(1) 설비 및 기구 관리

① 화장품을 생산하는 설비와 기기는 화장품의 종류, 양, 품질 등에 따라 변화한다.

② 각 제조업자는 화장품 관련 법령, CGMP 해설서 등을 참고하여 업체 특성에 맞는 적합한 제조시설을 설계하고 건축해야 한다.

(2) 화장품 관련 법령에 따라 제조업자가 갖추어야 하는 시설기준

① 제조작업을 하는 다음의 시설을 갖춘 작업소
- 쥐 · 해충 및 먼지 등을 막을 수 있는 시설
- 작업대 등 제조에 필요한 시설 및 기구
- 가루가 날리는 작업실은 가루를 제거하는 시설

② 원료 · 자재 및 제품을 보관하는 보관소

③ 원료 · 자재 및 제품의 품질검사를 위하여 필요한 시험실

④ 품질검사에 필요한 시설 및 기구

TIP 제조소에 필요한 시설 등

출처: 우수화장품 제조 및 품질관리기준 해설서 2개정

(3) 시설의 설계 시 고려해야 할 사항

① 물동선 및 인동선의 흐름을 고려해야 한다.

② 청소가 용이해야 한다.

③ 위생관리와 유지관리가 가능해야 한다.

④ 제품의 이동, 취급, 보관 및 원료와 자재의 보관이 용이해야 한다.

⑤ 배치(Layout)는 교차오염을 예방하고 인위적 과오를 줄일 수 있어야 한다.

⑥ 배치 결정은 반드시 생산되는 화장품의 유형과 현재 상황, 청소 방법을 고려해야 한다.

⑦ 시설은 이물, 미생물 또는 다른 외부문제로부터 원자재, 벌크제품 및 완제품을 보호하기 위해서 위치 · 설계 · 유지하여야 한다.

(4) 작업소에 적합한 시설기준

① 제조하는 화장품의 종류 · 제형에 따라 적절히 구획 · 구분되어 있어 교차오염 우려가 없을 것

② 바닥, 벽, 천장은 가능한 청소하기 쉽게 매끄러운 표면을 지니고 소독제 등의 부식성에 저항력이 있을 것

③ 환기가 잘 되고 청결할 것

④ 외부와 연결된 창문은 가능한 열리지 않도록 할 것

⑤ 작업소 내의 외관 표면은 가능한 매끄럽게 설계하고 청소, 소독제의 부식성에 저항력이 있을 것

⑥ 수세실과 화장실은 접근이 쉬워야 하나 생산구역과 분리되어 있을 것

⑦ 작업소 전체에 적절한 조명을 설치하고, 조명이 파손될 경우를 대비한 제품을 보호할 수 있는 처리절차를 마련할 것

⑧ 제품의 오염을 방지하고 적절한 온도 및 습도를 유지할 수 있는 공기조화시설 등 적절한 환기시설을 갖출 것

⑨ 각 제조구역별 청소 및 위생관리 절차에 따라 효능이 입증된 세척제 및 소독제를 사용할 것

⑩ 제품의 품질에 영향을 주지 않는 소모품을 사용할 것

(5) 제조 및 품질관리에 필요한 설비 등에 적합한 기준

① 사용목적에 적합하고, 청소가 가능하며, 필요한 경우 위생 · 유지 관리가 가능할 것(자동화시스템을 도입한 경우도 동일)

② 사용하지 않는 연결호스와 부속품은 청소 등 위생관리를 하며, 건조한 상태로 유지하고 먼지, 얼룩 또는 다른 오염으로부터 보호할 것

③ 설비 등은 제품의 오염을 방지하고 배수가 용이하도록 설계 · 설치하며, 제품, 청소 및 소독제와 화학반응을 일으키지 않을 것

④ 설비 등의 위치는 원자재나 직원의 이동으로 인하여 제품의 품질에 영향을 주지 않도록 할 것
⑤ 용기는 먼지나 수분으로부터 내용물을 보호할 수 있을 것
⑥ 제품과 설비가 오염되지 않도록 배관 및 배수관을 설치하며, 배수관은 역류되지 않아야 하고 청결을 유지할 것
⑦ 천정 주위의 대들보, 파이프, 덕트 등은 가급적 노출되지 않도록 설계하고, 파이프는 받침대 등으로 고정하고 벽에 닿지 않게 하여 청소가 용이하도록 설계할 것
⑧ 시설 및 기구에 사용되는 소모품은 제품의 품질에 영향을 주지 않도록 할 것

(6) 제조설비 및 기구의 종류와 재질

1) 설비 및 기구의 종류

<table>
<tr><th>구분</th><th colspan="2">특징</th></tr>
<tr><td>교반기
(Mixer)</td><td colspan="2">• 액체물질을 믹서할 때 사용
• 교반기의 임펠러는 목적에 따라 패들형, 프로펠러형, 터빈형, 스크류형 등 여러 종류가 있음
• 교반기의 회전 속도는 240~3600rpm으로 분산 공정의 특성에 맞게 사용
• 교반기의 종류: 아지믹서, 디스퍼 등</td></tr>
<tr><td rowspan="4">호모믹서
(Homo mixer)</td><td colspan="2">• 고속으로 회전하여 물질을 균일하게 믹스
• 호모믹서의 임펠러는 내부의 회전자와 회전자를 감싸고 있는 고정자로 구성되어 있음
• 터빈형의 날개를 원통으로 둘러싼 구조이며, 통 속에서 대류에 의해서 균일하고 미세한 유화 형성
• 호모게나이저(균질기)의 종류</td></tr>
<tr><td>진공 유화기</td><td>균질, 유화, 혼합 및 탈포의 기능을 지님</td></tr>
<tr><td>초음파 유화기</td><td>혼합, 추출, 파쇄, 나노분산, 균질, 유화 공정에 적용</td></tr>
<tr><td>고압 호모게나이저</td><td>리포좀이나 나노에멀젼 제조에 사용</td></tr>
<tr><td rowspan="3">혼합기
(Dispersing mixer)</td><td colspan="2">회전형 혼합기와 고정형 혼합기로 분류</td></tr>
<tr><td>회전형 혼합기</td><td>• 용기 자체가 회전
• V-형 혼합기, 원추형 혼합기 등이 있음</td></tr>
<tr><td>고정형 혼합기</td><td>• 용기는 고정
• 내부에서 스크루형, 리본형 등의 교반장치가 회전</td></tr>
</table>

<table>
<tr><th>구 분</th><th colspan="2">특 징</th></tr>
<tr><td rowspan="6">분쇄기</td><td colspan="2">• 혼합공정에서 예비 혼합된 분체 입자의 응집을 풀고 균일한 크기로 분쇄
• 분쇄기의 종류</td></tr>
<tr><td>헨셀 믹서
(Henschel mixer)</td><td>• 성분이 서로 다른 파우더를 고속으로 혼합하는 데 적합하며 색조 화장품 제조에 사용
• 고속 회전에 의해 열이 발생하면서 파우더의 변색을 유발할 수 있음</td></tr>
<tr><td>아토마이저
(Atomizer)</td><td>고속으로 회전하는 해머와 라이너에 의해 반복 분쇄됨</td></tr>
<tr><td>비드밀
(Bead mill)</td><td>• 분쇄력과 분산력이 우수
• 이산화티탄과 산화아연을 처리하는 데 사용</td></tr>
<tr><td>제트밀
(Jet mill)</td><td>• 초음속 속도의 제트 기류를 이용하여 입자끼리 충돌시켜 분쇄하는 방식
• 건식 소재의 초미세 분쇄로 가장 작은 입자를 얻을 수 있음</td></tr>
<tr><td>콜로이드 밀
(Colloid mill)</td><td>• 습식 소재의 초미세 분쇄에 적합
• 분쇄, 분산, 균질화, 유화에 사용</td></tr>
</table>

2) 설비 및 기구의 재질

① 온도와 압력 범위가 조작 전반과 모든 공정 단계의 제품에 적합해야 한다.

② 제품에 해로운 영향을 미쳐서는 안 된다.

③ 제품(포뮬레이션 또는 원료 또는 생산공정 중간생산물)과의 반응으로 부식되거나 분해를 초래하는 반응이 있어서는 안 된다.

④ 제품 또는 제품제조과정, 설비 세척 또는 유지관리에 사용되는 다른 물질이 스며들어서는 안 된다.

⑤ 세제 및 소독제와 반응해서는 안 된다.

⑥ 용접, 나사, 나사못, 용구 등을 포함하는 설비 부품들 사이에 전기화학 반응을 최소화하도록 고안되어야 한다.

⑦ 화장품 산업에서 대부분 원료와 포뮬레이션에 접촉하는 표면물질로 스테인리스 스틸이 선호된다. 구체적인 등급으로는 유형번호 304와 더 부식에 강한 번호 316 스테인리스 스틸이 가장 광범위하게 사용된다.

⑧ 미생물학적으로 민감하지 않은 물질 또는 제품에는 유리로 안을 댄 강화유리섬유 폴리에스터와 플라스틱으로 안을 댄 탱크를 사용할 수 있다.

⑨ 퍼옥사이드 같은 어떠한 민감한 물질과 제품은 탱크 제작전문가들 또는 물질 공급자와 함께 탱크의 구성 물질과 생산하고자 하는 내용물이 서로 적용 가능한지에 대해 상의하여야 한다. 기계로 만들고 광을 낸 표면이 바람직하다.

⑩ 주형 물질(Cast material) 또는 거친 표면은 제품이 뭉치게 되어 깨끗하게 청소하기가 어려워 미생물 또는 교차오염 문제를 일으킬 수 있다. 주형 물질은 화장품에 추천되지 않는다.

⑪ 모든 용접, 결합은 가능한 한 매끄럽고 평면이어야 한다.

⑫ 외부 표면의 코팅은 제품에 대해 저항력(Product-resistant)이 있어야 한다.

(7) 혼합 및 소분에 필요한 도구 및 기구

① 혼합에 필요한 도구 및 기구: 전자식 저울, 교반기, 호모믹서, 화장품 전용 혼합기, 실리콘 주걱, 스파튤라, 나이프 등

② 소분에 필요한 도구 및 기구: 전자식 저울, 매스실린더, 피펫, 스테인리스 스틸 재질의 스파튤라, 일회용 스포이드, 시약수저, 나이프 등

(8) 설비기구 세척 및 소독관리

1) 설비 세척 및 소독관리의 이해

① 설비는 적절히 세척해야 하며 필요할 때는 소독해야 한다.

② 설비의 세척은 제조하는 화장품의 종류, 양, 품질에 따라 변화한다.

③ 세척의 종류를 잘 이해하고 자사의 설비 세척의 원칙에 따라 세척하고, 판정한 후 그 기록을 남겨야 한다.

④ 제조하는 제품의 전환 시뿐만 아니라 연속해서 제조하고 있을 때에도 적절한 주기로 제조 설비를 세척해야 한다.

⑤ 언제, 어떻게 설비를 세척하는지의 판단은 생산책임자의 중요한 책무다.

⑥ 화장품 제조설비의 세척과 소독은 문서화된 절차(예 표준작업절차서)에 따라 수행한다.

⑦ 세척기록은 잘 보관해야 한다.

⑧ 세척대상 물질 및 세척대상 설비에 따라 "적절한 세척"을 실시해야 한다.

⑨ 세척에는 "확인"이 따르게 마련이다.

⑩ 제조 작업자뿐만 아니라 화장품 제조에 관련된 전원이 세척을 잘 이해해야 한다.

2) 설비 세척의 원칙

① 위험성이 없는 용제로 세척한다(물이 최적).

② 가능한 한 세제를 사용하지 않는다. 그 이유는 다음과 같다.

- 세제는 설비 내벽에 남기 쉽다.
- 잔존한 세척제는 제품에 악영향을 미친다.
- 세제가 잔존하고 있지 않다는 것을 설명하기 위해서는 고도의 화학 분석이 필요하다.

③ 증기 세척을 권장한다.

④ 브러시 등으로 문질러 지우는 것을 고려한다.
⑤ 분해할 수 있는 설비는 분해해서 세척한다.
⑥ 세척 후는 반드시 세척 여부를 "판정"한다.
⑦ 판정 후의 설비는 건조 · 밀폐해서 보존한다.
⑧ 세척의 유효기간을 설정한다. 유효기간이 지난 설비는 재세척하여 사용한다.
⑨ 세척 후에는 세척 완료 여부를 확인할 수 있는 표시(예 세척완료 라벨)를 한다.

3) 세척 여부의 판정방법

① 세척 후에는 반드시 "판정"을 실시한다.
② 판정방법에는 육안판정, 닦아내기 판정, 린스정량이 있다.
③ 육안판정을 할 수 없는 부분의 판정에는 닦아내기 판정을 실시하고, 닦아내기 판정을 실시할 수 없으면 린스정량을 실시하면 된다.

구 분	방 법
육안판정	• 판정 장소를 미리 정해 놓고 판정 결과를 기록서에 기재한다. • 판정 장소는 말보다 그림으로 제시해 놓는 것이 바람직하다.
닦아내기 판정	• 천(무진포)으로 설비 내부의 표면을 닦아내고 천 표면의 잔류물 유무로 세척 결과를 판정한다. • 흰 천을 사용할지 검은 천을 사용할지는 전회 제조물 종류로 정하면 된다. • 천의 크기나 닦아내기 판정의 방법은 대상 설비에 따라 다르므로 각 회사에서 결정할 수밖에 없다.
린스정량	• 상대적으로 복잡한 방법이지만 수치로서 결과를 확인할 수 있다. • 잔존하는 불용물을 정량할 수 없으므로 신뢰도가 떨어진다. • 호스나 틈새기의 세척 판정에는 적합하므로 반드시 절차를 준비해 두고 필요할 때에 실시한다.

TIP 린스정량 방법
- HPLC법(고성능 액체 크로마토그래피): 린스액의 최적 정량방법
- TLC법(박층크로마토그래피)에 의한 간편 정량: 잔존물의 유무를 판정 시 사용하는 방법
- TOC측정법: TOC측정기로 린스액 중의 총유기탄소를 측정하는 방법
- UV로 확인하는 방법

예 **제조 설비 · 기구 세척 및 소독 관리 표준서**

설비 · 기구	구 분	절 차
제조 탱크, 저장 탱크 (일반 제품)	세척 도구	스펀지, 수세미, 솔, 스팀 세척기
	세제 및 소독액	일반 주방 세제(0.5%), 70% 에탄올
	세척 및 소독 주기	• 제품 변경 또는 작업 완료 후 • 설비 미사용 72시간 경과 후, 밀폐되지 않은 상태로 방치 시 • 오염 발생 혹은 시스템 문제 발생 시
	세척 방법	• 제조 탱크, 저장 탱크를 스팀 세척기로 깨끗이 세척한다. • 상수를 탱크의 80%까지 채우고 80℃로 가온한다. • 패달 25r/m, 호모 2,00r/m으로 10분간 교반 후 배출한다. • 탱크 벽과 뚜껑을 스펀지와 세척제로 닦아 잔류하는 반제품이 없도록 제거 후 상수로 세척한다. • 정제수로 2차 세척한 후 UV로 처리한 깨끗한 수건이나 부직포 등을 이용하여 물기를 완전히 제거한다. • 잔류하는 제품이 있는지 확인하고, 필요에 따라 위의 방법을 반복한다. • 탱크의 경우에는 두 번째와 세 번째 항은 생략한다.
	소독 방법	• 세척된 탱크의 내부 표면 전체에 70% 에탄올이 접촉되도록 고르게 스프레이 한다. • 탱크의 뚜껑을 닫고 30분간 정체해 둔다. • 정제수로 헹군 후 필터된 공기로 완전히 말린다. • 뚜껑은 70% 에탄올을 적신 스펀지로 닦아 소독한 후 자연 건조하여 설비에 물이나 소독제가 잔류하지 않도록 한다. • 사용하기 전까지 뚜껑을 닫아서 보관한다.
	점검 방법	• 점검 책임자는 육안으로 세척 상태를 점검하고, 그 결과를 점검표에 기록한다. • 품질 관리 담당자는 매 분기별로 세척 및 소독 후 마지막 헹굼수를 채취하여 미생물 유무를 시험한다.
호모지나이저, 믹서, 펌프, 필터, 카트리지 필터	세척 도구	스펀지, 수세미, 솔, 스팀 세척기
	세제 및 소독액	일반 주방 세제(0.5%), 70% 에탄올
	세척 및 소독 주기	• 제품 변경 또는 작업 완료 후 • 설비 미사용 72시간 경과 후, 밀폐되지 않은 상태로 방치 시 • 오염 발생 혹은 시스템 문제 발생 시
	세척 방법	• 호모지나이저, 믹서, 필터 하우징은 장비 매뉴얼에 따라 분해한다. • 제품이 잔류하지 않을 때까지 호모지나이저, 믹서, 펌프, 필터, 카트리지 필터를 온수로 세척한다. • 스펀지와 세척제를 이용하여 닦아낸 다음 상수와 정제수를 이용하여 헹군다. • 필터를 통과한 깨끗한 공기로 건조시킨다. • 잔류하는 제품이 있는지 확인하고, 필요에 따라 위의 방법을 반복한다.
	소독 방법	• 세척이 완료된 설비 및 기구를 70% 에탄올에 10분간 담근다. • 70% 에탄올에서 꺼내어 필터를 통과한 깨끗한 공기로 건조하거나 UV로 처리한 수건이나 부직포 등을 이용하여 닦아 낸다. • 세척된 설비는 다시 조립하고, 비닐 등을 씌워 2차 오염이 발생하지 않도록 보관한다.
	점검 방법	• 점검 책임자는 육안으로 세척 상태를 점검하고, 그 결과를 점검표에 기록한다. • 품질 관리 담당자는 매 분기별로 세척 및 소독 후 마지막 헹굼수를 채취하여 미생물 유무를 시험한다.

출처: NCS 화장품 제조 학습모듈 위생 · 안전관리

(9) 설비 및 기구의 유지관리

1) 설비의 유지관리

① 설비의 유지관리는 설비의 기능을 유지하기 위하여 실시하는 정기점검을 뜻한다.

② 유지관리는 예방적 활동(Preventive activity), 유지보수(Maintenance), 정기 검교정(Calibration)으로 나눌 수 있다.

구 분	특 징
예방적 활동 (Preventive activity)	• 주요 설비(제조탱크, 충전설비, 타정기 등) 및 시험장비에 대하여 실시 • 정기적으로 교체하여야 하는 부속품들에 대하여 연간 계획을 세워서 시정 실시(망가지고 나서 수리하는 일)를 하지 않는 것이 원칙
유지보수 (Maintenance)	고장 발생 시의 긴급점검이나 수리를 뜻함
정기 검교정 (Calibration)	• 제품의 품질에 영향을 줄 수 있는 계측기(생산설비 및 시험설비)에 대하여 정기적으로 계획을 수립하여 실시 • 사용 전 검교정(Calibration) 여부를 확인하여 제조 및 시험의 정확성을 확보할 것

2) 유지관리의 기준

① 건물, 시설 및 주요 설비는 정기적으로 점검하여 화장품의 제조 및 품질관리에 지장이 없도록 유지·관리·기록하여야 한다.

② 결함 발생 및 정비 중인 설비는 적절한 방법으로 표시하고, 고장 등 사용이 불가할 경우 표시하여야 한다.

③ 세척한 설비는 다음 사용 시까지 오염되지 아니하도록 관리하여야 한다.

④ 모든 제조 관련 설비는 승인된 자만이 접근·사용하여야 한다.

⑤ 제품의 품질에 영향을 줄 수 있는 검사·측정·시험장비 및 자동화장치는 계획을 수립하여 정기적으로 교정 및 성능점검을 하고 기록해야 한다.

⑥ 유지관리 작업이 제품의 품질에 영향을 주어서는 안 된다.

3) 설비의 유지관리 주요사항

① 예방적 실시(Preventive maintenance)가 원칙이다.

② 설비마다 절차서를 작성한다.

③ 계획을 가지고 실행한다(연간계획이 일반적).

④ 책임 내용을 명확하게 한다.

⑤ 유지하는 “기준”은 절차서에 포함한다.

⑥ 점검체크시트를 사용하면 편리하다.

⑦ 점검항목

외관 검사	더러움, 녹, 이상소음, 이취 등
작동점검	스위치, 연동성 등
기능측정	회전수, 전압, 투과율, 감도 등
청 소	외부 표면, 내부
부품 교환	
개 선	제품 품질에 영향을 미치지 않는 일이 확인되면 적극적으로 개선

4) 설비 가동의 제한

① 설비는 생산책임자가 허가한 사람 이외의 사람이 가동시켜서는 안 된다.

② 담당자 이외의 사람 또는 외부자가 접근하거나 작동시킬 수 있는 상황을 피한다.

③ 입장제한, 가동열쇠 설치, 철저한 사용제한 등을 실시한다.

④ 자동시스템일 경우 제조조건이나 제조기록이 마음대로 변경되는 일이 없도록 액세스 제한 및 고쳐쓰기 방지 대책을 시행한다.

⑤ 설비의 가동조건을 변경했을 때는 충분한 변경기록을 남긴다.

(10) 설비 및 기구의 폐기

① 설비 점검 시 누유, 누수, 밸브 미작동 등이 발견되면 설비 사용을 금지시키고 "점검 중" 표시를 한다.

② 정밀 점검 후 수리가 불가능한 경우 설비를 폐기하고, 폐기 전까지 "유휴설비" 표시를 하여 설비가 사용되는 것을 방지한다.

③ 오염된 기구나 일부가 파손된 기구는 폐기한다.

④ 플라스틱 재질의 기구는 주기적으로 교체하는 것이 권장된다.

원료 및 내용물 관리

유통화장품 안전관리

유통되는 화장품의 안전관리에 적정을 기하기 위해 「화장품 안전기준 등에 관한 규정」(식품의약품안전처 고시 제2020-12호) 제4장 6조에서 유통화장품 안전관리기준을 규정하고 있다.

(1) 유통화장품의 공통 안전관리기준

1) 비의도적 유래 물질의 한도기준

① 화장품을 제조하면서 다음 각 호의 물질을 인위적으로 첨가하지 않았으나, 제조 또는 보관 과정 중 포장재로부터 이행되는 등 비의도적으로 유래된 사실이 객관적인 자료로 확인되고 기술적으로 완전한 제거가 불가능한 경우 해당 물질의 검출허용 한도는 다음과 같다.

물 질	검출허용 한도	비 고
수 은	1μg/g 이하	
카드뮴	5μg/g 이하	
비 소	10μg/g 이하	
안티몬		
니 켈		• 눈 화장용 제품은 35μg/g 이하 • 색조 화장용 제품은 30μg/g 이하
납	20μg/g 이하	점토분말제품은 50μg/g 이하
디옥산	100μg/g 이하	
메탄올	0.2(v/v)% 이하	물휴지는 0.002(v/v)% 이하
포름알데하이드	2,000μg/g 이하	물휴지는 20μg/g 이하
프탈레이트류	총합으로써 100μg/g 이하	디부틸프탈레이트, 부틸벤질프탈레이트 및 디에칠헥실프탈레이트에 한함

② 사용할 수 없는 원료가 비의도적인 사유로 검출되었으나 검출허용 한도가 설정되지 아니한 경우에는 「화장품법 시행규칙」 제17조에 따라 위해평가 후 위해 여부를 결정하여야 한다.

2) 미생물한도 기준

① 총호기성생균수는 영 · 유아용 제품류 및 눈화장용 제품류의 경우 500개/g(mL) 이하

② 물휴지의 경우 세균 및 진균 수는 각각 100개/g(mL) 이하

③ 기타 화장품의 경우 1,000개/g(mL) 이하

④ 대장균(Escherichia Coli), 녹농균(Pseudomonas aeruginosa), 황색포도상구균(Staphylococcus aureus)은 불검출

핵심 주관식 **다음은 유통화장품의 안전관리기준에 대한 내용이다. 빈칸에 들어갈 단어를 작성하시오.**

> 유통화장품에서는 다음과 같은 미생물은 불검출되어야 한다.
> - 대장균(Escherichia Coli)
> - 녹농균(Pseudomonas aeruginosa)
> - ( )

정답 황색포도상구균

3) 내용량의 기준

① 제품 3개를 가지고 시험할 때 그 평균 내용량이 표기량에 대하여 97% 이상이어야 한다(다만, 화장비누의 경우 건조중량을 내용량으로 한다).

② 기준치를 벗어날 경우: 6개를 더 취하여 시험할 때 9개의 평균 내용량의 표기량이 97% 이상이어야 한다.

③ 그 밖의 특수한 제품: 「대한민국약전」(식품의약품안전처고시)을 따른다.

(2) 유통화장품의 유형별 안전관리기준

1) pH 기준

① 영 · 유아용 제품류, 눈 화장용 제품류, 색조 화장용 제품류, 두발용 제품류, 면도용 제품류, 기초화장용 제품류 중 액, 로션, 크림 및 이와 유사한 제형의 액상제품은 pH 기준이 3.0~9.0이어야 한다.

② 물을 포함하지 않는 제품과 사용한 후 곧바로 물로 씻어내는 제품은 제외한다.

- 영 · 유아용 샴푸, 영 · 유아용 린스, 영 · 유아 인체 세정용 제품, 영 · 유아 목욕용 제품 제외
- 샴푸, 린스 제외
- 셰이빙 크림, 셰이빙 폼 제외
- 클렌징 워터, 클렌징 오일, 클렌징 로션, 클렌징 크림 등 메이크업 리무버 제품 제외

2) 기능성화장품의 주원료 함량

① 기능성화장품의 주원료 함량은 기능성화장품 심사 또는 보고한 기준에 적합하여야 한다.

② 원료성분 및 제제의 함량 또는 역가의 기준은 표시량 또는 표시역가에 대하여 다음 각 사항에 해당하는 함량을 함유한다.

원료성분	95.0% 이상
제 제	90.0% 이상 ※ 다만, 체모를 제거하는 기능을 가진 화장품 중 치오글리콜산은 90.0~110.0%로 한다.

※ 다만, 제조국 또는 원개발국에서 허가된 기준이 있거나 타당한 근거가 있는 경우에는 따로 설정할 수 있다.

③ 기타 주성분의 함량시험이 불가능하거나 필요하지 않아 함량기준을 설정할 수 없는 경우에는 기능성시험으로 대체할 수 있다.

3) 화장비누

유리알칼리 0.1% 이하여야 한다.

4) 퍼머넌트웨이브용 및 헤어스트레이트너 제품

퍼머넌트웨이브용 및 헤어스트레이트너 제품		
종 류	1제(환원제)	2제(산화제)
치오글라이콜릭애씨드 또는 그 염류를 주성분으로 하는 냉2욕식 퍼머넌트웨이브용 & 헤어스트레이트너용 제품: 실온에서 사용	• pH: 4.5~9.6 • 알칼리: 0.1N염산의 소비량은 검체 1mL에 대하여 7.0mL 이하 • 산성에서 끓인 후의 환원성 물질(치오글라이콜릭애씨드): 산성에서 끓인 후의 환원성 물질의 함량(치오글라이콜릭애씨드로서)이 2.0~11.0% • 산성에서 끓인 후의 환원성 물질 이외의 환원성 물질(아황산염, 황화물 등): 검체 1mL 중의 산성에서 끓인 후의 환원성 물질 이외의 환원성 물질에 대한 0.1N 요오드액의 소비량이 0.6mL 이하 • 환원 후의 환원성 물질(디치오디글라이콜릭애씨드): 환원 후의 환원성 물질의 함량은 4.0% 이하	• 브롬산나트륨 함유 제제: 브롬산나트륨에 그 품질을 유지하거나 유용성을 높이기 위하여 적당한 용해제, 침투제, 습윤제, 착색제, 유화제, 향료 등을 첨가한 것이다. – 용해상태: 명확한 불용성이물이 없을 것 – pH: 4.0~10.5 – 중금속: 20μg/g 이하 – 산화력: 1인 1회 분량의 산화력이 3.5 이상 • 과산화수소수 함유 제제: 과산화수소수 또는 과산화수소수에 그 품질을 유지하거나 유용

퍼머넌트웨이브용 및 헤어스트레이트너 제품		
종 류	1제(환원제)	2제(산화제)
치오글라이콜릭애씨드 또는 그 염류를 주성분으로 하는 가온2욕식 퍼머넌트웨이브용 & 헤어스트레이트너용 제품: 사용할 때 약 60℃ 이하로 가온 조작하여 사용	• pH: 4.5~9.3 • 알칼리: 0.1N 염산의 소비량은 검체 1mL에 대하여 5mL 이하 • 산성에서 끓인 후의 환원성 물질(치오글라이콜릭애씨드): 1.0~5.0% • 산성에서 끓인 후의 환원성 물질 이외의 환원성 물질(아황산, 황화물 등): 검체 1mL 중의 산성에서 끓인 후의 환원성 물질 이외의 환원성 물질에 대한 0.1N 요오드액의 소비량은 0.6mL 이하 • 환원 후의 환원성 물질(디치오디글라이콜릭애씨드): 4.0% 이하	성을 높이기 위하여 적당한 침투제, 안정제, 습윤제, 착색제, 유화제, 향료 등을 첨가한 것이다. – pH: 2.5~4.5 – 중금속: 20μg/g 이하 – 산화력: 1인 1회 분량의 산화력이 0.8~3.0 이상
시스테인, 시스테인염류 또는 아세틸시스테인을 주성분으로 하는 냉2욕식 퍼머넌트웨이브용 제품: 실온에서 사용	• pH: 8.0~9.5 • 알칼리: 0.1N 염산의 소비량은 검체 1mL에 대하여 12mL 이하 • 시스테인: 3.0~7.5% • 환원 후의 환원성 물질(시스틴): 0.65% 이하	
시스테인, 시스테인 염류 또는 아세틸시스테인을 주성분으로 하는 가온2욕식 퍼머넌트웨이브용 제품: 사용 시 약 60℃ 이하로 가온조작하여 사용	• pH: 4.0~9.5 • 알칼리: 0.1N 염산의 소비량은 검체 1mL에 대하여 9mL 이하 • 시스테인: 1.5~5.5% • 환원 후의 환원성 물질(시스틴): 0.65% 이하	
치오글라이콜릭애씨드 또는 그 염류를 주성분으로 하는 가온2욕식 & 고온 정발용 열기구를 사용하는 가온2욕식 헤어스트레이트용 제품: 시험할 때 약 60℃ 이하로 가온조작하여 사용	• pH: 4.5~9.3 • 알칼리: 0.1N 염산의 소비량은 검체 1mL에 대하여 5.0mL 이하 • 산성에서 끓인 후의 환원성 물질(치오글라이콜릭애씨드): 1.0~5.0% • 산성에서 끓인 후의 환원성 물질 이외의 환원성 물질(아황산염, 황화물 등): 검체 1mL 중의 산성에서 끓인 후의 환원성 물질 이외의 환원성 물질에 대한 0.1N 요오드액의 소비량은 0.6mL 이하 • 환원 후의 환원성 물질(디치오디글라이콜릭애씨드): 4.0% 이하	

퍼머넌트웨이브용 및 헤어스트레이트너 제품		
종 류	1제(환원제)	2제(산화제)
치오글라이콜릭애씨드 또는 그 염류를 주성분으로 하는 제1제 사용 시 조제하는 발열2욕식 퍼머넌트웨이브용 제품: 치오글라이콜릭애씨드 또는 그 염류를 주성분으로 하는 제1제의 1과 제1제의 1 중의 치오글라이콜릭애씨드 또는 그 염류의 대응량 이하의 과산화수소를 함유한 제1제의 2, 과산화수소를 산화제로 함유하는 제2제로 구성되며, 사용 시 제1제의 1 및 제1제의 2를 혼합하면 약 40℃로 발열되어 사용하는 것	• 제1제의 1 – pH: 4.5~9.5 – 알칼리: 0.1N 염산의 소비량은 검체 1mL에 대하여 10mL 이하 – 산성에서 끓인 후의 환원성 물질(치오글라이콜릭애씨드): 8.0~19.0% – 산성에서 끓인 후의 환원성 물질 이외의 환원성 물질(아황산염, 황화물 등): 검체 1mL 중의 산성에서 끓인 후의 환원성 물질 이외의 환원성 물질에 대한 0.1N 요오드액의 소비량은 0.8mL 이하 – 환원 후의 환원성 물질(디치오디글라이콜릭애씨드): 0.5% 이하 – 중금속: 20μg/g 이하 – 비소: 5μg/g 이하 – 철: 2μg/g 이하 • 제1제의 2: 이 제품은 제1제의 1 중에 함유된 치오글라이콜릭애씨드 또는 그 염류의 대응량 이하의 과산화수소를 함유한 액제 – pH: 2.5~4.5 – 중금속: 20μg/g 이하 – 과산화수소: 2.7~3.0% • 제1제의 1 및 제1제의 2의 혼합물: 이 제품은 제1제의 1 및 제1제의 2를 용량비 3:1로 혼합한 액제로서 치오글라이콜릭애씨드 또는 그 염류를 주성분으로 하고 불휘발성 무기알칼리의 총량이 치오글라이콜릭애씨드의 대응량 이하인 것 – pH: 2.5~9.4 – 알칼리: 0.1N 염산의 소비량은 검체 1mL에 대하여 7mL 이하 – 산성에서 끓인 후의 환원성 물질(치오글라이콜릭애씨드): 2.0~11.0% – 산성에서 끓인 후의 환원성 물질 이외의 환원성 물질(아황산염, 황화물 등): 산성에서 끓인 후의 환원성 물질 이외의 환원성 물질에 대한 0.1N 요오드액의 소비량은 0.6mL 이하 – 환원 후의 환원성 물질(디치오디글라이콜릭애씨드): 3.2~4.0% 이하 – 온도 상승: 온도의 차는 14~20℃	

퍼머넌트웨이브용 및 헤어스트레이트너 제품		
종 류	1제(환원제)	2제(산화제)
치오글라이콜릭애씨드 또는 그 염류를 주성분으로 하는 냉1욕식 퍼머넌트웨이브용 제품: 실온에서 사용	※ 제1제와 제2제 구성이 아니다. ※ 치오글라이콜릭애씨드 또는 그 염류를 주성분으로 하고 불휘발성 무기알칼리의 총량이 치오글라이콜릭애씨드의 대응량 이하인 액제 • pH: 9.4~9.6 • 알칼리: 0.1N 염산의 소비량은 검체 1mL에 대하여 3.5~4.6mL • 산성에서 끓인 후의 환원성 물질(치오글라이콜릭애씨드): 3.0~3.3% • 산성에서 끓인 후의 환원성 물질 이외의 환원성 물질(아황산염, 황화물 등): 검체 1mL 중의 산성에서 끓인 후의 환원성 물질 이외의 환원성 물질에 대한 0.1N 요오드액의 소비량은 0.6mL 이하 • 환원 후의 환원성 물질(디치오디글라이콜릭애씨드): 0.5% 이하	
공통기준	• 중금속: 20μg/g 이하 • 비소: 5μg/g 이하 • 철: 2μg/g 이하	

(3) 유통화장품 안전관리 시험 방법

유통화장품의 안전관리 시험 방법은 「화장품 안전기준 등에 관한 규정」 [별표 4] 유통화장품 안전관리 시험 방법에 따라 시험하되, 기타 과학적 · 합리적으로 타당성이 인정되는 경우 자사 기준으로 시험할 수 있다.

1) 일반화장품

성 분	시험 방법
납	• 디티존법 • 원자흡광광도법을 이용한 방법(AAS) • 유도결합플라즈마분광기를 이용한 방법(ICP) • 유도결합플라즈마-질량분석기를 이용한 방법(ICP-MS)
비 소	• 비색법 • AAS, ICP, ICP-MS
수 은	• 수은분해장치를 이용한 방법 • 수은분석기를 이용한 방법
니켈, 안티몬, 카드뮴	AAS, ICP, ICP-MS
디옥산	기체크로마토그래프법-절대검량선법

<table>
<tr><th>성 분</th><th>시험 방법</th></tr>
<tr><td>메탄올</td><td>• 푹신아황산법
• 기체크로마토그래프법
– 물휴지 외 제품(증류법, 희석법, 기체크로마토그래프 분석)
– 물휴지(기체크로마토그래프–헤드스페이스법)
• 기체크로마토그래프–질량분석기법
※ 메탄올 시험법에 사용하는 에탄올은 메탄올이 함유되지 않은 것을 확인하고 사용한다.</td></tr>
<tr><td>포름알데하이드</td><td>액체크로마토그래프법–절대검량선법</td></tr>
<tr><td>프탈레이트류</td><td>• 기체크로마토그래프–수소염이온화검출기를 이용한 방법
• 기체크로마토그래프–질량분석기를 이용한 방법
※ 프탈레이트류: 디부틸프탈레이트, 부틸벤질프탈레이트 및 디에칠헥실프탈레이트</td></tr>
<tr><td>미생물한도</td><td>• 검체의 전처리: 검체조작은 무균 조건하에서 실시하여야 하며, 검체는 충분하게 무작위로 선별하여 그 내용물을 혼합하고 검체 제형에 따라 다음의 각 방법으로 검체를 희석, 용해, 부유 또는 현탁시킨다.
※ 아래에 기재한 어느 방법도 만족할 수 없을 때에는 적절한 다른 방법을 확립한다.
<table>
<tr><td>액제 · 로션제</td><td>검체 1mL(g)에 변형레틴액체배지 또는 검증된 배지나 희석액 9mL를 넣어 10배 희석액을 만들고 희석이 더 필요할 때에는 같은 희석액으로 조제한다.</td></tr>
<tr><td>크림제 · 오일제</td><td>• 검체 1mL(g)에 적당한 분산제 1mL를 넣어 균질화시키고 변형레틴액체배지 또는 검증된 배지나 희석액 8mL를 넣어 10배 희석액을 만들고 희석이 더 필요할 때에는 같은 희석액으로 조제한다.
• 분산제만으로 균질화가 되지 않는 경우 검체에 적당량의 지용성 용매를 첨가하여 용해한 뒤 적당한 분산제 1mL를 넣어 균질화시킨다.</td></tr>
<tr><td>파우더 및 고형제</td><td>• 검체 1g에 적당한 분산제를 1mL를 넣고 충분히 균질화시킨 후 변형레틴액체배지 또는 검증된 배지 및 희석액 8mL를 넣어 10배 희석액을 만들고 희석이 더 필요할 때에는 같은 희석액으로 조제한다.
• 분산제만으로 균질화가 되지 않을 경우 적당량의 지용성 용매를 첨가한 상태에서 멸균된 마쇄기를 이용하여 검체를 잘게 부수어 반죽 형태로 만든 뒤 적당한 분산제 1mL를 넣어 균질화시킨다.
• 추가적으로 40℃에서 30분 동안 가온한 후 멸균한 유리구슬(5mm: 5～7개, 3mm: 10～15개)을 넣어 균질화시킨다.</td></tr>
</table>
• 총호기성생균수시험법
<table>
<tr><td>세균수 시험</td><td>• 변형레틴액체배지, 변형레틴한천배지 또는 대두카제인소화한천배지
• 30～35℃에서 적어도 48시간 배양
• 평판당 300개 이하의 균집락을 최대치로 하여 총 세균수를 측정</td></tr>
<tr><td>진균수 시험</td><td>• 항생물질 첨가 포테이토 덱스트로즈 한천배지 또는 항생물질 첨가 사브로포도당한천배지
• 20～25℃에서 적어도 5일간 배양
• 100개 이하의 균집락이 나타나는 평판을 세어 총 진균수를 측정</td></tr>
</table></td></tr>
</table>

성 분	시험 방법	
미생물한도	• 특정미생물시험	
	대장균 시험	유당액체배지, 맥콘키한천배지, 에오신메칠렌블루한천배지(EMB한천배지)
	녹농균 시험	카제인대두소화액체배지, 세트리미드한천배지, 엔에이씨한천배지, 플루오레세인 검출용 녹농균 한천배지 F, 피오시아닌 검출용 녹농균 한천배지 P
	황색포도상구균 시험	보겔존슨한천배지, 베어드파카한천배지
	배지성능 및 시험법 적합성시험	검체의 유 · 무하에서 각각 규정된 특정세균시험법에 따라 제조된 검액 · 대조액에 특정세균 배지성능시험용 균주 100cfu를 개별적으로 접종하여 시험할 때 접종균 각각에 대하여 양성으로 나타나야 한다.

TIP 화장품 미생물한도 시험법 가이드 라인

• 용어 정의

미생물한도 시험법	총호기성 생균수시험	화장품 내 미생물(호기성 세균 및 진균)의 수를 측정하여 화장품이 허용한도 기준에 적합한지 확인하는 시험
	특정미생물 시험	특정미생물(대장균, 녹농균, 황색포도상구균)의 존재 여부를 판단하여 화장품이 허용한도 기준에 적합한지 확인하는 시험

• 미생물한도 시험법의 구성

① 검체(화장품)에 희석액 및 분산제 등을 넣어 검액을 제조한다.

② 시험에 들어가기 전 시험법이 제품에 적용하기에 적합한지 확인하기 위하여 시험법 적합성 시험을 수행한다.

③ 시험법이 적합하다고 판단되면 검체 내 미생물 오염수준을 확인하기 위한 총호기성생균수 시험과 특정미생물 시험을 수행한다.

• 검체 취급 시 주의사항

– 모든 시험 과정에서 미생물 오염에 주의한다(클린벤치 사용).

– 온도 관리에 주의한다(실온 보관이 기본 원칙).

– 제품 취급 시 미생물 오염을 방지하기 위해 반드시 소독 후 수행한다.

– 검체 채취 시 정확한 용량을 소분해야 한다.

• 검체의 전처리

– 검체에 희석액 · 분산제 · 용매 등을 첨가하여 검체를 충분히 분산시키는 과정이다.

– 검체의 항균활성물질을 중화시키거나 제거하여 실험의 정확도를 향상시킬 수 있다.

– 검체 전처리에 사용되는 재료는 미생물 생육에 영향이 없는 것 또는 영향이 없는 농도여야 한다.

• 총호기성생균수 시험법의 적합성 시험

– 화장품 성분에 의해 접종균이 사멸하지 않는지 확인하는 시험법 적합 확인시험을 수행한다.

– 희석액과 배지가 오염되지 않았는지 확인하는 무균상태 확인시험을 수행한다.

– 시험군에서 회수한 균수가 대조군에서 회수한 균수의 50% 이상일 경우, 총호기성생균수 시험법이 적절하다고 판정한다.

– 항균활성의 중화를 위하여 희석제 및 중화제(「화장품 안전기준 등에 관한 규정」 [별표 4] 유통화장품 안전기준 시험법의 11. 미생물한도 – 표2.)를 사용할 수 있다.

- 특정미생물 시험법의 적합성 시험
  - 검체 내 항균활성물질이 전처리 과정에서 충분히 중화되어야 한다.
  - 인위적으로 대상 미생물을 접종하여 검액을 제조한 뒤 배양단계부터 최종 판정 단계별로 규정된 감별 특성을 나타내는지 평가한다.
  - 각 특정미생물 시험법의 단계별 양성반응을 확인하여 미생물 발육 저지물질 존재 유무를 확인한다.
  - 음성반응이 나올 경우 미생물 발육 저지물질이 존재하는 것으로 판단되므로 특정미생물 시험법을 변경해야 한다.
- 총호기성생균수 계수 방법 및 예시(평판도말법)

(검체에 존재하는 세균 및 진균 수, CFU/g 또는 mL)

검액 0.1mL를 각 배지에 접종한 경우

[예시 1] 10배 희석 검액 0.1mL씩 2반복

	각 배지에서 검출된 집락수	
	평판 1	평판 2
세균용 배지	66	58
진균용 배지	28	24
세균수 (CFU/g(mL))	{(66+58)÷2}×10÷0.1=6200	
진균수 (CFU/g(mL))	{(28+24)÷2}×10÷0.1=2600	
총호기성생균수 (CFU/g(mL))	6200+2600=8800	

검액 1mL를 3개 배지에 나누어 접종한 경우

[예시 2] 100배 희석 검액 1mL씩 2반복

	3개의 배지에서 검출된 집락수	
	반복수 1	반복수 2
세균용 배지	5+3+4=12	5+4+7=16
진균용 배지	4+2+2=8	2+5+3=10
세균수 (CFU/g(mL))	{(12+16)÷2}×100=1400	
진균수 (CFU/g(mL))	{(8+10)÷2}×100=900	
총호기성생균수 (CFU/g(mL))	1400+900=2300	

- 총호기성생균수 계수 방법 및 예시(평판희석법)

(검체에 존재하는 세균 및 진균 수, CFU/g 또는 mL)

검액 1mL를 각 배지에 접종한 경우

[예시 1] 10배 희석 검액 1mL씩 2반복

	각 배지에서 검출된 집락수	
	평판 1	평판 2
세균용 배지	66	58
진균용 배지	28	24
세균수 (CFU/g(mL))	{(66+58)÷2}×10=620	
진균수 (CFU/g(mL))	{(28+24)÷2}×10=260	
총호기성생균수 (CFU/g(mL))	620+260=880	

[예시 2] 100배 희석 검액 1mL씩 2반복

	각 배지에서 검출된 집락수	
	평판 1	평판 2
세균용 배지	8	11
진균용 배지	5	7
세균수 (CFU/g(mL))	{(8+11)÷2}×100=9500	
진균수 (CFU/g(mL))	{(5+7)÷2}×100=600	
총호기성생균수 (CFU/g(mL))	950+600=1550	

<table>
<tr><th>성 분</th><th>시험 방법</th></tr>
<tr><td>내용량</td><td>
• 용량으로 표시된 제품: 내용물이 들어있는 용기에 뷰렛으로부터 물을 적가하여 용기를 가득 채웠을 때의 소비량을 정확하게 측정한 다음 용기의 내용물을 완전히 제거하고 물 또는 기타 적당한 유기용매로 용기의 내부를 깨끗이 씻어 말린 다음 뷰렛으로부터 물을 적가하여 용기를 가득 채워 소비량을 정확히 측정하고 전후의 용량차를 내용량으로 한다.
※ 다만, 150mL 이상의 제품에 대하여는 메스실린더를 써서 측정한다.
• 질량으로 표시된 제품: 내용물이 들어있는 용기의 외면을 깨끗이 닦고 무게를 정밀하게 단 다음 내용물을 완전히 제거하고 물 또는 적당한 유기용매로 용기의 내부를 깨끗이 씻어 말린 다음 용기만의 무게를 정밀히 달아 전후의 무게차를 내용량으로 한다.
• 길이로 표시된 제품: 길이를 측정하고 연필류는 연필심지에 대하여 그 지름과 길이를 측정한다.
• 화장비누
<table>
<tr><td>수분 포함</td><td>상온에서 저울로 측정(g)하여 실중량은 전체 무게에서 포장 무게를 뺀 값으로 하고, 소수점 이하 1자리까지 반올림하여 정수자리까지 구한다.</td></tr>
<tr><td>건 조</td><td>• 검체를 작은 조각으로 자른 후 약 10g을 0.01g까지 측정하여 접시에 옮긴다.
• 이 검체를 103±2℃ 오븐에서 1시간 건조 후 꺼내어 냉각시키고 다시 오븐에 넣고 1시간 후 접시를 꺼내어 데시케이터로 옮긴다.
• 실온까지 충분히 냉각시킨 후 질량을 측정하고 2회의 측정에 있어서 무게의 차이가 0.01g 이내가 될 때까지 1시간 동안의 가열, 냉각 및 측정 조작을 반복한 후 마지막 측정 결과를 기록한다.</td></tr>
</table>
• 침적마스크 및 클렌징 티슈: 침적한 내용물(액제 또는 로션제)의 양을 시험하는 것으로 용기(자재), 지지체, 보호필름을 제외하고 시험해야 하며, 용량으로 표시된 제품일 경우 비중을 측정하여 용량으로 환산한 값을 내용량으로 한다.
</td></tr>
<tr><td>pH시험법</td><td>
• 검체 약 2g 또는 2mL를 취하여 100mL 비이커에 넣고 물 30mL를 넣어 수욕상에서 가온하여 지방분을 녹이고 흔들어 섞은 다음 냉장고에서 지방분을 응결시켜 여과한다.
• 이때 지방층과 물층이 분리되지 않을 때는 그대로 사용한다.
• 여액을 가지고 「기능성화장품 기준 및 시험방법」(식품의약품안전처고시) 별표 10. 일반시험법 1. 원료 중 "47. pH측정법"에 따라 시험한다.
※ 성상에 따라 투명한 액상인 경우(예 스킨로션)에는 그대로 측정한다.
</td></tr>
<tr><td>유리알칼리 시험</td><td>
• 에탄올법(나트륨 비누)
– 플라스크에 에탄올 200mL을 넣고 환류 냉각기를 연결한다.
– 이산화탄소를 제거하기 위하여 서서히 가열하여 5분 동안 끓인다.
– 냉각기에서 분리시키고 약 70℃로 냉각시킨 후 페놀프탈레인 지시약 4방울을 넣어 지시약이 분홍색이 될 때까지 0.1N 수산화칼륨 · 에탄올액으로 중화시킨다.
– 중화된 에탄올이 들어있는 플라스크에 검체 약 5.0g을 정밀하게 달아 넣고 환류 냉각기에 연결 후 완전히 용해될 때까지 서서히 끓인다.
– 약 70℃로 냉각시키고 에탄올을 중화시켰을 때 나타난 것과 동일한 정도의 분홍색이 나타날 때까지 0.1N 염산 · 에탄올용액으로 적정한다.
• 염화바륨법(모든 연성 칼륨 비누 또는 나트륨과 칼륨이 혼합된 비누)
– 연성 비누 약 4.0g을 정밀하게 달아 플라스크에 넣은 후 60% 에탄올 용액 200mL를 넣고 환류하에서 10분 동안 끓인다.
– 중화된 염화바륨 용액 15mL를 끓는 용액에 조금씩 넣고 충분히 섞는다.
– 흐르는 물로 실온까지 냉각시키고 지시약 1mL를 넣은 다음 즉시 0.1N 염산 표준용액으로 녹색이 될 때까지 적정한다.
</td></tr>
</table>

2) 퍼머넌트웨이브용 및 헤어스트레이트너제품 시험방법

번호	항 목	시험 방법
①	pH	• pH 측정에는 유리전극을 단 pH메터를 쓴다. pH의 기준은 다음 표준완충액을 쓰며 그 pH값은 ±0.02 이내의 정확도를 갖는다. • 표준완충액 – 표준완충액을 조제하는 데 쓰이는 물은 정제수를 증류하여 유액을 15분 이상 끓여서 이산화탄소를 날려 보내고 소다석회관을 달고 식힌다. – 표준완충액은 경질유리병 또는 폴리에칠렌병에 보관한다. – 산성표준액은 3개월 이내에 쓰며 알칼리성의 표준액은 소다석회관을 달아서 보관하고 1개월 이내에 쓴다. • 조작법 – 유리전극은 미리 물 또는 염기성완충액에 수 시간 이상 담가 두고 pH메터는 전원에 연결하고 10분 이상 두었다가 쓴다. – 검출부를 물로 잘 씻어 묻어있는 물은 여과지 같은 것으로 가볍게 닦아 낸 다음 쓴다. – 온도보정꼭지가 있는 것은 그 꼭지를 표준완충액의 온도와 같게 하여 검출부의 검체의 pH값에 가까운 표준완충액 중에 담가 2분 이상 지난 다음 pH메터의 지시가 그 온도에 있어서의 표준완충액의 pH값이 되도록 제로점 조절꼭지를 조절한다. – 다시 검출부를 물로 잘 씻어 부착된 물을 여과지와 같은 것으로 가볍게 닦아 낸 다음 검액에 담가 2분 이상 지난 다음에 측정값을 읽는다.
②	알칼리	• 검체 10mL를 정확하게 취하여 100mL 용량플라스크에 넣고 물을 넣어 100mL로 하여 검액으로 한다. • 이 액 20mL를 정확하게 취하여 250mL 삼각플라스크에 넣고 0.1N염산으로 적정한다(지시약: 메칠레드시액 2방울).
③	산성에서 끓인 후의 환원성 물질 (치오글라이콜릭 애씨드)	• 검체 10mL를 정확하게 취하여 100mL 용량플라스크에 넣고 물을 넣어 100mL로 하여 검액으로 한다. • 검액 20mL를 취하여 삼각플라스크에 넣고 물 50mL 및 30% 황산 5mL를 넣어 가만히 가열하여 5분간 끓인다. • 식힌 다음 0.1N 요오드액으로 적정한다(지시약: 전분시액 3mL). 이때의 소비량을 AmL로 한다.
④	산성에서 끓인 후의 환원성 물질 이외의 환원성 물질 (아황산염, 황화물 등)	• 250mL 유리마개 삼각플라스크에 물 50mL 및 30% 황산 5mL를 넣고 0.1N 요오드액 25mL를 정확하게 넣는다. 여기에 ②항의 검액 20mL를 넣고 마개를 하여 흔들어 섞고 실온에서 15분간 방치한 다음 0.1N 치오황산나트륨액으로 적정한다(지시약: 전분시액 3mL). 이때의 소비량을 BmL로 한다. • 따로 250mL 유리마개 삼각플라스크에 물 70mL 및 30% 황산 5mL를 넣고 0.1N 요오드액 25mL를 정확하게 넣는다. 마개를 하여 흔들어 섞고 이하 검액과 같은 방법으로 조작하여 공시험한다. 이때의 소비량을 CmL로 한다.

번호	항 목	시험 방법
⑤	환원후의 환원성 물질 (디치오디 글라이콜릭 애씨드)	• 검체 10mL를 정확하게 취하여 100mL 용량플라스크에 넣고 물을 넣어 100mL로 하여 검액으로 한다. • 검액 20mL를 정확하게 취하여 1N 염산 30mL 및 아연가루 1.5g을 넣고 기포가 끓어오르지 않도록 교반기로 2분간 저어 섞은 다음 여과지(4A)를 써서 흡인여과한다. • 잔류물을 물 소량씩으로 3회 씻고 씻은 액을 여액에 합한다. 이 액을 가만히 가열하여 5분간 끓인다. • 식힌 다음 0.1N 요오드액으로 적정한다(지시약: 전분시액 3mL). 이때의 소비량을 DmL로 한다.
⑥	시스테인	• 검체 10mL를 적당한 환류기에 정확하게 취하여 물 40mL 및 5N 염산 20mL를 넣고 2시간동안 가열 환류시킨다. • 식힌 다음 이것을 용량플라스크에 취하고 물을 넣어 정확하게 100mL로 한다. 또한 아세칠시스테인이 함유되지 않은 검체에 대해서는 검체 10mL를 정확하게 취하여 용량플라스크에 넣고 물을 넣어 전체량을 100mL로 한다. • 이 용액 25mL를 취하여 분당 2mL의 유속으로 강산성이온교환수지(H형) 30mL를 충전한 안지름 8~15mm의 칼럼을 통과시킨다. • 계속하여 수지층을 물로 씻고 유출액과 씻은 액을 버린다. • 수지층에 3N 암모니아수 60mL를 분당 2mL의 유속으로 통과시킨다. 유출액을 100mL 용량플라스크에 넣고 다시 수지층을 물로 씻어 씻은 액과 유출액을 합하여 100mL로 하여 검액으로 한다. • 검액 20mL를 정확하게 취하여 필요하면 묽은염산으로 중화하고(지시약: 메칠오렌지시액) 요오드화칼륨 4g 및 묽은염산 5mL를 넣고 흔들어 섞어 녹인다. • 계속하여 0.1N 요오드액 10mL를 정확하게 넣고 마개를 하여 얼음물 속에서 20분간 암소에 방치한 다음 0.1N 치오황산나트륨액으로 적정한다(지시약: 전분시액 3mL). 이때의 소비량을 GmL로 한다. • 같은 방법으로 공시험하여 그 소비량을 HmL로 한다.
⑦	환원 후의 환원성물질 (시스틴)	• 검체 10mL를 용량플라스크에 취하고 물을 넣어 정확하게 100mL로 하여 검액으로 한다. 이 액 10mL를 정확하게 취하여 1N 염산 30mL 및 아연가루 1.5g을 넣고 기포가 끓어오르지 않도록 교반기로 2분간 저어 섞은 다음 여과지(4A)를 써서 흡인여과한다. • 잔류물을 물 소량씩으로 3회 씻고 씻은 액을 여액에 합한다. 계속하여 요오드화칼륨 4g을 넣어 흔들어 섞어 녹인다. • 다시 0.1N 요오드액 10mL를 정확하게 넣고 마개를 하여 얼음물 속에서 20분간 암소에 방치한 다음, 0.1N 치오황산나트륨액으로 적정한다(지시약: 전분시액 3mL). 이때의 소비량을 ImL로 한다. • 같은 방법으로 공시험을 하여 그 소비량을 JmL로 한다.

번호	항 목	시험 방법
⑧	**중금속**	• 검체 2.0mL를 취하여 사기로 만든 도가니에 달아 가볍게 뚜껑을 덮고 약하게 가열하여 탄화시킨다. • 식힌 다음 질산 2mL 및 황산 5방울을 넣어 흰 연기가 날 때까지 조심하여 가열한 다음 500~600℃에서 강열하여 회화한다. • 식힌 다음 염산 2mL를 넣어 수욕상에서 증발건고하고 잔류물을 염산 3방울로 적시고 열탕 10mL를 넣어 2분간 가온한다. • 다음에 페놀프탈레인시액 1방울을 넣어 암모니아시액을 액이 엷은 적색으로 될 때까지 적가한 다음 묽은초산 2mL를 넣어 필요하면 여과하고 물 10mL로 씻어 여액 및 씻은 액을 네슬러관에 넣고 물을 넣어 50mL로 하여 검액으로 한다. • 비교액은 질산 2mL, 황산 5방울 및 염산 2mL를 수욕상에서 증발하고 다시 사욕상에서 증발건고하여 잔류물을 염산 3방울로 적시고 이하 검액의 조제법과 같은 방법으로 조작하고 각조에서 규정하는 납표준액 및 물을 넣어 50mL로 한다. • 검액 및 비교액에 황화나트륨시액 1방울씩을 넣어 흔들어 섞고 5분간 방치한 다음 각 관을 백색을 배경으로 하여 위 또는 옆에서 관찰하여 액의 색을 비교한다. 검액이 나타내는 색은 비교액이 나타내는 색보다 진하지 않다.
⑨	**비 소**	• 검체 20mL를 취하여 300mL 분해플라스크에 넣고 질산 20mL를 넣어 반응이 멈출 때까지 조심하면서 가열한다. • 식힌 다음 황산 5mL를 넣어 다시 가열한다. 여기에 질산 2mL씩을 조심하면서 넣고 액이 무색 또는 엷은 황색의 맑은 액이 될 때까지 가열을 계속한다. • 식힌 다음 과염소산 1mL를 넣고 황산의 흰 연기가 날 때까지 가열하고 방냉한다. 여기에 포화수산암모늄용액 20mL를 넣고 다시 흰 연기가 날 때까지 가열한다. 식힌 다음 물을 넣어 100mL로 하여 검액으로 한다. • 발생병 A에 검액 2.0mL를 취하여 이하 장치 A를 쓰는 방법과 같이 조작하여 실온에서 10분간 방치한다. 다음에 물을 넣어 40mL로 하고 무비소아연 2g을 넣고 곧 B 및 C를 연결한 고무마개 H를 발생병 A에 끼운다. • C의 세관부 끝은 미리 비화수소흡수액 5mL를 넣은 흡수관 D의 밑에까지 닿도록 넣어 둔다. 다음에 발생병 A를 25℃의 물속에 어깨까지 담가 1시간 방치한다. • 흡수관을 꺼내어 필요하면 피리딘을 넣어 5mL로 하고 흡수액의 색을 관찰한다. 이 색은 표준색보다 진하지 않다. **표준색의 조제** • 표준색의 조제는 동시에 한다. 발생병 A에 비소표준액 2mL를 정확하게 넣고 희석시킨 염산(1→2) 5mL 및 요오드화칼륨시액 5mL를 넣어 2~3분간 방치한 다음 산성염화제일석시액 5mL를 넣어 실온에서 10분간 방치한다. • 이하 앞에서와 같은 방법으로 조작하여 얻은 흡수액의 정색을 표준색으로 한다. 이 색은 삼산화비소(As_2O_3) 2㎍에 해당한다. **비화수소 흡수액** • 디에칠디치오카바민산 0.50g에 피리딘을 넣어 녹여 100mL로 한다. • 이 액은 차광한 유리마개병에 넣어 냉소에 보관한다.

번호	항 목	시험 방법
⑩	철	• 검액 50mL를 취하여 식히면서 조심하여 강암모니아수를 넣어 pH를 9.5~10.0이 되도록 조절하여 검액으로 한다. • 따로 물 20mL를 써서 검액과 같은 방법으로 조작하여 공시험액을 만들고, 이 액 50mL를 취하여 철표준액 2.0mL를 넣고 이것을 식히면서 조심하여 강암모니아수를 넣어 pH를 9.5~10.0이 되도록 조절한 것을 비교액으로 한다. • 검액 및 비교액을 각각 네슬러관에 넣고 각 관에 치오글라이콜릭애씨드 1.0mL를 넣고 물을 넣어 100mL로 한 다음 비색할 때 검액이 나타내는 색은 비교액이 나타내는 색보다 진하여서는 안 된다.

3) 일반사항

① '검체'는 부자재(예 침적마스크 중 부직포 등)를 제외한 화장품의 내용물로 하며, 부자재가 내용물과 섞여 있는 경우 적당한 방법(예 압착, 원심분리 등)을 사용하여 이를 제거한 후 검체로 하여 시험한다.

② 에어로졸제품인 경우에는 제품을 분액깔때기에 분사한 다음 분액깔때기의 마개를 가끔 열어주면서 1시간 이상 방치하여 분리된 액을 따로 취하여 검체로 한다.

③ 검체가 점조하여 용량단위로 정확히 채취하기 어려울 때에는 중량단위로 채취하여 시험할 수 있으며, 이 경우 1g은 1mL로 간주한다.

④ 시약, 시액 및 표준액

- 철표준액: 황산제일철암모늄 0.7021g을 정밀히 달아 물 50mL를 넣어 녹이고 여기에 황산 20mL를 넣어 가온하면서 0.6% 과망간산칼륨용액을 미홍색이 없어지지 않고 남을 때까지 적가한 다음, 방냉하고 물을 넣어 1L로 한다. 이 액 10mL를 100mL 용량플라스크에 넣고 물을 넣어 100mL로 한다. 이 용액 1mL는 철(Fe) 0.01mg을 함유한다.
- 그 밖에 시약, 시액 및 표준액은 기능성화장품 기준 및 시험방법(식품의약품안전처고시) 별표 10. 일반시험법 "3. 계량기, 용기, 색의 비교액, 시약, 시액, 용량분석용표준액 및 표준액"의 것을 사용한다.

2 원료 및 내용물의 입고관리

① 판매업자는 원료 및 내용물 공급자에 대한 관리감독을 적절히 수행하여 입고관리가 철저히 이루어지도록 하여야 한다.

② 모든 원료와 내용물은 화장품 제조(판매)업자가 정한 기준에 따라서 품질을 입증할 수 있는 검증자료를 공급자로부터 공급받아야 한다.

③ 원료 및 포장재의 구매 시 고려사항

- 요구사항을 만족하는 품목과 서비스를 지속적으로 공급할 수 있는 능력평가를 근거로 한 공급자의 체계적 선정과 승인
- 합격판정기준, 결함이나 일탈 발생 시의 조치 그리고 운송 조건에 대한 문서화된 기술 조항의 수립
- 협력이나 감사와 같은 회사와 공급자 간의 관계 및 상호 작용의 정립

④ 입고 시 구매요구서, 인도문서, 인도물이 서로 일치해야 한다.

- 원료 및 내용물 선적 용기에 대하여 확실한 표기 오류, 용기 손상, 봉인 파손, 오염 등 육안 검사
- 필요한 경우 운송 관련 자료에 대한 추가적인 검사를 수행

⑤ 입고절차 중 육안 확인 시 물품에 결함이 있을 경우 입고를 보류하고 격리보관 및 폐기하거나 원자재 공급업자에게 반송하여야 한다.

⑥ 한 번에 입고된 원료와 내용물은 제조단위별로 각각 구분하여 관리하여야 한다.

⑦ 제조번호가 없는 경우에는 관리번호를 부여하여 보관하여야 한다.

⑧ 입고된 원료 및 내용물은 검사중, 적합, 부적합에 따라 각각의 구분된 공간에 별도로 보관되어야 한다.

※ 다만, 자동화창고와 같이 확실하게 구분하여 혼동을 방지할 수 있는 경우에는 해당 시스템을 통해 관리할 수 있다.

⑨ 제품을 정확히 식별하고 혼동의 위험을 없애기 위해 라벨링을 해야 한다.

⑩ 원자재 용기 및 시험기록서의 필수적인 기재사항은 다음과 같다.

- 원자재 공급자가 정한 제품명
- 원자재 공급자명
- 수령일자
- 공급자가 부여한 제조번호 또는 관리번호

⑪ 확인, 검체채취, 규정 기준에 대한 검사 · 시험 및 그에 따른 승인된 자에 의한 불출 전까지는 어떠한 물질도 사용되어서는 안 된다는 것을 명시하는 원료 수령에 대한 절차서를 수립하여야 한다.

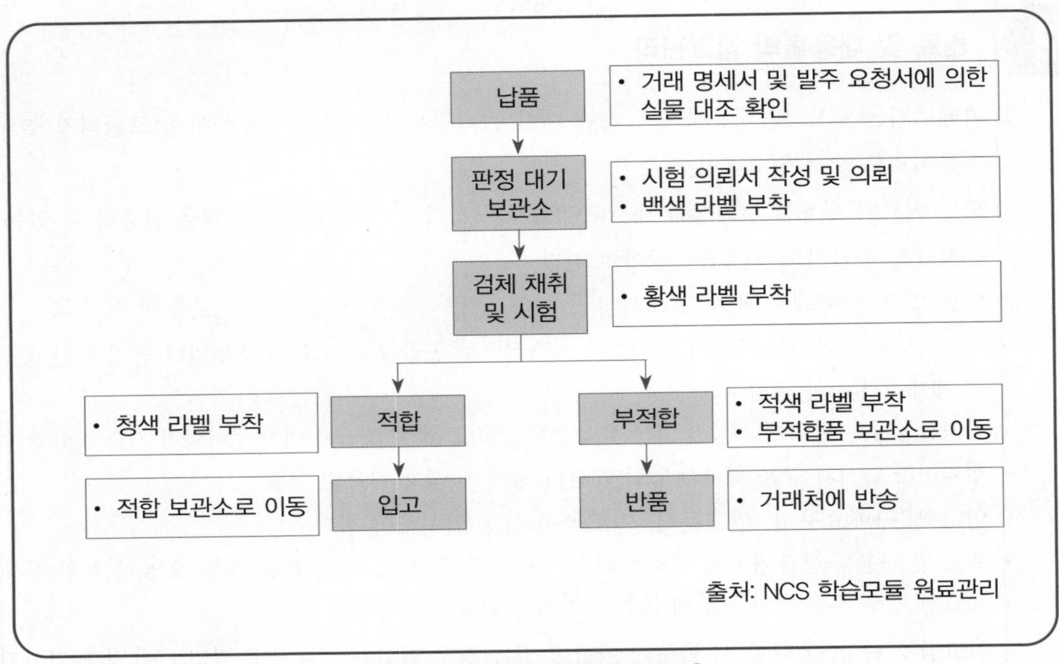

[화장품 원료 및 내용물의 흐름도]

3 원료 및 내용물의 보관관리

① 원자재, 반제품 및 벌크제품은 품질에 나쁜 영향을 미치지 아니하는 조건에서 보관하여야 하며 보관기한을 설정하여야 한다.

- 보관조건은 각각의 원료와 포장재에 적합하여야 하고, 과도한 열기, 추위, 햇빛 또는 습기에 노출되어 변질되는 것을 방지할 수 있어야 한다.
- 물질의 특징 및 특성에 맞도록 보관, 취급되어야 한다.
- 특수한 보관조건은 적절하게 준수, 모니터링되어야 한다.
- 원료와 포장재, 반제품 및 벌크제품, 완제품, 부적합품 및 반품 등에 도난, 분실, 변질 등의 문제가 발생하지 않도록 작업자 외에 보관소의 출입을 제한하고, 관리하여야 한다.

② 원자재, 반제품 및 벌크제품은 바닥과 벽에 닿지 아니하도록 보관하고, 선입선출에 의하여 출고할 수 있도록 보관하여야 한다.

- 원료와 포장재의 용기는 밀폐되어야 한다.
- 청소와 검사가 용이하도록 충분한 간격으로, 바닥과 떨어진 곳에 보관되어야 한다.

③ 원료와 포장재가 재포장될 때, 새로운 용기에는 원래와 동일한 라벨링이 있어야 한다.

④ 원료의 허용 가능한 보관기한을 결정하기 위한 문서화된 시스템을 확립해야 한다. 보관기한이 규정되어 있지 않은 원료는 품질부문에서 적절한 보관기한을 정할 수 있다.

⑤ 원자재, 시험 중인 제품 및 부적합품은 각각 구획된 장소에서 보관하여야 한다.

※ 다만, 서로 혼동을 일으킬 우려가 없는 시스템에 의하여 보관되는 경우에는 그러하지 아니한다.

⑥ 반제품은 품질이 변하지 아니하도록 적당한 용기에 넣어 지정된 장소에서 보관해야 한다.

- 반제품 용기에는 다음 사항을 표시해야 한다.
  - 명칭 또는 확인코드
  - 제조번호
  - 완료된 공정명
  - 필요한 경우에는 보관조건
- 반제품의 최대 보관기한을 설정하여야 하며, 최대 보관기한이 가까워진 반제품은 완제품 제조하기 전에 품질이상, 변질 여부 등을 확인하여야 한다.

⑦ 제조된 벌크제품은 보관되고, 관리 절차에 따라 재보관(Re-stock)되어야 한다.

- 모든 벌크를 보관 시에는 적합한 용기를 사용해야 한다.
- 용기는 내용물을 분명히 확인할 수 있도록 표시되어야 한다.
- 모든 벌크의 허용 가능한 보관기한(Shelf life)을 확인할 수 있어야 하고, 보관기한의 만료일이 가까운 원료부터 사용하도록 문서화된 절차가 있어야 한다. 벌크는 선입선출되어야 한다.
- 충전 공정 후 벌크가 사용하지 않은 상태로 남아 있고 차후 다시 사용할 것이라면, 적절한 용기에 밀봉하여 식별 정보를 표시해야 한다.
- 남은 벌크를 재보관하고 재사용할 수 있다.
  - 밀폐할 수 있는 용기에 들어 있는 벌크는 절차서에 따라 재보관할 수 있다.
  - 원래 보관 환경에서 보관한다.
  - 다음 제조 시에는 우선적으로 사용한다.
  - 재보관 시, 재보관임을 표시한 라벨 부착이 필수다.
- 변질 및 오염의 우려가 있으므로 재보관은 신중하게 한다.
  - 변질되기 쉬운 벌크는 재사용하지 않는다.
  - 여러 번 재보관하는 벌크는 조금씩 나누어서 보관한다.

⑧ 설정된 보관기한이 지나면 사용의 적절성을 결정하기 위해 재평가시스템을 확립하여야 하며, 동 시스템을 통해 보관기한이 경과한 경우 사용하지 않도록 규정하여야 한다.

- 재평가 방법을 확립해 두면 보관기한이 지난 원료를 재평가해서 사용할 수 있다.
- 원칙적으로 원료공급처의 사용기한을 준수하여 보관기한을 설정하여야 하며, 사용기한 내에서 자체적인 재시험기간과 최대 보관기한을 설정 · 준수해야 한다.

⑨ 완제품은 적절한 조건하의 정해진 장소에서 보관하여야 하며, 주기적으로 재고 점검을 수행해야 한다.

- 원료 및 포장재는 정기적으로 재고조사를 실시한다.
- 장기 재고품의 처분 및 선입선출 규칙의 확인이 목적이다.
- 중대한 위반품이 발견되었을 때에는 일탈처리를 한다.

4 원료 및 내용물의 출고관리

① 출고된 원료와 포장재만이 사용되고 있음을 확인하기 위한 적절한 시스템(물리적 시스템 또는 그의 대체시스템, 즉 전자시스템 등)이 확립되어야 한다.
② 품질보증부서 책임자가 원료 및 포장재의 출고 절차를 수행할 수 있다.
③ 뱃치에서 취한 검체가 모든 합격기준에 적합할 때 뱃치가 출고될 수 있다.
④ 원자재 및 완제품은 시험결과 적합으로 판정되고 품질보증부서 책임자가 출고 승인한 것만을 출고하여야 한다.
⑤ 출고는 선입선출 방식으로 하되, 타당한 사유가 있는 경우에는 그러지 아니할 수 있다. 선입선출을 하지 못하는 특별한 사유가 있을 경우, 적절하게 문서화된 절차에 따라 나중에 입고된 물품을 먼저 출고할 수 있다.
⑥ 출고할 제품은 원자재, 부적합품 및 반품된 제품과 구획된 장소에서 보관하여야 한다.
※ 다만, 서로 혼동을 일으킬 우려가 없는 시스템에 의하여 보관되는 경우에는 그러하지 아니할 수 있다.

5 원료 및 내용물의 칭량

① 원료는 품질에 영향을 미치지 않는 용기나 설비에 정확하게 칭량되어야 한다.
- 필요한 무게가 계량되기 위해 적절한 칭량장치가 선택되도록 하여야 한다.
- 칭량장치의 오차 허용도는 칭량에서 허락된 오차 허용도보다 커서는 안 된다.
- 칭량하기 전 사용되는 저울의 검교정 유효기간을 확인하고, 일일점검을 실시한 후에 칭량작업을 수행한다.

② 원료가 칭량되는 도중 교차오염을 피하기 위한 조치가 있어야 한다.
- 칭량, 계량할 때는 먼저 작업 주위와 칭량기구가 청결한 것을 육안으로 확인한다.
- 칭량 중에는 오염이 발생하지 않는 환경에서 작업을 실시해야 한다.
- 원료 및 내용물의 용기들은 칭량 구역에서 개봉 전에 검사하고 깨끗하게 하여야 한다.
- 칭량한 원료를 넣는 용기의 내부뿐만 아니라 외부도 청결한 것을 육안으로 확인한다.

③ 제조지시서에 표시된 대로, 각 원료는 적절한 용기(예 스테인리스 스틸 재질 드럼이나 플라스틱 용기)로 측정 및 칭량되거나 또는 직접 제조설비(예 탱크 또는 호퍼)로 옮겨져야 한다.
④ 칭량작업은 2명으로 작업하는 것이 권장된다. 단, 자동기록계가 붙어 있는 천칭 등을 사용했을 경우에는 작업자가 기재한 칭량결과를 백업하는 자동기록치가 존재하므로 칭량을 한 사람이 작업할 수 있다.
⑤ 원료나 벌크제품을 담는 데 사용하는 모든 설비나 용기도 내용물을 쉽게 확인할 수 있도록 분명히 표시하여야 한다.

- 적절한 표시는 최소한 다음 사항을 포함해야 한다.
- 품명 또는 확인코드
- 특별히 부여된 제조번호
- 특별한 정보[특수한 보관조건, 보관기한(Shelf life), 불출날짜 등]

6 원료 및 내용물의 사용기한 및 변질상태 확인

(1) 사용기한 설정

① 화장품의 내용물은 화장품제조업자 또는 화장품책임판매업자에 의하여 안정성시험을 실시하고 그 결과를 토대로 사용기한 및 개봉 후 사용기간을 설정한다.

② 원료는 원료제조업자에 의하여 설정된다.

③ 맞춤형화장품판매업자는 혼합 · 소분에 사용되는 내용물 또는 원료의 사용기한 또는 개봉 후 사용기간을 초과하여 맞춤형화장품의 사용기한 또는 개봉 후 사용기간을 정하지 말아야 한다.

(2) 사용기한 확인

맞춤형화장품은 혼합 · 소분 전에 내용물 또는 원료의 사용기한 또는 개봉 후 사용기간을 확인하고, 사용기한 또는 개봉 후 사용기간이 지난 것은 사용하지 말아야 한다.

(3) 원료 및 내용물의 변질상태 확인

① 원료 및 내용물의 품질규격서를 근거로 정상제품의 품질 규격을 확인한다.

② 사용기한뿐만 아니라 보관조건 및 기타 외부요인이 변질의 원인이 될 수 있다.

③ 변질이 의심되는 경우에는 다음 사항을 표준품과 비교, 확인 판단한다.

- 후각적인 방법
- 색상 변화
- 외관상태 변화
- 사용감 차이

TIP 화장품의 변질 확인 사항

물리적 변화	분리, 응집, 침전, 점도의 변화 등
화학적 변화	변색, 변취, 악취, pH변화, 활성성분의 역가변화 등

7 원료 및 내용물의 폐기관리

(1) 폐기처리기준

① 품질에 문제가 있거나 회수 · 반품된 제품의 폐기 또는 재작업 여부는 품질보증 책임자에 의해 승인되어야 한다.

② 재작업은 다음을 모두 만족한 경우에 할 수 있다.

- 변질 · 변패 또는 병원미생물에 오염되지 아니한 경우
- 제조일로부터 1년이 경과하지 않았거나 사용기한이 1년 이상 남아있는 경우

③ 재입고할 수 없는 제품에 대한 폐기처리규정을 작성하여야 하며 폐기대상은 따로 보관하고 규정에 따라 신속하게 폐기하여야 한다.

(2) 기준일탈의 처리

① 원료와 포장재, 벌크제품과 완제품이 적합판정기준을 만족시키지 못할 경우 "기준일탈 제품"으로 지칭한다.

② 기준일탈 제품이 발생했을 때는 미리 정한 절차를 따라 확실한 처리를 하고 실시한 내용을 모두 문서에 남긴다.

③ 기준일탈이 된 완제품 또는 벌크제품은 재작업할 수 있다.

④ 기준일탈 제품은 폐기하는 것이 가장 바람직하다. 그러나 폐기하면 큰 손해가 되므로 재작업을 고려하게 된다. 그러나 일단 부적합 제품의 재작업을 쉽게 허락할 수는 없다.

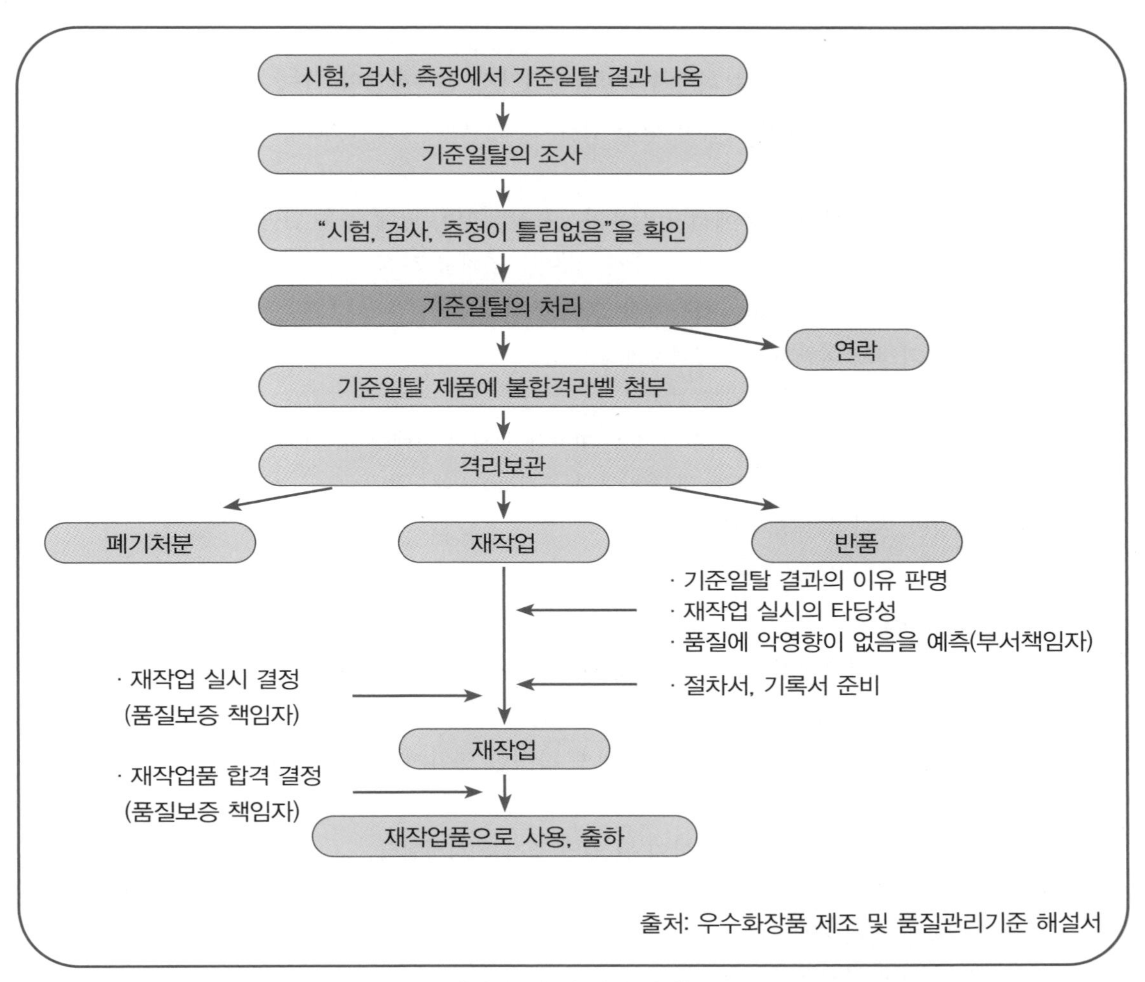

[기준일탈의 처리 절차]

(3) 불만처리

① 소비자로부터 문서화되거나 구두로 표현된 불만에 대한 접수, 처리, 검토, 응답, 조치에 대하여 그 절차가 확립되어야 한다.

② 불만처리담당자는 제품에 대한 모든 불만을 취합하고, 제기된 불만에 대해 신속하게 조사하고 그에 대한 적절한 조치를 취하여야 한다.

③ 다음 사항을 기록 · 유지하여야 한다.

- 불만 접수연월일
- 불만 제기자의 이름과 연락처
- 제품명, 제조번호 등을 포함한 불만 내용
- 불만조사 및 추적조사 내용, 처리결과 및 향후 대책
- 다른 제조번호의 제품에도 영향이 없는지 점검

④ 불만은 제품 결함의 경향을 파악하기 위해 주기적으로 검토하여야 한다.

(4) 제품의 회수

① 화장품 회수는 원칙적으로 화장품책임판매업자가 실시하여야 하는 사항이나, 제조한 화장품에 대한 회수필요성이 인식될 경우 신속히 책임판매업자와 협의하여 필요한 조치를 취하여야 한다.

② 제조업자는 제조한 화장품에서 안전용기 · 포장, 영업, 판매 등을 위반하여 위해 우려가 있다는 사실을 알게 되면 지체 없이 회수에 필요한 조치를 하여야 한다.

③ 다음 사항을 이행하는 회수 책임자를 두어야 한다.

- 전체 회수과정에 대한 책임판매업자와의 조정 역할
- 결함 제품의 회수 및 관련 기록 보존
- 소비자 안전에 영향을 주는 회수의 경우 회수가 원활히 진행될 수 있도록 필요한 조치 수행
- 회수된 제품은 확인 후 제조소 내 격리보관 조치(필요시에 한함)
- 회수과정의 주기적인 평가(필요시에 한함)

(5) 재작업의 처리

① 재작업이란 적합판정기준을 벗어난 완제품 또는 벌크제품을 재처리하여 품질이 적합한 범위에 들어오도록 하는 작업이다.

② 재작업은 해당 재작업의 절차를 상세하게 작성한 절차서를 준비해서 실시한다.

③ 재작업의 절차는 다음과 같다.

- 품질보증 책임자가 규격에 부적합이 된 원인 조사를 지시한다.
- 재작업 전의 품질이나 재작업 공정의 적절함 등을 고려하여 제품 품질에 악영향을 미치지 않는 것을 재작업 실시 전에 예측한다.
- 재작업 처리 실시의 결정은 품질보증 책임자가 실시한다.
- 승인이 완료된 재작업 절차서 및 기록서에 따라 재작업을 실시한다.
- 재작업 한 최종 제품 또는 벌크제품의 제조기록, 시험기록을 충분히 남긴다.
- 품질이 확인되고 품질보증 책임자의 승인을 얻을 수 있을 때까지 재작업품은 다음 공정에 사용할 수 없고 출하할 수 없다.

④ 재작업 실시 시에는 발생한 모든 일들을 재작업 제조기록서에 기록한다.

⑤ 재작업 한 제품은 제품 실험, 제품 분석 및 제품 안정성시험을 실시한다.

(6) 폐기절차 및 사후관리

① 화장품제조업자 또는 화장품책임판매업자(회수의무자)는 회수한 화장품을 폐기하려는 경우에는 폐기신청서에 회수계획서, 회수확인서를 첨부하여 지방식품의약품안전청장에게 제출하고, 관계 공무원의 참관 하에 환경 관련 법령에서 정하는 바에 따라 폐기하여야 한다.

② 폐기를 한 회수의무자는 폐기확인서를 작성하여 2년간 보관하여야 한다.

포장재의 관리

1 용어의 정의

① 포장재란 화장품의 포장에 사용되는 모든 재료를 말하며 운송을 위해 사용되는 외부 포장재는 제외한 것이다. 제품과 직접적으로 접촉하는지 여부에 따라 1차 또는 2차 포장재라고 말한다.
② 안전용기 · 포장이란 만 5세 미만의 어린이가 개봉하기 어렵게 설계 · 고안된 용기나 포장을 말한다.
③ 1차 포장이란 화장품 제조 시 내용물과 직접 접촉하는 포장용기를 말한다.
④ 2차 포장이란 1차 포장을 수용하는 1개 또는 그 이상의 포장과 보호재 및 표시의 목적으로 한 포장(첨부문서 등을 포함)을 말한다.
⑤ 표시란 화장품의 용기 · 포장에 기재하는 문자 · 숫자 · 도형 또는 그림 등을 말한다.

2 화장품 포장재의 종류와 특징

(1) 화장품 용기의 종류

화장품의 용기는 밀폐용기, 기밀용기, 밀봉용기, 차광용기로 나눌 수 있다.

[「기능성화장품 기준 및 시험방법」(식품의약품안전처고시 제2018-111호)의 별표 1. 통칙]

분 류	특 징
밀폐용기	• 일상의 취급 또는 보통 보존상태에서 외부로부터 고형의 이물이 들어가는 것을 방지하고 고형의 내용물이 손실되지 않도록 보호할 수 있는 용기를 말한다. • 밀폐용기로 규정되어 있는 경우에는 기밀용기도 쓸 수 있다.
기밀용기	• 일상의 취급 또는 보통 보존상태에서 액상 또는 고형의 이물 또는 수분이 침입하지 않고 내용물을 손실, 풍화, 조해 또는 증발로부터 보호할 수 있는 용기를 말한다. • 기밀용기로 규정되어 있는 경우에는 밀봉용기도 쓸 수 있다.
밀봉용기	일상의 취급 또는 보통의 보존상태에서 기체 또는 미생물이 침입할 염려가 없는 용기를 말한다.
차광용기	광선의 투과를 방지하는 용기 또는 투과를 방지하는 포장을 한 용기를 말한다.

(2) 화장품 포장재의 종류와 품질 특징

① 화장품 포장재는 그 사용 목적에 따라 재질, 형태 등이 매우 다양하기 때문에 포장재 제조에 이용되는 소재의 종류는 매우 다양하다.

② 주로 종이, 천, 유리, 세라믹, 플라스틱, 금속 등의 소재가 사용되고 있다.

③ 포장재에 필요한 품질 특성으로는 제품의 품질을 유지하기 위한 품질 유지성, 기능성, 적정 포장성, 경제성 및 판매 촉진성의 특징이 있다.

④ 품질 유지성은 광투과나 포장재에 의한 변취, 변질로부터 제품을 보호하는 보호 기능과 약품, 부식, 자외선 및 인체에 해가 없는 안전한 소재 등의 재료 적정성을 의미한다.

⑤ 기능성이라 함은 공학적인 기능과 물리적인 기능뿐만 아니라 사용상 또는 사용 방법상 안전하여야 한다는 내용을 의미한다.

⑥ 포장재 종류와 품질 특성

포장재 종류	품질 특성
저밀도 폴리에틸렌(LDPE)	반투명, 광택, 유연성 우수
고밀도 폴리에틸렌(HDPE)	광택이 없음, 수분 투과가 적음
폴리프로필렌(PP)	반투명, 광택, 내약품성 우수, 내충격성 우수, 잘 부러지지 않음
폴리스티렌(PS)	딱딱함, 투명, 광택, 치수 안정성 우수, 내약품성이 나쁨
AS 수지	투명, 광택, 내충격성, 내유성 우수
ABS 수지	내충격성 양호, 금속 느낌을 주기 위한 소재로 사용
PVC	투명, 성형 가공성 우수
PET	딱딱함, 투명성 우수, 광택, 내약품성 우수
소다 석회 유리	투명 유리
칼리 납 유리	굴절률이 매우 높음
유백색 유리	유백색 색상 용기로 주로 사용
알루미늄	가공성 우수
황 동	금과 비슷한 색상
스테인리스 스틸	부식이 잘 되지 않음, 금속성 광택 우수
철	녹슬기 쉬우나 저렴함

출처: NCS 학습모듈 6. 포장

(3) 포장재의 일반적인 관리 항목

구 분	항 목	관리 방법
환 경	방 충	벌레 유인등 설치
	방 서	초음파 방서기 설치
설 비	냉난방 설비	적정 온도 유지
	저 울	저울 검 · 교정
작업자	복 장	• 위생복 • 위생모 • 안전화
절 차	반입 절차	에어 건으로 먼지 제거 후 반입
	보관 관리	• 판정 대기, 합격, 불합격품 구분 보관 장소 • 종류별로 보관 • 선입 선출 • 반출 후 재반입 시 원래 보관 조건 유지

출처: NCS 학습모듈 6. 포장

3 안전용기 · 포장

(1) 안전용기 · 포장

① 「화장품법」 제9조에 따라, 화장품책임판매업자 및 맞춤형화장품판매업자는 화장품을 판매할 때에는 어린이가 화장품을 잘못 사용하여 인체에 위해를 끼치는 사고가 발생하지 아니하도록 안전용기 · 포장을 사용하여야 한다.

② 「화장품법 시행규칙」 제18조에 따라, 화장품의 안전용기 · 포장을 사용하여야 할 품목 및 용기 · 포장의 기준 등에 관하여는 총리령으로 정한다.

(2) 안전용기 · 포장의 기준

① 안전용기 · 포장은 성인이 개봉하기는 어렵지 아니하나 만 5세 미만의 어린이가 개봉하기는 어렵게 된 것이어야 한다.

② 개봉하기 어려운 정도의 구체적인 기준 및 시험방법은 산업통상자원부장관이 정하여 고시하는 바에 따른다(어린이보호포장대상공산품의 안전기준 국가기술표준원고시 제2017-337호).

(3) 안전용기 · 포장을 사용해야 하는 대상 품목

① 아세톤을 함유하는 네일 에나멜 리무버 및 네일 폴리시 리무버

② 어린이용 오일 등 개별포장당 탄화수소류를 10퍼센트 이상 함유하고 운동점도가 21센티스톡스(섭씨 40도 기준) 이하인 비에멀젼 타입의 액체상태의 제품

③ 개별포장당 메틸 살리실레이트를 5퍼센트 이상 함유하는 액체상태의 제품

(4) 안전용기 · 포장 제외 제품

① 일회용 제품

② 용기 입구 부분이 펌프 또는 방아쇠로 작동되는 분무용기 제품

③ 압축 분무용기 제품(에어로졸 제품 등)

4 화장품 포장의 표시 · 기재사항

「화장품법」 제10조(화장품의 기재사항)에서 화장품의 1차 포장 또는 2차 포장에 다음 사항을 기재 · 표시하도록 규정하고 있다. 화장품 포장의 표시기준 및 표시방법은「화장품법 시행규칙」[별표 4]와 같다. 또한, 화장품의 기재사항을 화장품의 용기 또는 포장에 표시할 때 제품의 명칭, 영업자의 상호는 시각장애인을 위한 점자 표시를 병행할 수 있다.

(1) 화장품의 명칭

다른 제품과 구별할 수 있도록 표시된 것으로서 같은 화장품책임판매업자 또는 맞춤형화장품판매업자의 여러 제품에서 공통으로 사용하는 명칭을 포함한다.

(2) 영업자의 상호 및 주소

① 영업자의 주소는 등록필증 또는 신고필증에 적힌 소재지 또는 반품 · 교환 업무를 대표하는 소재지를 기재 · 표시해야 한다.

② 화장품제조업자, 화장품책임판매업자 또는 맞춤형화장품판매업자는 각각 구분하여 기재 · 표시해야 한다.

※ 다만, 화장품제조업자, 화장품책임판매업자 또는 맞춤형화장품판매업자가 다른 영업을 함께 영위하고 있는 경우에는 한꺼번에 기재 · 표시할 수 있다.

③ 공정별로 2개 이상의 제조소에서 생산된 화장품의 경우에는 일부 공정을 수탁한 화장품제조업자의 상호 및 주소의 기재 · 표시를 생략할 수 있다.

④ 수입화장품의 경우에는 추가로 기재 · 표시하는 제조국의 명칭, 제조회사명 및 그 소재지를 국내 화장품제조업자와 구분하여 기재 · 표시해야 한다.

핵심 주관식 **다음은 화장품 포장의 표시기준 및 표시방법에 대한 내용이다. ㉠, ㉡에 들어갈 단어를 차례로 작성하시오.**

영업자의 주소는 등록필증 또는 신고필증에 적힌 소재지 또는 (㉠) · (㉡) 업무를 대표하는 소재지를 기재 · 표시해야 한다.

정답 ㉠ 반품, ㉡ 교환

(3) 화장품 제조에 사용된 성분

① 글자의 크기는 5포인트 이상으로 한다.

② 화장품 제조에 사용된 함량이 많은 것부터 기재 · 표시한다.

※ 다만, 1퍼센트 이하로 사용된 성분, 착향제 또는 착색제는 순서에 상관없이 기재 · 표시할 수 있다.

③ 혼합원료는 혼합된 개별 성분의 명칭을 기재 · 표시한다.

④ 색조 화장용 제품류, 눈 화장용 제품류, 두발염색용 제품류 또는 손발톱용 제품류에서 호수별로 착색제가 다르게 사용된 경우 '± 또는 +/−'의 표시 다음에 사용된 모든 착색제 성분을 함께 기재 · 표시할 수 있다.

⑤ 착향제는 "향료"로 표시할 수 있다.

※ 다만, 착향제의 구성 성분 중 식품의약품안전처장이 정하여 고시한 알레르기 유발성분이 있는 경우에는 향료로 표시할 수 없고, 해당 성분의 명칭을 기재 · 표시해야 한다.

⑥ 산성도(pH) 조절 목적으로 사용되는 성분은 그 성분을 표시하는 대신 중화반응에 따른 생성물로 기재 · 표시할 수 있고, 비누화반응을 거치는 성분은 비누화반응에 따른 생성물로 기재 · 표시할 수 있다.

⑦ 영업자의 정당한 이익을 현저히 침해할 우려가 있을 때에는 영업자는 식품의약품안전처장에게 그 근거자료를 제출해야 하고, 식품의약품안전처장이 정당한 이익을 침해할 우려가 있다고 인정하는 경우에는 "기타 성분"으로 기재 · 표시할 수 있다.

(4) 내용물의 용량 또는 중량

① 화장품의 1차 포장 또는 2차 포장의 무게가 포함되지 않은 용량 또는 중량을 기재 · 표시해야 한다.

② 화장비누(고체 형태의 세안용 비누를 말한다)의 경우에는 수분을 포함한 중량과 건조중량을 함께 기재 · 표시해야 한다.

(5) 제조번호

① 사용기한(또는 개봉 후 사용기간)과 쉽게 구별되도록 기재 · 표시해야 한다.

② 개봉 후 사용기간을 표시하는 경우에는 병행 표기해야 하는 제조연월일(맞춤형화장품의 경우에는 혼합·소분일)도 각각 구별이 가능하도록 기재 · 표시해야 한다.

(6) 사용기한 또는 개봉 후 사용기간

① 사용기한은 "사용기한" 또는 "까지" 등의 문자와 "연월일"을 소비자가 알기 쉽도록 기재 · 표시해야 한다.

※ 다만, "연월"로 표시하는 경우 사용기한을 넘지 않는 범위에서 기재 · 표시해야 한다.

② 개봉 후 사용기간은 "개봉 후 사용기간"이라는 문자와 "○○월" 또는 "○○개월"을 조합하여 기재 · 표시하거나, 개봉 후 사용기간을 나타내는 심벌과 기간을 기재 · 표시할 수 있다.

예 개봉 후 사용기간이 12개월 이내인 제품의 심벌과 기간 표시

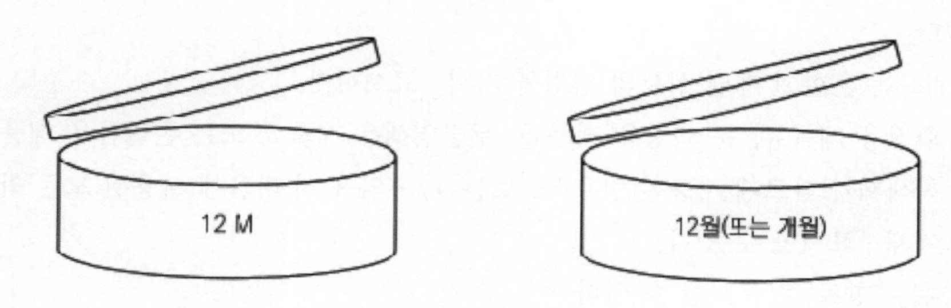

(7) 가 격

① 소비자에게 화장품을 직접 판매하는 자(판매자)는 판매하려는 가격을 표시하여야 한다.

• 화장품을 일반소비자에게 소매 점포에서 판매하는 경우 소매업자(직매장 포함)가 표시의무자가 된다.

※ 다만, 방문판매업 · 후원방문판매업, 통신판매업의 경우에는 그 판매업자가, 다단계판매업의 경우에는 그 판매자가 판매가격을 표시하여야 한다.

• 표시의무자 이외의 화장품책임판매업자, 화장품제조업자는 그 판매가격을 표시하여서는 안 된다.

• 판매가격표시 의무자는 매장 크기에 관계없이 가격표시를 하지 아니하고 판매하거나 판매할 목적으로 진열 · 전시하여서는 아니 된다.

② 판매가격의 표시는 일반소비자에게 판매되는 실제 거래가격을 표시하여야 한다.

③ 판매가격의 표시는 유통단계에서 쉽게 훼손되거나 지워지지 않으며 분리되지 않도록 스티커 또는 꼬리표를 표시하여야 한다.

④ 판매가격이 변경되었을 경우에는 기존의 가격표시가 보이지 않도록 변경 표시하여야 한다.

※ 다만, 판매자가 기간을 특정하여 판매가격을 변경하기 위해 그 기간을 소비자에게 알리고, 소비자가 판매가격을 기존가격과 오인 · 혼동할 우려가 없도록 명확히 구분하여 표시하는 경우는 제외한다.

⑤ 판매가격은 개별 제품에 스티커 등을 부착하여야 한다.

※ 다만, 개별 제품으로 구성된 종합제품으로서 분리하여 판매하지 않는 경우에는 그 종합제품에 일괄하여 표시할 수 있다.

⑥ 판매자가 업태, 취급제품의 종류 및 내부 진열상태 등에 따라 개별 제품에 가격을 표시하는 것이 곤란한 경우에는, 소비자가 가장 쉽게 알아볼 수 있도록 제품명, 가격이 포함된 정보를 제시하는 방법으로 판매가격을 별도로 표시할 수 있다. 이 경우 화장품 개별 제품에는 판매가격을 표시하지 아니할 수 있다.

⑦ 판매가격의 표시는『판매가 ○○원』등으로 소비자가 알아보기 쉽도록 선명하게 표시하여야 한다.

(8) 기능성화장품의 기재 · 표시

① "질병의 예방 및 치료를 위한 의약품이 아님"이라는 문구는 "기능성화장품" 글자 바로 아래에 "기능성화장품" 글자와 동일한 글자 크기 이상으로 기재 · 표시해야 한다.

② 식품의약품안전처장이 정한 기능성화장품을 나타내는 도안은 다음과 같다.

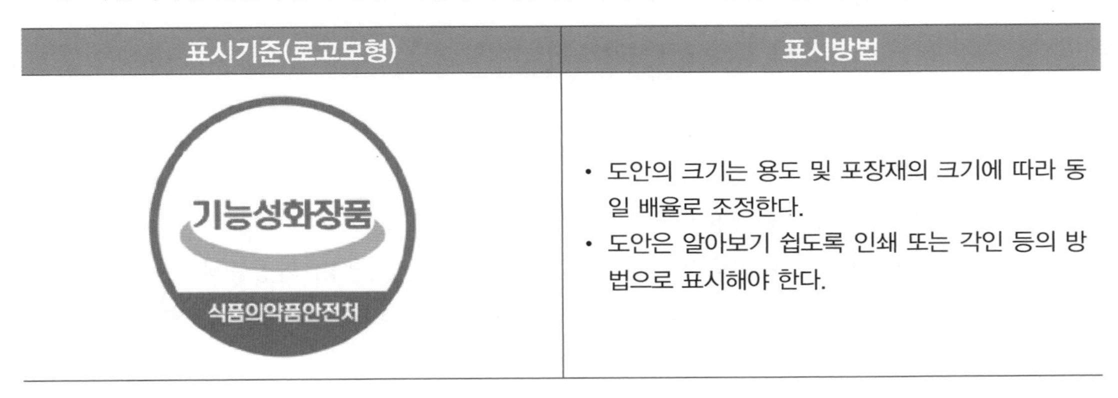

표시기준(로고모형)	표시방법
기능성화장품 식품의약품안전처	• 도안의 크기는 용도 및 포장재의 크기에 따라 동일 배율로 조정한다. • 도안은 알아보기 쉽도록 인쇄 또는 각인 등의 방법으로 표시해야 한다.

(9) 사용상의 주의사항

화장품의 포장에 기재 · 표시하여야 하는 사용할 때의 주의사항은「화장품법 시행규칙」[별표 3]과 같다.

(10) 그 밖에 총리령으로 정하는 사항

① 식품의약품안전처장이 정하는 바코드

② 기능성화장품의 경우 심사받거나 보고한 효능 · 효과, 용법 · 용량

③ 성분명을 제품 명칭의 일부로 사용한 경우 그 성분명과 함량(방향용 제품 제외)

④ 인체 세포 · 조직 배양액이 들어있는 경우 그 함량

⑤ 화장품에 천연 또는 유기농으로 표시 · 광고하려는 경우에는 원료의 함량

⑥ 수입화장품인 경우에는 제조국의 명칭(「대외무역법」에 따른 원산지를 표시한 경우에는 제조국의 명칭을 생략할 수 있다), 제조회사명 및 그 소재지

⑦ 해당 기능성화장품의 경우에는 “질병의 예방 및 치료를 위한 의약품이 아님”이라는 문구

- 탈모 증상의 완화에 도움을 주는 화장품
- 여드름성 피부를 완화하는 데 도움을 주는 화장품
- 피부장벽의 기능을 회복하여 가려움 등의 개선에 도움을 주는 화장품
- 튼살로 인한 붉은 선을 엷게 하는 데 도움을 주는 화장품

⑧ 다음 사용기준이 지정 · 고시된 원료 중 보존제의 함량

- 만 3세 이하의 영유아용 제품류인 경우
- 만 4세 이상부터 만 13세 이하까지의 어린이가 사용할 수 있는 제품임을 특정하여 표시 · 광고하려는 경우

5 화장품 포장의 기재 · 표시 예외사항

① 화장품의 1차 포장에 반드시 표시해야 하는 사항

- 화장품의 명칭
- 영업자의 상호
- 제조번호
- 사용기한 또는 개봉 후 사용기간

② 다음에 해당하는 1차 포장 또는 2차 포장에는 화장품의 명칭, 화장품책임판매업자의 상호, 가격, 제조번호와 사용기한 또는 개봉 후 사용기간(개봉 후 사용기간을 기재할 경우에는 제조연월일을 병행 표기하여야 한다)만을 기재 · 표시할 수 있다.

- 내용량이 10밀리리터 이하 또는 10그램 이하인 화장품의 포장
- 판매의 목적이 아닌 제품의 선택 등을 위하여 미리 소비자가 시험 · 사용하도록 제조 또는 수입된 화장품의 포장(이 경우의 가격이란 견본품이나 비매품 등의 표시)

③ 화장품의 포장에 기재 · 표시를 생략할 수 있는 성분

- 제조과정 중에 제거되어 최종 제품에는 남아 있지 않은 성분
- 안정화제, 보존제 등 원료 자체에 들어 있는 부수 성분으로서 그 효과가 나타나게 하는 양보다 적은 양이 들어 있는 성분
- 내용량이 10밀리리터 초과 50밀리리터 이하 또는 중량이 10그램 초과 50그램 이하 화장품의 포장인 경우에는 다음의 성분을 제외한 성분

- 타르색소
- 금박
- 샴푸와 린스에 들어 있는 인산염의 종류
- 과일산(AHA)
- 기능성화장품의 경우 그 효능 · 효과가 나타나게 하는 원료
- 식품의약품안전처장이 배합 한도를 고시한 화장품의 원료

④ 전성분 정보를 즉시 제공할 수 있는 전화번호 또는 홈페이지 주소를 대신 표시하거나, 전성분 정보를 기재한 책자 등을 매장에 비치한 경우에는 전성분 표시 대상에서 제외할 수 있는 화장품

- 내용량이 50그램 또는 50밀리리터 이하인 제품
- 판매를 목적으로 하지 않으며, 제품 선택 등을 위하여 사전에 소비자가 시험 · 사용하도록 제조 또는 수입된 제품

핵심 주관식 **다음 〈보기〉는 화장품의 내용량이 10밀리리터 초과 50밀리리터 이하 또는 중량이 10그램 초과 50그램 이하 화장품의 포장인 경우 반드시 기재 · 표시해야 하는 성분이다. 빈칸에 들어갈 단어를 작성하시오.**

〈보 기〉

- 타르색소
- (　　　　　　　)
- 샴푸와 린스에 들어 있는 인산염의 종류
- 과일산(AHA)
- 기능성화장품의 경우 그 효능 · 효과가 나타나게 하는 원료
- 식품의약품안전처장이 사용 한도를 고시한 화장품의 원료

정답 금박

6 화장품바코드 표시 및 관리

(「화장품바코드 표시 및 관리요령」 식품의약품안전처고시 제2020-12호)

(1) 목 적

국내 제조 및 수입되는 화장품에 대하여 표준바코드를 표시하게 함으로써 화장품 유통현대화의 기반을 조성하여 유통비용을 절감하고 거래의 투명성을 확보함을 목적으로 한다.

(2) 용어의 정의

① "화장품코드"란 개개의 화장품을 식별하기 위하여 고유하게 설정된 번호로써 국가식별코드, 제조업자 등의 식별코드, 품목코드 및 검증번호(Check digit)를 포함한 12 또는 13자리의 숫자를 말한다.

② "바코드"란 화장품 코드를 포함한 숫자나 문자 등의 데이터를 일정한 약속에 의해 컴퓨터에 자동 입력시키기 위한 다음의 하나에 여백 및 광학적 문자판독(Optical character recognition) 폰트의 글자로 구성되어 정보를 표현하는 수단으로서, 스캐너가 읽을 수 있도록 인쇄된 심벌(마크)을 말한다.

- 여러 종류의 폭을 갖는 백과 흑의 평형 막대의 조합
- 일정한 배열로 이루어져 있는 사각형 모듈 집합으로 구성된 데이터 매트릭스

(3) 화장품바코드 표시의무자와 표시대상

① 화장품바코드 표시는 국내에서 화장품을 유통 · 판매하고자 하는 화장품책임판매업자가 한다.

② 화장품바코드 표시대상 품목은 국내에서 제조되거나 수입되어 국내에 유통되는 모든 화장품(기능성화장품 포함)을 대상으로 한다.

③ 내용량이 15밀리리터 이하 또는 15그램 이하인 제품의 용기 또는 포장이나 견본품, 시공품 등 비매품에 대하여는 화장품바코드 표시를 생략할 수 있다.

(4) 화장품바코드 표시 관리 요령

① 책임판매업자 등은 화장품 품목별 · 포장단위별로 개개의 용기 또는 포장에 바코드 심벌을 표시하여야 한다.

② 화장품바코드의 인쇄색상은 막대 상호간 명암 대조율 75% 이상이어야 한다.

③ 화장품바코드의 위치는 판독이 용이한 위치여야 한다.

④ 용기포장의 디자인에 따라 판독이 가능하도록 바코드의 인쇄크기와 색상을 자율적으로 정할 수 있다.

⑤ 화장품바코드 표시는 유통단계에서 쉽게 훼손되거나 지워지지 않도록 하여야 한다.

⑥ 화장품바코드는 국제표준바코드인 GS1 체계 중 EAN-13, ITF-14, GS1-128, UPC-A 또는 GS1 DataMatrix 중 하나를 사용하여야 한다.

⑦ 다만, 화장품 판매업소를 통하지 않고 소비자의 가정을 직접 방문하여 판매하는 등 폐쇄된 유통경로를 이용하는 경우에는 자체적으로 마련한 바코드를 사용할 수 있다.

7 제품의 포장재질 · 포장방법

제품의 종류		기 준	
		포장공간비율	포장횟수
단위제품	인체 및 두발 세정용 제품류	15% 이하	2차 이내
	그 밖의 화장품류(방향제 포함)	10% 이하(향수 제외)	2차 이내
종합제품	화장품류	25% 이하	2차 이내

(1) 제품의 종류별 포장방법

① "단위제품"이란 1회 이상 포장한 최소 판매단위의 제품을 말하고, "종합제품"이란 같은 종류 또는 다른 종류의 최소 판매단위의 제품을 2개 이상 함께 포장한 제품을 말한다.

② 주 제품을 위한 전용 계량도구나 그 구성품, 소량(30g 또는 30mL 이하)의 비매품(증정품) 및 설명서, 규격서, 메모카드와 같은 참조용 물품은 종합제품을 구성하는 제품으로 보지 않는다.

③ 제품의 특성상 1개씩 낱개로 포장한 후 여러 개를 함께 포장하는 단위제품의 경우 낱개의 제품포장은 포장공간비율 및 포장횟수의 적용대상인 포장으로 보지 않는다.

④ 제품의 제조 · 수입 또는 판매 과정에서의 부스러짐 방지 및 자동화를 위하여 받침접시를 사용하는 경우에는 이를 포장횟수에서 제외한다.

⑤ 종합제품의 경우 종합제품을 구성하는 각각의 단위제품은 제품별 포장공간비율 및 포장횟수 기준에 적합하여야 하며, 단위제품의 포장공간비율 및 포장횟수는 종합제품의 포장공간비율 및 포장횟수에 산입(算入)하지 않는다.

⑥ 종합제품으로서 복합합성수지재질 · 폴리비닐클로라이드재질 또는 합성섬유재질로 제조된 받침접시 또는 포장용 완충재를 사용한 제품의 포장공간비율은 20% 이하로 한다.

⑦ 단위제품인 화장품의 내용물 보호 및 훼손 방지를 위해 2차 포장 외부에 덧붙인 필름(투명 필름류만 해당)은 포장횟수의 적용대상인 포장으로 보지 않는다.

(2) 제품의 포장재질 · 포장방법에 관한 기준

① 제품을 제조 · 수입 또는 판매하는 자는 재활용이 쉬운 포장재를 사용하고, 중금속이 함유된 재질의 포장재를 제조하거나 유통시키지 아니하도록 한다.

② 제품을 제조 · 수입 또는 판매하는 자는 폴리비닐클로라이드를 사용하여 첩합(래미네이션) · 수축포장 또는 도포(코팅)한 포장재(제품의 용기 등에 붙이는 표지 포함)를 사용해서는 안 된다.

③ 제품을 제조 · 수입 또는 판매하는 자는 제품을 포장할 때에는 포장재의 사용량과 포장횟수를 줄여 불필요한 포장을 억제하여야 한다.

(3) 포장용기의 재사용

제품을 제조하는 자는 그 포장용기를 재사용할 수 있는 제품의 생산량이 해당 제품 총생산량에서 차지하는 비율 이상이 되도록 노력하여야 한다.

① 화장품 중 색조화장품(화장 · 분장)류: 100분의 10

② 두발용 화장품 중 샴푸 · 린스류: 100분의 25

(4) 포장제품의 재포장 금지

① 다음 어느 하나에 해당하는 자는 포장되어 생산된 제품을 재포장하여 제조 · 수입 · 판매해서는 안 된다.

- 제품을 제조 또는 수입하는 자
- 대규모점포 또는 면적이 33제곱미터 이상인 매장에서 포장된 제품을 판매하는 자

② 재포장이 불가피한 경우로서 환경부장관이 고시하는 사유에 해당하는 경우는 제외한다.

8 화장품의 포장작업

(1) CGMP 제18조(포장작업)

① 포장작업에 관한 문서화된 절차를 수립하고 유지하여야 한다.

② 포장작업은 다음의 사항을 포함하고 있는 포장지시서에 의해 수행되어야 한다.

- 제품명
- 포장 설비명
- 포장재 리스트
- 상세한 포장공정
- 포장생산수량

③ 포장작업을 시작하기 전에 포장작업 관련 문서의 완비 여부, 포장설비의 청결 및 작동 여부 등을 점검하여야 한다.

(2) 화장품 포장공정의 정의

① 화장품 포장공정은 벌크제품을 용기에 충전하고 포장하는 공정이다.

② 화장품 포장공정은 제조번호 지정부터 시작하는 많은 작업으로 구성되어 있다.

(3) 화장품 포장재의 정의

① 포장재에는 1차 포장재, 2차 포장재, 각종 라벨, 봉함 라벨 등 많은 재료가 포함된다.

② 라벨에는 제품 제조번호 및 기타 관리번호를 기입하므로 실수 방지가 중요하다. 따라서 라벨은 포장재에 포함하여 관리하는 것을 권장한다.

(4) 제조공정과 포장공정의 용어 비교

제 조		포 장
제조지시서 발행		포장지시서 발행
제조기록서 발행		포장기록서 발행
원료 갖추기	⇨	벌크제품, 포장재 준비
벌크제품 보관		완제품 보관
제품기록서 완결		포장기록서 완결
원료 재보관		포장재 재보관

(5) 용기(병, 캔 등)의 청결성 확보

1차 포장재는 청결성 확보가 중요하다. 용기(병, 캔 등)의 청결성 확보는 자사에서 세척할 경우와 용기공급업자에 의존할 경우로 분류된다.

1) 자사에서 세척할 경우

① 세척방법의 절차를 마련하여 청결성 확보를 해야 한다.

② 세척건조방법 및 세척확인방법은 대상으로 하는 용기에 따라 다르다.

③ 세척방법의 유효성을 정기적으로 확인해야 한다.

2) 용기공급업자(실제로 제조하고 있는 업자)에게 의존할 경우

① 청결한 용기를 제공할 수 있는 공급업자를 절차에 따라 구입하여야 한다.

② 용기공급업자를 감사하고 용기 제조방법을 신뢰할 수 있어야 한다.

③ 용기는 매 뱃치 입고 시에 무작위 추출하여 육안검사를 실시하여 그 기록을 남긴다.

(6) 포장작업의 공정관리

① 포장작업은 문서화된 공정에 따라 수행되어야 한다.

② 문서화된 공정은 보통 절차서, 작업지시서 또는 규격서로 존재한다.

③ 주어진 제품의 각 뱃치가 규정된 방식으로 제조되어 각 포장작업마다 균일성을 확보하게 된다.

④ 일반적인 포장작업 문서는 다음 사항을 포함한다.

- 제품명 그리고 / 또는 확인 코드
- 검증되고 사용되는 설비
- 완제품 포장에 필요한 모든 포장재 및 벌크제품을 확인할 수 있는 개요나 체크리스트
- 작업들을 확인할 수 있는 상세 기술된 포장 생산 공정[라인 속도, 충전, 표시, 코딩, 상자주입, 케이스 패킹 및 팔레타이징(Palletizing)]
- 벌크제품 및 완제품 규격서, 시험방법 및 검체채취 지시서
- 포장 공정에 적용 가능한 모든 특별 주의사항 및 예방조치(예 건강 및 안전 정보, 보관 조건)
- 완제품이 제조되는 각 단계 및 포장 라인의 날짜 및 생산단위
- 포장작업 완료 후, 제조부서 책임자가 서명 및 날짜를 기입해야 한다.

(7) 포장작업에 관한 기준

① 포장을 시작하기 전에, 포장 라인이 이용 가능하고 공간이 청소되었는지 확인해야 한다.

② 청소상태 및 포장재 등의 준비 상태를 점검하는 체크리스트(Line start-up)를 작성하여 작업 전에 기록 · 관리한다.

③ 포장작업 중 용량관리, 기밀도, 인쇄상태 등 공정 중 관리(in-process control)는 정기적으로 실시되어야 한다.

④ 공정 중의 공정검사기록과 합격기준에 미치지 못한 경우의 처리내용도 관리자에게 보고하고 기록하여 관리한다.

⑤ 기준일탈의 경우에는 벌크제품과 포장재의 손실 위험을 방지하기 위해 시정조치가 시행될 때까지 공정을 중지시킬 수 있다.

⑥ 작업장 청소는 혼란과 오염을 피하기 위해 적절한 절차로 포장의 마지막 단계에서도 일관되게 실시되어야 한다.

(8) 포장작업의 품질관리

① 모든 완제품이 규정 요건을 만족시킨다는 것을 확인하기 위한 공정관리가 이루어져야 한다.

② 중요한 속성들이 규격서에서 확인할 수 있는 요건들을 충족시킨다는 것을 검증하기 위해 평가를 실시하여야 한다.

예 미생물 기준, 충전중량, 미관적 충전 수준, 뚜껑/마개의 토크, 호퍼(hopper) 온도 등

③ 규정요건은 제품 포장에 대한 허용 범위 및 한계치(최솟값 - 최댓값)를 확인해야 한다.

memo

맞춤형화장품의 이해

맞춤형화장품 개요

1 맞춤형화장품 정의

(1) 맞춤형화장품의 정의

맞춤형화장품은 고객 개인별 피부 특성과 색, 향 등 취향에 따라 맞춤형화장품판매업소에서 맞춤형화장품 조제관리사 자격증을 가진 자가 다음과 같이 만든 화장품을 의미한다.

① 제조 또는 수입된 화장품의 내용물에 다른 화장품의 내용물이나 식품의약품안전처장이 정하여 고시하는 원료를 추가하여 혼합한 화장품

② 제조 또는 수입된 화장품의 내용물을 소분(小分)한 화장품

③ 다만, 고형(固形) 비누 등 총리령으로 정하는 화장품의 내용물을 단순 소분한 화장품은 제외

핵심 주관식 **맞춤형화장품은 제조 또는 수입된 화장품의 내용물에 다른 화장품의 내용물이나 식품의약품안전처장이 정하여 고시하는 원료를 추가하여 (㉠   )한 화장품 또는 제조 또는 수입된 화장품의 내용물을 (㉡   )한 화장품을 뜻한다. ㉠, ㉡에 들어갈 단어를 차례로 작성하시오.**

정답 ㉠ 혼합, ㉡ 소분

(2) 맞춤형화장품의 내용물

맞춤형화장품의 내용물은 맞춤형화장품의 혼합 · 소분에 사용할 목적으로 화장품책임판매업자로부터 제공받은 것으로 다음 항목에 해당하지 않는 것이다.

① 화장품책임판매업자가 소비자에게 그대로 유통 · 판매할 목적으로 제조 또는 수입한 화장품

② 판매의 목적이 아닌 제품의 홍보 · 판매촉진 등을 위하여 미리 소비자가 시험 · 사용하도록 제조 또는 수입한 화장품

(3) 맞춤형화장품의 원료

맞춤형화장품의 혼합에 사용할 수 없는 원료를 다음과 같이 별도로 정하고 있으며 그 외의 원료는 사용 가능하다.

① 식약처 고시 「화장품 안전기준 등에 관한 규정」 [별표 1] 화장품에 사용할 수 없는 원료

② 식약처 고시 「화장품 안전기준 등에 관한 규정」 [별표 2] 화장품에 사용상의 제한이 필요한 원료

※ 원료의 품질유지를 위해 원료에 보존제가 포함된 경우에는 예외적으로 허용

③ 식약처 고시 「기능성화장품 기준 및 시험방법」에 따른 기능성화장품의 효능 · 효과를 나타내는 원료(해당 원료를 포함하여 기능성화장품에 대한 심사를 받거나 보고서를 제출한 경우 사용 가능)

※ 원료의 경우 개인 맞춤형으로 추가되는 색소, 향, 기능성원료 등이 해당되며 이를 위한 원료의 조합(혼합 원료)도 허용

※ 기능성화장품의 효능 · 효과를 나타내는 원료는 내용물과 원료의 최종 혼합 제품을 기능성화장품으로 기 심사(또는 보고) 받은 경우에 한하여, 기 심사(또는 보고) 받은 조합 · 함량 범위 내에서만 사용 가능

2 맞춤형화장품 주요 규정

(1) 맞춤형화장품판매업의 영업 범위

구 분	영업 범위
혼 합	내용물(벌크제품) + 내용물(벌크제품)
	내용물(벌크제품) + 특정 성분(단일 또는 혼합 원료)
소 분	내용물(벌크제품) ÷ 소분

※ 원료와 원료를 혼합하는 것은 맞춤형화장품의 혼합이 아닌 '화장품 제조'에 해당한다.

(2) 맞춤형화장품판매업의 신고

1) 결격사유

① 피성년후견인 또는 파산선고를 받고 복권되지 아니한 자

② 「화장품법」 또는 「보건범죄 단속에 관한 특별조치법」을 위반하여 금고 이상의 형을 선고받고 그 집행이 끝나지 아니하거나 그 집행을 받지 아니하기로 확정되지 아니한 자

③ 등록이 취소되거나 영업소가 폐쇄된 날부터 1년이 지나지 아니한 자

2) 신고 절차 및 제출서류

① 맞춤형화장품판매업을 하려는 자는 맞춤형화장품판매업 신고서(전자문서로 된 신고서 포함)에 맞춤형화장품 조제관리사의 자격증 사본을 첨부하여 맞춤형화장품판매업소의 소재지를 관할하는 지방식품의약품안전청장에게 신고해야 한다.

② 지방식품의약품안전청장은 위의 신고가 그 요건을 갖춘 경우에는 맞춤형화장품판매업 신고대장에 다음의 사항을 적고, 맞춤형화장품판매업 신고필증을 발급해야 한다.

- 신고 번호 및 신고 연월일
- 맞춤형화장품판매업을 신고한 자(맞춤형화장품판매업자)의 성명 및 생년월일(법인인 경우에는 대표자의 성명 및 생년월일)
- 맞춤형화장품판매업자의 상호 및 소재지
- 맞춤형화장품판매업소의 상호 및 소재지
- 맞춤형화장품 조제관리사의 성명, 생년월일 및 자격증 번호

③ 맞춤형화장품판매업 신고 시 제출서류

구 분	제출 서류
기 본	• 맞춤형화장품판매업 신고서 • 맞춤형화장품 조제관리사 자격증 사본(2인 이상 신고 가능)
기타 구비서류	• 사업자등록증 및 법인등기부등본(법인의 경우) • 건축물관리대장 • 임대차계약서(임대의 경우에 한함) • 혼합 · 소분의 장소 · 시설 등을 확인할 수 있는 세부 평면도 및 상세 사진

3) 신고 시 갖추어야 하는 기준

① 맞춤형화장품 조제관리사의 의무 채용: 맞춤형화장품판매업을 신고한 자(맞춤형화장품판매업자)는 맞춤형화장품의 혼합 · 소분 업무에 종사하는 자(맞춤형화장품 조제관리사)를 두어야 한다.

② 맞춤형화장품 조제관리사 자격시험: 맞춤형화장품 조제관리사가 되려는 사람은 화장품과 원료 등에 대하여 식품의약품안전처장이 실시하는 자격시험에 합격해야 한다.

③ 맞춤형화장품 조제관리사 자격시험의 자격 취소: 식품의약품안전처장은 맞춤형화장품 조제관리사가 거짓이나 그 밖의 부정한 방법으로 시험에 합격한 경우에는 자격을 취소하여야 하며, 자격이 취소된 사람은 취소된 날부터 3년간 자격시험에 응시할 수 없다.

④ 자격시험의 시기, 절차, 방법, 시험과목, 자격증의 발급, 시험운영기관의 지정 등 자격시험에 필요한 사항은 맞춤형화장품 조제관리사 자격시험 세부 사항에 따른다.

TIP 자격시험 세부 사항(「화장품법 시행규칙」 제8조의4, 제8조의5)

- 식품의약품안전처장은 매년 1회 이상 맞춤형화장품 조제관리사 자격시험을 실시해야 한다.
- 식품의약품안전처장은 자격시험을 실시하려는 경우에는 시험일시, 시험장소, 시험과목, 응시방법 등이 포함된 자격시험 시행계획을 시험 실시 90일전까지 식품의약품안전처 인터넷 홈페이지에 공고해야 한다.
- 자격시험은 필기시험으로 실시하며, 그 시험과목은 다음과 같다.

제1과목	화장품 관련 법령 및 제도 등에 관한 사항
제2과목	화장품의 제조 및 품질관리와 원료의 사용기준 등에 관한 사항
제3과목	화장품의 유통 및 안전관리 등에 관한 사항
제4과목	맞춤형화장품의 특성 · 내용 및 관리 등에 관한 사항

- 자격시험은 전 과목 총점의 60퍼센트 이상의 점수와 매 과목 만점의 40퍼센트 이상의 점수를 모두 득점한 사람을 합격자로 한다.
- 자격시험에서 부정행위를 한 사람에 대해서는 그 시험을 정지시키거나 그 합격을 무효로 한다.
- 자격시험에 합격하여 자격증을 발급받으려는 사람은 맞춤형화장품 조제관리사 자격증 발급 신청서(전자문서로 된 신청서 포함)를 식품의약품안전처장에게 제출해야 한다.
- 식품의약품안전처장은 발급 신청이 그 요건을 갖춘 경우에는 맞춤형화장품 조제관리사 자격증을 발급해야 한다.
- 자격증을 잃어버리거나 못 쓰게 된 경우에는 맞춤형화장품 조제관리사 자격증 재발급 신청서(전자문서로 된 신청서 포함)에 다음의 구분에 따른 서류(전자문서 포함)를 첨부하여 식품의약품안전처장에게 제출해야 한다.
  - 자격증을 잃어버린 경우: 분실 사유서
  - 자격증을 못 쓰게 된 경우: 자격증 원본

4) 변경신고

① 신고한 사항 중 다음의 사항을 변경할 때에도 아래의 절차에 따라 맞춤형화장품판매업소의 소재지를 관할하는 지방식품의약품안전청장에게 신고해야 한다.

- 맞춤형화장품판매업자의 변경(판매업자의 상호, 소재지 변경은 제외)
- 맞춤형화장품판매업소의 상호 또는 소재지 변경
- 맞춤형화장품 조제관리사의 변경

② 맞춤형화장품판매업자가 위에 따른 변경신고를 하려면 맞춤형화장품판매업 변경신고서(전자문서로 된 신고서 포함)에 맞춤형화장품판매업 신고필증과 그 변경을 증명하는 서류(전자문서 포함)를 첨부하여 맞춤형화장품판매업소의 소재지를 관할하는 지방식품의약품안전청장에게 제출해야 한다.

※ 소재지를 변경하는 때에는 새로운 소재지를 관할하는 지방식품의약품안전청장에게 제출해야 한다.

③ 지방식품의약품안전청장은 위에 따른 변경신고가 그 요건을 갖춘 때에는 맞춤형화장품판매업 신고대장과 맞춤형화장품판매업 신고필증의 뒷면에 각각의 변경사항을 적어야 한다. 이 경우 맞춤형화장품판매업 신고필증은 신고인에게 다시 내줘야 한다.

④ 맞춤형화장품판매업 변경신고 시 제출서류

구 분	제출 서류
공 통	• 맞춤형화장품판매업 변경신고서 • 맞춤형화장품판매업 신고필증(기 신고한 신고필증)
판매업자 변경	• 사업자등록증 및 법인등기부등본(법인의 경우) • 양도 · 양수 또는 합병의 경우 이를 증명할 수 있는 서류 • 상속의 경우 이를 증명하는 가족관계증명서
판매업소 상호 변경	사업자등록증 및 법인등기부등본(법인의 경우)
판매업소 소재지 변경	• 사업자등록증 및 법인등기부등본(법인의 경우) • 건축물관리대장 • 임대차계약서(임대의 경우) • 혼합 · 소분 장소 · 시설 등을 확인할 수 있는 세부 평면도 및 상세 사진
조제관리사 변경	맞춤형화장품 조제관리사 자격증 사본

5) 폐업 등의 신고

① 영업자는 다음의 어느 하나에 해당하는 경우에는 식품의약품안전처장에게 신고해야 한다.

• 폐업 또는 휴업하려는 경우

• 휴업 후 그 업을 재개하려는 경우

※ 휴업기간이 1개월 미만이거나 그 기간 동안 휴업하였다가 그 업을 재개하는 경우에는 그렇지 않다.

② 화장품제조업자, 화장품책임판매업자 및 맞춤형화장품판매업자가 폐업 또는 휴업하거나 휴업 후 그 업을 재개하려는 경우에는 폐업, 휴업 또는 재개 신고서(전자문서로 된 신고서 포함)에 화장품제조업 등록필증, 화장품책임판매업 등록필증 또는 맞춤형화장품판매업 신고필증(폐업 또는 휴업만 해당)을 첨부하여 지방식품의약품안전청장에게 제출해야 한다.

③ 위 규정에 따라 폐업 또는 휴업신고를 하려는 자가 「부가가치세법」 제8조 제7항에 따른 폐업 또는 휴업신고를 같이 하려는 경우에는 폐업 · 휴업신고서와 「부가가치세법 시행규칙」 별지 제9호 서식의 신고서를 함께 제출해야 한다. 이 경우 지방식품의약품안전청장은 함께 제출받은 신고서를 지체 없이 관할 세무서장에게 송부(정보통신망을 이용한 송부 포함)해야 한다.

④ 관할 세무서장은 「부가가치세법 시행령」 제13조 제5항에 따라 폐업 · 휴업신고서를 함께 제출받은 경우 이를 지체 없이 지방식품의약품안전청장에게 송부해야 한다.

⑤ 식품의약품안전처장은 화장품제조업자 또는 화장품책임판매업자가 「부가가치세법」 제8조에 따라 관할 세무서장에게 폐업신고를 하거나 관할 세무서장이 사업자등록을 말소한 경우에는 등록을 취소할 수 있다.

⑥ 식품의약품안전처장은 이에 따라 등록을 취소하기 위해 필요하면 관할 세무서장에게 화장품제조업자 또는 화장품책임판매업자의 폐업 여부에 대한 정보 제공을 요청할 수 있다. 이 경우 요청을 받은 관할 세무서장은 「전자정부법」 제39조에 따라 화장품제조업자 또는 화장품책임판매업자의 폐업 여부에 대한 정보를 제공해야 한다.

⑦ 식품의약품안전처장은 폐업신고 또는 휴업신고를 받은 날부터 7일 이내에 신고수리 여부를 신고인에게 통지해야 한다.

⑧ 식품의약품안전처장이 위의 기간 내에 신고수리 여부 또는 민원 처리 관련 법령에 따른 처리기간의 연장을 신고인에게 통지하지 않으면 그 기간(민원 처리 관련 법령에 따라 처리기간이 연장 또는 재연장된 경우에는 해당 처리기간을 말함)이 끝난 날의 다음 날에 신고를 수리한 것으로 본다.

⑨ 폐업 · 휴업 · 재개 신고를 하지 않은 자에게는 50만원 이하의 과태료가 부과된다.

⑩ 맞춤형화장품판매업 폐업 등의 신고 시 제출 서류

구 분	제출 서류
공 통	• 맞춤형화장품판매업 폐업 · 휴업 · 재개 신고서 • 맞춤형화장품판매업 신고필증(기 신고한 신고필증)

(3) 맞춤형화장품 조제관리사

① 맞춤형화장품 조제관리사는 맞춤형화장품판매장에서 혼합 · 소분 업무에 종사하는 자로서 맞춤형화장품 조제관리사 국가자격시험에 합격한 자를 의미한다.

② 맞춤형화장품판매업자는 판매장마다 맞춤형화장품 조제관리사를 두어야 한다.

③ 맞춤형화장품의 혼합 · 소분의 업무는 맞춤형화장품판매장에서 자격증을 가진 맞춤형화장품 조제관리사만이 할 수 있다.

④ 맞춤형화장품 조제관리사가 되려는 사람은 식품의약품안전처장이 실시하는 자격시험에 합격하여야 하며, 합격자에게는 자격증을 발급한다.

⑤ 맞춤형화장품판매장의 조제관리사로 지방식품의약품안전청에 신고한 맞춤형화장품 조제관리사는 매년 4시간 이상, 8시간 이하의 집합교육 또는 온라인 교육을 식약처에서 정한 교육실시기관에서 이수해야 한다.

※ 교육실시기관: (사)대한화장품협회, (사)한국의약품수출입협회, (재)대한화장품산업연구원, 한국보건산업진흥원

⑥ 식품의약품안전처장은 맞춤형화장품 조제관리사가 거짓이나 그 밖의 부정한 방법으로 시험에 합격한 경우에는 자격을 취소하여야 하며, 자격이 취소된 사람은 취소된 날부터 3년간 자격시험에 응시할 수 없다.

⑦ 식품의약품안전처장은 자격시험 업무를 효과적으로 수행하기 위하여 필요한 전문인력과 시설을 갖춘 기관 또는 단체를 시험운영기관으로 지정하여 시험업무를 위탁할 수 있다.

※ 현재 한국생산성본부에서 자격시험을 운영한다.

(4) 맞춤형화장품판매업자의 준수사항

① 맞춤형화장품 판매장 시설 · 기구를 정기적으로 점검하여 보건위생상 위해가 없도록 관리할 것

② 다음의 혼합 · 소분 안전관리기준을 준수할 것

- 맞춤형화장품 조제에 사용하는 내용물 및 원료의 혼합 · 소분 범위에 대해 사전에 품질 및 안전성을 확보할 것
- 내용물 및 원료를 공급하는 화장품책임판매업자가 혼합 또는 소분의 범위를 검토하여 정하고 있는 경우 그 범위 내에서 혼합 · 소분할 것
- 혼합 · 소분에 사용되는 내용물 및 원료는 「화장품법」 제8조의 화장품 안전기준 등에 적합한 것을 확인하여 사용할 것
- 혼합 · 소분 전에 손을 소독하거나 세정할 것. 다만, 혼합 · 소분 시 일회용 장갑을 착용하는 경우 예외
- 혼합 · 소분 전에 혼합 · 소분된 제품을 담을 포장용기의 오염 여부를 확인할 것
- 혼합 · 소분에 사용되는 장비 또는 기구 등은 사용 전에 그 위생 상태를 점검하고, 사용 후에는 오염이 없도록 세척할 것
- 혼합 · 소분 전에 내용물 및 원료의 사용기한 또는 개봉 후 사용기간을 확인하고, 사용기한 또는 개봉 후 사용기간이 지난 것은 사용하지 아니할 것
- 혼합 · 소분에 사용되는 내용물의 사용기한 또는 개봉 후 사용기간을 초과하여 맞춤형화장품의 사용기한 또는 개봉 후 사용기간을 정하지 말 것
- 맞춤형화장품 조제에 사용하고 남은 내용물 및 원료는 밀폐를 위한 마개를 사용하는 등 비의도적인 오염을 방지할 것
- 소비자의 피부 상태나 선호도 등을 확인하지 아니하고 맞춤형화장품을 미리 혼합 · 소분하여 보관하거나 판매하지 않을 것

③ 최종 혼합 · 소분된 맞춤형화장품은 「화장품법」 제8조 및 「화장품 안전기준 등에 관한 규정」의 유통화장품의 안전관리기준을 준수할 것

※ 특히, 판매장에서 제공되는 맞춤형화장품에 대한 미생물 오염관리를 철저히 할 것(예 주기적 미생물 샘플링 검사)

TIP 화장품 안전기준 등(「화장품법」 제8조)

① 식품의약품안전처장은 화장품의 제조 등에 사용할 수 없는 원료를 지정하여 고시하여야 한다.
② 식품의약품안전처장은 보존제, 색소, 자외선차단제 등과 같이 특별히 사용상의 제한이 필요한 원료에 대하여는 그 사용기준을 지정하여 고시하여야 하며, 사용기준이 지정 · 고시된 원료 외의 보존제, 색소, 자외선차단제 등은 사용할 수 없다.
③ 식품의약품안전처장은 국내외에서 유해물질이 포함되어 있는 것으로 알려지는 등 국민보건상 위해 우려가 제기되는 화장품 원료 등의 경우에는 총리령으로 정하는 바에 따라 위해요소를 신속히 평가하여 그 위해 여부를 결정하여야 한다.
④ 식품의약품안전처장은 ③에 따라 위해평가가 완료된 경우에는 해당 화장품 원료 등을 화장품의 제조에 사용할 수 없는 원료로 지정하거나 그 사용기준을 지정하여야 한다.
⑤ 식품의약품안전처장은 ②에 따라 지정 · 고시된 원료의 사용기준의 안전성을 정기적으로 검토하여야 하고, 그 결과에 따라 지정 · 고시된 원료의 사용기준을 변경할 수 있다. 이 경우 안전성 검토의 주기 및 절차 등에 관한 사항은 총리령으로 정한다.
⑥ 화장품제조업자, 화장품책임판매업자 또는 대학 · 연구소 등 총리령으로 정하는 자는 ②에 따라 지정 · 고시되지 아니한 원료의 사용기준을 지정 · 고시하거나 지정 · 고시된 원료의 사용기준을 변경하여 줄 것을 총리령으로 정하는 바에 따라 식품의약품안전처장에게 신청할 수 있다.
⑦ 식품의약품안전처장은 ⑥에 따른 신청을 받은 경우에는 신청된 내용의 타당성을 검토하여야 하고, 그 타당성이 인정되는 경우에는 원료의 사용기준을 지정 · 고시하거나 변경하여야 한다. 이 경우 신청인에게 검토 결과를 서면으로 알려야 한다.
⑧ 식품의약품안전처장은 그 밖에 유통화장품 안전관리 기준을 정하여 고시할 수 있다.

④ 맞춤형화장품 판매내역서를 작성 · 보관할 것(전자문서로 된 판매내역 포함)
- 제조번호(맞춤형화장품의 경우 식별번호를 제조번호로 함)
- 사용기한 또는 개봉 후 사용기간
- 판매일자 및 판매량

⑤ 원료 및 내용물의 입고, 사용, 폐기 내역 등에 대하여 기록 · 관리할 것
⑥ 맞춤형화장품 판매 시 다음의 사항을 소비자에게 설명할 것
- 혼합 · 소분에 사용되는 내용물 또는 원료의 특성
- 맞춤형화장품 사용 시의 주의사항

⑦ 맞춤형화장품 사용과 관련된 부작용 발생사례에 대해서는 지체 없이 식품의약품안전처장에게 보고할 것
⑧ 맞춤형화장품의 원료목록 및 생산실적 등을 기록 · 보관하여 관리할 것
⑨ 고객의 개인정보를 보호할 것
- 맞춤형화장품판매장에서 수집된 고객의 개인정보는 「개인정보 보호법」에 따라 적법하게 관리할 것
- 맞춤형화장품판매장에서 판매내역서 작성 등 판매관리 등의 목적으로 고객 개인의 정보를 수집할 경우 「개인정보 보호법」에 따라 개인정보 수집 및 이용목적, 수집항목 등에 관한 사항을 안내하고 동의를 받을 것

- 소비자 피부진단 데이터 등을 활용하여 연구 · 개발 등 목적으로 사용하고자 하는 경우, 소비자에게 별도의 사전 안내 및 동의를 받을 것
- 수집된 고객의 개인정보는 「개인정보 보호법」에 따라 분실, 도난, 유출, 위조, 변조 또는 훼손되지 않도록 취급하며, 이를 당해 정보주체의 동의 없이 타 기관 또는 제3자에게 정보를 공개하지 아니할 것

> **TIP 식별번호**
> 맞춤형화장품의 혼합 · 소분에 사용되는 내용물 또는 원료의 제조번호와 혼합 · 소분 기록을 추적할 수 있도록 맞춤형화장품판매업자가 숫자 · 문자 · 기호 또는 이들의 특징적인 조합으로 부여한 번호를 뜻한다.

> **TIP 맞춤형화장품의 부작용 사례 보고**
> 맞춤형화장품 사용과 관련된 중대한 유해사례 등 부작용 발생 시 그 정보를 알게 된 날로부터 15일 이내 식품의약품안전처 홈페이지를 통해 보고하거나 우편 · 팩스 · 정보통신망 등의 방법으로 보고해야 한다.
> - 중대한 유해사례 또는 이와 관련해 식품의약품안전처장이 보고를 지시한 경우
> - 판매중지나 회수에 준하는 외국정부의 조치 또는 이와 관련해 식품의약품안전처장이 보고를 지시한 경우

(5) 맞춤형화장품판매업소의 시설기준 및 위생관리

1) 맞춤형화장품판매업소의 시설기준

① 맞춤형화장품의 혼합 · 소분 공간은 다른 공간과 구분 또는 구획할 것

② 맞춤형화장품 간 혼입이나 미생물오염 등을 방지할 수 있는 시설 또는 설비 등을 확보할 것

③ 맞춤형화장품의 품질유지 등을 위하여 시설 또는 설비 등에 대해 주기적으로 점검 · 관리할 것

2) 맞춤형화장품판매업소의 위생관리

① 작업자 위생관리

- 혼합 · 소분 시 위생복 및 마스크(필요 시) 착용
- 피부 외상 및 증상이 있는 직원은 건강 회복 전까지 혼합 · 소분 행위 금지
- 혼합 전 · 후 손 소독 및 세척

② 맞춤형화장품 혼합 · 소분 장소의 위생관리

- 맞춤형화장품 혼합 · 소분 장소와 판매 장소는 구분 · 구획하여 관리
- 적절한 환기시설 구비
- 작업대, 바닥, 벽, 천장 및 창문 청결 유지
- 혼합 전 · 후 작업자의 손 세척 및 장비 세척을 위한 세척시설 구비
- 방충 · 방서 대책 마련 및 정기적 점검 · 확인

③ 맞춤형화장품 혼합 · 소분 장비 및 도구의 위생관리

- 사용 전 · 후 세척 등을 통해 오염 방지
- 작업 장비 및 도구 세척 시에 사용되는 세제 · 세척제는 잔류하거나 표면 이상을 초래하지 않는 것을 사용
- 세척한 작업 장비 및 도구는 잘 건조하여 다음 사용 시까지 오염 방지
- 자외선 살균기 이용 시, 충분한 자외선 노출을 위해 적당한 간격을 두고 장비 및 도구가 서로 겹치지 않게 한 층으로 보관하며 살균기 내 자외선램프의 청결 상태를 확인 후 사용

④ 맞춤형화장품 혼합 · 소분 장소, 장비 · 도구 등 위생환경 모니터링

- 맞춤형화장품판매업자는 주기를 정하여 판매장 등의 특성에 맞도록 맞춤형화장품 혼합 · 소분 장소가 위생적으로 유지될 수 있도록 관리할 것
- 작업자 위생, 작업환경 위생, 장비 · 도구 관리 등 맞춤형화장품판매업소에 대한 위생환경 모니터링 후 그 결과를 기록하고 판매업소의 위생환경 상태를 관리할 것

3) 맞춤형화장품의 내용물 및 원료의 관리

내용물 또는 원료의 입고 및 보관방법은 다음과 같다.

① 입고 시 품질관리 여부를 확인하고 품질성적서를 구비하여야 한다.

② 원료 등은 품질에 영향을 미치지 않는 장소에서 보관하여야 한다(예 직사광선을 피할 수 있는 장소 등).

③ 원료 등의 사용기한을 확인한 후 관련 기록을 보관하고, 사용기한이 지난 내용물 및 원료는 폐기하여야 한다.

3 맞춤형화장품의 품질 요소

(1) 맞춤형화장품의 안전성

1) 안전성

「화장품 안전성 정보관리 규정」은 화장품의 취급 · 사용 시 인지되는 안전성 관련 정보를 체계적 · 효율적으로 수집 · 검토 · 평가해 적절한 안전대책을 강구함으로써 국민 보건상 위해를 방지함을 목적으로 한다.

2) 안전성 정보의 보고

① 의사 · 약사 · 간호사 · 판매자 · 소비자 또는 관련단체 등의 장은 화장품의 사용 중 발생하였거나 알게 된 유해사례 등 안전성 정보에 대하여 식품의약품안전처장 또는 화장품책임판매업자에게 보고할 수 있다.

② 보고는 식품의약품안전처 홈페이지를 통해 보고하거나 전화 · 우편 · 팩스 · 정보통신망 등의 방법으로 할 수 있다.

3) 안전성 정보의 신속보고

화장품책임판매업자는 다음의 화장품 안전성 정보를 알게 된 때에는 ①의 정보는 별지 제1호 서식에 따른 보고서를, ②의 정보는 별지 제2호 서식에 따른 보고서를 그 정보를 알게 된 날로부터 15일 이내에 식품의약품안전처장에게 신속히 보고하여야 한다.

① 중대한 유해사례 또는 이와 관련하여 식품의약품안전처장이 보고를 지시한 경우

② 판매중지나 회수에 준하는 외국정부의 조치 또는 이와 관련하여 식품의약품안전처장이 보고를 지시한 경우

※ 안전성 정보의 신속보고는 식품의약품안전처 홈페이지를 통해 보고하거나 우편 · 팩스 · 정보통신망 등의 방법으로 할 수 있다.

4) 안전성 정보의 정기보고

① 화장품책임판매업자는 신속보고되지 아니한 화장품의 안전성 정보를 서식에 따라 작성한 후 매 반기 종료 후 1월 이내에 식품의약품안전처장에게 보고하여야 한다. 다만, 상시근로자수가 2인 이하로서 직접 제조한 화장비누만을 판매하는 화장품책임판매업자는 해당 안전성 정보를 보고하지 아니할 수 있다.

② 안전성 정보의 정기보고는 식품의약품안전처 홈페이지를 통해 보고하거나 전자파일과 함께 우편 · 팩스 · 정보통신망 등의 방법으로 할 수 있다.

TIP 자료의 보완

식품의약품안전처장은 유해사례 등 안전성 정보의 보고가 이 규정에 적합하지 아니하거나 추가 자료가 필요하다고 판단하는 경우 일정 기한을 정하여 자료의 보완을 요구할 수 있다.

5) 안전성 정보의 검토 및 평가 · 후속조치

① 식품의약품안전처장은 다음에 따라 화장품 안전성 정보를 검토 및 평가하며 필요한 경우 화장품 안전관련 분야의 전문가 등의 자문을 받을 수 있다.

- 정보의 신뢰성 및 인과관계의 평가 등
- 국내 · 외 사용현황 등 조사 · 비교(화장품에 사용할 수 없는 원료 사용 여부 등)
- 외국의 조치 및 근거 확인(필요한 경우에 한함)
- 관련 유해사례 등 안전성 정보 자료의 수집 · 조사
- 종합검토

② 식품의약품안전처장 또는 지방식품의약품안전청장은 검토 및 평가 결과에 따라 다음 중 필요한 조치를 할 수 있다.

- 품목 제조 · 수입 · 판매 금지 및 수거 · 폐기 등의 명령

- 사용상의 주의사항 등 추가
- 조사연구 등의 지시
- 실마리 정보로 관리
- 제조 · 품질관리의 적정성 여부 조사 및 시험 · 검사 등 기타 필요한 조치

6) 정보의 전파 등

① 식품의약품안전처장은 안전하고 올바른 화장품의 사용을 위하여 화장품 안전성 정보의 평가 결과를 화장품책임판매업자 등에게 전파하고 필요한 경우 이를 소비자에게 제공할 수 있다.

② 식품의약품안전처장은 수집된 안전성 정보, 평가결과 또는 후속조치 등에 대하여 필요한 경우 국제기구나 관련국 정부 등에 통보하는 등 국제적 정보교환체계를 활성화하고 상호협력 관계를 긴밀하게 유지함으로써 화장품으로 인한 범국가적 위해의 방지에 적극 노력하여야 한다.

7) 안전성 시험

구 분	내 용
단회 투여 독성시험	위험성을 예측하기 위해 동물에 1회 투여했을 때 LD 50값(반수 치사량)을 산출
1차 피부 자극시험	피부에 1회 투여했을 때 자극성을 평가
연속 피부 자극시험	• 피부에 반복 투여했을 때의 자극성을 평가 • 약한 자극이 누적되어 자극을 발생할 가능성을 예측 • 동물에 2주간 반복 투여하는 방법이 실행
안(眼)점막 자극시험	• 화장품이 눈에 들어갔을 때의 위험성을 예측 • 동물시험이나 동물 대체시험으로 단백질 구조 변화 시험 등 실행
피부 감작성시험	피부에 투여했을 때의 접촉 감작성을 평가
광독성 시험	자외선에 의해 생기는 자극성을 평가하기 위해 UV램프를 조사
광감작성 시험	피시험물질이 자외선에 노출되었을 때 생기는 접촉 감작성을 평가하기 위해 광조사
인체 첩포시험 (인체 패치테스트)	• 인체에 대한 피부 자극성이나 감작성을 평가하는 시험 • 등, 팔 안쪽에 폐쇄 첩포하여 실행
유전 독성시험 (변이원성 시험)	• 유전독성을 평가하기 위해 돌연변이나 염색체 이상을 유발하는지를 조사 • 세균, 배양세포 마우스를 이용하여 실행

8) 위해평가

① 식품의약품안전처장은 국내외에서 유해물질이 포함되어 있는 것으로 알려지는 등 국민보건상 위해 우려가 제기되는 화장품 원료 등의 경우에는 위해요소를 신속히 평가하여 그 위해 여부를 결정해야 한다.

② 위해평가가 완료된 경우에는 해당 화장품 원료 등을 화장품의 제조에 사용할 수 없는 원료로 지정하거나 그 사용기준을 지정하여야 한다.

③ 지정 · 고시된 원료의 사용기준의 안전성을 정기적(5년)으로 검토하여야 하고, 그 결과에 따라 그 사용기준을 변경할 수 있다.

④ 위해평가의 4단계: 위험성 확인, 위험성 결정, 노출 평가, 위해도 결정

핵심 주관식 **다음 〈보기〉는 화장품의 위해평가에 대한 내용이다. ㉠, ㉡에 들어갈 단어를 차례로 작성하시오.**

> **〈보 기〉**
>
> 화장품의 위해평가는 인체가 화장품에 존재하는 위해요소에 노출되었을 때 발생할 수 있는 유해영향과 발생확률을 과학적으로 예측하는 일련의 과정으로 위험성 확인, 위험성 결정, (㉠), (㉡) 등 일련의 단계를 말한다.

해설 위해평가 4단계는 위험성 확인, 위험성 결정, 노출 평가, 위해도 결정이다.

정답 ㉠ 노출 평가, ㉡ 위해도 결정

9) 위해화장품의 회수

① 영업자는 「화장품법」 제9조(안전용기·포장 등), 제15조(영업의 금지), 제16조 제1항(판매 등의 금지) 규정에 위반되어 국민보건에 위해를 끼치거나 끼칠 우려가 있는 화장품이 유통 중인 사실을 알게 된 경우에는 지체 없이 화장품을 회수하거나 회수하는 데에 필요한 조치를 해야 한다.

② 화장품을 회수하거나 회수하는 데에 필요한 조치를 하려는 영업자는 해당 화장품에 대하여 즉시 판매중지 등의 필요한 조치를 하여야 하고, 회수대상 화장품이라는 사실을 안 날부터 5일 이내에 회수계획서를 지방식품의약품안전청장에게 제출하여야 한다.

③ 다만, 제출기한까지 회수계획서의 제출이 곤란하다고 판단되는 경우에는 지방식품의약품안전청장에게 그 사유를 밝히고 제출기한 연장을 요청하여야 한다.

(2) 맞춤형화장품의 유효성

1) 유효성 또는 기능에 관한 자료

① 심사대상 효능을 포함한 효력을 뒷받침하는 비임상시험자료로서 효과발현의 작용기전이 포함되어야 하며, 다음 중 어느 하나에 해당하여야 한다.

- 국내외 대학 또는 전문 연구기관에서 시험한 것으로서 기관의 장이 발급한 자료(시험시설 개요, 주요설비, 연구인력의 구성, 시험자의 연구경력에 관한 사항이 포함될 것)
- 당해 기능성화장품이 개발국 정부에 제출되어 평가된 모든 효력시험자료로서 개발국정부(허가 또는 등록기관)가 제출받았거나 승인하였음을 확인한 것 또는 이를 증명한 자료
- 과학논문인용색인(Science citation index)에 등재된 전문학회지에 게재된 자료

② 맞춤형화장품에는 식약처장이 고시한 기능성화장품의 효능 · 효과를 나타내는 원료의 혼합이 원칙적으로 금지되어 있다. 다만, 맞춤형화장품판매업자에게 내용물 등을 공급하는 화장품책임판매업자가 사전에 해당 원료를 포함하여 기능성화장품 심사를 받거나 보고서를 제출한 경우에는 맞춤형화장품 조제관리사가 기 심사 받거나 보고서를 제출한 조합 · 함량의 범위 내에서 해당 원료를 혼합할 수 있다.

구 분	심사자료
미백 유효성	• In Vitro Tyrosinase 활성 저해시험(In Vitro Tyrosinase inhibition assay) • In Vitro DOPA 산화 반응 저해시험(In Vitro DOPA Oxidation inhibition assay) • 멜라닌 생성 저해시험(Melanogenesis inhibition assay)
주름개선 유효성	• 세포 내 콜라겐 생성시험(Collagen synthesis assay) • 세포 내 콜라게나제 활성 억제시험(Collagenase inhibition assay) • 엘라스타제 활성 억제시험(Elastase inhibition assay)
자외선 차단 유효성	• 자외선 차단지수(SPF) 설정의 근거자료 • 내수성 자외선 차단지수(SPF) 설정의 근거자료 • 자외선 A 차단등급(PA) 설정의 근거자료

2) 인체적용시험 자료

사람에게 적용 시 효능 · 효과 등 기능을 입증할 수 있는 자료로서, 관련분야 전문의사, 연구소 또는 병원 기타 관련기관에서 5년 이상 해당 시험경력을 가진 자의 지도 및 감독 하에 수행 · 평가하여야 한다.

3) 염모효력시험 자료

인체모발을 대상으로 효능 · 효과에서 표시한 색상을 입증하는 자료를 뜻한다.

4) 제출자료의 면제

유효성 또는 기능에 관한 자료 중 인체적용시험 자료를 제출하는 경우 효력시험 자료 제출을 면제할 수 있다. 다만, 이 경우에는 해당 효능 · 효과를 나타내는 성분을 제품 명칭의 일부로 사용하거나 해당 성분에 대해 효능 · 효과를 기재 · 표시할 수 없다.

(3) 맞춤형화장품의 안정성

1) 안정성

화장품의 안정성은 화장품을 제조된 날부터 적절한 보관조건에서 성상 · 품질의 변화 없이 최적의 품질로 이를 사용할 수 있는 최소한의 기한과 저장방법을 설정하기 위한 기준을 정하고, 나아가 이를 통하여 시중 유통 중에 있는 화장품의 안정성을 확보하여 안전하고 우수한 제품을 공급하는 데 도움을 주는 품질 요소이다.

2) 안정성 시험의 종류

구 분	특 징
장기보존시험	화장품의 저장조건에서 사용기한을 설정하기 위하여 장기간에 걸쳐 물리 · 화학적, 미생물학적 안정성 및 용기 적합성을 확인하는 시험
가속시험	장기보존시험의 저장조건을 벗어난 단기간의 가속조건이 물리 · 화학적, 미생물학적 안정성 및 용기 적합성에 미치는 영향을 평가하기 위한 시험
가혹시험	• 가혹조건에서 화장품의 분해과정 및 분해산물 등을 확인하기 위한 시험 • 개별 화장품의 취약성, 예상되는 운반, 보관, 진열 및 사용 과정에서 뜻하지 않게 일어나는 가능성 있는 가혹한 조건에서 품질변화를 검토하기 위해 수행
개봉 후 안정성 시험	화장품 사용 시 일어날 수 있는 오염 등을 고려한 사용기한을 설정하기 위하여 장기간에 걸쳐 물리 · 화학적, 미생물학적 안정성 및 용기 적합성을 확인하는 시험

3) 안정성 시험의 시험조건

구 분	조 건
장기보존시험	• 시중에 유통할 제품과 동일한 처방, 제형 및 포장용기를 사용 • 3로트 이상에 대하여 시험 • 제품의 유통조건을 고려하여 적절한 온도, 습도, 시험기간 및 측정시기를 설정하여 시험 • 6개월 이상 시험하는 것을 원칙으로 하나 필요시 조정 • 시험 개시 때와 첫 1년간은 3개월마다, 그 후 2년까지는 6개월마다, 2년 이후부터 1년에 1회 시험
가속시험	• 시중에 유통할 제품과 동일한 처방, 제형 및 포장용기를 사용 • 3로트 이상에 대하여 시험 • 유통경로나 제형 특성에 따라 적절한 시험조건을 설정 • 일반적으로 장기보존시험의 지정저장온도보다 15℃ 이상 높은 온도에서 시험 • 6개월 이상 시험하는 것을 원칙으로 하나 필요시 조정 • 시험 개시 때를 포함하여 최소 3번을 측정
가혹시험	• 로트의 선정, 시험조건, 시험기간 등은 검체의 특성 및 시험조건에 따라 적절히 결정 • 광선, 온도, 습도 3가지 조건을 검체의 특성을 고려하여 결정 • 품질관리상 중요한 항목 및 분해산물의 생성 유무를 확인
개봉 후 안정성 시험	• 3로트 이상에 대하여 시험 • 제품의 사용 조건을 고려하여 적절한 온도, 시험기간 및 측정시기를 설정하여 시험 • 6개월 이상 시험하는 것을 원칙으로 하나 필요시 조정 • 시험 개시 때와 첫 1년간은 3개월마다, 그 후 2년까지는 6개월마다, 2년 이후부터 1년에 1회 시험

(4) 맞춤형화장품의 사용성

맞춤형화장품의 사용성은 맞춤형화장품을 사용할 때 느낄 수 있는 부드러운 사용감이나 매끄럽게 발리는 발림성, 바른 후 흡수될 때의 가볍거나 무거운 느낌, 밀착감, 촉촉함 등을 의미한다. 사용자의 피부타입이나 체질, 연령에는 차이가 있기 때문에 사용자에 따라 선호하는 색, 향, 디자인 등의 기호가 다를 수 있다. 따라서 맞춤형화장품의 사용자를 만족시킬 수 있는 사용성을 지니는 것은 맞춤형화장품에 있어 중요한 품질 요소이다.

TIP 영업의 금지(「화장품법」 제15조)

누구든지 다음의 어느 하나에 해당하는 화장품을 판매(수입대행형 거래를 목적으로 하는 알선 · 수여 포함)하거나 판매할 목적으로 제조 · 수입 · 보관 또는 진열하여서는 아니 된다.

1. 심사를 받지 아니하거나 보고서를 제출하지 아니한 기능성화장품
2. 전부 또는 일부가 변패(變敗)된 화장품
3. 병원미생물에 오염된 화장품
4. 이물이 혼입되었거나 부착된 것
5. 화장품에 사용할 수 없는 원료를 사용하였거나 유통화장품 안전관리기준에 적합하지 아니한 화장품
6. 코뿔소 뿔 또는 호랑이 뼈와 그 추출물을 사용한 화장품
7. 보건위생상 위해가 발생할 우려가 있는 비위생적인 조건에서 제조되었거나 시설기준에 적합하지 아니한 시설에서 제조된 것
8. 용기나 포장이 불량하여 해당 화장품이 보건위생상 위해를 발생할 우려가 있는 것
9. 사용기한 또는 개봉 후 사용기간(병행 표기된 제조연월일 포함)을 위조 · 변조한 화장품

TIP 판매 등의 금지(「화장품법」 제16조)

① 누구든지 다음의 어느 하나에 해당하는 화장품을 판매하거나 판매할 목적으로 보관 또는 진열하여서는 아니 된다. 다만, 제3호의 경우에는 소비자에게 판매하는 화장품에 한한다.

1. 등록을 하지 아니한 자가 제조한 화장품 또는 제조 · 수입하여 유통 · 판매한 화장품

1의2. 신고를 하지 아니한 자가 판매한 맞춤형화장품

1의3. 맞춤형화장품 조제관리사를 두지 아니하고 판매한 맞춤형화장품

2. 제10조부터 제12조까지에 위반되는 화장품 또는 의약품으로 잘못 인식할 우려가 있게 기재 · 표시된 화장품

3. 판매의 목적이 아닌 제품의 홍보 · 판매촉진 등을 위하여 미리 소비자가 시험 · 사용하도록 제조 또는 수입된 화장품

4. 화장품의 포장 및 기재 · 표시 사항을 훼손(맞춤형화장품 판매를 위하여 필요한 경우 제외) 또는 위조 · 변조한 것

② 누구든지(맞춤형화장품 조제관리사를 통하여 판매하는 맞춤형화장품판매업자 및 제2조 제3호의2 나목 단서에 해당하는 화장품 중 소분 판매를 목적으로 제조된 화장품의 판매자 제외) 화장품의 용기에 담은 내용물을 나누어 판매하여서는 아니 된다.

피부 및 모발의 생리구조

1 피부의 생리구조

(1) 피부의 정의

① 신체 표면을 덮고 있는 기관으로, 우리 몸에서 가장 큰 기관에 해당한다.

② 피부는 표피, 진피, 피하지방층으로 나뉘며 피부의 부속기관에는 피지선, 한선, 모발 등이 있다.

③ 면적은 약 1.5~2.0㎡이고 무게는 체중의 약 16%를 차지한다.

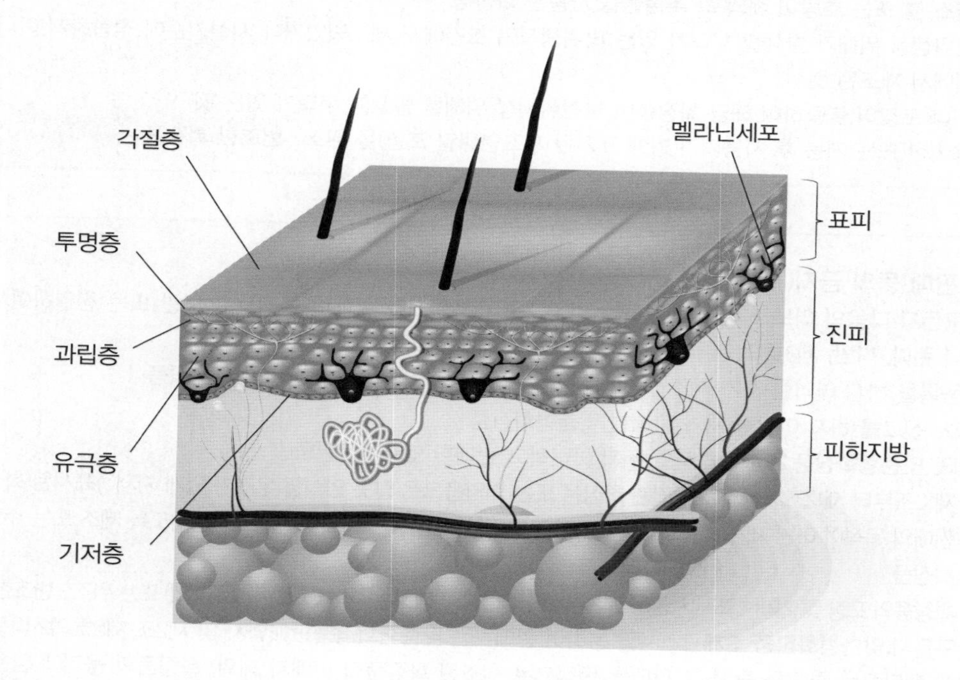

(2) 표 피

1) 정 의

① 피부 표면으로부터 각질층, 투명층, 과립층, 유극층, 기저층으로 이루어진 층으로 피부에서 가장 얇다.

② 평균 0.1~0.2mm 정도의 두께로 이루어져 있으나, 0.04~0.05mm 두께의 눈꺼풀과 1.6~1.7mm 두께의 손 · 발바닥의 두께 차이는 상대적으로 크다.

2) 구 조

구 분	특 징
각질층	• 표피의 최상층에 위치하고 있는 10~20층의 각질로 구성되어 있는 무핵세포층 • 피부 수분 손실을 막고 외부와 세균으로부터 피부를 보호하고 방어하는 층 • 케라틴 약 58%, 천연보습인자(NMF) 약 31%, 세포간지질 약 11%로 구성 • 10~20%의 수분을 함유 • 각질세포는 접착제의 역할을 하는 세포간지질과 함께 라멜라 구조를 형성 • 세포간지질은 세라마이드, 콜레스테롤, 지방산 등으로 구성
투명층	• 손바닥과 발바닥에만 존재하는 층 • 2~3층의 상피세포로 구성되어 있는 무핵세포층 • 반유동성 물질 엘라이딘(Elaidin)의 존재로 수분의 침투 및 증발을 억제
과립층	• 2~5층의 편평형 또는 방추형 세포로 구성 • 각질의 각화 과정이 시작되는 층 • 수분저지막(Barrier zone)의 존재로 수분 증발 억제 및 외부 유해물질의 유입을 방지 • 케라토하이알린(Keratohyalin) 과립 존재 • 약 30%의 수분을 함유
유극층	• 표피에서 가장 두꺼운 층 • 5~10층의 다각형 유핵세포층으로 구성 • 각질세포(Keratin)의 성장 및 분열이 이루어지는 층 • 면역 기능을 담당하는 랑게르한스세포(Langerhans cell)가 존재 • 림프액의 림프순환을 통해 영양 공급 및 노폐물 배출 • 약 70%의 수분을 함유
기저층	• 표피의 최하단에 위치하는 단층의 원주형 유핵세포층 • 진피 유두층의 모세혈관으로부터 영양분과 산소를 공급받아 세포 분열을 촉진 • 각질형성세포(Keratinocyte), 멜라닌형성세포(Melanocyte), 메르켈세포(Merkel cell)가 존재 • 각질형성세포와 멜라닌형성제포는 4:1~10:1의 비율로 존재 • 약 70%의 수분을 함유 • 표피와 진피의 결합 작용을 하는 기저세포막(Plasma membrane)의 존재로 표피에서 진피로 물질의 이동 및 유해물질의 침투를 억제

핵심 주관식 (　　　)은 각질층에 존재하는 지질로서 피부 표면에 라멜라 상태로 존재하여 피부의 수분을 유지시켜 준다. 빈칸에 들어갈 단어를 작성하시오.

해설 세포간지질은 세라마이드 약 50%, 콜레스테롤 약 15%, 포화지방산 약 30% 등으로 구성되어 있다.

정답 세포간지질

TIP **각질의 각화과정(Keratinization)**

표피 기저층의 각질형성세포(Eratinocyte)에서 분열된 세포가 각질층으로 분화 및 이동하여 외부로 완전히 떨어져나가는 과정을 각질의 각화과정이라 하며, 정상인 각질의 각화과정은 평균 약 28일을 주기로 한다.

3) 표피에 존재하는 세포

구 분		설 명
유극층	랑게르한스세포 (Langerhans cell)	• 면역기능을 담당하며 면역반응 조절에 관여하는 세포 • 외부 이물질 항원을 인식하고 T-림프구에 전달 • 면역반응, 알레르기반응, 바이러스 감염 방지 등의 역할
기저층	각질형성세포 (Karatinocyte)	• 각질을 형성하는 세포 • 표피세포의 약 80%를 차지
	멜라닌형성세포 (Melanocyte)	• 멜라닌을 합성하여 각질형성세포의 보호를 위해 멜라노좀(Melanosome)을 공급 • 피부와 털의 색을 결정
	메르켈세포 (Merkel cell)	• 구강 점막 및 표피에 위치하여 신경섬유말단과 연결 • 신경의 자극을 뇌에 전달하는 촉각 수용체

TIP 피부장벽

- 각질층으로 구성된 피부장벽은 경피수분손실(TEWL; Transepidermal Water Loss)을 억제하고 피부를 외부의 유해물질로부터 방어하는 역할을 한다.
- 각질층에 존재하는 수용성 물질은 천연보습인자(NMF; Natural Moisturizing Factor)라고 한다.
- 피부장벽은 각질세포와 세포간지질로 구성되어 있다.
- 세포간지질은 세라마이드(50%), 포화지방산(30%), 콜레스테롤(15%) 등으로 구성되어 있다.
- 천연보습인자(NMF)의 구성 성분

성 분	비 율
아미노산	40%
PCA(피롤리돈카르복실릭애씨드)	12%
젖산염(락테이트)	12%
요소(우레아)	7%
염소	6%
나트륨	5%
그 외	18%

핵심 주관식 **기저층에 존재하는 (㉠)에서 멜라닌이 생성되고, 생성된 멜라닌은 원모양 혹은 둥근 막대형 모양의 (㉡) 안에 저장되어 각질층으로 전달된다. ㉠, ㉡ 안에 들어갈 단어를 차례로 작성하시오.**

정답 ㉠ 멜라닌 형성세포(멜라노사이트), ㉡ 멜라노좀

(3) 진 피

1) 정 의

① 진피는 피부의 90%를 차지하는 가장 두꺼운 조직으로 약 0.5~4mm의 두께로 이루어져 있다.

② 진피는 경계가 분명하지 않은 유두층과 망상층으로 구분되며 피지선, 한선, 림프선, 혈관, 모공 등의 부속기관이 존재한다.

2) 구 조

유두층	• 표피의 기저층과 접하고 있으며 유두 모양의 돌기를 형성 • 모세혈관과 신경말단의 존재로 표피의 각질형성세포에 영양분과 산소를 공급 • 교원섬유 콜라겐과 탄력섬유 엘라스틴이 가늘고 느슨한 조직으로 구성 • 피부 노화가 진행되면서 유두층의 굴곡이 서서히 완만해지는 양상을 보임

망상층	• 진피의 대부분을 차지하는 그물 모양의 망상구조로 이루어진 결합조직 • 교원섬유 콜라겐 90%, 탄력섬유 엘라스틴 1.5~4.7%, 기질 등으로 구성 • 혈관, 신경, 피지선, 한선, 림프선, 모공 등이 존재

3) 구성 성분

콜라겐	• 교원섬유라고도 불리며 진피의 90% 이상을 차지하는 성분 • 물 분자를 많이 함유하고 피부의 저수지 역할을 함
엘라스틴	본래의 모습으로 돌아가는 회복성과 탄력성을 지니고 피부의 탄력을 결정
기 질	• 콜라겐과 엘라스틴 사이를 메우고 있는 물질로 우수한 수분 보유력을 지님 • 히알루론산, 콘드로이틴 황산, 헤파린 황산염 등으로 구성

4) 진피에 존재하는 세포

대식세포	• 진피의 조직 내에 분포하고 있는 면역기능을 담당하는 백혈구의 한 유형 • 피부에 침입한 세균 등을 잡아먹고 소화하여 림프구에 면역 정보를 전달
비만세포	• 진피의 결합조직 내에 분포하고 있는 세포 • 염증반응에 중요한 역할을 하며 염증 매개물질인 히스타민을 생산 및 분비
섬유아세포	• 진피의 결합조직 내에 분포하고 있는 세포 • 콜라겐과 엘라스틴, 다당류와 같은 진피 구성 물질을 생성

(4) 피하지방

1) 정 의

진피와 근육, 골격 사이에 위치하고 신체 부위, 연령, 성별, 영양 상태에 따라 두께가 다른 등 다양한 양상을 보인다.

2) 작 용

① 완충작용: 외상으로부터 신체 내부를 보호

② 절연작용: 내부의 열이 외부의 온도에 극심한 영향을 받지 않도록 체온 조절

3) 부 위

피하지방 과다 부위	허리, 배, 유방 등
피하지방 과소 부위	입술, 귀, 눈가 등

(5) 피부의 부속기관

1) 피지선(Sebaceous gland)

① 피부의 진피층에 존재하고 손바닥과 발바닥을 제외한 전신에 분포되어 있다.

② 주로 얼굴, 목, 가슴 등의 부위에 발달되어 피지를 분비하며 사춘기 이후 분비가 왕성해진다.

③ 피지는 피부와 털에 윤기와 광택을 부여하고 수분의 증발 억제에 도움을 준다.

TIP 피지의 구성 성분

성 분	비 율
트리글리세라이드	43%
왁스 에스테르	25%
지방산	16%
스쿠알렌	12%
그 외	6%

2) 한선(Sweat gland)

① 땀을 만들고 피부 표면에 분비하는 한선은 기능과 크기에 따라 소한선(에크린선)과 대한선(아포크린선)으로 나누어진다.

② 소한선과 대한선

	소한선(Eccrine gland)	대한선(Apocrine gland)
특 징	• 표피로 직접 땀을 분비 • pH 3.8~5.6 • 체온 조절 및 노폐물 배출	• 모공을 통해 땀을 분비 • pH 5.5~6.5 • 성별, 인종에 따라 차이가 존재 • 세균에 의해 분해
색, 냄새	• 무색 • 무취	• 유백색 • 특유의 냄새
분 포	• 입술, 생식기, 손톱 등을 제외한 전신에 분포 • 손바닥과 발바닥에 가장 많이 분포	겨드랑이, 서혜부, 유두, 배꼽 주변, 생식기, 항문 등 특정 부위에 분포

(6) 피부의 기능

① 보호기능: 물리적 자극, 화학적 자극, 자외선, 세균 등의 외부 유해물질로부터 신체를 보호하고 방어하는 기능

② 분비기능: 피부는 피지선과 한선을 통해 각각 피지와 땀을 분비하고 배출하는 작용을 통해 항상성을 유지

③ 호흡기능: 인간은 전체 호흡의 약 1%를 피부를 통해 호흡

④ 체온조절기능: 모세혈관과 모공의 확장과 수축, 발한 등을 통해 체온을 조절

⑤ 지각기능: 온각, 냉각, 통각, 촉각, 압각을 통해 낯선 감각에 반응하여 신체를 보호

⑥ 비타민D 합성기능: 일정한 자외선 조사로 피부에 있는 콜레스테롤을 비타민D로 합성

⑦ 저장기능: 피부는 지질, 수분, 영양 등을 저장

핵심 주관식 **다음 ㉠, ㉡에 들어갈 단어를 차례로 작성하시오.**

피부색을 결정하는 색소 중 멜라닌은 갈색을 띠고 (㉠)은 노란색, (㉡)은 빨간색을 띤다.

해설 피부색을 결정하는 색소로는 멜라닌(갈색), 카로틴(노란색), 헤모글로빈(빨간색)이 있다.

정답 ㉠ 카로틴, ㉡ 헤모글로빈

2 모발의 생리구조

(1) 모발의 정의

① 모발은 손바닥, 발바닥, 입술, 유두 등을 제외한 전신에 분포하는 기관이다.

② 눈에 보이지 않는 모근부와 눈에 보이는 모간부로 나눌 수 있다.

③ 섬유성 단백질인 케라틴으로 이루어져 신체를 보호하는 기능을 한다.

(2) 모발의 구조

1) 모근부

구분	내용
모 낭	• 모근을 둘러싸고 있는 세포층 • 피지선과 입모근이 부착
모 구	• 모근의 아래쪽에 위치하여 모근을 유지 • 둥근 모양으로 부풀어 있는 것이 특징 • 모질세포와 멜라닌세포로 구성
모유두	• 모발을 형성시키는 작은 세포층으로 구성 • 모발 성장을 위해 영양분을 공급 • 모세혈관과 신경이 분포하여 산소와 영양의 공급이 이루어지는 부위

모모세포	• 모유두를 덮고 있는 세포 • 끊임없는 분열과 증식으로 세포 분열이 왕성 • 모발을 만들어 내는 세포로 모유두 조직 내에 존재
멜라닌세포	• 모발의 색을 결정짓는 멜라닌색소를 생성 및 저장하는 세포 • 모모세포층에 주로 분포 • 유해한 자외선을 흡수하여 피부를 보호하는 기능
피지선	• 모낭벽에 존재하며 피지를 분비 • 피지는 모발을 통해 외부로 이동 • 모발과 피부에 윤기와 유연성을 부여
입모근(털세움근)	• 교감신경의 지배를 받는 근육 • 추위, 놀람, 공포 등에 수축하여 털을 세우는 역할
내모근초, 외모근초	• 모구부에서 발생한 모발의 각화가 완전히 끝날 때까지 보호 • 표피까지 모발을 운반 • 역할을 다한 후 비듬이 되어 두피에서 탈락

2) 모간부

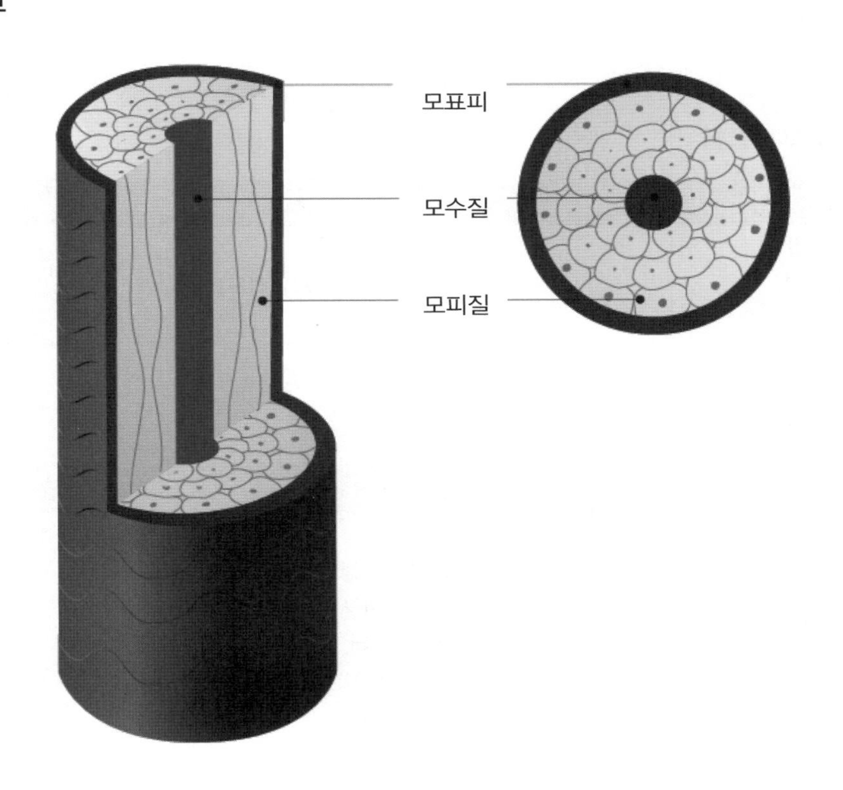

모표피(모소피)	• 모발의 가장 바깥층 • 멜라닌색소가 없는 무색 투명한 케라틴 단백질로 구성 • 비늘, 기와 모양으로 모발을 외부 자극으로부터 보호 • 모발 전체의 10~15%를 차지
모피질	• 멜라닌색소가 있는 모발 중간의 내부층 • 모발의 탄력, 강도, 질감, 색상 등을 결정 • 퍼머넌트 및 염색 시술 시 모피질 결합의 약화로 모발 손상 • 모발 전체의 85~90%를 차지
모수질	• 모발의 가장 안쪽 중심부에 위치 • 굵고 거친 모발에 존재 • 배냇머리, 연모 등 얇고 부드러운 모발에는 존재하지 않음

핵심 주관식 **모발의 안쪽에는 모발 무게의 대부분을 차지하는 (   )과 모수질이 있으며 (   )에는 피질세포, 케라틴, 멜라닌이 존재한다. 빈칸에 공통으로 들어갈 단어를 작성하시오.**

정답 모피질

(3) 모발의 4대 결합

측쇄결합(Side chain)	주쇄결합(Main chain)
• 시스틴결합 • 이온(염)결합 • 수소결합	펩타이드(펩티드)결합

(4) 모발의 성장주기

구 분	특 징
성장기 (Anagen stage)	• 모발이 성장하는 시기 • 전체 모발의 약 80~90% 정도가 해당하는 시기(3~6년) • 모모세포의 활동이 활발한 시기 • 모유두의 모세혈관으로부터 영양분을 공급 • 모발 성장기의 주기: 여성 〉 남성
퇴행기 (Catagen stage)	• 모발의 성장이 멈추는 시기 • 전체 모발의 약 1~2% 정도가 해당하는 시기(약 3주) • 모모세포의 분열이 감소하는 시기

구 분	특 징
휴지기 (Telogen stage)	• 모발의 탈락이 시작되는 시기 • 전체 모발의 약 10~15% 정도가 해당하는 시기(3~5개월) • 모낭과 모유두가 완전히 분리되는 시기 • 모근이 피부 바깥으로 밀려 올라가 모발이 탈락
발생기 (New anagen stage)	• 새로운 모발이 발생하는 시기 • 기존의 모발이 탈락 • 모구와 모유두에서 새로운 모발이 형성

3 피부와 모발의 상태 분석

(1) 피부 상태 분석

1) 피부 상태 분석방법

구 분	특 징
문진법	• 설문이나 대면 질문을 활용하여 묻고 답하는 피부 상태 분석방법 • 연령, 직업, 생활습관, 수면습관, 결혼유무, 식습관, 스트레스 정도, 성격, 생활환경, 피부관리 방법 등에 대해 질문하는 방법
견진법	• 피부 상태를 육안을 통해 보고 분석하는 방법 • 모공의 상태, 트러블의 유무, 피부 결, 유분과 수분의 정도, 각질 탈락의 유무, 색소 침착, 주름 등의 상태를 분석하는 방법
촉진법	• 피부를 손으로 만지거나 누르는 피부 상태 분석방법 • 피부의 두께, 탄력, 피부 결, 피부의 온도, 유분 분비량, 수분 유지량 등을 관찰하는 방법
기기를 이용한 판독법	• 확대경, 우드램프, pH 측정기, 유수분 측정기, 스킨 스캐너를 통해 피부 상태를 분석하는 방법 • 판독 정확성을 높이기 위해 세안 후 일정 시간이 지난 뒤 측정 • 육안 관찰이 어려운 피부의 상태를 파악하기 용이한 방법

2) 피부 측정방법

구 분	측 정
표 면	피부 표면 확대 촬영 및 확대경을 통해 피부의 표면 모공 상태 및 투명도 등을 측정
유분량	카트리지 필름을 이용하여 피부에 밀착해 부착한 뒤 일정 시간 경과 후 유분량 측정
수분량	• 전기 전도도를 통해 피부의 수분량을 측정 • 피부의 수분 증발량인 경피수분손실(TEWL)을 측정

구 분	측 정
멜라닌	피부색을 결정하는 피부의 멜라닌 분포량을 측정
탄력도	음압을 가한 뒤 피부가 원래의 상태로 회복되는 정도를 측정
민감도	헤모글로빈 수치를 통해 피부의 붉은기를 측정
여드름	여드름을 형태에 따라 등급으로 나누어 측정
자외선(광) 민감도	자외선(광)에 대한 6단계의 광과민도 측정

3) 피부의 유형

구 분	특 징
정상 피부 (중성 피부)	• 가장 이상적인 형태의 피부 • 유분과 수분의 밸런스가 좋고 피지와 땀의 분비 등의 생리기능이 정상적으로 작동 • 피부가 깨끗하고 표면이 매끄러움 • 피부의 탄력도가 높고 모공의 크기가 작아 눈에 모공이 보이지 않음
지성 피부	• 피지의 분비량이 많은 피부 • 얼굴이 전체적으로 번들거리고 모공이 넓은 피부 • 여드름 피부로 악화될 수 있는 가능성이 높은 피부
건성 피부	• 각질층의 수분 함량이 10% 미만인 피부 • 피지의 분비량이 적은 피부 • 수분 보유량이 적고 주름이 쉽게 생길 수 있는 피부
복합성 피부	• 2가지 이상의 피부 유형이 동시에 존재하는 상태 • 피지 분비량이 많은 이마에서 코로 이어지는 T존 • 피지 분비량이 적은 눈 주위에서 턱과 목으로 이어지는 U존
민감성 피부	• 외부 환경의 변화에 민감하게 반응하는 피부 • 피부가 얇고 내 · 외부 요인에 의해 쉽게 붉어지는 피부 • 피지 분비가 많음에도 불구하고 수분이 부족하여 건조함을 느끼는 피부 • 노화 진행이 빠르고 염증성 피부질환이 쉽게 유발될 수 있는 피부
여드름 피부	• 사춘기 이후 남성호르몬인 테스토스테론의 분비에 의해 피지 분비량이 많아지면서 발생 • 각질 과각화에 의한 모공 폐색이 면포와 구진 등으로 발전 • 피지선이 발달되어 있는 얼굴, 가슴, 등, 목에 주로 발생 • 비염증성 여드름: 개방면포(블랙헤드), 폐쇄면포(화이트헤드) • 염증성 여드름: 구진(Papule), 결절(Nodule), 낭포(Cyst), 농포(Pustule)
색소침착 피부	• 자외선, 스트레스, 여성 호르몬, 염증 후 색소침착 등에 의해 발생 • 멜라노사이트에서 만들어진 멜라닌색소가 과도하게 분포하고 침착되며 발생 • 색소침착의 종류: 기미, 주근깨, 검버섯, 갈색 반점, 잡티 등
노화 피부	• 수분 유지능력과 탄력이 저하되어 피부가 늘어지고 주름이 발생 • 피지선의 피지 분비능력이 저하되어 피부 건조 증상이 쉽게 발생 • 과색소 침착과 검버섯, 악성 흑색종 등의 발생을 유의 • 노화의 종류: 자외선에 의한 광노화, 자연노화

(2) 두피 및 모발 상태 분석

1) 두피 및 모발 상태 분석방법

구분	특징
모발 당김 검사	모발을 두 손가락으로 당겨 탈락된 모발의 양으로 탈모 유무를 판단하는 방법
모주기 검사	모발의 밀도와 성장 속도를 포토트리코그람(Phototrichogram)을 활용하여 종합적으로 분석하는 방법
모간 검사	모발과 인접한 피부를 채취하여 염색 후 현미경으로 모구와 모근을 관찰하여 검사하는 방법
조직 검사	모유두가 포함된 조직을 4mm 펀치로 채취하여 모발의 상태를 분석하는 방법
모발 분석	종합적으로 모발의 전반적인 상태를 진단하는 방법

2) 두피 및 모발의 유형

구분	특징
정상 두피	• 맑고 투명하며 건강한 두피 • 적절한 피지의 분비로 각질이 존재하지 않는 깨끗한 두피 • 모발에 윤기가 있고 모공 1개에 2~3개의 일정한 굵기의 모발이 존재하는 두피
지성 두피	• 과도한 피지 분비에 의해 두피가 번들거리고 피지에 의해 모발이 끈적거리는 두피 • 두피가 불투명하고 냄새가 나며 모발이 피지의 무게에 의해 쉽게 가라앉는 두피 • 과도한 피지 분비와 모공 폐색으로 인해 여드름과 같은 염증성 피부질환의 발생 가능
건성 두피	• 피지선에서의 피지 분비 부족과 수분 부족으로 인해 각질이 탈락되는 두피 • 두피가 얇고 불투명하며 탈락되지 않은 각질에 의해 모공이 막혀있는 두피 • 두피와 모발이 과도한 건조증상에 의해 갈라지는 두피 • 두피 건조증상에 의해 가려움증 발생
민감성 두피	• 두피가 얇고 붉으며 따가움과 가려움증 등의 자극이 동반되는 두피 • 내 · 외부 원인에 의해 쉽게 자극을 받고 심한 경우 탈모로 이어질 수 있는 두피 • 염색, 펌, 탈색 등의 화학적 시술과 스트레스, 유전적 요인에 의해 발생
지루성 두피	• 과도한 피지 분비에 의해 가려움증과 따가움이 발생하고 지루성 피부염을 동반하는 두피 • 박테리아의 과다 증식과 두피 각질 과각화, 산화된 피지에 의해 발생 • 만성 염증성 피부질환으로 재발의 가능성이 높으므로 적극적인 치료가 필요
비 듬	• 두피 표피세포의 각질화 과정 중 이상증식으로 인해 탈락된 것 • 비듬균의 증가로 두피 가려움증을 유발하고 심한 경우 탈모를 유발 • 지성 비듬: 땀과 먼지와 결합하여 끈적거리고 유분기가 있는 특징 • 건성 비듬: 가벼운 미세 가루 조각으로 건조한 것이 특징
탈 모	• 남성호르몬인 테스토스테론이 5-알파-리덕타아제에 의해 DHT로 변환되며 발생 • 유전, 스트레스, 지루성 두피염 등 다양한 요인에 의해 발생 및 악화 가능 • 하루에 약 100~200개의 모발이 지속적으로 탈락

관능평가 방법과 절차

1 관능평가의 정의 및 절차

(1) 정 의

① 관능평가는 화장품의 품질을 인간의 오감(시각, 후각, 청각, 미각, 촉각)에 의해 측정하고 분석하여 평가하는 제품 검사방법이다.

② 외관, 향, 색상, 사용감 등 기호에 관한 것은 물리적 · 화학적 방법으로 종합적인 평가가 어렵기 때문에 관능평가를 이용한다.

(2) 절 차

1) 외관 · 색상 검사

① 원자재 시험검체와 제품의 공정단계별 시험검체를 채취하고 각각의 기준과 평가척도를 마련한다.

② 외관 · 색상 검사를 위해 표준품을 선정한 후 보관 · 관리한다.

③ 외관 · 색상 시험방법에 따라 시험을 실시한다.

④ 외관 · 색상 시험 결과에 따라 적합 유무를 판정하여 기록 · 관리한다.

2) 향취 검사

① 향취 검사를 위해 표준품을 선정한 후 보관 · 관리한다.

② 원료 및 제품의 시험검체를 채취한다.

③ 향취 시험방법에 따라 시험한다.

④ 향취 시험 결과에 따라 적합 유무를 판정하여 기록 · 관리한다.

3) 사용감 검사

① 사용감 검사를 위해 표준품을 선정한 후 보관 · 관리한다.

② 원자재 및 제품의 시험검체를 채취한다.

③ 사용감 시험방법에 따라 시험한다.

④ 사용감 시험 결과에 따라 적합 유무를 판정하고 기록 · 관리한다.

2 관능평가의 요소 및 종류

(1) 관능평가의 요소

구 분	방 법
탁도(침전)	탁도 측정용 10mL 바이알에 액상 형태의 제품을 넣고 탁도계(Turbidity meter)로 현탁도를 측정
변 취	제품 적당량을 손등에 펴 바른 뒤 원료의 베이스 냄새를 기준으로 제조 직후 최종 표준품과 비교해 변취 여부를 확인
분리(입도)	육안과 현미경을 사용하여 제품의 유화 상태(기포, 빙결, 응고, 분리, 겔화, 유화입자의 크기 등)를 확인
점도, 경도	시료를 실온이 되도록 방치한 뒤 점도 측정용기에 넣고 시료의 점도 범위에 적합한 회전봉(Spindle)을 사용하여 점도를 측정한 뒤, 점도가 높은 경우에는 경도를 측정
증발, 표면굳음	건조감량 측정과 무게 측정을 통해 증발과 표면굳음을 측정

(2) 제품별 관능평가의 요소

종 류	요 소
스킨, 토너	탁도, 변취
에센스	변취, 분리(입도), 점도, 경도
로션(에멀전)	변취, 분리(입도), 점도, 경도
크 림	변취, 분리(입도), 점도, 경도, 증발, 표면굳음
메이크업 베이스	변취, 점도, 경도, 증발, 표면굳음
파운데이션	변취, 점도, 경도, 증발, 표면굳음
립스틱	변취, 분리(입도), 경도

(3) 자가 평가(Auto evaluation)

<table>
<tr><th>구 분</th><th colspan="2">특 징</th></tr>
<tr><td rowspan="3">소비자에 의한 사용시험</td><td colspan="2">• 소비자들이 관찰하거나 느낄 수 있는 변수들에 기초하여 제품 효능과 화장품 특성에 대한 소비자의 인식을 평가하는 것
• 일정한 수 이상의 사람들을 대상으로 시험을 실시할 것</td></tr>
<tr><td>맹검 사용시험
(Blind use test)</td><td>상품명, 디자인, 표시사항 등의 정보를 제공하지 않는 제품을 사용하여 시험</td></tr>
<tr><td>비맹검 사용시험
(Concept use test)</td><td>상품명, 표기사항 등의 정보를 알려주고 제품에 대한 인식 및 효능 등이 일치하는지를 조사하는 시험</td></tr>
<tr><td>훈련된 전문가 패널에 의한 관능평가</td><td colspan="2">명확히 규정된 시험계획서에 따라 정확한 관능기준을 가지고 교육을 받은 전문가 패널의 도움을 얻어 실시</td></tr>
</table>

(4) 전문가에 의한 평가

구 분	특 징
의사의 감독하에 실시하는 시험	• 화장품의 효능에 대하여 의사의 관리하에 실시 • 변수들은 임상관찰 결과 또는 평점에 의해 평가 • 초깃값이나 미처리 대조군, 위약 또는 표준품과 비교하여 정량화 가능
그 외 전문가의 관리하에 실시하는 시험	• 적절한 자격을 갖춘 관련 전문가에 의해 시험 • 준의료진 또는 미용사, 기타 직업적 전문가 등에 의해 시험 • 이미 확립된 기준과 비교하여 촉각, 시각 등에 의한 감각에 의해 제품의 효능을 평가

제품 상담

1 맞춤형화장품의 효과

① 맞춤형화장품 조제관리사의 전문적인 지식으로 정확한 피부측정과 테스트를 통해 소비자 개인의 피부에 적합한 화장품과 원료를 선택할 수 있다.
② 다양한 소비 욕구를 지니고 있는 소비자의 니즈에 맞춘 제품을 통해 고객에게 심리적 만족감을 줄 수 있다.
③ 상담을 통해 고객이 원하는 제품의 혼합 및 소분이 가능하며 고객에게 제품에 대한 상세한 정보를 제공할 수 있다.

2 맞춤형화장품의 부작용

(1) 부작용의 보고

맞춤형화장품판매업자는 맞춤형화장품 사용과 관련된 부작용 발생사례에 대해서는 지체 없이 식품의약품안전처장에게 보고해야 한다.

(2) 부작용의 종류와 증상

종류	증상
가려움(Itching)	소양감(Pruritus)이라고도 하며 긁고 싶은 충동을 불러일으키는 감각
구진(Papule)	피부에 나타나는 작은 발진
따끔거림(Pricking)	바늘로 찌르는 듯한 느낌
발적(Flare)	여러 가지 자극에 의해 피부가 붉게 변하거나 붓는 증상
뻣뻣함(Tightness)	휘어지거나 굽어지지 않을 정도로 단단하게 굳는 증상
부종(Edema)	피부나 피하조직의 틈에 림프액이 고여 피부가 붓는 증상
인설(Scaling)	표피 각질세포가 은백색의 부스러기로 피부에서 탈락되는 증상
자통(Stinging)	따끔거리거나 찌르는 것 같은 통증이 나타나는 증상

종 류	증 상
작열감(Burning)	피부가 타는 듯한 느낌의 통증 혹은 화끈거리는 증상
접촉성 피부염 (Contact dermatitis)	외부 물질과의 접촉에 의해 피부에 염증이 발생하는 증상
홍반(Erythema)	여러 가지 자극에 의해 피부에 붉은 반점이 나타나는 증상

(3) 배합 금지사항 확인

① 맞춤형화장품판매업자는 맞춤형화장품 혼합 · 소분 전에 반드시 혼합 · 소분에 사용되는 제품의 내용물 혹은 원료에 대한 품질성적서를 확인해야 하며, 화장품 안전기준 등에 관한 규정 중 [별표 1] 사용할 수 없는 원료로 고시된 원료의 배합을 금지한다.

② 화장품을 제조하면서 배합금지 물질을 인위적으로 첨가하지 않았으나, 제조 또는 보관 과정 중 포장재로부터 이행되는 등 비의도적으로 유래된 사실이 객관적인 자료로 확인되고 기술적으로 완전한 제거가 불가능한 경우 해당 물질의 검출 허용 한도는 다음과 같다.

물 질	검출 허용 한도
납	• 점토를 원료로 사용한 분말 제품 50㎍/g 이하 • 그 밖의 제품은 20㎍/g 이하
니 켈	• 눈화장용 제품은 35㎍/g 이하 • 색조화장용 제품 30㎍/g 이하 • 그 밖의 제품은 10㎍/g 이하
비 소	10㎍/g 이하
안티몬	10㎍/g 이하
카드뮴	5㎍/g 이하
수 은	1㎍/g 이하
디옥산	100㎍/g 이하
메탄올	• 0.2(v/v)% 이하 • 물휴지는 0.002(v/v)% 이하
포름알데하이드	• 2,000㎍/g 이하 • 물휴지는 20㎍/g 이하
프탈레이트류	디부틸프탈레이트, 부틸벤질프탈레이트 및 디에칠헥실프탈레이트에 한하여 총합으로서 100㎍/g 이하

(4) 미생물 허용 한도

제 품	검출 허용 한도
모든 화장품	대장균(Escherichia coli), 녹농균(Pseudomonas aeruginosa), 황색포도상구균(Staphylococcus aureus)은 반드시 불검출
영유아용, 눈화장용 제품류	총호기성생균수 500개/g(mL) 이하
물휴지	세균 및 진균수 각각 100개/g(mL) 이하
기타 화장품류	총호기성생균수 1,000개/g(mL) 이하

(5) 착향제의 구성 성분 중 알레르기 유발물질

연번	성분명	CAS 등록번호
1	아밀신남알	CAS No 122–40–7
2	벤질알코올	CAS No 100–51–6
3	신나밀알코올	CAS No 104–54–1
4	시트랄	CAS No 5392–40–5
5	유제놀	CAS No 97–53–0
6	하이드록시시트로넬알	CAS No 107–75–5
7	아이소유제놀	CAS No 97–54–1
8	아밀신나밀알코올	CAS No 101–85–9
9	벤질살리실레이트	CAS No 118–58–1
10	신남알	CAS No 104–55–2
11	쿠마린	CAS No 91–64–5
12	제라니올	CAS No 106–24–1
13	아니스알코올	CAS No 105–13–5
14	벤질신나메이트	CAS No 103–41–3
15	파네솔	CAS No 4602–84–0
16	부틸페닐메틸프로피오날	CAS No 80–54–6
17	리날룰	CAS No 78–70–6
18	벤질벤조에이트	CAS No 120–51–4
19	시트로넬올	CAS No 106–22–9
20	헥실신남알	CAS No 101–86–0
21	리모넨	CAS No 5989–27–5
22	메틸 2–옥티노에이트	CAS No 111–12–6
23	알파–아이소메틸아이오논	CAS No 127–51–5

연번	성분명	CAS 등록번호
24	참나무이끼추출물	CAS No 90028-68-5
25	나무이끼추출물	CAS No 90028-67-4

※ 다만, 사용 후 씻어내는 제품에는 0.01% 초과, 사용 후 씻어내지 않는 제품에는 0.001% 초과 함유하는 경우에 한한다.

제품 안내

1 맞춤형화장품 표시 · 기재사항

(1) 맞춤형화장품 1차 포장의 표시 · 기재사항

① 화장품의 명칭

② 영업자의 상호

③ 제조번호(식별번호)

④ 사용기한 또는 개봉 후 사용기간

핵심 주관식 다음 〈보기〉는 화장품의 포장에 대한 내용이다. ㉠, ㉡에 들어갈 단어를 차례로 작성하시오.

〈보 기〉

(㉠)은 (㉡)을 수용하는 1개 또는 그 이상의 포장과 보호재 및 표시의 목적으로 한 포장이다.

(㉡)은 화장품 제조 시 내용물과 직접 접촉하는 포장용기이다.

해설 • 1차 포장: 화장품 제조 시 내용물과 직접 접촉하는 포장용기

• 2차 포장: 1차 포장을 수용하는 1개 또는 그 이상의 포장과 보호재 및 표시의 목적으로 한 포장

정답 ㉠ 2차 포장, ㉡ 1차 포장

(2) 맞춤형화장품 1차 또는 2차 포장의 표시 · 기재사항

① 화장품의 명칭

② 영업자의 상호 및 주소

③ 해당 화장품 제조에 사용된 모든 성분(인체에 무해한 소량 함유 성분 등 총리령으로 정하는 성분은 제외)

④ 내용물의 용량 또는 중량

⑤ 제조번호(식별번호)

⑥ 사용기한 또는 개봉 후 사용기간

⑦ 가격

⑧ 기능성화장품의 경우 "기능성화장품"이라는 글자 또는 기능성화장품을 나타내는 도안으로서 식품의약품안전처장이 정하는 도안
⑨ 사용할 때의 주의사항
⑩ 그 밖에 총리령으로 정하는 사항
- 기능성화장품의 경우 심사받거나 보고한 효능 · 효과, 용법 · 용량
- 성분명을 제품 명칭의 일부로 사용한 경우 그 성분명과 함량(방향용 제품은 제외)
- 인체세포 · 조직 배양액이 들어있는 경우 그 함량
- 화장품에 천연 또는 유기농으로 표시 · 광고하려는 경우에는 원료의 함량
- 다음 중 어느 하나에 해당하는 기능성화장품의 경우에는 "질병의 예방 및 치료를 위한 의약품이 아님"이라는 문구
  - 탈모 증상의 완화에 도움을 주는 화장품
  - 여드름성 피부를 완화하는 데 도움을 주는 화장품
  - 피부장벽의 기능을 회복하여 가려움 등의 개선에 도움을 주는 화장품
  - 튼살로 인한 붉은 선을 엷게 하는 데 도움을 주는 화장품
- 다음 중 어느 하나에 해당하는 경우 화장품 안전기준 등에 따라 사용기준이 지정 · 고시된 원료 중 보존제의 함량
  - 만 3세 이하의 영유아용 제품류인 경우
  - 만 4세 이상부터 만 13세 이하까지의 어린이가 사용할 수 있는 제품임을 특정하여 표시 · 광고하려는 경우

핵심 주관식 **화장품의 1차 포장에 반드시 기재해야 하는 표시사항은 화장품의 명칭, 영업자의 상호, (　　　), 사용기한 또는 개봉 후 사용기간(제조연월일 함께 기재)이다. 빈칸에 들어갈 단어를 작성하시오.**

해설 화장품의 1차 포장에는 화장품의 명칭, 영업자의 상호, 제조번호, 사용기한 또는 개봉 후 사용기간을 반드시 표시해야 한다.

정답 제조번호

(3) 소용량 · 비매품 1차 포장 또는 2차 포장의 표시 · 기재사항

① 화장품의 명칭
② 화장품책임판매업자 또는 맞춤형화장품판매업자의 상호
③ 가격(비매품인 경우 견본품이나 비매품 등의 표시)
④ 제조번호와 사용기한 또는 개봉 후 사용기간(개봉 후 사용기간을 기재할 경우에는 제조연월일을 병행 표기)

(4) 기재 · 표시를 생략할 수 있는 성분

① 제조과정 중에 제거되어 최종 제품에는 남아 있지 않은 성분

② 안정화제, 보존제 등 원료 자체에 들어 있는 부수 성분으로서 그 효과가 나타나게 하는 양보다 적은 양이 들어 있는 성분

③ 내용량이 10mL 초과 50mL 이하 또는 중량이 10g 초과 50g 이하 화장품의 포장인 경우에는 다음 각 성분을 제외한 성분

- 타르색소
- 금박
- 샴푸와 린스에 들어있는 인산염의 종류
- 과일산(AHA)
- 기능성화장품의 경우 그 효능 · 효과가 나타나게 하는 원료
- 식품의약품안전처장이 사용 한도를 고시한 화장품의 원료

핵심 주관식 **다음 〈보기〉는 화장품의 성분에 대한 내용이다. 빈칸에 들어갈 단어를 작성하시오.**

〈보 기〉

화장품의 색소 종류와 기준 및 시험방법에서 색소는 화장품이나 피부에 색을 띠게 하는 것을 주요 목적으로 하는 성분이며, (   )는 색소 중 콜타르, 그 중간생성물에서 유래되었거나 유기합성하여 얻은 색소 및 그 레이크, 염, 희석제와의 혼합물로 정의하고 있다.

해설 타르색소는 색소 중 콜타르, 그 중간생성물에서 유래되었거나 유기합성하여 얻은 색소 및 그 레이크, 염, 희석제와의 혼합물을 말한다.

정답 타르색소

(5) 화장품의 가격표시

1) 가격표시

가격은 소비자에게 화장품을 직접 판매하는 자가 판매하려는 가격을 표시하여야 한다.

2) 표시의무자

표시의무자는 화장품을 일반 소비자에게 판매하는 자를 뜻한다.

3) 판매가격

판매가격은 화장품을 일반 소비자에게 판매하는 실제 가격을 뜻한다.

4) 가격표시 방법

① 판매가격의 표시는 유통단계에서 쉽게 훼손되거나 지워지지 않으며 분리되지 않도록 스티커 또는 꼬리표를 표시하여야 한다.

② 판매가격이 변경되었을 경우에는 기존의 가격표시가 보이지 않도록 변경 표시하여야 한다. 다만, 판매자가 기간을 특정하여 판매가격을 변경하기 위해 그 기간을 소비자에게 알리고, 소비자가 판매가격을 기존가격과 오인 · 혼동할 우려가 없도록 명확히 구분하여 표시하는 경우는 제외한다.

③ 판매가격은 개별 제품에 스티커 등을 부착하여야 한다. 다만 개별 제품으로 구성된 종합제품으로서 분리하여 판매하지 않는 경우에는 그 종합제품에 일괄하여 표시할 수 있다.

④ 판매자는 업태, 취급제품의 종류 및 내부 진열상태 등에 따라 개별 제품에 가격을 표시하는 것이 곤란한 경우에는 소비자가 가장 쉽게 알아볼 수 있도록 제품명, 가격이 포함된 정보를 제시하는 방법으로 판매가격을 별도로 표시할 수 있다. 이 경우 화장품 개별 제품에는 판매가격을 표시하지 아니할 수 있다.

⑤ 판매가격의 표시는 "판매가 ㅇㅇ원" 등으로 소비자가 알아보기 쉽도록 선명하게 표시하여야 한다.

⑥ 맞춤형화장품의 가격표시는 개별 제품에 판매가격을 표시하거나, 소비자가 가장 쉽게 알아볼 수 있도록 제품명, 가격이 포함된 정보를 제시하는 방법으로 판매가격을 별도로 표시할 수 있다.

2 맞춤형화장품의 표시 · 광고

(1) 화장품 표시 · 광고 시 준수사항

① 의약품으로 잘못 인식할 우려가 있는 내용, 제품의 명칭 및 효능 · 효과 등에 대한 표시 · 광고를 하지 말 것

② 기능성화장품, 천연화장품 또는 유기농화장품이 아님에도 불구하고 제품의 명칭, 제조방법, 효능 · 효과 등에 관하여 기능성화장품, 천연화장품 또는 유기농화장품으로 잘못 인식할 우려가 있는 표시 · 광고를 하지 말 것

③ 의사 · 치과의사 · 한의사 · 약사 · 의료기관 또는 그 밖의 자(할랄화장품, 천연화장품 또는 유기농화장품 등을 인증·보증하는 기관으로서 식품의약품안전처장이 정하는 기관은 제외)가 이를 지정 · 공인 · 추천 · 지도 · 연구 · 개발 또는 사용하고 있다는 내용이나 이를 암시하는 등의 표시 · 광고를 하지 말 것

※ 다만, 인체적용시험 결과가 관련 학회 발표 등을 통하여 공인된 경우에는 그 범위에서 관련 문헌을 인용할 수 있으며, 이 경우 인용한 문헌의 본래 뜻을 정확히 전달하여야 하고, 연구자 성명 · 문헌명과 발표연월일을 분명히 밝혀야 한다.

④ 외국제품을 국내제품으로 또는 국내제품을 외국제품으로 잘못 인식할 우려가 있는 표시 · 광고를 하지 말 것

⑤ 외국과의 기술제휴를 하지 않고 외국과의 기술제휴 등을 표현하는 표시 · 광고를 하지 말 것

⑥ 경쟁상품과 비교하는 표시 · 광고는 비교 대상 및 기준을 분명히 밝히고 객관적으로 확인될 수 있는 사항만을 표시 · 광고하여야 하며, 배타성을 띤 "최고" 또는 "최상" 등의 절대적 표현의 표시 · 광고를 하지 말 것

⑦ 사실과 다르거나 부분적으로 사실이라고 하더라도 전체적으로 보아 소비자가 잘못 인식할 우려가 있는 표시 · 광고 또는 소비자를 속이거나 속을 우려가 있는 표시 · 광고를 하지 말 것

⑧ 품질 · 효능 등에 관하여 객관적으로 확인될 수 없거나 확인되지 않았는데도 불구하고 이를 광고하거나 화장품의 범위를 벗어나는 표시 · 광고를 하지 말 것

⑨ 저속하거나 혐오감을 주는 표현 · 도안 · 사진 등을 이용하는 표시 · 광고를 하지 말 것

⑩ 국제적 멸종위기종의 가공품이 함유된 화장품임을 표현하거나 암시하는 표시 · 광고를 하지 말 것

⑪ 사실 유무와 관계없이 다른 제품을 비방하거나 비방한다고 의심이 되는 표시 · 광고를 하지 말 것

(2) 화장품 표시 · 광고의 실증

1) 화장품 표시 · 광고의 실증

① 영업자 및 판매자는 자기가 행한 표시 · 광고 중 사실과 관련한 사항에 대하여는 이를 실증할 수 있어야 한다.

② 식품의약품안전처장은 영업자 또는 판매자가 행한 표시 · 광고가 실증이 필요하다고 인정하는 경우에는 그 내용을 구체적으로 명시하여 해당 영업자 또는 판매자에게 관련 자료의 제출을 요청할 수 있다.

③ 실증자료의 제출을 요청받은 영업자 또는 판매자는 요청받은 날부터 15일 이내에 그 실증자료를 식품의약품안전처장에게 제출하여야 한다. 다만, 식품의약품안전처장은 정당한 사유가 있다고 인정하는 경우에는 그 제출기간을 연장할 수 있다.

④ 식품의약품안전처장은 영업자 또는 판매자가 실증자료의 제출을 요청받고도 제출기간 내에 이를 제출하지 아니한 채 계속하여 표시 · 광고를 하는 때에는 실증자료를 제출할 때까지 그 표시 · 광고 행위의 중지를 명하여야 한다.

⑤ 식품의약품안전처장으로부터 실증자료의 제출을 요청받아 제출한 경우에는 「표시 · 광고의 공정화에 관한 법률」 등 다른 법률에 따라 다른 기관이 요구하는 자료제출을 거부할 수 있다.

⑥ 식품의약품안전처장은 제출받은 실증자료에 대하여 「표시 · 광고의 공정화에 관한 법률」 등 다른 법률에 따른 다른 기관의 자료요청이 있는 경우에는 특별한 사유가 없는 한 이에 응하여야 한다.

⑦ 실증의 대상, 실증자료의 범위 및 요건, 제출방법 등에 관하여 필요한 사항은 총리령으로 정한다.

2) 실증자료의 범위 및 요건

① 시험결과: 인체적용시험 자료, 인체외시험 자료 또는 같은 수준 이상의 조사자료일 것

② 조사결과: 표본설정, 질문사항, 질문방법이 그 조사의 목적이나 통계상의 방법과 일치할 것

③ 실증방법: 실증에 사용되는 시험 또는 조사의 방법은 학술적으로 널리 알려져 있거나 관련 산업 분야에서 일반적으로 인정된 방법 등으로서 과학적이고 객관적인 방법일 것

3) 실증자료 제출 방법

① 영업자가 실증자료를 제출할 때에는 다음의 사항을 적고 이를 증명할 수 있는 자료를 첨부해 식품의약품안전처장에게 제출해야 한다.

- 실증방법
- 시험 · 조사기관의 명칭, 대표자의 성명, 주소 및 전화번호
- 실증 내용 및 결과
- 실증자료 중 영업상 비밀에 해당되어 공개를 원하지 않는 경우에는 그 내용 및 사유

② 실증대상 및 자료

<table>
<tr><th>실증대상</th><th>실증자료</th></tr>
<tr><td>여드름성 피부에 사용 적합</td><td rowspan="5">인체적용시험 자료</td></tr>
<tr><td>항균(인체 세정용 제품에 한함)</td></tr>
<tr><td>일시적 셀룰라이트 감소</td></tr>
<tr><td>붓기, 다크서클 완화</td></tr>
<tr><td>피부 혈행 개선</td></tr>
<tr><td>피부 노화 완화</td><td>인체적용시험 자료 또는 인체외시험 자료</td></tr>
<tr><td>콜라겐 증가, 감소 또는 활성화</td><td rowspan="2">기능성화장품에서 해당 기능을 실증한 자료</td></tr>
<tr><td>효소 증가, 감소 또는 활성화</td></tr>
</table>

3 맞춤형화장품판매업자의 준수사항

① 맞춤형화장품판매장 시설 · 기구를 정기적으로 점검하여 보건위생상 위해가 없도록 관리할 것

② 다음의 혼합 · 소분 안전관리기준을 준수할 것

- 혼합 · 소분 전에 혼합 · 소분에 사용되는 내용물 또는 원료에 대한 품질성적서를 확인할 것
- 혼합 · 소분 전에 손을 소독하거나 세정할 것. 다만, 혼합 · 소분 시 일회용 장갑을 착용하는 경우에는 그렇지 않음
- 혼합 · 소분 전에 혼합 · 소분된 제품을 담을 포장용기의 오염 여부를 확인할 것
- 혼합 · 소분에 사용되는 장비 또는 기구 등은 사용 전에 그 위생 상태를 점검하고, 사용 후에는 오염이 없도록 세척할 것
- 그 밖에 위의 사항과 유사한 것으로서 혼합 · 소분의 안전을 위해 식품의약품안전처장이 정하여 고시하는 사항을 준수할 것

③ 다음의 사항이 포함된 맞춤형화장품 판매내역서(전자문서로 된 판매내역서 포함)를 작성 · 보관할 것

- 제조번호
- 사용기한 또는 개봉 후 사용기간
- 판매일자 및 판매량

④ 맞춤형화장품 판매 시 다음의 사항을 소비자에게 설명할 것

- 혼합 · 소분에 사용된 내용물 · 원료의 내용 및 특성
- 맞춤형화장품 사용 시의 주의사항

⑤ 맞춤형화장품 사용과 관련된 부작용 발생사례에 대해서는 지체 없이 식품의약품안전처장에게 보고할 것

CHAPTER 06 혼합 및 소분

1 원료 및 제형의 물리적 특성

(1) 원료의 특성

구 분	특 성
수성원료	• 물에 녹는 원료 • 정제수, 알코올, 글리세린 등
유성원료	• 피부에 유분막을 형성하여 수분 증발을 억제 • 보습작용 및 피부 컨디셔닝 효과 • 식물성 오일, 동물성 오일, 광물성 오일, 합성 오일, 고급 지방산, 고급 알코올, 왁스, 에스터, 실리콘 오일 등
계면활성제	• 물과 기름을 섞이게 해주는 두 가지의 다른 성질을 지닌 원료 • 수성원료와 유성원료를 혼합 시에 활용 • 음이온성, 양이온성, 양쪽성, 비이온성으로 분류
고분자 화합물	• 점도 및 발림성 조절 • 피막 형성 및 사용감 개선
색 소	• 안료: 용매에 분산되는 색소로, 무기안료와 유기안료로 분류 • 염료: 용매에 용해되는 색소로 물 또는 오일에 용해
향 료	• 화장품의 향을 내기 위해 사용 • 알레르기 유발 성분의 경우 씻어내는 제품은 0.01%, 씻어내지 않는 제품은 0.001% 초과 시 해당 성분 명칭을 전성분에 따로 기재
보존제	미생물로부터의 변질을 막기 위해 배합
산화방지제	화장품의 산화를 방지하고 생산 이후의 품질을 안정적으로 유지하기 위해 배합
금속이온봉쇄제	금속이온의 생성에 의한 산화, 변색, 변취를 예방하기 위해 배합

(2) 제형의 특성

구 분	특 성
로션제	유화제 등을 넣어 유성성분과 수성성분을 균질화하여 점액상으로 만든 것
액 제	화장품에 사용되는 성분을 용제 등에 녹여서 액상으로 만든 것
크림제	유화제 등을 넣어 유성성분과 수성성분을 균질화하여 반고형상으로 만든 것
침적마스크제	액제, 로션제, 크림제, 겔제 등을 부직포 등의 지지체에 침적하여 만든 것
겔 제	액체를 침투시킨 분자량이 큰 유기분자로 이루어진 반고형상
에어로졸제	원액을 같은 용기 또는 다른 용기에 충전한 분사제의 압력을 이용하여 안개 모양, 포말상 등으로 분출하도록 만든 것
분말제	균질하게 분말상 또는 미립상으로 만든 것

(3) 제형별 주요 제조설비

① 유화 제형: 호모믹서(Homomixer)

② 가용화 제형: 아지믹서(Agi-mixer), 디스퍼(Disper)

③ 분산 제형: 호모믹서(Homomixer), 아지믹서(Agi-mixer)

④ 고형화 제형: 3단 롤러(Three roll mill), 아지믹서(Agi-mixer)

⑤ 파우더 혼합 제형: 헨셀믹서(Henschel mixer), 아토마이저(Atomizer)

⑥ 계면활성제 혼합 제형: 호모믹서(Homomixer), 아지믹서(Agi-mixer)

2 원료 및 내용물의 유효성

(1) 유효성의 정의

① 화장품의 원료는 보습효과나 세정효과 등의 효능과 효과를 나타내는 성분을 함유하여야 한다.

② 화장품의 유효성은 생리학적 유효성, 물리 · 화학적 유효성, 심리학적 유효성으로 분류할 수 있다.

(2) 유효성의 종류

구 분	특 징
생리학적 유효성	화장품 사용 후 보습작용으로 거친 피부가 개선되고 주름이 개선되며 미백, 탈모 방지, 피지 분비 조절 등의 효능을 나타내는 유효성
물리 · 화학적 유효성	화장품 사용 후 자외선 차단효과, 메이크업에 의한 기미와 주근깨, 잡티 등의 커버효과 등의 효능을 나타내는 유효성
심리학적 유효성	화장품 사용 후 체취를 방지하고 모발을 개선하며 색소와 향료 성분으로 색채 심리와 향기 요법을 통해 심리적 개선 효능을 나타내는 유효성

(3) 효능 · 효과별 성분

효능 및 효과	성 분
보습 · 유연	글리세린, 프로판다이올, 부틸렌글라이콜, 소듐하이알루로네이트, 하이알루로닉애씨드, 아미노산, 콜라겐, 콜레스테롤, 세라마이드, 베타인, 트레할로스, 솔비톨
항산화	비타민E(α–토코페롤), 녹차추출물, 포도추출물, 비타민C(아스코빅애씨드), 베타–글루칸, 상황버섯추출물, 안토시아닌, 루틴, 폴리페놀
수 렴	에탄올, 변성알코올, 탄닌, 멘톨, 페퍼민트, 위치하젤, 시트릭애씨드
항염 · 진정	알로에베라잎즙, 캐모마일, 아줄렌, 알파비사볼롤, 판테놀, 알란토인, 글리시리진산, 폴리페놀
여드름 개선	나이아신아마이드, 비타민A(레티놀), 글라이콜릭애씨드(AHA), 살리실릭애씨드(BHA), 베타인살리실레이트(BHA), 글루코노락톤(PHA), 티트리잎오일
미 백 (기능성)	알부틴, 나이아신아마이드, 닥나무추출물, 유용성감초추출물, 알파비사볼롤, 에칠아스코빌에텔, 아스코빌글루코사이드, 마그네슘아스코빌포스페이트, 아스코빌테트라이소팔미테이트
피부 재생효과	섬유모세포성장인자(FGF), 상피세포성장인자(EGF), 펩타이드, 비타민A(레티놀)
주름 개선 (기능성)	비타민A(레티놀), 레티닐팔미테이트, 아데노신, 폴리에톡실레이티드레틴아마이드
체모 제거 (기능성)	치오글리콜릭애씨드
자외선 차단 (기능성)	징크옥사이드, 티타늄디옥사이드, 에칠헥실메톡시신나메이트

핵심 주관식 다음 〈보기〉 중 여드름 개선에 효과가 없는 성분으로 가장 적합한 것을 고르시오.

〈보 기〉

나이아신아마이드, 비타민A(레티놀), 에탄올, 글라이콜릭애씨드(AHA), 살리실릭애씨드(BHA), 베타인살리실레이트(BHA), 글루코노락톤(PHA), 티트리잎오일

해설 여드름 개선에 효과가 있는 성분은 나이아신아마이드, 비타민A(레티놀), 글라이콜릭애씨드(AHA), 살리실릭애씨드(BHA), 베타인살리실레이트(BHA), 글루코노락톤(PHA), 티트리잎오일 등이며 에탄올은 수렴효과가 있는 성분이다.

정답 에탄올

3 원료 및 내용물의 규격

(1) pH

1) 정 의

① 화장품의 pH는 수소이온농도지수를 나타내는 것으로 산성, 중성, 알칼리성의 정도를 측정할 수 있다.

② 건강한 피부의 pH는 약 4.5~6.5로 약산성이다.

2) 범 위

구분(산성)	pH	구분(알칼리성)	pH
미산성	약 5.0~6.5	미알칼리성	약 7.5~9.0
약산성	약 3.0~5.0	약알칼리성	약 9.0~11.0
강산성	약 3.0 이하	강알칼리성	약 11.0 이상

3) 기 준

① 영 · 유아용 제품류(영·유아용 샴푸, 영·유아용 린스, 영·유아용 인체 세정용 제품, 영·유아용 목욕용 제품 제외), 눈 화장용 제품류, 색조 화장품 제품류, 두발용 제품류(샴푸, 린스 제외), 면도용 제품류(쉐이빙 크림, 쉐이빙 폼 제외), 기초 화장용 제품류(클렌징 워터, 클렌징 오일, 클렌징 로션, 클렌징 크림 등 메이크업 리무버 제외) 중 액체, 로션, 크림 및 이와 유사한 제형의 액상 제품은 pH 기준이 3.0~9.0이어야 한다.

② 물을 포함하지 않는 화장품이나 곧바로 물로 씻어내는 일부 제품은 제외된다.

(2) 색

① 화장품에 배합될 수 있는 색소 성분으로 무기색소와 유기색소로 구분할 수 있다.

② 화장품 변색의 여부는 화장품 원료와 내용물의 변색으로 확인할 수 있다.

> **TIP 무기색소와 유기색소**
> - 무기색소: 백색안료, 유색안료, 체질안료
> - 유기색소: 천연색소, 합성색소

(3) 향

1) 종 류

① 화장품에 배합되는 향료는 크게 합성향료와 천연향료로 구분할 수 있다.

② 천연향료는 식물성 향료와 동물성 향료로 나눌 수 있다.

2) 배합 목적

① 소비자에게 심리적인 안정감을 전달하기 위해 좋은 향을 배합한다.

② 특정 화장품 원료 고유의 특이한 냄새를 마스킹하기 위해 향을 배합한다.

3) 부향률

① 향수에 포함된 향료의 농도를 의미하며 부향률이 높을수록 강한 향이 나고 오랜 시간 동안 유지된다.

② 향수를 부향률에 따라 구분하면 다음과 같다.

구 분	부향률
퍼 퓸	15~30%
오드퍼퓸	9~15%
오드뚜왈렛	5~8%
오드코롱	3~5%
샤워코롱	2~5%

4 혼합 · 소분에 필요한 도구 · 기기 · 기구

(1) 종 류

목 적	종 류
칭 량	전자저울, 메스실린더
계 량	스파튤라, 시약스푼, 피펫, 비커
살균 · 소독	자외선 살균기
소 분	스파튤라, 시약스푼, 비커
혼합 · 교반	호모게나이저(호모믹서), 디스퍼, 마그네틱바, 핸드블렌더
가 열	항온수조
건조감량시험	Dry oven
pH 측정	pH meter
표준품 보관	데시케이터
녹는점 측정	융점 측정기

(2) 호모믹서

① 교반기에 비해 분산력이 강한 기기이다.

② 수상원료와 유상원료를 유화하여 미셀의 형성을 유도한다.

(3) 교반기

① 수상원료만 섞거나 유상원료만을 섞을 때 사용하는 기기이다.

② 호모믹서에 비해 분산력이 약하다.

(4) 소 분

① 내용물과 원료를 소분할 때 사용하는 것을 뜻한다.

② 전자식 저울, 매스실린더, 피펫(Pipette), 스테인리스 스틸(Stainless steel)의 스파튤라(Spatula), 시약수저, 나이프, 일회용 스포이드 등이 있다.

(5) 혼 합

① 내용물과 원료를 혼합할 때 사용하는 것을 뜻한다.

② 나이프, 스파튤라, 교반봉, 실리콘 재직의 주걱, 교반기, 호모믹서 등이 있다.

5 맞춤형화장품판매업 준수사항에 맞는 혼합 · 소분 활동

(1) 혼합 · 소분 활동 시 준수사항

① 반드시 맞춤형화장품 조제관리사를 채용하여 맞춤형화장품 혼합 · 소분 활동을 할 것

② 다음의 안전관리 기준을 준수할 것

- 혼합 · 소분 전에 혼합 · 소분에 사용되는 내용물 또는 원료에 대한 품질성적서를 확인할 것
- 혼합 · 소분 전에 손을 소독하거나 세정할 것. 다만, 혼합 · 소분 시 일회용 장갑을 착용하는 경우에는 그렇지 않다.
- 혼합 · 소분 전에 혼합 · 소분된 제품을 담을 포장용기의 오염 여부를 확인할 것
- 혼합 · 소분에 사용되는 장비 또는 기구 등은 사용 전에 그 위생 상태를 점검하고, 사용 후에는 오염이 없도록 세척할 것
- 그 밖에 위와 유사한 것으로서 혼합 · 소분의 안전을 위해 식품의약품안전처장이 정하여 고시하는 사항을 준수할 것

③ 제조번호, 사용기한 또는 개봉 후 사용기간, 판매일자 및 판매량을 포함한 맞춤형화장품 판매내역(전자문서로 된 판매내역서를 포함)을 작성 · 보관할 것

④ 맞춤형화장품 판매 시 해당 제품의 혼합 또는 소분에 사용된 내용물 · 원료의 내용 및 특성, 사용 시 주의사항에 대해 소비자에게 설명할 것

(2) 권장 시설기준

① 맞춤형화장품의 혼합 · 소분 공간은 다른 공간과 구분 또는 구획할 것

② 맞춤형화장품 간 혼입이나 미생물 오염 등을 방지할 수 있는 시설 또는 설비 등을 확보할 것

③ 맞춤형화장품의 품질유지 등을 위하여 시설 또는 설비 등에 대해 주기적으로 점검 · 관리할 것

TIP 구분과 구획

구분	선, 그물망 등으로 충분한 간격을 두어 착오나 혼동이 일어나지 않도록 되어 있는 상태
구 획	동일 건물 내에서 벽, 칸막이, 에어커튼 등으로 교차오염 및 외부오염물질의 혼입이 방지될 수 있도록 되어 있는 상태

(3) 작업자의 위생관리

① 혼합 · 소분 시 위생복 및 마스크(필요 시)를 착용한다.

② 피부 외상 및 증상이 있는 직원은 건강 회복 전까지 혼합 · 소분 행위를 금지한다.

③ 혼합 전 · 후에 손을 소독 및 세척한다.

(4) 맞춤형화장품 혼합 · 소분 장소의 위생관리

① 맞춤형화장품 혼합 · 소분 장소와 판매 장소는 구분 · 구획하여 관리한다.

② 적절한 환기시설을 구비한다.

③ 작업대, 바닥, 벽, 천장 및 창문의 청결을 유지한다.

④ 혼합 전 · 후에 작업자의 손 세척 및 장비 세척을 위한 세척시설을 구비한다.

⑤ 방충 · 방서 대책을 마련하고 정기적으로 점검 · 확인한다.

(5) 맞춤형화장품 혼합 · 소분 장비 및 도구의 위생관리

① 사용 전 · 후 세척 등을 통해 오염을 방지한다.

② 작업 장비 및 도구 세척 시에 사용되는 세제 · 세척제는 잔류하거나 표면 이상을 초래하지 않는 것을 사용한다.

③ 세척한 작업 장비 및 도구는 잘 건조하여 다음 사용 시까지 오염을 방지한다.

④ 자외선 살균기 이용 시 다음 사항을 준수한다.

- 충분한 자외선 노출을 위해 적당한 간격을 두고 장비 및 도구가 서로 겹치지 않게 한 층으로 보관할 것
- 살균기 내 자외선램프의 청결 상태를 확인 후 사용할 것

충진 및 포장

제품에 맞는 충진방법

(1) 정 의

① 충진은 용기에 어떤 물질을 채우거나 빈 공간을 채운다는 의미로, 화장품 용기에 내용물을 채우는 작업을 뜻한다.

② 맞춤형화장품에 사용되는 용기의 종류에는 유리, 플라스틱, 금속, 종이 등이 있다.

(2) 충진기의 종류

종 류	충진기
크 림	피스톤 방식 충진기
액 체	액체 충진기
파우더	파우더 충진기
파우치	파우치 방식 충진기
튜 브	튜브 충진기

(3) 용기의 종류

종 류	정 의
기밀용기	일상의 취급 또는 보통 보존상태에서 액상 또는 고형의 이물이 침입하지 않고 화장품의 내용물을 손실, 풍화, 흡습용해 또는 증발로부터 보호할 수 있는 용기
밀봉용기	일상의 취급 또는 보통 보존상태에서 화장품의 내용물에 기체 또는 미생물이 침입할 염려가 없는 용기
밀폐용기	일상의 취급 또는 보통 보존상태에서 외부로부터 고형의 이물이 들어가는 것을 방지하고 화장품의 내용물이 손실되지 않도록 보호할 수 있는 용기
차광용기	광선의 투과를 방지하는 용기 또는 투과를 방지하는 포장을 한 용기

핵심 주관식 광선의 투과를 방지하는 용기 또는 투과를 방지하는 포장을 한 용기를 (　　　)라 한다. 빈칸에 들어갈 단어를 작성하시오.

정답 차광용기

2 제품에 적합한 포장방법

(1) 제품의 포장재질에 관한 기준

① 제조자 등(제품을 제조·수입 또는 판매하는 자)은 재활용이 쉬운 포장재를 사용하고, 중금속이 함유된 재질의 포장재를 제조하거나 유통시키지 아니하도록 하며 환경부장관이 고시하는 권장기준을 준수하도록 노력하여야 한다.

② 제조자 등은 제품을 포장할 때에는 포장재의 사용량과 포장횟수를 줄여 불필요한 포장을 억제하여야 한다.

③ 색조화장품(메이크업)류를 제조하는 자는 그 포장용기를 재사용할 수 있는 제품의 생산량이 해당 제품 총생산량에서 차지하는 비율이 100분의 10 이상이 되도록 노력하여야 한다.

④ 제품별 포장용기 재사용 제품의 생산량 기준

구 분	기 준
화장품 중 색조화장품(메이크업)류	100분의 10 이상
합성수지 용기를 사용한 액체 세제류 · 분말 세제류	100분의 50 이상
두발용 화장품 중 샴푸 · 린스류	100분의 25 이상
위생용 종이 제품 중 물티슈(물휴지)류	100분의 60 이상

(2) 제품의 포장방법에 관한 기준

제품의 종류		기 준	
		포장공간비율	포장횟수
단위제품	인체 및 두발 세정용 제품류	15% 이하	2차 이내
	그 밖의 화장품류 (방향제를 포함)	10% 이하 (향수 제외)	2차 이내
종합제품		25% 이하	2차 이내

① "단위제품"이란 1회 이상 포장한 최소 판매단위의 제품을 말하고, "종합제품"이란 같은 종류 또는 다른 종류의 최소 판매단위의 제품을 2개 이상 함께 포장한 제품을 말한다.

※ 다만, 주 제품을 위한 전용 계량 도구나 그 구성품, 소량(30g 또는 30ml 이하)의 비매품(증정품) 및 설명서, 규격서, 메모카드와 같은 참조용 물품은 종합제품을 구성하는 제품으로 보지 않는다.

② 제품의 특성상 1개씩 낱개로 포장한 후 여러 개를 함께 포장하는 단위제품의 경우 낱개의 제품포장은 포장공간비율 및 포장횟수의 적용대상인 포장으로 보지 않는다.

③ 제품의 제조 · 수입 또는 판매 과정에서의 부스러짐 방지 및 자동화를 위하여 받침접시를 사용하는 경우에는 이를 포장횟수에서 제외한다.

④ 종합제품의 경우 종합제품을 구성하는 각각의 단위제품은 제품별 포장공간비율 및 포장횟수 기준에 적합하여야 하며, 단위제품의 포장공간비율 및 포장횟수는 종합제품의 포장공간비율 및 포장횟수에 산입(算入)하지 않는다.

⑤ 종합제품으로서 복합합성수지재질 · 폴리비닐클로라이드재질 또는 합성섬유재질로 제조된 받침접시 또는 포장용 완충재를 사용한 제품의 포장공간비율은 20% 이하로 한다.

⑥ 단위제품인 화장품의 내용물 보호 및 훼손 방지를 위해 2차 포장 외부에 덧붙인 필름(투명 필름류만 해당)은 포장횟수의 적용대상인 포장으로 보지 않는다.

(3) 안전용기 · 포장

1) 안전용기 · 포장

화장품책임판매업자 및 맞춤형화장품판매업자는 화장품을 판매할 때에는 어린이가 화장품을 잘못 사용하여 인체에 위해를 끼치는 사고가 발생하지 아니하도록 안전용기 · 포장을 사용하여야 한다.

2) 대상 제품

① 아세톤을 함유하는 네일 에나멜 리무버 및 네일 폴리시 리무버

② 어린이용 오일 등 개별포장당 탄화수소류를 10% 이상 함유하고 운동점도가 21센티스톡스(섭씨 40도 기준) 이하인 비에멀젼 타입의 액체상태의 제품

③ 개별포장당 메틸 살리실레이트를 5% 이상 함유하는 액체상태의 제품

3 맞춤형화장품의 라벨링

① 혼합 및 소분한 맞춤형화장품을 새로운 용기에 충진하여 판매하는 경우, 새로운 용기에 스티커를 부착하여 기재사항을 표시한다.

② 기존 화장품 용기에 성분을 첨가 및 혼합하여 판매하는 경우 기존 라벨 및 기재사항을 수정하기 위해 기존 라벨을 제거하고 새로운 라벨을 부착하거나, 기존 라벨 위에 새로운 라벨을 부착하는 오버라벨링(Over-labeling) 방식을 통해 기재사항을 표시한다.

재고관리

원료 및 내용물의 재고 파악

(1) 재고관리의 정의

맞춤형화장품판매업소는 맞춤형화장품 조제를 위한 혼합 및 소분에 사용되는 원료 및 내용물의 적정 재고를 구비하여 사용하지 못하는 불용재고가 없도록 관리하는 것이 중요하다.

(2) 재고관리의 원칙

① 재고의 회전을 보증하기 위한 방법이 확립되어 있어야 한다. 따라서 특별한 경우를 제외하고, 가장 오래된 재고가 제일 먼저 불출되도록 선입선출한다.

② 재고의 신뢰성을 보증하고, 모든 중대한 모순을 조사하기 위해 주기적인 재고조사가 시행되어야 한다.

③ 원료 및 포장재는 정기적으로 재고조사를 실시한다.

④ 장기 재고품의 처분 및 선입선출 규칙의 확인이 목적이다.

⑤ 중대한 위반품이 발견되었을 때에는 일탈처리를 한다.

⑥ 원료 및 내용물은 품질에 나쁜 영향을 미치지 아니하는 조건에서 보관하여야 하며 보관기한을 설정하여야 한다.

⑦ 원료 및 내용물은 바닥과 벽에 닿지 아니하도록 보관하고, 선입선출에 의하여 출고할 수 있도록 보관하여야 한다.

⑧ 원료, 시험 중인 제품 및 부적합품은 각각 구획된 장소에서 보관하여야 한다. 다만, 서로 혼동을 일으킬 우려가 없는 시스템에 의하여 보관되는 경우에는 그러하지 아니한다.

⑨ 설정된 보관기간이 지나면 사용의 적절성을 결정하기 위해 재평가시스템을 확립하여야 하며, 동 시스템을 통해 보관기간이 경과한 경우 사용하지 않도록 규정하여야 한다.

TIP 선입선출과 선한선출

- 선입선출(First In First Out): 먼저 재고로 들어온 것부터 우선적으로 사용하는 원칙
- 선한선출(First Expired First Out): 먼저 유효기한에 도달하는 원자재를 우선적으로 사용하는 원칙

2 적정 재고를 유지하기 위한 발주

(1) 화장품 원료의 발주 관리

① 생산 계획서를 바탕으로 필요 원료량을 산출한다.

② 산출된 원료량을 기준으로 적정 재고를 관리하고 발주 계획을 설정한다.

(2) 포장재의 발주 관리

① 생산 계획서를 바탕으로 발주 계획을 설정한다.

② 발주 계획에 따라 포장재 생산 및 입고에 소요되는 기간을 파악하여 적절한 시기에 포장재가 입고될 수 있도록 발주를 관리한다.

memo

문제편

합격예상문제

실전모의고사

제1회

합격예상문제

선다형

3회독 □□□

01 다음 중 맞춤형화장품판매업을 신고할 수 있는 자로 적합한 것을 모두 고른 것은?

> ㄱ. 피성년후견인 또는 파산선고를 받고 복권되지 아니한 자
> ㄴ. 「마약류관리에 관한 법률」 제2조 제1호에 따른 마약류의 중독자
> ㄷ. 등록이 취소되거나 영업소가 폐쇄된 날로부터 1년이 지나지 아니한 자
> ㄹ. 「정신건강증진 및 정신질환자 복지서비스 지원에 관한 법률」 제3조 제1호에 따른 정신질환자
> ㅁ. 이 법 또는 보건범죄 단속에 관한 특별조치법을 위반하여 금고 이상의 형을 선고받고 그 집행이 끝나지 아니한 자 또는 그 집행을 받지 아니하기로 확정되지 아니한 자

① ㄱ, ㄴ
② ㄱ, ㄷ
③ ㄴ, ㄷ
④ ㄴ, ㄹ
⑤ ㄹ, ㅁ

정답 ④

해설

ㄴ. 「마약류관리에 관한 법률」에 따른 마약류의 중독자는 화장품제조업을 신고할 수 없다. 하지만 맞춤형화장품판매업 신고 제한 사항은 법률로 존재하지 않는다.

ㄹ. 정신질환자는 화장품제조업을 신고할 수 없다. 다만 전문의가 화장품제조업자로 적합하다고 인정한 경우 그렇지 않다. 맞춤형화장품판매업 신고 제한 사항은 법률로 존재하지 않는다.

3회독 □□□

02 다음 중 개인정보 보호 원칙으로 옳지 않은 것은?

① 개인정보의 정확성, 완전성 및 최신성이 보장되도록 하여야 한다.
② 익명처리가 가능한 경우에는 실명으로 개인정보를 처리하여야 한다.
③ 정보주체의 사생활 침해를 최소화하는 방법으로 개인정보를 처리하여야 한다.
④ 목적에 필요한 범위에서 최소한의 개인정보만을 적법하고 정당하게 수집하여야 한다.
⑤ 정보주체의 권리가 침해받을 가능성과 그 위험 정도를 고려하여 개인정보를 안전하게 관리하여야 한다.

정답 ②

해설

개인정보는 정확성, 완전성, 최신성이 보장되어야 하고, 정보주체의 사생활 침해를 최소화하고 최소한의 개인정보를 처리하는 것이 중요하며 안전한 관리가 필수이다. 또한 가능한 경우 개인정보는 익명으로 처리한다.

3회독 □□□

03 다음 중 개인정보를 수집 및 이용할 수 있는 범위에 해당하지 <u>않는</u> 것은?

① 정보주체의 동의를 받은 경우
② 공공기관이 법령 등에서 정하는 소관 업무의 수행을 위하여 불가피한 경우
③ 법률에 특별한 규정이 있거나 법령상 의무를 준수하기 위하여 불가피한 경우
④ 명백히 정보주체 또는 제3자의 급박한 생명, 신체, 재산의 이익을 위하여 필요하다고 인정되는 경우
⑤ 정보주체의 정당한 이익을 달성하기 위하여 필요한 경우로서 명백하게 개인정보처리자의 권리보다 우선하는 경우

정답 ⑤

해설

개인정보처리자의 정당한 이익을 달성하기 위하여 필요한 경우로서 명백하게 정보주체의 권리보다 우선하는 경우, 개인정보처리자의 정당한 이익과 상당한 관련이 있고 합리적인 범위를 초과하지 않은 경우에 한한다. 따라서 ⑤은 정보주체와 개인정보처리자가 바뀐 것으로 개인정보를 수집 및 이용할 수 있는 범위에 해당하지 않는다.

3회독 □□□

04 다음 중 화장품의 정의로 옳지 <u>않은</u> 것은?

① 인체에 대한 작용이 경미한 것이다.
② 「약사법」 제2조 제4호의 의약품에 해당하는 물품은 제외한다.
③ 피부 · 모발 · 구강의 건강을 유지 또는 증진하기 위한 물품이다.
④ 인체를 청결 · 미화하여 매력을 더하고 용모를 밝게 변화시키는 물품이다.
⑤ 인체에 바르고 문지르거나 뿌리는 등 이와 유사한 방법으로 사용되는 물품이다.

정답 ③

해설

구강 건강의 유지 또는 증진은 해당하지 않는다.

3회독 □□□

05 다음 중 화장품의 유형과 제품이 바르게 연결된 것은?

① 마사지 크림 – 목욕용 제품류
② 마스카라 – 색조 화장용 제품류
③ 데오도런트 – 체모 제거용 제품류
④ 메이크업 베이스 – 기초화장용 제품류
⑤ 손 · 발의 피부연화 제품 – 기초화장용 제품류

정답 ⑤

해설

① 마사지 크림: 기초화장용 제품류
② 마스카라: 눈 화장용 제품류
③ 데오도런트: 체취 방지용 제품류
④ 메이크업 베이스: 색조 화장용 제품류

3회독 □□□

06 다음 중 회수 대상 화장품이 아닌 것은?

① 병원미생물에 오염된 화장품
② 전부 또는 일부가 변패(變敗)된 화장품
③ 안전용기 · 포장 등에 관한 규칙에 위반되는 화장품
④ 맞춤형화장품 조제관리사를 두고 판매한 맞춤형화장품
⑤ 사용기한 또는 개봉 후 사용기간을 위조 · 변조한 화장품

정답 ④

해설

맞춤형화장품 조제관리사를 두고 판매한 적법한 맞춤형화장품은 회수 대상 화장품이 아니다.

3회독 □□□

07 다음 중 과태료 부과기준에 해당하지 않는 것은?

① 폐업 등의 신고를 하지 아니한 경우
② 화장품의 판매 가격을 표시하지 아니한 경우
③ 화장품에 의약품으로 잘못 인식할 우려가 있게 기재 · 표시한 경우
④ 화장품의 생산실적 또는 수입실적 또는 화장품 원료의 목록 등을 보고하지 아니한 경우
⑤ 맞춤형화장품 조제관리사가 화장품의 안전성 확보 및 품질관리에 대한 교육을 매년 받아야 하는 명령을 위반한 경우

정답 ③

해설

화장품에 의약품으로 잘못 인식할 우려가 있게 기재 · 표시한 경우 1년 이하의 징역 또는 1천만원 이하의 벌금에 처한다. 과태료와 벌금의 차이를 구분하는 것이 중요하다.

3회독 □□□

08 다음 중 화장품의 색소 종류와 기준 및 시험방법상 용어에 대한 설명으로 옳지 않은 것은?

① 희석제: 색소를 용이하게 사용하기 위하여 혼합되는 성분을 말한다.

② 순색소: 중간체, 희석제, 기질 등을 포함하지 아니한 순수한 색소를 말한다.

③ 기질: 레이크 제조 시 순색소를 확산시키는 목적으로 사용되는 물질을 말한다.

④ 레이크: 화장품이나 피부에 색을 띠게 하는 것을 주요 목적으로 하는 성분을 말한다.

⑤ 타르색소: 색소 중 콜타르, 그 중간생성물에서 유래되었거나 유기합성하여 얻은 색소 및 그 레이크, 염, 희석제와의 혼합물을 말한다.

정답 ④

해설

레이크는 타르색소를 기질에 흡착, 공침 또는 단순한 혼합이 아닌 화학적 결합에 의하여 확산시킨 색소를 말한다.

3회독 □□□

09 다음 중 화장품 보존제와 사용한도가 올바르게 연결된 것은?

① 클로페네신 – 0.5%

② 페녹시에탄올 – 1.0%

③ 징크피리치온 – 0.3%

④ 살리실릭애씨드 – 0.3%

⑤ 디엠디엠하이단토인 – 0.8%

정답 ②

해설

① 클로페네신 – 0.3%

③ 징크피리치온 – 사용 후 씻어내는 제품에 0.5%

④ 살리실릭애씨드 – 0.5%(사용 후 씻어내는 제품에 2%)

⑤ 디엠디엠하이단토인 – 0.6%

3회독 □□□

10 **다음 중 자외선 차단 성분과 최대 함량이 바르게 연결된 것은?**

① 옥토크릴렌 – 10%

② 시녹세이트 – 15%

③ 징크옥사이드 – 15%

④ 4–메칠벤질리덴캠퍼 – 8%

⑤ 에칠헥실살리실레이트 – 20%

정답 ①

해설 자외선 차단 성분과 최대 함량

- 옥토크릴렌 – 10%
- 시녹세이트 – 5%
- 징크옥사이드 – 25%
- 4–메칠벤질리덴캠퍼 – 4%
- 에틸헥실살리실레이트 – 5%

3회독 □□□

11 **다음 중 해당하는 성분을 0.5% 이상 함유하는 제품의 경우 해당 품목의 안정성시험 자료를 최종 제조된 제품의 사용기한이 만료되는 날부터 1년간 보존하지 않아도 되는 성분은?**

① 과산화화합물

② 토코페롤(비타민 E)

③ 레티놀(비타민 A) 및 그 유도체

④ 피리독신(비타민 B) 및 그 유도체

⑤ 아스코빅애씨드(비타민 C) 및 그 유도체

정답 ④

해설

레티놀(비타민 A) 및 그 유도체, 아스코빅애시드(비타민 C) 및 그 유도체, 토코페롤(비타민 E), 과산화화합물, 효소를 0.5% 이상 함유하는 제품의 경우 해당 품목의 안정성시험 자료를 최종 제조된 제품의 사용기한이 만료되는 날로부터 1년간 보존해야 한다.

3회독 □□□

12 **다음 중 화장품의 안전성에 대한 설명으로 옳지 않은 것은?**

① 유해사례는 반드시 당해 화장품과의 인과관계가 있어야 한다.
② 선천적 기형 또는 이상을 초래하는 경우 중대한 유해사례에 해당한다.
③ 입원 또는 입원기간의 연장이 필요한 경우는 중대한 유해사례에 해당한다.
④ 지속적 또는 중대한 불구나 기능저하를 초래하는 경우 중대한 유해사례에 해당한다.
⑤ 안전성 정보는 화장품과 관련하여 국민보건에 직접 영향을 미칠 수 있는 안전성 · 유효성에 관한 새로운 자료, 유해사례 정보 등을 말한다.

정답 ①

해설
유해사례란 화장품의 사용 중 발생한 바람직하지 않고 의도되지 아니한 징후, 증상 또는 질병을 말하며, 당해 화장품과 반드시 인과관계를 가져야 하는 것은 아니다.

3회독 □□□

13 **다음 〈보기〉 중 기능성화장품의 심사에서 필요한 안전성 관련 자료를 모두 고른 것은?**

〈보 기〉

ㄱ. 2차 피부 자극시험 자료
ㄴ. 다회 투여 독성시험 자료
ㄷ. 동물 첩포시험(貼布試驗) 자료
ㄹ. 피부 감작성시험(感作性試驗) 자료
ㅁ. 안(眼)점막 자극 또는 그 밖의 점막 자극시험 자료

① ㄱ, ㄴ
② ㄱ, ㄷ
③ ㄴ, ㄷ
④ ㄷ, ㄹ
⑤ ㄹ, ㅁ

정답 ⑤

해설 기능성화장품의 심사에 필요한 안전성 관련 자료

- 단회 투여 독성시험 자료
- 1차 피부 자극시험 자료
- 안점막 자극 또는 기타 점막 자극시험 자료
- 피부 감작성시험 자료
- 광독성 및 광감작성시험 자료
- 인체 첩포시험 자료
- 인체 누적첩포시험 자료(인체 적용시험 자료에서 피부이상반응 발생 등 안전성 문제가 우려된다고 판단되는 경우에 한함)

3회독 □□□

14 **다음 중 기능성화장품에 해당하지 않는 것은?**

① 여드름성 피부를 완화하는 데 도움을 주는 화장품
② 일시적으로 모발의 색상을 변화시키는 기능을 가진 화장품
③ 피부에 탄력을 주어 피부의 주름을 완화 또는 개선하는 기능을 가진 화장품
④ 자외선을 차단 또는 산란시켜 자외선으로부터 피부를 보호하는 기능을 가진 화장품
⑤ 피부에 침착된 멜라닌색소의 색을 엷게 하여 피부의 미백에 도움을 주는 기능을 가진 화장품

정답 ②

해설

모발의 색상을 변화시키는 화장품은 기능성화장품에 해당하지만, 일시적으로 색상을 변화시키는 제품은 제외한다.

3회독 □□□

15 **다음 〈보기〉 중 화장품의 내용물이 갖추어야 할 주요 품질요소를 모두 고른 것은?**

〈보 기〉

ㄱ. 안전성
ㄴ. 안정성
ㄷ. 생산성
ㄹ. 판매성
ㅁ. 사용성

① ㄱ, ㄴ, ㄹ
② ㄱ, ㄴ, ㅁ
③ ㄴ, ㄷ, ㄹ
④ ㄴ, ㄹ, ㅁ
⑤ ㄷ, ㄹ, ㅁ

정답 ②

해설

화장품의 내용물은 안전성, 안정성, 사용성, 유효성(유용성)을 품질요소로 갖추어야 한다.

3회독 □□□

16 **다음 중 화장품 원료의 특성에 대한 설명으로 옳은 것은?**

① 고급지방산은 R-COOH 화학식의 물질로, 여기에는 글라이콜릭애씨드가 해당된다.
② 알코올은 R-OH 화학식의 물질로, 탄소수가 1~3개인 알코올에는 스테아릴알코올이 있다.
③ 실리콘오일은 철, 질소로 구성되어 있고 퍼발림성이 우수하며, 다이메치콘이 여기 해당된다.
④ 왁스는 고급지방산과 고급알코올의 에테르결합으로 구성되어 있고, 여기에는 팔미틱산이 해당된다.
⑤ 점증제는 에멀젼의 안정성을 높이고 점도를 증가시키기 위해 사용되며, 여기에는 카보머가 해당된다.

정답 ⑤

해설

① 글라이콜릭애씨드는 AHA 성분으로 각질 제거에 도움을 주는 성분이다.

② 스테아릴알코올의 탄소수는 18개이다.

③ 실리콘오일은 실록산 결합을 갖는 유기규소 화합물에 해당된다.

④ 팔미틱산은 불포화 지방산 성분에 해당된다.

⑤ 카보머는 대표적인 화장품 점도 증가 성분으로 고분자 화합물에 해당된다.

3회독 □□□

17 천연원료에서 석유화학 용제를 이용하여 추출하는 원료 중 천연화장품에만 사용할 수 있는 것은?

① 안나토

② 라놀린

③ 오리자놀

④ 앱솔루트

⑤ 피토스테롤

정답 ④

해설

앱솔루트, 콘크리트, 레지노이드(Absolutes, Concretes, Resinoids)는 천연화장품에만 허용되어 사용할 수 있다.

3회독 □□□

18 다음 중 맞춤형화장품 조제관리사의 교육에 관한 설명으로 옳지 않은 것은?

① 교육시간은 4시간 이상, 8시간 이하로 한다.

② 교육내용에 관한 세부 사항은 식품의약품안전처장의 승인을 받아야 한다.

③ 교육의 실시 기관, 내용, 대상 및 교육비 등에 관하여 필요한 사항은 대통령령으로 정한다.

④ 맞춤형화장품 조제관리사는 화장품의 안전성 확보 및 품질관리에 관한 교육을 매년 받아야 한다.

⑤ 교육내용은 화장품 관련 법령 및 제도에 관한 사항, 화장품의 안전성 확보 및 품질관리에 관한 사항 등으로 한다.

정답 ③

해설

맞춤형화장품 조제관리사 교육의 실시 기관, 내용, 대상 및 교육비 등에 관하여 필요한 사항은 총리령으로 정한다.

3회독 □□□

19 **다음 중 탈모 증상의 완화에 도움을 줄 수 있는 기능성 원료가 아닌 것은?**

① 비오틴
② L-멘톨
③ 덱스판테놀
④ 징크피리치온
⑤ 치오글리콜산

정답 ⑤

해설

치오글리콜산은 체모를 제거하는 기능성 화장품에 배합되는 기능성 원료로, 털의 구성성분인 케라틴을 변성시켜 몸의 과다한 털이나 원치 않는 털을 없애는 데 도움을 준다.

3회독 □□□

20 **다음 중 안전용기를 사용하여야 하는 품목으로 옳은 것은?**

① 일회용 제품
② 압축 분무용기 제품
③ 용기 입구 부분이 펌프로 작동되는 분무용기 제품
④ 용기 입구 부분이 방아쇠로 작동되는 분무용기 제품
⑤ 개별포장당 메틸 살리실레이트를 5% 이상 함유하는 액체 상태의 제품

정답 ⑤

해설

안전용기 및 포장을 사용하여야 하는 품목은 다음과 같다. 다만, 일회용 제품, 용기 입구 부분이 펌프 또는 방아쇠로 작동되는 분무용기 제품, 압축 분무용기 제품(에어로졸 제품 등)은 제외한다.

- 아세톤을 함유하는 네일 에나멜 리무버 및 네일 폴리시 리무버
- 어린이용 오일 등 개별포장당 탄화수소류를 10퍼센트 이상 함유하고 운동점도가 21센티스톡스(섭씨 40도 기준) 이하인 비에멀젼 타입의 액체상태의 제품
- 개별포장당 메틸 살리실레이트를 5퍼센트 이상 함유하는 액체상태의 제품

3회독 □□□

21 **다음 〈보기〉는 천연화장품 및 유기농화장품의 기준에 관한 규정이다. 빈칸에 들어갈 숫자를 차례로 나열한 것은?**

〈보 기〉

- 천연화장품은 중량 기준으로 천연 함량이 전체 제품에서 (㉠)% 이상으로 구성되어야 한다.
- 유기농화장품은 중량 기준으로 유기농 함량이 전체 제품에서 (㉡)% 이상이어야 하며, 유기농 함량을 포함한 천연 함량이 전체 제품에서 (㉢)% 이상으로 구성되어야 한다.

① 90, 5, 90
② 90, 10, 90
③ 95, 5, 95
④ 95, 10, 95
⑤ 95, 15, 95

정답 ④

해설

- 천연화장품은 중량 기준으로 천연 함량이 제품 전체에서 95% 이상으로 구성되어야 한다.
- 유기농화장품은 중량 기준으로 유기농 함량이 제품 전체에서 10% 이상이어야 하며, 유기농 함량을 포함한 천연 함량이 전체 제품에서 95% 이상으로 구성되어야 한다.

3회독 □□□

22 **다음 중 기능성 효능 · 효과를 나타내는 성분명과 화장품에 사용될 때의 최대 함량이 올바르게 연결된 것은?**

① 옥토크릴렌 – 5%
② 닥나무추출물 – 2%
③ 징크옥사이드 – 10%
④ 알파–비사보롤 – 2%
⑤ 살리실릭애씨드 – 0.5%

정답 ②

해설

① 옥토크릴렌 – 10%
③ 징크옥사이드 – 25%
④ 알파–비사보롤 – 0.5%
⑤ 살리실릭애씨드 – 인체세정용 제품에 한하여 2%, 영유아 및 만 13세 이하 어린이용 제품(샴푸 제외)에 배합금지

3회독 □□□

23 **다음 중 맞춤형화장품의 원료 특성에 대한 설명으로 옳은 것은?**

① 고분자화합물은 화장품의 점성을 높이고 피막을 형성하기 위해 사용된다.

② 산화방지제는 금속이온의 활성을 억제하고 자외선을 방어하기 위해 사용된다.

③ 계면활성제는 수분 증발을 억제하고 사용 감촉을 향상시키는 목적으로 사용된다.

④ 금속이온봉쇄제는 한 분자 내에서 친수기와 친유기를 동시에 갖는 물질로 화장품의 안정성을 높이기 위해 사용된다.

⑤ 유성원료는 피부의 홍반, 그을림, 흑화 등을 완화하는 데 도움을 주며 화장품 내용물 변화를 방어하는 목적으로 사용된다.

정답 ①

해설

② 자외선차단제: 자외선을 방어하기 위해 사용된다.

③ 계면활성제: 한 분자 내에서 친수기와 친유기를 동시에 갖는 물질로 화장품의 안정성을 높이기 위해 사용된다.

④ 금속이온봉쇄제: 금속이온의 활성을 억제하기 위해 사용된다.

⑤ 유성원료: 수분 증발을 억제하고 사용 감촉을 향상시키는 목적으로 사용된다.

3회독 □□□

24 **다음 〈보기〉 중 화장품의 혼합에 사용할 수 있는 원료를 모두 고른 것은?**

〈보 기〉

ㄱ. 우레아
ㄴ. 알지닌
ㄷ. 트리클로산
ㄹ. 파이틱애씨드
ㅁ. 징크피리치온
ㅂ. 에틸헥실글리세린

① ㄱ, ㄴ, ㄷ　　② ㄱ, ㄴ, ㄹ

③ ㄴ, ㄷ, ㅁ　　④ ㄴ, ㄹ, ㅂ

⑤ ㄷ, ㅁ, ㅂ

정답 ④

해설

화장품에 사용상의 제한이 필요한 원료와 화장품에 사용할 수 없는 원료는 맞춤형화장품에 사용할 수 없다. 〈보기〉 중 우레아, 트리클로산, 징크피리치온은 사용상의 제한이 필요한 원료이기 때문에 맞춤형화장품 혼합에 사용할 수 없다.

3회독 □□□

25 **다음 중 천연화장품에 사용 가능한 보존제로 옳은 것은?**

① 징크피리치온

② 페녹시에탄올

③ 소듐아이오데이트

④ 디엠디엠하이단 토인

⑤ 소르빅애씨드 및 그 염류

정답 ⑤

해설 천연화장품 허용 합성원료

- 합성 보존제 및 변성제: 벤조익애씨드 및 그 염류, 벤질알코올, 살리실릭애씨드 및 그 염류, 소르빅애씨드 및 그 염류, 데하이드로아세틱애씨드 및 그 염류, 데나토늄벤조에이트, 3급부틸알코올, 기타 변성제(프탈레이트류 제외), 이소프로필알코올, 테트라소듐글루타메이트디아세테이트
- 천연 유래와 석유화학 부분을 모두 포함하고 있는 원료: 디알킬카보네이트, 알킬아미도프로필베타인, 알킬메칠글루카미드, 알킬암포아세테이트/디아세테이트, 알킬글루코사이드카르복실레이트, 카르복시메칠 – 식물 폴리머, 식물성 폴리머 – 하이드록시프로필트리모늄클로라이드, 디알킬디모늄클로라이드, 알킬디모늄하이드록시프로필하이드로라이즈드식물성단백질

3회독 □□□

26 **다음 중 유통화장품 안전관리의 허용기준치 안에 해당하지 않는 것을 모두 고른 것은?**

ㄱ. 디옥산 50㎍/g
ㄴ. 비소 5㎍/g
ㄷ. 황색포도상구균 10/g(mL)
ㄹ. 카드뮴 3㎍/g
ㅁ. 안티몬 20㎍/g

① ㄱ, ㄴ

② ㄱ, ㄷ

③ ㄴ, ㄷ

④ ㄷ, ㄹ

⑤ ㄷ, ㅁ

정답 ⑤

해설

ㄷ. 대장균, 녹농균, 황색포도상구균: 불검출

ㅁ. 안티몬: 10㎍/g

3회독 □□□

27 **다음 중 천연화장품 및 유기농화장품의 제조에서 금지되는 공정이 아닌 것은?**

① 포름알데하이드 사용
② 유전자 변형 원료 배합
③ 니트로스아민류 배합 및 생성
④ 이온교환(Ionic Exchange) 공정
⑤ 공기, 산소, 질소, 이산화탄소, 아르곤 가스 외의 분사제 사용

정답 ④

해설
이온교환 공정은 화장품 원료로 사용되는 정제수를 만들기 위해 이용되는 공정으로, 천연화장품 및 유기농화장품의 제조에서 금지되는 공정이 아니다.

3회독 □□□

28 **다음 중 제품의 적절한 보관관리를 위한 고려사항으로 옳지 않은 것은?**

① 물질의 특징 및 특성에 맞도록 보관 · 취급되어야 한다.
② 보관 조건은 각각의 원료와 포장재에 적합하여야 한다.
③ 원료와 포장재가 재포장될 경우 원래의 용기와 다르게 표시되어야 한다.
④ 과도한 열기, 추위, 햇빛 또는 습기에 노출되어 변질되는 것을 방지할 수 있어야 한다.
⑤ 원료 및 포장재의 관리는 물리적 격리(Quarantine) 등의 방법을 통해 의심스러운 물질의 허가되지 않은 사용을 방지할 수 있어야 한다.

정답 ③

해설
원료 및 포장재의 재포장 시 원래의 용기와 동일한 라벨링을 부착하여야 한다.

3회독 □□□

29 **다음 중 화장품의 안전용기 · 포장 등의 사용의무와 기준에 대한 설명으로 옳지 않은 것은?**

① 용기 · 포장은 성인 및 만 10세 어린이에게 개봉하기 어렵게 설계 · 고안되어야 한다.
② 만 5세 미만의 어린이가 개봉하기는 어렵게 설계되고 고안된 용기 · 포장이어야 한다.
③ 아세톤을 함유하는 네일 에나멜 리무버 및 네일 폴리시 리무버는 안전용기 · 포장의 대상이다.
④ 개별포장당 메틸살리실레이트를 5% 이상 함유하는 액체상태의 제품은 안전용기 · 포장의 대상이다.
⑤ 어린이가 화장품을 잘못 사용하여 인체에 위해를 끼치는 사고가 발생하지 않도록 한 안전용기 · 포장을 사용하여야 한다.

정답 ①

해설

안전용기 · 포장은 성인이 개봉하기는 어렵지 않으나 만 5세 미만의 어린이가 개봉하기는 어렵게 된 것이어야 한다.

3회독 □□□

30 **다음 중 포장재의 입고 · 보관에 대한 설명으로 옳지 않은 것은?**

① 원료와 포장재가 재포장될 경우 기존 용기와 별도로 표시하여야 한다.
② 포장재는 제조단위별로 각각 구분하여 관리하며 선입선출 방식으로 출고하여야 한다.
③ 포장재는 검사 중, 적합, 부적합에 따라 각각의 구분된 공간에 별도로 보관되어야 한다.
④ 자동화 창고와 같이 혼동을 방지할 수 있는 경우에는 해당 시스템을 통해 관리하여야 한다.
⑤ 포장재 선적 용기에 대하여 확실한 표기 오류, 용기 손상, 봉인 파손, 오염 등에 대해 육안으로 검사하여야 한다.

정답 ①

해설

원료와 포장재의 재포장 시 원래의 용기와 동일한 라벨링을 부착한다.

3회독 □□□

31 **다음 중 화장품 제조에 사용된 성분 및 내용물의 중량을 표시하는 방법으로 옳은 것은?**

① 화장비누의 경우 수분을 포함한 중량만을 표시해야 한다.
② 혼합원료는 혼합된 개별 성분의 명칭을 기재 · 표시할 수 없다.
③ 비누화 반응을 거치는 성분은 비누화 반응에 따른 생성물로 기재 · 표시할 수 없다.
④ 산성도(pH) 조절 목적으로 사용되는 성분은 중화반응에 따른 생성물로 기재 · 표시할 수 있다.
⑤ 착향제의 구성 성분 중 식품의약품안전처장이 정하여 고시한 알레르기 유발 성분이 있는 경우에는 향료로 표시할 수 있다.

정답 ④

해설

① 화장비누의 경우 수분중량과 건조중량을 모두 표시해야 한다.
② 혼합원료는 혼합된 개별 성분의 명칭을 기재 · 표시한다.
③ 비누화반응을 거치는 성분은 비누화반응에 따른 생성물로 기재 · 표시할 수 있다.
⑤ 착향제는 향료로 표시할 수 있다. 단, 식약처장은 착향제의 구성성분 중 알레르기 유발물질로 알려져 있는 성분이 함유되어 있는 경우 그 성분을 기재 · 표시해야 한다.

3회독 □□□

32 **다음 중 위해성평가의 수행에 대한 내용으로 옳은 것은?**

① 보건복지부 장관은 위해성평가 결과에 대한 교차검증을 위하여 위원회의 자문을 받을 수 있다.

② 동물 실험결과, 동물대체 실험결과 등의 불확실성 등을 보정하여 인체노출 허용량을 결정하는 것은 노출평가에 해당한다.

③ 특정집단에 노출 가능성이 클 경우 어린이 및 임산부 등 민감집단 및 고위험집단을 대상으로 위해성평가를 실시할 수 없다.

④ 인체노출 안전기준의 설정이 어려울 경우 위해요소의 인체 내 독성 등 확인과 인체의 위해요소 노출 정도만으로 위해성을 예측할 수 있다.

⑤ 미생물적 위해요소에 대한 위해성은 물질의 특성에 따라 위해지수, 안전역 등으로 표현하고 국내 · 외 위해성평가 결과 등을 종합적으로 비교 · 분석하여 최종 판단한다.

정답 ④

해설

① 식품의약품안전처장은 위해성평가 결과에 대한 교차검증을 위하여 위원회의 자문을 받을 수 있다.

② 동물 실험결과 등의 불확실성 등을 보정하여 인체노출 허용량을 결정하는 것은 위험성 결정에 해당한다.

③ 특정집단에 노출가능성이 클 경우 어린이 및 임산부 등 민감집단 및 고위험집단을 대상으로 위해평가를 실시할 수 있다.

⑤ 미생물적 위해요소에 대한 위해도 결정은 미생물 생육 예측 모델 결과값, 용량 – 반응 모델 결과값 등을 이용하여 인체 건강에 미치는 유해영향 발생 가능성 등을 최종 판단한다.

3회독 □□□

33 **다음 중 〈보기〉의 빈칸에 들어갈 숫자로 옳은 것은?**

〈보 기〉

사용 후 씻어내는 제품에는 0.01% 초과, 사용 후 씻어내지 않는 제품에는 (　　　)% 초과하여 들어있는 알레르기 유발 착향제 성분은 그 명칭을 기재 · 표시하여야 한다.

① 0.1

② 0.01

③ 0.02

④ 0.001

⑤ 0.002

정답 ④

해설

알레르기 유발 착향제 성분의 명칭 기재 · 표시 의무는 사용 후 씻어내는 제품에서 0.01% 초과, 사용 후 씻어내지 않는 제품에서 0.001% 초과하는 경우에 한한다.

3회독 □□□

34 **호수별로 착색제가 다르게 사용된 경우 모든 착색제 성분을 함께 기재 · 표시할 수 있는 제품류가 아닌 것은?**

① 목욕용 제품류
② 손발톱용 제품류
③ 눈 화장용 제품류
④ 두발염색용 제품류
⑤ 색조 화장용 제품류

정답 ①

해설

색조 화장용 제품류, 눈 화장용 제품류, 두발염색용 제품류 또는 손발톱용 제품류에서 호수별로 착색제가 다르게 사용된 경우 '± 또는 +/−'의 표시 다음에 사용된 모든 착색제 성분을 함께 기재 · 표시할 수 있다.

3회독 □□□

35 **다음 〈보기〉는 기준일탈 제품의 처리과정이다. ㉠ ~ ㉢에 들어갈 내용을 차례로 나열한 것은?**

〈보 기〉
시험, 검사, 측정에서 기준일탈 결과 나옴 → (㉠) → "시험, 검사, 측정이 틀림없음"을 확인 → (㉡) → 기준일탈 제품에 불합격라벨 첨부 → (㉢) → 폐기처분, 재작업, 반품

① ㉠ 격리보관, ㉡ 기준일탈의 조사, ㉢ 기준일탈의 처리
② ㉠ 격리보관, ㉡ 기준일탈의 처리, ㉢ 기준일탈의 조사
③ ㉠ 기준일탈의 조사, ㉡ 격리보관, ㉢ 기준일탈의 처리
④ ㉠ 기준일탈의 조사, ㉡ 기준일탈의 처리, ㉢ 격리보관
⑤ ㉠ 기준일탈의 처리, ㉡ 격리보관, ㉢ 기준일탈의 조사

정답 ④

해설 기준일탈 제품의 처리과정

시험, 검사, 측정에서 기준일탈 결과 나옴 → 기준일탈의 조사 → "시험, 검사, 측정이 틀림없음"을 확인 → 기준일탈의 처리 → 기준일탈 제품에 불합격라벨 첨부 → 격리보관 → 폐기처분, 재작업, 반품

3회독 □□□

36 **우수화장품 제조 및 품질관리기준상 다음 설명에 해당하는 용어로 옳은 것은?**

하나의 공정이나 일련의 공정으로 제조되어 균질성을 갖는 화장품의 일정한 분량을 말한다.

① 뱃치
② 소모품
③ 반제품
④ 완제품
⑤ 벌크 제품

정답 ①

해설

① "제조단위" 또는 "뱃치"란 하나의 공정이나 일련의 공정으로 제조되어 균질성을 갖는 화장품의 일정한 분량을 말한다.
② "소모품"이란 청소, 위생 처리 또는 유지 작업 동안에 사용되는 물품(세척제, 윤활제 등)을 말한다.
③ "반제품"이란 제조공정 단계에 있는 것으로서, 필요한 제조공정을 더 거쳐야 벌크 제품이 되는 것을 말한다.
④ "완제품"이란 출하를 위해 제품의 포장 및 첨부문서에 표시공정 등을 포함한 모든 제조공정이 완료된 화장품을 말한다.
⑤ "벌크 제품"이란 충전(1차포장) 이전의 제조 단계까지 끝낸 제품을 말한다.

3회독 □□□

37 **화장품의 가격 기재 · 표시 사항으로 옳지 않은 것은?**

① 한자 또는 외국어를 함께 기재할 수 있다.
② 수출용 제품 등의 경우 그 수출 대상국의 언어로 적을 수 있다.
③ 화장품의 성분을 표시하는 경우 표준화된 일반명을 사용해야 한다.
④ 화장품의 가격 기재 · 표시는 미관상 나쁘지 않다면 어디에 해도 상관없다.
⑤ 총리령으로 정하는 바에 따라 읽기 쉽고 이해하기 쉬운 한글로 정확히 기재 · 표시하여야 한다.

정답 ④

해설

화장품의 기재 · 표시 및 화장품의 가격 표시는 다른 문자 또는 문장보다 쉽게 볼 수 있는 곳에 해야 한다.

3회독 □□□

38 **다음 중 화장품 작업장 내 직원의 위생관리로 옳지 않은 것은?**

① 작업 전 복장을 점검하고 적절하지 않을 경우는 시정한다.

② 음식, 음료수 등은 제조 및 보관 지역과 분리된 지역에서만 섭취한다.

③ 작업복은 사용 목적과 오염도에 따라 세탁을 하고 필요에 따라 소독한다.

④ 신규 직원에 대하여 위생교육을 실시하며, 기존 직원에 대해서도 정기적으로 교육을 실시하여야 한다.

⑤ 명백한 질병 또는 노출된 피부에 상처가 있는 직원은 증상이 회복된 후 5일 이후부터 제품과 직접적인 접촉을 할 수 있다.

정답 ⑤

해설

명백한 질병 또는 노출된 피부에 상처가 있는 직원은 증상이 회복되거나 의사가 제품 품질에 영향을 끼치지 않을 것이라고 진단할 때까지 제품과 직접적인 접촉을 하여서는 안 된다.

3회독 □□□

39 **퍼머넌트 웨이브 제품 및 헤어스트레이트너 제품 사용 시 주의사항으로 옳지 않은 것은?**

① 섭씨 15℃ 이하의 어두운 장소에 보존하고, 색이 변하거나 침전된 경우 사용하지 않는다.

② 두피, 얼굴, 눈, 목, 손 등에 약액이 묻지 않도록 유의하고, 얼굴 등에 약액이 묻었을 때는 즉시 물로 씻어낸다.

③ 머리카락의 손상 등을 피하기 위하여 용법, 용량을 지켜야 하며, 가능하면 일부에 시험적으로 사용하여 본다.

④ 개봉한 제품은 7일 이내에 사용한다(에어로졸 제품이나 사용 중 공기 유입이 차단되는 용기는 표시하지 않음).

⑤ 제1단계 퍼머액 중 그 주성분이 과산화수소인 제품은 검은 머리카락을 갈색으로 변색시킬 수 있으므로 유의하여 사용한다.

정답 ⑤

해설

퍼머액의 경우 1회의 사용으로 끝나지 아니하고 제1단계 및 제2단계로 구별되는 제품으로서 제2단계의 제품이 과산화수소를 주성분으로 하는 경우, 검은 머리카락이 갈색으로 변할 수 있으므로 사용 전에 충분히 고려해야 한다.

3회독 □□□

40 다음 중 화장품 사용 시의 주의사항 중 모든 화장품에 적용되는 공통사항으로 옳지 않은 것은?

① 직사광선을 피해서 보관할 것

② 어린이의 손이 닿지 않는 곳에 보관할 것

③ 상처가 있는 부위 등에는 사용을 자제할 것

④ 화장품 사용 시 또는 사용 후 사용 부위에 붉은 반점이 생기면 사용을 중단하고 이틀 정도 지켜볼 것

⑤ 화장품 사용 시 또는 사용 후 사용 부위에 가려움증 등의 이상증상이 있는 경우 전문의 등과 상담할 것

정답 ④

해설

화장품 사용 시 또는 사용 후 직사광선에 의하여 사용 부위에 붉은 반점, 부어오름 또는 가려움증 등의 이상증상이나 부작용이 있는 경우 전문의 등과 상담하여야 한다.

3회독 □□□

41 다음은 제품의 입고 · 보관 · 출하 과정을 설명한 것이다. 과정을 순서대로 바르게 나열한 것은?

ㄱ. 포장 공정
ㄴ. 시험 중 라벨 부착
ㄷ. 임시 보관
ㄹ. 제품시험 합격
ㅁ. 합격라벨 부착
ㅂ. 보관
ㅅ. 출하

① ㄱ → ㄴ → ㄷ → ㄹ → ㅁ → ㅂ → ㅅ

② ㄱ → ㄴ → ㄷ → ㅁ → ㄹ → ㅂ → ㅅ

③ ㄱ → ㄴ → ㄹ → ㅁ → ㄷ → ㅂ → ㅅ

④ ㄱ → ㄷ → ㄹ → ㄴ → ㅁ → ㅂ → ㅅ

⑤ ㄱ → ㄷ → ㅁ → ㄴ → ㄹ → ㅂ → ㅅ

정답 ①

해설

포장 공정 → 시험 중 라벨 부착 → 임시 보관 → 제품시험 합격 → 합격라벨 부착 → 보관 → 출하의 순서이다.

3회독 □□□

42 **다음 중 위해성 등급이 다른 경우로 옳은 것은?**

① 병원성미생물에 오염된 화장품
② 포름알데하이드가 2,000㎍/g 이상인 화장품
③ 신고를 하지 아니한 자가 판매한 맞춤형화장품
④ 이물이 혼입되었거나 부착된 것에 해당하는 화장품
⑤ 화장품 또는 의약품으로 잘못 인식할 우려가 있게 기재 · 표시된 화장품

정답 ②

해설

- 나 등급: 포름알데하이드 2,000ppm 초과인 화장품
- 다 등급: 병원성미생물에 오염된 화장품, 신고를 하지 아니한 자가 판매한 맞춤형화장품, 이물이 혼입되었거나 부착된 것에 해당하는 화장품, 화장품 또는 의약품으로 잘못 인식할 우려가 있게 기재 · 표시된 화장품

3회독 □□□

43 **다음은 화장품 안전성 정보의 신속보고에 대한 내용이다. ㉠ ~ ㉢에 들어갈 내용을 차례로 나열한 것은?**

중대한 유해사례 또는 이와 관련하여 식품의약품안전처장이 보고를 지시한 경우 (㉠)는 화장품 안전성 정보를 알게 된 때는 그 정보를 알게 된 날로부터 (㉡)일 이내에 (㉢)에게 신속히 보고하여야 한다.

① 화장품유통업자, 30, 식품의약품안전청장
② 화장품유통업자, 15, 식품의약품안전처장
③ 화장품제조판매업자, 30, 식품의약품안전처장
④ 화장품제조판매업자, 15, 식품의약품안전처장
⑤ 화장품제조판매업자, 15, 식품의약품안전청장

정답 ④

해설

중대한 유해사례 또는 이와 관련하여 식품의약품안전처장이 보고를 지시한 경우 화장품제조판매업자는 화장품 안전성 정보를 알게 된 때는 그 정보를 알게 된 날로부터 15일 이내에 식품의약품안전처장에게 신속히 보고하여야 한다.

3회독 □□□

44 **다음 〈보기〉의 원료 중 화장품의 사용상 제한이 필요한 보존제에 해당하는 성분으로 올바른 것은?**

〈보 기〉
벤질알코올, 정제수, 글리세린, C12-14파레스-3, 다이프로필렌글라이콜, 향료, 토코페릴아세테이트, 글루타랄, 다이메티콘/비닐다이메티콘크로스폴리머

① 향료, 글루타랄

② 벤질알코올, 글루타랄

③ 글리세린, 토코페릴아세테이트

④ 벤질알코올, 토코페릴아세테이트

⑤ C12-14파레스-3, 다이프로필렌글라이콜

정답 ②

해설

- 벤질알코올 – 1%
- 글루타랄(펜탄-1,5-디알) – 0.1%

3회독 □□□

45 **염모제에 부작용이 있는 체질인지 여부를 조사하는 테스트로 옳은 것은?**

① Hair test

② Skin test

③ Patch test

④ Hairdye test

⑤ Chemical test

정답 ③

3회독 □□□

46 **다음 중 천연고분자 점증제가 <u>아닌</u> 것은?**

① 전분

② 카르복실 비닐폴리머

③ Xanthan gum(잔탄검)

④ 카라기난(Carrageenan)

⑤ Quince seed gum(천연검)

정답 ②

해설

카보머는 산성고분자 화합물로 주로 아크릴산이 중합된 것으로, 합성고분자 화합물 점증제 성분이다.

3회독 □□□

47 다음 중 청정도 등급에 따른 작업실과 관리기준이 올바르게 연결된 것은?

① 제조실 – 낙하균 30개/hr 또는 부유균 20개/㎥

② 포장실 – 낙하균 30개/hr 또는 부유균 200개/㎥

③ 일반 시험실 – 낙하균 10개/hr 또는 부유균 100개/㎥

④ 원료 칭량실 – 낙하균 20개/hr 또는 부유균 200개/㎥

⑤ 내용물 보관소 – 낙하균 30개/hr 또는 부유균 200개/㎥

정답 ⑤

해설

- 청정도 1등급: 클린벤치 – 낙하균 10개/hr 또는 부유균 20개/㎥
- 청정도 2등급: 제조실, 성형실, 충전실, 내용물보관소, 원료칭량실, 미생물시험실 – 낙하균 30개/hr 또는 부유균 200개/㎥
- 청정도 3등급: 포장실/갱의, 포장재의 외부 청소 후 반입
- 청정도 4등급: 포장재보관소, 완제품보관소, 관리품보관소, 원료보관소, 갱의실, 일반시험실

3회독 □□□

48 다음 중 치오글라이콜릭애씨드 또는 그 염류를 주성분으로 하는 냉2욕식 퍼머넌트웨이브용 제품 중 제1제 기준으로 옳은 것은?

① pH: 4.5~9.6

② 철: 5㎍/g 이하

③ 비소: 20㎍/g 이하

④ 중금속: 30㎍/g 이하

⑤ 알칼리: 0.1N염산의 소비량은 검체 7mL에 대하여 1mL 이하

정답 ①

해설

② 철: 2㎍/g 이하

③ 비소: 5㎍/g 이하

④ 중금속: 20㎍/g 이하

⑤ 알칼리: 0.1N염산의 소비량은 검체 1mL에 대하여 7.0mL 이하

3회독 □□□

49 **유통화장품 안전관리 기준에서 〈보기〉의 성분을 분석할 때 공통으로 사용할 수 있는 시험방법은?**

〈보 기〉
납, 니켈, 비소, 안티몬, 카드뮴

① 비색법
② 디티존법
③ 원자흡광광도법
④ 기체크로마토그래프법
⑤ 유도결합플라즈마 질량분석법(ICP-MS)

정답 ⑤

해설
유도결합플라즈마 질량분석기(ICP-MS)를 사용하여 납(Pb), 비소(AS), 카드뮴(Cd), 안티몬(Sb), 니켈(Ni)의 함량을 분석할 수 있다.

3회독 □□□

50 **다음 안전관리 기준 중 유통화장품과 미생물 한도가 올바르게 연결된 것은?**

① 물휴지 – 세균 및 진균수 각각 500개/g(mL) 이하
② 기타 화장품 – 총호기성생균수 500개/g(mL) 이하
③ 기초화장품류 – 총호기성생균수 2,000개/g(mL) 이하
④ 눈화장용 제품류 – 총호기성생균수 500개/g(mL) 이하
⑤ 영유아용 제품류 – 총호기성생균수 1,000개/g(mL) 이하

정답 ④

해설 유통화장품과 미생물 한도
- 불검출: 대장균, 녹농균, 황색포도상구균
- 총호기성생균수: 영 · 유아용 제품류 및 눈화장용 제품류 500개/g(mL) 이하
- 물 휴지: 세균 및 진균수 각각 100개/g(mL) 이하
- 기타 화장품: 1,000개/g(mL) 이하

3회독 □□□

51 **다음 〈보기〉는 비누의 내용량 기준에 관한 설명이다. 빈칸에 들어갈 내용을 차례대로 나열한 것은?**

> **〈보 기〉**
> 제품 (　　)개를 가지고 시험할 때 그 평균 내용량이 표기량에 대하여 (　　)% 이상이어야 한다. 다만 화장비누의 경우 (　　)을 내용량으로 한다.

① 2, 95, 총중량
② 3, 97, 총중량
③ 2, 95, 건조중량
④ 3, 97, 건조중량
⑤ 3, 98, 건조중량

정답 ④

해설

- 제품 3개를 가지고 시험할 때 그 평균 내용량이 표기량에 대하여 97% 이상(다만, 화장비누의 경우, 건조중량을 내용량으로 함)이어야 한다.
- 기준치를 벗어날 경우에는 6개를 더 취하여 시험할 때 9개의 평균 내용량이 표기량에 대하여 97% 이상이어야 한다.

3회독 □□□

52 **다음 중 각질층의 세포간 지질에 다량 함유된 성분으로 옳은 것은?**

① 케라틴, 콜레스테롤, 지방산
② 케라틴, 피지선, 콜레스테롤
③ 세라마이드, 피지선, 지방산
④ 세라마이드, 피지선, 콜레스테롤
⑤ 세라마이드, 콜레스테롤, 지방산

정답 ⑤

해설

각질 세포간 지질은 세라마이드, 콜레스테롤, 지방산으로 이루어져 있고 피부장벽의 기능을 한다.

3회독 □□□

53 **다음 중 화장품 광고에 사용할 수 있는 문구로 옳은 것은?**

① '최고' 또는 '최상'이라는 문구

② 국제적 멸종위기종의 가공품이 함유된 화장품임을 표현 · 암시하는 문구

③ 의사가 지정 · 공인 · 추천 · 지도 · 연구 · 개발 또는 사용하는 제품이라는 문구

④ 외국과의 기술제휴를 하지 않고 외국과의 기술제휴 등을 표현하는 광고 문구

⑤ 비교 대상 및 기준을 분명히 밝혀 객관적으로 확인될 수 있는 경쟁상품과의 비교 문구

정답 ⑤

해설 화장품 표시 · 광고 시 준수사항

- 배타성을 띤 "최고" 또는 "최상" 등의 절대적 표현의 표시 · 광고를 하지 말 것
- 국제적 멸종위기종의 가공품이 함유된 화장품임을 표현하거나 암시하는 표시 · 광고를 하지 말 것
- 의사가 이를 지정 · 공인 · 추천 · 지도 · 연구 · 개발 또는 사용하고 있다는 내용이나 이를 암시하는 등의 표시 · 광고를 하지 말 것
- 유기농화장품이 아님에도 불구하고 유기농화장품으로 잘못 인식할 우려가 있는 표시 · 광고를 하지 말 것
- 경쟁상품과 비교하는 표시 · 광고는 비교대상 및 기준을 분명히 밝히고 객관적으로 확인될 수 있는 사항만을 표시 · 광고할 것

3회독 □□□

54 **다음 설명의 빈칸에 들어갈 내용으로 올바른 것은?**

( )란 화장품이 제조된 날부터 적절한 보관 상태에서 제품이 고유의 특성을 간직한 채 소비자가 안정적으로 사용할 수 있는 최소한의 기한을 뜻한다.

① 보관기간

② 사용기한

③ 제조기한

④ 처리기간

⑤ 개봉기간

정답 ②

해설

사용기한이란 화장품이 제조된 날부터 적절한 보관 상태에서 제품이 고유의 특성을 간직한 채 소비자가 안정적으로 사용할 수 있는 최소한의 기한을 뜻한다.

3회독 □□□

55 **다음 중 화장품 변화의 용어와 그에 따른 설명이 올바르게 연결된 것은?**

① 변취 – 내용물의 색상이 변했을 때
② 침전 – 내용물의 층이 분리되었을 때
③ 변색 – 내용물에서 불쾌한 냄새가 날 때
④ 응집 – 내용물이 한군데에 엉겨서 뭉쳐있을 때
⑤ 분리 – 내용물 속 작은 고체 물질이 가라앉아 있을 때

정답 ④

해설
① 변취 – 내용물에서 불쾌한 냄새가 날 때
② 침전 – 내용물 속 작은 고체 물질이 가라앉아 있을 때
③ 변색 – 내용물의 색상이 변했을 때
⑤ 분리 – 내용물의 층이 분리되었을 때

3회독 □□□

56 **인체적용시험과 인체첩포시험의 차이에 대한 설명으로 옳은 것은?**

① 인체적용시험은 인체사용시험이다.
② 인체적용시험은 독성시험법 중 하나이다.
③ 인체첩포시험은 해당 화장품의 효과 및 안전성을 확인하기 위하여 실시한다.
④ 인체첩포시험은 화장품의 표시 · 광고 내용을 증명할 목적으로 하는 연구이다.
⑤ 인체첩포시험은 patch 제거에 의한 일과성의 홍반의 소실을 기다려 관찰 · 판정한다.

정답 ⑤

해설
① 인체첩포시험은 인체사용시험이다.
② 인체첩포시험은 독성시험법 중 하나이다.
③ 인체적용시험은 해당 화장품의 효과 및 안전성을 확인하기 위하여 실시한다.
④ 인체적용시험은 화장품의 표시 · 광고 내용을 증명할 목적으로 하는 연구이다.

3회독 □□□

57 **다음 중 맞춤형화장품에 관한 사항으로 옳지 않은 것은?**

① 제조 또는 수입된 화장품의 내용물을 소분(小分)한 화장품을 말한다.
② 맞춤형화장품판매업을 하려는 자는 맞춤형화장품 조제관리사를 두어야 한다.
③ 맞춤형화장품판매업을 하려는 자는 식품의약품안전처장에게 등록하여야 한다.
④ 맞춤형화장품은 식품의약품안전처장이 정하는 원료를 추가하여 혼합한 화장품을 말한다.
⑤ 맞춤형화장품은 제조 또는 수입된 화장품의 내용물에 다른 화장품의 내용물을 추가하여 혼합한 화장품을 말한다.

정답 ③

해설

맞춤형화장품판매업의 신고를 하려는 자는 맞춤형화장품 조제관리사의 자격증 사본을 첨부하여 맞춤형화장품판매업소의 소재지를 관할하는 지방식품의약품안전청장에게 제출해야 한다.

3회독 □□□

58 다음 중 광노화를 일으키는 자외선의 파장 범위로 옳은 것은?

① UVA 0~100nm

② UVA 100~190nm

③ UVA 190~250nm

④ UVA 250~300nm

⑤ UVA 320~400nm

정답 ⑤

해설

- 광노화를 일으키는 자외선은 자외선 A(UVA)이다.
- 자외선의 파장 범위

– 자외선 A(UVA): 320~400nm

– 자외선 B(UVB): 290~320nm

– 자외선 C(UVC): 200~290nm

3회독 □□□

59 다음 중 0.5% 이상 함유 시 반드시 표시해야 할 성분으로 옳은 것은?

① 글리세린

② 토코페롤

③ 글리콜린산

④ 세라마이드

⑤ 소듐하이알루로네이트

정답 ②

해설

레티놀(비타민A) 및 그 유도체, 아스코빅애시드(비타민C) 및 그 유도체, 토코페롤(비타민E), 과산화화합물, 효소에 해당하는 성분을 0.5% 이상 함유하는 제품의 경우, 안정성시험 자료를 최종 제조된 제품의 사용기한이 만료되는 날부터 1년간 보존해야 한다.

3회독 □□□

60 **맞춤형 화장품 조제관리사인 민희는 매장을 방문한 고객과 다음과 같은 〈대화〉를 나누었다. 민희가 고객에게 혼합하여 추천할 제품으로 다음 〈보기〉 중 옳은 것을 모두 고르면?**

〈대 화〉

고객: 요즘 피부가 많이 건조하고 푸석해졌어요. 그리고 웃을 때마다 눈가에 주름도 많이 생기는 것 같아요.

민희: 그러신가요? 그럼 고객님 피부 상태를 측정해 보도록 할까요?

고객: 그럴까요? 지난번 방문 시와 비교해 주시면 좋겠네요.

민희: 네. 이쪽에 앉으시면 저희 측정기로 측정을 해드리겠습니다.

– 피부 측정 후 –

민희: 고객님은 지난번과 비교하여 피부 보습도가 20%가량 떨어져 있고 주름도 많이 보이는 상태네요.

고객: 음, 걱정이네요. 그럼 어떤 제품을 쓰는 것이 좋을지 추천 부탁드려요.

〈보 기〉

ㄱ. 소듐하이알루로네이트(Sodium Hyaluronate) 함유 제품
ㄴ. 드로메트리졸(Drometrizole) 함유 제품
ㄷ. 아데노신(Adenosine) 함유 제품
ㄹ. 덱스판테놀(Dexpanthenol) 함유 제품

① ㄱ, ㄴ
② ㄱ, ㄷ
③ ㄴ, ㄷ
④ ㄴ, ㄹ
⑤ ㄷ, ㄹ

정답 ②

해설

- 피부 보습도가 20%가량 떨어져 있는 경우 피부에 수분을 끌어당기는 성질을 지니고 있는 히알루론산 성분의 일종인 소듐하이알루로네이트를 함유하고 있는 제품을 추천할 수 있다.
- 주름이 많이 보이는 경우 주름 개선 기능 성분 아데노신을 함유하고 있는 주름 개선 기능성 화장품을 추천할 수 있다.

3회독 □□□

61 **다음 중 맞춤형화장품 조제관리사 자격시험에 관한 설명으로 옳지 않은 것은?**

① 자격시험에 필요한 사항은 총리령으로 정한다.

② 자격이 취소된 사람은 취소된 날부터 5년간 자격시험에 응시할 수 없다.

③ 맞춤형화장품 조제관리사가 되려는 사람은 화장품과 원료 등에 대하여 식품의약품안전처장이 실시하는 자격시험에 합격하여야 한다.

④ 식품의약품안전처장은 맞춤형화장품 조제관리사가 거짓이나 그 밖의 부정한 방법으로 시험에 합격한 경우에는 자격을 취소하여야 한다.

⑤ 자격시험 업무를 효과적으로 수행하기 위하여 필요한 전문인력과 시설을 갖춘 기관 또는 단체를 시험운영기관으로 지정하여 시험업무를 위탁할 수 있다.

정답 ②

해설

자격이 취소된 사람은 취소된 날부터 3년간 자격시험에 응시할 수 없다.

3회독 □□□

62 **다음 〈보기〉에서 설명하는 화장품 혼합 기기의 명칭으로 옳은 것은?**

〈보 기〉

- 고정자 내벽에서 운동자가 고속 회전하는 장치이다.
- 균일하고 미세한 유화입자가 만들어진다.
- 화장품 제조 시 가장 많이 사용하는 기기로, O/W 및 W/O 제형 모두 제조 가능하다.

① 디스퍼(Disper)

② 아지믹서(Agi mixer)

③ 핫 플레이트(Hot plate)

④ 호모믹서(Homo mixer)

⑤ 호모게나이저(Homogernizer)

정답 ④

해설

호모믹서는 화장품 제조 시 가장 많이 사용하는 기기로, O/W 및 W/O 제형 모두 제조 가능하다.

3회독 □□□

63 **다음 〈보기〉 중 유통화장품의 안전관리 기준에서 pH 기준이 3.0~9.0에 해당하는 제품을 모두 고른 것은?**

〈보 기〉

ㄱ. 영유아용 린스
ㄴ. 셰이빙 크림
ㄷ. 헤어젤
ㄹ. 바디로션
ㅁ. 클렌징 로션

① ㄱ, ㄴ
② ㄱ, ㄷ
③ ㄴ, ㄷ
④ ㄷ, ㄹ
⑤ ㄹ, ㅁ

정답 ④

해설

영 · 유아용 제품류(영 · 유아용 샴푸, 영 · 유아용 린스, 영 · 유아 인체 세정용 제품, 영 · 유아 목욕용 제품 제외), 눈 화장용 제품류, 색조 화장용 제품류, 두발용 제품류(샴푸, 린스 제외), 면도용 제품류(셰이빙 크림, 셰이빙 폼 제외), 기초화장용 제품류(클렌징 워터, 클렌징 오일, 클렌징 로션, 클렌징 크림 등 메이크업 리무버 제품 제외) 중 액, 로션, 크림 및 이와 유사한 제형의 액상제품은 pH 기준이 3.0~9.0이어야 한다. 다만, 물을 포함하지 않는 제품과 사용한 후 곧바로 물로 씻어 내는 제품은 제외한다.

3회독 □□□

64 **다음 중 원자재 출고 · 보관 관리에 대한 설명으로 <u>틀린</u> 것은?**

① 시험 결과 적합 판정된 것만을 출고해야 한다.
② 제품은 바닥과 벽에 닿지 아니하도록 보관한다.
③ 제품은 후입선출에 의하여 출고할 수 있도록 한다.
④ 제품을 보관할 때에는 보관기한을 설정하여야 한다.
⑤ 원자재, 부적합품은 각각 구획된 장소에서 보관하여야 한다.

정답 ③

해설

제품은 선입선출에 의하여 출고할 수 있도록 한다. 선입선출은 먼저 입고된 재고를 먼저 출고하는 원자재 출고 · 보관 방식을 의미한다.

3회독 □□□

65 **다음 중 우수화장품 제조 및 품질관리 기준 보관구역의 위생기준에 대한 설명으로 옳은 것은?**

① 통로는 자유로운 이동이 어렵도록 가능한 좁게 만든다.

② 바닥의 폐기물은 모아두었다가 주 1회 한번에 처리한다.

③ 용기들은 공기 순환을 위하여 뚜껑을 개봉한 상태로 보관한다.

④ 손상된 팔레트는 폐기하지 말고 따로 보관하였다가 수선하여 사용한다.

⑤ 사람과 물건이 이동하는 경로인 통로는 교차오염의 위험이 없어야 한다.

정답 ⑤

해설 보관구역의 위생기준

- 통로는 적절하게 설계되어야 한다.
- 통로는 사람과 물건이 이동하는 구역으로서 사람과 물건의 이동에 불편함을 초래하거나, 교차오염의 위험이 없어야 한다.
- 손상된 팔레트는 수거하여 수선 또는 폐기한다.
- 매일 바닥의 폐기물을 치워야 한다.
- 동물이나 해충이 침입하기 쉬운 환경은 개선되어야 한다.
- 용기(저장조 등)들은 닫아서 깨끗하고 정돈된 방법으로 보관한다.

3회독 □□□

66 **다음 중 화장품 제조 시 비의도적으로 유래된 사실이 객관적인 자료로 확인되고 기술적으로 완전한 제거가 불가능한 경우 해당 물질의 검출 허용한도로 옳은 것은?**

① 비소: 5㎍/g 이하

② 디옥산: 5㎍/g 이하

③ 카드뮴: 10㎍/g 이하

④ 납: 점토를 원료로 사용한 분말제품 50㎍/g 이하, 그 밖의 제품은 20㎍/g 이하

⑤ 니켈: 눈 화장용 제품은 40㎍/g 이하, 색조 화장용 제품은 35㎍/g 이하, 그 밖의 제품은 20㎍/g 이하

정답 ④

해설 비의도적 유래물질의 검출 허용한도

- 납: 점토를 원료로 사용한 분말제품은 50㎍/g 이하, 그 밖의 제품은 20㎍/g 이하
- 니켈: 눈 화장용 제품은 35㎍/g 이하, 색조 화장용 제품은 30㎍/g 이하, 그 밖의 제품은 10㎍/g 이하
- 비소: 10㎍/g 이하
- 수은: 1㎍/g 이하
- 안티몬: 10㎍/g 이하
- 카드뮴: 5㎍/g 이하
- 디옥산: 100㎍/g 이하
- 메탄올: 0.2(v/v)% 이하, 물휴지는 0.002%(v/v) 이하
- 포름알데하이드: 2000㎍/g 이하, 물휴지는 20㎍/g 이하

3회독 □□□

67 다음 중 원자재의 용기 및 시험기록서에 필수적으로 기재해야 할 사항이 아닌 것은?

① 수령일자
② 원자재 제조일자
③ 원자재 공급자명
④ 공급자가 부여한 관리번호
⑤ 원자재 공급자가 정한 제품명

정답 ②

해설 원자재의 용기 및 시험기록서에 필수적으로 기재해야 할 사항

- 원자재 공급자가 정한 제품명
- 원자재 공급자명
- 수령일자
- 공급자가 부여한 제조번호 또는 관리번호

3회독 □□□

68 다음 중 자외선과 자외선 관련 용어에 대한 설명으로 옳은 것은?

① 홍반은 주로 UVB에 의해 발생한다.
② 자외선 중에서 파장이 가장 긴 것은 UVB이다.
③ 자외선차단지수(SPF)는 UVA를 차단하는 제품의 차단효과를 나타내는 지수이다.
④ 최소홍반량(MED)은 UVB를 조사한 후 8~12시간의 범위 내에 홍반을 나타낼 수 있는 최소한의 자외선 조사량이다.
⑤ 최소지속형즉시흑화량(MPPD)은 UVC를 조사한 후 2~24시간의 범위 내에서 희미한 흑화가 인식되는 최소 자외선 조사량이다.

정답 ①

해설

② 자외선 중에서 파장이 가장 긴 것은 UVA이다.
③ 자외선차단지수(SPF)는 UVB를 차단하는 제품의 차단효과를 나타내는 지수이다.
④ 최소홍반량(MED)은 UVB를 조사한 후 16~24시간의 범위 내에 홍반을 나타낼 수 있는 최소한의 자외선 조사량이다.
⑤ 최소지속형즉시흑화량(MPPD)은 UVA를 조사한 후 2~4시간의 범위 내에서 희미한 흑화가 인식되는 최소 자외선 조사량이다.

3회독 □□□

69 **다음 중 「화장품법」에 따라 100만원의 과태료가 부과되는 경우로 옳은 것은?**

① 폐업 등의 신고를 하지 않은 경우

② 화장품의 판매 가격을 표시하지 않은 경우

③ 화장품의 생산실적 또는 수입실적을 보고하지 않은 경우

④ 기능성 화장품에 대한 변경심사를 받지 않은 책임판매업자

⑤ 매년 화장품의 안전성 확보 및 품질관리에 관한 교육을 받지 않은 경우

정답 ④

해설

- 과태료 100만원: 기능성 화장품에 대한 변경심사를 받지 않은 책임판매업자
- 과태료 50만원: 폐업 등의 신고를 하지 않은 경우
- 과태료 50만원: 화장품의 판매 가격을 표시하지 않은 경우
- 과태료 50만원: 화장품의 생산실적 또는 수입실적을 보고하지 않은 경우
- 과태료 50만원: 매년 화장품의 안전성 확보 및 품질관리에 관한 교육을 받지 않은 경우

3회독 □□□

70 **다음 중 제조위생관리기준서의 제조시설 세척 및 평가에 포함되는 사항이 아닌 것은?**

① 세척 및 소독 계획

② 청소상태 유지방법

③ 작업 전 청소상태 확인방법

④ 제조시설의 분해 및 조립방법

⑤ 작업복장의 세탁방법 및 착용규정

정답 ⑤

해설 제조시설 세척 및 평가사항

- 책임자 지정
- 세척 및 소독 계획
- 세척방법과 세척에 사용되는 약품 및 기구
- 제조시설의 분해 및 조립방법
- 이전 작업 표시 제거방법
- 청소상태 유지방법
- 작업 전 청소상태 확인방법

3회독 □□□

71 **다음 중 비중이 0.8인 액체 300mL를 채울 때의 중량으로 옳은 것은? (단, 100%를 채웠다고 가정한다)**

① 240g ② 260g
③ 300g ④ 360g
⑤ 375g

정답 ①

해설

300 × 0.8 = 240

3회독 □□□

72 **다음 중 향료로 기재 및 표시할 수 있는 성분으로 옳은 것은?**

① 신남알
② 리모넨
③ 티트리
④ 제라니올
⑤ 벤질알코올

정답 ③

해설

착향제는 "향료"로 표시할 수 있다. 다만, 착향제의 구성 성분 중 식품안전처장이 정하여 고시한 알레르기 유발물질로 알려진 성분이 있는 경우에는 해당 성분의 명칭을 반드시 기재 · 표시하여야 한다. 신남알, 리모넨, 제라니올, 벤질알코올은 반드시 기재 · 표시하여야 하는 알레르기 유발물질이다.

3회독 □□□

73 **우수화장품 제조 및 품질관리기준상 적합판정의 사후관리와 관련하여 〈보기〉의 빈칸에 들어갈 내용으로 옳은 것은?**

〈보 기〉
식품의약품안전처장은 우수화장품 제조 및 품질관리기준 적합판정을 받은 업소에 대해 우수화장품 제조 및 품질관리기준 실시상황평가표에 따라 (　　) 실태조사를 실시하여야 한다.

① 매년 ② 격년으로
③ 3년에 1회 이상 ④ 4년에 1회 이상
⑤ 5년에 1회 이상

정답 ③

해설

식품의약품안전처장은 우수화장품 제조 및 품질관리기준 적합판정을 받은 업소에 대해 우수화장품 제조 및 품질관리기준 실시상황평가표에 따라 3년에 1회 이상 실태조사를 실시하여야 한다.

3회독 □□□

74 **다음 중 내용량이 10밀리리터 초과 50밀리리터 이하 또는 중량이 10그램 초과 50그램 이하 화장품의 포장에서 기재 · 표시를 생략할 수 있는 성분으로 옳은 것은?**

① 타르색소
② 과일산(AHA)
③ 기능성화장품의 경우 그 효과가 나타나게 하는 원료
④ 샴푸와 린스를 제외한 제품에 들어 있는 인산염의 종류
⑤ 식품의약품안전처장이 사용 한도를 고시한 화장품의 원료

정답 ④

해설 기재 · 표시를 생략할 수 없는 성분

- 타르색소
- 금박
- 샴푸와 린스에 들어 있는 인산염의 종류
- 과일산(AHA)
- 기능성화장품의 경우 그 효능 · 효과가 나타나게 하는 원료
- 식품의약품안전처장이 사용 한도를 고시한 화장품의 원료

3회독 □□□

75 **다음 중 화장품 배합에 사용할 수 없는 원료로 옳은 것은?**

① 솔비톨
② 리도카인
③ 글리세린
④ 알로에베라 추출물
⑤ 다이프로필렌글라이콜

정답 ②

해설

리도카인은 국소 마취제이자 항부정맥제로, 화장품 배합에 사용할 수 없는 원료이다.

3회독 □□□

76 **다음 〈보기〉 중 맞춤형화장품을 올바르게 판매한 경우를 모두 고른 것은?**

〈보 기〉

ㄱ. 향수 500ml를 50ml로 소분하여 판매하였다.
ㄴ. 맞춤형화장품 조제관리사가 일반 화장품을 판매하였다.
ㄷ. 아데노신 함유 제품과 알파-비사보롤 함유 제품을 혼합 · 소분하여 판매하였다.
ㄹ. 원료를 공급하는 화장품책임판매업자가 기능성 화장품에 대한 심사받은 원료와 내용물을 혼합하였다.

① ㄱ
② ㄱ, ㄴ
③ ㄱ, ㄷ
④ ㄱ, ㄹ
⑤ ㄱ, ㄴ, ㄷ

정답 ⑤

해설

맞춤형화장품에는 식약처장이 고시한 기능성화장품의 효능 · 효과를 나타내는 원료의 혼합이 원칙적으로 금지되어 있다. 다만, 맞춤형화장품판매업자에게 내용물 등을 공급하는 화장품책임판매업자가 사전에 해당 원료를 포함하여 기능성화장품 심사를 받거나 보고서를 제출한 경우에는 맞춤형화장품 조제관리사가 기 심사받거나 보고서를 제출한 조합 · 함량의 범위 내에서 해당 원료를 혼합할 수 있다.

3회독 □□□

77 **다음 중 완제품 보관용 검체에 대해 바르게 설명한 것을 모두 고른 것은?**

ㄱ. 사용기한 경과 후 1년간 보관한다.
ㄴ. 제품이 가장 안전한 조건에서 보관한다.
ㄷ. 뱃치가 두 개인 경우 한 개의 뱃치 검체를 대표로 보관할 수 있다.
ㄹ. 개봉 후 사용기간을 기재하는 경우에는 제조일로부터 2년간 보관한다.
ㅁ. 일반적으로는 각 뱃치별로 제품 시험을 5번 실시할 수 있는 양을 보관한다.

① ㄱ, ㄴ
② ㄱ, ㄷ
③ ㄴ, ㅁ
④ ㄷ, ㄹ
⑤ ㄷ, ㄹ, ㅁ

정답 ①

해설 완제품 보관용 검체의 관리

- 제품을 그대로 보관한다.
- 각 뱃치를 대표하는 검체를 보관한다.
- 일반적으로는 각 뱃치별로 제품 시험을 2번 실시할 수 있는 양을 보관한다.
- 제품이 가장 안정한 조건에서 보관한다.
- 사용기한 경과 후 1년간 또는 개봉 후 사용기간을 기재하는 경우에는 제조일로부터 3년간 보관한다.

3회독 □□□

78 다음 중 피부의 구조와 역할에 대하여 올바르게 쓴 것은?

① 진피층: 섬유아세포에서 콜라겐을 합성한다.
② 피하조직: 피부의 90%를 차지하는 실질적인 피부이다.
③ 기저층: 자외선을 흡수하는 케라토하이알린이 존재한다.
④ 각질층: 박리현상이 일어나며 표피의 가장 안쪽에 위치한다.
⑤ 랑게르한스섬: 체온 유지를 담당하는 세포로 유극층에 존재한다.

정답 ①

해설

② 진피: 피부의 90%를 차지하는 실질적인 피부이다.
③ 과립층: 자외선을 흡수하는 케라토하이알린이 존재한다.
④ 각질층: 박리현상이 일어나며 표피의 가장 바깥쪽에 위치한다.
⑤ 랑게르한스섬: 면역 기능을 담당하는 세포로 유극층에 존재한다.

3회독 □□□

79 다음 중 화장품의 폐기처리에 대한 설명으로 옳지 않은 것은?

① 재입고할 수 없는 제품의 폐기처리 규정을 작성하여야 한다.
② 화장품의 폐기 대상은 따로 보관하고 규정에 따라 신속하게 폐기하여야 한다.
③ 품질에 문제가 있거나 회수 및 반품된 제품의 폐기는 품질보증 책임자에 의해 승인되어야 한다.
④ 변질 및 변패 또는 병원미생물에 오염되지 않고 사용기한이 3개월 이상 남은 화장품은 재작업을 할 수 있다.
⑤ 변질 및 변패 또는 병원미생물에 오염되지 않고 제조일로부터 1년이 경과하지 않은 화장품은 재작업을 할 수 있다.

정답 ④

해설

변질 및 변패 또는 병원미생물에 오염되지 않고 제조일로부터 1년이 경과하지 않은 화장품은 재작업을 할 수 있다.

3회독 □□□

80 다음 중 영유아 또는 어린이 사용 화장품의 관리에 관한 설명으로 옳지 않은 것은?

① 식품의약품안전처장은 소비자가 화장품을 안전하게 사용할 수 있도록 교육 및 홍보를 할 수 있다.
② 영유아 또는 어린이의 연령 기준은 영유아는 만 3세 이하, 어린이는 만 4세 이상부터 만 12세 이하까지이다.
③ 제품별 안전성 자료에는 제품 및 제조방법에 대한 설명 자료, 화장품의 안전성 평가 자료, 제품의 효능 · 효과에 대한 증명자료가 있다.
④ 식품의약품안전처장은 화장품에 대하여 제품별 안전성 자료, 소비자 사용실태, 사용 후 이상사례 등에 대하여 주기적으로 실태조사를 실시하여야 한다.
⑤ 화장품책임판매업자는 영유아 또는 어린이가 사용할 수 있는 화장품임을 표시 · 광고하려는 경우에는 제품별로 안전과 품질을 입증할 수 있는 자료를 작성하여야 한다.

정답 ②

해설 영유아 또는 어린이의 연령 기준
- 영유아: 만 3세 이하
- 어린이: 만 4세 이상부터 만 13세 이하까지

단답형

3회독 □□□

81 다음 〈보기〉의 빈칸에 들어갈 단어를 작성하시오.

〈보 기〉
- (　　)의 예: 소듐, 포타슘, 칼슘, 마그네슘, 암모늄, 에탄올아민, 클로라이드, 브로마이드, 설페이트, 아세테이트, 베타인 등
- 에스테르류의 예: 에칠, 메칠, 프로필, 이소프로필, 부틸, 이소부틸, 페닐

정답 염류

해설
염류의 예: 소듐, 포타슘, 칼슘, 마그네슘, 암모늄, 에탄올아민, 클로라이드, 브로마이드, 설페이트, 아세테이트, 베타인 등

3회독 □□□

82 **화장품책임판매업자는 영유아 또는 어린이가 사용할 수 있는 화장품임을 표시 · 광고하려는 경우에는 제품별로 안전과 품질을 입증할 수 있는 다음 자료를 작성 및 보관하여야 한다. 〈보기〉의 빈칸에 들어갈 단어를 작성하시오.**

〈보 기〉
• 제품 및 제조방법에 대한 설명 자료 • 화장품의 (　　) 평가 자료 • 제품의 효능 · 효과에 대한 증명 자료

정답 안전성

해설

- 제품 및 제조방법에 대한 설명 자료
- 화장품의 안전성 평가 자료
- 제품의 효능 · 효과에 대한 증명 자료

3회독 □□□

83 **다음 〈보기〉는 화장품 위해평가의 방법을 나열한 것이다. ㉠, ㉡에 들어갈 단어를 순서대로 작성하시오.**

〈보 기〉
• 위해요소의 인체 내 독성을 확인하는 위험성 확인과정 • 위해요소의 인체노출 허용량을 산출하는 위험성 결정과정 • 위해요소가 인체에 노출된 양을 산출하는 (㉠)과정 • 위의 세 가지 결과를 종합하여 인체에 미치는 위해 영향을 판단하는 (㉡)과정

정답 ㉠ 노출평가, ㉡ 위해도 결정

해설

위험성 확인 – 위험성 결정 – 노출평가 – 위해도 결정 순이다.

3회독 □□□

84 **다음 〈보기〉는 「화장품법」에서 정의한 내용이다. ㉠, ㉡에 들어갈 단어를 순서대로 기재하시오.**

> **〈보 기〉**
> (㉠)이란 (㉡)을 수용하는 1개 또는 그 이상의 포장과 보호재 및 표시의 목적으로 한 포장(첨부문서 등을 포함한다)을 말한다. (㉡)은 화장품 제조 시 내용물과 직접 접촉하는 포장용기를 말한다.

정답 ㉠ 2차 포장, ㉡ 1차 포장

해설

- "1차 포장"이란 화장품 제조 시 내용물과 직접 접촉하는 포장용기를 말한다.
- "2차 포장"이란 1차 포장을 수용하는 1개 또는 그 이상의 포장과 보호재 및 표시의 목적으로 한 포장(첨부문서 등을 포함한다)을 말한다.

3회독 □□□

85 **다음 〈보기〉는 우수화장품 제조 및 품질관리기준에서 용어에 대해 정의한 내용이다. 빈칸에 공통으로 들어갈 단어를 작성하시오.**

> **〈보 기〉**
> - (　　) 제품이란 충전 이전의 제조 단계까지 끝낸 제품을 말한다.
> - 원자재란 화장품의 원료 및 자재를 말한다.
> - 반제품이란 제조공정 단계에 있는 것으로서 필요한 제조공정을 더 거쳐야 (　　) 제품이 되는 것을 말한다.
> - 완제품이란 출하를 위해 제품의 포장 및 첨부문서에 표시공정 등을 포함한 모든 제조공정이 완료된 화장품을 말한다.
> - 재작업이란 적합 판정기준을 벗어난 완제품, (　　) 제품 또는 반제품을 재처리하여 품질이 적합한 범위에 들어오도록 하는 작업이다.

정답 벌크

해설

- "벌크 제품"이란 충전(1차포장) 이전의 제조 단계까지 끝낸 제품을 말한다.
- "반제품"이란 제조공정 단계에 있는 것으로서 필요한 제조공정을 더 거쳐야 벌크 제품이 되는 것을 말한다.
- "재작업"이란 적합 판정기준을 벗어난 완제품, 벌크제품 또는 반제품을 재처리하여 품질이 적합한 범위에 들어오도록 하는 작업을 말한다.

3회독 □□□

86 **다음 〈보기〉는 화장품 사용 시의 주의사항을 기재한 것이다. 이러한 주의사항을 표시해야 하는 빈칸의 성분명을 작성하시오.**

> **〈보 기〉**
>
> - 햇빛에 대한 피부의 감수성을 증가시킬 수 있으므로 자외선 차단제를 함께 사용할 것(씻어내는 제품 및 두발용 제품은 제외한다)
> - 일부에 시험 사용하여 피부 이상을 확인할 것
> - 고농도의 (　　　　　) 성분이 들어 있어 부작용이 발생할 우려가 있으므로 전문의 등에게 상담할 것(성분이 10%를 초과하여 함유되어 있거나 산도가 3.5 미만인 제품만 표시한다)

정답 알파–하이드록시애시드(AHA)

해설 알파–하이드록시애씨드 함유 제품 사용 시의 주의사항(0.5퍼센트 이하의 AHA가 함유된 제품은 제외한다)

- 햇빛에 대한 피부의 감수성을 증가시킬 수 있으므로 자외선 차단제를 함께 사용할 것(씻어내는 제품 및 두발용 제품은 제외한다)
- 일부 시험 사용하여 피부 이상을 확인할 것
- 고농도의 AHA 성분이 들어 있어 부작용이 발생할 수 있으므로 전문의 등에게 상담할 것(AHA 성분이 10퍼센트를 초과하여 함유되어 있거나 산도가 3.5 미만의 제품만 표시한다)

3회독 □□□

87 **다음 〈보기〉의 빈칸에 들어갈 단어를 작성하시오.**

> **〈보 기〉**
>
> (　　　　)는 제1호의 색소 중 콜타르, 그 중간생성물에서 유래되었거나 유기 합성하여 얻은 색소 및 그 레이크, 염, 희석제와의 혼합물을 말한다.

정답 타르색소

해설

타르색소는 제1호의 색소 중 콜타르, 그 중간생성물에서 유래되었거나 유기 합성하여 얻은 색소 및 그 레이크, 염, 희석제와의 혼합물을 말한다.

3회독 □□□

88 다음 〈보기〉의 빈칸에 공통으로 들어갈 단어를 작성하시오.

〈보 기〉

기능성화장품의 심사를 받기 위해서는 여러 자료들을 제출해야 한다. 유효성 또는 기능에 관한 자료 중 인체적용시험자료를 제출하는 경우 (　　　　) 제출을 면제할 수 있다. 다만, 이 경우에는 (　　　　)의 제출을 면제 받은 성분에 대해서는 효능 · 효과를 기재 · 표시할 수 없다.

정답 효력시험자료

해설

유효성 또는 기능에 관한 자료 중 인체적용시험자료를 제출하는 경우 효력시험자료 제출을 면제할 수 있다.

3회독 □□□

89 다음 〈보기〉의 빈칸에 들어갈 숫자를 작성하시오.

〈보 기〉

유통화장품 안전관리기준에서 화장비누의 유리알칼리는 (　　)% 이하여야 한다.

정답 0.1

해설

유통화장품의 안전관리기준에서 화장비누에 한하는 유리알칼리 검출 허용한도는 0.1% 이하여야 한다.

3회독 □□□

90 다음 〈보기〉의 빈칸에 들어갈 단어를 작성하시오.

〈보 기〉

착향제는 "향료"로 표시할 수 있다. 다만, 착향제의 구성성분 중 식품의약품안전처장이 정하여 고시한 (　　　　) 유발 성분이 있는 경우에는 향료로 표시할 수 없고, 해당 성분의 명칭을 기재 · 표시해야 한다.

정답 알레르기

해설

착향제의 구성성분 중 식품의약품안전처장이 정하여 고시한 알레르기 유발성분이 있는 경우에는 향료로 표시할 수 없고, 해당 성분의 명칭을 기재 · 표시해야 한다.

3회독 □□□

91 **다음 〈보기〉는 화장품의 제조에 사용된 성분 표시방법을 설명한 것이다. 빈칸에 들어갈 숫자를 작성하시오.**

> **〈보 기〉**
>
> 화장품 제조에 사용된 함량이 많은 것부터 기재 · 표시한다. 다만, (   )% 이하로 사용된 성분, 착향제 또는 착색제는 순서에 상관없이 기재 · 표시할 수 있다.

정답 1

해설

화장품 제조에 사용된 함량이 많은 것부터 기재 · 표시한다. 다만, 1% 이하로 사용된 성분, 착향제 또는 착색제는 순서에 상관없이 기재 · 표시할 수 있다.

3회독 □□□

92 **다음 〈보기〉는 화장품의 1차 포장에 반드시 표시되어야 하는 사항을 나열한 것이다. 빈칸에 들어갈 단어를 작성하시오.**

> **〈보 기〉**
>
> - 화장품의 명칭
> - 영업자의 상호
> - (   )
> - 사용기한 또는 개봉 후 사용기간

정답 제조번호

해설 화장품의 1차 포장 표시사항

- 화장품의 명칭
- 영업자의 상호
- 제조번호
- 사용기한 또는 개봉 후 사용기간(제조연월일을 병행 표기해야 함)

3회독 □□□

93 **다음 〈보기〉의 빈칸에 들어갈 단어를 작성하시오.**

〈보 기〉

(   )은 실험실의 배양접시, 인체로부터 분리한 모발 및 피부, 인공피부 등 인위적 환경에서 시험물질과 대조물질 처리 후 결과를 측정하는 것을 말한다.

정답 인체 외 시험

해설

"인체 외 시험"은 실험실의 배양접시, 인체로부터 분리한 모발 및 피부, 인공피부 등 인위적 환경에서 시험물질과 대조물질 처리 후 결과를 측정하는 것을 말한다.

3회독 □□□

94 **표피 각질층의 지질성분 중 가장 많은 양을 차지하고, 피부장벽을 만들어 주는 성분명을 작성하시오.**

정답 세라마이드

해설

세라마이드는 표피 각질층의 지질성분 중 가장 많은 양을 차지하고, 피부 장벽을 만들어 주는 성분이다.

3회독 □□□

95 **맞춤형화장품 조제관리사인 민희는 매장을 방문한 고객과 다음과 같은 〈대화〉를 나누었다. 민희가 고객에게 추천할 성분으로 다음 〈보기〉 중 옳은 것을 골라 작성하시오.**

〈대 화〉

고객: 요즘 피부가 검어지고 칙칙해졌어요. 피부가 민감한 편이라 미백에 도움이 되면서도 민감한 피부에 적합한 제품을 찾고 있는데, 맞는 제품이 있을까요?

민희: 미백에 도움을 주면서 민감한 피부에도 적합한 제품이 있습니다. 피부 측정을 한 후에 좀 더 정확하게 추천해드리겠습니다.

〈보 기〉

호모살레이트 함유제품, 알파-비사보롤 함유제품, 아데노신 함유제품, 알부틴 함유제품

정답 알파-비사보롤 함유제품

해설

- 호모살레이트 함유 제품: 자외선 차단
- 알파-비사보롤 함유 제품: 미백
- 아데노신 함유 제품: 주름 개선
- 알부틴 함유 제품: 미백(알부틴은 민감한 피부를 자극할 수 있음)

3회독 □□□

96 **다음 〈보기〉는 화장품의 포장 용기에 대한 설명이다. 빈칸에 들어갈 단어를 작성하시오.**

> **〈보 기〉**
> 화장품에 사용하는 용기 중에서 (　　　　　) 용기는 광선의 투과를 방지하는 용기 또는 투과를 방지하는 포장을 한 용기를 말한다.

정답 차광

해설

화장품에 사용하는 용기 중에서 차광 용기는 광선의 투과를 방지하는 용기 또는 투과를 방지하는 포장을 한 용기를 말한다.

3회독 □□□

97 **다음 〈보기〉는 안전성 용어에 대한 설명이다. 빈칸에 들어갈 단어를 작성하시오.**

> **〈보 기〉**
> (　　　　)이란 안전성 정보 중 유해사례와 화장품 간의 인과관계 가능성이 있다고 보고된 정보로서 그 인과관계가 알려지지 아니하거나 입증자료가 불충분한 것을 뜻한다.

정답 실마리 정보

해설

실마리 정보란 안전성 정보 중 유해사례와 화장품 간의 인과관계 가능성이 있다고 보고된 정보로서 그 인과관계가 알려지지 아니하거나 입증자료가 불충분한 것을 뜻한다.

3회독 □□□

98 **다음은 모발의 구조에 대한 설명이다. 빈칸에 들어갈 단어를 작성하시오.**

> 모발은 모표피, (　　　　　), 모수질 3개의 구조로 이루어져 있다.

정답 모피질

해설

모발은 모표피, 모피질, 모수질 3개의 구조로 이루어져 있다.

3회독 □□□

99 **다음 〈보기〉를 보고 맞춤형화장품 조제관리사가 고객에게 설명할 내용 중 ㉠, ㉡에 들어갈 단어를 차례로 작성하시오.**

〈보 기〉

정제수, 글리세린, 다이프로필렌글라이콜, 다이메티콘/비닐다이메티콘크로스폴리머, 벤질알코올, 향료

맞춤형화장품 조제관리사: 여기에 사용된 보존제는 (㉠)로서, (㉡)% 이하로 사용되어 기준에 적합합니다.

정답 ㉠ 벤질알코올, ㉡ 1.0

해설

벤질알코올은 국내 및 유럽에서 화장품의 보존제로 1.0%까지 사용 가능하며, 미국 및 일본에서는 사용한도 성분으로 관리하고 있지 않다.

3회독 □□□

100 **다음 〈보기〉의 ㉠, ㉡에 들어갈 단어를 차례로 작성하시오.**

〈보 기〉

멜라닌은 표피의 기저층에 존재하는 (㉠)에서 만들어지는데, 이를 만들어내는 소기관을 (㉡)이라고 한다.

정답 ㉠ 멜라노사이트, ㉡ 멜라노좀

해설

멜라닌은 표피의 기저층에 존재하는 멜라노사이트(멜라닌 생성세포)에서 만들어지는데, 이를 만들어내는 소기관을 멜라노좀이라고 한다.

제2회

합격예상문제

선다형

3회독 □□□

01 다음 〈보기〉에 해당하는 경우 맞춤형화장품판매업자가 받게 될 벌칙으로 옳은 것은?

> **〈보 기〉**
> 맞춤형화장품 판매업체에서 맞춤형화장품 조제 업무를 담당하는 맞춤형화장품 조제관리사가 퇴사한 후 일반 직원이 맞춤형화장품을 조제하여 고객에게 판매하였다.

① 시정명령
② 200만 원 이하의 벌금
③ 1년 이하의 징역 또는 1천만 원 이하의 벌금
④ 3년 이하의 징역 또는 3천만 원 이하의 벌금
⑤ 5년 이하의 징역 또는 5천만 원 이하의 벌금

정답 ④

해설

맞춤형화장품판매업자는 총리령으로 정하는 바에 따라 맞춤형화장품의 혼합 · 소분 업무에 종사하는 맞춤형화장품 조제관리사를 두어야 한다. 「화장품법」 제36조에 의하면 이를 위반한 경우 맞춤형화장품판매업자는 3년 이하의 징역 또는 3천만 원 이하의 벌금에 처한다.

3회독 □□□

02 다음 중 화장품 전성분 표기 방법으로 옳은 것은?

① 글자 크기는 6포인트 이상이어야 한다.
② 제조 과정 중 제거되어 최종 제품에 남아 있지 않은 성분도 표기하여야 한다.
③ 비누화 반응을 거치는 성분은 비누화 반응에 따른 생성물로 기재 · 표시할 수 없다.
④ 내용량이 10mL 초과 50mL 이하인 화장품에 들어 있는 성분은 표기하지 않아도 된다.
⑤ pH 조절 목적으로 사용된 성분은 그 성분을 표시하는 대신 중화 반응에 따른 생성물로 기재 · 표시할 수 있다.

정답 ⑤

해설

① 글자 크기는 5포인트 이상이어야 한다.

② 제조 과정 중 제거되어 최종 제품에 남아 있지 않은 성분은 기재 · 표시를 생략할 수 있다.

③ 비누화 반응을 거치는 성분은 비누화 반응에 따른 생성물로 기재 · 표시할 수 있다.

④ 내용물이 10mL 초과 50mL 이하인 화장품에 들어 있는 성분은 타르색소, 금박, 샴푸와 린스에 들어 있는 인산염의 종류, 과일산(AHA), 기능성화장품의 경우 그 효능 · 효과가 나타나게 하는 원료, 식품의약품안전처장이 사용 한도를 고시한 화장품의 원료 성분을 제외하고 기재 · 표시를 생략할 수 있다.

3회독 □□□

03 다음 〈보기〉의 A, B의 대화에 등장하는 맞춤형화장품 판매업소가 1차 위반행위로 받게 될 행정처분으로 옳은 것은?

〈보 기〉
A: 우리 회사는 서울에서 맞춤형화장품판매업을 등록하고 3년 전에 인천으로 이사를 했어. 그런데 직원의 실수로 아직까지 맞춤형화장품판매업소 소재지 변경신고를 하지 않았어. B: 아하! 그래서 우리 회사 소재지가 아직도 서울로 조회되고 있구나.

① 시정명령

② 판매업무정지 15일

③ 판매업무정지 1개월

④ 판매업무정지 3개월

⑤ 등록취소

정답 ③

해설

맞춤형화장품판매업소가 소재지 변경신고를 하지 않은 경우 「화장품법 시행규칙」 제29조 행정처분기준에 따라 1차 위반은 판매업무정지 1개월, 2차 위반은 판매업무정지 2개월, 3차는 판매업무정지 3개월, 4차는 판매업무정지 4개월의 행정처분을 받는다.

3회독 □□□

04 **맞춤형화장품 조제관리사인 B는 매장을 방문한 고객 A와 다음과 같은 〈대화〉를 나누었다. 조제관리사 B가 제품에 사용된 〈보기〉의 성분을 참조하여 고객 A에게 안내해야 할 말로 가장 적절한 것은?**

〈대 화〉

A: 안녕하세요? 제가 요즘따라 화장이 잘 안 받아요. 피부도 많이 건조한 것 같고, 전체적으로 피부색이 많이 어두워진 것 같아요.

B: 네, 그러시군요. 우선 피부측정기로 피부 측정을 도와드리겠습니다. 이쪽에 앉아 주시겠어요?

– 피부 측정 후 –

B: 피부 측정 결과 3개월 전에 비해 피부 수분함량이 15%가량 떨어졌고, 피부 탄력도 25%가량 떨어졌네요. 멜라닌색소는 20%가량 증가하면서 색소침착이 진행된 것 같습니다.

A: 음, 걱정이네요. 그럼 어떤 제품을 쓰는 것이 좋을지 추천 부탁드려요.

B: 고객님 피부에 맞는 화장품으로 상담 및 조제를 도와드릴 수 있도록 하겠습니다.

〈보 기〉

정제수, 부틸렌글라이콜, 세틸알코올, 1,2-헥산디올, 아데노신, 소듐 히알루로네이트, 벤잘코늄클로라이드, 리모넨, 베타글루칸, 로즈힙오일, 아보카도오일, 스테아릭애씨드, 석류추출물, 카보머, 다이소듐이디티에이(BBE 2021. 03. 05)

① 색소 침착을 개선하기 위해 아데노신을 첨가하여 조제하였음을 안내하였다.
② 보습, 주름 기능성화장품으로 보고가 완료된 제품이라고 안내하였다.
③ 화장품의 유통기한은 3년이므로 2024. 03. 04까지 사용하도록 안내하였다.
④ 벤잘코늄클로라이드가 함유되어 있으니 눈과 점막의 접촉을 피하라고 안내하였다.
⑤ 알레르기 유발성분인 리모넨 성분이 0.0001% 배합되어 있으므로 성분을 따로 표기하였다.

정답 ④

해설

① 아데노신은 주름개선 기능성 성분이다.
② 보습은 기능성화장품의 범위에 해당하지 않는다.
③ BBE(Best-Before-End dates)는 사용기한으로 2021. 03. 05까지 사용 가능하다.
⑤ 사용 후 씻어내지 않는 제품의 경우 0.001% 초과 함유하는 경우에만 알레르기 유발 성분을 표시한다. 리모넨 성분이 0.0001% 배합된 경우 따로 기재 · 표시하지 않고 향료로 표기한다.

3회독 □□□

05 **다음 〈보기〉에 기재된 내용 중 화장품 표시 · 광고로 사용할 수 없는 것으로 올바른 것을 모두 고른 것은?**

〈보 기〉

ㄱ. 파라벤을 사용하지 않은 제품
ㄴ. 피부과 의사의 자문을 받아 개발한 제품
ㄷ. 최고의 성분으로 진피까지 침투하는 제품
ㄹ. 피부 트러블 치료 및 아토피 개선 가능 제품
ㅁ. 주름 개선에 도움을 주는 기능성 성분 함유 제품

① ㄱ, ㄷ, ㄹ
② ㄴ, ㄷ, ㅁ
③ ㄱ, ㄹ, ㅁ
④ ㄱ, ㄷ, ㅁ
⑤ ㄴ, ㄷ, ㄹ

정답 ⑤

해설

ㄴ. 의사, 치과의사, 한의사, 약사, 의료기관 또는 그 밖의 자가 이를 지정, 공인, 추천, 지도, 연구, 개발 또는 사용하고 있다는 내용이나 이를 암시하는 내용은 광고할 수 없다.
ㄷ. 배타성을 띤 "최고" 또는 "최상" 등의 절대적 표현은 표시 · 광고할 수 없다.
ㄹ. 의약품으로 잘못 인식할 우려가 있는 내용은 표시 · 광고할 수 없다.

3회독 □□□

06 **다음 중 2차 포장이 없는 제품의 경우 1차 포장에 필수로 표기해야 하는 것으로 옳지 않은 것을 모두 고른 것은?**

ㄱ. 영업자의 상호
ㄴ. 제조번호
ㄷ. 내용물의 용량
ㄹ. 화장품의 효능 및 효과
ㅁ. 사용기한 및 개봉 후 사용기한

① ㄱ, ㅁ
② ㄷ, ㄹ
③ ㄱ, ㄷ
④ ㅁ, ㄴ
⑤ ㄴ, ㄹ

정답 ②

해설

「화장품법」 제10조 제2항 화장품의 기재사항으로 1차 포장의 필수 표시사항은 다음과 같다.

- 화장품의 명칭
- 영업자의 상호
- 제조번호
- 사용기한 또는 개봉 후 사용기간

3회독 □□□

07 **다음 중 맞춤형화장품판매업자가 폐업할 경우 「개인정보 보호법」 제21조 개인정보의 파기 방침에 따라 실시한 행동으로 적절하지 않은 것은?**

① 개인정보의 보유기간이 남은 개인정보를 파기하였다.
② 고객의 개인정보 파일을 전용 소자장비를 이용하여 삭제하였다.
③ 맞춤형화장품판매업자는 식품의약품안전처장에게 신고하여야 한다.
④ 고객의 이름, 전화번호가 기재된 종이는 따로 분리하여 배출하였다.
⑤ 맞춤형화장품 폐업신고서와 세무서에 제출할 폐업신고서를 지방식품의약품안전청장에게 함께 제출하였다.

정답 ④

해설

개인정보처리자는 기록물, 인쇄물, 서면, 그 밖의 기록매체인 경우에는 파쇄 또는 소각하여야 한다.

3회독 □□□

08 **다음 중 화장품 사용 중 부작용이 발생하였거나 유해사례가 발생하였을 때의 대처 방법으로 옳은 것은?**

① 유해사례 발생 제품은 60일 이내에 회수하여야 한다.
② 회수의무자는 관련 서류를 회수종료일로부터 1년간 보관한다.
③ 유해사례가 발생하였음을 식품의약품안전처장에게 보고하였다.
④ 화장품책임판매업자는 회수계획서를 15일 이내에 제출해야 한다.
⑤ 화장품제조업자는 해당 제품에 대한 판매중지 조치를 취하였다.

정답 ③

해설

① 위해성 등급이 가 등급일 경우 15일, 나 · 다 등급일 경우 30일 이내에 회수해야 한다.
② 회수 관련 서류(회수계획 통보 자료, 폐기확인서)는 회수종료일로부터 2년간 보관한다.
④ 회수계획서는 회수대상 화장품이라는 사실을 안 날부터 5일 이내 제출해야 한다.
⑤ 판매중지 조치는 화장품책임판매업자의 업무이다.

3회독 □□□

09 **다음 〈보기〉 중 알레르기 유발성분으로 반드시 명칭을 기재 · 표시해야 하는 성분으로 적절한 것을 모두 고른 것은?**

〈보 기〉

ㄱ. 에탄올 58%
ㄴ. 페퍼민트오일 41%
ㄷ. 1,2-헥산다이올 0.04%
ㄹ. 하이드록시시트로넬알 0.1%
ㅁ. 시트로넬올 0.02%
ㅂ. 벤질알코올 0.001%

① ㄱ, ㄷ
② ㄴ, ㄹ
③ ㄷ, ㄹ
④ ㅁ, ㅂ
⑤ ㄹ, ㅁ

정답 ⑤

해설
하이드록시시트로넬알, 시트로넬올 및 벤질알코올은 알레르기 유발 성분이다. 착향제의 구성성분 중 알레르기 유발성분은 사용 후 씻어내는 제품에는 0.01% 초과, 사용 후 씻어내지 않는 제품에서는 0.001% 초과하는 경우에 한하여 해당 성분의 명칭을 기재해야 한다.

3회독 □□□

10 **다음 중 화장품에 함유된 성분명을 제품 명칭의 일부로 사용한 경우 반드시 포함되어야 하는 사항으로 옳은 것은?**

① 제조번호
② 사용기한
③ 화장품의 명칭
④ 성분명과 함량
⑤ 식품의약품안전처장이 정하는 바코드

정답 ④

해설 「화장품법 시행규칙」 제19조 제4항 제3호
성분명을 제품 명칭의 일부로 사용한 경우 그 성분명과 함량(방향 제품 제외)을 기재 · 표시하여야 한다.

3회독 □□□

11 다음 중 화장품의 위해성 등급이 다른 것은?

① 병원미생물에 오염된 화장품
② 맞춤형화장품 조제관리사를 두지 않고 판매한 맞춤형화장품
③ 등록되지 않은 화장품책임판매업자가 수입하여 유통 · 판매한 화장품
④ 기능성화장품의 기능성을 나타나게 하는 주원료 함량이 기준치에 부적합한 화장품
⑤ 식품의약품안전처장이 사용할 수 없는 원료로 고시한 하이드로퀴논을 함유한 화장품

정답 ⑤

해설

「화장품법 시행규칙」 제14조의2에서 회수대상 화장품의 기준 및 위해성 등급을 규정하고 있다. 회수대상 화장품은 위해성이 높은 순서에 따라 가, 나, 다 등급으로 구분하고 있다. ①, ②, ③, ④은 다 등급, ⑤은 가 등급이다.

3회독 □□□

12 다음 〈보기〉는 계면활성제에 설명이다. 빈칸에 들어갈 단어로 옳은 것은?

〈보 기〉

- (㉠): 비교적 안전성이 높아 주로 베이비 샴푸, 저자극 샴푸에 사용되는 계면활성제
- (㉡): 계면활성제가 임계미셀농도 이상으로 증가하면 계면활성제가 모여 형성된 회합체

① ㉠ 음이온성 계면활성제, ㉡ 미셀
② ㉠ 음이온성 계면활성제, ㉡ 리포좀
③ ㉠ 비이온성 계면활성제, ㉡ 미셀
④ ㉠ 비이온성 계면활성제, ㉡ 리포좀
⑤ ㉠ 양쪽성 계면활성제, ㉡ 미셀

정답 ⑤

해설

- 양쪽성 계면활성제는 피부자극이 적고 비교적 안전성이 높아 주로 저자극 샴푸, 유아용 샴푸에 사용되는 계면활성제이다.
- 계면활성제가 임계미셀농도 이상에서 모여 형성된 회합체를 미셀이라고 한다.

3회독 □□□

13 다음 중 화장품에 사용할 수 없는 알코올로 옳은 것은?

① 페녹시에탄올
② 클로로부탄올
③ 메칠렌글라이콜
④ 페녹시이소프로판올
⑤ 3,4-디클로로벤질알코올

정답 ③

해설 「화장품 안전기준 등에 관한 규정」 [별표 1] 사용할 수 없는 원료

- 페녹시에탄올: 사용한도 1.0%
- 클로로부탄올: 사용한도 0.5%(스프레이에 한하여 에어로졸 제품에는 사용금지)
- 메칠렌글라이콜: 사용할 수 없는 원료
- 페녹시이소프로판올: 사용 후 씻어내는 제품에 1.0%(기타제품에는 사용금지)
- 3,4-디클로로벤질알코올: 사용한도 0.15%

3회독 □□□

14 다음 〈보기〉 중 자외선을 흡수하여 자외선으로부터 피부를 보호하는 데 도움을 주는 기능성화장품의 성분으로 적절한 것을 모두 고른 것은?

〈보 기〉

ㄱ. 징크옥사이드
ㄴ. 옥토크릴렌
ㄷ. 에칠헥실살리실레이트
ㄹ. 티타늄디옥사이드
ㅁ. 폴리에톡실레이티드레틴아마이드

① ㄱ, ㄴ
② ㄱ, ㄷ
③ ㄴ, ㄷ
④ ㄷ, ㄹ
⑤ ㄹ, ㅁ

정답 ③

해설

- 자외선 차단제 성분은 자외선을 산란(물리적 자외선 차단제) 또는 흡수(유기적 자외선 차단제)한다. 여기서는 유기적 자외선 차단제를 묻는 문제이므로 옥토크릴렌, 에칠헥실살리실레이트가 적절하다.
- 징크옥사이드, 티타늄디옥사이드: 물리적 자외선 차단제(자외선을 산란)
- 폴리에톡실레이티드레틴아마이드: 피부의 주름개선에 도움을 주는 기능성화장품 성분

3회독 □□□

15 **다음 〈보기〉는 용기에 관한 설명이다. ㉠, ㉡에 들어갈 단어가 올바르게 짝지어진 것은?**

〈보 기〉

- (㉠): 액상 또는 고형의 이물 또는 수분이 침입하지 않고 내용물을 손실, 풍화, 조해 또는 증발로부터 보호할 수 있는 용기
- (㉡): 외부로부터 고형의 이물이 들어가는 것을 방지하고 고형의 내용물이 손실되지 않도록 보호할 수 있는 용기

① ㉠ 밀봉용기, ㉡ 기밀용기
② ㉠ 기밀용기, ㉡ 밀폐용기
③ ㉠ 밀폐용기, ㉡ 밀봉용기
④ ㉠ 차광용기, ㉡ 밀폐용기
⑤ ㉠ 밀폐용기, ㉡ 기밀용기

정답 ②

해설

- 밀봉용기: 일상의 취급 또는 보통의 보존 상태에서 기체 또는 미생물이 침입할 염려가 없는 용기
- 차광용기: 광선의 투과를 방지하는 용기 또는 투과를 방지하는 포장을 한 용기

3회독 □□□

16 **다음 〈보기〉에서 천연화장품 및 유기농화장품에 대한 설명으로 적절한 것을 모두 고른 것은?**

〈보 기〉

ㄱ. 유기농화장품은 동 · 식물 원료를 함유한 화장품 중 식품의약품안전처장이 정한 기준에 적합한 화장품이다.
ㄴ. 천연화장품 및 유기농화장품에 대한 인증의 취소를 명하고자 하는 경우에는 청문을 하여야 한다.
ㄷ. 인증기관의 장이 지정받은 사항을 변경하려는 경우에는 변경 사유가 발생한 날부터 30일 이내에 인증기관 지정사항 변경 신청서를 식품의약품안전처장에게 제출하여야 한다.
ㄹ. 인증의 유효기간 만료 60일 전까지 인증기관에 연장 신청을 해야 한다.
ㅁ. 천연화장품 및 유기농화장품의 용기와 포장에 폴리염화비닐(PVC)을 사용할 수 없다.
ㅂ. 천연화장품 제조에 사용할 수 있는 보존제 원료로 합성 원료를 사용할 수 없다.

① ㄱ, ㄷ, ㅁ
② ㄱ, ㄷ, ㅂ
③ ㄴ, ㄷ, ㅁ
④ ㄷ, ㄹ, ㅁ
⑤ ㄷ, ㄹ, ㅂ

정답 ③

해설

ㄱ. 유기농화장품이란 유기농 원료, 동식물 및 그 유래 원료 등을 함유한 화장품으로서 식품의약품안전처장이 정하는 기준에 맞는 화장품을 말한다.

ㄹ. 유효기간을 연장하려고 하는 자는 유효기간이 끝나기 90일 전에 연장 신청을 해야 한다.

ㅂ. 천연화장품 제조에 사용할 수 있는 보존제 원료로 합성 원료를 사용할 수 있다.

3회독 □□□

17 **다음 〈보기〉는 맞춤형화장품 조제관리사 A와 고객 B의 대화이다. 빈칸에 해당하지 않는 제품은?**

〈보 기〉

A: 안녕하세요, 고객님. 지난번에 조제해 드린 맞춤형화장품은 잘 사용하셨나요?
B: 네. 잘 사용하고 있습니다.
A: 그렇군요. 그럼 이번에도 같은 화장품으로 조제해 드릴까요?
B: 아뇨. 이번에는 다른 맞춤형화장품을 사용하고 싶네요. (   )을 소분해 주세요.
A: 네, 알겠습니다. 그럼 맞춤형화장품을 소분할 동안 잠시만 기다려 주세요.

① 흑채　　② 제모왁스
③ 손소독제　　④ 데오도런트
⑤ 외음부 세정제

정답 ③

해설

손소독제는 맞춤형화장품이 아니라 의약외품에 해당한다.

3회독 □□□

18 **다음 착향제의 구성 성분 중 해당 성분의 명칭을 기재 · 표시하여야 하는 알레르기 유발성분이 아닌 것은?**

① 신남알
② 아밀신남알
③ 헥실신남알
④ 브로모신남알
⑤ 신나밀알코올

정답 ④

해설

브로모신남알은 알레르기 유발성분 25종에 해당하지 않는다.

3회독 □□□

19 다음 중 천연화장품 및 유기농화장품의 제조에 금지되는 공정은 무엇인가?

① 알킬화
② 설폰화
③ 가수분해
④ 에스텔화
⑤ 오존분해

정답 ②

해설 「천연화장품 및 유기농화장품의 기준에 관한 규정」 [별표 5] 제조공정

천연화장품 및 유기농화장품의 제조에 탈색 · 탈취(동물 유래), 방사선 조사(알파선, 감마선), 설폰화, 수은화합물을 사용한 처리, 포름알데하이드 사용, 에칠렌옥사이드, 프로필렌옥사이드 또는 다른 알켄옥사이드를 사용하는 공정은 금지된다.

3회독 □□□

20 자료제출이 생략되는 기능성화장품의 종류 중 피부를 곱게 태워 주거나 자외선으로부터 피부를 보호하는 데 도움을 주는 성분명과 최대 함량이 올바르게 짝지어진 것은?

① 드로메트리졸 – 10%, 벤조페논–3 – 3%
② 옥토크릴렌 – 10%, 시녹세이트 – 5%
③ 호모살레이트 – 5%, 엑칠헥실디메칠파바 – 7.5%
④ 드로메트리졸트리실록산 – 10%, 에칠헥실메톡시신나메이트 – 5%
⑤ 디에칠헥실부타미도트리아존 – 15%, 에칠헥실살리실레이트 – 7.5%

정답 ②

해설 「기능성화장품 심사에 관한 규정」 [별표 4] 자료제출이 생략되는 기능성화장품의 종류

① 드로메트리졸 – 1%, 벤조페논–3 – 5%
③ 호모살레이트 – 10%, 엑칠헥실디메칠파바 – 8%
④ 드로메트리졸트리실록산 – 15%, 에칠헥실메톡시신나메이트 – 7.5%
⑤ 디에칠헥실부타미도트리아존 – 10%, 에칠헥실살리실레이트 – 5%

3회독 □□□

21 **다음 〈보기〉 중 영 · 유아용 화장품의 보존제로 사용할 수 없는 원료를 모두 고른 것은?**

〈보 기〉
ㄱ. 살리실릭애씨드
ㄴ. 벤조익애씨드
ㄷ. 트리클로산
ㄹ. 벤제토늄클로라이드
ㅁ. 아이오도프로피닐부틸카바메이트

① ㄱ, ㄷ
② ㄴ, ㄷ
③ ㄱ, ㄹ
④ ㄹ, ㅁ
⑤ ㄱ, ㅁ

정답 ⑤

해설

- 살리실릭애씨드: 영 · 유아용 제품류 또는 만 13세 이하 어린이가 사용할 수 있음을 특정하여 표시하는 제품에는 사용금지(다만, 샴푸는 제외)
- 아이오도프로피닐부틸카바메이트: 영 · 유아용 제품류 또는 만 13세 이하 어린이가 사용할 수 있음을 특정하여 표시하는 제품에는 사용금지(다만, 목욕용 제품, 샤워젤류 및 샴푸류는 제외)

3회독 □□□

22 **다음 중 여드름성 피부에 적합한 화장품의 표시 · 광고에 관련한 내용으로 옳지 않은 것은?**

① 외국 제품을 국내 제품으로 잘못 인식할 우려가 있는 표시 · 광고를 할 수 없다.
② 배타성을 띤 "최고" 또는 "최상" 등의 절대적 표현의 표시 · 광고를 할 수 없다.
③ 의약품으로 잘못 인식할 우려가 있는 효능 · 효과 등에 대한 표시 · 광고를 할 수 없다.
④ 경쟁상품과 비교하는 경우 객관적으로 확인할 수 있는 사항만을 표시 · 광고하여야 한다.
⑤ 의사, 한의사, 약사, 의료기관 또는 그 밖의 자가 이를 지정, 추천, 지도, 연구, 개발 또는 사용하고 있다고 표시할 수 있다.

정답 ⑤

해설 「화장품법 시행규칙」 [별표 5] 화장품 표시 · 광고의 범위 및 준수사항

의사, 한의사, 약사, 의료기관 또는 그 밖의 자가 이를 지정, 추천, 지도, 연구, 개발 또는 사용하고 있다는 표시 · 광고를 할 수 없다(다만, 인체 적용시험 결과가 관련 학회 발표 등을 통하여 공인된 경우에는 그 범위에서 관련 문헌을 인용할 수 있다).

3회독 □□□

23 **다음 〈보기〉의 설명을 기준으로 볼 때 A, B, C의 행동으로 적절한 것은?**

> **〈보 기〉**
>
> A: 4월 20일에 맞춤형화장품 판매업체에 취업하였다. 5월 1일에 맞춤형화장품 조제관리사 자격을 취득하였다.
>
> B: 4월 30일에 A가 일하는 업체에 취업하였다. 9월에 있을 맞춤형화장품 조제관리사 자격시험을 준비 중이다. 현재 A의 업무를 지원하며 광고업무를 하고 있다.
>
> C: A, B가 일하는 업체에서 맞춤형화장품을 구입하여 사용 중인 고객이다.

① A는 4월 30일에 C를 위한 맞춤형화장품을 조제하였다.
② A는 B에게 맞춤형화장품 메뉴얼대로 조제하게끔 지시하였다.
③ B는 C에게 화장품을 소분하여 판매하였다.
④ B는 재생크림을 직접 혼합하여 C에게 전달해 주었다.
⑤ C는 제품의 제조연월, 사용기한 등을 확인하였다.

정답 ⑤

해설

① A는 5월 1일에 맞춤형화장품 조제관리사 자격을 취득하였으므로 4월 30일의 조제 업무는 적절하지 않다.
②, ③, ④ B는 아직 맞춤형화장품 조제관리사가 아니므로 혼합 · 소분 업무를 할 수 없다.

3회독 □□□

24 **다음 〈보기〉 중 기능성화장품의 사용 목적과 성분이 올바르게 짝지어지지 않은 것은?**

> **〈보 기〉**
>
> ㄱ. 홍조 – 덱스판테놀, 비오틴
> ㄴ. 피부 미백 – 알파–비사보롤, 나이아신아마이드
> ㄷ. 염모제 – o–아미노페놀, 과산화수소
> ㄹ. 여드름 완화 – 살리실릭애씨드
> ㅁ. 자외선 차단 – 옥토크릴렌, 폴리에톡실레이티드레틴아마이드

① ㄱ, ㄴ　　② ㄴ, ㄹ
③ ㄱ, ㅁ　　④ ㄷ, ㅁ
⑤ ㄷ, ㄹ

정답 ③

해설

ㄱ. 홍조는 기능성화장품의 사용 목적에 해당하지 않는다. 덱스판테놀, 비오틴은 탈모증상 완화의 목적으로 사용한다.
ㅁ. 폴리에톡실레이티드레틴아마이드는 주름개선 기능성 화장품 원료이다.

3회독 □□□

25 **다음 〈보기〉의 화장품 원료 중 지용성 성분을 모두 고른 것은?**

〈보 기〉
아스코르브산, 토코페롤, 세틸알코올, 이소프로필알코올, 스테아릭애씨드, 아미노산

① 아스코르브산, 세틸알코올, 스테아릭애씨드
② 아스코르브산, 세틸알코올, 아미노산
③ 토코페롤, 이소프로필알코올, 아미노산
④ 토코페롤, 이소프로필알코올, 스테아릭애씨드
⑤ 토코페롤, 세틸알코올, 스테아릭애씨드

정답 ⑤

해설

- 고급알코올과 고급지방산은 유성원료이다.
- 비타민: 아스코르브산(수용성), 토코페롤(지용성)
- 알코올: 세틸알코올(지용성), 이소프로필알코올(수용성)
- 산: 스테아릭애씨드(지용성), 아미노산(수용성)

3회독 □□□

26 **다음 〈보기〉에서 퍼머넌트 웨이브용 제품에 사용 가능한 원료를 모두 고른 것은?**

〈보 기〉
ㄱ. 퀴닌염
ㄴ. 시스테인
ㄷ. 브롬산나트륨
ㄹ. 피크라민산
ㅁ. 실버나이트레이트

① ㄱ, ㄴ
② ㄷ, ㄹ
③ ㄷ, ㅁ
④ ㄴ, ㄷ
⑤ ㄴ, ㄹ

정답 ④

해설

ㄱ. 퀴닌염: 샴푸에 0.5%, 헤어 로션에 0.2%(기타제품에는 사용금지)
ㄹ. 피크라민산: 산화염모제에 0.6%(기타제품에는 사용금지)
ㅁ. 실버나이트레이트: 속눈섭 및 눈섭 착색 용도의 제품에 4%(기타제품에는 사용금지)

3회독 □□□

27 **다음 〈보기〉는 화장품의 전성분을 나열한 것이다. 여기서 기능성화장품 성분으로 자료 제출이 생략되는 성분으로 적절한 것을 모두 고른 것은?**

〈보 기〉
정제수, 글리세린, 부틸렌글라이콜, 세라마이드, 사이클로메티콘, 라놀린, 미네랄오일, 올리브오일, 닥나무추출물, 벤질알코올, 페녹시에탄올, 레티놀팔미테이트, 유제놀, 파네솔, 쿼터늄-15, 디아졸리디닐우레아, 메칠이소치아졸리논

① 유제놀, 파네솔
② 벤질알코올, 페녹시알코올
③ 닥나무추출물, 레티놀팔미테이트
④ 사이클론메티콘, 쿼터늄-15
⑤ 디아졸리디닐우레아, 메칠이소치아졸리논

정답 ③

해설

- 미백 기능성화장품 고시 성분: 닥나무추출물
- 주름개선 기능성화장품 고시 성분: 레티놀팔미테이트

3회독 □□□

28 **다음 중 화장품책임판매업자의 준수사항으로 적절한 것은?**

① 수입 화장품은 수입관리기록서를 작성 · 보관해야 한다.
② 제품 사용과 관련된 부작용 발생 시 한국소비자원에 즉시 보고한다.
③ 제조업자로부터 받은 제품표준서 및 제조관리기록서를 보관해야 한다.
④ 보건위생상의 위해가 없도록 시설 및 기구를 위생적으로 관리하여 오염되지 않도록 한다.
⑤ 특정 성분을 0.5% 이상 함유하는 제품은 안전성 시험자료를 최종 제조된 제품의 사용기한이 만료되는 날부터 2년간 보존해야 한다.

정답 ①

해설 「화장품법 시행규칙」 제12조 화장품책임판매업자의 준수사항

② 화장품 사용 중 부작용 발생 시 식품의약품안전처장에게 보고한다.
③ 제조업자로부터 받은 제품표준서 및 품질관리기록서를 보관해야 한다.
④ 화장품제조업자의 준수사항에 해당한다.
⑤ 특정 성분을 0.5% 이상 함유하는 제품은 안정성 시험자료를 최종 제조된 제품의 사용기한이 만료되는 날부터 1년간 보존해야 한다.

3회독 □□□

29 **화장품을 제조하면서 인위적으로 첨가하지 않았으나, 제조 또는 보관 과정 중 포장재로부터 이행되는 등 비의도적으로 유래된 사실이 객관적인 자료로 확인되고 기술적으로 완전한 제거가 불가능한 경우 각 물질의 검출 허용 한도를 정하고 있다. 다음 중 A 업체가 제조한 화장품에서 검출 허용한도 2,000μg/g 이하로 관리해야 하는 물질로 옳은 것은?**

① 메탄올
② 디옥산
③ 안티몬
④ 프탈레이트류
⑤ 포름알데하이드

정답 ⑤

해설 「화장품 안전기준 등에 관한 규정」 제6조 제2항
① 메탄올: 0.2(v/v)% 이하, 물휴지는 0.002%(v/v) 이하
② 디옥산: 100μg/g 이하
③ 안티몬: 10μg/g 이하
④ 프탈레이트류: 총합으로서 100μg/g 이하
⑤ 포름알데하이드: 2000μg/g 이하, 물휴지는 20μg/g 이하

3회독 □□□

30 **다음 중 화장품을 제조하면서 인위적으로 첨가하지 않았으나 제조 또는 유통과정에서 디옥산이 검출될 수 있는 원료는?**

① 소르비톨
② 1,2-헥산다이올
③ 카프릴릴글라이콜
④ 글리세릴카프릴레이트
⑤ 암모늄라우레스설페이트

정답 ⑤

해설
디옥산은 PEG/POE 포함 주로 계면활성제를 포함하는 화장품에서 검출될 수 있으며, 샴푸에 많이 사용되는 암모늄라우레스설페이트(ALES)에서도 검출될 수 있다.

3회독 □□□

31 **다음 〈보기〉 중 설비 세척에 대한 설명으로 적절하지 않은 것을 모두 고른 것은?**

〈보 기〉

ㄱ. 위험성이 없는 용제로 세척한다.
ㄴ. 가능한 한 세제를 사용하지 않는다.
ㄷ. 증기 세척은 좋은 방법이다.
ㄹ. 되도록 브러시로 문질러 닦지 않는다.
ㅁ. 분해 가능한 기계는 되도록 분해하지 말고 세척한다.
ㅂ. 세척 후에 반드시 판정한다.
ㅅ. 판정 후의 설비는 건조하지 않고 밀폐해서 보존한다.
ㅇ. 세척의 유효기간을 만든다.

① ㄱ, ㄷ, ㄹ
② ㄴ, ㄹ, ㅁ
③ ㄴ, ㄹ, ㅅ
④ ㄹ, ㅁ, ㅅ
⑤ ㅁ, ㅂ, ㅇ

정답 ④

해설「우수화장품 제조 및 품질관리기준(CGMP)」 해설서(설비 세척의 원칙)

ㄹ. 브러시 등으로 문질러 지우는 것을 고려한다.
ㅁ. 분해할 수 있는 부분은 분해해서 세척한다.
ㅅ. 판정 후의 설비는 건조시키고, 밀폐해서 보존한다.

3회독 □□□

32 **다음 중 재작업에 대한 설명으로 옳은 것은?**

① 기준일탈이 된 완제품 또는 벌크제품은 절대 재작업할 수 없다.
② 제조일로부터 1년이 경과하고 사용기한이 1년 이상 남아있는 경우 재작업이 가능하다.
③ 원료, 벌크제품과 완제품이 적합판정기준을 만족시키지 못할 경우 "기준일탈 제품"이라고 한다.
④ 변질 · 변패 또는 병원미생물에 오염된 경우 품질보증책임자에 의해 승인되면 재작업이 가능하다.
⑤ 품질에 문제가 있거나 회수 · 반품된 제품의 폐기 또는 재작업 여부는 화장품제조업자에 의해 결정되어야 한다.

정답 ③

해설「우수화장품 제조 및 품질관리기준(CGMP)」 제22조(폐기처리 등)

① 기준일탈이 된 완제품 또는 벌크제품은 재작업할 수 있다.
②, ④ 재작업은 변질 · 변패 또는 병원미생물에 오염되지 아니한 경우, 제조일로부터 1년이 경과하지 않았거나 사용기한이 1년 이상 남아있는 경우 할 수 있다.
⑤ 품질에 문제가 있거나 회수 · 반품된 제품의 폐기 또는 재작업 여부는 품질보증책임자에 의해 승인되어야 한다.

3회독 □□□

33 다음 〈보기〉 중 청정도 기준에 대한 설명으로 적절한 것을 모두 고른 것은?

〈보 기〉

	청정도 등급	청정공기 순환	관리 기준
ㄱ.	1등급	20회/hr 이상 또는 차압 관리	낙하균: 10개/hr 또는 부유균: 20개/㎥
ㄴ.	2등급	10회/hr 이상 또는 차압 관리	낙하균: 20개/hr 또는 부유균: 100개/㎥
ㄷ.	3등급	차압 관리	갱의, 포장재의 외부 청소 후 반입
ㄹ.	4등급	차압 관리	낙하균: 50개/hr 또는 부유균: 200개/㎥

① ㄱ, ㄴ
② ㄱ, ㄷ
③ ㄱ, ㄹ
④ ㄴ, ㄷ
⑤ ㄴ, ㄹ

정답 ②

해설 「우수화장품 제조 및 품질관리기준(CGMP)」 해설서(청정도 기준)

	청정도 등급	청정공기 순환	관리 기준
ㄴ.	2등급	10회/hr 이상 또는 차압 관리	낙하균: 30개/hr 또는 부유균: 200개/㎥
ㄷ.	4등급	환기 장치	–

3회독 □□□

34 다음 중 안전용기·포장 대상 품목 및 기준에 대한 설명으로 옳은 것은?

① 에탄올을 함유하는 네일 에나멜 리무버 및 네일 폴리시 리무버
② 어린이용 오일 등 개별포장당 탄화수소류를 10% 이상 함유하고 운동점도가 21센티스톡스 이하인 에멀젼 타입의 액체상태의 제품
③ 개별포장당 메틸 살리실레이트를 5% 이상 함유하는 젤상태의 제품
④ 일회용 제품, 용기 입구 부분이 펌프 또는 방아쇠로 작동되는 분무용기 제품, 압축 분무용기 제품(에어로졸 제품 등)을 제외한다.
⑤ 안전용기·포장은 성인이 개봉하기는 어렵지 아니하나 만 3세 미만의 어린이가 개봉하기는 어렵게 된 것이어야 한다.

정답 ④

해설 「화장품법 시행규칙」 제18조(안전용기 · 포장 대상 품목 및 기준)

① 아세톤을 함유하는 네일 에나멜 리무버 및 네일 폴리시 리무버

② 어린이용 오일 등 개별포장당 탄화수소류를 10퍼센트 이상 함유하고 운동점도가 21센티스톡스(섭씨 40도 기준) 이하인 비에멀젼 타입의 액체상태의 제품

③ 개별포장당 메틸 살리실레이트를 5% 이상 함유하는 액체상태의 제품

⑤ 안전용기 · 포장은 성인이 개봉하기는 어렵지 아니하나 만 5세 미만의 어린이가 개봉하기는 어렵게 된 것이어야 한다.

3회독 □□□

35 다음 〈보기〉는 안정성 자료의 보관기간에 대한 설명이다. ㉠ ~ ㉢에 들어갈 단어가 올바르게 짝지어진 것은?

〈보 기〉

제품별 안정성 자료의 보관기간

화장품의 1차 포장에 개봉 후 사용기간을 표시하는 경우: 영유아 또는 어린이가 사용할 수 있는 화장품임을 표시 · 광고한 날부터 마지막으로 제조 · 수입된 제품의 제조연월일 이후 (㉠)까지의 기간. 이 경우 제조는 화장품의 제조번호에 따른 (㉡)를 기준으로 하며, 수입은 (㉢)를 기준으로 한다.

	㉠	㉡	㉢
①	1년	제조일자	수입일자
②	1년	유통기한	통관일자
③	2년	제조일자	수입일자
④	3년	제조일자	통관일자
⑤	3년	유통기한	수입일자

정답 ④

해설 「화장품법 시행규칙」 제10조의3(제품별 안전성 자료의 작성 · 보관)

화장품의 1차 포장에 개봉 후 사용기간을 표시하는 경우: 영유아 또는 어린이가 사용할 수 있는 화장품임을 표시 · 광고한 날부터 마지막으로 제조 · 수입된 제품의 제조연월일 이후 3년까지의 기간. 이 경우 제조는 화장품의 제조번호에 따른 제조일자를 기준으로 하며, 수입은 통관일자를 기준으로 한다.

3회독 □□□

36 **다음 〈보기〉는 유통화장품 안전관리 시험방법 중 퍼머넌트웨이브용 및 헤어스트레이트너 제품의 시험방법에 대한 설명이다. ㉠, ㉡에 들어갈 숫자가 올바르게 짝지어진 것은?**

> 〈보 기〉
>
> **치오글라이콜릭애씨드 또는 그 염류를 주성분으로 하는 냉2욕식 퍼머넌트웨이브용 제품**
>
> 1. 제1제 시험방법
>
> ① pH: 검체를 가지고 「기능성화장품 기준 및 시험방법」(식품의약품안전처 고시) 일반 시험법 1. 원료의 "(㉠) pH측정법"에 따라 시험한다.
>
> ② 알칼리: 검체 10mL를 정확하게 취하여 100mL 용량플라스크에 넣고 물을 넣어 100mL로 하여 검액으로 한다. 이 액 20mL를 정확하게 취하여 250mL 삼각플라스크에 넣고 0.1N염산으로 적정한다(지시약: 메칠레드시액 2방울).
>
> ③ 산성에서 끓인 후의 환원성 물질(치오글라이콜릭애씨드): ②항의 검액 20mL를 취하여 삼각플라스크에 물 50mL 및 (㉡)% 황산 5mL를 넣어 가만히 가열하여 5분간 끓인다. 식힌 다음 0.1N 요오드액으로 적정한다(지시약: 전분시액 3mL).

	㉠	㉡
①	45	20
②	45	30
③	47	20
④	47	30
⑤	50	30

정답 ④

해설 「화장품 안전기준 등에 관한 규정」 [별표 4] 유통화장품 안전관리 시험방법

① pH: 검체를 가지고 「기능성화장품 기준 및 시험방법」(식품의약품안전처 고시) 일반시험법 1. 원료의 "47. pH측정법"에 따라 시험한다.

③ 산성에서 끓인 후의 환원성 물질(치오글라이콜릭애씨드): ②항의 검액 20mL를 취하여 삼각플라스크에 물 50mL 및 30% 황산 5mL를 넣어 가만히 가열하여 5분간 끓인다.

3회독 □□□

37 **다음 〈보기〉는 유통화장품 안전관리 시험방법 중 총호기성생균수 시험법의 조작에 대한 설명이다. ㉠, ㉡에 들어갈 숫자가 올바르게 짝지어진 것은?**

〈보 기〉

㉮ 한천평판도말법: 직경 9~10cm 페트리 접시 내에 미리 굳힌 시험용 배지 표면에 전처리 검액 0.1mL 이상 도말한다.

㉯ 한천평판희석법: 검액 1mL를 같은 크기의 페트리접시에 넣고 그 위에 멸균 후 45℃로 식힌 15mL의 시험용 배지를 넣어 잘 혼합한다.

- 세균수 시험: 검체당 최소 2개의 평판을 준비하고 세균수 시험용 배지를 사용하여 배양온도 30~35℃에서 적어도 (㉠)시간 배양하는데, 이때 최대 균집락수를 갖는 평판을 사용하되 평판당 300개 이하의 균집락을 최대치로 하여 총 세균수를 측정한다.
- 진균수 시험: 진균수 시험용 배지를 사용하여 배양온도 20~25℃에서 적어도 (㉡)일간 배양한 후 100개 이하의 균집락이 나타나는 평판을 세어 총 진균수를 측정한다.

	㉠	㉡
①	24	5
②	24	7
③	48	5
④	48	7
⑤	36	5

정답 ③

해설 「화장품 안전기준 등에 관한 규정」 [별표 4] 유통화장품 안전관리 시험방법

- 세균수 시험: 검체당 최소 2개의 평판을 준비하고 30~35℃에서 적어도 48시간 배양하는데 이때 최대 균집락수를 갖는 평판을 사용하되 평판당 300개 이하의 균집락을 최대치로 하여 총 세균수를 측정한다.
- 진균수 시험: '세균수 시험'에 따라 시험을 실시하되 배지는 진균수 시험용 배지를 사용하여 배양온도 20~25℃에서 적어도 5일간 배양한 후 100개 이하의 균집락이 나타나는 평판을 세어 총 진균수를 측정한다.

3회독 □□□

38 **다음 중 검출 허용 한도가 정해진 프탈레이트류로 올바르게 나열된 것은?**

① 디부틸프탈레이트, 부틸벤질프탈레이트, 디에칠헥실프탈레이트
② 디부틸프탈레이트, 부틸벤질프탈레이트, 모노에틸프탈레이트
③ 모노메틸프탈레이트, 모노이소부틸프탈레이트, 디에칠헥실프탈레이트
④ 폴리에틸렌테레프탈레이트, 디에칠헥실프탈레이트, 부틸벤질프탈레이트
⑤ 폴리에틸렌테레프탈레이트, 디부틸프탈레이트, 모노이소부틸프탈레이트

정답 ①

해설 「화장품 안전기준 등에 관한 규정」 제6조(유통화장품의 안전관리 기준)
프탈레이트류(디부틸프탈레이트, 부틸벤질프탈레이트 및 디에칠헥실프탈레이트에 한함): 총 합으로서 100 ㎍/g 이하

3회독 □□□

39 **〈보기〉는 특정세균시험법에 대한 설명이다. 다음 중 〈보기〉에서 설명하는 특정세균의 종류로 옳은 것은?**

> **〈보 기〉**
> 검체 1g 또는 1mL을 유당액체배지를 사용하여 10mL로 하여 30～35℃에서 24～72시간 배양한다. 배양액을 가볍게 흔든 다음 백금이 등으로 취하여 맥콘키한천배지 위에 도말하고 30～35℃에서 18～24시간 배양한다. 주위에 적색의 침강선띠를 갖는 적갈색의 그람음성균의 집락 검출 유무로 판정한다. 위의 특정을 나타내는 집락이 검출되는 경우에는 에오신메칠렌블루한천배지에서 각각의 집락을 도말하고 30～35℃에서 18～24시간 배양한다. 에오신메칠렌블루한천배지에서 금속 광택을 나타내는 집락 또는 투과광선하에서 흑청색을 나타내는 집락이 검출되면 백금이 등으로 취하여 발효시험관이 든 유당액체배지에 넣어 44.3～44.7℃의 항온수조 중에서 22～26시간 배양한다.

① 폐렴균
② 녹농균시험
③ 대장균시험
④ 살모넬라균
⑤ 황색포도상구균시험

정답 ③

해설
〈보기〉는 「화장품 안전기준 등에 관한 규정」 [별표 4] 유통화장품 안전관리 시험방법 중 대장균시험의 시험방법에 대한 설명이다. 유당액체배지 주위에 적색의 침강선띠를 갖는 적갈색의 그람음성균의 집락이 검출되지 않으면 대장균 음성으로 판정한다.

3회독 □□□

40 **다음 중 독성시험법에 대한 설명으로 옳은 것은?**

① 안점막 자극 또는 기타 점막 자극시험 중 약물 투여 후 1시간, 36시간 후에 눈을 관찰한다.

② 피부 1차 자극성을 평가하기 위해 단일농도 투여 시에는 0.1mL(액체) 또는 0.3g(고체)을 투여량으로 한다.

③ 광감작성 시험은 일반적으로 기니픽을 사용하는 시험법을 사용하며, 원칙적으로 1군당 10마리 이상으로 한다.

④ 피부 감작성시험은 일반적으로 Maximization Test를 사용하지만 적절하다고 판단되는 다른 시험법을 사용할 수 있다.

⑤ 인체 첩포시험은 원칙적으로 첩포 48시간 후에 patch를 제거하고, 제거에 의한 일과성의 홍반의 소실을 기다려 관찰 · 판정한다.

정답 ④

해설「기능성화장품 심사에 관한 규정」[별표 1] 독성시험법

① 안점막 자극 또는 기타 점막 자극시험 중 약물 투여 후 1시간, 24시간, 48시간, 72시간 후에 눈을 관찰한다.

② 피부 1차 자극성을 평가하기 위해 단일농도 투여 시에는 0.5mL(액체) 또는 0.5g(고체)을 투여량으로 한다.

③ 광감작성 시험은 일반적으로 기니픽을 사용하는 시험법을 사용하며, 원칙적으로 1군당 5마리 이상으로 한다.

⑤ 인체 첩포시험은 원칙적으로 첩포 24시간 후에 patch를 제거하고 제거에 의한 일과성의 홍반의 소실을 기다려 관찰 · 판정한다.

3회독 □□□

41 **다음 〈보기〉는 화장품 제형에 대한 정의이다. ㉠ ~ ㉢에 들어갈 단어가 올바르게 짝지어진 것은?**

〈보 기〉

- 로션제란 유화제 등을 넣어 유성성분과 수성성분을 균질화하여 (㉠)으로 만든 것을 말한다.
- 액제란 화장품에 사용되는 성분을 용제 등에 녹여서 (㉡)으로 만든 것을 말한다.
- 크림제란 유화제 등을 넣어 유성성분과 수성성분을 균질화하여 (㉢)으로 만든 것을 말한다.

	㉠	㉡	㉢
①	점액상	액상	반고형상
②	액상	점액상	반고형상
③	점액상	액상	고형상
④	액상	점액상	고형상
⑤	겔상	액상	반고형상

정답 ①

해설 「기능성화장품 기준 및 시험방법」 [별표 1] 통칙

- 로션제란 유화제 등을 넣어 유성성분과 수성성분을 균질화하여 점액상으로 만든 것이다.
- 액제란 화장품에 사용되는 성분을 용제 등에 녹여서 액상으로 만든 것이다.
- 크림제란 유화제 등을 넣어 유성성분과 수성성분을 균질화하여 반고형상으로 만든 것이다.

3회독 □□□

42 다음 중 화장품 포장의 표시기준 및 표시방법으로 옳은 것은?

① 혼합원료는 혼합된 성분의 명칭을 기재 · 표시한다.
② 화장비누는 수분을 포함한 중량과 건조중량을 함께 기재 · 표기한다.
③ 제조번호는 사용기한(개봉 후 사용기간)을 함께 기재 · 표시해야 한다.
④ 화장품제조업자와 화장품판매업자는 반드시 구분하여 기재 · 표기한다.
⑤ 비누화 반응을 거치는 성분은 비누화 반응에 따른 생성물로 기재 · 표기할 수 없다.

정답 ②

해설 「화장품법 시행규칙」 [별표 4] 화장품 포장의 표시기준 및 표시방법

① 혼합원료는 혼합된 개별 성분의 명칭을 기재 · 표시한다.
③ 제조번호는 사용기한과 쉽게 구별되도록 기재 · 표시해야 한다.
④ 화장품제조업자와 화장품판매업자는 따로 구분하여 기재 · 표기한다. 다만, 화장품제조업자와 화장품판매업자가 같은 경우 구분하여 기재 · 표기할 필요가 없다.
⑤ 비누화 반응을 거치는 성분은 비누화 반응에 따른 생성물로 기재 · 표기할 수 있다.

3회독 □□□

43 다음 중 우수화장품 제조 및 품질관리기준(CGMP) 용어의 정의로 옳은 것은?

① '제조'란 하나의 공정이나 일련의 공정으로 제조되어 균질성을 갖는 화장품의 일정한 분량을 뜻한다.
② '유지관리'란 원료 물질의 칭량부터 혼합, 충전(1차포장), 2차포장 및 표시 등의 일련의 작업을 뜻한다.
③ '일탈'이란 제품이 적합 판정 기준에 충족될 것이라는 신뢰를 제공하는데 필수적인 모든 계획되고 체계적인 활동을 뜻한다.
④ '공정관리'란 제조공정 중 적합판정기준의 충족을 보증하기 위하여 공정을 모니터링하거나 조정하는 모든 작업을 뜻한다.
⑤ '회수'란 제조 및 품질과 관련한 결과가 계획된 사항과 일치하는지의 여부와 제조 및 품질관리가 효과적으로 실행되고, 목적 달성에 적합한지 여부를 결정하기 위한 체계적이고 독립적인 조사를 뜻한다.

정답 ④

해설 「우수화장품 제조 및 품질관리기준(CGMP)」 제2조(용어의 정의)

① 제조단위(뱃치): 하나의 공정이나 일련의 공정으로 제조되어 균질성을 갖는 화장품의 일정한 분량

② 제조: 원료 물질의 칭량부터 혼합, 충전(1차포장), 2차포장 및 표시 등의 일련의 작업

③ 품질보증: 제품이 적합 판정 기준에 충족될 것이라는 신뢰를 제공하는 데 필수적인 모든 계획되고 체계적인 활동

⑤ 감사: 제조 및 품질과 관련한 결과가 계획된 사항과 일치하는지의 여부와 제조 및 품질관리가 효과적으로 실행되고 목적 달성에 적합한지 여부를 결정하기 위한 체계적이고 독립적인 조사

3회독 □□□

44 다음 〈보기〉 중 독성시험의 실시에 대한 설명으로 적절한 것을 모두 고른 것은?

〈보 기〉

ㄱ. 독성시험은 「의약품등 독성시험기준」 또는 경제협력개발기구(OECD)에서 정하고 있는 독성시험방법에 따라 실시한다.

ㄴ. 독성시험 절차는 WHO의 기준에 따라 수행되어야 한다.

ㄷ. 독성시험 결과에 대한 임상병리 전문가 등의 검증을 수행한다.

ㄹ. 독성시험 대상물질의 특성, 노출경로 등을 고려하여 독성시험 항목 및 방법 등을 고려해서 선정해야 한다.

ㅁ. 식품의약품안전처장은 위해성평가에 필요한 자료를 확보하기 위하여 독성의 정도를 동물실험 등을 통하여 과학적으로 평가하는 독성시험을 실시할 수 있다.

① ㄱ, ㄴ, ㄷ

② ㄱ, ㄷ, ㄹ

③ ㄱ, ㄹ, ㅁ

④ ㄴ, ㄷ, ㄹ

⑤ ㄷ, ㄹ, ㅁ

정답 ③

해설 「인체적용제품의 위해성평가 등에 관한 규정」 제13조(독성시험의 실시)

ㄴ. 독성시험 절차는 「비임상시험관리기준」에 따라 수행한다.

ㄷ. 독성시험 결과에 대한 독성병리 전문가 등의 검증을 수행한다.

3회독 □□□

45 **자료제출이 생략되는 기능성화장품의 종류와 성분이 올바르게 연결된 것은?**

① 주름개선에 도움을 주는 제품 - 레티놀, 나이아신아마이드
② 탈모 증상의 완화에 도움을 주는 제품 - 엘-멘톨, 치오글리콜산
③ 피부의 미백에 도움을 주는 제품 - 유용성감초추출물, 마그네슘아스코빌포스페이트
④ 자외선 차단에 도움을 주는 제품 - 벤조페논-8, 폴리에톡실레이티드레틴아마이드
⑤ 모발의 색상을 변화시키는 기능을 가진 제품 - 6-히드록시인돌, 4-메칠벤질리덴캠퍼

정답 ③

해설 「기능성화장품 심사에 관한 규정」 [별표 4] 자료제출이 생략되는 기능성화장품의 종류
① 나이아신아마이드는 피부의 미백에 도움을 주는 기능성화장품 성분이다.
② 치오글리콜산은 체모를 제거하는 기능을 가진 기능성화장품 성분이다.
④ 폴리에톡실레이티드레틴아마이드는 주름을 개선하는 기능성화장품 성분이다.
⑤ 4-메칠벤질리덴캠퍼는 자외선 차단에 도움을 주는 기능성화장품 성분이다.

3회독 □□□

46 **다음 중 유통화장품 안전관리기준의 검출 허용 한도로 옳은 것은?**

① 납: 점토를 원료로 사용한 분말제품은 20㎍/g 이하
② 니켈: 눈 화장용 제품은 30㎍/g 이하
③ 비소: 5㎍/g 이하
④ 안티몬: 5㎍/g 이하
⑤ 메탄올: 물휴지는 0.002%(v/v) 이하

정답 ⑤

해설 「화장품 안전기준 등에 관한 규정」 제6조 제2항
① 납: 점토를 원료로 사용한 분말제품은 50㎍/g 이하, 그 밖의 제품은 20㎍/g 이하
② 니켈: 눈 화장용 제품은 35㎍/g 이하, 색조 화장용 제품은 30㎍/g 이하, 그 밖의 제품은 10㎍/g 이하
③ 비소: 10㎍/g 이하
④ 안티몬: 10㎍/g 이하
⑤ 메탄올: 0.2(v/v)% 이하, 물휴지는 0.002%(v/v) 이하

3회독 □□□

47 **다음 〈보기〉에서 설명하는 동물대체시험방법으로 옳은 것은?**

> **〈보 기〉**
>
> In vitro 3T3 NRU(Neutral Red Uptake) 시험법은 세포독성을 나타내지 않는 수준에 노출되었을 때와 노출되지 않았을 때의 화학물질에 의한 세포독성을 비교하는 것이다. 세포독성은 화학물질 처리 24시간 후 염색시약인 neutral red 흡수의 감소 정도를 측정하여 평가한다. 실험군과 대조군에서 얻어진 IC50 값을 비교하여 이것에 대한 가능성을 예측한다.

① 광독성 시험법
② 안자극성 시험법
③ 피부 감작성 시험법
④ 피부 부식성 시험법
⑤ 단회 투여 독성 시험법

정답 ①

해설

- 광독성 시험: In vitro 3T3 NRU 광독성 시험법(OECD TG432)
- 안자극성 시험: EpiOcular kit 시험법(OECD TG 492)
- 피부 감작성 시험: 국소림프절 시험법(LLNA–BrdU 시험법) (OECD TG 442B)
  ARE–Nrf2 루시퍼라아제 시험법
- 피부 부식성 시험: 경피성 전기저항을 이용한 피부 부식 시험법
- 단회 투여 독성 시험법: 용량고저법, 독성등급법

3회독 □□□

48 **안전성에 관한 자료의 시험 명칭과 시험 방법이 올바르게 연결된 것은?**

① 안점막 자극 시험 – In vitro 3T3 NRU 시험법
② 1차 피부 자극 시험 – 독성등급법
③ 피부 감작성 시험 – ARE–Nrf2 루시퍼라아제 시험법
④ 광독성 시험 – Draize 시험법
⑤ 단회 투여 독성 시험 – Patch Test

정답 ③

해설

① 안점막 자극 시험 – ICE(Isolated Chicken Eye) 시험법
② 1차 피부 자극 시험 – Draize 시험법, Patch Test
④ 광독성 시험 – In vitro 3T3 NRU 시험법
⑤ 단회 투여 독성 시험 – 독성등급법

3회독 □□□

49 **인체세포조직 배양액 안전기준에서 배양시설 및 환경의 관리의 조건으로 적절하지 않은 것은?**

① 제조 시설 및 기구는 정기적으로 점검하여 관리되어야 하고, 작업에 지장이 없도록 배치되어야 한다.

② 제조공정 중 오염을 방지하는 등 위생관리를 위한 제조위생관리 기준서를 작성하고 이에 따라야 한다.

③ 인체 세포 · 조직 배양액을 제조할 때에는 세균, 진균, 바이러스 등을 비활성화 또는 제거하는 처리를 하여야 한다.

④ 인체 세포 · 조직 배양액을 제조하는 배양시설은 청정등급 1A(Class 100) 이상의 구역에 설치해야 하고 환기 횟수는 30~40회/hour이다.

⑤ 인체 세포 · 조직 배양액 제조과정에 대한 작업조건, 기간 등에 대한 제조관리기준서를 포함한 표준지침서를 작성하고 이에 따라야 한다.

정답 ④

해설 「인체세포조직 배양액 안전기준」 5. 배양시설 및 환경의 관리

인체 세포 · 조직 배양액을 제조하는 배양시설은 청정등급 1B(Class 10,000) 이상의 구역에 설치해야 하고 환기 횟수는 20~30회/hour이다.

- Filter required: HEPA
- Temperature range: 74 ± 8℉(18.8 ~ 27.7℃)
- Humidity range: 55 ± 20%
- Pressure(inches of water): 0.05(=1.27mmH2O, 12Pa)
- Air changes per hour: 20 ~ 30

3회독 □□□

50 **다음 〈보기〉 중 화장품 안정성 시험에 대한 설명으로 적절한 것을 모두 고른 것은?**

〈보 기〉

ㄱ. 화장품 안정성 시험은 화장품의 저장방법 및 사용기한을 설정하기 위하여 경시변화에 따른 품질의 안정성을 평가하는 시험이다.

ㄴ. 화장품의 안정성은 화장품 제형(액, 로션, 크림, 립스틱, 파우더 등)의 특성, 성분의 특성(경시변화가 쉬운 성분의 함유 여부 등), 보관용기 및 보관조건 등 다양한 변수에 대한 예측과 이미 평가된 자료 및 경험을 바탕으로 하여 과학적이고 합리적인 시험조건에서 평가되어야 한다.

ㄷ. 장기보존시험은 화장품의 저장조건에서 사용기한을 설정하기 위하여 장기간에 걸쳐 물리 · 화학적, 미생물학적 안정성 및 용기 적합성을 확인하는 시험으로 3개월 이상 시험하는 것을 원칙으로 한다.

ㄹ. 장기보존시험은 시험 개시 때와 첫 1년간은 3개월마다, 그 후 2년까지는 6개월마다, 2년 이후부터 1년에 1회 시험한다.

ㅁ. 가속시험 시 일반적으로 장기보존시험의 지정저장온도보다 10℃ 이상 높은 온도에서 시험한다. 예를 들어 실온보관 화장품의 경우에는 온도 40±2℃/상대습도 75±5%로, 냉장보관 화장품의 경우에는 25±2℃/ 상대습도 60±5%로 한다.

ㅂ. 개봉 후 안정성 시험은 화장품 사용 후에 일어날 수 있는 오염 등을 고려한 사용기한을 설정하기 위하여 단기간에 걸쳐 물리 · 화학적, 미생물학적 안정성 및 용기 적합성을 확인하는 시험을 말한다.

① ㄱ, ㄷ, ㅂ
② ㄱ, ㄴ, ㄹ
③ ㄷ, ㄹ, ㅁ
④ ㄴ, ㅁ, ㅂ
⑤ ㄹ, ㅁ, ㅂ

정답 ②

해설 화장품 안정성시험 가이드라인

ㄷ. 장기보존시험은 화장품의 저장조건에서 사용기한을 설정하기 위하여 장기간에 걸쳐 물리 · 화학적, 미생물학적 안정성 및 용기 적합성을 확인하는 시험으로 6개월 이상 시험하는 것을 원칙으로 한다.

ㅁ. 가속시험 시 일반적으로 장기보존시험의 지정저장온도보다 15℃ 이상 높은 온도에서 시험한다. 예를 들어 실온보관 화장품의 경우에는 온도 40±2℃/상대습도 75±5%로, 냉장보관 화장품의 경우에는 25±2℃/상대습도 60±5%로 한다.

ㅂ. 개봉 후 안정성 시험은 화장품 사용 시에 일어날 수 있는 오염 등을 고려한 사용기한을 설정하기 위하여 장기간에 걸쳐 물리 · 화학적, 미생물학적 안정성 및 용기 적합성을 확인하는 시험을 말한다.

3회독 □□□

51 **다음 〈보기〉에 대한 설명으로 올바르지 않은 것은?**

〈보 기〉

시험항목	시험 성적	제품
납	60μg/g	점토를 원료로 사용한 분말제품
니켈	35μg/g	색조 화장용 제품
비소	10μg/g	
수은	1μg/g	
안티몬	10μg/g	
카드뮴	5μg/g	
디옥산	100μg/g	
메탄올	0.001(v/v)%	물휴지
포름알데하이드	200㎍/g	물휴지
프탈레이트류	100㎍/g	
총 호기성 생균수	500개/g(mL)	물휴지

① 납의 검출 허용 한도를 초과하였다.
② 니켈의 검출 허용 한도를 초과하였다.
③ 메탄올의 검출 허용 한도를 초과하였다.
④ 포름알데하이드의 검출 허용 한도를 초과하였다.
⑤ 세균 및 진균수의 검출 허용 한도를 초과하였다.

정답 ③

해설「화장품 안전기준 등에 관한 규정」 제6조(유통화장품 안전관리기준)
물휴지의 메탄올은 검출 허용 한도 0.002(v/v)% 이하이다.

3회독 □□□

52 **다음 중 유통화장품 시스테인, 시스테인염류 또는 아세틸시스테인을 주성분으로 하는 냉2욕식 퍼머넌트웨이브용 제품의 제1제에 대한 안전관리 기준으로 옳은 것은?**

① pH 3~9에 적합하여야 한다.
② 비소는 10㎍/g 이하 검출되어야 한다.
③ 중금속은 10㎍/g 이하 검출되어야 한다.
④ 환원 후의 환원성 물질인 시스테인은 6.5% 이하여야 한다.
⑤ 알칼리 기준은 0.1N 염산의 소비량은 검체 1mL에 대하여 12mL 이하가 적합하다.

정답 ⑤

해설

① pH: 8.0~9.5
② 비소: 5μg/g 이하
③ 중금속: 20μg/g 이하
④ 환원 후의 환원성 물질(시스틴): 0.65% 이하

3회독 □□□

53 다음 중 사용상의 제한이 필요한 염모제 성분으로 적합하지 <u>않은</u> 것은?

① 톨루엔-2,5-디아민
② 염산 2,4-디아미노페놀
③ 테트라브로모-o-크레솔
④ 염산 2,4-디아미노페녹시에탄올
⑤ 황산 5-아미노-o-크레솔

정답 ③

해설

테트라브로모-o-크레솔은 사용상의 제한이 필요한 보존제 성분으로, 사용한도는 0.3%이다.

3회독 □□□

54 다음 중 피부에 대한 설명으로 옳지 <u>않은</u> 것은?

① 피부의 진피에는 모세혈관이 분포되어 있다.
② 섬유아세포는 진피의 콜라겐과 엘라스틴을 생성한다.
③ 케라티노사이트(각질형성세포)는 표피의 기저층에 존재하며 각질세포를 생성하여 각질층으로 올려 보낸다.
④ 비만세포(Mast cell)는 표피의 기저층에 분포하며 염증 매개물질인 히스타민을 생성하거나 분비하는 작용을 한다.
⑤ 표피의 기저층에 존재하는 멜라노사이트는 멜라닌이라는 색소를 생성하여 세포 내의 멜라노좀이라는 소포에 축적한다.

정답 ④

해설

비만세포(Mast cell)는 진피의 결합조직 내에 분포하며 염증 매개물질인 히스타민을 생성하거나 분비하는 작용을 한다.

3회독 □□□

55 〈보기〉 중 맞춤형화장품 조제관리사에 대한 설명이 올바른 것을 모두 고른 것은?

〈보 기〉
ㄱ. 맞춤형화장품의 혼합 · 소분 업무는 맞춤형화장품 조제관리사만 할 수 있다. ㄴ. 맞춤형화장품 조제관리사 자격이 있는 사람만 맞춤형화장품판매업 신고를 할 수 있다. ㄷ. 한국산업인력공단에서 실시하는 맞춤형화장품 조제관리사 자격시험에 합격하여야 한다. ㄹ. 제조 또는 수입된 화장품의 원료와 원료를 혼합한 맞춤형화장품을 판매할 수 있다. ㅁ. 맞춤형화장품 조제관리사는 화장품 안전성 확보 및 품질관리에 관해 매년 교육을 받아야 한다.

① ㄱ, ㄴ　② ㄱ, ㄷ
③ ㄱ, ㅁ　④ ㄷ, ㅁ
⑤ ㄴ, ㄷ

정답 ③

해설

ㄴ. 맞춤형화장품판매업자의 결격사유를 제외하고 맞춤형화장품판매업 신고를 할 수 있다.
ㄷ. 한국생산성본부에서 실시하는 맞춤형화장품 조제관리사 자격시험에 합격하여야 한다.
ㄹ. 제조 또는 수입된 화장품의 원료와 원료를 혼합한 화장품은 맞춤형화장품이 아니다.

3회독 □□□

56 다음 중 피부의 수분함량 및 보습력을 측정하는 방법으로 가장 적절한 것은?

① 경피수분손실량 측정방법
② 피부의 전기전도도 측정방법
③ 카트리지필름을 이용한 측정방법
④ 근적외선 분광광도계를 이용한 측정방법
⑤ 피부에 음압을 가한 후 복원 정도를 측정하는 방법

정답 ②

해설

① 각질층의 수분: 경피수분손실량(TEWL) 측정방법
③ 피부 유분량: 카트리지필름을 이용한 측정방법
④ 멜라닌의 양: 근적외선 분광광도계를 이용한 측정방법
⑤ 피부 탄력도: 피부에 음압을 가한 후 복원 정도를 측정하는 방법

3회독 □□□

57 **다음 중 내용량이 50mL 또는 50g을 초과한 제품의 경우 기재 · 표시해야 하는 내용으로 올바르지 않은 것은?**

① 기능성화장품의 경우 심사받거나 보고한 효능 · 효과, 용법 · 용량을 기재 · 표시해야 한다.
② 화장품에 천연 또는 유기농으로 표시 · 광고하려는 경우에는 원료의 함량을 기재 · 표시해야 한다.
③ 수입화장품인 경우에는 「대외무역법」에 따른 원산지를 표시한 경우에는 제조국의 명칭을 생략할 수 있다.
④ 성분명을 제품 명칭의 일부로 사용한 경우 그 성분명과 함량(방향용 제품은 제외)을 기재 · 표시해야 한다.
⑤ 영유아용 제품류 또는 어린이용 제품류를 표시 · 광고하려는 경우에는 사용기준이 지정 · 고시된 원료를 기재 · 표시해야 한다.

정답 ⑤

해설
영유아용 제품류 또는 어린이용 제품류를 표시 · 광고하려는 경우에는 사용기준이 지정 · 고시된 원료 중 보존제의 함량을 기재 · 표시해야 한다.

3회독 □□□

58 **다음 중 화장품에 사용할 수 없는 원료로 옳은 것은?**

① 페닐살리실레이트
② 무기설파이트 및 하이드로젠설파이트류
③ 디브로모헥사미딘
④ 5-브로모-5-나이트로-1,3-디옥산
⑤ 알킬이소퀴놀리늄브로마이드

정답 ①

해설 「화장품 안전기준 등에 관한 규정」 [별표 1] 사용할 수 없는 원료
②, ③, ④, ⑤ 사용상의 제한이 필요한 원료 중 보존제에 속한다.

3회독 □□□

59 〈보기〉는 멜라닌 생성에 대한 설명이다. 다음 중 멜라닌 생성에 필수적인 역할을 하며, 구리 이온을 포함하고 있는 산화 효소는?

〈보 기〉
멜라닌은 기저층에 위치한 멜라닌형성세포에 의해 생성되며, 멜라닌의 합성은 멜라닌형성세포의 티로신이라는 아미노산으로부터 출발한다.

① PAR-3
② MMP 효소
③ 디펩티다아제
④ 티로시나아제
⑤ 히스톤 탈아세틸화 효소

정답 ④

해설
티로시나아제는 약 0.2%의 구리를 함유하는 구리단백질이며, 멜라닌형성세포에서 멜라닌색소를 생성할 때 관여한다.

3회독 □□□

60 다음 중 남성호르몬인 테스토스테론을 DHT라는 물질로 변환시키는 효소로 남성 탈모에 관여하는 효소는?

① 트립신
② 아밀라아제
③ 5 alpha -reductase(5-알파환원효소)
④ 5-alpha reductase inhibitor(5-알파-환원효소억제제)
⑤ 락타아제

정답 ③

해설
5α-환원효소는 남성호르몬인 테스토스테론을 디히드로테스토스테론(DHT)으로 환원시키는 데 관여하는 효소이다.

3회독 □□□

61 **다음 〈보기〉는 진피에 대한 설명이다. 빈칸에 들어갈 단어로 옳은 것은?**

> **〈보 기〉**
>
> 진피는 콜라겐과 엘라스틴으로 구성되어 있다. 또한, 진피 내의 섬유질 조직은 다량의 물에 결합하여 섬유 사이의 공간을 채우는 다양한 거대분자의 혼합물을 함유하고 있다. 단백질 구성요소인 아미노산이 여러 개 결합한 펩타이드를 폴리펩타이드라고 하며, 폴리펩타이드 사슬 간의 화학결합으로 피부의 탄력과 연관 있는 가교결합은 (   )이다.

① 스핑고미엘린
② 세라마이드
③ 아데닐산
④ 라이신 가교
⑤ 이황화(disulfide) 결합

정답 ④

해설
피부의 탄력과 관련된 가교결합에 관여하는 효소는 라이신 가교이다.

3회독 □□□

62 **다음 〈보기〉 중 인체 세포 · 조직 배양액의 품질을 확보하기 위하여 인체 세포 · 조직 배양액의 품질검사를 진행할 때 품질관리기준서에 포함해야 하는 항목을 모두 고른 것은?**

> **〈보 기〉**
>
> ㄱ. 공여자 식별번호
> ㄴ. 성상
> ㄷ. 순도시험
> ㄹ. 마이코플라스마 부정시험
> ㅁ. 사용된 배지의 조성, 배양조건, 배양기간, 수율

① ㄱ, ㄹ, ㅁ
② ㄴ, ㄷ, ㄹ
③ ㄴ, ㄷ, ㅁ
④ ㄷ, ㄹ, ㅁ
⑤ ㄱ, ㄷ, ㄹ

정답 ②

해설 「화장품 안전기준 등에 관한 규정」 [별표 3] 인체 세포 · 조직 배양액 안전기준

인체 세포 · 조직 배양액의 품질을 확보하기 위하여 다음의 항목을 포함한 인체 세포 · 조직 배양액 품질관리 기준서를 작성하고 이에 따라 품질검사를 하여야 한다.

- 성상
- 무균시험
- 마이코플라스마 부정시험
- 외래성 바이러스 부정시험
- 확인시험
- 순도시험

3회독 □□□

63 **다음 〈보기〉 중 「화장품 표시 · 광고 실증에 관한 규정」에 대한 설명으로 적절하지 않은 것은?**

〈보 기〉

ㄱ. 소비자를 허위, 과장 광고로부터 보호하고 화장품 책임판매업자 · 제조업자 · 판매자가 화장품의 표시, 광고를 적정하게 할 수 있도록 유도함을 목적으로 한다.

ㄴ. '인체 외 시험'은 실험실의 배양접시, 인체로부터 분리한 모발 및 피부, 인공피부 등 인위적 환경에서 시험물질과 대조물질 처리 후 결과를 측정하는 것을 말한다.

ㄷ. '여드름 개선'의 효과를 표방하는 화장품은 여드름 개선 효과를 입증하는 자료 대신 '여드름피부 개선용 화장품 조정물' 특허자료 등으로 대체할 수 있다.

ㄹ. 광고를 실증하기 위한 시험 결과자료는 광고와 관련되고 과학적이고 객관적인 방법에 의한 자료로서 국내외 대학 또는 화장품 관련 전문 연구기관에서 시험한 것으로서 책임연구자가 발급한 자료여야 한다.

ㅁ. '실증방법'이란 화장품의 표시 · 광고 내용을 증명할 목적으로 해당 화장품의 효과 및 안전성을 확보하기 위하여 사람을 대상으로 실시하는 시험 또는 연구를 말한다.

① ㄱ, ㄴ　　② ㄴ, ㄹ
③ ㄷ, ㄹ　　④ ㄹ, ㅁ
⑤ ㄱ, ㅁ

정답 ④

해설 「화장품 표시 · 광고 실증에 관한 규정」

ㄹ. 광고를 실증하기 위한 시험 결과자료는 광고와 관련되고 과학적이고 객관적인 방법에 의한 자료로서 국내외 대학 또는 화장품 관련 전문 연구기관에서 시험한 것으로서 기관의 장이 발급한 자료이어야 한다.

ㅁ. '실증방법'이란 표시 · 광고에서 주장한 내용 중 사실과 관련한 사항이 진실임을 증명하기 위해 사용되는 방법을 말한다. '인체 적용시험'이란 화장품의 표시 · 광고 내용을 증명할 목적으로 해당 화장품의 효과 및 안전성을 확보하기 위하여 사람을 대상으로 실시하는 시험 또는 연구를 말한다.

3회독 □□□

64 **다음 중 화장품에서 허용되는 광고 문구로 적절한 것은?**

① 트리클로산, 트리클로카반의 함유로 인한 뛰어난 소독 효과

② 주름 개선 기능성화장품의 콜라겐 증가 효과

③ 기능성화장품의 탈모 증상 완화 및 모발의 성장 촉진 효과

④ 피부 세포 활성을 증가시키고, 세포 및 유전자의 활성화

⑤ 여드름 협회의 공식 인증을 받은 화장품

정답 ②

해설 「화장품 표시 · 광고 가이드라인」

①, ③, ④ 기능성화장품의 범위를 벗어나거나 의약품으로 잘못 오인할 우려가 있기 때문에 표시 · 광고에 사용할 수 없다.

⑤ 의사, 치과의사, 한의사, 약사, 의료기관 또는 그 밖의 자가 이를 지정, 추천, 지도, 연구, 개발 또는 사용하고 있다는 내용을 암시하는 등의 경우는 표시 · 광고의 위반 사항이다.

3회독 □□□

65 **다음 〈보기〉 중 인체 외 시험자료의 최종시험결과보고서에 포함되어야 하는 사항을 모두 고른 것은?**

〈보 기〉

ㄱ. 코드 또는 명칭에 의한 시험물질의 식별

ㄴ. 화학구조를 그린 시험물질의 식별

ㄷ. 시험의 종류(시험 제목)

ㄹ. 신뢰성 보증확인서

ㅁ. 시험책임자의 자격증 사본

① ㄱ, ㄴ, ㄷ

② ㄱ, ㄷ, ㄹ

③ ㄱ, ㄷ, ㅁ

④ ㄴ, ㄷ, ㄹ

⑤ ㄴ, ㄹ, ㅁ

정답 ②

해설 「화장품 표시 · 광고 실증에 관한 규정」

인체 외 시험자료의 최종시험결과보고서에는 다음 사항을 포함하여야 한다.

- 시험의 종류(시험 제목)
- 코드 또는 명칭에 의한 시험물질의 식별
- 화학물질명 등에 의한 대조물질의 식별
- 시험의뢰자 및 시험기관 관련 정보
- 날짜
- 신뢰성 보증확인서
- 시험재료와 시험방법
- 시험결과

3회독 □□□

66 〈보기〉는 기능성화장품에 대한 설명이다. 다음 중 〈보기〉와 관련한 설명으로 옳은 것은?

〈보 기〉

ㄱ. "기능성화장품"이란 화장품 중에서 다음 각 목의 어느 하나에 해당되는 것으로서 총리령으로 정하는 화장품을 말한다.

ㄴ. 피부의 미백에 도움을 주는 제품

ㄷ. 피부의 주름개선에 도움을 주는 제품

ㄹ. 피부를 곱게 태워주거나 자외선으로부터 피부를 보호하는 데에 도움을 주는 제품

ㅁ. 모발의 색상 변화 · 제거 또는 영양공급에 도움을 주는 제품

ㅂ. 피부나 모발의 기능 약화로 인한 건조함, 갈라짐, 빠짐, 각질화 등을 방지하거나 개선하는 데에 도움을 주는 제품

① ㄱ – 기능성화장품의 범위는 「화장품법」 제2조에서 확인할 수 있다.

② ㄴ – 피부 미백에 도움을 주는 기능성화장품 성분으로는 아스코르브산이 있다.

③ ㄷ – 주름개선에 도움을 주는 제품으로는 아데노신이 있다.

④ ㄹ – 자외선은 200~400nm의 파장을 가지며, 가시광선의 파장보다 길다.

⑤ ㅁ – 모발의 색상은 케라틴의 종류와 혼합 정도에 따라 달라진다.

정답 ③

해설

① ㄱ – 기능성화장품의 범위는 「화장품법 시행규칙」 제2조에서 확인할 수 있다.

② ㄴ – 아스코르브산은 미백에 도움을 주는 기능성화장품 원료가 아니다.

④ ㄹ – 자외선은 200~400nm의 파장을 가지며, 가시광선의 파장보다 짧다.

⑤ ㅁ – 모발의 색상은 멜라닌에 의해 달라진다.

3회독 □□□

67 **다음 〈보기〉 중 동물실험을 실시한 화장품 등의 유통판매 금지에 해당하지 않는 것을 모두 고른 것은?**

〈보 기〉
ㄱ. 보존제, 색소, 알레르기 유발물질의 안전기준을 정하기 위하여 필요한 경우
ㄴ. 화장품 수출을 위해 상대국의 법령에 따라 동물실험이 필요한 경우
ㄷ. 동물시험법이 존재하지 아니하여 동물실험이 필요한 경우
ㄹ. 수입하려는 상대국의 법령에 따라 제품 개발에 동물실험이 필요한 경우
ㅁ. 다른 법령에 의해 동물실험을 실시하여 개발된 원료를 화장품의 제조 등에 사용하는 경우

① ㄱ, ㄴ, ㄷ
② ㄴ, ㄷ, ㄹ
③ ㄴ, ㄹ, ㅁ
④ ㄷ, ㄱ, ㅁ
⑤ ㄹ, ㄱ, ㄷ

정답 ③

해설 「화장품법」 제15조의2(동물실험을 실시한 화장품 등의 유통판매 금지)

ㄱ. 보존제, 색소, 자외선차단제 등 특별히 사용상의 제한이 필요한 원료에 대하여 그 사용기준을 정하기 위하여 필요한 경우

ㄷ. 동물대체시험법이 존재하지 아니하여 동물실험이 필요한 경우

3회독 □□□

68 **다음 중 피부의 표피층에 존재하며 세포 분화 정도가 가장 낮은 세포는?**

① 각질세포
② 섬유아세포
③ 각질형성세포
④ 멜라닌형성세포
⑤ 랑게르한스세포

정답 ③

해설

각질형성세포는 기저층에서 각질층으로 이동하면서 분화가 일어난다.

3회독 □□□

69 **다음 중 화장품의 관능적 요소를 객관적으로 평가하는 물리 · 화학적 방법이 올바르게 연결되지 않은 것은?**

① 가볍게 발림 – 점탄성 측정
② 탄력성이 있음 – 유연성 측정
③ 투명감이 있음 – 변색분광측정계
④ 균일하게 도포 가능 – 비디오마이크로스코프
⑤ 화장 지속력이 좋음 – 색채 측정(분광측색계를 통한 명도측정)

정답 ①

해설
가볍게 발리는 관능적 요소를 객관적으로 평가하는 물리 · 화학적 방법은 제시되어 있지 않다.

3회독 □□□

70 **다음 〈보기〉는 화학물질로 인한 피부 손상에 대한 설명이다. ㉠, ㉡에 들어갈 단어로 옳은 것은?**

〈보 기〉

화학물질에 의한 피부자극은 화학물질이 각질층을 투과하여 시작되는 연쇄반응의 결과로 각질세포와 다른 피부세포의 기초가 되는 부분을 손상시킬 수 있다. 손상을 입은 세포는 염증을 일으키는 매개 물질들을 분비하거나 염증의 연쇄반응을 일으키는데, 이 반응은 진피층의 세포(특히 혈관의 기질 세포와 내피세포)에 작용한다. 내피세포의 확장과 투과성의 증가는 (㉠)과 (㉡)을 일으킨다.

	㉠	㉡
①	종양	괴사
②	발열	통증
③	홍반	부종
④	트러블	염증
⑤	색소침착	기미

정답 ③

해설 화장품 독성시험 동물대체시험법 가이드라인(V) 시험원리에서 설명
홍반과 부종이 주요 특징인 화학물질에 의한 피부자극은 진피층의 내피세포의 확장과 투과성의 증가로 홍반과 부종을 일으킨다.

3회독 □□□

71 **다음 〈보기〉 중 피부 구조에 대한 설명으로 옳은 것을 모두 고른 것은?**

〈보 기〉

ㄱ. 표피층에는 손바닥, 발바닥에만 존재하는 투명층이 있다.

ㄴ. 표피층에 위치하고 있는 멜라닌형성세포에서 검은색, 갈색을 띠는 멜라닌은 유멜라닌이다.

ㄷ. 진피층은 유두층과 망상층으로 이루어져 있으며, 유두층에는 콜라겐, 엘라스틴, 히아루론산이 있다.

ㄹ. 진피층에는 수용성 물질들을 총칭하고 있는 천연보습인자(NMF)가 함유되어 있다.

ㅁ. 피하지방층은 진피층의 기저층의 세포 분열을 돕는 역할을 한다.

① ㄱ, ㄴ
② ㄱ, ㄷ
③ ㄴ, ㄹ
④ ㄷ, ㅁ
⑤ ㄷ, ㄹ

정답 ①

해설

ㄷ. 진피층은 유두층과 망상층으로 이루어졌으며, 망상층에는 콜라겐, 엘라스틴, 히알루론산 등이 있다.
ㄹ. 천연보습인자(NMF)는 표피층에 위치하고 있다.
ㅁ. 진피층은 표피층의 기저층의 세포 분열을 돕는 역할을 한다.

3회독 □□□

72 **다음 〈보기〉 중 자연적 피부노화로 인한 피부 변화에 대한 설명으로 옳은 것을 모두 고른 것은?**

〈보 기〉

ㄱ. 표피층이 두꺼워지고 탄력이 저하된다.

ㄴ. GAG(glycosaminoglycan)의 합성이 감소된다.

ㄷ. 멜라노사이트의 세포 수가 증가하고, 피부장벽이 강화된다.

ㄹ. 표피층과 진피층의 경계가 평편해지고 층 사이의 간격이 좁아진다.

ㅁ. 랑게스한스세포의 수가 감소하고 피부에서의 면역기능이 저하된다.

① ㄱ, ㄴ, ㄷ
② ㄱ, ㄷ, ㄹ
③ ㄱ, ㄹ, ㅁ
④ ㄴ, ㄷ, ㅁ
⑤ ㄴ, ㄹ, ㅁ

정답 ⑤

해설

ㄱ, ㄷ은 광노화로 인한 피부 변화이다.

3회독 □□□

73 다음 〈보기〉 중 「인체적용제품의 위해성평가 등에 관한 규정」에 의한 설명으로 올바르지 않은 것을 모두 고른 것은?

〈보 기〉

ㄱ. 임산부는 위해성평가의 대상이 될 수 없다.
ㄴ. 튼살의 붉은 선을 없애주는 기능성화장품에 대하여 위해요소의 인체 내 독성 등이 확인되어야 한다.
ㄷ. 독성시험은 「의약품등 독성시험기준」 또는 경제협력개발기구(OECD)에서 정하고 있는 독성시험방법에 따라 실시한다.
ㄹ. 위해성평가의 대상 중 위해요소로는 인체적용제품의 제조에 사용된 성분, 화학적 요인, 물리적 요인, 미생물적 요인 등이 있다.
ㅁ. 식품의약품안전평가원장은 위해성평가에 필요한 자료를 확보하기 위하여 독성의 정도를 동물실험 등을 통하여 과학적으로 평가하는 독성시험을 실시할 수 있다.

① ㄱ, ㄴ
② ㄴ, ㄹ
③ ㄷ, ㄹ
④ ㄷ, ㅁ
⑤ ㄱ, ㅁ

정답 ⑤

해설 「인체적용제품의 위해성평가 등에 관한 규정」
ㄱ. 특정 집단에 노출 가능성이 클 경우 어린이 및 임산부 등 민감 집단 및 고위험 집단을 대상으로 위해성평가를 실시할 수 있다.
ㅁ. 식품의약품안전처장은 위해성평가에 필요한 자료를 확보하기 위하여 독성의 정도를 동물실험 등을 통하여 과학적으로 평가하는 독성시험을 실시할 수 있다.

3회독 □□□

74 **다음 〈보기〉에서 유통화장품의 안전관리기준에 적합한 것을 모두 고른 것은?**

〈보 기〉

ㄱ. 크림에서 수은이 0.8μg/g 검출된 것이 확인되었다.
ㄴ. 납 50μg/g 페이스파우더와 납 1μg/g 페이스파우더를 동량 혼합했다.
ㄷ. 포름알데하이드 180μg/g에 물휴지 70g을 혼합했다.
ㄹ. 카드뮴 10㎍/g의 크림과 비소 1㎍/g의 크림이 검출된 크림을 동량 혼합했다.
ㅁ. 씻어내지 않는 액상 제품의 pH가 9.5 이상이므로 판매하지 않았다.

① ㄱ, ㄷ
② ㄱ, ㅁ
③ ㄴ, ㄷ
④ ㄷ, ㄹ
⑤ ㄹ, ㅁ

정답 ②

해설

ㄱ. 수은의 검출 허용한도가 1μg/g 이하이므로 유통화장품 안전관리기준에 적합하다.
ㄴ. 혼합된 페이스파우더의 납 검출이 51μg/g이므로 부적합하다.
ㄷ. 포름알데하이드는 사용할 수 없는 원료로 혼합할 수 없다.
ㄹ. 카드뮴의 검출 허용한도는 5㎍/g 이하이므로 부적합하다.
ㅁ. 액상 제품은 pH가 3.0~9.0이어야 한다. 다만, 물을 포함하지 않는 제품과 사용한 후 곧바로 물로 씻어 내는 제품은 제외한다.

3회독 □□□

75 **다음 중 계면활성제의 종류가 올바르게 연결된 것은?**

① 음이온성 계면활성제 – 코카미도프로필베타인
② 양이온성 계면활성제 – 소듐라우릴설페이트
③ 양쪽성 계면활성제 – 세테아디모늄클로라이드
④ 비이온성 계면활성제 – 글리세릴모노스테아레이트
⑤ 실리콘 계면활성제 – 코코암포글리시네이트

정답 ④

해설

- 양쪽성 계면활성제 – 코카미도프로필베타인, 코코암포글리시네이트
- 음이온성 계면활성제 – 소듐라우릴설페이트
- 양이온성 계면활성제 – 세테아디모늄클로라이드

3회독 □□□

76 **다음 중 진피에 존재하고 있는 섬유아세포의 기능으로 옳은 것은?**

① 기질의 생성
② 렙틴의 생성
③ 피브릴린의 생성
④ 사이토카인의 생성
⑤ GAG(Glycosaminoglycan)의 생성

정답 ③

해설
진피의 섬유아세포는 콜라겐, 엘라스틴, 피브릴린의 생성에 관여한다.

3회독 □□□

77 **다음 중 표피의 과립층이 각질층으로 이동할 때 세라마이드, 콜레스테롤, 지방산 등의 성분을 전달해주는 것은?**

① 엑소좀
② 골지체
③ 소포체
④ 라멜라구조
⑤ 히스톤단백질

정답 ③

해설
소포체는 표피의 과립층이 각질층으로 이동할 때 세라마이드, 콜레스테롤, 지방산 등의 성분을 전달해준다.

3회독 □□□

78 **다음 중 물과 표면장력이 같은 것은?**

① 벤젠
② 헥산
③ 글리세린
④ 올레익애씨드
⑤ 다이에칠세바케이트

정답 ③

해설
글리세린은 친수성 원료로 물과 표면장력이 비슷하여 물과 잘 섞일 수 있다.

3회독 □□□

79 **다음은 맞춤형화장품 조제관리사 A와 고객 B의 〈대화〉이다. 빈칸에 들어갈 조제관리사 A가 고객 B에게 추천해줄 화장품 성분에 대한 설명으로 가장 적절한 것은?**

〈대 화〉

A: 안녕하세요. 무엇을 도와드릴까요?

B: 친구 추천으로 다른 매장에서 주름 개선에 효과가 있다는 화장품을 구매해서 현재 3개월 정도 사용하고 있어요. 하지만 피부에 주름이 늘어나는 것 같고, 효과도 없는 것 같아요. 사용할수록 피부가 건조해지는 것 같고, 뾰루지도 생기고, 피부도 붉어지는 현상이 나타나고 있어요.

A: 네, 그렇시군요. 고객님이 현재 사용하시는 화장품의 포장을 주시면 확인해보겠습니다.

〈화장품 성분표〉

정제수, 글리세린, 소듐하이알루로네이트, 리모넨, 스테아릭애씨드, 페녹시에탄올, 벤질알코올, 알부틴, 폴리에톡실레이티드레틴아마이드, 부틸렌글라이콜, 참깨오일

A: 확인했습니다. 이 화장품은 (   )

① 주름 개선 성분이 없습니다.
② 알부틴이 함유되어 있어 부작용이 있을 수 있습니다.
③ 소듐하이알루로네이트가 함유되어 있어 알레르기가 있을 수 있습니다.
④ 리모넨이 함유되어 있어 알레르기를 유발할 수 있습니다.
⑤ 참깨오일이 함유되어 있어 알레르기가 있을 수 있습니다.

정답 ④

해설

① 주름 개선 기능성 성분인 폴리에톡실레이티드레틴아마이드가 함유되어 있다.
② 알부틴이 함유되어 있어 피부의 미백에 도움을 줄 수 있다.
③ 소듐하이알루로네이트는 보습 성분이다.
⑤ 참깨오일은 알레르기 유발 성분이 아니다.

3회독 □□□

80 **다음 중 멜라닌의 색소 이동에 관여하지 않는 단백질(protein)은?**

① 액틴(actin)
② 키네신(kinesin)
③ par-3
④ 디네인(dynein)
⑤ 리포폴리사카라이드(lipopolysaccharide)

정답 ⑤

해설

리포폴리사카라이드(lipopolysaccharide)는 체내의 염증반응에 관여하는 면역반응 조절물질이다.

단답형

3회독 □□□

81 **「화장품법」 제4조의2 제1항에 따른 영유아 또는 어린이의 연령 기준은 다음의 구분에 따른다. ㉠~㉢에 들어갈 숫자를 차례로 작성하시오.**

> 제10조의2(영유아 또는 어린이 사용 화장품의 표시 · 광고) ① 법 제4조의2 제1항에 따른 영유아 또는 어린이의 연령 기준은 다음 각 호의 구분에 따른다.
> 1. 영유아: 만 (㉠)세 이하
> 2. 어린이: 만 (㉡)세 이상부터 만 (㉢)세 이하까지

정답 ㉠ 3, ㉡ 4, ㉢ 13

해설 「화장품법 시행규칙」 제10조의2(영유아 또는 어린이 사용 화장품의 표시 · 광고)

① 법 제4조의2 제1항에 따른 영유아 또는 어린이의 연령 기준은 다음 각 호의 구분에 따른다.

1. 영유아: 만 3세 이하
2. 어린이: 만 4세 이상부터 만 13세 이하까지

3회독 □□□

82 **다음은 화장품 안전기준 등에 관한 규정의 일부이다. ㉠, ㉡에 들어갈 숫자를 작성하시오.**

> **베헨트리모늄 클로라이드**
> (단일성분 또는 세트리모늄 클로라이드, 스테아트리모늄클로라이드와 혼합사용의 합으로서)
> • 사용 후 씻어내는 두발용 제품류 및 두발 염색용 제품류에 (㉠)%
> • 사용 후 씻어내지 않는 두발용 제품류 및 두발 염색용 제품류에 3.0%
> 세트리모늄 클로라이드 또는 스테아트리모늄 클로라이드와 혼합 사용하는 경우 세트리모늄 클로라이드 및 스테아트리모늄 클로라이드의 합은 '사용 후 씻어내지 않는 두발용 제품류'에 (㉡)% 이하, '사용 후 씻어내는 두발용 제품류 및 두발 염색용 제품류'에 2.5% 이하여야 함)

정답 ㉠ 5.0, ㉡ 1.0

해설 화장품 안전기준 등에 관한 규정 [별표 2] 사용상의 제한이 필요한 원료

원료명	사용한도	비고
베헨트리모늄 클로라이드	(단일성분 또는 세트리모늄 클로라이드, 스테아트리모늄클로라이드와 혼합사용의 합으로서) • 사용 후 씻어내는 두발용 제품류 및 두발 염색용 제품류에 5.0% • 사용 후 씻어내지 않는 두발용 제품류 및 두발 염색용 제품류에 3.0%	세트리모늄 클로라이드 또는 스테아트리모늄 클로라이드와 혼합 사용하는 경우 세트리모늄 클로라이드 및 스테아트리모늄 클로라이드의 합은 '사용 후 씻어내지 않는 두발용 제품류'에 1.0% 이하, '사용 후 씻어내는 두발용 제품류 및 두발 염색용 제품류'에 2.5% 이하여야 함

3회독 □□□

83 「개인정보 보호법」에 따른 영상정보처리기기 설치 시 다음 안내판에 추가로 포함되어야 할 사항을 한글로 작성하시오.

- 설치 목적: 시설 안전관리 및 범죄예방
- 설치 장소: 서울특별시 강남구 강남대로 OO빌딩
- 촬영 시간: 24시간 연속 촬영, 녹화
- 관리 책임자: OO빌딩 관리소장 TEL 02-000-0000

정답 촬영범위

해설 「개인정보 보호법」 제25조(영상정보처리기기의 설치 · 운영 제한)

④ 제1항 각 호에 따라 영상정보처리기기를 설치 · 운영하는 자(이하 "영상정보처리기기운영자"라 한다)는 정보주체가 쉽게 인식할 수 있도록 다음 각 호의 사항이 포함된 안내판을 설치하는 등 필요한 조치를 하여야 한다. 다만, 「군사기지 및 군사시설 보호법」 제2조 제2호에 따른 군사시설, 「통합방위법」 제2조 제13호에 따른 국가중요시설, 그 밖에 대통령령으로 정하는 시설에 대하여는 그러하지 아니하다.

1. 설치 목적 및 장소
2. 촬영 범위 및 시간
3. 관리책임자 성명 및 연락처
4. 그 밖에 대통령령으로 정하는 사항

3회독 □□□

84 **다음은 기능성화장품의 심사에 관한 규정 중 일부이다. 빈칸에 들어갈 단어와 숫자를 작성하시오.**

광독성 및 광감작성 시험자료는 자외선에 흡수가 없음을 입증하는 (㉠) 자료를 제출하는 경우에는 제외한다. 자외선차단지수(SPF) (㉡) 이하 제품의 경우에는 자외선차단지수(SPF) 설정 근거자료의 제출을 면제한다.

정답 ㉠ 흡광도, ㉡ 10

해설

「기능성화장품 심사에 관한 규정」 제4조(제출자료의 범위) 기능성화장품의 심사를 위하여 제출하여야 하는 자료의 종류는 다음 각 호와 같다. 다만, 제6조에 따라 자료가 면제되는 경우에는 그러하지 아니하다.

1. 안전성, 유효성 또는 기능을 입증하는 자료
   가. 기원 및 개발경위에 관한 자료
   나. 안전성에 관한 자료(다만, 과학적인 타당성이 인정되는 경우에는 구체적인 근거자료를 첨부하여 일부 자료를 생략할 수 있다)
      (1) 단회 투여 독성시험자료
      (2) 1차 피부자극 시험자료
      (3) 안점막 자극 또는 기타 점막 자극시험자료
      (4) 피부감작성 시험자료
      (5) 광독성 및 광감작성 시험자료(자외선에서 흡수가 없음을 입증하는 흡광도 시험자료를 제출하는 경우에는 면제함)
      (6) 인체첩포 시험자료
      (7) 인체누적첩포 시험자료(인체적용시험자료에서 피부이상반응 발생 등 안전성 문제가 우려된다고 판단되는 경우에 한함)
   다. 유효성 또는 기능에 관한 자료(다만, 「화장품법 시행규칙」 제2조 제6호의 화장품은 (3)의 자료만 제출한다)
      (1) 효력시험자료
      (2) 인체적용 시험자료
      (3) 염모효력 시험자료(「화장품법 시행규칙」 제2조 제6호의 화장품에 한함)
   라. 자외선차단지수(SPF), 내수성자외선차단지수(SPF, 내수성 또는 지속내수성) 및 자외선A차단등급(PA) 설정의 근거자료

「기능성화장품 심사에 관한 규정」 제6조(제출자료의 면제 등)

⑤ 자외선 기능성 자료 면제 SPF10 이하 자료 면제

3회독 □□□

85 다음은 행정처분의 기준에 관한 내용이다. ㉠, ㉡에 공통으로 들어갈 숫자를 작성하시오.

- A회사는 맞춤형화장품 판매업소의 소재지가 서울에서 대전으로 변경된지 3개월이 지났음에도 불구하고 맞춤형화장품 판매업소의 소재지를 변경하지 않았다. → 판매업무정지 (㉠)개월
- B회사는 책임판매관리자가 퇴사한 이후 따로 책임판매자를 두지 않고 업무를 지속했다. → 판매업무정지 (㉡)개월

정답 1

해설 「화장품법 시행규칙」 [별표 7] 행정처분의 기준(제29조 제1항 관련)

위반 내용	처분기준			
	1차 위반	2차 위반	3차 위반	4차 이상 위반
맞춤형화장품판매업소 소재지의 변경신고를 하지 않은 경우	판매업무정지 1개월	판매업무정지 2개월	판매업무정지 3개월	판매업무 정지 4개월
화장품책임판매업자의 준수사항을 이행하지 않은 경우: 책임판매자를 두지 않은 경우	판매 또는 해당 품목 판매업무 정지 1개월	판매 또는 해당 품목 판매업무 정지 3개월	판매 또는 해당 품목 판매업무 정지 6개월	판매 또는 해당 품목 판매업무정지 12개월

3회독 □□□

86 다음 빈칸에 들어갈 단어를 「화장품법」에 근거한 정확한 용어로 작성하시오.

- "화장품"이란 인체를 청결 · 미화하여 매력을 더하고 용모를 밝게 변화시키거나 피부 · (㉠)의 건강을 유지 또는 증진하기 위하여 인체에 바르고 문지르거나 뿌리는 등 이와 유사한 방법으로 사용되는 물품으로서 인체에 대한 작용이 경미한 것을 말한다.
- (㉡)란 화장품의 용기 · 포장에 기재하는 문자 · 숫자 · 도형 또는 그림 등을 말한다.

정답 ㉠ 모발, ㉡ 표시

해설 「화장품법」 제2조(정의)

1. "화장품"이란 인체를 청결 · 미화하여 매력을 더하고 용모를 밝게 변화시키거나 피부 · 모발의 건강을 유지 또는 증진하기 위하여 인체에 바르고 문지르거나 뿌리는 등 이와 유사한 방법으로 사용되는 물품으로서 인체에 대한 작용이 경미한 것을 말한다. 다만, 「약사법」 제2조 제4호의 의약품에 해당하는 물품은 제외한다.
8. "표시"란 화장품의 용기 · 포장에 기재하는 문자 · 숫자 · 도형 또는 그림 등을 말한다.

3회독 □□□

87 다음에서 설명하는 물질을 〈보기〉에서 골라 정확한 용어로 작성하시오.

꽃을 수증기 증류법으로 증류하면 물과 함께 휘발성 오일 성분이 증류되어 나온다. 이런 오일 성분은 주로 (　　　) 계열 혼합물로서 아로마 에센셜 오일로도 쓰일 수 있고 식물의 정유에 많이 있다.

〈보 기〉

리모넨, 멘톨, 알파-피넨, 제라니올, 리날롤, 네롤, 시트랄, 시르로넬랄, 캠퍼

정답 모노테르펜

해설

모노테르펜(Monoterpene)은 화학 식물 정유에 들어 있는 테르펜 가운데 10개의 탄소 골격으로 이루어진 탄화수소 화합물로 방향성이 있다.

3회독 □□□

88 다음은 맞춤형화장품판매업 가이드라인의 일부이다. ㉠, ㉡에 들어갈 단어로 알맞은 것을 가이드라인에 제시된 정확한 용어로 작성하시오.

- 혼합 · 소분 전에 혼합 · 소분된 제품을 담을 포장용기의 (㉠) 여부를 확인할 것
- 맞춤형화장품판매업자는 제조번호, 사용기한 또는 개봉 후 사용기간, 판매일자 및 판매량이 기입된 (㉡)을/를 작성 · 보관해야 한다.

정답 ㉠ 오염, ㉡ 판매내역서

해설

- 혼합 · 소분 안전관리기준: 혼합 · 소분 전에 혼합 · 소분된 제품을 담을 포장용기의 오염 여부를 확인할 것
- 맞춤형화장품판매내역서의 작성 · 보관

– 제조번호(맞춤형화장품의 경우 식별번호를 제조번호로 함)
– 사용기한 또는 개봉 후 사용기간
– 판매일자 및 판매량

3회독 □□□

89 다음에서 설명하는 성분의 주된 기능을 한글로 바르게 작성하시오.

치오글리콜산은 아주 약한 산인데, 물에 잘 녹고, 피부에 바르면 콜라겐 조직 속으로 침투해 작용한다. 이 화합물이 자외(UV)선과 산소에 노출되면 CMDS(카복시메칠디설파이드)를 거쳐 CMSA(카복시메탄설폰산)로 산화되는데, 특히 자외선 조사량이 많으면 산화속도가 훨씬 빨라진다. CMSA는 황산에 못지 않은 강한 산성이어서 대단히 심한 고통을 주게 된다. 빠른 시간 안에 씻어내지 않으면 피부를 상하게 만들 수도 있다.

정답 체모의 제거

해설

체모를 제거하는 데 도움을 주는 기능성화장품의 원료는 치오글리콜산 80%이다. 이 화합물은 아주 약한 산인데, 물에 잘 녹으며 피부에 바르면 콜라겐 조직 속으로 침투하여 털을 제거한다.

3회독 □□□

90 다음 빈칸에 들어갈 용어를 한글로 바르게 작성하시오.

(㉠)시험은 화장품의 표시 · 광고 내용을 증명할 목적으로 해당 화장품의 효과 및 (㉡)을 확인하기 위하여 사람을 대상으로 실시하는 시험 또는 연구를 말한다.

정답 ㉠ 인체적용, ㉡ 안전성

해설 화장품 표시 · 광고 실증에 관한 규정

"인체적용시험"이라 함은 화장품의 안전성과 유효성을 증명할 목적으로 해당 화장품의 임상적 효과를 확인하고 유해사례를 조사하기 위하여 사람을 대상으로 실시하는 시험 또는 연구(이하 "시험"이라 한다)를 말한다.

3회독 □□□

91 다음은 식품의약품안전처고시 「화장품 안전기준 등에 관한 규정」의 일부이다. 빈칸에 들어갈 단어를 작성하시오.

식품의약품안전처 고시 「화장품 안전기준 등에 관한 규정」에 따라 화장품에 사용할 수 없는 원료, 화장품에 사용상의 제한이 필요한 원료, 식품의약품안전처장이 고시한 (   )의 효능 · 효과를 나타내는 원료는 맞춤형화장품에 사용할 수 없다.

정답 기능성화장품

해설 「화장품 안전기준 등에 관한 규정」 제5조(맞춤형화장품에 사용 가능한 원료)

다음의 원료를 제외한 원료는 맞춤형화장품에 사용할 수 있다.

1. 별표 1의 화장품에 사용할 수 없는 원료
2. 별표 2의 화장품에 사용상의 제한이 필요한 원료
3. 식품의약품안전처장이 고시한 기능성화장품의 효능 · 효과를 나타내는 원료(다만, 맞춤형화장품판매업자에게 원료를 공급하는 화장품책임판매업자가 「화장품법」 제4조에 따라 해당 원료를 포함하여 기능성화장품에 대한 심사를 받거나 보고서를 제출한 경우는 제외한다)

3회독 □□□

92 다음은 식품의약품안전처고시 「화장품 바코드 표시 및 관리요령」의 일부이다. 빈칸에 들어갈 단어를 바르게 작성하시오.

화장품바코드 표시는 국내에서 화장품을 유통 · 판매하고자 하는 ( )가 한다.

정답 화장품책임판매업자

해설 화장품 바코드 표시 및 관리요령 제4조(표시의무자)

화장품바코드 표시는 국내에서 화장품을 유통 · 판매하고자 하는 화장품책임판매업자가 한다.

3회독 □□□

93 다음은 「화장품법 시행규칙」과 「화장품 사용 시의 주의사항 및 알레르기 유발성분 표시에 관한 규정」에 따른 착향제에 대한 설명이다. ㉠, ㉡에 들어갈 숫자를 차례로 작성하시오.

- 착향제는 "향료"로 표시할 수 있다. 다만, 착향제의 구성 성분 중 식품의약품안전처장이 정하여 고시한 알레르기 유발성분이 있는 경우에는 향료로 표시할 수 없고, 해당 성분의 명칭을 기재 · 표시해야 한다.
- 착향제의 구성 성분 중 알레르기 유발성분의 함량이 사용 후 씻어내는 제품에서 (㉠)% 이하, 사용 후 씻어내지 않는 제품에서 (㉡)% 이하인 경우에 한하여 해당 성분의 명칭을 기재하지 않아도 된다.

정답 ㉠ 0.01, ㉡ 0.001

해설 [별표 2] 착향제의 구성 성분 중 알레르기 유발성분(제3조 관련)

연번	성분명	CAS 등록번호
1	아밀신남알	CAS No 122-40-7
2	벤질알코올	CAS No 100-51-6
3	신나밀알코올	CAS No 104-54-1
4	시트랄	CAS No 5392-40-5
5	유제놀	CAS No 97-53-0
6	하이드록시시트로넬알	CAS No 107-75-5
7	아이소유제놀	CAS No 97-54-1
8	아밀신나밀알코올	CAS No 101-85-9
9	벤질살리실레이트	CAS No 118-58-1
10	신남알	CAS No 104-55-2
11	쿠마린	CAS No 91-64-5
12	제라니올	CAS No 106-24-1
13	아니스알코올	CAS No 105-13-5
14	벤질신나메이트	CAS No 103-41-3
15	파네솔	CAS No 4602-84-0
16	부틸페닐메틸프로피오날	CAS No 80-54-6
17	리날룰	CAS No 78-70-6
18	벤질벤조에이트	CAS No 120-51-4
19	시트로넬올	CAS No 106-22-9
20	헥실신남알	CAS No 101-86-0
21	리모넨	CAS No 5989-27-5
22	메틸 2-옥티노에이트	CAS No 111-12-6
23	알파-아이소메틸아이오논	CAS No 127-51-5
24	참나무이끼추출물	CAS No 90028-68-5
25	나무이끼추출물	CAS No 90028-67-4

※ 다만, 사용 후 씻어내는 제품에는 0.01% 초과, 사용 후 씻어내지 않는 제품에는 0.001% 초과 함유하는 경우에 한한다.

3회독 □□□

94 **다음은 식품의약품안전처고시 「맞춤형화장품판매업 가이드라인」에 따른 맞춤형화장품판매업자의 준수사항이다. 빈칸에 공통으로 들어갈 단어를 바르게 작성하시오.**

> 최종 혼합 · 소분된 맞춤형화장품은 「화장품법」 제8조 및 식약처 고시 「화장품 안전기준 등에 관한 규정」 제6조에 따른 유통화장품의 안전관리기준을 준수한다. 특히 판매장에서 제공되는 맞춤형화장품에 대한 (　　　) 오염관리를 철저히 해야 한다. 맞춤형화장품판매업자는 (　　　) 의 외부 유입을 방지하고, 주기적인 (　　　) 샘플링검사를 실시하여야 한다.

정답 미생물

해설 맞춤형화장품판매업 가이드라인(민원인 안내서)

4. 맞춤형화장품판매업자의 준수사항

- 최종 혼합 · 소분된 맞춤형화장품은 「화장품법」 제8조 및 「화장품 안전기준 등에 관한 규정(식약처 고시)」 제6조에 따른 유통화장품의 안전관리 기준을 준수할 것
- 특히, 판매장에서 제공되는 맞춤형화장품에 대한 미생물 오염관리를 철저히 할 것(예: 주기적 미생물 샘플링 검사)

3회독 □□□

95 **다음 〈보기〉 중 촉각을 담당하는 세포를 골라 바르게 작성하시오.**

〈보 기〉

모질세포	모모세포
피질세포	섬유모세포
메르켈세포	랑게르한스세포
각질형성세포	멜라닌세포
대식세포	비만세포
섬유아세포	

정답 메르켈세포

해설

메르켈세포는 구강 점막 및 표피에 위치하며 신경섬유말단과 연결되어 있다. 신경의 자극을 뇌에 전달하는 역할을 하는 촉각 수용체이다.

3회독 □□□

96 **다음은 「화장품법 시행규칙」 제18조(안전용기 · 포장 대상 품목 및 기준)의 일부이다. 빈칸에 들어갈 숫자를 작성하시오.**

> 제18조(안전용기 · 포장 대상 품목 및 기준) ① 법 제9조 제1항에 따른 안전용기 · 포장을 사용하여야 하는 품목은 다음 각 호와 같다. 다만, 일회용 제품, 용기 입구 부분이 펌프 또는 방아쇠로 작동되는 분무용기 제품, 압축 분무용기 제품(에어로졸 제품 등)은 제외한다.
> 1. 아세톤을 함유하는 네일 에나멜 리무버 및 네일 폴리시 리무버
> 2. 어린이용 오일 등 개별포장당 탄화수소류를 (   )퍼센트 이상 함유하고 운동점도가 21센티스톡스(섭씨 40도 기준) 이하인 비에멀젼 타입의 액체상태의 제품
> 3. 개별포장당 메틸 살리실레이트를 5퍼센트 이상 함유하는 액체상태의 제품

정답 10

해설 **「화장품법 시행규칙」 제18조(안전용기 · 포장 대상 품목 및 기준)**

① 법 제9조 제1항에 따른 안전용기 · 포장을 사용하여야 하는 품목은 다음 각 호와 같다. 다만, 일회용 제품, 용기 입구 부분이 펌프 또는 방아쇠로 작동되는 분무용기 제품, 압축 분무용기 제품(에어로졸 제품 등)은 제외한다.

1. 아세톤을 함유하는 네일 에나멜 리무버 및 네일 폴리시 리무버
2. 어린이용 오일 등 개별포장당 탄화수소류를 10퍼센트 이상 함유하고 운동점도가 21센티스톡스(섭씨 40도 기준) 이하인 비에멀젼 타입의 액체상태의 제품
3. 개별포장당 메틸 살리실레이트를 5퍼센트 이상 함유하는 액체상태의 제품

3회독 □□□

97 **다음은 피부 pH에 대한 설명이다. 빈칸에 들어갈 단어를 작성하시오.**

> 피부의 pH는 피부 (   )의 pH를 말한다. 피부는 pH 4.5~6.5의 약산성 상태가 가장 적합하며 아토피성 피부는 약알칼리성 상태이다.

정답 각질층

해설

피부의 pH는 피부 각질층의 pH를 말한다. 피부는 pH 4.5~6.5의 약산성 상태가 가장 적합하며 피지의 구성성분인 지방산과 땀의 구성성분인 젖산 성분이 피부 각질층의 pH를 약산성으로 유지하는 데 도움을 준다. 아토피성 피부는 약알칼리성 상태이다.

3회독 □□□

98 **다음 〈보기〉를 읽고 ㉠, ㉡에 들어갈 단어를 한글로 차례로 작성하시오.**

> 〈보 기〉
>
> (㉠)은 인체에서 유일하게 합성되는 비타민으로 주로 뼈 건강에 도움이 된다. 피부가 햇볕을 쬐면 자외선 B를 통해 (㉡) 전구물질이 (㉠)로 합성된다.

정답 ㉠ 비타민디, ㉡ 콜레스테롤

해설 비타민 D

비타민 D는 인체에서 유일하게 합성되는 비타민으로, 주로 뼈 건강에 도움이 된다. 피부가 햇볕을 쬐면 자외선 B를 통해 콜레스테롤 전구물질이 비타민 D로 합성된다.

3회독 □□□

99 **다음은 식품의약품안전처고시 「맞춤형화장품판매업 가이드라인」에 따른 맞춤형화장품판매업자의 준수사항이다. ㉠~㉢에 들어갈 단어를 차례로 작성하시오.**

> - 맞춤형화장품 조제에 사용하는 내용물 및 원료의 혼합 · 소분 범위에 대해 사전에 (㉠) 및 (㉡)을 확보할 것
> - 내용물 및 원료를 공급하는 화장품책임판매업자가 혼합 또는 소분의 (㉢)를 검토하여 정하고 있는 경우 그 범위 내에서 혼합 또는 소분할 것

정답 ㉠ 품질, ㉡ 안전성, ㉢ 범위

해설 맞춤형화장품판매업자의 준수사항

- 맞춤형화장품 조제에 사용하는 내용물 및 원료의 혼합 · 소분 범위에 대해 사전에 품질 및 안전성을 확보할 것
- 내용물 및 원료를 공급하는 화장품책임판매업자가 혼합 또는 소분의 범위를 검토하여 정하고 있는 경우 그 범위 내에서 혼합 또는 소분할 것

3회독 □□□

100 **다음은 평판도말법에 따른 총호기성생균수 시험법의 예시이다. ㉠, ㉡에 들어갈 단어를 차례로 작성하시오(단, ㉠는 숫자로 작성하며 ㉡는 적합/부적합 중 선택하여 작성한다).**

〈검사 조건〉

- 검체의 내용물은 10배 희석액으로 만들어 사용한다.
- 검액 0.1mL를 각 배지에 접종한다.
- 평판당 300개 이하의 CFU를 최대치로 하여 총 세균수를 측정한다.
- 평판당 100개 이하의 CFU를 최대치로 하여 총 진균수를 측정한다.
- 세균수 시험 시 배지는 30~35℃에서 48시간 이상 배양한 배지이다.
- 진균수 시험 시 배지는 20~25℃에서 5일 이상 배양한 배지이다.

	각 배지에서 검출된 집락수	
	평판1	평판2
세균용 배지	66	58
진균용 배지	28	24

〈결과 해석〉

시험 결과 총호기성생균수는 (㉠)개이며 판정 결과 (㉡)이다.

정답 ㉠ 8,800, ㉡ 부적합

해설 총호기성생균수 측정법

$$세균(진균)수 = \frac{(x^1 + x^2 + ... + x^n)}{n} \times d$$

단, x: 각 배지(평판)에서 검출된 집락수, n: 배지(평판)의 개수, d: 검액의 희석배수

- 세균수를 측정법에 따라 집락수를 활용하여 계산하면 {(66+58)÷2}×10=620이 된다. 검액 0.1mL를 각 배지에 접종하였으므로 부피만큼 나누면 620÷0.1=6,200이 된다.
- 진균수를 측정법에 따라 집락수를 활용하여 계산하면 {(28+24)÷2}×10=260이 된다. 검액 0.1mL를 각 배지에 접종하였으므로 부피만큼 나누면 260÷0.1=2,600이 된다.
- 총호기성생균수=세균수+진균수이므로 6,200+2,600=8,800개이다. 기타화장품 총호기성생균수 적합기준은 1,000개 이하이다. 따라서 8,800개/g(mL) 검출은 기준치를 초과하므로 부적합이다.

memo

제1회

실전모의고사

정답 488쪽

선다형

★★

01 화장품제조업의 등록 또는 맞춤형화장품판매업의 신고를 할 수 있는 자로 옳은 것은?

① 피성년후견인

② 화장품법을 위반하여 금고 이상의 형을 선고받고 그 집행이 끝나지 않은 자

③ 등록이 취소된 날부터 2년이 지나지 않은 자

④ 마약류의 중독자

⑤ 영업소가 폐쇄된 날로부터 1년이 지나지 않는 자

★★

02 다음 중 소용량 및 견본품 화장품의 경우 기재하지 않아도 되는 사항으로 옳은 것은?

① 가격

② 사용기한 또는 개봉 후 사용기간

③ 제조번호

④ 영업자의 상호

⑤ 용량

★★

03 화장품책임판매관리자와 맞춤형화장품 조제관리사는 화장품의 안전성 확보 및 품질관리에 관한 교육을 일정한 시기마다 받아야 한다. 다음 중 밑줄 친 일정한 시기로 옳은 것은?

① 반기 1회 ② 분기 1회

③ 매년 ④ 2년에 1회

⑤ 3년에 1회

★

04 다음 중 안전용기 · 포장의 대상 연령으로 가장 적절한 것은?

① 만 3세 미만의 어린이 ② 만 4세 미만의 어린이

③ 만 5세 미만의 어린이 ④ 만 6세 미만의 어린이

⑤ 만 7세 미만의 어린이

★★

05 **표시 · 광고 내용에 대한 실증자료의 제출을 요청받은 영업자 또는 판매자가 식품의약품안전처장에게 그 실증자료를 제출해야 하는 기한은? (단, 실증자료를 요청받은 날을 기준으로 한다)**

① 즉시
② 5일 이내에
③ 10일 이내에
④ 15일 이내에
⑤ 30일 이내에

★★

06 **다음 중 「화장품법」에 따라 등록이 아닌 신고가 필요한 영업의 형태로 옳은 것은?**

① 화장품수입업
② 화장품제조업
③ 화장품책임판매업
④ 맞춤형화장품판매업
⑤ 화장품수입대행업

★★

07 **다음 중 「화장품법 시행규칙」 [별표 3] 화장품의 유형에 따라 화장품을 분류할 때, 기초화장용 제품류로 분류할 수 있는 화장품으로 옳은 것은?**

① 헤어 크림
② 헤어 로션
③ 페이스 파우더
④ 마스카라
⑤ 손의 피부연화 제품

★

08 **다음 중 우수화장품 제조 및 품질관리기준에 대한 요소로 적절하지 <u>않은</u> 것은?**

① 인위적인 과오의 최소화
② 미생물오염으로 인한 품질 저하 방지
③ 교차오염으로 인한 품질저하 방지
④ 고도의 품질관리체계 확립
⑤ 부작용 유발 가능성의 최소화

★★★

09 **CGMP 적합 제조소의 각 조직은 CGMP 규정에 부합하도록 구성되어야 하며, 조직구조는 회사의 조직과 직능을 명확하게 정의하도록 규정되어야 하며 문서화되어야 한다. 다음 중 조직구조를 구성할 때 고려할 사항으로 적절하지 않은 것은?**

① 제조하는 제품과 회사의 규모에 대해 조직도가 적절한지를 확인하기 위한 주의가 필요하다.
② 조직구조(조직도)에 기재된 직원의 역량은 각각의 명시된 직능에 적합해야 한다.
③ 품질 단위의 종속성을 나타내어야 한다.
④ 품질 단위의 독립성을 나타내어야 한다.
⑤ 조직 내의 주요 인사의 직능과 보고책임을 명확하게 정의하여 규정하여야 하며 문서화되어야 한다.

★★

10 **다음 중 청정도 등급과 해당 작업실이 올바르게 연결되지 않은 것은?**

① 1등급 – Clean bench
② 2등급 – 제조실
③ 3등급 – 포장실
④ 4등급 – 내용물보관소
⑤ 2등급 – 원료 칭량실

★★

11 **다음 중 공기 조절의 4대 요소와 대응설비가 올바르게 연결되지 않은 것은?**

① 청정도 – 공기정화기
② 실내온도 – 열교환기
③ 습도 – 가습기
④ 기류 – 송풍기
⑤ 환기 – 환풍기

★★★

12 **다음 중 방충 대책의 구체적인 예로 가장 적절하지 않은 것은?**

① 벽, 천장에 틈이 없도록 한다.
② 야간에 빛이 밖으로 새어나가지 않게 한다.
③ 흡기구와 배기구에 필터를 장착한다.
④ 폐수구에 트랩을 장착한다.
⑤ 개방할 수 있는 창문에는 방충망을 장착한다.

★★

13 다음 중 원자재 용기 및 시험기록서의 필수적인 기재사항이 아닌 것은?

① 공급일자
② 원자재 공급자가 정한 제품명
③ 원자재 공급자명
④ 수령일자
⑤ 공급자가 부여한 제조번호 또는 관리번호

★

14 다음 중 주름개선 크림을 광고할 때 사용할 수 있는 내용으로 가장 적합한 것은?

① 이 화장품의 주름 개선 효과는 정말 최고입니다.
② 피부과 의사가 추천한 크림입니다.
③ 피부에 탄력을 주어 주름 개선에 효과가 있습니다.
④ 포름알데하이드가 함유되어 있지 않습니다.
⑤ 스테로이드가 함유되어 있지 않습니다.

★

15 맞춤형화장품 조제관리사가 보습 에센스를 만들 때 향료를 0.2% 배합하였다. 다음 중 향료로 표기하지 않고 따로 알레르기 유발물질로서 기재해야 하는 성분으로 옳은 것은?

① 글리세린
② 부틸렌글라이콜
③ 1,2-헥산다이올
④ 시트랄
⑤ 페녹시에탄올

★

16 다음 〈보기〉의 화장품 전성분 중 사용상의 제한이 필요한 보존제에 해당하는 성분으로 옳은 것은?

〈보 기〉

정제수, 부틸렌글라이콜, 글리세린, 녹차추출물, 아스코빅애씨드, 카보머, 벤질살리실레이트, 페녹시에탄올, 향료

① 부틸렌글라이콜
② 카보머
③ 아스코빅애씨드
④ 벤질살리실레이트
⑤ 페녹시에탄올

★★

17 **다음 중 서로 잘 섞이지 않는 수상 원료와 유상 원료가 잘 섞일 수 있도록 하는 것을 일컫는 용어는?**

① 가용화　　② 분산
③ 분쇄　　④ 유화
⑤ 혼합

★

18 **다음 중 맞춤형화장품에 혼합 가능한 화장품 원료로 옳은 것은?**

① 레티놀
② 페닐파라벤
③ 에칠아스코빌에텔
④ 다이메티콘
⑤ 벤질알코올

★★

19 **다음 중 로션에 대한 설명으로 가장 적절한 것은?**

① 점도가 높아 발림성이 떨어진다.
② 화장수와 크림의 중간 형태이다.
③ 피부에 대한 보습 능력은 낮은 편이다.
④ 유분량이 많은 에멀전의 형태이다.
⑤ 크림에 비해서 수분의 양이 적다.

★

20 **다음 중 화장수와 크림의 중간 형태로, 유분량이 적고 유동성이 높은 에멀젼을 의미하는 단어로 옳은 것은?**

① 화장수　　② 에센스
③ 세럼　　④ 로션
⑤ 크림

★★

21 **다음 중 "소듐, 포타슘, 칼슘, 마그네슘, 암모늄, 에탄올아민, 클로라이드, 브로마이드, 설페이트, 아세테이트"로 규정되는 것으로 옳은 것은?**

① 에스텔류　　② 염류
③ 케톤류　　④ 페놀류
⑤ 알코올류

★

22 충진(1차 포장) 이전의 제조 단계까지 끝낸 제품을 일컫는 단어로, 제조공정 단계에 있는 반제품이 필요한 제조공정을 거치면 이것이 된다. 밑줄 친 이것에 들어갈 단어로 옳은 것은?

① 벌크제품 ② 완제품
③ 중간제품 ④ 재처리제품
⑤ 출하제품

★★

23 다음 〈보기〉에서 설명하는 성분으로 옳은 것은?

〈보 기〉

- 햇빛에 대한 피부의 감수성을 증가시킬 수 있고, 사용 전 일부에 시험 사용하여 피부 이상을 확인할 필요가 있다.
- 부작용이 발생할 우려가 있어 10퍼센트를 초과하여 함유되어 있거나 산도가 3.5 미만인 제품을 사용할 때 전문의 등과 상담이 필요하다.

① 베르가모트오일
② 알파-하이드록시애씨드
③ 베타-하이드록시애씨드
④ 이미다졸리디닐우레아
⑤ 벤질알코올

★

24 화장품이나 피부에 색을 띠게 하는 것을 주요 목적으로 사용되는 성분으로 색소 중 콜타르, 그 중간생성물에서 유래되었거나 유기합성하여 얻은 색소 및 그 레이크, 염, 희석제와의 혼합물로 정의되는 단어로 옳은 것은?

① 천연색소 ② 코치닐색소
③ 타르색소 ④ 카로티노이드계 색소
⑤ 멜라닌색소

★★

25 다음 중 화장품 원료의 명칭과 비타민의 명칭이 올바르게 짝지어진 것은?

① 아스코빅애씨드 – 비타민E
② 판테놀 – 비타민B_5
③ 레티놀 – 비타민D
④ 토코페롤 – 비타민A
⑤ 피리독신에이치씨엘 – 비타민B_2

★★

26 **다음 중 화장품 제조 시설에 대한 준수사항으로 적절하지 않은 것은?**

① 수세실과 화장실은 접근이 용이한 생산구역 내에 설치할 것
② 바닥, 벽, 천장은 소독제 등의 부식성에 저항력이 있을 것
③ 바닥, 벽, 천장은 가능한 청소하기 쉽게 매끄러운 표면을 지닐 것
④ 외부와 연결된 창문은 가능한 열리지 않도록 설계할 것
⑤ 청결하고 환기가 잘 될 것

★★

27 **다음 중 물에 녹기 쉬운 염료에 알루미늄 등의 염이나 황산 알루미늄, 황산 지르코늄 등을 가해 물에 녹지 않도록 불용화시킨 유기안료를 가리키는 단어로 옳은 것은?**

① 안료
② 염료
③ 타르색소
④ 레이크
⑤ 피그먼트

★★★

28 **다음 중 사용상의 제한이 필요한 원료명과 사용한도가 바르게 짝지어진 것은?**

① 글루타랄 – 0.01%
② 데하이드로아세틱애씨드 – 데하이드로아세틱애씨드로서 0.5%
③ 디브로모헥사미딘 및 그 염류 – 디브로모헥사미딘으로서 1%
④ 디아졸리디닐우레아 – 0.05%
⑤ 디엠디엠하이단토인 – 0.6%

★★

29 **다음 중 화장품에 사용할 수 없는 원료가 아닌 것은?**

① 갈란타민
② 구아이페네신
③ 금염
④ 니트로메탄
⑤ 소듐벤조에이트

★★

30 **다음 중 비의도적으로 유래된 사실이 객관적인 자료로 확인되고 기술적으로 완전한 제거가 불가능한 물질의 종류와 검출 허용한도가 올바르게 연결되지 않은 것은?**

① 납 – 점토를 원료로 사용한 분말제품은 50㎍/g 이하, 그 밖의 제품은 20㎍/g 이하
② 니켈 – 눈 화장용 제품은 35㎍/g 이하, 색조 화장용 제품은 30㎍/g 이하, 그 밖의 제품은 10㎍/g 이하
③ 비소 – 1㎍/g 이하
④ 수은 – 1㎍/g 이하
⑤ 안티몬 – 10㎍/g 이하

★★★

31 다음 중 사용상의 제한이 필요한 원료명과 사용한도가 바르게 짝지어진 것은?

① 메칠이소치아졸리논 – 사용 후 씻어내는 제품에 0.015%(단, 메칠클로로이소치아졸리논과 메칠이소치아졸리논 혼합물과 병행 사용 금지)

② 메텐아민(헥사메칠렌테트라아민) – 0.015%

③ 벤제토늄클로라이드 – 0.1%

④ 벤질알코올 – 0.1%

⑤ 벤질헤미포름알 – 사용 후 씻어내는 제품에 0.015%

★

32 다음 중 유통화장품의 안전관리기준에 따른 미생물한도로 옳지 않은 것은?

① 영 · 유아용 제품류 – 500개/g(mL) 이하

② 눈화장용 제품류 – 500개/g(mL) 이하

③ 기타 화장품 – 500개/g(mL) 이하

④ 녹농균(Pseudomonas aeruginosa) – 불검출

⑤ 황색포도상구균(Staphylococcus aureus) – 불검출

★★

33 다음 중 치오글라이콜릭애씨드 또는 그 염류를 주성분으로 하는 냉2욕식 퍼머넌트웨이브용 제품에 대한 설명으로 옳지 않은 것은?

① 이 제품은 실온에서 사용하는 것이다.

② 치오글라이콜릭애씨드 또는 그 염류를 주성분으로 한다.

③ 제1제 및 제2제로 구성된다.

④ 불휘발성 무기알칼리의 총량이 치오글라이콜릭애씨드의 대응량 이상인 액제이다.

⑤ 품질을 유지하거나 유용성을 높이기 위하여 적당한 침투제를 첨가할 수 있다.

★★

34 다음 중 비의도적으로 유래된 사실이 객관적인 자료로 확인되고 기술적으로 완전한 제거가 불가능한 물질의 종류와 검출 허용한도가 올바르게 연결되지 않은 것은?

① 수은 – 1㎍/g 이하

② 안티몬 – 10㎍/g 이하

③ 디옥산 – 100㎍/g 이하

④ 메탄올 – 0.2(v/v)% 이하, 물휴지는 0.002%(v/v) 이하

⑤ 포름알데하이드 – 200㎍/g 이하, 물휴지는 20㎍/g 이하

★★

35 다음 중 유통화장품의 안전관리기준에 대한 설명으로 옳지 않은 것은?

① 유통화장품은 안전관리기준에 적합하여야 한다.

② 납은 디티존법에 따라 시험할 수 있다.

③ 유통화장품 유형별로 추가적인 안전관리기준에 적합하여야 한다.

④ 비소는 원자흡광광도법에 따라 시험할 수 있다.

⑤ 유통화장품 자사 기준의 시험은 어떠한 경우에도 인정될 수 없다.

★★

36 다음 중 인체 세포 및 조직 배양액 안전기준에 대한 설명으로 옳지 않은 것은?

① 광고를 통해 특정인의 세포 또는 조직을 사용하였다는 내용의 광고를 할 수 있다.

② "윈도우 피리어드(window period)"란 감염 초기에 세균, 진균, 바이러스 및 그 항원 · 항체 · 유전자 등을 검출할 수 없는 기간을 말한다.

③ "인체 세포 · 조직 배양액"은 인체에서 유래된 세포 또는 조직을 배양한 후 세포와 조직을 제거하고 남은 액을 말한다.

④ 인체 세포 · 조직 배양액을 제조하는 배양시설은 청정등급 1B(Class 10,000) 이상의 구역에 설치하여야 한다.

⑤ "공여자"란 배양액에 사용되는 세포 또는 조직을 제공하는 사람을 말한다.

★★

37 다음 중 치오글라이콜릭애씨드 또는 그 염류를 주성분으로 하는 냉2욕식 퍼머넌트웨이브용 제품 제1제의 기준에 적합하지 않은 것은?

① pH: 9

② 알칼리: 0.1N염산의 소비량은 검체 1mL에 대하여 7.0mL

③ 산성에서 끓인 후의 환원성 물질(치오글라이콜릭애씨드): 2.0%

④ 중금속: 20μg/g

⑤ 철: 10μg/g

★★

38 다음 중 치오글라이콜릭애씨드 또는 그 염류를 주성분으로 하는 고온정발용 열기구를 사용하는 가온2욕식 헤어스트레이트너 제품에 대한 설명으로 옳지 않은 것은?

① 시험할 때 약 100℃로 가온한다.

② 제1제를 처리한 후 물로 충분히 세척하여 수분을 제거한다.

③ 고온정발용 열기구(180℃ 이하)를 사용한다.

④ 제1제는 치오글라이콜릭애씨드 또는 그 염류를 주성분으로 한다.

⑤ 제2제는 산화제를 주성분으로 한다.

★★

39 다음 중 비의도적으로 유래된 사실이 객관적인 자료로 확인되고 기술적으로 완전한 제거가 불가능한 물질의 종류와 검출 허용한도가 올바르게 연결되지 않은 것은?

① 카드뮴 – 5㎍/g 이하

② 디옥산 – 10㎍/g 이하

③ 메탄올 – 0.2(v/v)% 이하

④ 포름알데하이드 – 2000㎍/g 이하

⑤ 프탈레이트류 – 총 합으로서 100㎍/g 이하

★★★

40 다음 중 사용상의 제한이 필요한 원료명과 사용한도가 바르게 짝지어진 것은?

① 세틸피리디늄클로라이드 – 0.05%

② 에칠라우로일알지네이트 하이드로클로라이드 – 0.5%

③ 엠디엠하이단토인 – 0.1%

④ 징크피리치온 – 사용 후 씻어내는 제품에 0.5%

⑤ 클로로부탄올 – 0.1%

★

41 다음 중 〈보기〉의 빈칸에 들어갈 단어로 옳은 것은?

〈보 기〉

화장품책임판매업자 및 맞춤형화장품판매업자는 화장품을 판매할 때에는 어린이가 화장품을 잘못 사용하여 인체에 위해를 끼치는 사고가 발생하지 아니하도록 (   )을 사용하여야 한다.

① 안전용기 · 포장

② 기밀용기 · 포장

③ 차광용기 · 포장

④ 밀폐용기 · 포장

⑤ 안정용기 · 포장

★★

42 안전용기 · 포장을 사용하여야 할 품목 및 용기 · 포장의 기준 등에 관하여 정할 수 있는 영으로 옳은 것은?

① 대통령령

② 시장령

③ 보건복지부령

④ 질병관리본부령

⑤ 총리령

★

43 **다음 중 일상의 취급 또는 보통 보존상태에서 액상 또는 고형의 이물 또는 수분이 침입하지 않고 내용물을 손실, 풍화, 조해 또는 증발로부터 보호할 수 있는 용기로 옳은 것은?**

① 일반용기　　② 차광용기
③ 기밀용기　　④ 밀폐용기
⑤ 차폐용기

★★

44 **다음 중 화장품에 사용할 수 없는 원료가 <u>아닌</u> 것은?**

① 니트로펜　　② 다미노지드
③ 덱스트로프로폭시펜　　④ 디메칠설폭사이드
⑤ 코카마이드디이에이

★★★

45 **다음 중 화장품 처방에 사용되는 보존제와 그 보존제의 사용한도로 옳은 것은?**

① 다이프로필렌글라이콜, 5.00%
② 카보머, 0.50%
③ 세토스테아릴알코올, 2.50%
④ 토코페릴아세테이트, 0.20%
⑤ 벤질알코올, 1.0%

★★★

46 **다음 중 화장품 안전기준 등에 관한 규정에 따라 화장비누에 포함된 유리알칼리의 최대 검출 허용 한도로 가장 적절한 것은?**

① 0.001%　　② 0.01%
③ 0.1%　　④ 1%
⑤ 10%

★★★

47 **다음 중 유통화장품 안전관리기준에 따라 화장품의 pH가 3.0~9.0이어야 하는 화장품에 해당되지 <u>않는</u> 품목은?**

① 클렌징 오일　　② 수분 크림
③ 로션　　④ 마스크 팩
⑤ 화장수

★★★

48 **다음 중 규정에 따라 비의도적 유래물질의 양을 시험하고자 할 때 유도결합플라즈마 질량분석기를 이용한 방법(ICP-MS)으로 분석할 수 <u>없는</u> 성분은?**

① 비소 ② 니켈

③ 수은 ④ 납

⑤ 안티몬

★

49 **다음 중 유통화장품의 안전관리기준에 따른 미생물한도로 옳지 <u>않은</u> 것은?**

① 눈화장용 제품류 – 500개/g(mL) 이하

② 기타 화장품 – 1,000개/g(mL) 이하

③ 대장균(Escherichia Coli) – 불검출

④ 녹농균(Pseudomonas aeruginosa) – 불검출

⑤ 황색포도상구균(Staphylococcus aureus) – 10개/g(mL) 이하

★★

50 **다음 중 화장품에 사용할 수 없는 원료가 <u>아닌</u> 것은?**

① 소듐코코일이세티오네이트

② 소듐헥사시클로네이트

③ 센노사이드

④ 스피로노락톤

⑤ 아다팔렌

★★

51 **다음 중 시스테인, 시스테인염류 또는 아세틸시스테인을 주성분으로 하는 가온 2욕식 퍼머넌트웨이브용 제품에 대한 설명으로 옳지 <u>않은</u> 것은?**

① 사용 시 약 60℃ 이하로 가온조작하여 사용한다.

② 제1제는 시스테인, 시스테인 염류 또는 아세틸시스테인을 주성분으로 한다.

③ 제2제는 산화제를 주성분으로 한다.

④ 휘발성 무기알칼리를 함유하지 않는 액제이다.

⑤ 품질을 유지하거나 유용성을 높이기 위해서 적당한 침투제와 습윤제를 첨가할 수 있다.

★★

52 다음 중 치오글라이콜릭애씨드 또는 그 염류를 주성분으로 하는 냉2욕식 퍼머넌트웨이브용 제품 제2제의 기준에 적합하지 않은 것은?

① pH: 3.9

② 중금속: 20㎍/g

③ 산화력: 1인 1회 분량의 산화력이 3.5

④ 용해상태: 명확한 불용성이물이 없음

⑤ pH: 10.5

★

53 다음은 맞춤형화장품판매업의 신고에 관한 사항이다. ㉠, ㉡에 들어갈 단어가 올바르게 짝지어진 것은?

〈보 기〉
화장품이란 인체를 청결, 미화하여 매력을 더하고 용모를 밝게 변화시키거나 피부, (㉠)의 건강을 유지 또는 (㉡)하기 위하여 인체에 바르고 문지르거나 뿌리는 등 이와 유사한 방법으로 사용되는 물품으로서 인체에 대한 작용이 경미한 것을 말한다.

① ㉠ 모발, ㉡ 증진

② ㉠ 두피, ㉡ 증진

③ ㉠ 모발, ㉡ 관리

④ ㉠ 두피, ㉡ 관리

⑤ ㉠ 신체, ㉡ 관리

★★

54 다음 중 표피를 구성하는 세포가 아닌 것은?

① 케라티노사이트

② 랑게르한스세포

③ 대식세포

④ 멜라노사이트

⑤ 메르켈세포

★

55 다음 중 각질형성세포(케라티노사이트)와 멜라닌형성세포(멜라노사이트)로 구성되어 있는 표피층으로 옳은 것은?

① 기저층

② 유극층

③ 과립층

④ 투명층

⑤ 각질층

★

56 **다음 중 진피의 구성 성분으로 옳지 않은 것은?**

① 메르켈세포 ② 섬유아세포
③ 비만세포 ④ 콜라겐
⑤ 엘라스틴

★

57 **다음 중 액체를 침투시킨 분자량이 큰 유기분자로 이루어진 반고형상의 제제를 일컫는 용어로 옳은 것은?**

① 에어로졸제 ② 로션제
③ 크림제 ④ 겔제
⑤ 분말제

★

58 **다음 중 정상 피부의 pH로 가장 적절한 것은?**

① 3 ② 4
③ 6 ④ 7
⑤ 8

★★

59 **다음 중 맞춤형화장품에 사용하기 적합한 원료로 옳은 것은?**

① 식품의약품안전처장이 고시한 주름 개선 원료
② 화장품 안전기준 등에 관한 규정 [별표 2]의 화장품에 사용상의 제한이 필요한 원료
③ 식품의약품안전처장이 고시한 색소 원료
④ 식품의약품안전처장이 고시한 미백 원료
⑤ 화장품 안전기준 등에 관한 규정 [별표 1]의 화장품에 사용할 수 없는 원료

★★★

60 **다음 중 맞춤형화장품판매업자의 준수사항으로 옳지 않은 것은?**

① 맞춤형화장품의 내용물 및 원료의 입고 시 품질관리 여부를 확인할 것
② 원료의 입고 시 책임판매업자가 제공하는 품질성적서를 구비할 것
③ 보건위생상 위해가 없도록 맞춤형화장품 혼합 · 소분에 필요한 장소, 시설 및 기구를 정기적으로 점검하여 작업에 지장이 없도록 위생적으로 관리 · 유지할 것
④ 회수대상 맞춤형화장품을 구입한 소비자에게 적극적으로 회수조치를 취할 것
⑤ 판매 중인 맞춤형화장품이 회수대상임을 알게 된 경우 신속히 식품의약품안전처장에게 보고할 것

★

61 **다음 중 화장품의 품질을 인간의 오감에 의해 평가하는 검사로 옳은 것은?**

① 안전성평가 ② 안정성평가
③ 정밀평가 ④ 육안평가
⑤ 관능평가

★

62 **다음 중 피부의 기능으로 가장 적절하지 않은 것은?**

① 비타민C 합성기능 ② 보호기능
③ 감각기능 ④ 체온 조절기능
⑤ 방어기능

★

63 **다음 중 각질층의 주성분으로 적절하지 않은 것은?**

① NMF(천연보습인자) ② 세라마이드
③ 세포간 지질 ④ 콜라겐
⑤ 콜레스테롤

★

64 **다음 중 맞춤형화장품에 대한 설명으로 적절하지 않은 것은?**

① 제조된 화장품의 내용물에 지방식품의약품안전청장이 정하는 원료를 추가하여 혼합한 화장품을 말한다.
② 수입된 화장품의 내용물에 다른 화장품의 내용물을 추가하여 혼합한 화장품을 말한다.
③ 제조된 화장품을 소분(小分)한 화장품을 말한다.
④ 수입된 화장품을 소분(小分)한 화장품을 말한다.
⑤ 고객 개인별 피부 특성이나 색, 향 등의 기호, 요구를 반영한 화장품을 말한다.

★

65 **다음 중 〈보기〉에서 설명하는 피부 타입으로 가장 적절한 것은?**

〈보 기〉
- 코와 이마에서 분비되는 피지의 양이 많다.
- 볼과 턱에 분비되는 피지의 양이 매우 적다.
- 유분이 많은 화장품을 사용하면 코와 이마에 면포가 발생하기 쉽다.

① 건성 피부 ② 지성 피부
③ 복합성 피부 ④ 민감성 피부
⑤ 중성 피부

★

66 **다음 중 맞춤형화장품의 사용 효과로 가장 적절하지 않은 것은?**

① 건조한 피부의 거칠음을 방지한다.

② 수분을 공급하여 피부를 유연하게 한다.

③ 피부의 수분 증발을 차단하고 촉촉하게 한다.

④ 피부를 수렴하고 탄력을 증가시킨다.

⑤ 피부의 주름을 개선하고 미백 효과를 준다.

★

67 **다음 중 맞춤형화장품에 혼합 가능한 화장품 원료로 옳은 것은?**

① 아데노신

② 티트리잎오일

③ 나이아신아마이드

④ 메칠이소치아졸리논

⑤ 페녹시에탄올

★★

68 **다음 중 맞춤형화장품에 혼합 가능한 화장품 원료로 옳은 것은?**

① 쿼터늄-15

② 부틸렌글라이콜

③ 트리클로산

④ 살리실릭애씨드

⑤ 벤조페논-4

★

69 **다음 중 건성 피부의 특징으로 적절하지 않은 것은?**

① 피지선에서 적은 양의 피지가 분비된다.

② 피부가 쉽게 거친 느낌을 받는다.

③ 피부에 잔주름이 발생하기 쉽다.

④ 다른 피부 타입보다 화장 지속력이 좋다.

⑤ 다른 피부 타입보다 상대적으로 노화가 빠르다.

★

70 **다음 중 모발의 손상을 야기할 수 있는 요소로 적절하지 않은 것은?**

① 자외선

② 염색

③ 퍼머넌트 웨이브

④ 탈색

⑤ 트리트먼트

★★★

71 **다음 중 맞춤형화장품 조제관리사에 대한 설명으로 옳지 않은 것은?**

① 맞춤형화장품 조제관리사는 화장품의 안전성 확보 및 품질관리에 관한 교육을 매년 받아야 한다.
② 식품의약품안전처장은 맞춤형화장품 조제관리사가 거짓이나 그 밖의 부정한 방법으로 시험에 합격한 경우에는 자격을 취소하여야 하며, 자격이 취소된 사람은 취소된 날부터 5년간 자격시험에 응시할 수 없다.
③ 자격시험의 시기, 절차, 방법, 시험과목, 자격증의 발급, 시험운영기관의 지정 등 자격시험에 필요한 사항은 총리령으로 정한다.
④ 식품의약품안전처장은 자격시험 업무를 효과적으로 수행하기 위하여 필요한 전문인력과 시설을 갖춘 기관을 시험운영기관으로 지정하여 시험업무를 위탁할 수 있다.
⑤ 맞춤형화장품 조제관리사가 되려는 사람은 식품의약품안전처장이 실시하는 자격시험에 합격하여야 한다.

★★

72 **다음 중 변색, 변취, 변질 등 시간의 경과에 따라 제품에서 발생할 수 있는 변화로부터 자유롭기 위해 맞춤형화장품이 반드시 지녀야 하는 특징을 일컫는 용어로 옳은 것은?**

① 안전성 ② 안정성
③ 지속성 ④ 효과성
⑤ 사용성

★★

73 **다음 중 맞춤형화장품 용기에 기재해야 하는 사항으로 적절하지 않은 것은?**

① 책임판매업자 및 맞춤형화장품판매업자의 상호
② 화장품의 가격
③ 제조번호
④ 사용기한 또는 개봉 후 사용기간
⑤ 화장품의 명칭

★

74 **다음 중 맞춤형화장품의 내용물 및 원료에 대한 품질검사결과를 확인할 수 있는 서류로 옳은 것은?**

① 품질성적서 ② 품질규격서
③ 포장지시서 ④ 제조모형도
⑤ 제조공정도

★★

75 **다음 중 피부에 색소침착이 있는 고객에게 맞춤형화장품 조제관리사가 추천할 수 있는 제품으로 가장 적절한 것은?**

① 아데노신이 주성분인 기능성화장품
② 레티놀이 주성분인 기능성화장품
③ 레티닐팔미테이트가 주성분인 기능성화장품
④ 티타늄다이옥사이드가 주성분인 기능성화장품
⑤ 알파-비사보롤이 주성분인 기능성화장품

★

76 **다음 중 피부에 주름이 있는 고객에게 맞춤형화장품 조제관리사가 추천할 수 있는 제품으로 가장 적절한 것은?**

① 아데노신이 주성분인 기능성화장품
② 나이아신아마이드가 주성분인 기능성화장품
③ 아스코빅애씨드가 주성분인 기능성화장품
④ 에칠헥실메톡시신나메이트가 주성분인 기능성화장품
⑤ 호모살레이트가 주성분인 기능성화장품

★

77 **다음 중 자외선 차단이 필요한 고객에게 맞춤형화장품 조제관리사가 추천할 수 있는 제품으로 가장 적절한 것은?**

① 레티놀이 주성분인 기능성화장품
② 에칠아스코빌에텔이 주성분인 기능성화장품
③ 아스코빌테트라이소팔미테이트가 주성분인 기능성화장품
④ 다이소듐이디티에이가 주성분인 기능성화장품
⑤ 징크옥사이드가 주성분인 기능성화장품

★★

78 **다음 중 광노화의 직접적인 원인이 되는 빛의 파장으로 옳은 것은?**

① 200~400nm
② 400~750nm
③ 800~1000nm
④ 1,200~3,000nm
⑤ 3,500~10,000nm

★★
79 **다음 중 맞춤형화장품 조제관리사가 의무교육을 이수하지 않았을 때의 처벌로 옳은 것은?**

① 과태료 50만원
② 과태료 100만원
③ 과징금 100만원
④ 업무정지 30일
⑤ 판매정지 30일

★★
80 **맞춤형화장품 조제관리사인 관우는 매장을 방문한 고객과 다음과 같은 〈대화〉를 나누었다. 다음 〈보기〉 중 관우가 고객에게 추천할 제품으로 가장 적절한 것은?**

〈대 화〉

고객: 최근 등산을 많이 해서 그런지 얼굴이 칙칙해지고 색소 침착이 심해요. 주름도 늘어나는 것 같아요.
관우: 네 고객님. 그럼 고객님의 피부 상태를 측정해 보도록 할까요?
고객: 그럴까요? 지난번 방문했을 때와 어떻게 차이가 있는지 비교해 주세요.
관우: 네. 이쪽에 앉으시면 피부 측정기로 측정을 도와드리겠습니다.

– 피부 측정 후 –

관우: 고객님은 두 달 전 피부 측정 시보다 얼굴에 색소 침착도가 25%가량 증가했고, 잔주름이 약 15%가량 증가하셨습니다.
고객: 걱정이네요. 그럼 어떤 제품을 사용하는 것이 좋을지 추천 부탁드려요.

〈보 기〉

가. 징크옥사이드 함유 제품
나. 카페인 함유 제품
다. 아데노신 함유 제품
라. 소듐하이알루로네이트 함유 제품
마. 나이아신아마이드 함유 제품

① 가, 나
② 가, 다
③ 나, 다
④ 나, 라
⑤ 다, 마

단답형

★

81 2020년 3월 14일 맞춤형화장품 판매업이 시행됨에 따라 맞춤형화장품 판매업자는 판매장마다 혼합 및 소분을 담당하는 국가자격시험을 통과한 (   )를 두어야 한다. 빈칸에 들어갈 단어를 작성하시오.

★★

82 다음은 맞춤형화장품에 대한 내용이다. 빈칸에 들어갈 단어를 작성하시오.

맞춤형화장품 (   )는 맞춤형화장품의 혼합 또는 소분에 사용되는 내용물 및 원료의 제조번호와 혼합 · 소분 기록을 포함하여 맞춤형화장품판매업자가 부여한 번호를 의미한다.

★★

83 「화장품법」 제15조 제2호 및 제3호에 따르면 전부 또는 일부가 변패된 화장품, 병원미생물에 오염된 화장품은 제조 · 수입 · 판매 등이 금지된다. 이때 대장균, 녹농균, (   )은 화장품에서 검출되면 아니 된다. 빈칸에 들어갈 단어를 작성하시오.

★★

84 다음은 CGMP에 따른 용어의 정의 중 일부분이다. 빈칸에 들어갈 단어를 작성하시오.

(   )이란 제조 또는 품질관리 활동 등의 미리 정하여진 기준을 벗어나 이루어진 행위를 말한다.

★

85 제조공정 단계에 있는 것으로서 필요한 제조공정을 더 거쳐야 벌크 제품이 되는 것을 (   )이라고 한다. 빈칸에 들어갈 단어를 작성하시오.

★

86 착향제는 "향료"로 표시할 수 있으나 착향제 구성 성분 중 식약처장이 고시한 (   ) 성분이 있는 경우 "향료"로만 표시할 수 없고, 추가로 해당 성분의 명칭을 기재하여야 한다. 빈칸에 들어갈 단어를 작성하시오.

★★

87 **화장품에 사용되는 사용제한 원료의 종류 및 사용한도에서 (㉠), (㉡), 자외선차단제 등과 같이 특별히 사용상의 제한이 필요한 원료에 대해 그 사용기준을 지정하여 고시해야 하며, 사용기준이 지정 · 고시된 원료 외의 성분 등은 사용할 수 없다. ㉠, ㉡에 들어갈 단어를 차례로 작성하시오.**

★

88 **화장품 원료나 내용물의 피부에 대한 알레르기, 부작용 등을 확인하기 위하여 일정량의 원료나 내용물을 피부에 도포한 뒤, 일정 시간 경과 후에 피부의 반응을 보는 시험을 (　　　　　)이라고 한다. 빈칸에 들어갈 단어를 작성하시오.**

★★

89 **다음은 맞춤형화장품의 판매에 대한 내용이다. 빈칸에 들어갈 단어를 작성하시오.**

> 매장에서 맞춤형화장품을 판매하려는 경우 맞춤형화장품판매업자는 판매장별로 "맞춤형화장품 조제관리사" 자격증을 소지한 자를 고용하고, 관할 (　　　　　)에게 "맞춤형화장품판매업"을 신고해야 한다.

★

90 **맞춤형화장품 사용과 관련된 부작용 발생사례에 대해서는 지체 없이 (　　　　　)에게 보고해야 한다. 빈칸에 들어갈 단어를 작성하시오.**

★★

91 **다음은 맞춤형화장품 조제관리사의 교육에 대한 내용이다. ㉠, ㉡에 들어갈 단어를 차례로 작성하시오.**

> 맞춤형화장품판매장의 조제관리사로 지방식품의약품안전청에 신고한 맞춤형화장품 조제관리사는 매년 (㉠)시간 이상, (㉡)시간 이하의 집합교육 또는 온라인 교육을 식약처에서 정한 교육실시기관에서 이수해야 한다.

★★

92 **다음은 맞춤형화장품판매업의 변경신고에 대한 내용이다. 빈칸에 들어갈 단어를 작성하시오.**

> 맞춤형화장품판매업의 변경신고를 할 때 판매업소의 소재지를 변경하는 경우 혼합 · 소분 장소 · 시설 등을 확인할 수 있는 (　　　　　) 및 상세 사진을 제출해야 한다.

★★

93 「화장품법 시행규칙」 제14조의2에 따른 (   )에 해당하는 경우 맞춤형화장품판매업자는 해당 화장품에 대하여 즉시 판매중지하고, 「화장품법 시행규칙」 제14조의3 및 제28조에 따라 필요한 회수 및 공표 등의 조치를 하여야 하며, 구입한 소비자를 확인할 수 있는 경우 유선 연락 등을 통하여 적극적으로 회수조치를 취하는 것이 바람직하다. 빈칸에 들어갈 단어를 작성하시오.

★★

94 다음은 맞춤형화장품의 관리에 대한 내용이다. 빈칸에 들어갈 단어를 작성하시오.

> 맞춤형화장품의 식별번호 또는 (   )는 혼합 또는 소분에 사용되는 내용물 및 원료의 종류와 혼합 · 소분 기록을 추적할 수 있도록 부여하는 것으로, 맞춤형화장품판매업자는 원활한 관리를 위해 일정한 규칙에 따라 번호 부여를 하는 것이 바람직하다.

★★

95 동일 건물 내에서 벽, 칸막이, 에어커튼 등으로 교차오염 및 외부오염 물질의 혼입이 방지될 수 있도록 되어 있는 상태를 일컫는 단어를 한글로 작성하시오.

★

96 맞춤형화장품 사용과 관련된 중대한 유해사례 등 부작용 발생 시 그 정보를 알게 된 날로부터 (   )일 이내 식품의약품안전처 홈페이지를 통해 보고하거나 우편 · 팩스 · 정보통신망 등의 방법으로 보고해야 한다. 빈칸에 들어갈 숫자를 작성하시오.

★★★

97 내용량이 소량인 화장품의 포장에는 화장품 전성분 기재 표시를 생략할 수 있다. 하지만 다음 〈보기〉의 성분을 화장품 제조 시 사용했다면 반드시 기재해야 한다. 빈칸에 들어갈 단어를 작성하시오.

〈보 기〉

- 타르색소
- (   )
- 샴푸와 린스에 들어 있는 인산염의 종류
- 과일산
- 기능성화장품의 경우 그 효능 · 효과가 나타나게 하는 원료
- 식품의약품안전처장이 배합 한도를 고시한 화장품의 원료

★★

98 한 개의 층으로 이루어진 단일층이며 유핵세포로 가장 세포활성이 높은 층으로, 표피층을 구성하는 한 개의 층은 (　　　　　)이다. 빈칸에 들어갈 단어를 작성하시오.

★

99 다음 〈보기〉는 계면활성제의 종류에 대한 내용이다. ㉠, ㉡에 들어갈 단어를 차례로 작성하시오.

〈보 기〉

- 음이온 계면활성제는 기포형성력과 세정력이 뛰어나 샴푸, 세안용 비누, 치약 등의 제품에 널리 사용된다.
- (㉠) 계면활성제는 살균효과, 정전기 방지효과, 컨디셔닝 효과 등이 있고 헤어린스, 헤어트리트먼트 등의 제품에 많이 사용된다.
- (㉡) 계면활성제는 피부 자극이 적어 크림, 로션 등 기초화장품 분야에 가장 많이 사용된다.

★

100 기저층에 존재하는 (　㉠　)에서 멜라닌이 생성되고, 생성된 멜라닌은 원모양 둥근 막대형 모양의 (㉡) 안에 저장되어 각질층으로 전달된다. ㉠, ㉡에 들어갈 단어를 차례로 작성하시오.

제2회 실전모의고사

정답 507쪽

선다형

★

01 다음 중 화장품의 정의로 옳지 않은 것은?

① 인체를 청결 · 미화하기 위하여 사용하는 물품이다.
② 인체에 매력을 더하고 용모를 밝게 변화시키기 위해 사용하는 물품이다.
③ 피부 · 모발의 건강을 유지하기 위하여 사용하는 물품이다.
④ 인체의 구조와 기능에 약리학적 영향을 줄 목적으로 사용하는 물품이다.
⑤ 인체에 대한 작용이 경미한 것이다.

★★

02 기능성화장품의 범위로 옳지 않은 것은?

① 강한 햇볕을 방지하여 피부를 곱게 태워주는 기능을 가진 화장품
② 모발의 색상을 변화[탈염(脫染) · 탈색(脫色)을 포함한다]시키는 기능을 가진 화장품
③ 탈모 증상의 완화에 도움을 주는 화장품
④ 튼살로 인한 붉은 선을 엷게 하는 데 도움을 주는 화장품
⑤ 피부장벽의 기능을 회복하여 건조함 등의 개선에 도움을 주는 화장품

★★

03 다음 중 화장품의 유형과 제품이 바르게 연결된 것은?

① 인체 세정용 제품류 – 폼 클렌저
② 색조 화장용 제품류 – 아이 섀도
③ 두발용 제품류 – 헤어 틴트
④ 방향용 제품류 – 데오도런트
⑤ 기초화장용 제품류 – 아이 메이크업 리무버

★

04 책임판매관리자를 두어야 하는 영업으로 옳지 않은 것은?

① 화장품제조업자가 화장품을 직접 제조하여 유통 · 판매하는 영업
② 화장품제조업자에게 위탁하여 제조된 화장품을 유통 · 판매하는 영업
③ 제조된 맞춤형화장품을 유통 · 판매하는 영업
④ 수입된 화장품을 유통 · 판매하는 영업
⑤ 수입대행형 거래를 목적으로 화장품을 알선 · 수여하는 영업

★★

05 **영유아 또는 어린이 사용 화장품에 대한 설명으로 옳지 않은 것은?**

① 화장품책임판매업자는 영유아 또는 어린이가 사용할 수 있는 화장품임을 표시 · 광고하려는 경우에는 제품별로 안전과 품질을 입증할 수 있는 자료를 작성 및 보관하여야 한다.

② 영유아 또는 어린이 사용 화장품책임판매업자는 인쇄본 또는 전자매체를 이용하여 제품별 안전성 자료를 안전하게 보관하여야 한다.

③ 원료 및 완제품, 이상사례 등에 대한 자료를 바탕으로 해당 제품의 안정성에 대한 평가결과를 작성한다.

④ 최종 완제품이 만들어지기까지 제품의 제조방법에 대한 정보를 포함하여 작성한다.

⑤ 영유아 또는 어린이 사용 화장품의 표시 · 광고 중 사실에 관한 실증 자료를 작성 및 보관하여야 한다.

★★

06 **다음 중 과태료를 부과하는 위반행위에 해당하지 않는 것은?**

① 기능성화장품의 심사를 받지 않은 경우

② 화장품의 판매 가격을 표시하지 않은 경우

③ 영업자가 폐업 등의 신고를 하지 않은 경우

④ 화장품의 생산실적 또는 수입실적 또는 화장품 원료의 목록 등을 보고하지 않은 경우

⑤ 책임판매관리자가 화장품의 안전성 확보 및 품질관리에 관한 교육을 받지 않은 경우

★

07 **다음 중 식품의약품안전처장이 민감정보와 고유식별정보가 포함된 자료를 처리할 수 있는 범위에 해당하지 않는 것은?**

① 화장품제조업의 등록 및 변경등록에 관한 사무

② 화장품책임판매업의 등록 및 변경등록에 관한 사무

③ 맞춤형화장품판매업의 등록 및 변경등록에 관한 사무

④ 기능성화장품의 심사 등에 관한 사무

⑤ 폐업 등의 신고에 관한 사무

★

08 **화장품 제조에 사용된 성분의 표시기준 및 표시방법으로 적절하지 않은 것은?**

① 화장품 제조에 사용된 함량이 많은 것부터 기재 · 표시한다.

② 혼합원료는 혼합된 개별 성분의 명칭을 기재 · 표시한다.

③ 색조 화장용 제품류에서 호수별로 착색제가 다르게 사용된 경우 '± 또는 +/−'의 표시 다음에 사용된 모든 착색제 성분을 함께 기재 · 표시할 수 없다.

④ 착향제의 구성 성분 중 고시된 알레르기 유발성분이 있는 경우에는 향료로 표시할 수 없고, 해당 성분의 명칭을 기재 · 표시해야 한다.

⑤ 산성도(pH) 조절 목적으로 사용되는 성분은 비누화 반응에 따른 생성물로 기재 · 표시할 수 있다.

★★

09 **기능성화장품의 심사를 위한 제출자료 중 유효성 또는 기능에 관한 자료로 옳은 것은?**

① 인체 적용시험 자료
② 인체 첩포시험 자료
③ 광감작성시험 자료
④ 안점막 자극시험 자료
⑤ 인체 누적첩포시험 자료

★★★

10 **기능성화장품의 심사 자료 중 효력시험 자료 제출을 면제할 수 있는 경우로 옳은 것은?**

① 인체 적용시험 자료를 제출한 경우
② 염모 효력시험 자료를 제출한 경우
③ 기원 및 개발 경위에 관한 자료를 제출한 경우
④ 안전성에 관한 자료를 제출한 경우
⑤ 자외선 차단지수(SPF) 10 이하 제품의 경우

★

11 **화장품의 1차 포장에 표시 생략이 가능한 사항으로 옳은 것은?**

① 화장품의 명칭
② 영업자의 상호
③ 제조번호
④ 사용기한 또는 개봉 후 사용기간
⑤ 내용물의 용량 또는 중량

★★

12 **다음 중 화장품 포장의 기재 · 표시를 생략할 수 있는 성분으로 옳은 것은?**

① 인체 세포 · 조직 배양액이 들어 있는 경우 그 함량
② 성분명을 방향용 제품의 명칭 일부로 사용한 경우 그 성분명과 함량
③ 화장품에 천연 또는 유기농으로 표시 · 광고하려는 경우에는 원료의 함량
④ 기능성화장품의 경우 그 효능 · 효과가 나타나게 하는 원료
⑤ 식품의약품안전처장이 사용 한도를 고시한 화장품의 원료

★★★

13 **천연화장품 및 유기농화장품 원료에 대한 설명으로 옳은 것은?**

① 미네랄 원료는 천연원료에 포함되지 않는다.

② 물은 천연원료에 포함되지 않는다.

③ 공기, 산소, 질소, 이산화탄소, 아르곤 가스 외의 분사제를 사용할 수 없다.

④ 천연화장품은 천연함량이 전체 제품에서 90% 이상 함유되어야 한다.

⑤ 합성원료 중 석유화학 부분은 5%를 초과할 수 없다.

★★★

14 **화장품의 함유 성분별 사용 시의 주의사항으로 다음과 같은 문구를 표시해야 하는 제품이 아닌 것은?**

눈에 접촉을 피하고 눈에 들어갔을 때는 즉시 씻어낼 것

① 과산화수소 및 과산화수소 생성물질 함유 제품

② 벤잘코늄클로라이드 함유 제품

③ 실버나이트레이트 함유 제품

④ 아이오도프로피닐부틸카바메이트(IPBC) 함유 제품

⑤ 벤잘코늄사카리네이트 함유 제품

★

15 **화장품에 사용되는 원료의 특성에 대한 설명으로 적절하지 않은 것은?**

① 금속이온봉쇄제는 원료 중에 혼입되어 있는 이온을 제거할 목적으로 사용된다.

② 계면활성제는 계면에 흡착하여 계면의 성질을 현저히 변화시키는 물질이다.

③ 고분자화합물은 주로 점도 증가, 피막 형성 등의 목적으로 사용된다.

④ 수성원료는 수분의 증발을 억제하고 사용감촉을 향상시키는 등의 목적으로 사용된다.

⑤ 산화방지제는 산화되기 쉬운 성분을 함유한 물질에 첨가하여 산패를 막을 목적으로 사용된다.

★★

16 **다음 중 화장품제조업자가 화장품의 제조와 관련하여 작성 · 보관해야 할 기록이 아닌 것은?**

① 제조관리기준서

② 제품표준서

③ 제조관리기록서

④ 품질관리기록서

⑤ 제조위생관리기준서

★★★

17 **맞춤형화장품 매장에 근무하는 조제관리사에게 향료 알레르기가 있는 고객이 〈보기〉 제품에 대해 문의를 해왔다. 다음 중 조제관리사가 고객에게 설명해야 할 알레르기 유발 물질이 아닌 것은?**

> **〈보 기〉**
> - 제품명: 유기농 모이스춰로션
> - 제품의 유형: 액상 에멀젼류
> - 내용량: 50g
> - 전성분: 정제수, 1,3부틸렌글리콜, 글리세린, 스쿠알란, 호호바유, 모노스테아린산글리세린, 피이지 소르비탄지방산에스터, 1,2헥산디올, 녹차추출물, 황금추출물, 참나무이끼추출물, 토코페롤, 잔탄검, 구연산나트륨, 수산화칼륨, 벤질알코올, 유제놀, 리모넨

① 황금추출물　　② 참나무이끼추출물
③ 벤질알코올　　④ 유제놀
⑤ 리모넨

★★

18 **다음 중 맞춤형화장품에 혼합 가능한 화장품 원료로 옳은 것은?**

① 나이아신아마이드
② 라벤더오일
③ 시녹세이트
④ 벤질알코올
⑤ 디엠디엠하이단토인

★★

19 **다음 중 시험관리에 대한 설명으로 적절하지 않은 것은?**

① 제조일자별로 시험 기록을 작성 · 유지해야 한다.
② 원자재, 반제품 및 완제품에 대한 적합 기준을 마련한다.
③ 시험기록을 검토한 후 적합, 부적합, 보류를 판정해야 한다.
④ 원자재, 반제품 및 완제품은 적합판정이 된 것만을 사용하거나 출고해야 한다.
⑤ 품질관리를 위한 시험업무에 대해 문서화된 절차를 수립하고 유지해야 한다.

★★★

20 **기능성화장품의 심사를 위하여 제출해야 하는 자료 중 안전성, 유효성 또는 기능을 입증하는 자료가 아닌 것은?**

① 기원 및 개발 경위에 관한 자료
② 안전성에 관한 자료
③ 유효성 또는 기능에 관한 자료
④ 기준 및 시험방법에 관한 자료(검체 포함)
⑤ 자외선 차단지수, 내수성 자외선 차단지수 및 자외선A 차단등급(PA) 설정의 근거자료

★★

21 **다음 〈보기〉는 화장품의 용기에 대한 설명이다. ㉠ ~ ㉣에 들어갈 단어가 올바르게 짝지어진 것은?**

〈보 기〉

- (㉠)라 함은 일상의 취급 또는 보통 보존상태에서 외부로부터 고형의 이물이 들어가는 것을 방지하고 고형의 내용물이 손실되지 않도록 보호할 수 있는 용기를 말한다.
- (㉡)라 함은 일상의 취급 또는 보통 보존상태에서 액상 또는 고형의 이물 또는 수분이 침입하지 않고 내용물을 손실, 풍화, 조해 또는 증발로부터 보호할 수 있는 용기를 말한다.
- (㉢)라 함은 일상의 취급 또는 보통의 보존상태에서 기체 또는 미생물이 침입할 염려가 없는 용기를 말한다.
- (㉣)라 함은 광선의 투과를 방지하는 용기 또는 투과를 방지하는 포장을 한 용기를 말한다.

① ㉠ 밀폐용기, ㉡ 기밀용기, ㉢ 밀봉용기, ㉣ 차광용기
② ㉠ 기밀용기, ㉡ 밀폐용기, ㉢ 밀봉용기, ㉣ 차광용기
③ ㉠ 밀폐용기, ㉡ 밀봉용기, ㉢ 기밀용기, ㉣ 차광용기
④ ㉠ 밀봉용기, ㉡ 기밀용기, ㉢ 밀폐용기, ㉣ 차광용기
⑤ ㉠ 기밀용기, ㉡ 밀봉용기, ㉢ 밀폐용기, ㉣ 차광용기

★★★

22 **화장품의 제형에 대한 설명으로 옳지 않은 것은?**

① 로션제란 유화제 등을 넣어 유성성분과 수성성분을 균질화하여 액상으로 만든 것을 말한다.
② 액제란 화장품에 사용되는 성분을 용제 등에 녹여서 액상으로 만든 것을 말한다.
③ 크림제란 유화제 등을 넣어 유성성분과 수성성분을 균질화하여 반고형상으로 만든 것을 말한다.
④ 침적마스크제란 액제, 로션제, 크림제, 겔제 등을 부직포 등의 지지체에 침적하여 만든 것을 말한다.
⑤ 겔제란 액체를 침투시킨 분자량이 큰 유기분자로 이루어진 반고형상을 말한다.

★★★

23 **다음 〈보기〉는 화장품 원료 등의 위해평가 과정이다. ㉠ ~ ㉣에 들어갈 단어가 올바르게 짝지어진 것은?**

〈보 기〉
1. 위해요소의 인체 내 독성을 확인하는 (㉠) 과정
2. 위해요소의 인체노출 허용량을 산출하는 (㉡) 과정
3. 위해요소가 인체에 노출된 양을 산출하는 (㉢) 과정
4. 인체에 미치는 위해 영향을 판단하는 (㉣) 과정

① ㉠ 위험성 확인, ㉡ 노출평가, ㉢ 위험성 결정, ㉣ 위해도 결정
② ㉠ 위험성 결정, ㉡ 위험성 결정, ㉢ 노출평가, ㉣ 위해도 결정
③ ㉠ 위해도 결정, ㉡ 위험성 확인, ㉢ 노출평가, ㉣ 위험성 결정
④ ㉠ 위험성 확인, ㉡ 위험성 결정, ㉢ 노출평가, ㉣ 위해도 결정
⑤ ㉠ 위해도 확인, ㉡ 위험성 결정, ㉢ 노출평가, ㉣ 위험성 결정

★★

24 **다음 중 인체 적용시험에 대한 기준으로 적절하지 않은 것은?**

① 인체 적용시험용 화장품은 안전성이 충분히 확보되어야 한다.
② 인체 적용시험은 헬싱키 선언에 근거한 윤리적 원칙에 따라 수행되어야 한다.
③ 인체 적용시험은 모든 피험자로부터 자발적인 시험 참가 동의를 받은 후 실시되어야 한다.
④ 인체 적용시험은 피험자에 대한 의학적 처치나 결정이 의사 또는 한의사의 책임 하에 이루어져야 한다.
⑤ 3년 이상 화장품 인체 적용시험 분야의 시험경력을 가진 자의 지도 및 감독 하에 수행 · 평가되어야 한다.

★

25 **다음 중 〈보기〉의 빈칸에 들어갈 단어로 옳은 것은?**

〈보 기〉
(   )란 화장품의 사용 중 발생한 바람직하지 않고 의도되지 아니한 징후, 증상 또는 질병을 말하며, 해당 화장품과 반드시 인과관계를 가져야 하는 것은 아니다.

① 유해 사례
② 실마리 정보
③ 안전성 정보
④ 위해 요소
⑤ 유해 정보

★

26 **계면활성제에 대한 설명으로 옳지 않은 것은?**

① 계면활성제는 물에 용해시켰을 때 이온성 계면활성제와 비이온성 계면활성제로 나뉜다.

② 계면활성제는 그 용도에 따라 유화제, 가용화제, 분산제, 세정제 등으로 명명된다.

③ 양이온 계면활성제는 살균 · 소독작용이 있고 대전 방지효과와 모발에 대한 유연효과가 있다.

④ 음이온 계면활성제는 기포 형성작용이 우수하며 세정력이 높아 세정 제품에 사용된다.

⑤ 양쪽성 계면활성제는 피부자극이 적어 기초화장품에 주로 사용된다.

★★★

27 **다음 중 0.5% 이상 함유하는 제품의 경우 안정성시험 자료를 갖고 있어야 하는 성분이 아닌 것은?**

① 레티놀(비타민A) 및 그 유도체

② 아스코르빅애시드(비타민C) 및 그 유도체

③ 토코페롤(비타민E)

④ 과일산(AHA)

⑤ 효소

★

28 **다음 중 맞춤형화장품으로 가장 적절한 것은?**

① 보존제를 직접 첨가한 제품

② 자외선차단제를 직접 첨가한 제품

③ 화장품에 사용상의 제한이 필요한 원료를 첨가한 제품

④ 식품의약품안전처장이 고시하는 기능성화장품의 효능 · 효과를 나타내는 원료를 첨가한 제품

⑤ 해당 화장품책임판매업자가 식품의약품안전처장이 고시하는 기능성화장품의 효능 · 효과를 나타내는 원료를 포함하여 식품의약품안전처로부터 심사를 받은 제품

★★★

29 **화장품의 표시 · 광고 실증을 위한 시험 결과의 요건에 대한 설명으로 옳지 않은 것은?**

① 광고 내용과 관련이 있고 과학적이고 객관적인 방법에 의한 자료로서 신뢰성과 재현성이 확보되어야 한다.

② 국내외 대학 또는 화장품 관련 전문 연구기관에서 시험한 것으로서 기관의 장이 발급한 자료여야 한다.

③ 기기와 설비에 대한 문서화된 유지관리 절차를 포함하여 표준화된 시험절차에 따라 시험한 자료여야 한다.

④ 시험기관에서 마련한 절차에 따라 시험을 실시했다는 것을 증명하기 위해 문서화된 신뢰성보증 업무를 수행한 자료여야 한다.

⑤ 외국의 자료는 원문을 제외하고 주요사항을 발췌한 한글요약문을 제출하면 된다.

★★

30 **다음 중 알부틴 성분이 2% 이상 함유된 제품의 포장에 사용 시 주의사항으로 표시할 문구로 옳은 것은?**

① 사용 시 흡입되지 않도록 주의할 것
② 만 3세 이하 어린이에게는 사용하지 말 것
③ 눈의 접촉을 피하고 눈에 들어갔을 때는 즉시 씻어낼 것
④ 인체 적용시험 자료에서 구진과 경미한 가려움이 보고된 예가 있음
⑤ 신장질환이 있는 사람은 사용 전에 의사, 약사, 한의사와 상의할 것

★★

31 **맞춤형화장품판매업자가 맞춤형화장품 사용 시의 부작용 사례에 대해 알게 되었다. 이때 맞춤형화장품판매업자가 해야 할 일로 가장 적절한 것은?**

① 지체없이 식품의약품안전처장에게 보고한다.
② 화장품제조업자에게 신속 보고한다.
③ 식품의약품안전처장에게 정기 보고한다.
④ 화장품책임판매업자에게 신속 보고한다.
⑤ 부작용 사례의 화장품을 회수한다.

★★★

32 **다음 중 우수화장품 제조 및 품질관리기준에 대한 설명으로 옳지 않은 것은?**

① 기준일탈이란 규정된 합격판정기준에 일치하지 않는 검사, 측정 또는 시험결과를 말한다.
② 불만이란 제품이 규정된 적합판정기준을 충족시키지 못한다고 주장하는 내부 정보를 말한다.
③ 일탈이란 제조 또는 품질관리 활동 등의 미리 정하여진 기준을 벗어나 이루어진 행위를 말한다.
④ 오염이란 제품에서 화학적, 물리적, 미생물학적 문제 또는 이들이 조합되어 나타내는 바람직하지 않은 문제의 발생을 말한다.
⑤ 품질보증이란 제품이 적합판정기준에 충족될 것이라는 신뢰를 제공하는 데 필수적인 모든 계획되고 체계적인 활동을 말한다.

★

33 **화장품 관련 용어의 정의에 대한 설명으로 옳지 않은 것은?**

① 1차 포장이란 화장품 제조 시 내용물과 직접 접촉하는 포장용기를 말한다.

② 2차 포장이란 1차 포장을 수용하는 1개 또는 그 이상의 포장과 보호재 및 표시의 목적으로 한 포장(첨부문서 등을 포함한다)을 말한다.

③ 재작업이란 적합판정기준을 벗어난 완제품, 벌크제품 또는 반제품을 재처리하여 품질이 적합한 범위에 들어오도록 하는 작업을 말한다.

④ 시장출하란 주문 준비와 관련된 일련의 작업과 운송 수단에 적재하는 활동으로 제조소 외로 제품을 운반하는 것을 말한다.

⑤ 제조번호란 일정한 제조단위분에 대하여 제조관리 및 출하에 관한 모든 사항을 확인할 수 있도록 표시된 번호로서 숫자 · 문자 · 기호 또는 이들의 특정적인 조합을 말한다.

★

34 **화장품제조업자의 작업소에 대한 설명으로 가장 적합하지 않은 것은?**

① 제품의 품질에 영향을 주지 않는 소모품을 사용할 것

② 외부와 연결된 창문은 가능한 환기가 잘 되도록 할 것

③ 제조하는 화장품의 종류 · 제형에 따라 적절히 구획 · 구분되어 있어 교차오염 우려가 없을 것

④ 제품의 오염을 방지하고 적절한 온도 및 습도를 유지할 수 있는 공기조화시설 등 적절한 환기시설을 갖출 것

⑤ 작업소 전체에 적절한 조명을 설치하고, 조명이 파손될 경우를 대비한 제품을 보호할 수 있는 처리절차를 마련할 것

★★

35 **다음 중 용어에 대한 설명으로 가장 적합하지 않은 것은?**

① PRE Filter는 압력손실이 낮고 고효율로 Dust 포집량이 크다.

② MEDIUM Filter는 Clean Room 정밀기계공업 등에 있어 HEPA Filter 전처리용이다.

③ HEPA Filter는 포집성능을 장시간 유지할 수 있다.

④ 갱의실에 고성능 필터(HEPA Filter)를 설치한다.

⑤ MEDIUM Filter는 포집효율 95%를 보증하는 중고성능 필터이다.

★★

36 **청정도 등급과 해당 작업실이 올바르게 짝지어진 것은?**

① 1등급 – 제조실

② 2등급 – 포장실

③ 3등급 – 원료 칭량실

④ 2등급 – 미생물실험실

⑤ 3등급 – 원료보관소

★

37 작업소의 위생에 대한 설명으로 가장 적합하지 않은 것은?

① 곤충, 해충이나 쥐를 막을 수 있는 대책을 마련하고 정기적으로 점검 · 확인하여야 한다.

② 바닥, 벽, 천장은 가능한 청소하기 쉽게 매끄러운 표면을 지니도록 한다.

③ 제조시설이나 설비의 세척에 사용되는 세제 또는 소독제는 효능이 입증된 것을 사용한다.

④ 천정 주위의 대들보, 파이프, 덕트 등은 가급적 노출되도록 설계한다.

⑤ 수세실과 화장실은 접근이 쉬워야 하나 생산구역과 분리되어야 한다.

★★

38 다음 중 직원의 올바른 위생에 대한 설명과 가장 거리가 먼 것은?

① 적절한 위생관리 기준 및 절차를 마련하고 제조소 내의 모든 직원은 이를 준수해야 한다.

② 작업소 및 보관소 내의 모든 직원은 화장품의 오염을 방지하기 위해 규정된 작업복을 착용해야 하고 음식물 등을 반입해서는 안 된다.

③ 피부에 외상이 있거나 질병에 걸린 직원은 건강이 양호해지거나 화장품의 품질에 영향을 주지 않는다는 의사의 소견이 있기 전까지는 화장품과 직접적으로 접촉되지 않도록 격리되어야 한다.

④ 제조구역별 접근권한이 없는 작업원 및 방문객은 가급적 제조, 관리 및 보관구역 내에 들어가지 않도록 한다.

⑤ 안전 위생의 교육훈련을 받지 않은 사람들이 제조, 관리, 보관구역으로 출입하는 경우에는 안전 위생의 교육훈련 자료를 미리 작성해 두고 출입 후에 교육훈련을 실시한다.

★

39 다음 중 설비 세척의 원칙이 아닌 것은?

① 가능한 한 세제를 사용하여 세척한다.

② 세척의 유효기간을 설정한다.

③ 분해할 수 있는 설비는 분해해서 세척한다.

④ 세척 후는 반드시 "판정"한다.

⑤ 판정 후의 설비는 건조 · 밀폐해서 보존한다.

★

40 물의 품질관리에 대한 설명으로 가장 적절하지 않은 것은?

① 물 공급 설비는 살균처리가 가능해야 한다.

② 제조 용수 배관에는 정체방지와 오염방지 대책을 해 놓는다.

③ 물의 품질적합기준은 사용 목적에 맞게 규정하여야 한다.

④ 정제수에 대한 품질검사는 원칙적으로 매일 제조작업 실시 전에 실시하는 것이 좋다.

⑤ 용수의 채취구는 위쪽을 향하도록 설치하여 항상 배수가 쉽도록 한다.

★★

41 화장품바코드 표시 및 관리요령에 대한 설명으로 옳지 않은 것은?

① 화장품바코드 표시 대상 품목은 국내에서 제조되거나 수입되어 국내에 유통되는 모든 화장품을 대상으로 한다.

② 화장품바코드 표시는 국내에서 화장품을 유통 · 판매하고자 하는 화장품책임판매업자가 한다.

③ 화장품책임판매업자 등은 화장품 품목별 · 포장단위별로 개개의 용기 또는 포장에 바코드 심벌을 표시해야 한다.

④ 화장품바코드 표시는 유통단계에서 쉽게 훼손되거나 지워지지 않도록 하여야 한다.

⑤ 20밀리리터 이하 또는 20그램 이하인 제품의 용기 또는 포장에는 화장품바코드 표시를 생략할 수 있다.

★★

42 화장품의 가격 표시제 실시요령으로 옳지 않은 것은?

① 표시의무자는 화장품을 일반 소비자에게 판매하는 자를 말한다.

② 판매가격의 표시는 일반소비자에게 판매되는 실제 거래가격을 표시하여야 한다.

③ 판매가격이 변경되었을 경우에는 기존의 가격과 비교할 수 있도록 변경 표시하여야 한다.

④ 판매가격 표시 대상은 국내에서 제조되거나 수입되어 국내에서 판매되는 모든 화장품으로 한다.

⑤ 판매가격의 표시는 유통단계에서 쉽게 훼손되거나 지워지지 않으며 분리되지 않도록 스티커 또는 꼬리표로 표시하여야 한다.

★★

43 천연화장품 및 유기농화장품에 대한 설명으로 옳지 않은 것은?

① 천연화장품은 천연함량이 전체 제품에서 90% 이상으로 구성되어야 한다.

② 천연화장품 또는 유기농화장품을 제조하는 작업장 및 제조설비는 교차오염이 발생하지 않도록 충분히 청소 및 세척되어야 한다.

③ 유기농화장품을 제조하기 위한 유기농원료는 다른 원료와 명확히 표시 및 구분하여 보관한다.

④ 천연화장품 및 유기농화장품의 용기와 포장에 폴리염화비닐(PVC; Polyvinyl chloride)을 사용할 수 없다.

⑤ 천연화장품 및 유기농화장품 인증기관에서 천연화장품 및 유기농화장품이 인증기준에 적합한지 여부를 심사 · 확인한다.

★★★

44 **다음 중 화장비누에 대한 설명으로 옳지 않은 것은?**

① 화장비누는 인체 세정용 제품류에 속한다.

② 화장비누는 건조중량과 수분포함 중량을 함께 표기한다.

③ 피그먼트 적색 7호는 화장비누에만 사용할 수 있는 색소이다.

④ 화장비누는 유리알칼리가 0.1% 이하 검출되어야 한다.

⑤ 화장비누를 단순 소분한 화장품은 맞춤형화장품이 아니다.

★★★

45 **다음 〈보기〉 중 맞춤형화장품 조제에 필요한 원료 및 내용물의 관리방법으로 가장 적절한 것은?**

〈보 기〉

ㄱ. 내용물 및 원료의 제조번호를 확인한다.

ㄴ. 내용물 및 원료의 사용기한 또는 개봉 후 사용기한을 확인한다.

ㄷ. 내용물 및 원료 정보는 기밀이므로 소비자에게 설명하지 않을 수 있다.

ㄹ. 내용물 및 원료의 입고 시 품질관리 여부를 확인하고 품질성적서를 구비한다.

ㅁ. 책임판매업자와 계약한 사항과 별도로 내용물 및 원료의 비율을 다르게 할 수 있다.

① ㄱ, ㄴ, ㄷ　② ㄱ, ㄴ, ㄹ　③ ㄱ, ㄷ, ㅁ

④ ㄴ, ㅁ, ㄹ　⑤ ㄷ, ㅁ, ㄹ

★★★

46 **다음 〈보기〉는 우수화장품 품질관리기준에서 기준일탈 제품의 폐기 처리 과정이다. 올바른 순서로 나열한 것은?**

〈보 기〉

ㄱ. 격리 보관

ㄴ. 기준일탈 조사

ㄷ. 기준일탈의 처리

ㄹ. 시험, 검사, 측정이 틀림없음 확인

ㅁ. 폐기처분 또는 재작업 또는 반품

ㅂ. 기준일탈 제품에 불합격라벨 첨부

ㅅ. 시험, 검사, 측정에서 기준일탈 결과 나옴

① ㄷ → ㄴ → ㅂ → ㅅ → ㄹ → ㄱ → ㅁ

② ㅁ → ㄴ → ㅂ → ㄷ → ㅅ → ㄱ → ㄹ

③ ㅅ → ㄴ → ㄹ → ㄷ → ㅂ → ㄱ → ㅁ

④ ㅅ → ㄴ → ㅂ → ㄷ → ㅁ → ㄱ → ㄹ

⑤ ㅅ → ㄴ → ㅂ → ㄷ → ㅁ → ㄹ → ㄱ

★★

47 **다음 중 유통화장품의 안전기준에 대한 설명으로 옳지 않은 것은?**

① 제품 3개를 가지고 시험할 때 그 평균 내용량이 표기량에 대하여 97% 이상이어야 한다.

② 제품 3개의 내용량 기준치가 벗어날 경우 6개를 더 취하여 시험할 때 9개의 평균 내용량이 표기량에 대하여 97% 이상이어야 한다.

③ 화장비누의 경우 수분포함 중량을 내용량으로 한다.

④ 사용할 수 없는 원료가 비의도적으로 검출되었으나 검출 허용한도가 설정되지 아니한 경우에는 위해평가 후 위해 여부를 결정해야 한다.

⑤ 기능성화장품은 기능성을 나타나게 하는 주원료의 함량이 심사 또는 보고한 기준에 적합하여야 한다.

★★

48 **유통화장품의 안전기준 중 미생물한도 기준에 대한 설명으로 옳지 않은 것은?**

① 총호기성생균수는 영 · 유아용 제품류 및 눈화장용 제품류의 경우 500개/g(mL) 이하

② 물휴지의 경우 세균수는 100개/g(mL) 이하

③ 물휴지의 경우 진균수는 100개/g(mL) 이하

④ 기타 화장품의 경우 1,000개/g(mL) 이하

⑤ 대장균(Escherichia Coli)은 100개/g(mL) 이하

★★★

49 **다음 중 원자흡광광도법(AAS)으로 분석할 수 있는 성분이 아닌 것은?**

① 수은 ② 니켈

③ 납 ④ 비소

⑤ 안티몬

★★

50 **유통화장품의 안전기준 중 비의도적으로 유래된 물질과 검출 허용한도가 올바르게 짝지어진 것은?**

① 카드뮴 – 5μg/g 이하

② 수은 – 5μg/g 이하

③ 안티몬 – 5μg/g 이하

④ 납 – 5μg/g 이하

⑤ 니켈 – 5μg/g 이하

★★★

51 **유통화장품의 안전기준 중 퍼머넌트웨이브용 및 헤어스트레이트너 제품에 추가되는 시험 항목에 대한 설명으로 옳지 않은 것은?**

① 치오글라이콜릭애씨드를 주성분으로 하는 냉2욕식 퍼머넌트웨이브용 1제(환원제)제품의 경우 환원 후의 환원성 물질은 디치오디글리콜릭애씨드이다.

② 시스테인을 주성분으로 하는 냉2욕식 퍼머넌트웨이브용 1제(환원제)제품의 경우 환원 후의 환원성 물질은 아세틸 시스테인이다.

③ 치오글라이콜릭애씨드를 주성분으로 하는 냉2욕식 퍼머넌트웨이브용 1제(환원제)제품의 경우 중금속은 20μg/g 이하 검출되어야 한다.

④ 시스테인을 주성분으로 하는 냉2욕식 퍼머넌트웨이브용 1제(환원제)제품의 경우 비소는 5μg/g 이하 검출되어야 한다.

⑤ 치오글라이콜릭애씨드를 주성분으로 하는 가온2욕식 퍼머넌트웨이브용 1제(환원제)제품의 경우 철은 2μg/g 이하 검출되어야 한다.

★★

52 **유통화장품의 안전관리기준 중 pH 기준이 3.0~9.0을 준수해야 하는 제품으로 짝지어진 것은?**

① 영 · 유아용 샴푸, 영 · 유아 인체 세정용 제품

② 샴푸, 린스

③ 셰이빙 크림, 셰이빙 폼

④ 클렌징 워터, 클렌징 오일

⑤ 로션, 크림

★★

53 **맞춤형화장품 조제관리사인 미선은 매장을 방문한 고객과 다음과 같은 〈대화〉를 나누었다. 다음 〈보기〉 중 미선이 고객에게 혼합하여 추천할 제품으로 가장 적절한 것은?**

> **〈대 화〉**
>
> 고객: 최근에 스트레스를 많이 받고 있는데 머리가 많이 빠지는 것 같아요.
>
> 미선: 아. 그러신가요? 그럼 고객님 두피 상태를 측정해 보도록 할까요?
>
> 고객: 그럴까요? 지난번 방문 시와 비교해 주시면 좋겠네요.
>
> 미선: 네. 이쪽에 앉으시면 저희 측정기로 측정을 해드리겠습니다.
>
> **– 두피 측정 후–**
>
> 미선: 고객님은 한 달 전 측정 시보다 두피에 탈모증상이 있네요. 두피에 가려운 증상은 없나요?
>
> 고객: 있어요. 음, 걱정이네요. 그럼 어떤 제품을 쓰는 것이 좋을지 추천 부탁드려요.

> **〈보 기〉**
>
> ㄱ. 티타늄디옥사이드(Titanium Dioxide) 함유 제품
>
> ㄴ. 덱스판테놀 함유 제품
>
> ㄷ. 치오글리콜산 함유 제품
>
> ㄹ. 엘–멘톨 함유 제품
>
> ㅁ. 아데노신(Adenosine) 함유 제품

① ㄱ, ㄷ
② ㄱ, ㅁ
③ ㄴ, ㄹ
④ ㄴ, ㅁ
⑤ ㄷ, ㄹ

★★

54 **다음 〈보기〉 중 맞춤형화장품 조제관리사가 올바르게 업무를 진행한 경우를 모두 고른 것은?**

> **〈보 기〉**
>
> ㄱ. 고객으로부터 선택된 맞춤형화장품을 조제관리사가 매장 조제실에서 직접 조제하여 판매하였다.
>
> ㄴ. 책임판매업자가 수분크림에 나이아신아마이드 2%를 혼합하여 판매하였다.
>
> ㄷ. 책임판매업자가 기능성화장품으로 심사 또는 보고를 완료한 제품을 맞춤형화장품 조제관리사가 소분하여 판매하였다.
>
> ㄹ. 고객으로부터 선택된 맞춤형화장품을 맞춤형화장품판매업자가 매장 조제실에서 직접 조제하여 판매하였다.

① ㄱ, ㄴ
② ㄱ, ㄷ
③ ㄴ, ㄷ
④ ㄴ, ㄹ
⑤ ㄷ, ㄹ

★★★

55 **다음 〈보기〉는 맞춤형화장품의 전성분 항목이다. 소비자에게 사용된 성분에 대해 설명하고자 할 때, 〈보기〉 중 사용상의 제한이 필요한 자외선 차단 성분으로 옳은 것은?**

〈보 기〉
정제수, 글리세린, 다이프로필렌글라이콜, 토코페릴아세테이트, 다이메티콘/비닐다이메티콘크로스폴리머, C12-14파레스-3, 벤조페논-8, 살리실릭애씨드, 페녹시에탄올, 향료

① 벤조페논-8
② 페녹시에탄올
③ C12-14파레스-3
④ 다이프로필렌글라이콜
⑤ 살리실릭애씨드

★

56 **다음 〈보기〉는 맞춤형화장품에 대한 설명이다. ㉠, ㉡에 들어갈 단어가 올바르게 짝지어진 것은?**

〈보 기〉
• 제조 또는 수입된 화장품의 내용물에 다른 화장품의 내용물이나 식품의약품안전처장이 정하는 원료를 추가하여 (㉠)한 화장품 • 제조 또는 수입된 화장품의 내용물을 (㉡)한 화장품

① ㉠ 유통, ㉡ 판매
② ㉠ 내용물, ㉡ 원료
③ ㉠ 혼합, ㉡ 소분
④ ㉠ 조제, ㉡ 혼합
⑤ ㉠ 조제, ㉡ 소분

★★★

57 **맞춤형화장품 조제관리사인 미영은 매장을 방문한 고객과 다음과 같은 〈대화〉를 나누었다. 다음 〈보기〉 중 미영이 고객에게 혼합하여 추천할 제품으로 가장 적절한 것은?**

〈대 화〉

고객: 요즘 야외활동을 많이 하는데 햇볕이 강한 것 같아요. 그리고 피부가 건조해진 것 같구요.

미영: 아. 그러신가요? 그럼 고객님 피부 상태를 측정해 보도록 할까요?

고객: 그럴까요? 지난번 방문 시와 비교해 주시면 좋겠네요.

미영: 네. 이쪽에 앉으시면 저희 측정기로 측정을 해드리겠습니다.

– 피부 측정 후 –

미영: 고객님은 한 달 전 측정 시보다 피부 보습도가 25%가량 많이 낮아져 있군요. 자외선 차단제도 사용하셔야 하구요.

고객: 음. 걱정이네요. 그럼 어떤 제품을 쓰는 것이 좋을지 추천 부탁드려요.

〈보 기〉

ㄱ. 티타늄디옥사이드(Titanium Dioxide) 함유 제품
ㄴ. 나이아신아마이드(Niacinamide) 함유 제품
ㄷ. 알파-비사보롤(Alpha Bisabolol) 함유 제품
ㄹ. 소듐하이알루로네이트(Sodium Hyaluronate) 함유 제품
ㅁ. 아데노신(Adenosine) 함유 제품

① ㄱ, ㄷ
② ㄱ, ㄹ
③ ㄱ, ㅁ
④ ㄴ, ㅁ
⑤ ㄷ, ㄹ

★★★

58 **다음 중 기능성화장품의 성분과 함량이 올바르게 짝지어진 것은?**

① 닥나무추출물 – 0.2%
② 레티놀 – 10,000IU/g
③ 살리실릭애씨드 – 0.05%
④ 치오글리콜산 80% – 2%
⑤ 유용성감초추출물 – 0.05%

★

59 **맞춤형화장품판매업에 대한 설명으로 옳지 않은 것은?**

① 맞춤형화장품을 판매하려는 자는 맞춤형화장품판매업을 신고하여야 한다.
② 맞춤형화장품판매업자는 맞춤형화장품 조제관리사를 두어야 한다.
③ 맞춤형화장품판매업자는 맞춤형화장품 판매내역서를 작성 · 보관해야 한다.
④ 맞춤형화장품판매업자는 맞춤형화장품 사용과 관련된 부작용 발생사례에 대해서는 지체 없이 식품의약품안전처장에게 보고해야 한다.
⑤ 맞춤형화장품판매업자는 매년 위생교육을 받아야 한다.

★★

60 **다음 중 맞춤형화장품의 혼합 · 소분에 사용할 수 있는 원료로 옳은 것은?**

① 화장품 안전기준 등에 관한 규정 [별표 1]의 화장품에 사용할 수 없는 원료
② 화장품 안전기준 등에 관한 규정 [별표 2]의 화장품에 사용상의 제한이 필요한 원료
③ 화장품 안전기준 등에 관한 규정 [별표 2] 외 보존제, 자외선 차단제
④ 기능성화장품의 심사를 받을 때 해당 원료를 포함하여 기능성화장품 심사를 받은 원료
⑤ 기능성화장품 기준 및 시험방법의 기능성화장품의 효능 · 효과를 나타내는 원료

★

61 **다음 중 맞춤형화장품에 해당하지 않는 것은?**

① 제조된 화장품의 내용물에 수입된 화장품의 내용물을 혼합한 화장품
② 제조된 화장품의 내용물에 수입된 화장품의 원료를 혼합한 화장품
③ 제조된 화장품의 원료에 수입된 화장품의 원료를 혼합한 화장품
④ 제조된 화장품의 내용물을 소분한 화장품
⑤ 수입된 화장품의 내용물을 소분한 화장품

★

62 **맞춤형화장품 변경신고에 해당하는 사항이 아닌 것은?**

① 맞춤형화장품판매업자를 변경하는 경우
② 화장품책임판매업자를 변경하는 경우
③ 맞춤형화장품 조제관리사를 변경하는 경우
④ 맞춤형화장품판매업소의 소재지를 변경하는 경우
⑤ 맞춤형화장품판매업소의 상호를 변경하는 경우

★★

63 맞춤형화장품 조제관리사에 대한 설명으로 옳지 않은 것은?

① 맞춤형화장품의 혼합 및 소분 업무는 맞춤형화장품 조제관리사만이 할 수 있다.

② 맞춤형화장품판매업자는 판매장마다 맞춤형화장품 조제관리사를 두어야 한다.

③ 맞춤형화장품업소에 조제관리사로 신고한 자는 매년 4시간 이상 8시간 이하의 교육을 이수해야 한다.

④ 맞춤형화장품판매업자는 맞춤형화장품 조제관리사로 겸직할 수 없다.

⑤ 맞춤형화장품 조제관리사를 변경하는 경우는 변경신고를 해야 한다.

★★

64 맞춤형화장품 조제관리사의 교육을 실시하는 기관이 올바르게 짝지어진 것은?

① 대한화장품협회, 대한화장품산업연구원

② 대한화장품협회, 보건환경연구원

③ 한국의약품수출입협회, 한국화장품협회

④ 대한화장품산업연구원, 보건환경연구원

⑤ 대한화장품산업연구원, 한국화장품협회

★★

65 다음 중 맞춤형화장품판매업자가 준수해야 할 사항으로 옳지 않은 것은?

① 맞춤형화장품 판매장 시설 · 기구를 정기적으로 점검하여 보건위생상 위해가 없도록 관리할 것

② 맞춤형화장품 판매 시 혼합에 사용된 내용물 · 원료의 내용 및 특성을 소비자에게 설명할 것

③ 맞춤형화장품 사용 시의 주의사항을 소비자에게 설명할 것

④ 최종 혼합 · 소분된 맞춤형화장품의 원료는 화장품책임판매업자에게 보고할 것

⑤ 맞춤형화장품의 원료 및 내용물의 입고, 사용, 폐기 내역 등에 대하여 기록 · 관리할 것

★★

66 다음 중 맞춤형화장품의 혼합 · 소분 안전관리기준에 적합하지 않은 것은?

① 혼합 · 소분 전에 손을 소독하거나 세정할 것

② 혼합 · 소분 전에 혼합 · 소분에 사용되는 내용물 또는 원료에 대한 제품표준서를 확인할 것

③ 혼합 · 소분 전에 혼합 · 소분된 제품을 담을 포장용기의 오염 여부를 확인할 것

④ 혼합 · 소분에 사용되는 장비 또는 기구 등은 사용 후 오염이 없도록 세척할 것

⑤ 혼합 · 소분에 사용되는 장비 또는 기구 등은 사용 전에 그 위생 상태를 점검할 것

★

67 **다음 중 맞춤형화장품 판매내역서에 기록해야 할 항목이 아닌 것은?**

① 식별번호 ② 사용기한

③ 판매일자 ④ 판매량

⑤ 제조일자

★★

68 **맞춤형화장품판매업소의 시설기준 및 위생관리에 대한 설명으로 옳지 않은 것은?**

① 맞춤형화장품 혼합 · 소분 장소가 위생적으로 유지될 수 있도록 관리할 것

② 맞춤형화장품의 혼합 · 소분 공간은 다른 공간과 구분 또는 구획을 금지할 것

③ 맞춤형화장품 간 미생물오염 등을 방지할 수 있는 시설 또는 설비 등을 확보할 것

④ 맞춤형화장품의 품질유지 등을 위하여 시설 또는 설비 등에 대해 주기적으로 점검 · 관리할 것

⑤ 세척한 작업 장비 및 도구는 잘 건조하여 다음 사용 시까지 오염을 방지할 것

★★

69 **맞춤형화장품판매업소의 소재지 변경신고를 하지 않은 경우 1차 위반 시의 행정처분으로 옳은 것은?**

① 시정명령 ② 판매업무정지 5일

③ 판매업무정지 15일 ④ 판매업무정지 1개월

⑤ 등록취소

★

70 **맞춤형화장품 조제관리사가 화장품의 안전성 확보 및 품질관리에 관한 교육을 받지 않은 경우의 과태료 금액으로 옳은 것은?**

① 20만원 ② 50만원

③ 100만원 ④ 150만원

⑤ 200만원

★

71 **다음 중 표피의 구조를 올바른 순서로 나열한 것은?**

① 기저층 – 유극층 – 과립층 – 투명층 – 각질층

② 기저층 – 과립층 – 유극층 – 투명층 – 각질층

③ 기저층 – 유극층 – 투명층 – 과립층 – 각질층

④ 기저층 – 유두층 – 과립층 – 투명층 – 각질층

⑤ 진피층 – 유극층 – 과립층 – 투명층 – 각질층

★★
72 각질층은 각질세포와 세포간 지질로 구성되어 있다. 다음 세포간 지질의 성분 중 가장 많이 함유된 성분은?

① 케라틴 ② 천연보습인자
③ 세라마이드 ④ 지방산
⑤ 콜레스테롤

★★
73 다음 중 〈보기〉에서 설명하는 단어로 옳은 것은?

〈보 기〉
- 진피 성분의 90% 이상을 차지한다.
- 아교질로 된 섬유상의 세포로 교원섬유라고도 한다.
- 피부의 주름에 관여한다.

① 콜라겐 ② 엘라스틴
③ 뮤코다당류 ④ 섬유아세포
⑤ 각질세포

★★★
74 다음 중 모발에 존재하는 결합이 아닌 것은?

① 시스틴결합 ② 이온결합
③ 수소결합 ④ 펩티드결합
⑤ 공유결합

★
75 다음 중 〈보기〉에서 설명하고 있는 모발의 층으로 옳은 것은?

〈보 기〉
- 모발의 대부분인 85~90%를 차지한다.
- 모발색을 결정짓는 멜라닌색소가 함유된 중간 내부층이다.
- 모발의 성질을 나타내는 탄력, 강도, 색상, 질감 등을 좌우한다.

① 모표피 ② 모피질
③ 모수질 ④ 모간
⑤ 모근

★★

76 **다음 중 제품의 관능평가에 해당하지 않는 것은?**

① 제품의 외관　　② 제품의 색상
③ 제품의 향취　　④ 제품의 사용감
⑤ 제품의 안전성

★★★

77 **〈보기〉는 개별 제품에 대한 사용상 주의사항이다. 다음 중 빈칸에 공통으로 들어갈 단어로 가장 적합한 것은?**

〈보 기〉

(　　　　　　) 성분이 함유된 제품 사용 시 주의사항

- 햇빛에 대한 피부의 감수성을 증가시킬 수 있으므로 자외선 차단제를 함께 사용할 것(씻어내는 제품 및 두발용 제품은 제외한다)
- 일부에 시험 사용하여 피부 이상을 확인할 것
- 고농도의 (　　　　　　) 성분이 들어 있어 부작용이 발생할 우려가 있으므로 전문의 등에게 상담할 것

① 프로필렌 글리콜　　② 알부민
③ AHA　　④ 살리실릭애씨드
⑤ 요소제제

★★

78 **착향제의 구성 성분 중 식품의약품안전처장이 정하여 고시한 알레르기 유발 성분이 있는 경우에는 향료로 표시할 수 없고, 해당 성분의 명칭을 기재 · 표시해야 한다. 다음 중 해당 성분의 명칭을 기재 · 표시해야 하는 경우로 옳은 것은?**

① 참나무이끼추출물 0.05% 함유된 폼 클렌저
② 알파–아이소메틸아이오논 0.001% 함유된 영양크림
③ 헥실신남알 0.01% 함유된 클렌징 로션
④ 시트로넬올 0.0001% 함유된 세럼
⑤ 벤질신나메이트 0.01% 함유된 샴푸

★★★

79 **실증자료가 있는 경우에 표시 · 광고할 수 있는 표현이 아닌 것은?**

① 여드름성 피부에 사용 적합

② 일시적 셀룰라이트 감소

③ 콜라겐 증가

④ 항균(모발용 제품에 한함)

⑤ 벤질신나메이트 0.01% 함유된 샴푸

★★

80 **다음 중 맞춤형화장품의 1차 포장 시 필수 기재사항으로 옳지 않은 것은?**

① 화장품의 명칭

② 영업자의 상호

③ 제조번호(식별번호)

④ 사용기한 또는 개봉 후 사용기간

⑤ 가격

단답형

★★

81 **다음은 「화장품법」 제5조(영업자의 의무 등)에 대한 설명으로, 맞춤형화장품판매업자는 이를 준수해야 한다. ㉠, ㉡에 들어갈 단어를 차례로 작성하시오.**

- 맞춤형화장품 판매장 시설 · 기구의 관리 방법
- 혼합 · 소분 안전관리기준의 (㉠)
- 혼합 · 소분되는 내용물 및 원료에 대한 (㉡)

★★

82 **다음은 안전용기 · 포장을 사용하여야 하는 품목에 대한 설명이다. ㉠, ㉡에 들어갈 숫자 및 단어를 차례로 작성하시오.**

- 아세톤을 함유하는 네일 에나멜 리무버 및 네일 폴리시 리무버
- 어린이용 오일 등 개별포장당 탄화수소류를 (㉠)퍼센트 이상 함유하고 운동점도가 21센티스톡스(섭씨 40도 기준) 이하인 비에멀젼 타입의 (㉡) 상태의 제품
- 개별포장당 메틸 살리실레이트를 5퍼센트 이상 함유하는 (㉡) 상태의 제품

★

83 **다음은 「개인정보 보호법」에 대한 설명이다. ㉠, ㉡에 들어갈 단어를 차례로 작성하시오.**

> • (㉠)는 법령에 따라 개인을 고유하게 구별하기 위하여 부여된 식별정보로서 주민등록번호, 여권번호, 운전면허의 면허번호, 외국인등록번호 중 어느 하나에 해당하는 정보를 말한다.
> • (㉡)는 사상 · 신념, 노동조합 · 정당의 가입 · 탈퇴, 정치적 견해, 건강, 성생활 등에 관한 정보, 그 밖에 정보주체의 사생활을 현저히 침해할 우려가 있는 개인정보로서 대통령령으로 정하는 정보를 말한다.

★★

84 **다음 〈보기〉의 ㉠, ㉡에 들어갈 단어를 차례로 작성하시오.**

> **〈보 기〉**
> • (㉠)이란 만 5세 미만의 어린이가 개봉하기 어렵게 설계 · 고안된 용기나 포장을 말한다.
> • (㉡)이란 화장품이 제조된 날부터 적절한 보관 상태에서 제품이 고유의 특성을 간직한 채 소비자가 안정적으로 사용할 수 있는 최소한의 기한을 말한다.

★

85 **다음은 우수화장품 제조 및 품질관리기준에서 정의한 내용이다. ㉠, ㉡에 들어갈 단어를 차례로 작성하시오.**

> • (㉠)이란 제조공정 단계에 있는 것으로서 필요한 제조공정을 더 거쳐야 (㉡) 제품이 되는 것을 말한다.
> • 재작업이란 적합판정기준을 벗어난 완제품, (㉡)제품 또는 (㉠)을 재처리하여 품질이 적합한 범위에 들어오도록 하는 작업을 말한다.

★★

86 **다음은 제품별로 추가하는 사용 시의 주의사항을 기재한 것이다. 빈칸에 들어갈 단어를 작성하시오.**

> (   ) 제품
> 털을 제거한 직후에는 사용하지 말 것

★

87 **다음 〈보기〉의 빈칸에 들어갈 단어를 작성하시오.**

〈보 기〉

(　　　　　　)은 레이크 제조 시 순색소를 확산시키는 목적으로 사용되는 물질을 말하며 알루미나, 브랭크휙스, 크레이, 이산화티탄, 산화아연, 탤크, 로진, 벤조산알루미늄, 탄산칼슘 등의 단일 또는 혼합물을 사용한다.

★★

88 **다음은 기능성화장품의 심사에 대한 내용이다. 빈칸에 공통으로 들어갈 단어를 작성하시오.**

기능성화장품의 심사를 받기 위해서는 여러 가지 자료를 제출해야 한다. 기능성화장품의 심사를 위해서는 안전성, 유효성 또는 기능을 입증하는 자료와 (　　　　　　　　)를 제출해야 한다. (　　　　　　)는 품질관리에 적정을 기할 수 있는 시험항목과 각 시험항목에 대한 시험방법의 밸리데이션, 기준치 설정의 근거가 되는 자료이다.

★

89 **유통화장품 안전관리기준에서 내용량의 기준은 제품 (㉠)개를 가지고 시험할 때 그 평균 내용량이 표기량에 대하여 (㉡)% 이상이어야 한다. ㉠, ㉡에 들어갈 숫자를 차례로 작성하시오.**

★★

90 **다음은 에센셜 오일에 대한 내용이다. ㉠, ㉡에 들어갈 단어를 차례로 작성하시오.**

에센셜 오일의 대표적인 화학적 구조는 5개의 탄소가 사슬로 연결되어 있는 구조인 (㉠) 구조와 6개의 탄소가 고리로 연결되어 있는 벤젠고리 구조이다. (㉡)은 화학 식물 정유에 들어 있는 테르펜 가운데 2개의 (㉠)으로 되어 있으며 10개의 탄소를 가지고 있다.

★

91 **다음은 화장품 제조에 사용된 성분을 기재 · 표시하는 방법에 대한 설명이다. 빈칸에 들어갈 단어를 작성하시오.**

성분을 기재 · 표시할 경우 영업자의 정당한 이익을 현저히 침해할 우려가 있을 때에는 영업자는 식품의약품안전처장에게 그 근거자료를 제출해야 하고, 식품의약품안전처장이 정당한 이익을 침해할 우려가 있다고 인정하는 경우에는 (　　　　　　　)으로 기재 · 표시할 수 있다.

★★

92 **다음은 내용량이 10밀리리터 이하 또는 10그램 이하인 화장품에 해당하는 1차 포장 또는 2차 포장에 기재 · 표시해야 하는 사항이다. 빈칸에 들어갈 단어를 작성하시오.**

1. 화장품의 명칭 2. 화장품책임판매업자 및 맞춤형화장품판매업자의 상호 3. (   ) 4. 제조번호 5. 사용기한 또는 개봉 후 사용기간

★★

93 **다음은 화장품 표시 · 광고에 대한 내용이다. 빈칸에 들어갈 단어를 작성하시오.**

(   )은 화장품의 표시 · 광고 내용을 증명할 목적으로 해당 화장품의 효과 및 안전성을 확인하기 위하여 사람을 대상으로 실시하는 시험 또는 연구를 말한다.

★

94 **모발의 구성 성분 중 가장 많은 양을 차지하는 성분을 작성하시오.**

★★★

95 **맞춤형화장품 조제관리사인 미선은 매장을 방문한 고객과 다음과 같은 〈대화〉를 나누었다. 맞춤형화장품판매업자에게 원료를 공급하는 화장품책임판매업자가 「화장품법」 제4조에 따라 〈보기〉의 원료를 포함하여 기능성화장품에 대한 심사를 받거나 보고서를 제출하였다. 미선이 고객에게 추천할 성분을 다음 〈보기〉 중에서 고르시오.**

〈대 화〉

고객: 최근에 야외활동을 많이 해서 그런지 얼굴 피부가 검어지고 칙칙해졌어요. 참고로 저는 유기성분에 대해서는 민감합니다.

미선: 아. 그러신가요? 그럼 고객님의 피부 상태를 측정해 보도록 할까요?

고객: 그럴까요? 지난번 방문 시와 비교해 주시면 좋겠네요.

미선: 네. 이쪽에 앉으시면 저희 측정기로 측정을 해드리겠습니다.

– 피부 측정 후 –

미선: 고객님은 한 달 전 측정 시보다 얼굴에 색소 침착도가 25%가량 높아져 있네요. 그리고 야외활동 시에는 자외선 차단제를 사용하시는 것이 좋겠습니다.

고객: 음, 걱정이네요. 그럼 어떤 제품을 쓰는 것이 좋을지 추천 부탁드려요.

〈보 기〉

에칠헥실메톡시신나메이트
아미노산
아데노신
소듐하이알루로네이트(Sodium Hyaluronate)
레티닐팔미테이트
유용성감초추출물

★★★

96 **다음은 기능성화장품의 일반시험법에 대한 내용이다. ㉠, ㉡에 들어갈 단어를 차례로 작성하시오.**

(㉠) 측정법은 물질이 일정한 좁은 파장범위의 빛을 흡수하는 정도를 측정하는 방법으로 물질용액의 흡수스펙트라는 그 물질의 화학구조에 따라 정해진다. 측정장치로는 광전분광광도계를 쓴다.
(㉡)은 국내 · 외에서 제조되어 국내에서 유통되고 있는 자외선차단화장품 중 티타늄디옥사이드 및 징크옥사이드의 함량시험 대체 시험방법이다.

★★

97 다음은 영유아용 바디 클렌저 품질성적서의 일부이다. ㉠, ㉡에 들어갈 단어를 차례로 작성하시오.

제품명	영유아용 바디클렌저
시험항목	결과
pH	3
세균수	250개
진균수	350개
대장균	50개
녹농균,황색포도상구균	불검출

〈결과 해석〉

시험 결과 총호기성생균수는 (㉠)개이고, 시험결과의 판정은 (㉡)이다.

★

98 다음은 모발의 성장주기이다. 빈칸에 들어갈 단어를 작성하시오.

성장기 ---- ( ) ---- 휴지기

★★★

99 다음 〈보기〉는 맞춤형화장품의 전성분 항목이다. 소비자에게 사용된 성분에 대해 설명하고자 할 때, 전성분 표기 중 사용상의 제한이 필요한 보존제에 해당하는 성분을 〈보기〉에서 고르고 기준 함량을 함께 작성하시오.

〈보 기〉

정제수, 글리세린, 부틸렌글라이콜, 토코페릴아세테이트, 잔탄검, 글리세릴 모노스테아레이트, 살리실릭애씨드, 향료, 리모넨

★★

100 다음은 표피의 기저층에 대한 설명이다. ㉠, ㉡에 들어갈 단어를 차례로 작성하시오.

표피의 기저층은 (㉠)와 (㉡)로 이루어져 있다. (㉠)는 활발한 증식과 분화과정을 거쳐 각질층으로 이동하여 각질이 되어 피부 표면에서 떨어져 나간다.
(㉡)는 멜라닌을 생성하여 피부를 자외선으로부터 보호하는 중요한 기능을 수행하고 있다.

제1회 정답 및 해설

선다형

문제 436쪽

01	02	03	04	05	06	07	08	09	10
③	⑤	③	③	④	④	⑤	⑤	③	④
11	12	13	14	15	16	17	18	19	20
⑤	⑤	①	③	④	⑤	④	④	②	④
21	22	23	24	25	26	27	28	29	30
②	①	②	③	②	①	④	⑤	⑤	③
31	32	33	34	35	36	37	38	39	40
③	③	④	⑤	⑤	①	⑤	①	②	④
41	42	43	44	45	46	47	48	49	50
①	⑤	③	⑤	⑤	③	①	③	⑤	①
51	52	53	54	55	56	57	58	59	60
④	①	①	③	①	①	④	③	③	⑤
61	62	63	64	65	66	67	68	69	70
⑤	①	④	①	③	⑤	②	②	④	⑤
71	72	73	74	75	76	77	78	79	80
②	②	③	①	⑤	①	⑤	①	①	⑤

단답형

81	맞춤형화장품 조제관리사	91	㉠ 4, ㉡ 8
82	식별번호	92	세부 평면도
83	황색포도상구균	93	회수대상 화장품
84	일탈	94	제조번호
85	반제품	95	구획
86	알레르기 유발	96	15
87	㉠ 보존제, ㉡ 색소	97	금박
88	첩포시험(Patch test, 패치 테스트)	98	기저층
89	지방식품의약품안전청장	99	㉠ 양이온, ㉡ 비이온
90	식품의약품안전처장	100	㉠ 멜라노사이트(멜라닌 형성세포), ㉡ 멜라노좀

 선다형

PART I

01 정답 ③

해설

등록이 취소되거나 영업소가 폐쇄된 날부터 1년이 지나지 아니한 자는 화장품제조업의 등록이나 맞춤형 화장품판매업의 신고를 할 수 없다. 등록이 취소된 날로부터 1년이 지난 자는 등록 및 신고가 가능하다.

PART I

02 정답 ⑤

해설

내용량이 소량인 화장품의 포장 등 총리령으로 정하는 포장에는 화장품의 명칭, 화장품책임판매업자 및 맞춤형화장품판매업자의 상호, 가격, 제조번호와 사용기한 또는 개봉 후 사용기간(개봉 후 사용기간을 기재할 경우에는 제조연월일을 병행 표기하여야 한다)만을 기재 · 표시할 수 있다.

PART I

03 정답 ③

해설 영업자의 의무

「화장품법」 제5조에 따라 책임판매관리자 및 맞춤형화장품 조제관리사는 화장품의 안전성 확보 및 품질관리에 관한 교육을 매년 받아야 한다.

PART I

04 정답 ③

해설

"안전용기 · 포장"이란 만 5세 미만의 어린이가 개봉하기 어렵게 설계 · 고안된 용기나 포장을 말한다.

PART I

05 정답 ④

해설

실증자료의 제출을 요청받은 영업자 또는 판매자는 요청받은 날부터 15일 이내에 그 실증자료를 식품의약품안전처장에게 제출하여야 한다. 다만, 식품의약품안전처장은 정당한 사유가 있다고 인정하는 경우에는 그 제출기간을 연장할 수 있다.

PART I

06 정답 ④

해설

맞춤형화장품 판매업은 타 업종과 달리 등록이 아닌 신고가 필요한 영업의 형태이다.

PART I

07 정답 ⑤

해설

- 헤어 크림: 두발용 제품류
- 헤어 로션: 두발용 제품류
- 페이스 파우더: 색조 화장용 제품류
- 마스카라: 눈 화장용 제품류

PART II

08 정답 ⑤

해설 CGMP 3대 요소

- 인위적인 과오의 최소화
- 미생물오염 및 교차오염으로 인한 품질저하 방지
- 고도의 품질관리체계 확립

PART II

09 정답 ③

해설

품질 단위의 독립성을 나타내어야 한다. 제조소별로 독립된 제조부서와 품질보증부서를 두어야 한다. 제조부서와 품질보증부서 책임자는 1인이 겸직하지 못한다.

PART II

10 정답 ④

해설

청정도 4등급에는 포장재보관소, 완제품보관소, 관리품보관소, 원료보관소, 갱의실, 일반시험실이 속한다. 청정도 2등급에는 제조실, 성형실, 충전실, 내용물보관소, 원료 칭량실, 미생물시험실이 속한다.

PART II

11 **정답** ⑤

해설 공기 조절의 4대 요소

공기 조절의 4대 요소는 청정도, 실내온도, 습도, 기류로 구성되어 있다.

PART II

12 **정답** ⑤

해설

가능한 개방할 수 있는 창문을 만들지 않는다.

PART II

13 **정답** ①

해설

원자재 용기 및 시험기록서에는 공급일자가 아니라 수령일자를 필수적으로 기재한다.

PART II

14 **정답** ③

해설

화장품의 광고에는 최상급 표현과 피부과 의사가 추천했다는 것과 같은 표현을 사용할 수 없다. 포름알데하이드와 스테로이드는 화장품 배합 금지 원료로 지정되어 있다.

PART II

15 **정답** ④

해설

사용 후 씻어내는 제품에서 0.01% 초과, 사용 후 씻어내지 않는 제품에서 0.001% 초과하는 경우에 리모넨, 리날룰, 시트랄을 포함하는 25종의 알레르기 유발물질은 향료로 표기하지 않고 따로 알레르기 유발물질로 기재해야 한다.

PART II

16 **정답** ⑤

해설

페녹시에탄올(1.0%)은 사용상의 제한이 필요한 보존제에 해당하는 성분이다.

PART II

17 정답 ④

해설

유화는 서로 잘 섞이지 않는 수상 원료와 유상 원료가 잘 섞일 수 있도록 한 액체가 다른 액체 속에 미세한 입자 형태로 분산될 수 있도록 하는 것을 의미한다.

PART II

18 정답 ④

해설 맞춤형화장품에 사용할 수 없는 원료

다음의 원료는 맞춤형화장품에 사용할 수 없다.

- 화장품에 사용할 수 없는 원료
- 화장품에 사용상의 제한이 필요한 원료
- 식품의약품안전처장이 고시한 기능성화장품의 효능 · 효과를 나타내는 원료(다만, 맞춤형화장품판매업자에게 원료를 공급하는 화장품책임판매업자가 「화장품법」 제4조에 따라 해당 원료를 포함하여 기능성화장품에 대한 심사를 받거나 보고서를 제출한 경우 제외)

기능성화장품 원료: 레티놀(주름 개선), 에칠아스코빌에텔(미백) / 보존제: 페닐파라벤, 벤질알코올

PART II

19 정답 ②

해설

로션은 화장수와 크림의 중간 형태로 점도가 낮고 피부에 대한 보습 능력이 높으며 유분량이 적은 에멀전의 형태를 의미한다. 또한 크림에 비해서 수분의 양이 많다.

PART II

20 정답 ④

해설

로션은 화장수와 크림의 중간 형태로, 유분량이 적고 유동성이 높은 에멀전을 의미한다.

PART II

21 정답 ②

해설

염류는 "이온염으로 소듐, 포타슘, 칼슘, 마그네슘, 암모늄 및 에탄올아민, 음이온염으로 클로라이드, 브로마이드, 설페이트, 아세테이트"로 규정하고 있다.

PART II

22 정답 ①

해설

벌크제품은 충진(1차 포장) 이전의 제조 단계까지 끝낸 제품을 일컫는 단어이다.

PART II

23 정답 ②

해설

〈보기〉는 알파-하이드록시애씨드를 포함한 제품에 대한 설명이다.

PART II

24 정답 ③

해설

타르색소는 색소 중 콜타르, 그 중간생성물에서 유래되었거나 유기합성하여 얻은 색소 및 그 레이크, 염, 희석제와의 혼합물로 정의된다.

PART II

25 정답 ②

해설 원료 명칭에 따른 비타민 명칭

- 아스코빅애씨드 – 비타민C
- 레티놀 – 비타민A
- 토코페롤 – 비타민E
- 피리독신에이치씨엘 – 비타민B_6

PART II

26 정답 ①

해설

화장실은 생산구역 밖에 설치해야 한다.

PART II

27 정답 ④

해설

레이크는 물에 녹기 쉬운 염료를 알루미늄 등의 염이나 황산 알루미늄, 황산 지르코늄 등을 가해 물에 녹지 않도록 불용화시킨 유기안료를 가리킨다.

PART III

28 정답 ⑤

해설

- 글루타랄: 0.1%
- 데하이드로아세틱애씨드: 데하이드로아세틱애씨드로서 0.6%
- 디브로모헥사미딘 및 그 염류: 디브로모헥사미딘으로서 0.1%
- 디아졸리디닐우레아: 0.5%

PART III

29 정답 ⑤

해설

소듐벤조에이트는 보존제 성분으로, 산으로서 0.5% 화장품에 사용할 수 있다.

PART III

30 정답 ③

해설

비소는 10㎍/g 이하로 검출되어야 한다.

PART III

31 정답 ③

해설

- 메칠이소치아졸리논: 사용 후 씻어내는 제품에 0.0015%(단, 메칠클로로이소치아졸리논과 메칠이소치아졸리논 혼합물과 병행 사용 금지)
- 메텐아민(헥사메칠렌테트라아민): 0.15%
- 벤질알코올: 1.0%
- 벤질헤미포름알: 사용 후 씻어내는 제품에 0.15%

PART III

32 정답 ③

해설

기타 화장품에서는 1,000개/g(mL) 이하로 검출되어야 한다.

PART III

33 정답 ④

해설

불휘발성 무기알칼리의 총량이 치오글라이콜릭애씨드의 대응량 이하인 액제이다.

PART III

34 정답 ⑤

해설

포름알데하이드는 2000㎍/g 이하(물휴지는 20㎍/g 이하)로 검출되어야 한다.

PART III

35 정답 ⑤

해설

기타 과학적 · 합리적으로 타당성이 인정되는 경우 자사 기준으로 시험할 수 있다.

PART III

36 정답 ①

해설

누구든지 공여자에 관한 정보를 제공하거나 광고 등을 통해 특정인의 세포 또는 조직을 사용하였다는 내용의 광고를 할 수 없다.

PART III

37 정답 ⑤

해설

철은 2㎍/g 이하여야 한다.

PART III

38 정답 ①

해설

이 제품은 시험할 때 약 60℃ 이하로 가온한다.

PART III

39 정답 ②

해설

디옥산은 100㎍/g 이하로 검출되어야 한다.

PART III

40 정답 ④

해설

- 세틸피리디늄클로라이드: 0.08%
- 에칠라우로일알지네이트 하이드로클로라이드: 0.4%
- 엠디엠하이단토인: 0.2%
- 클로로부탄올: 0.5%

PART III

41 정답 ①

해설

화장품책임판매업자 및 맞춤형화장품판매업자는 화장품을 판매할 때에는 어린이가 화장품을 잘못 사용하여 인체에 위해를 끼치는 사고가 발생하지 아니하도록 안전용기 · 포장을 사용하여야 한다.

PART III

42 정답 ⑤

해설 「화장품법」 제9조(안전용기 · 포장 등)

① 화장품책임판매업자 및 맞춤형화장품판매업자는 화장품을 판매할 때에는 어린이가 화장품을 잘못 사용하여 인체에 위해를 끼치는 사고가 발생하지 아니하도록 안전용기 · 포장을 사용하여야 한다.

② ①에 따라 안전용기 · 포장을 사용하여야 할 품목 및 용기 · 포장의 기준 등에 관하여는 총리령으로 정한다.

PART III

43 정답 ③

해설

"기밀용기"라 함은 일상의 취급 또는 보통 보존상태에서 액상 또는 고형의 이물 또는 수분이 침입하지 않고 내용물을 손실, 풍화, 조해 또는 증발로부터 보호할 수 있는 용기를 말한다. 기밀용기로 규정되어 있는 경우에는 밀봉용기도 쓸 수 있다.

PART III

44 정답 ⑤

해설

코카마이드디이에이는 세정 성분으로 화장품에 사용할 수 있다.

PART III

45 정답 ⑤

해설

유상 보존제인 벤질알코올의 사용한도는 1.0%이다.

PART III

46 정답 ③

해설

화장비누에 포함된 유리알칼리는 0.1% 이하여야 한다.

PART III

47 정답 ①

해설

수분을 포함하고 있는 화장품의 pH는 3.0~9.0이어야 한다. 클렌징 오일은 수분을 포함하고 있지 않기 때문에 pH 기준이 적용되지 않는다.

PART III

48 정답 ③

해설

수은은 수은분해장치 및 수은분석기를 이용한 방법으로 시험할 수 있다.

PART III

49 정답 ⑤

해설

황색포도상구균(Staphylococcus aureus)은 불검출되어야 한다.

PART III

50 정답 ①

해설

소듐코코일이세티오네이트는 세정 성분으로 화장품에 사용할 수 있다.

PART III

51 정답 ④

해설

불휘발성 무기알칼리를 함유하지 않는 액제이다.

PART III

52 정답 ①

해설

pH 기준은 4.0~10.5이다.

PART IV

53 정답 ①

해설

화장품이란 인체를 청결, 미화하여 매력을 더하고 용모를 밝게 변화시키거나 피부, 모발의 건강을 유지 또는 증진하기 위하여 인체에 바르고 문지르거나 뿌리는 등 이와 유사한 방법으로 사용되는 물품으로서 인체에 대한 작용이 경미한 것을 말한다.

PART IV

54 정답 ③

해설

표피에 존재하는 세포는 랑게르한스세포, 각질형성세포, 멜라닌형성세포, 메르켈세포이며 진피에 존재하는 세포는 대식세포, 비만세포, 섬유아세포이다.

PART IV

55 정답 ①

해설

표피의 기저층은 각질형성세포와 멜라닌형성세포의 일정한 비율로 구성되어 있다.

PART IV

56 정답 ①

해설

메르켈세포는 표피의 기저층에 존재하는 세포이다.

PART IV

57 정답 ④

해설

겔제는 액체를 침투시킨 분자량이 큰 유기분자로 이루어진 반고형상의 제제를 의미한다.

PART IV

58 정답 ③

해설

정상 피부의 pH는 4.5에서 6.5로 약산성이다.

PART IV

59 정답 ③

해설

식품의약품안전처장이 고시한 색소 원료는 맞춤형화장품에 사용할 수 있다.

PART IV

60 정답 ⑤

해설

판매 중인 맞춤형 화장품이 제14조의2 각 호의 어느 하나에 해당함을 알게 된 경우 신속히 책임판매업자에게 보고하고, 회수대상 맞춤형화장품을 구입한 소비자에게 적극적으로 회수 조치를 취할 것

PART IV

61 정답 ⑤

해설

화장품의 품질을 인간의 오감에 의해 평가하는 검사를 관능평가라고 한다.

PART IV

62 **정답** ①

해설

피부는 보호기능, 방어기능, 체온 조절기능, 감각기능, 비타민D 합성기능 등을 지니고 있다.

PART IV

63 **정답** ④

해설

콜라겐은 진피의 구성 성분으로 진피의 약 90%를 차지하고 있다.

PART IV

64 **정답** ①

해설

맞춤형화장품은 제조 또는 수입된 화장품의 내용물에 식품의약품안전처장이 정하는 원료를 추가하여 혼합한 화장품을 말한다.

PART IV

65 **정답** ③

해설

복합성 피부는 코와 이마로 대표되는 T존에 분비되는 피지의 양이 많고, 볼과 턱으로 대표되는 U존에 분비되는 피지의 양이 매우 적다. 따라서 유분이 많은 화장품을 사용하면 코와 이마에 면포와 같은 여드름이 발생하기 쉽다.

PART IV

66 **정답** ⑤

해설

피부의 주름을 개선하고 미백효과를 주는 것은 주름 및 미백 기능성화장품의 효과이다.

PART IV

67 **정답** ②

해설 맞춤형화장품에 사용할 수 없는 원료

다음의 원료는 맞춤형화장품에 사용할 수 없다.

- 화장품에 사용할 수 없는 원료
- 화장품에 사용상의 제한이 필요한 원료

- 식품의약품안전처장이 고시한 기능성화장품의 효능 · 효과를 나타내는 원료(다만, 맞춤형화장품판매업자에게 원료를 공급하는 화장품책임판매업자가 「화장품법」 제4조에 따라 해당 원료를 포함하여 기능성화장품에 대한 심사를 받거나 보고서를 제출한 경우 제외)

기능성화장품 원료: 아데노신, 나이아신아마이드 / 보존제: 메칠이소치아졸리논, 페녹시에탄올

PART IV

68 정답 ②

해설 맞춤형화장품에 사용할 수 없는 원료

다음의 원료는 맞춤형화장품에 사용할 수 없다.

- 화장품에 사용할 수 없는 원료
- 화장품에 사용상의 제한이 필요한 원료
- 식품의약품안전처장이 고시한 기능성화장품의 효능 · 효과를 나타내는 원료(다만, 맞춤형화장품판매업자에게 원료를 공급하는 화장품책임판매업자가 「화장품법」 제4조에 따라 해당 원료를 포함하여 기능성화장품에 대한 심사를 받거나 보고서를 제출한 경우 제외)

보존제: 쿼터늄-15, 트리클로산, 살리실릭애씨드 / 자외선차단제: 벤조페논-4 / 보습제: 부틸렌글라이콜

PART IV

69 정답 ④

해설

건성 피부는 중성 피부나 복합성 피부 타입에 비해 화장 지속력이 좋지 않다.

PART IV

70 정답 ⑤

해설

적절한 헤어 트리트먼트의 사용은 모발의 손상을 막을 수 있다.

PART IV

71 정답 ②

해설

식품의약품안전처장은 맞춤형화장품 조제관리사가 거짓이나 그 밖의 부정한 방법으로 시험에 합격한 경우에는 자격을 취소하여야 하며, 자격이 취소된 사람은 취소된 날부터 3년간 자격시험에 응시할 수 없다.

PART IV

72 정답 ②

해설

맞춤형화장품은 변색, 변취, 변질 등 시간의 경과에 따라 제품에서 발생할 수 있는 변화로부터 자유롭기 위해 안정성을 지니고 있어야 한다.

PART IV

73 정답 ③

해설

맞춤형화장품 용기의 필수 기재사항은 화장품의 명칭, 가격, 식별번호, 사용기한 또는 개봉 후 사용기간, 책임판매업자 및 맞춤형화장품판매업자 상호이다.

PART IV

74 정답 ①

해설

맞춤형화장품판매업자는 책임판매업자가 공급한 내용물과 원료의 품질검사결과를 품질성적서로 확인할 수 있다.

PART IV

75 정답 ⑤

해설

알파-비사보롤은 색소침착이 있는 피부의 미백에 도움을 줄 수 있는 미백 기능성 성분이다.

PART IV

76 정답 ①

해설

아데노신은 주름이 있는 피부의 주름 개선에 도움을 줄 수 있는 주름 개선 기능성 성분이다.

PART IV

77 정답 ⑤

PART IV

78 정답 ①

해설

광노화의 직접적인 원인이 되는 것은 자외선이다. 자외선의 파장은 200~400nm이다.

PART IV

79 **정답** ①

해설

맞춤형화장품 조제관리사가 의무교육을 이수하지 않았을 때는 50만원의 과태료가 부과된다.

PART IV

80 **정답** ⑤

해설

색소침착을 완화하기 위해 미백에 도움을 주는 나이아신아마이드가 포함된 제품, 주름을 개선하기 위해 주름 개선에 도움을 주는 아데노신이 포함된 제품을 추천해야 한다.

단답형

PART I

81 **정답 맞춤형화장품 조제관리사**

해설

맞춤형화장품 판매업자는 판매장마다 혼합 및 소분을 담당하는 맞춤형화장품 조제관리사를 두어야 한다.

PART I

82 **정답 식별번호**

해설

맞춤형화장품 식별번호는 맞춤형화장품의 혼합 또는 소분에 사용되는 내용물 및 원료의 제조번호와 혼합 · 소분 기록을 포함하여 맞춤형화장품판매업자가 부여한 번호를 의미한다.

PART I

83 **정답 황색포도상구균**

해설

대장균, 녹농균, 황색포도상구균은 화장품에서 검출되면 안 된다.

PART II

84 **정답** **일탈**

해설 CGMP 제24조

"일탈"이란 제조 또는 품질관리 활동 등의 미리 정하여진 기준을 벗어나 이루어진 행위를 말한다.

PART II

85 정답 반제품

해설

"반제품"이란 제조공정 단계에 있는 것으로서 필요한 제조공정을 더 거쳐야 벌크 제품이 되는 것을 말한다.

PART II

86 정답 알레르기 유발

해설 [별표 4] 화장품 포장의 표시기준 및 표시방법

착향제는 "향료"로 표시할 수 있으나, 착향제 구성 성분 중 식약처장이 고시한 알레르기 유발 성분이 있는 경우 "향료"로만 표시할 수 없고, 추가로 해당 성분의 명칭을 기재하여야 한다.

PART II

87 정답 ㉠ 보존제, ㉡ 색소

해설 「화장품법」 제8조(화장품 안전기준 등)

식품의약품안전처장은 보존제, 색소, 자외선차단제 등과 같이 특별히 사용상의 제한이 필요한 원료에 대해 그 사용기준을 지정하여 고시해야 하며, 사용기준이 지정 · 고시된 원료 외의 보존제, 색소, 자외선차단제 등은 사용할 수 없다.

PART II

88 정답 첩포시험(Patch test, 패치 테스트)

해설

첩포시험(Patch test, 패치 테스트)은 화장품 원료나 내용물의 피부에 대한 알레르기, 부작용 등을 확인하기 위하여 일정량의 원료나 내용물을 피부에 도포한 뒤, 일정 시간 경과 후에 피부의 반응을 보는 시험을 의미한다.

PART IV

89 정답 지방식품의약품안전청장

해설

맞춤형화장품판매업을 하려는 자는 맞춤형화장품판매업 신고서에 맞춤형화장품 조제관리사의 자격증 사본을 첨부하여 맞춤형화장품판매업소의 소재지를 관할하는 지방식품의약품안전청장에게 신고해야 한다.

PART IV

90 정답 식품의약품안전처장

해설

맞춤형화장품 사용과 관련된 부작용 발생사례에 대해서는 지체없이 식품의약품안전처장에게 보고해야 한다.

PART IV

91 정답 ㉠ 4, ㉡ 8

해설 맞춤형화장품 조제관리사의 교육

맞춤형화장품 조제관리사는 매년 4시간 이상, 8시간 이하의 집합교육 또는 온라인 교육 과정을 이수하여야 한다. 다만, 최초 교육을 받으려는 자는 집합교육 과정을 이수하여야 한다.

PART IV

92 정답 세부 평면도

해설

맞춤형화장품판매업의 소재지를 변경하는 경우 혼합 · 소분 장소 · 시설 등을 확인할 수 있는 세부평면도 및 상세 사진을 제출해야 한다.

PART IV

93 정답 회수대상 화장품

해설

맞춤형화장품판매업자는 회수대상 화장품에 대하여 즉시 판매를 중지하고 필요한 회수조치를 해야 한다.

PART IV

94 정답 제조번호

해설

맞춤형화장품의 제조번호는 맞춤형화장품판매업자가 원활한 관리를 위해 일정한 규칙에 따라 부여한 번호이다.

PART IV

95 정답 구획

해설

구획이란 동일 건물 내 벽, 칸막이, 에어커튼 등으로 나누는 것을 말한다.

PART IV

96 정답 15

해설

맞춤형화장품 사용과 관련된 중대한 유해사례 등 부작용 발생 시 그 정보를 알게 된 날로부터 15일 이내 식품의약품안전처장에게 보고해야 한다.

PART IV

97 정답 금박

해설

내용량이 10밀리리터 초과 50밀리리터 이하 또는 중량이 10그램 초과 50그램 이하 화장품의 포장인 경우에는 〈보기〉의 성분을 제외한 성분의 기재 표시를 생략할 수 있다.

PART IV

98 정답 기저층

해설

표피의 기저층은 유핵세포로 가장 세포 활성이 높은 층으로, 케라티노사이트와 멜라노사이트로 구성되어 있다.

PART IV

99 정답 ㉠ 양이온, ㉡ 비이온

해설

양이온 계면활성제는 살균 · 소독작용이 있고 대전 방지효과와 모발에 대한 컨디셔닝 효과가 있다. 비이온 계면활성제는 피부 자극이 적고, 기초화장품류에서 가용화제, 유화제로 사용된다.

PART IV

100 정답 ㉠ 멜라노사이트(멜라닌 형성세포), ㉡ 멜라노좀

해설

기저층에 존재하는 멜라노사이트에서 멜라닌이 생성된다. 생성된 멜라닌은 원모양 둥근 막대형 모양의 멜라노좀 안에 저장되어 각질층으로 전달된다.

제2회 정답 및 해설

선다형

문제 459쪽

01	02	03	04	05	06	07	08	09	10
④	⑤	①	③	③	①	③	③	①	①
11	12	13	14	15	16	17	18	19	20
⑤	②	③	④	④	⑤	①	②	①	④
21	22	23	24	25	26	27	28	29	30
①	①	④	⑤	①	⑤	④	⑤	⑤	④
31	32	33	34	35	36	37	38	39	40
①	②	④	②	④	④	④	⑤	①	⑤
41	42	43	44	45	46	47	48	49	50
⑤	③	①	③	②	③	③	⑤	①	①
51	52	53	54	55	56	57	58	59	60
②	⑤	③	②	①	③	②	⑤	⑤	④
61	62	63	64	65	66	67	68	69	70
③	②	④	①	④	②	⑤	②	④	②
71	72	73	74	75	76	77	78	79	80
①	③	①	⑤	②	⑤	③	①	④	⑤

단답형

81	㉠ 준수 의무, ㉡ 설명 의무	91	기타성분
82	㉠ 10, ㉡ 액체	92	가격
83	㉠ 고유식별정보, ㉡ 민감정보	93	인체 적용시험
84	㉠ 안전용기 · 포장, ㉡ 사용기한	94	케라틴
85	㉠ 반제품, ㉡ 벌크	95	유용성감초추출물
86	체취방지용	96	㉠ 흡광도, ㉡ 자외선차단제 함량시험 대체시험법
87	기질	97	㉠ 600, ㉡ 부적합
88	기준 및 시험방법에 관한 자료	98	퇴행기
89	㉠ 3, ㉡ 97	99	살리실릭애씨드, 0.5%
90	㉠ 이소프렌, ㉡ 모노테르펜	100	㉠ 각질형성세포(케리티노사이트), ㉡ 멜라닌형성세포(멜라노사이트)

선다형

PART I

01 **정답** ④

해설

인체의 구조와 기능에 약리학적 영향을 줄 목적으로 사용하는 물품은 의약품이다.

PART I

02 **정답** ⑤

해설

피부장벽의 기능을 회복하여 가려움 등의 개선에 도움을 주는 화장품이다.

PART I

03 **정답** ①

해설

아이 섀도 – 눈 화장용 제품류, 헤어 틴트 – 두발 염색용 제품류, 데오도런트 – 체취 방지용 제품류, 아이 메이크업 리무버 – 눈 화장용 제품류이다.

PART I

04 **정답** ③

해설

책임판매관리자를 두어야 하는 영업은 화장품책임판매업이다. 그러나 맞춤형화장품을 판매하는 영업은 맞춤형화장품판매업이다.

PART I

05 **정답** ③

해설

원료 및 완제품, 이상사례 등에 대한 자료를 바탕으로 해당 제품의 안전성에 대한 평가결과를 작성한다.

PART I

06 **정답** ①

해설

기능성화장품의 변경심사를 받지 않은 경우 과태료 100만원이 부과된다.

PART I

07 정답 ③

해설

식품의약품안전처장은 맞춤형화장품판매업의 신고 및 변경신고에 관한 사무를 수행하기 위하여 불가피한 경우 민감정보와 고유식별정보가 포함된 자료를 처리할 수 있다.

PART II

08 정답 ③

해설 「화장품법 시행규칙」 [별표 4] 화장품 포장의 표시기준 및 표시방법

색조 화장용 제품류, 눈 화장용 제품류, 두발염색용 제품류 또는 손발톱용 제품류에서 호수별로 착색제가 다르게 사용된 경우 '± 또는 +/−'의 표시 다음에 사용된 모든 착색제 성분을 함께 기재 · 표시할 수 있다.

PART II

09 정답 ①

해설 「기능성화장품 심사에 관한 규정」 제4조(제출자료의 범위)

기능성화장품의 심사에 제출해야 하는 유효성 또는 기능에 관한 자료는 효력시험 자료, 인체 적용시험 자료, 염모 효력시험 자료가 있다.

PART II

10 정답 ①

해설 「기능성화장품 심사에 관한 규정」 제6조(제출자료의 면제 등)

유효성 또는 기능에 관한 자료 중 인체 적용시험 자료를 제출하는 경우 효력시험 자료 제출을 면제할 수 있다. 다만, 이 경우에는 효력시험자료의 제출을 면제받은 성분에 대해서는 효능 · 효과를 기재 · 표시할 수 없다.

PART II

11 정답 ⑤

해설 「화장품법」 제10조(화장품의 기재사항) 제2항

화장품의 1차 포장에는 화장품의 명칭, 영업자의 상호 표시, 제조번호, 사용기한 또는 개봉 후 사용기간을 표시하여야 한다.

PART II

12 정답 ②

해설 「화장품법 시행규칙」 제19조(화장품 포장의 기재 · 표시 등)

방향용 제품은 성분명을 제품 명칭의 일부로 사용한 경우, 화장품 포장에 그 성분명과 함량의 기재 · 표시를 생략할 수 있다.

PART II

13 정답 ③

해설 「천연화장품 및 유기농화장품의 기준에 관한 규정」

- 천연원료는 유기농 원료, 식물 원료, 동물에서 생산된 원료(동물성 원료), 미네랄 원료를 말한다.
- 천연화장품은 천연 함량 95% 이상, 합성원료 5% 이내(석유화학 부분 2%를 초과할 수 없다)에서 사용할 수 있다.
- 천연화장품 및 유기농화장품의 제조에 공기, 산소, 질소, 이산화탄소, 아르곤 가스 외의 분사제를 사용할 수 없다.

PART II

14 정답 ④

해설 「화장품 사용 시의 주의사항 및 알레르기 유발성분 표시에 관한 규정」

[별표 1] 화장품의 함유 성분별 사용 시의 주의사항 표시 문구

아이오도프로피닐부틸카바메이트(IPBC) 함유 제품은 사용 시의 주의사항 표시로 “만 3세 이하 어린이에게는 사용하지 말 것”이라는 문구를 표시해야 한다.

PART II

15 정답 ④

해설

유성원료는 수분의 증발을 억제하고 사용감촉을 향상시키는 등의 목적으로 사용된다.

PART II

16 정답 ⑤

해설 「화장품법 시행규칙」 제11조(화장품제조업자의 준수사항 등)

화장품제조업자는 제조관리기준서, 제품표준서, 제조관리기록서 및 품질관리기록서(전자문서 형식을 포함한다)를 작성 · 보관해야 한다.

PART II

17 정답 ①

해설

화장품 사용 시의 주의사항 및 알레르기 유발성분 표시에 관한 규정(식품의약품안전처고시 제2019-129호) [별표 2] 착향제의 구성 성분 중 알레르기 유발성분(25가지)에 황금추출물은 해당하지 않는다.

PART II

18 정답 ②

해설

나이아신아마이드는 기능성화장품의 원료이고 시녹세이트는 자외선 차단제 성분이며 벤질알코올, 디엠디엠하이단토인은 보존제 성분이다.

PART II

19 정답 ①

해설

제조번호별로 시험 기록을 작성 · 유지해야 한다.

PART II

20 정답 ④

해설 「기능성화장품 심사에 관한 규정」 제4조(제출자료의 범위)

기능성화장품의 심사를 위하여 제출하여야 하는 자료는 안전성, 유효성 또는 기능을 입증하는 자료와 기준 및 시험방법에 관한 자료(검체 포함)로 나눌 수 있다.

PART II

21 정답 ①

해설

「기능성화장품 기준 및 시험방법」(식품의약품안전처고시 제2018-111호) [별표 1] 통칙의 내용이다.

PART II

22 정답 ①

해설 「기능성화장품 기준 및 시험방법」 [별표 1] 통칙

로션제란 유화제 등을 넣어 유성성분과 수성성분을 균질화하여 점액상으로 만든 것을 말한다.

PART II

23 정답 ④

해설 「화장품법 시행규칙」 제17조(화장품 원료 등의 위해평가)

화장품 원료 등의 위해평가는 확인 · 결정 · 평가 등의 과정을 거쳐 위해도를 결정한다.

PART II

24 정답 ⑤

해설 「화장품 표시 · 광고 실증에 관한 규정」 제4조(시험 결과의 요건)

인체 적용시험은 관련분야 전문의 또는 병원, 국내외 대학, 화장품 관련 전문 연구기관에서 5년 이상 화장품 인체 적용시험 분야의 시험경력을 가진 자의 지도 및 감독 하에 수행 · 평가되어야 한다.

PART II

25 정답 ①

해설 「화장품 안전성 정보관리 규정」 제2조(정의)

〈보기〉에서 설명하는 단어는 유해사례이다. 실마리 정보는 유해사례와 화장품 간의 인과관계 가능성이 있다고 보고된 정보로서, 그 인과관계가 알려지지 아니하거나 입증자료가 불충분한 것을 뜻한다.

PART II

26 정답 ⑤

해설

계면활성제의 종류 중 피부자극이 적어 기초화장품에 사용되는 것은 비이온 계면활성제이다. 양쪽성 계면활성제는 비교적 안전성이 높고 세정작용이 있어 베이비샴푸나 저자극샴푸로 사용한다.

PART II

27 정답 ④

해설 「화장품법 시행규칙」 제19조(화장품 포장의 기재표시 등)

안정성 시험자료를 최종 제조된 제품의 사용기한이 만료되는 날로부터 1년간 보존해야 하는 경우는 비타민A, 비타민C, 비타민E, 과산화합물, 효소 등의 성분이 0.5% 이상 함유된 제품에 해당한다.

PART III

28 정답 ⑤

해설 「화장품 안전기준 등에 관한 규정」 맞춤형화장품 혼합에 사용할 수 없는 원료

- 화장품에 사용할 수 없는 원료
- 화장품에 사용상의 제한이 필요한 원료

- [별표 2] 외의 보존제와 자외선 차단제
- 기능성화장품의 효능 · 효과를 나타내는 원료

PART III

29 정답 ⑤

해설「화장품 표시 · 광고 실증에 관한 규정」 제4조(시험 결과의 요건)

외국의 자료는 한글요약문(주요사항 발췌) 및 원문을 제출할 수 있어야 한다.

PART III

30 정답 ④

해설「화장품 사용 시의 주의사항 및 알레르기 유발성분 표시에 관한 규정」 [별표 1]

알부틴 성분이 2% 이상 함유된 제품을 사용 시 구진과 경미한 가려움이 보고된 예가 있음을 화장품의 포장에 표시해야 한다.

PART III

31 정답 ①

해설 맞춤형화장품판매업자의 준수사항

맞춤형화장품판매업자는 맞춤형화장품 사용과 관련된 부작용 발생사례에 대해서는 지체 없이 식품의약품안전처장에게 보고해야 한다.

PART III

32 정답 ②

해설

불만이란 제품이 규정된 적합판정기준을 충족시키지 못한다고 주장하는 외부 정보를 말한다.

PART III

33 정답 ④

해설

- 출하란 주문 준비와 관련된 일련의 작업과 운송 수단에 적재하는 활동으로 제조소 외로 제품을 운반하는 것을 말한다.
- 시장출하란 화장품책임판매업자가 그 제조 또는 수입한 화장품의 판매를 위해 출하하는 것을 말한다.

PART III

34 정답 ②

해설

외부와 연결된 창문은 가능한 열리지 않도록 해야 한다.

PART III

35 정답 ④

해설

갱의실은 청정도 4등급으로, HEPA Filter의 설치는 바람직하지 않다.

PART III

36 정답 ④

해설 청정도 등급별 작업실

- 1등급: Clean bench
- 2등급: 제조실, 성형실, 충전실, 내용물보관소, 원료 칭량실, 미생물실험실
- 3등급: 포장실
- 4등급: 원료보관소, 포장재보관소, 갱의실 등

PART III

37 정답 ④

해설

천정 주위의 대들보, 파이프, 덕트 등은 가급적 노출되지 않도록 설계한다.

PART III

38 정답 ⑤

해설

안전 위생의 교육훈련을 받지 않은 사람들이 제조, 관리, 보관구역으로 출입하는 경우에는 출입 전에 교육훈련을 실시한다.

PART III

39 정답 ①

해설

가능한 한 세제를 사용하지 않으며, 증기 세척을 권장한다.

PART III

40 정답 ⑤

해설

용수 채취구는 아래쪽을 향하도록 설치하여 항상 배수가 쉽도록 한다.

PART III

41 정답 ⑤

해설 화장품바코드 표시 및 관리요령

화장품의 내용량이 15밀리리터 이하 또는 15그램 이하인 제품의 용기 또는 포장이나 견본품, 시공품 등 비매품에 대하여는 화장품바코드 표시를 생략할 수 있다.

PART III

42 정답 ③

해설 화장품 가격 표시제 실시요령

판매가격이 변경되었을 경우에는 기존의 가격표시가 보이지 않도록 변경 표시하여야 한다. 다만, 판매자가 기간을 특정하여 판매가격을 변경하기 위해 그 기간을 소비자에게 알리고, 소비자가 판매가격을 기존가격과 오인 · 혼동할 우려가 없도록 명확히 구분하여 표시하는 경우는 제외한다.

PART III

43 정답 ①

해설

천연화장품은 천연함량이 전체 제품에서 95% 이상으로 구성되어야 한다. 또한 유기농화장품은 유기농함량이 전체 제품에서 10% 이상이어야 하며, 유기농함량을 포함한 천연함량이 전체 제품에서 95% 이상으로 구성되어야 한다.

PART III

44 정답 ③

해설

화장비누에만 사용할 수 있는 색소는 피그먼트 적색 5호, 피그먼트 자색 23호, 피그먼트 녹색 7호이다.

PART III

45 정답 ②

해설

조제관리사는 내용물 및 원료 정보를 소비자에게 설명해야 하고, 책임판매업자와 계약한 사항대로 맞춤형 화장품의 내용물 및 원료의 비율을 구성해야 한다.

PART III

46 정답 ③

해설 기준일탈 제품의 폐기 처리 과정

시험, 검사, 측정에서 기준일탈 결과 나옴 → 기준일탈 조사 → 시험, 검사, 측정이 틀림없음 확인 → 기준일탈의 처리 → 기준일탈 제품에 불합격라벨 첨부 → 격리 보관 → 폐기처분 또는 재작업 또는 반품

PART III

47 정답 ③

해설

화장비누의 경우 건조중량을 내용량으로 한다.

PART III

48 정답 ⑤

해설

유통화장품에서 대장균, 녹농균, 황색포도상구균은 불검출되어야 한다.

PART III

49 정답 ①

해설

수은은 수은분해장치를 이용한 방법 또는 수은분석기를 이용한 방법으로 분석할 수 있다.

PART III

50 정답 ①

해설 비의도적 유래물질의 검출 허용한도

- 납: 점토를 원료로 사용한 분말제품은 50㎍/g 이하, 그 밖의 제품은 20㎍/g 이하
- 니켈: 눈 화장용 제품은 35㎍/g 이하, 색조 화장용 제품은 30㎍/g 이하, 그 밖의 제품은 10㎍/g 이하
- 수은: 1㎍/g 이하
- 안티몬: 10㎍/g 이하

PART III

51 정답 ②

해설

시스테인을 주성분으로 하는 냉2욕식 퍼머넌트웨이브용 1제(환원제)제품의 경우 환원 후의 환원성 물질은 시스틴으로 0.65% 이하이다.

PART III

52 **정답** ⑤

해설

물을 포함하지 않는 제품, 사용 후 곧바로 씻어 내는 제품은 pH 기준에서 제외된다.

PART IV

53 **정답** ③

해설

탈모증상 완화 기능성화장품 성분은 덱스판테놀, 엘-멘톨이다.

PART IV

54 **정답** ②

해설

맞춤형화장품 조제관리사가 직접 조제(혼합 · 소분)한 화장품을 판매하여야 한다. 맞춤형화장품판매업자는 조제관리사를 두어야 한다.

PART IV

55 **정답** ①

해설

- 페녹시에탄올: 보존제
- C12-14파레스-3: 계면활성제
- 다이프로필렌글라이콜: 보습제
- 살리실릭애씨드: 보존제

PART IV

56 **정답** ③

해설 맞춤형화장품의 정의

- 제조 또는 수입된 화장품의 내용물에 다른 화장품의 내용물 또는 원료를 혼합한 화장품
- 제조 또는 수입된 화장품의 내용물을 소분한 화장품

PART IV

57 **정답** ②

해설

고객에게 티타늄디옥사이드(자외선 차단성분)가 함유된 제품과 소듐하이알루로네이트(보습성분)가 함유된 제품을 추천해야 한다.

PART IV

58 **정답** ⑤

해설

- 닥나무추출물 – 2%
- 레티놀 – 2,500IU/g
- 살리실릭애씨드 – 0.5%
- 치오글리콜산 80% – 3.0~4.5%

PART IV

59 **정답** ⑤

해설

책임판매관리자 및 맞춤형화장품 조제관리사는 화장품의 안전성 확보 및 품질관리에 관한 교육을 매년 받아야 한다. 위반 시 과태료 50만원이다.

PART IV

60 **정답** ④

해설

기능성화장품의 효능 · 효과를 나타내는 원료는 내용물과 원료의 최종 혼합 제품을 기능성화장품으로 미리 심사를 받거나 또는 보고서를 제출한 경우 사용 가능하다.

PART IV

61 **정답** ③

해설

제조 또는 수입된 화장품의 원료에 원료를 혼합하는 행위는 화장품 제조에 해당된다.

PART IV

62 **정답** ②

해설

맞춤형화장품에 사용되는 화장품의 내용물이나 원료를 제공하는 화장품책임판매업자는 변경신고의 대상이 아니다.

PART IV

63 **정답** ④

해설

맞춤형화장품판매업자가 맞춤형화장품 조제관리사 자격을 취득한 경우 겸직이 가능하다.

PART IV

64 정답 ①

해설

맞춤형화장품 조제관리사의 교육실시 기관은 대한화장품협회, 한국의약품수출입협회, 대한화장품산업연구원, 한국보건산업진흥원이다.

PART IV

65 정답 ④

해설

최종 혼합 · 소분된 맞춤형화장품의 원료목록 및 생산실적 등을 기록 · 보관하여 관리해야 한다.

PART IV

66 정답 ②

해설

혼합 · 소분 전에 혼합 · 소분에 사용되는 내용물 또는 원료에 대한 품질성적서를 확인해야 한다.

PART IV

67 정답 ⑤

해설

맞춤형화장품 판매내역서에는 제조번호(식별번호), 사용기한, 판매일자, 판매량을 기록한다.

PART IV

68 정답 ②

해설

맞춤형화장품의 혼합 · 소분 공간은 다른 공간과 구분 또는 구획해야 한다.

PART IV

69 정답 ④

해설 맞춤형화장품판매업소 소재지의 변경신고를 하지 않은 경우

- 1차 위반: 판매업무정지 1개월
- 2차 위반: 판매업무정지 2개월
- 3차 위반: 판매업무정지 3개월
- 4차 이상 위반: 판매업무정지 4개월

PART IV

70 정답 ②

해설

맞춤형화장품 조제관리사가 교육을 받지 않은 경우 50만원의 과태료가 부과된다.

PART IV

71 정답 ①

해설

피부는 표피, 진피, 피하지방층으로 구분된다. 표피층은 기저층 – 유극층 – 과립층 – 투명층 – 각질층 순으로 구성되어 있다.

PART IV

72 정답 ③

해설

세포간 지질의 성분은 세라마이드 〉 지방산 〉 콜레스테롤 순으로 많은 양이 함유되어 있다.

PART IV

73 정답 ①

해설

진피의 유두층에 존재하는 콜라겐은 교원섬유로 불리기도 하며, 피부의 주름에 관여한다.

PART IV

74 정답 ⑤

해설

모발에 존재하는 결합은 시스틴결합, 이온결합, 수소결합, 펩티드결합이 있다.

PART IV

75 정답 ②

해설

모발은 모표피, 모피질, 모수질로 구성되어 있다. 모피질은 중간층으로 모발의 대부분을 차지하고, 멜라닌 색소가 함유되어 있다.

PART IV

76 정답 ⑤

해설

관능평가란 화장품의 여러 가지 품질을 오감에 의하여 평가하는 제품검사이다. 제품의 성상, 색상, 용기, 향취, 사용감, 용기 포장재의 외관 등을 검사한다.

PART IV

77 정답 ③

해설

〈보기〉는 알파-하이드록시애시드(AHA; α-hydroxyacid) 함유 제품(0.5퍼센트 이하의 AHA가 함유된 제품은 제외한다)에 대한 사용 시 주의사항이다.

PART IV

78 정답 ①

해설

착향제의 구성 성분 중 식품의약품안전처장이 정하여 고시한 알레르기 유발성분이 사용 후 씻어내는 제품에는 0.01% 초과, 사용 후 씻어내지 않는 제품에는 0.001% 초과 함유하는 경우에 한하여 해당 성분의 명칭을 기재·표시해야 한다.

PART IV

79 정답 ④

해설

항균이란 표시 문구는 인체 세정용 제품에 한하여 표시·광고할 수 있으며 식품의약품안전처장의 요청이 있을 시 인체 적용시험 자료를 제출해야 한다.

PART IV

80 정답 ⑤

해설

1차 포장에는 화장품의 명칭, 영업자의 상호, 제조번호, 사용기한 또는 개봉 후 사용기간을 기재해야 한다.

단답형

PART I

81 **정답** ㉠ 준수 의무, ㉡ 설명 의무

해설 「화장품법」 제5조(영업자의 의무 등) 제3항

맞춤형화장품판매업자는 맞춤형화장품 판매장 시설 · 기구의 관리 방법, 혼합 · 소분 안전관리기준의 준수 의무, 혼합 · 소분되는 내용물 및 원료에 대한 설명 의무 등에 관하여 총리령으로 정하는 사항을 준수하여야 한다.

PART I

82 **정답** ㉠ 10, ㉡ 액체

해설 안전용기 · 포장 사용 대상 품목

- 아세톤을 함유하는 네일 에나멜 리무버 및 네일 폴리시 리무버
- 어린이용 오일 등 개별포장당 탄화수소류를 10퍼센트 이상 함유하고 운동점도가 21센티스톡스(섭씨 40도 기준) 이하인 비에멀젼 타입의 액체 상태의 제품
- 개별포장당 메틸 살리실레이트를 5퍼센트 이상 함유하는 액체 상태의 제품

PART I

83 **정답** ㉠ 고유식별정보, ㉡ 민감정보

해설 「개인정보 보호법」 제23조, 제24조

- 개인을 고유하게 구별하기 위하여 부여된 식별정보로서 대통령령으로 정하는 정보를 "고유식별정보"라 한다.
- 사상 · 신념, 노동조합 · 정당의 가입 · 탈퇴, 정치적 견해, 건강, 성생활 등에 관한 정보, 그 밖에 정보주체의 사생활을 현저히 침해할 우려가 있는 개인정보로서 대통령령으로 정하는 정보를 "민감정보"라 한다.

PART II

84 **정답** ㉠ 안전용기 · 포장, ㉡ 사용기한

해설 「화장품법」 제2조(용어의 정의)

- 만 5세 미만의 어린이가 개봉하기 어렵게 설계 · 고안된 용기나 포장을 "안전용기 · 포장"이라고 한다.
- 화장품이 제조된 날부터 적절한 보관 상태에서 제품이 고유의 특성을 간직한 채 소비자가 안정적으로 사용할 수 있는 최소한의 기한을 "사용기한"이라고 한다.

PART II

85 정답 ㉠ 반제품, ㉡ 벌크

해설 「우수화장품 제조 및 품질관리」 제2조(용어)

- 제조공정 단계에 있는 것으로서 필요한 제조공정을 더 거쳐야 벌크 제품이 되는 것을 반제품이라고 한다. 충전(1차 포장) 이전의 제조 단계까지 끝낸 제품을 벌크 제품이라고 한다.
- 재작업이란 적합판정기준을 벗어난 완제품, 벌크 제품 또는 반제품을 재처리하여 품질이 적합한 범위에 들어오도록 하는 작업을 말한다.

PART II

86 정답 체취방지용

해설 「화장품법 시행규칙」 [별표 3] 화장품 유형과 사용 시의 주의사항

화장품 사용 시 주의사항으로 공통사항과 개별사항을 기재 · 표시해야 한다. 체취방지용 제품에는 개별사항에는 "털을 제거한 직후에는 사용하지 말 것"이라는 사용 시 주의사항을 기재 · 표시해야 한다.

PART II

87 정답 기질

해설 「화장품의 색소 종류와 기준 및 시험방법」

레이크 제조 시 순색소를 확산시키는 목적으로 사용되는 물질을 기질이라고 한다.

PART II

88 정답 기준 및 시험방법에 관한 자료

해설 「기능성화장품 심사에 관한 규정」 제5조(제출자료의 요건)

기능성화장품의 심사를 위해서는 안전성, 유효성 또는 기능을 입증하는 자료와 기준 및 시험방법에 관한 자료를 제출해야 한다.

PART IV

89 정답 ㉠ 3, ㉡ 97

해설 「화장품 안전기준 등에 관한 규정」 제6조(유통화장품의 안전관리 기준) 제5항

내용량 기준은 제품 3개를 가지고 시험할 때 그 평균 내용량이 표기량에 대하여 97% 이상이어야 한다. 기준치를 벗어날 경우에는 제품 6개를 더 취하여 시험할 때 9개의 평균 내용량이 97% 이상이어야 한다.

PART IV

90 정답 ㉠ 이소프렌, ㉡ 모노테르펜

해설

에센셜 오일의 대표적인 화학적 구조는 사슬로 연결되어 있는 이소프렌 구조와 고리로 연결되어 있는 벤젠 고리 구조이다. 모노테르펜은 2개의 이소프렌으로 되어 있으며 10개의 탄소를 가지고 있다.

PART IV

91 정답 기타성분

해설「화장품법 시행규칙」[별표 4] 화장품 포장의 표시기준 및 표시방법

영업자의 정당한 이익을 현저히 침해할 우려가 있을 때에는 영업자는 식품의약품안전처장에게 그 근거자료를 제출해야 하고, 식품의약품안전처장이 정당한 이익을 침해할 우려가 있다고 인정하는 경우에는 기타성분으로 기재 · 표시할 수 있다.

PART IV

92 정답 가격

해설「화장품법」제10조(화장품의 기재사항)

내용량이 10밀리리터 이하 또는 10그램 이하인 화장품의 포장, 판매의 목적이 아닌 제품의 선택 등을 위하여 미리 소비자가 시험 · 사용하도록 제조 또는 수입된 화장품에 해당하는 1차 포장 또는 2차 포장에는 화장품의 명칭, 화장품책임판매업자 또는 맞춤형화장품판매업자의 상호, 가격, 제조번호와 사용기한 또는 개봉 후 사용기간(개봉 후 사용기간을 기재할 경우에는 제조연월일을 병행 표기하여야 한다)만을 기재 · 표시할 수 있다.

PART IV

93 정답 인체 적용시험

해설「화장품 표시 광고 실증에 관한 규정」

화장품의 표시 · 광고 내용을 증명할 목적으로 해당 화장품의 효과 및 안전성을 확인하기 위하여 사람을 대상으로 실시하는 시험 또는 연구를 인체 적용시험이라고 한다.

PART IV

94 정답 케라틴

해설

모발은 케라틴, 수분, 지질, 멜라닌색소, 미량원소로 이루어져 있으며 주성분은 케라틴이다.

PART IV

95 정답 유용성감초추출물

해설

<보기>에서 고객에게 추천할 제품은 자외선 차단 성분과 미백 성분이 함유된 제품이다. 자외선 차단 성분은 에칠헥실메톡시신나메이트이고, 미백 성분은 유용성감초추출물이다. 그러나 고객이 유기성분에 대해 민감하므로 유기성분인 에칠헥실메톡시신나메이트는 적합하지 않다. 따라서 소영이 고객에게 추천할 성분은 유용성감초추출물이다.

PART IV

96 정답 ㉠ 흡광도, ㉡ 자외선차단제 함량시험 대체시험법

해설 「기능성화장품 기준 및 시험방법」 [별표 10] 일반시험법

흡광도 측정법은 물질이 일정한 좁은 파장범위의 빛을 흡수하는 정도를 측정하는 방법이다. 자외선차단제 함량시험 대체시험법은 티타늄디옥사이드 및 징크옥사이드의 함량시험 대체시험방법이다.

PART IV

97 정답 ㉠ 600, ㉡ 부적합

해설 「화장품 안전기준 등에 관한 규정」

총호기성생균수 = 세균수 + 진균수이므로 총호기성생균수는 600개이고, 영 · 유아용 제품류의 경우 500개/g(mL)를 초과하였으므로 부적합하다.

PART IV

98 정답 퇴행기

해설

모발의 성장주기는 성장기 – 퇴행기 – 휴지기이다.

PART IV

99 정답 살리실릭애씨드, 0.5%

해설 「화장품 안전기준 등에 관한 규정」 [별표 2] 사용상의 제한이 필요한 원료

글리세린과 부틸렌글라이콜 – 보습제, 토코페릴아세테이트 – 산화방지제, 잔탄검 – 점증제, 글리세릴 모노스테아레이트 – 계면활성제, 살리실릭애씨드 – 보존제, 향료 – 착향제, 리모넨 – 알레르기 유발성분이다.

PART IV

100 정답 ㉠ 각질형성세포(케리티노사이트), ㉡ 멜라닌형성세포(멜라노사이트)

해설

표피의 기저층은 각질형성세포와 멜라닌형성세포로 구성되어 있다.

memo

뜯어쓰는 3회독 정답표

ANSWER SHEET			
문번	답란	문번	답란
01	① ② ③ ④ ⑤	26	① ② ③ ④ ⑤
02	① ② ③ ④ ⑤	27	① ② ③ ④ ⑤
03	① ② ③ ④ ⑤	28	① ② ③ ④ ⑤
04	① ② ③ ④ ⑤	29	① ② ③ ④ ⑤
05	① ② ③ ④ ⑤	30	① ② ③ ④ ⑤
06	① ② ③ ④ ⑤	31	① ② ③ ④ ⑤
07	① ② ③ ④ ⑤	32	① ② ③ ④ ⑤
08	① ② ③ ④ ⑤	33	① ② ③ ④ ⑤
09	① ② ③ ④ ⑤	34	① ② ③ ④ ⑤
10	① ② ③ ④ ⑤	35	① ② ③ ④ ⑤
11	① ② ③ ④ ⑤	36	① ② ③ ④ ⑤
12	① ② ③ ④ ⑤	37	① ② ③ ④ ⑤
13	① ② ③ ④ ⑤	38	① ② ③ ④ ⑤
14	① ② ③ ④ ⑤	39	① ② ③ ④ ⑤
15	① ② ③ ④ ⑤	40	① ② ③ ④ ⑤
16	① ② ③ ④ ⑤	41	① ② ③ ④ ⑤
17	① ② ③ ④ ⑤	42	① ② ③ ④ ⑤
18	① ② ③ ④ ⑤	43	① ② ③ ④ ⑤
19	① ② ③ ④ ⑤	44	① ② ③ ④ ⑤
20	① ② ③ ④ ⑤	45	① ② ③ ④ ⑤
21	① ② ③ ④ ⑤	46	① ② ③ ④ ⑤
22	① ② ③ ④ ⑤	47	① ② ③ ④ ⑤
23	① ② ③ ④ ⑤	48	① ② ③ ④ ⑤
24	① ② ③ ④ ⑤	49	① ② ③ ④ ⑤
25	① ② ③ ④ ⑤	50	① ② ③ ④ ⑤

날짜		점수	
문번	답란	문번	답란
51	① ② ③ ④ ⑤	76	① ② ③ ④ ⑤
52	① ② ③ ④ ⑤	77	① ② ③ ④ ⑤
53	① ② ③ ④ ⑤	78	① ② ③ ④ ⑤
54	① ② ③ ④ ⑤	79	① ② ③ ④ ⑤
55	① ② ③ ④ ⑤	80	① ② ③ ④ ⑤
56	① ② ③ ④ ⑤	81	
57	① ② ③ ④ ⑤	82	
58	① ② ③ ④ ⑤	83	
59	① ② ③ ④ ⑤	84	
60	① ② ③ ④ ⑤	85	
61	① ② ③ ④ ⑤	86	
62	① ② ③ ④ ⑤	87	
63	① ② ③ ④ ⑤	88	
64	① ② ③ ④ ⑤	89	
65	① ② ③ ④ ⑤	90	
66	① ② ③ ④ ⑤	91	
67	① ② ③ ④ ⑤	92	
68	① ② ③ ④ ⑤	93	
69	① ② ③ ④ ⑤	94	
70	① ② ③ ④ ⑤	95	
71	① ② ③ ④ ⑤	96	
72	① ② ③ ④ ⑤	97	
73	① ② ③ ④ ⑤	98	
74	① ② ③ ④ ⑤	99	
75	① ② ③ ④ ⑤	100	

ANSWER SHEET			
문번	답란	문번	답란
01	① ② ③ ④ ⑤	26	① ② ③ ④ ⑤
02	① ② ③ ④ ⑤	27	① ② ③ ④ ⑤
03	① ② ③ ④ ⑤	28	① ② ③ ④ ⑤
04	① ② ③ ④ ⑤	29	① ② ③ ④ ⑤
05	① ② ③ ④ ⑤	30	① ② ③ ④ ⑤
06	① ② ③ ④ ⑤	31	① ② ③ ④ ⑤
07	① ② ③ ④ ⑤	32	① ② ③ ④ ⑤
08	① ② ③ ④ ⑤	33	① ② ③ ④ ⑤
09	① ② ③ ④ ⑤	34	① ② ③ ④ ⑤
10	① ② ③ ④ ⑤	35	① ② ③ ④ ⑤
11	① ② ③ ④ ⑤	36	① ② ③ ④ ⑤
12	① ② ③ ④ ⑤	37	① ② ③ ④ ⑤
13	① ② ③ ④ ⑤	38	① ② ③ ④ ⑤
14	① ② ③ ④ ⑤	39	① ② ③ ④ ⑤
15	① ② ③ ④ ⑤	40	① ② ③ ④ ⑤
16	① ② ③ ④ ⑤	41	① ② ③ ④ ⑤
17	① ② ③ ④ ⑤	42	① ② ③ ④ ⑤
18	① ② ③ ④ ⑤	43	① ② ③ ④ ⑤
19	① ② ③ ④ ⑤	44	① ② ③ ④ ⑤
20	① ② ③ ④ ⑤	45	① ② ③ ④ ⑤
21	① ② ③ ④ ⑤	46	① ② ③ ④ ⑤
22	① ② ③ ④ ⑤	47	① ② ③ ④ ⑤
23	① ② ③ ④ ⑤	48	① ② ③ ④ ⑤
24	① ② ③ ④ ⑤	49	① ② ③ ④ ⑤
25	① ② ③ ④ ⑤	50	① ② ③ ④ ⑤

날짜		점수	
문번	답란	문번	답란
51	① ② ③ ④ ⑤	76	① ② ③ ④ ⑤
52	① ② ③ ④ ⑤	77	① ② ③ ④ ⑤
53	① ② ③ ④ ⑤	78	① ② ③ ④ ⑤
54	① ② ③ ④ ⑤	79	① ② ③ ④ ⑤
55	① ② ③ ④ ⑤	80	① ② ③ ④ ⑤
56	① ② ③ ④ ⑤	81	
57	① ② ③ ④ ⑤	82	
58	① ② ③ ④ ⑤	83	
59	① ② ③ ④ ⑤	84	
60	① ② ③ ④ ⑤	85	
61	① ② ③ ④ ⑤	86	
62	① ② ③ ④ ⑤	87	
63	① ② ③ ④ ⑤	88	
64	① ② ③ ④ ⑤	89	
65	① ② ③ ④ ⑤	90	
66	① ② ③ ④ ⑤	91	
67	① ② ③ ④ ⑤	92	
68	① ② ③ ④ ⑤	93	
69	① ② ③ ④ ⑤	94	
70	① ② ③ ④ ⑤	95	
71	① ② ③ ④ ⑤	96	
72	① ② ③ ④ ⑤	97	
73	① ② ③ ④ ⑤	98	
74	① ② ③ ④ ⑤	99	
75	① ② ③ ④ ⑤	100	

뜯어쓰는 3회독 정답표

ANSWER SHEET			
문번	답란	문번	답란
01	① ② ③ ④ ⑤	26	① ② ③ ④ ⑤
02	① ② ③ ④ ⑤	27	① ② ③ ④ ⑤
03	① ② ③ ④ ⑤	28	① ② ③ ④ ⑤
04	① ② ③ ④ ⑤	29	① ② ③ ④ ⑤
05	① ② ③ ④ ⑤	30	① ② ③ ④ ⑤
06	① ② ③ ④ ⑤	31	① ② ③ ④ ⑤
07	① ② ③ ④ ⑤	32	① ② ③ ④ ⑤
08	① ② ③ ④ ⑤	33	① ② ③ ④ ⑤
09	① ② ③ ④ ⑤	34	① ② ③ ④ ⑤
10	① ② ③ ④ ⑤	35	① ② ③ ④ ⑤
11	① ② ③ ④ ⑤	36	① ② ③ ④ ⑤
12	① ② ③ ④ ⑤	37	① ② ③ ④ ⑤
13	① ② ③ ④ ⑤	38	① ② ③ ④ ⑤
14	① ② ③ ④ ⑤	39	① ② ③ ④ ⑤
15	① ② ③ ④ ⑤	40	① ② ③ ④ ⑤
16	① ② ③ ④ ⑤	41	① ② ③ ④ ⑤
17	① ② ③ ④ ⑤	42	① ② ③ ④ ⑤
18	① ② ③ ④ ⑤	43	① ② ③ ④ ⑤
19	① ② ③ ④ ⑤	44	① ② ③ ④ ⑤
20	① ② ③ ④ ⑤	45	① ② ③ ④ ⑤
21	① ② ③ ④ ⑤	46	① ② ③ ④ ⑤
22	① ② ③ ④ ⑤	47	① ② ③ ④ ⑤
23	① ② ③ ④ ⑤	48	① ② ③ ④ ⑤
24	① ② ③ ④ ⑤	49	① ② ③ ④ ⑤
25	① ② ③ ④ ⑤	50	① ② ③ ④ ⑤

날짜		점수	
문번	답란	문번	답란
51	① ② ③ ④ ⑤	76	① ② ③ ④ ⑤
52	① ② ③ ④ ⑤	77	① ② ③ ④ ⑤
53	① ② ③ ④ ⑤	78	① ② ③ ④ ⑤
54	① ② ③ ④ ⑤	79	① ② ③ ④ ⑤
55	① ② ③ ④ ⑤	80	① ② ③ ④ ⑤
56	① ② ③ ④ ⑤	81	
57	① ② ③ ④ ⑤	82	
58	① ② ③ ④ ⑤	83	
59	① ② ③ ④ ⑤	84	
60	① ② ③ ④ ⑤	85	
61	① ② ③ ④ ⑤	86	
62	① ② ③ ④ ⑤	87	
63	① ② ③ ④ ⑤	88	
64	① ② ③ ④ ⑤	89	
65	① ② ③ ④ ⑤	90	
66	① ② ③ ④ ⑤	91	
67	① ② ③ ④ ⑤	92	
68	① ② ③ ④ ⑤	93	
69	① ② ③ ④ ⑤	94	
70	① ② ③ ④ ⑤	95	
71	① ② ③ ④ ⑤	96	
72	① ② ③ ④ ⑤	97	
73	① ② ③ ④ ⑤	98	
74	① ② ③ ④ ⑤	99	
75	① ② ③ ④ ⑤	100	

뜯어쓰는 3회독 정답표

ANSWER SHEET			
문번	답란	문번	답란
01	① ② ③ ④ ⑤	26	① ② ③ ④ ⑤
02	① ② ③ ④ ⑤	27	① ② ③ ④ ⑤
03	① ② ③ ④ ⑤	28	① ② ③ ④ ⑤
04	① ② ③ ④ ⑤	29	① ② ③ ④ ⑤
05	① ② ③ ④ ⑤	30	① ② ③ ④ ⑤
06	① ② ③ ④ ⑤	31	① ② ③ ④ ⑤
07	① ② ③ ④ ⑤	32	① ② ③ ④ ⑤
08	① ② ③ ④ ⑤	33	① ② ③ ④ ⑤
09	① ② ③ ④ ⑤	34	① ② ③ ④ ⑤
10	① ② ③ ④ ⑤	35	① ② ③ ④ ⑤
11	① ② ③ ④ ⑤	36	① ② ③ ④ ⑤
12	① ② ③ ④ ⑤	37	① ② ③ ④ ⑤
13	① ② ③ ④ ⑤	38	① ② ③ ④ ⑤
14	① ② ③ ④ ⑤	39	① ② ③ ④ ⑤
15	① ② ③ ④ ⑤	40	① ② ③ ④ ⑤
16	① ② ③ ④ ⑤	41	① ② ③ ④ ⑤
17	① ② ③ ④ ⑤	42	① ② ③ ④ ⑤
18	① ② ③ ④ ⑤	43	① ② ③ ④ ⑤
19	① ② ③ ④ ⑤	44	① ② ③ ④ ⑤
20	① ② ③ ④ ⑤	45	① ② ③ ④ ⑤
21	① ② ③ ④ ⑤	46	① ② ③ ④ ⑤
22	① ② ③ ④ ⑤	47	① ② ③ ④ ⑤
23	① ② ③ ④ ⑤	48	① ② ③ ④ ⑤
24	① ② ③ ④ ⑤	49	① ② ③ ④ ⑤
25	① ② ③ ④ ⑤	50	① ② ③ ④ ⑤

날짜		점수	
문번	답란	문번	답란
51	① ② ③ ④ ⑤	76	① ② ③ ④ ⑤
52	① ② ③ ④ ⑤	77	① ② ③ ④ ⑤
53	① ② ③ ④ ⑤	78	① ② ③ ④ ⑤
54	① ② ③ ④ ⑤	79	① ② ③ ④ ⑤
55	① ② ③ ④ ⑤	80	① ② ③ ④ ⑤
56	① ② ③ ④ ⑤	81	
57	① ② ③ ④ ⑤	82	
58	① ② ③ ④ ⑤	83	
59	① ② ③ ④ ⑤	84	
60	① ② ③ ④ ⑤	85	
61	① ② ③ ④ ⑤	86	
62	① ② ③ ④ ⑤	87	
63	① ② ③ ④ ⑤	88	
64	① ② ③ ④ ⑤	89	
65	① ② ③ ④ ⑤	90	
66	① ② ③ ④ ⑤	91	
67	① ② ③ ④ ⑤	92	
68	① ② ③ ④ ⑤	93	
69	① ② ③ ④ ⑤	94	
70	① ② ③ ④ ⑤	95	
71	① ② ③ ④ ⑤	96	
72	① ② ③ ④ ⑤	97	
73	① ② ③ ④ ⑤	98	
74	① ② ③ ④ ⑤	99	
75	① ② ③ ④ ⑤	100	

뜯어쓰는 3회독 정답표

ANSWER SHEET			
문번	답란	문번	답란
01	① ② ③ ④ ⑤	26	① ② ③ ④ ⑤
02	① ② ③ ④ ⑤	27	① ② ③ ④ ⑤
03	① ② ③ ④ ⑤	28	① ② ③ ④ ⑤
04	① ② ③ ④ ⑤	29	① ② ③ ④ ⑤
05	① ② ③ ④ ⑤	30	① ② ③ ④ ⑤
06	① ② ③ ④ ⑤	31	① ② ③ ④ ⑤
07	① ② ③ ④ ⑤	32	① ② ③ ④ ⑤
08	① ② ③ ④ ⑤	33	① ② ③ ④ ⑤
09	① ② ③ ④ ⑤	34	① ② ③ ④ ⑤
10	① ② ③ ④ ⑤	35	① ② ③ ④ ⑤
11	① ② ③ ④ ⑤	36	① ② ③ ④ ⑤
12	① ② ③ ④ ⑤	37	① ② ③ ④ ⑤
13	① ② ③ ④ ⑤	38	① ② ③ ④ ⑤
14	① ② ③ ④ ⑤	39	① ② ③ ④ ⑤
15	① ② ③ ④ ⑤	40	① ② ③ ④ ⑤
16	① ② ③ ④ ⑤	41	① ② ③ ④ ⑤
17	① ② ③ ④ ⑤	42	① ② ③ ④ ⑤
18	① ② ③ ④ ⑤	43	① ② ③ ④ ⑤
19	① ② ③ ④ ⑤	44	① ② ③ ④ ⑤
20	① ② ③ ④ ⑤	45	① ② ③ ④ ⑤
21	① ② ③ ④ ⑤	46	① ② ③ ④ ⑤
22	① ② ③ ④ ⑤	47	① ② ③ ④ ⑤
23	① ② ③ ④ ⑤	48	① ② ③ ④ ⑤
24	① ② ③ ④ ⑤	49	① ② ③ ④ ⑤
25	① ② ③ ④ ⑤	50	① ② ③ ④ ⑤

날짜		점수	
문번	답란	문번	답란
51	① ② ③ ④ ⑤	76	① ② ③ ④ ⑤
52	① ② ③ ④ ⑤	77	① ② ③ ④ ⑤
53	① ② ③ ④ ⑤	78	① ② ③ ④ ⑤
54	① ② ③ ④ ⑤	79	① ② ③ ④ ⑤
55	① ② ③ ④ ⑤	80	① ② ③ ④ ⑤
56	① ② ③ ④ ⑤	81	
57	① ② ③ ④ ⑤	82	
58	① ② ③ ④ ⑤	83	
59	① ② ③ ④ ⑤	84	
60	① ② ③ ④ ⑤	85	
61	① ② ③ ④ ⑤	86	
62	① ② ③ ④ ⑤	87	
63	① ② ③ ④ ⑤	88	
64	① ② ③ ④ ⑤	89	
65	① ② ③ ④ ⑤	90	
66	① ② ③ ④ ⑤	91	
67	① ② ③ ④ ⑤	92	
68	① ② ③ ④ ⑤	93	
69	① ② ③ ④ ⑤	94	
70	① ② ③ ④ ⑤	95	
71	① ② ③ ④ ⑤	96	
72	① ② ③ ④ ⑤	97	
73	① ② ③ ④ ⑤	98	
74	① ② ③ ④ ⑤	99	
75	① ② ③ ④ ⑤	100	

뜯어쓰는 3회독 정답표

ANSWER SHEET			
문번	답란	문번	답란
01	① ② ③ ④ ⑤	26	① ② ③ ④ ⑤
02	① ② ③ ④ ⑤	27	① ② ③ ④ ⑤
03	① ② ③ ④ ⑤	28	① ② ③ ④ ⑤
04	① ② ③ ④ ⑤	29	① ② ③ ④ ⑤
05	① ② ③ ④ ⑤	30	① ② ③ ④ ⑤
06	① ② ③ ④ ⑤	31	① ② ③ ④ ⑤
07	① ② ③ ④ ⑤	32	① ② ③ ④ ⑤
08	① ② ③ ④ ⑤	33	① ② ③ ④ ⑤
09	① ② ③ ④ ⑤	34	① ② ③ ④ ⑤
10	① ② ③ ④ ⑤	35	① ② ③ ④ ⑤
11	① ② ③ ④ ⑤	36	① ② ③ ④ ⑤
12	① ② ③ ④ ⑤	37	① ② ③ ④ ⑤
13	① ② ③ ④ ⑤	38	① ② ③ ④ ⑤
14	① ② ③ ④ ⑤	39	① ② ③ ④ ⑤
15	① ② ③ ④ ⑤	40	① ② ③ ④ ⑤
16	① ② ③ ④ ⑤	41	① ② ③ ④ ⑤
17	① ② ③ ④ ⑤	42	① ② ③ ④ ⑤
18	① ② ③ ④ ⑤	43	① ② ③ ④ ⑤
19	① ② ③ ④ ⑤	44	① ② ③ ④ ⑤
20	① ② ③ ④ ⑤	45	① ② ③ ④ ⑤
21	① ② ③ ④ ⑤	46	① ② ③ ④ ⑤
22	① ② ③ ④ ⑤	47	① ② ③ ④ ⑤
23	① ② ③ ④ ⑤	48	① ② ③ ④ ⑤
24	① ② ③ ④ ⑤	49	① ② ③ ④ ⑤
25	① ② ③ ④ ⑤	50	① ② ③ ④ ⑤

날짜		점수	
문번	답란	문번	답란
51	① ② ③ ④ ⑤	76	① ② ③ ④ ⑤
52	① ② ③ ④ ⑤	77	① ② ③ ④ ⑤
53	① ② ③ ④ ⑤	78	① ② ③ ④ ⑤
54	① ② ③ ④ ⑤	79	① ② ③ ④ ⑤
55	① ② ③ ④ ⑤	80	① ② ③ ④ ⑤
56	① ② ③ ④ ⑤	81	
57	① ② ③ ④ ⑤	82	
58	① ② ③ ④ ⑤	83	
59	① ② ③ ④ ⑤	84	
60	① ② ③ ④ ⑤	85	
61	① ② ③ ④ ⑤	86	
62	① ② ③ ④ ⑤	87	
63	① ② ③ ④ ⑤	88	
64	① ② ③ ④ ⑤	89	
65	① ② ③ ④ ⑤	90	
66	① ② ③ ④ ⑤	91	
67	① ② ③ ④ ⑤	92	
68	① ② ③ ④ ⑤	93	
69	① ② ③ ④ ⑤	94	
70	① ② ③ ④ ⑤	95	
71	① ② ③ ④ ⑤	96	
72	① ② ③ ④ ⑤	97	
73	① ② ③ ④ ⑤	98	
74	① ② ③ ④ ⑤	99	
75	① ② ③ ④ ⑤	100	

○○○ 법령 ○○○

화장품법

01 화장품법(법률)

화장품법 시행령

02 화장품법 시행령(대통령령)

03 [별표 1] 과징금 산정기준(제11조 관련)

04 [별표 2] 과태료의 부과기준(제16조 관련)

화장품법 시행규칙

05 화장품법 시행규칙(총리령)

06 [별표 1] 품질관리기준(제7조 관련)

07 [별표 2] 책임판매 후 안전관리기준(제7조 관련)

08 [별표 3] 화장품 유형과 사용 시의 주의사항(제19조 제3항 관련)

09 [별표 4] 화장품 포장의 표시기준 및 표시방법(제19조 제6항 관련)

10 [별표 5] 화장품 표시·광고의 범위 및 준수사항(제22조 관련)

11 [별표 5의2] 천연화장품 및 유기농화장품의 인증표시(제23조의2 제5항 관련)

12 [별표 5의3] 인증기관의 지정기준(제23조의3 제1항 관련)

13 [별표 5의4] 인증기관에 대한 행정처분의 기준(제23조의3 제6항 관련)

14 [별표 6] 위해화장품의 공표문(제28조 제2항 관련)

15 [별표 7] 행정처분의 기준(제29조 제1항 관련)

16 [별표 9] 수수료(제32조 관련)

○○○ 행정규칙 ○○○

기능성화장품 기준 및 시험방법

17 기능성화장품 기준 및 시험방법(식품의약품안전처고시)

18 [별표 1] 통칙(제2조 제1호 관련)

19 [별표 2] 피부의 미백에 도움을 주는 기능성화장품 각조(제2조 제2호 관련)

20 [별표 3] 피부의 주름개선에 도움을 주는 기능성화장품 각조(제2조 제3호 관련)

21 [별표 4] 자외선으로부터 피부를 보호하는 데 도움을 주는 기능성화장품 각조(제2조 제4호 관련)

22 [별표 5] 피부의 미백 및 주름개선에 도움을 주는 기능성화장품 각조(제2조 제5호 관련)

23 [별표 6] 모발의 색상을 변화시키는 데 도움을 주는 기능성화장품 각조(제2조 제6호 관련)

24 [별표 7] 체모를 제거하는 데 도움을 주는 기능성화장품 각조(제2조 제7호 관련)

25 [별표 8] 여드름성 피부를 완화하는 데 도움을 주는 기능성화장품 각조(제2조 제8호 관련)

26 [별표 9] 탈모 증상의 완화에 도움을 주는 기능성화장품 각조(제2조 제9호 관련)

27 [별표 10] 일반시험법(제2조 제10호 관련)

기능성화장품 심사에 관한 규정

28 기능성화장품 심사에 관한 규정(식품의약품안전처고시)

29 [별표 1] 독성시험법

30 [별표 2] 기준 및 시험방법 작성요령

31 [별표 3] 자외선 차단효과 측정방법 및 기준

32 [별표 4] 자료제출이 생략되는 기능성화장품의 종류(제6조 제3항 관련)

맞춤형화장품조제관리사 자격시험 운영에 관한 규정

33 맞춤형화장품조제관리사 자격시험 운영에 관한 규정

맞춤형화장품판매업자의 준수사항에 관한 규정

34 맞춤형화장품판매업자의 준수사항에 관한 규정

소비자화장품안전관리감시원 운영 규정

35 소비자화장품안전관리감시원 운영 규정

수입화장품 품질검사 면제에 관한 규정

36 수입화장품 품질검사 면제에 관한 규정

영유아 또는 어린이 사용 화장품 안전성 자료의 작성·보관에 관한 규정

37 영유아 또는 어린이 사용 화장품 안전성 자료의 작성·보관에 관한 규정

38 [별표] 제품별 안전성 자료의 작성 방법(제3조 제1항 관련)

우수화장품 제조 및 품질관리기준

39 우수화장품 제조 및 품질관리기준

40 [별표 1] 해당공정

41 [별표 2] 우수화장품 제조 및 품질 관리기준 실시상황 평가표

42 [별표 3] 우수화장품 제조 및 품질 관리기준 적합업소 로고

천연화장품 및 유기농화장품의 기준에 관한 규정

43 천연화장품 및 유기농화장품의 기준에 관한 규정

44 [별표 1] 미네랄유래 원료

45 [별표 2] 오염물질

46 [별표 3] 허용 기타원료

47 [별표 4] 허용 합성원료

48 [별표 5] 제조공정

49 [별표 6] 세척제에 사용가능한 원료

50 [별표 7] 천연 및 유기농 함량 계산 방법

천연화장품 및 유기농화장품 인증기관 지정 및 인증 등에 관한 규정

51 천연화장품 및 유기농화장품 인증기관 지정 및 인증 등에 관한 규정

화장품 가격표시제 실시요령

52 화장품 가격표시제 실시요령

화장품 바코드 표시 및 관리요령

53 화장품 바코드 표시 및 관리요령

54 [별표 1] 화장품 바코드의 구성체계(제5조 제2항 관련)

55 [별표 2] 검증번호 계산법(제5조 제3항 관련)

56 [별표 3] 화장품바코드의 인쇄크기, 색상 및 위치(제6조 제2항 관련)

화장품 법령·제도 등 교육실시기관 지정 및 교육에 관한 규정

57 화장품 법령·제도 등 교육실시기관 지정 및 교육에 관한 규정

58 [별표 1] 교육실시기관의 지정 기준(제3조 관련)

59 [별표 2] 화장품 교육실시기관 지정(제3조의2 관련)

화장품 사용 시의 주의사항 및 알레르기 유발성분 표시에 관한 규정

60 화장품 사용 시의 주의사항 및 알레르기 유발성분 표시에 관한 규정

61 [별표 1] 화장품의 함유 성분별 사용 시의 주의사항 표시 문구(제2조 관련)

62 [별표 2] 착향제의 구성 성분 중 알레르기 유발성분(제3조 관련)

화장품 안전기준 등에 관한 규정

63 화장품 안전기준 등에 관한 규정

64 [별표 1] 사용할 수 없는 원료

65 [별표 2] 사용상의 제한이 필요한 원료

66 [별표 3] 인체 세포·조직 배양액 안전기준(별표 1 관련)

67 [별표 4] 유통화장품 안전관리 시험방법(제6조 관련)

화장품 안전성 정보관리 규정

68 화장품 안전성 정보관리 규정

69 [별표] 화장품 안전성 정보 관리체계(제3조 관련)

화장품 원료 사용기준 지정 및 변경 심사에 관한 규정

70 화장품 원료 사용기준 지정 및 변경 심사에 관한 규정

화장품의 색소 종류와 기준 및 시험방법

71 화장품의 색소 종류와 기준 및 시험방법(식품의약품안전처고시)

72 [별표 1] 화장품의 색소(제3조 관련)

73 [별표 2] 화장품 색소의 기준 및 시험방법(제5조 관련)

74 [별표 3] 통칙 및 일반시험법

화장품의 생산·수입실적 및 원료목록 보고에 관한 규정

75 화장품의 생산·수입실적 및 원료목록 보고에 관한 규정

76 [별표 1] 화장품 생산·수입실적 및 원료목록 보고서 작성요령(제2조 제1항 및 제2항 관련)

화장품 표시 · 광고를 위한 인증 · 보증기관의 신뢰성 인정에 관한 규정

77 화장품 표시·광고를 위한 인증·보증기관의 신뢰성 인정에 관한 규정

화장품 표시 · 광고 실증에 관한 규정

78 화장품 표시·광고 실증에 관한 규정

79 [별표] 표시·광고에 따른 실증자료(제3조 제1항 단서 관련)

memo

memo

2021 MEIN 맞춤형화장품 조제관리사

초판발행 2021년 2월 15일
초판2쇄발행 2021년 4월 20일

지은이 권미선·임관우
펴낸이 안종만·안상준

편 집 김보라·김민경
기획/마케팅 차익주
디자인 BEN STORY
제 작 고철민·조영환

펴낸곳 (주) 박영사
서울특별시 금천구 가산디지털2로 53, 210호(가산동, 한라시그마밸리)
등록 1959.3.11. 제300-1959-1호(倫)
전 화 02)733-6771
f a x 02)736-4818
e-mail pys@pybook.co.kr
homepage www.pybook.co.kr
ISBN 979-11-303-1136-4 13590

정 가 25,000원